# Das
# Erdschlußproblem in Hochspannungsnetzen

Von

Dr.-Ing. R. Willheim

Mit 313 Textabbildungen

Berlin
Verlag von Julius Springer
1936

ISBN-13: 978-3-540-01239-9  e-ISBN-13: 978-3-642-92511-5
DOI: 10.1007/978-3-642-92511-5

Alle Rechte, insbesondere das der Übersetzung
in fremde Sprachen, vorbehalten.
Copyright 1936 by Julius Springer in Berlin.
Softcover reprint of the hardcover 1st edition 1936

# Vorwort.

Ein Standpunkt in der Erdschlußfrage gehört zu den unentbehrlichen Richtlinien angewandter Hochspannungstechnik. Solcher Standpunkte gibt es nun aber eine ganze Anzahl, und mit erstaunlicher Unbeeinflußbarkeit haben einige Länder mit selbständigem technischem Schaffen die Unterschiede gepflegt und gewissermaßen zum Bekenntnis erhoben. Die Folgen dieser Uneinheitlichkeit in den Grundlagen waren eine Zeitlang sehr ausgeprägt und kamen insbesondere in der Wahl des elektrischen Sicherheitsgrades zur Geltung. Aber die allmähliche Korrektur durch die Praxis hob mit der Zeit die Gegensätze wieder auf. Erst recht hat hier die fortschreitende Erkenntnis von Ursprung, Verlauf und Wirkung der eigentlichen Höchstbeanspruchungen, die Gewitterforschung sowie die Vervollkommnung des experimentellen Rüstzeuges eine neue Lage geschaffen. Gesehen vom Standpunkt unseres heutigen Wissens, vor allem unserer Einsicht auf den Gebieten der Überspannungs- und Überstromfrage, bleibt nur wenig Wesentliches an den früheren Auseinandersetzungen. Der Zeitpunkt für eine neue Aufrollung des Erdschlußproblemes und der Systemfrage des Erdungsverfahrens dürfte damit gekommen sein. Ein entscheidendes Wort wird dabei die praktische Erfahrung mitzureden haben, welche sich heute auf die Betriebsergebnisse der gewaltig angewachsenen Hochspannungsnetze stützt. Die Kraftübertragungsbetriebe waren in den letzten Jahren ein Versuchsfeld allergrößten Ausmaßes. Sie sind darum zuständig für die Aufstellung der zu erfüllenden Forderungen, maßgebend für die Bewertung der Vor- und Nachteile. Durch das Gewicht ihres statistischen Beweismateriales liegt bei ihnen die Entscheidung.

Der Verfasser ist sich bewußt, den Titel des vorliegenden Buches zu eng und zugleich zu weit gefaßt zu haben. Das Erdschlußproblem ist das Kernstück eines großen Kapitels der Hochspannungstechnik und läßt sich nicht behandeln, ohne auf die Systemfrage des Erdungsverfahrens in ihrer Allgemeinheit einzugehen. Man mag starr oder über eine Impedanz oder über eine Erdschlußspule oder gar nicht erden, stets wird dann nicht allein eine Entscheidung über die Einstellung zum Erdschlußproblem getroffen sein, sondern der Betriebsführung auch in vielen anderen Einzelheiten ein bestimmtes Gepräge gegeben werden. Über dieses weite Gebiet neutral zu berichten, hieße sich darin verlieren. Darum ist hier eine bestimmte, kritisch zu erhärtende, gleichwohl subjektive Auffassung vorangestellt. Der induktiven Erdschlußkompensierung wird die Rolle der Standardlösung zugeteilt, die Erörterung ihrer Eigenschaften wird zur Leitlinie der ganzen Untersuchung gemacht, während die Beschreibung und Bewertung der übrigen Verfahren auf dem Wege der Gegenüberstellung zustande kommt. Diese Bevorzugung findet ihre Rechtfertigung in dem steigenden Interesse, welches sich in jüngster Zeit vor allem in Amerika der Erdschlußkompensierung zuwendet und eine Revision der dort vorherrschenden Einstellung in den Bereich der Möglichkeit rückt. In diesem Zeitpunkte bedürfen die Erfahrungen, welche in Mitteleuropa aus einer bald zwanzigjährigen Praxis der Erdschlußspule verfügbar sind, der Sichtung und Abklärung.

Die Einführung in die Theorie der Erdschlußvorgänge und Erdungsverfahren mußte dem Umfange nach überwiegen. In ihr steckt die Darstellung der Entwicklung, die Auseinandersetzung mit den Forderungen der Praxis und die Herstellung der Verbindung mit einer Anzahl von Nachbargebieten, wie ja überhaupt das Erdschlußproblem in der Vielseitigkeit seiner Grundlagen als eine Art Fibel des Hochspannungstechnikers angesprochen werden muß. Eine Beschränkung auf die Wiedergabe der wichtigsten Ergebnisse war hinsichtlich der Wechselstromleitung durch die Erde möglich, da dieser Gegenstand in einem im gleichen Verlag erschienenen Werk von Ollendorff behandelt ist. Zur Darstellung des Stoffes sei im übrigen bemerkt, daß nach Ansicht des Verfassers Vektordiagramme nicht nur die Endstufe einer Untersuchung zu bilden haben, sondern daß der zu ihnen führende Weg den Zusammenhang mit der physikalischen Natur des Problems wahren muß. Die Ableitungen müssen in der Sprache des Ergebnisses gehalten sein und sich auf unmittelbare geometrisch-physikalische Beziehungen der Vektoren, nicht aber auf ein analytisches Zwischenspiel, auf einen verborgenen mathematischen Mechanismus stützen.

Die praktische Seite des Problems ist in den meisten bisherigen Veröffentlichungen zu kurz gekommen. Für den Gebrauch des projektierenden Ingenieurs ist eine Zusammenstellung der Methoden zur Ermittlung des kapazitiven Erdschlußstromes, abgestuft von der exakten Berechnung bis zur Faustformel, sowie eine Anzahl von gleichwertigen Kurventafeln bestimmt. Hinweise auf die Konstruktion, die Prüfung und den Einbau der Erdschlußspulen sowie Ratschläge für die Inbetriebnahme sollen hier gleichfalls eine Lücke ausfüllen. Gleich wichtig war die wechselseitige Fühlung von Projektierung und Betrieb einzuschätzen; diesem Zweck sind Ausführungen über Einrichtungen zur Betriebsüberwachung und Auswertung statistischer Ergebnisse gewidmet; gerade die letzteren sollten hier einmal in ihrer überzeugenden Beweiskraft zu Worte kommen.

In der als Abschluß gebrachten Diskussion der Erdungsfrage, in der die Standpunkte der einzelnen Länder ohne Kritik zur Wiedergabe gelangen, stellen sich Rückblick und Ausblick ein.

Berlin, im März 1936.

**R. Willheim.**

# Inhaltsverzeichnis.

Seite

## I. Ladeströme in Hochspannungsnetzen . . . . . . . . 1

1. Hochspannungsleitungen als kapazitive Gebilde . . . . . . . . . . . 1
2. Die kapazitiven Eigenschaften der einfachsten Leiteranordnungen . 2
3. Das kapazitive Grundschema eines einfachen Systems gestreckter Leiter, Definitionen . . . . . . . . . . . . . . . . . . . . . . . . 6
4. Mehrleitersysteme aus parallelen gestreckten Leitern (Teilkapazitäten, Ableitungen) . . . . . . . . . . . . . . . . . . . . . . . . 12
5. Die Kapazitäten von Zwei- und Dreileiterkabeln . . . . . . . . . . 15
6. Das Wesen des Erdschlusses . . . . . . . . . . . . . . . . . . . . 16

## II. Die stationären Erdschlußvorgänge in Drehstromnetzen . . . 17

1. Der freie Nullpunkt. Elektrischer Schwerpunkt und Nullpunktsverlagerung . . . . . . . . . . . . . . . . . . . . . . . . . . . . . . 17
2. Ein allgemeiner Satz über den elektrischen Schwerpunkt . . . . . . 20
3. Der Erdschluß des Drehstromsystems mit vollisoliertem Nullpunkt, Spannungsbeanspruchungen . . . . . . . . . . . . . . . . . . . . 24
4. Die Verteilung der kapazitiven Erdschlußströme . . . . . . . . . . 27
5. Erweiterung des Ersatzschaltbildes. Die Größen des Nullsystems . . 33
6. Die Ersatzschaltbilder einiger weiterer wichtiger Störungsfälle. Leitungsriß ohne und mit Erdberührung, zweipoliger Kurzschluß ohne und mit Erdberührung. Doppelerdschluß . . . . . . . . . . . . . . . . . . 35
7. Die Nullimpedanz der Übertragungsleitungen . . . . . . . . . . . 38
8. Die Nullimpedanz der Transformatoren:
   a) Der Stern-Stern-geschaltete Kerntransformator S. 42. — b) Der Stern-Stern-geschaltete Transformator mit freiem magnetischen Rückschluß S. 45. — c) Der Dreieck-Stern-geschaltete Transformator S. 45. — d) Zickzackschaltung des Transformators. S. 47. — e) Sekundäre Kurzschlußkreise für die Nullkomponente S. 47. — f) Transformatoren in Scottscher Schaltung S. 49.
9. Die Nullimpedanz umlaufender Maschinen:
   a) Zirkulare Magnetisierung S. 49. — b) Einschichtwicklungen S. 50. — c) Zweischichtwicklungen S. 51.
10. Das Nullsystem als Schwingungskreis. Stationäre Erdschlußüberströme. Erdschluß in Verbindung mit Leiterbruch, verkehrter Erdschluß . . . 51
11. Kapazitiver Spannungsübertritt bei Erdschluß . . . . . . . . . . 61
12. Netzbetrieb mit starrer Erdung des Nullpunktes. Vorteile, Nachteile (allgemein, Kabelnetze, Freileitungen) . . . . . . . . . . . . . . . 63
13. Netzbetrieb mit Impedanzerdung des Nullpunktes . . . . . . . . . 69
14. Der Stromübergang an der Erdschlußstelle . . . . . . . . . . . . . 71

## III. Die nichtstationären Erdschlußvorgänge in Drehstromnetzen . 73

1. Die Entstehung von Erdschlüssen. Wanderwellenmäßige Vorgänge. Zündschwingung . . . . . . . . . . . . . . . . . . . . . . . . . . . . 73
2. Die Unterbrechung stationärer Erdschlüsse . . . . . . . . . . . . . 83
3. Der aussetzende Erdschluß. Theorien von Petersen und Slepian . . . 85
4. Die Übertragung nichtstationärer Vorgänge auf andere Stromkreise. Übertreten der Wanderwellenvorgänge auf Nachbarleitungen. Wirkung der Zündschwingung in der Erregerwicklung von Zusatztransformatoren. Überbrückung durch Überspannungsableiter; Zweck der Dreieckausgleichswicklungen . . . . . 94

## IV. Theorie der induktiven Erdschlußkompensierung ..... 99

1. Die Entwicklung der Erdschlußbekämpfung. Erdseil, Lichtbogenerder, starre Erdung und Impedanzerdung, Schutzfunkenstrecken mit Selbstunterbrechung, Schnellabschaltung mit unmittelbarer Wiedereinschaltung, ground selector, Erdschlußspule .................................................. 99
2. Die Arbeitsweise der Erdschlußspule im satten Dauererdschluß. Überkompensierung, Unterkompensierung, Verstimmungsgrad ......... 104
3. Die Unterbrechung des Erdschlusses in kompensierten Netzen. Freie Ausgleichsschwingung. Einfluß der Fehlabstimmung .............. 109
4. Erdschlußzündung in kompensierten Netzen. Gleichstromglied, Zündschwingung ...................................................... 117
5. Der Wattreststrom. Die Verlustquellen im Erdfehlerstromkreis kompensierter Netze ........................................................ 122
6. Der Anschluß der Erdschlußspule. Bedingungen für Größe und Bauart der Anschluß-Transformatoren, Erwärmung, Bedeutung der Nullimpedanz. Transformatoren für Nullpunktsbildung. Anschluß an Generatoren, Nullpunktsverbindungen an Stelle von Dreieckschaltung, Zusatztransformatoren mit Dreieckschaltung. Spulenerdung ........................................... 126
7. Andere Bauformen der induktiven Löscheinrichtungen. Dissonanzlöschspule. Echte Polerdung. Nullpunktserdung mit Polanschluß. Reithoffer-Drossel, Löschtransformator. Kombination von Ladestrom- und Erdschlußstromkompensierung. Leerlaufverluste ........................................ 133

## V. Spezialprobleme der induktiven Erdschlußkompensierung ... 148

1. Der Reststrom und seine Kompensierung. Blindkomponente, Wattkomponente, Oberwellenanteil. Kompensierung der Wattkomponente. Entstehung der Oberwellen, Existenzbedingungen derselben. Die Oberwellenkompensierung ... 148
2. Der Widerstandserdschluß im kompensierten Netz. Der Einfluß des Fehlerwiderstands. Das Entlastungsprinzip, Kreisdiagramm. Holzmastleitungen .. 161
3. Die Erdschlußspule in Kabelnetzen. Die Erdschlußgefahr in Kabelnetzen und kombinierten Netzen. Selbsttätige Fehlerheilung, Beschränkung der Zerstörungen. Kombinierte Netze .......................................... 167
4. Das Resonanzproblem. Zwangszustand und freier Zustand des Nullstromkreises. Die Erdschlußspule in Netzen mit kapazitiven Unsymmetrien. Abnormale Schaltzustände. Verlagerungsbegrenzung durch Wirkverluste. Formel und Kreisdiagramm von Jonas. Die Dissonanzspule. Der Einfluß der Eisensättigung. Graphische Verfahren zur Bestimmung der Arbeitspunkte mit Berücksichtigung der Sättigung und der Verluste. Der Einfluß der Eisensättigung bei Polerdung und Nullpunktserdung. Verlagerung durch induktive Unsymmetrie von Löscheinrichtungen für Polanschluß. Falscher und richtiger Aufbau des magnetischen Kreises von Pollöschern. Die Unterdrückung der Resonanzneigung durch vorbeugende Maßnahmen. Verstimmung, Verdrillung und Phasenwechsel, Erhöhung der Verluste, Schwerpunktsanschluß, Hilfsspannungen. Verhalten der Erdschlußspule bei Symmetriestörungen der Spannung. Windungsschluß von Transformatoren, unsymmetrische Spannungsregelung, Abtrennung einer Phase, transformatorische Einprägung von Spannungen im Spulenstromkreis, Anschluß zweier Spulen an verschiedene Wicklungen eines Transformators, Oberwellenresonanz ........ 169
5. Die Beeinflussung von kompensierten Systemen, Querkompensierung von Hochspannungsleitungen. Ausgleichsspule, Saugspule, Saugtransformator. Zusammenschluß der Nullpunkte, Verringerung der Beeinflussung durch Erhöhung der Verluste. Kreisdiagramme ............................... 194
6. Der Erdschlußstrom elektrisch zusammengeschlossener Doppelleitungen. Verhalten beim Übergang zum Betrieb mit einem einzigen Strang .. 214
7. Die Beeinflussung durch kompensierte Systeme. Elektrostatische und elektromagnetische Beeinflussung von Schwachstromleitungen. Vergleich geerdeter und kompensierter Netze. Erdschlußzustand, Normalbetrieb, Oberwelleneinflüsse 216
8. Die allgemeinen Lösch- und Betriebsbedingungen kompensierter Systeme. Die Übereinstimmung der exakten Bedingungen für gute Löschung und ungestörten Normalbetrieb. Erweiterte Abstimmungsbedingung ..... 222
9. Kompensierung langer Leitungen. Einfluß der Leitungslänge auf den Erdschlußstrom. Unabhängigkeit der Abstimmbedingung vom Ort des Erdschlusses. Kompensierung durch Kapazitäten ..................................... 227

Inhaltsverzeichnis. VII

Seite
10. Grenzen der Erdschlußkompensierung. Erdschlußunabhängige Teilnetze. Der Reststrom als falscher Maßstab. Praktische Ergebnisse. Erdschlußtrennung . . . . . . . . . . . . . . . . . . . . . . . . . . . . . 234
11. Überspannungen im geerdeten und im kompensierten Netz. Gewitterüberspannungen, Erdseile, rückwärtiger Überschlag und Masterdungswiderstand, Einfluß der Nullpunktserdung auf die Höhe der Überspannungswellen in Stationen, Nullpunktsschwingungen, Gefährdung der Kopfstationen. Ableiter am Transformatornullpunkt. Impedor. Überspannungen an Erdschlußspulen bei Abschaltung leerlaufender Leitungen, von Doppelerdschlüssen und von Kurzschlüssen mit Erdberührung. Aufgaben der Erdschlußspulen und der Überspannungsableiter . . . 235
12. Störungszustände im kompensierten Netz. Weitere Sonderprobleme: Windungsschluß und Eisenbrand des Anschlußtransformators. Ladestromkompensierung beim Generatorschutz. Selektive Abschaltung von Doppelerdschlüssen. Kurzschluß mit Erdberührung. Stabilitätsproblem. Korona . . . . . . . . . 250
13. Der Wert der Erdschlußkompensierung . . . . . . . . . . . . . . . . 257

## VI. Projektierung der Einrichtungen für Erdschlußkompensierung . . 259

1. Genaues Berechnungsverfahren. Systeme mit beliebiger Leiteranordnung. Einfluß der Erdseile. Doppelleitungen . . . . . . . . . . . . . . . . . 259
2. Vereinfachte Berechnungsverfahren. Erfahrungszuschläge. Faustformeln. Näherungsauflösung der Bestimmungsgleichungen. Verfahren der Gruppengleichungen. Die Methode von Petersen. Faustformel. Kurventafeln von Langrehr. Nebeneinflüsse . . . . . . . . . . . . . . . . . . . . . . . . 262
3. Anschluß und Einbau der Löscheinrichtungen. Auswahl der Anschlußtransformatoren, Verteilung im Netz. Nullpunktsschienen. Wechseln der Anzapfungen, Hilfseinrichtungen. Ausführung der Erdungen. Projektierungsunterlagen . . . . 267
4. Erdschlußauslösung, selektive Erdschlußanzeige. Die Wattkomponente der Nullstromverteilung als Kenngröße. Anforderungen an Stromwandler und Spannungswandler. Abgleichverfahren. Erdschlußwattrelais, Arbeitsweise und Außenschaltung. Fehlerquellen im Netz. Verhalten in vermaschten Netzen und bei Doppelleitungen. Selektive Erdschlußanzeige oder Erdschlußauslösung? Wischerrelais. Erdschlußzeitrelais. Das Arbeiten der Erdschlußrelais in Abhängigkeit von der Spulenverteilung. Künstliche Erhöhung des Wattreststroms, künstliche Verstimmung. Ungleiche Abzweige. Verhalten bei Doppelerdschluß. Meldung der erdschlußbetroffenen Phase. Erdschlußunempfindlicher Differentialschutz der Transformatoren . . . . . . . . . . . . . . . . . . . . . . . . . 271

## VII. Konstruktion, Prüfung, Inbetriebnahme . . . . . . . 283

1. Konstruktion der Erdschlußlöscheinrichtungen. Ausführung der Kerne, Sättigungsausgleich an den äußersten Stromstufen, Verteilung der Luftspalte und Anzapfungen. Mehrfachspule nach Hundt. Umschalter und Fernantriebe. Lastumschaltbare Spulen. Regelbereich, Typenleistung. Abgestufte Isolation. Eingangsisolierung. Kurzschlußfestigkeit. Thermische Bemessung, Kühlung. Dreiphasige und kombinierte Bauarten . . . . . . . . . . . . . . . . . . 283
2. Die Prüfung der Erdschlußspulen. Prüfung bei durchgehender und abgestufter Isolation, Resonanzverfahren . . . . . . . . . . . . . . . . . . . . . 292
3. Verfahren zur Inbetriebnahme. Künstliche Erdschlüsse, Vorsichtsmaßnahmen, Schutzwiderstände. Methode der V-Kurve des Reststromes, Messung der Wattkomponente. Die Spannung der gesunden Phasen als Kennzeichen der Abstimmung. Methode der maximalen Verlagerung. Schwarzkompensierung. Inbetriebnahme von Erdschlußrelais . . . . . . . . . . . . . . . . . . 293

## VIII. Wartung, betriebsmäßige Überwachung . . . . . . 298

1. Kontrolleinrichtungen, Auswertung der Betriebsergebnisse. Warneinrichtungen, Betätigungssperren. Thermische Überwachung. Registrierinstrumente, Auswertung ihrer Angaben. Statistik der Erfolge . . . . . . . . . 298
2. Überwachung der Abstimmung. Indirekte Meßmethoden: Erdschlußpegel, Netzmodelle. Direkte Messung: Kompensometer, automatische Abstimmung . . 303

| | Seite |
|---|---|

**IX. Die Diskussion der Erdungsfrage** . . . . . . . . 310

1. Der deutsche Standpunkt. Umfang der Einführung der induktiven Kompensierung, Beurteilung anderer Verfahren . . . . . . . . . . . . . . . . . . . 310
2. Die amerikanische Praxis. Objektive Schwierigkeiten für die Umstellung, theoretische Stellungnahme und Diskussion zur Erdungsfrage, statistische Ergebnisse. Betriebserfahrungen mit induktiver Nullpunktserdung. Neuere Tendenzen 312
3. Die übrigen Länder. Großbritannien, Frankreich, Belgien, Italien, Schweiz, Tschechoslowakei, Österreich, Holland, Skandinavien, Spanien, Polen, Ungarn, Rußland, Südamerika, Südafrika, Japan. Ihre Praxis und ihre Betriebsergebnisse 317

Anhang I. Kurventafeln für die Bestimmung der Kenngrößen von Freileitungen und Kabeln . . . . . . . . . . . . . . . . . . . . . . . . . . . . . . 324

Anhang II. Literaturübersicht . . . . . . . . . . . . . . . . . . . . . . 329

# I. Ladeströme in Hochspannungsnetzen.
## 1. Hochspannungsleitungen als kapazitive Gebilde.

Betrachten wir ein Hochspannungsnetz, das betriebsbereit eingeschaltet ist. Auch wenn kein einziger Abnehmer Strom entnimmt, sind die Drähte und das sie umgebende Dielektrikum keineswegs ohne Leben. Geladene Zustände wechseln mit ungeladenen und mit entgegengesetzt gepolten im Takte der Betriebsfrequenz ab, die Ladungen fluten als Wechselströme hin und her und verleihen den einzelnen Leitern Spannungen gegeneinander und gegen die Erde. Man wird zunächst vermuten dürfen, daß Ladung stets Spannung weckt und Spannung stets mit Ladung verknüpft ist. Obgleich sich später zeigen wird, daß die tatsächlichen Zusammenhänge einige Paradoxien bergen, haben wir der Behandlung unserer Probleme die einfache Tatsache zugrunde zu legen, daß Ladung und Spannung grundsätzlich durch lineare Beziehungen nach Art der Gleichung

$$Q = CV \qquad (1)$$

zusammenhängen, nach welcher jedem Leiterpaar eine durch den Faktor $C$ charakterisierte Bindungsfähigkeit elektrischer Ladungen zukommt, die als Kapazität bezeichnet und in Zentimetern bzw. Farad gemessen wird. Die Dimension dieser Größe ergibt sich am einfachsten aus der für den Plattenkondensator gültigen Überlegung, daß die Kapazität offenbar direkt proportional dem Flächeninhalt der gegenüberstehenden Metallbelegungen und umgekehrt proportional ihrem Abstand ist. Von reinen Zahlenbeiwerten abgesehen und geeignete Verfügung über die Dielektrizitätskonstante vorausgesetzt, hat man es daher mit der Dimension $l^1$ zu tun. Die technisch benützten Maßeinheiten stehen in der Beziehung

$$1 \text{ F (Farad)} = 10^6 \ \mu\text{F (Mikrofarad)} = 9 \cdot 10^{11} \text{ cm}.$$

Um eine Vorstellung von der physikalischen und technischen Größenordnung der zu betrachtenden Kapazitäten zu gewinnen, mögen einige andere Objekte zum Vergleich herangezogen werden. Die Erde kann als ein kugelförmiger Kondensator aufgefaßt werden, dessen radial ausstrahlende Kraftlinien auf einer unendlich weit entfernten Gegenladung münden. Ihre Kapazität beträgt ihrem Radius von rd. 6300 km entsprechend 700 $\mu$F. Die gleiche Kapazität läßt sich in einem modernen Elektrolytkondensator für 100 V Gleichspannung auf einen Raum von 0,5 dm³ konzentrieren. Hier sind die elektrischen Ladungen nur durch den Abstand einer hauchdünnen Schicht getrennt. Die Natur arbeitet mit größeren Ausmaßen. Eine Gewitterwolke von 10 km² Ausdehnung und 900 m Höhe bildet mit der Erde einen Kondensator von 0,1 $\mu$F. Die nächsthöhere Größenordnung ist dem kapazitiven Gebilde zu eigen, welches durch eine Drehstromleitung von 100 km Ausdehnung vorgestellt wird, die in etwa 10 m Höhe über dem Gelände verläuft; ihr kommt gegen Erde eine Kapazität von rd. 1,2 $\mu$F zu. Zur Ausbildung einer Spannung von 10 kV zwischen den drei Leitern und Erde ist nach Gleichung (1) eine Ladungsmenge von $10\,000 \cdot 1,2 \cdot 10^{-6} = 0,012$ C erforderlich. Soll in einer Halbperiode, also in $\frac{1}{100}$ s, eine Umpolung auf eine gleich große Ladung entgegengesetzten Vorzeichens stattfinden, so ist für die Änderung um 0,024 C ein Strom erforderlich, dessen Mittelwert $\frac{0{,}024}{\frac{1}{100}} \frac{C}{s} = 2{,}4$ A beträgt. Je höher die Spannung und je ausgedehnter das Netz ist, desto beachtlicher wird diese Begleiterscheinung der Kraftübertragung. In modernen Höchstspannungsnetzen mit einer Gesamtlänge der Leitungen von vielen hundert Kilometern sind Ströme von einigen hundert Ampere erforderlich, um die von Draht zu Draht und zwischen Leitern und Erde gebundenen Ladungen heranzuschaffen, oder mit anderen Worten, um den Energieaufwand für das elektrische Feld des Leitersystems zu decken. Noch eindringlicher treten diese Eigenschaften elektrischer Hochspannungsnetze an Kabeln in Erscheinung. Ein 30 kV-Kabel neuerer Ausführung, dessen Adern nach dem Höchstädterschen System phasenweise von einer geerdeten Metallhülle eingeschlossen sind, stellt in jeder Phase bereits auf 1 km Länge einen Kondensator von 0,25 $\mu$F vor. Die geringeren Abstände der geladenen Flächen und die höhere Dielektrizitätskonstante des isolierenden Mediums wirken sich hier in Richtung einer gesteigerten Ausprägung der kapazitiven Eigenschaften aus.

Die Leistungen, welche auf diese Art die eigentliche Nutzleistung der Übertragungsanlage begleiten, zählen nach einigen hundert bis zu vielen tausend Kilovoltampere. Beispielsweise übersteigt die kapazitive Erdschlußleistung der rheinischen 200 kV-Netze den riesigen Betrag von 200 000 kVA. Es ist klar, daß Energieumsetzungen von solcher Höhe geregelte Bahnen zugewiesen werden müssen, soll nicht jede Störung der stationären Verhältnisse des Netzes zu schweren Erschütterungen führen. Die hauptsächlichste kapazitive Gleichgewichtsstörung der Hochspannungsnetze ist der Erdschluß; seine Bekämpfung muß von Vorstellungen über das Wesen der kapazitiven Verkettungen ausgehen.

## 2. Die kapazitiven Eigenschaften der einfachsten Leiteranordnungen.

Wenn wir im folgenden ausschließlich die Kapazitätseigenschaften gestreckter Leiter herleiten, so steckt darin die Annahme, daß die Ladungen den Leiter in seiner Gesamtausdehnung gleichförmig bedecken und daß ihr Wechsel nicht schnell genug erfolgt, um die endliche Ausbreitungsgeschwindigkeit der Umladungsvorgänge in Erscheinung treten zu lassen. Unter dieser Voraussetzung verhalten sich die Netzabschnitte wie konzentrierte, an den Sammelschienen des Speisepunktes vereinigte Kapazitäten. Über die Zulässigkeit dieser Auffassung vergewissert man sich durch die Überlegung, daß der Ladestrom eine Strecke von 60 km in $\frac{1}{5000}$ s, also im hundertsten Teil der Dauer einer Wechselstromperiode zurücklegt. Die genaueren Betrachtungen, durch welche in besonderen Fällen den induktiven Eigenschaften der Leiter Rechnung zu tragen ist, werden wir in späteren Kapiteln durchführen. Einstweilen wollen wir so vorgehen, als wären die Leiter induktionsfrei, was mit unendlich rascher Ausbreitung der elektrischen Vorgänge gleichbedeutend ist.

Wir gehen von der Beziehung zwischen Ladung $Q$ und Feldstärke $\mathfrak{E}$ in einem Medium mit der Dielektrizitätskonstante $\varepsilon = 1$ aus:

$$\int df\, \mathfrak{E}_n = 4\pi Q. \tag{2}$$

Für andere Medien als Luft ist die linke Seite mit $\varepsilon$ zu erweitern. Lassen sich Flächen $F$ angeben, welche mit konstanter Normalkomponente $\mathfrak{E}_n$ der Feldstärke durchsetzt werden, so vereinfacht sich die Gleichung (2) zu

$$F \cdot \mathfrak{E}_n = 4\pi Q. \tag{2a}$$

Der physikalische Sinn dieser Festlegung geht dahin, daß eine punktförmige Einheitsladung $Q = 1$ (gemessen in elektrostatischen Einheiten) auf der mit dem Radius 1 cm um sie geschlagenen Kugelfläche mit dem Inhalt $F = 4\pi$ die Feldstärke 1 hervorruft. (Die Schreibweise entspricht der für Zahlenwertgleichungen des elektrostatischen CGS-Systems benutzten, nicht der neuerdings bevorzugten rationalen Form.)

Das durch Abb. 1 veranschaulichte Kraftlinienbild eines zylindrischen Leiters mit unendlich ferner koaxialer Gegenfläche ist nun sofort berechenbar. In jedem Punkt des Raumes ist

$$\mathfrak{E} = \frac{4\pi q}{f} = \frac{4\pi q}{2r\pi} = 2\frac{q}{r}. \tag{3}$$

Hier bedeutet $q$ und $f$ die Ladungsmenge bzw. die von den Kraftlinien durchsetzte Fläche pro Längeneinheit des zylindrischen Gebildes. Wir werden im folgenden die „Gesamtgrößen" durch große Buchstaben, die auf 1 km bezogenen mit kleinen Buchstaben kennzeichnen.

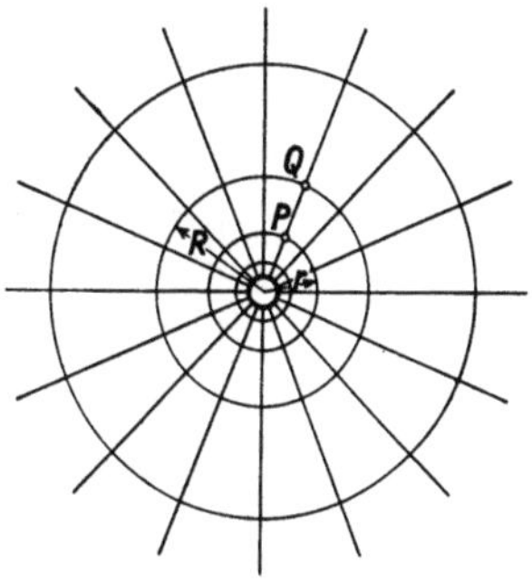

Wird eine Probeladung 1 durch die Wirkung der Feldstärke $\mathfrak{E}$ fortgeschafft, so lassen sich von Zylinderflächen abgegrenzte Zonen angeben, denen der gleiche Arbeitsbetrag $A = \int \mathfrak{E}_r\, dr$ zuzuordnen ist. Die Probeladung erfährt auf einem radial gerichteten Wege, der zwischen Punkten $P$ und $Q$ von den Achsenabständen $r$ und $R$ verläuft, durch die Arbeitsleistung eine Abnahme an potentieller Energie

$$\varphi_r - \varphi_R = \int_r^R 2\frac{q}{r}\, dr = 2q \ln\frac{R}{r}. \tag{4}$$

Abb. 1. Elektrostatisches Feldbild eines zylindrischen Leiters.

Jede der Äquipotentialflächen $\varphi =$ konst entspricht einem Energieniveau und erlaubt in sich eine arbeitsfreie Verlegung der Aufpunkte $P$ und $Q$. Auf den Verlauf des Weges, den man zum Übergang von einer Fläche zur anderen wählt, kommt es somit nicht an.

In unserer Ableitung war nur vorausgesetzt, daß die Ladung $q\ \frac{\text{elektrost. Einh.}}{\text{cm}}$ von der betrachteten Zylinderfläche eingeschlossen ist. Sie braucht daher durchaus nicht auf der Achse zu sitzen, es kann vielmehr ohne Änderung des von einer Fläche ausstrahlenden Feldbildes der Sitz der Ladung auf die Zylinderfläche selbst verlegt werden. Lassen wir die von der Fläche mit dem Radius $r$ ausgehenden Kraftlinien auf der Fläche mit dem Radius $R$ enden, indem wir dort die Gegenladung anbringen, so sind für das Feld zwischen den beiden koaxialen Zylindern keine neuen Bedingungen geschaffen, da die maßgebende Gleichung (2a) unverändert erfüllt bleibt. Außerhalb der beiden geladenen Flächen verschwindet das Feld mit der Summe der eingeschlossenen Ladungen. Wir haben einen Zylinderkondensator vor uns. Seine Kapazität $c$ pro Längeneinheit finden wir im Sinne von Gleichung (1) aus der Potentialdifferenz $\varphi_r - \varphi_R$ und der Ladung $q$ durch die Bestimmungsgleichung

$$c = \frac{q}{\varphi_r - \varphi_R} = \frac{1}{2\ln\frac{R}{r}}. \tag{5}$$

Die Maßzahlen von $q$ und $\varphi$ sind in elektrostatischen Einheiten auszudrücken, wie dies bei der Erläuterung der Gleichung (2a) zum Ausdruck kam. Man erhält dann $C$ in Zentimetern und die Kapazität $c$ der Längeneinheit wird dimensionslos. Durch Umrechnung mit dem Faktor $\frac{1}{9 \cdot 10^{11}}$ geht man auf Farad über. Drückt man die Kapazität in $\mu$F aus und bezieht sie auf 1 km = $10^5$ cm, so ändert sich der Zahlenfaktor in $\dfrac{10^6 \cdot 10^5}{9 \cdot 10^{11}} = \dfrac{1}{9}$ und die Beziehung (5) lautet

$$c = \frac{1}{18 \ln \dfrac{R}{r}} \mu\text{F/km}. \tag{5a}$$

Geht man noch vom natürlichen zum Briggsschen Logarithmus über, so erfordert dies eine Erweiterung von Zähler und Nenner mit 0,4343.

$$c = \frac{0{,}04826}{2 \log \dfrac{R}{r}} \mu\text{F/km}. \tag{5b}$$

Konzentrisch angeordnete Leiter sind, abgesehen von den sog. Höchstädter-Kabeln, für die heutige Technik der Kraftübertragung ohne Bedeutung. Die Kenntnis ihrer Eigenschaften leitet aber in sehr einfacher Weise zu der Behandlung parallel verlaufender gestreckter Leiter von entgegengesetzt gleicher Ladung über. Wir denken uns nämlich das Feld zweier Zylinderkondensatoren mit weit entferntem äußerem Belag überlagert. Im Grenzfall gehen die beiden äußeren Zylinderflächen ineinander über und heben sich durch das entgegengesetzte Vorzeichen ihrer Ladungen in der Wirkung auf. Die Feldstärken setzen sich, wie in Abb. 2 rechte Hälfte angedeutet, vektoriell zusammen. Die Diagonalen des Kraftliniennetzes ergeben das neue Feldbild. Man kann zeigen, daß die ursprünglichen Kraftlinien sich zu jeder neuen unter konstantem Winkel zusammensetzen. Die resultierenden Kraftlinien der beiden Leiter sind somit Kreise.

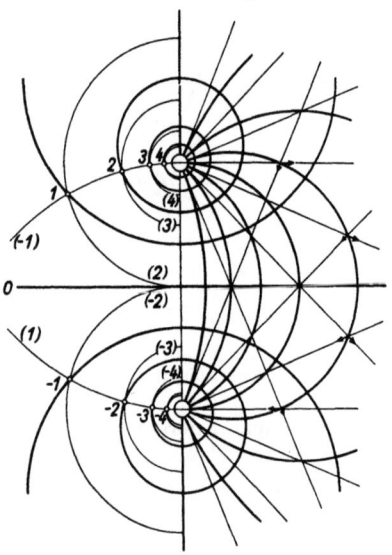

Abb. 2. Elektrostatisches Feldbild eines Paares zylindrischer Leiter.

Aus dem Energieprinzip folgt, daß der Übergang von einem Punkt des Feldes zum anderen mit einer Änderung des Arbeitsvermögens im Betrage der Summe

$$\varphi_r - \varphi_R = (\varphi_{r1} - \varphi_{R1}) + (\varphi_{r2} - \varphi_{R2})$$

verbunden ist, wobei die Indizes 1 und 2 zur Kennzeichnung der einzelnen zur Überlagerung gelangenden Teilfelder dienen sollen.

Die Gleichung (4) liefert uns die beiden Summanden zunächst in der Form

$$\varphi_r - \varphi_R = 2 q_+ \ln \frac{R_1}{r_1} + 2 q_- \ln \frac{R_2}{r_2}. \tag{6}$$

Wegen der vorausgesetzten numerischen Gleichheit von $q_+$ und $q_-$ kann man auch schreiben

$$\varphi_r - \varphi_R = 2 q \left( \ln \frac{r_2}{r_1} - \ln \frac{R_2}{R_1} \right). \tag{6a}$$

Eine einfache Überlegung legt es nahe, den Aufpunkt 2 in große Entfernung zu rücken und damit alle Potentialwerte $\varphi_r$ auf einen und denselben Ausgangswert $\varphi_\infty$ zu beziehen, der dem Energieniveau im unendlich Fernen entsprechen soll. Der Quotient $\dfrac{R_2}{R_1}$ kann in diesem Falle mit dem Wert 1 identifiziert werden, da Zähler und Nenner demselben Wert $R$ zustreben. Der zweite Logarithmus auf der rechten Seite von (6a) wird Null und das auf das Ausgangsniveau $\varphi_\infty$ bezogene Potential $\varphi_r$ wird (unter Weglassung des Zeigers)

$$\varphi = 2q \ln \frac{r_2}{r_1}. \tag{6b}$$

Mathematisch vollzieht sich der zum Verschwinden des zweiten Gliedes führende Grenzübergang so, daß man von der Darstellung $R_2 = R_1 + \delta$ ausgeht. Man weiß, daß $|\delta|$ den Betrag $a$ des Abstandes der beiden am weitesten voneinander abgekehrten Punkte der Leiteroberflächen nicht überschreiten kann. Der Quotient $\frac{R_2}{R_1}$ nimmt dann die Form $1 + \frac{\delta}{R_1}$ an, worin der zweite Summand mit wachsendem $R_1$ gegen den Summanden 1 immer mehr zurücktritt. Die Reihenentwicklung für den natürlichen Logarithmus dieses Ausdruckes liefert daher mit zunehmender Genauigkeit den Wert $\frac{\delta}{R_1}$, der gegen Null konvergiert.

Ein besonders einfaches Bildungsgesetz regelt hier den Verlauf der Äquipotentialflächen $\varphi =$ konst. Selbstverständlich handelt es sich um Zylinderflächen, da die ebene Behandlung des Problems dieses Ergebnis von vornherein einschließt. In der Tat sind es sogar Kreiszylinder, da die Bedingung $\frac{r_2}{r_1} =$ konst eine Kreisschar definiert. Der Nachweis hierfür darf übergangen werden, da wir im weiteren auf diese Feststellung nicht zurückzugreifen brauchen. Wir begnügen uns mit der Folgerung, daß man auch hier eine nach außen hin unveränderte Feldwirkung erzielt, wenn man die auf einer Achse angehäufte Ladung auf eine der sie umgebenden zylindrischen Äquipotentialflächen

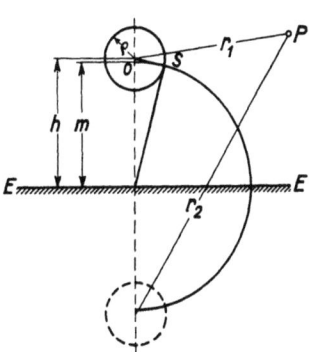

Abb. 3. Zylindrischer Leiter über leitender Ebene. Bestimmung der Exzentrizität des linearen Ersatzleiters O.

verteilt, und daß umgekehrt zu jedem geladenen Kreiszylinder ein linearer Ersatzleiter gehört, der allerdings nicht in der geometrischen Zylinderachse, sondern exzentrisch zu dieser liegt. Ist der Leiterhalbmesser klein gegen den Abstand, so sinkt die Exzentrizität auf vernachlässigbare Beträge herab. Wir wollen dem exakten Zusammenhang eine kleine Zwischenbetrachtung widmen.

In Abb. 3 ist eine der Äquipotentialflächen aus Abb. 2 herausgegriffen und als Leiteroberfläche angenommen. Ihre geometrische Achse befinde sich im Abstande $h$ über der Symmetrieebene $E-E$. Die Achse des linearen Ersatzleiters $O$ befinde sich im Abstande $m$ über dieser Ebene. Der Leiterradius sei mit $\varrho$ bezeichnet. Aus Abb. 2 werde noch jene Feldlinie übernommen, welche sich als Halbkreis mit dem Scheitelpunkt $O$ über der Symmetrieebene aufbaut. Diese Kraftlinie durchsetzt die Leiteroberfläche wie alle Äquipotentialflächen senkrecht. Aus dem rechtwinkligen Dreieck mit der Hypothenuse $h$ und dem Scheitel $S$ liest man ab

$$m^2 = h^2 - \varrho^2. \tag{7}$$

Die Exzentrizität berechnet sich daraus zu

$$h - m = h - \sqrt{h^2 - \varrho^2},$$
$$= h\left(1 - \sqrt{1 - \frac{\varrho^2}{h^2}}\right).$$

Man erhält hieraus näherungsweise für kleine Werte von $\frac{\varrho}{h}$ den Betrag $\varrho \frac{\varrho}{2h}$ als Exzentrizität der elektrischen Achse. Bei einem Leiterradius von 0,6 cm entsprechend 95 mm² Leiterquerschnitt und einem Leiterabstand von $2h = 200$ cm beträgt mithin die Exzentrizität nur 0,3 vH des Leiterhalbmessers. Man darf daher ohne merklichen Fehler die geometrische und die elektrische Achse zylindrischer Leiter identifizieren. Eine Ausnahme hiervon bilden die Kabel, bei deren Kapazitätsberechnung diese Vereinfachung nicht zulässig ist.

Eine nähere Betrachtung der Abb. 2 zeigt noch, daß die Feldlinien die Äquipotentialflächen und somit auch die Leiteroberfläche nicht homogen durchsetzen. Man erkennt dies insbesondere an den ungleichen Abständen der Äquipotentialflächen. Durch Anwendung der Gleichung (2) auf einen beliebigen Teil der Leiteroberfläche ergibt sich, daß auch die Ladung über die Oberfläche nicht homogen verteilt sein kann. Aber auch diese Feststellung ist bei den gebräuchlichen Abmessungen und Entfernungen der Leiter nur eine Feinheit ohne praktische Bedeutung.

Wichtig ist hingegen, daß irgend zwei Äquipotentialflächen als Sitz der entgegengesetzt gleichen Gesamtladungen und als Quell- bzw. Senkpunkte der Kraftlinien ausgewählt werden dürfen, ohne daß der Feldverlauf zwischen ihnen eine Beeinflussung erfährt. Daraus ergibt sich sofort, daß die Anordnung: zylindrischer Leiter über leitender Ebene $E-E$ (Erde!) in unserer Darstellung eingeschlossen ist. Es folgt ferner das wichtigste Resultat, daß das Feldbild der Anordnung Leiter-Erde völlig identisch ist mit dem Feldbild, welches zwischen diesem Leiter und einem durch Spiegelung an der Erdoberfläche erhaltenen entgegengesetzt gleich geladenen Leiter entsteht. Von dieser Äquivalenzbeziehung wird bei der Überlagerung der Felder von Mehrleitersystemen Gebrauch gemacht.

Demzufolge ist die Potentialfunktion $\varphi$ einer Anordnung Leiter-Erde durch die Abstände $r_1$ und $r_2$ des Aufpunktes $P$ von der Leiterachse und ihrem Spiegelbild bestimmt (Abb. 3);

$$\varphi = 2q \ln \frac{r_2}{r_1}. \tag{6b}$$

In der Symmetrieebene verschwindet $\varphi$, da $r_2 = r_1$. Auf der Leiteroberfläche wird in den in Abb. 3 definierten Bezeichnungen

$$\varphi_1 = 2q \ln \frac{2h}{\varrho}, \tag{8}$$

daher die Kapazität der Längeneinheit

$$c = \frac{q}{\varphi_1} = \frac{1}{2 \ln \frac{2h}{\varrho}}. \tag{9}$$

Für numerische Auswertung gilt entsprechend den bei Herleitung von Gleichung (5a) und (5b) gemachten Feststellungen

$$c = \frac{0{,}02413}{\log \frac{2h}{\varrho}} \frac{\mu \mathrm{F}}{\mathrm{km}}. \tag{9b}$$

Zahlenbeispiel. Eine Leitung von 0,5 cm Drahtdurchmesser, welche 1000 cm über dem Erdboden verlegt ist, weist eine Kapazität von 0,0067 $\mu$F/km (1 $\mu$F je 150 km) auf.

## 3. Das kapazitive Grundschema eines einfachen Systems gestreckter Leiter. Definitionen.

Um den eben gewonnenen Einblick in die kapazitive Verkettung eines Leiters mit der Erdoberfläche zu vertiefen, wollen wir den Einfluß eines weiteren, iso-

untersuchen. Zunächst ist klar, daß ein isolierter Leiter von geringer radialer Ausdehnung einfach als Sonde betrachtet werden kann. Sein Potential wird offenbar mit dem des von ihm eingenommenen Ortes übereinstimmen müssen. Seine Ladung ist ohne Zweifel zu Null anzusetzen, da ihm die Leitungsverbindungen ermangeln, über welche Ladung zufließen könnte. Diese beiden Feststellungen scheinen zunächst miteinander nicht verträglich zu sein. Potential ohne Ladung klingt gewissermaßen wie eine in sich widerspruchsvolle Kombination. Die Schwierigkeit ist sofort behoben, wenn wir uns auf dem isolierten Leiter zwei entgegengesetzte Ladungen vorhanden denken, deren eine mit dem geladenen Leiter verkettet ist, deren andere gegen Erde gebunden ist. Man hat es dann mit zwei in Reihe geschalteten Kondensatoren zu tun, die eine Belegung — eben den isolierten Leiter — gemeinsam haben. Hier findet man sich mit dem Fehlen einer Ladung auf einem potentialführenden Leiter sofort ab. Wir kommen damit zu einer neuen Vorstellung, welche in Abb. 4 verdeutlicht ist. Die Leiter *1* und *2* weisen mehrere „Teilkapazitäten" auf, die sich mit den auf 1 km bezogenen Beträgen $c_{1e}$ und $c_{2e}$ gegen Erde einstellen, während zwischen *1* und *2* noch $c_{12}$ anzunehmen ist. Wir überprüfen dieses Schema, indem wir eine Reihe einleuchtender Voraussagen machen:

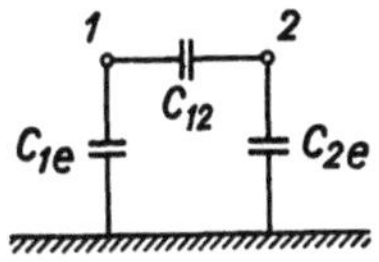

1. Wenn der Leiter *2* von Erde isoliert bleibt, so darf die Gesamtkapazität des Leiters *1* gegen Erde keine Veränderung erfahren, da das Feldbild durch die Sonde *2* nicht beeinflußt wird. Also muß die Reihenschaltung von $c_{12}$ mit $c_{2e}$ kombiniert mit der parallel dazu liegenden Kapazität $c_{1e}$ die ursprüngliche nach (9) zu berechnende Kapazität $c_1$ geben.

Abb. 4. Grundschema der kapazitiven Verkettung zweier Leiter.

2. Verbindet man den Leiter *2* mit Erde, so muß sich alles so verhalten, als wäre die Kapazität $c_{2e}$ überbrückt; es muß dann unmittelbare Parallelschaltung von $c_{1e}$ und $c_{12}$ vorliegen, die Erdkapazität des Leiters *1* ist auf $c_1^*$ gestiegen. Nebenbei bemerkt kommt dann dem Leiter *2* wohl Ladung zu, und zwar ein Teil der vom Leiter *1* aus insgesamt gebundenen Gegenladung, doch weist er, auf Erde bezogen, kein Potential auf.

Formelmäßig bedeutet die Voraussage 1:

$$c_1 = c_{1e} + \frac{1}{\frac{1}{c_{12}} + \frac{1}{c_{2e}}} = c_{1e} + \frac{c_{12} \cdot c_{2e}}{c_{12} + c_{2e}} \tag{10}$$

und Voraussage 2:

$$c_1^* = c_{1e} + c_{12} > c_1. \tag{11}$$

Von dieser Vorstellung geführt, wollen wir in das elektrostatische Problem zweier über der Erde verlaufender Leiter auf analytischem Wege eindringen. Wir benutzen Ansätze über das Potential der einzelnen Leiter in Abhängigkeit von ihrer Ladung und ihrer geometrischen Konfiguration. Das Potential $\varphi_1$ des Leiters *1* z. B. bestimmt sich aus zwei von den beiden Leitern beigesteuerten Beiträgen. Sie sind für einen Punkt zu berechnen, welcher von der geometrischen Achse des mit $q_1$ aufgeladenen Leiters *1* und seines Spiegelbildes die Entfernungen $\varrho_1$ bzw. $2h_1$ besitzt. Der mit $q_2$ aufgeladene Leiter wirkt seinerseits nach Maßgabe der Entfernungen $d_{12}$ und $d_{12}'$ (vgl. Abb. 5) mit.

$$\varphi_1 = 2q_1 \ln \frac{2h_1}{\varrho_1} + 2q_2 \ln \frac{d_{12}'}{d_{12}}.$$

Analog

$$\varphi_2 = 2q_1 \ln \frac{d_{12}'}{d_{12}} + 2q_2 \ln \frac{2h_2}{\varrho_2}. \tag{12}$$

Ein wichtiges Kennzeichen dieser leicht auf beliebig viele Leiter zu verallgemeinernden Gleichungen ist die Diagonalsymmetrie der Koeffizienten. Von zwei Leitern wirkt jeder am Ort des andern mit demselben **Potentialkoeffizienten**, wie wir diese nur von der örtlichen Beziehung der beiden Leiter, nämlich ihren reellen und spiegelbildlichen Entfernungen abhängigen Koeffizienten nennen wollen.

Unsere Gleichungen (12) lassen bereits die charakteristischen Kennzeichen des allgemeinen Falles unmittelbar hervortreten. Die Auflösung der Gleichungen (12) nach den Ladungen $q$ ergibt

$$\left. \begin{aligned} D q_1 &= \varphi_1 \, 2\ln\frac{2h_2}{\varrho_2} - \varphi_2 \, 2\ln\frac{d'_{12}}{d_{12}} \\ D q_2 &= -\varphi_1 \, 2\ln\frac{d'_{12}}{d_{12}} + \varphi_2 \, 2\ln\frac{2h_1}{\varrho_1} \end{aligned} \right\} \quad (12a)$$

Hierin bedeutet $D$ die Determinante der Koeffizienten des Gleichungssystemes (12).

$$D = 4\ln\frac{2h_1}{\varrho_1}\ln\frac{2h_2}{\varrho_2} - \left(2\ln\frac{d'_{12}}{d_{12}}\right)^2. \quad (12b)$$

Eine formale Umstellung leitet zu einer physikalisch durchsichtigeren Schreibweise über:

$$\left. \begin{aligned} D q_1 &= \varphi_1 \, 2\left(\ln\frac{2h_2}{\varrho_2} - \ln\frac{d'_{12}}{d_{12}}\right) + (\varphi_1 - \varphi_2)\, 2\ln\frac{d'_{12}}{d_{12}} \\ D q_2 &= (\varphi_2 - \varphi_1)\, 2\ln\frac{d'_{12}}{d_{12}} + \varphi_2 \, 2\left(\ln\frac{2h_1}{\varrho_1} - \ln\frac{d'_{12}}{d_{12}}\right) \end{aligned} \right\} \quad (12c)$$

Diese Gleichungen bringen die Ladungen in direkte Beziehung zu den Potentialdifferenzen Leiter—Erde und Leiter gegen Leiter. Die Gesamtladung eines Leiters wird aufgelöst in eine Summe von Teilladungen, die in Richtung nach Erde und gegen die anderen Leiter hin gebunden sind. Wir haben eine Darstellung

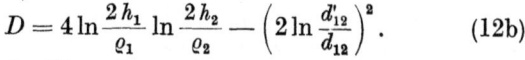

Abb. 5. Lagenbeziehungen der Leiter eines Drehstromsystemes und ihrer Spiegelbilder.

$$q_1 = \Sigma\,(\varphi_1 - \varphi_i)\, c_{1i}$$

gewonnen, worin der Zeiger $i$ über alle anderen Leiter und Erde läuft. Im besonderen ist hier

$$\left. \begin{aligned} c_{1e} &= \frac{2}{D}\left(\ln\frac{2h_2}{\varrho_2} - \ln\frac{d'_{12}}{d_{12}}\right) \\ c_{2e} &= \frac{2}{D}\left(\ln\frac{2h_1}{\varrho_1} - \ln\frac{d'_{12}}{d_{12}}\right) \\ c_{12} &= \frac{2}{D}\ln\frac{d'_{12}}{d_{12}} \end{aligned} \right\} \quad (13)$$

Es bestünde zunächst kein Anlaß, vom Gleichungssystem (12) auf (12c) und damit von den Potentialkoeffizienten auf die Teilkapazitäten überzugehen, wenn nicht die technische Problemstellung in der Regel zu gegebenen Potentialwerten die unbekannten Ladungen suchen würde. Eine kleine Gegenüberstellung wird die Wechselbeziehung besser beleuchten:

| Potentialkoeffizienten. | Teilkapazitäten. |
|---|---|
| Nur von je zwei Leitern abhängig, von der Lage der weiteren Leiter unbeeinflußt. | Von der geometrischen Beziehung sämtlicher Leiter beeinflußt (vgl. die Rolle der Determinante $D$ in Gleichung 13). |
| Berechnung einfach. | Berechnung nur durch Auflösung eines Gleichungssystemes. |
| Unanschaulich. | Anschaulich. |
| Geeignet zur unmittelbaren Bestimmung unbekannter Potentiale aus gegebenen Ladungen. | Geeignet zur unmittelbaren Bestimmung unbekannter Ladungen aus gegebenen Potentialen. |

Unsere in die Gleichung (10) eingekleidete erste Voraussage läßt sich an Hand der Definitionen (13) unter Zuhilfenahme des Ausdruckes (12 b) für $D$ mit einfachen Zwischenrechnungen bestätigen. Im übrigen geht ja bereits aus den äquivalenten Gleichungen (12) für $q_2 = 0$ der mit (9) identische Kapazitätsausdruck

$$c_1 = \frac{q_1}{\varphi_1} = \frac{1}{2\ln\frac{2h_1}{\varrho_1}}$$

hervor. Ebenso bestätigt sich mit Hilfe der zweiten Gleichung (12), daß $\varphi_2$ dann den Wert

$$\varphi_1 \frac{\ln\frac{d'_{12}}{d_{12}}}{\ln\frac{2h_1}{\varrho_1}}$$

annimmt, der in Übereinstimmung mit unserem kapazitiven Schema Abb. 4 einer Spannungsteilung im Verhältnis

$$\frac{1}{\frac{1}{c_{12}}+\frac{1}{c_{2e}}} : c_{2e}$$

entspricht. Die gesamte Erdkapazität $c_1$ spaltet sich also durch das Hereinbringen des isolierten Leiters $2$ bei unverändertem Gesamtwert in die Teilkapazitäten nach Gleichung (13). Im resultierenden Feldbild darf man nach einem Anzeichen hierfür nicht suchen, es bleibt unverändert. Hingegen wandelt sich das Feldbild unmittelbar, wenn man den zweiten Leiter mit Erde verbindet. Offenbar bringt man dann gewissermaßen die Erde nochmals an den Leiter heran, die Erdkapazität muß steigen. In den Gleichungen (12) und (12a) wird jetzt $\varphi_2 = 0$ und damit

$$c_1^* = \frac{1}{D} 2\ln\frac{2h_2}{\varrho_2},$$
$$-q_2^* = \varphi_1 \frac{1}{D} 2\ln\frac{d'_{12}}{d_{12}} = \varphi_1 c_{12}.$$

Es bestätigt sich somit in Verbindung mit Gleichung (13) die Voraussage 2 unseres kapazitiven Ersatzschemas, die in Gleichung (11) ihren Ausdruck fand. Für die Praxis ergibt sich hieraus die Lehre: **Ein Erdseil, welches entlang einer Hochspannungsleitung verlegt wird, erhöht die Erdkapazität der spannungsführenden Leiter.**

Eine interessante Anwendung der bisherigen Ergebnisse bezieht sich auf die Erdkapazität zweier Leiter, die durch Parallelschaltung die gleiche Spannung gegen Erde aufweisen. Sie binden gegenseitig keine Ladungsanteile, $c_{12}$ ist überbrückt. Ihre Summenkapazität ist aber keineswegs gleich der doppelten Erdkapazität, welche ein Leiter für sich allein aufweist, sondern nur $2c_{1e} < 2c_1$. Erst bei sehr großem Abstand der beiden Leiter kommt angenähert eine Verdoppelung zustande. Je enger sie wiederum benachbart sind, desto mehr nähert man sich dem Fall völliger Koinzidenz, für welchen offenbar $2c_{1e} = c_1$ wird. Somit bewegt sich $2c_{1e}$ innerhalb der Grenzen $c_1$ und $2c_1$.

Die Gleichungssysteme (12) und (12c) beziehen sich auf Augenblickswerte. Erfahren die Potentialwerte $\varphi$ zeitliche Änderungen nach einem Sinusgesetz, so gelten die Beziehungen offenbar unverändert für die Maximal- und Effektivwerte von $\varphi$ und $q$. Erweitert man daher die Gleichungen (12c) mit der Kreisfrequenz $\omega$, so entsteht eine Beziehung zwischen Ladeströmen und Potentialdifferenzen von der Form

$$i_m = \Sigma^n (\varphi_m - \varphi_n) \omega c_{mn} = \Sigma^n U_{mn} \omega c_{mn},$$

in der die Ströme und Spannungen nach Art des Ohmschen Gesetzes durch kapazitive Leitwerte $\omega c_{mn}$ paarweise verknüpft sind.

Der große Vorteil der Darstellung kapazitiver Verkettungen durch Teilkapazitäten besteht nun weiter darin, daß in dem Ersatzschaltbild weitere Impedanzbeziehungen zwischen Strom und Spannung sofort in der üblichen Darstellung Aufnahme finden können. Auch hält das kapazitive Schema jeder Form äußerer Zusatzbedingungen stand. Man darf Verbindungen der Leiter untereinander oder mit Erde vollziehen und damit einzelne Teilkapazitäten überbrücken, ohne daß das übrige Schema davon berührt wird. Mathematisch ausgedrückt verfügt man damit nur im Rahmen der Gleichungen (12c) über die Werte einzelner unter den Größen $\varphi$, ohne das Schema der Beziehungen anzutasten.

Schon an Hand unseres einfachen Beispieles — zweier über Erde verlaufender paralleler Leiter — können wir einige Begriffe von allgemeiner Bedeutung definieren. Die Teilkapazitäten $c_{1e}$ und $c_{2e}$ heißen **Erdkapazitäten**, $c_{12}$ wird als **gegenseitige Kapazität** bezeichnet. Handelt es sich um ein symmetrisches Wechselstromsystem, dessen Leiter die Spannungen $+\dfrac{U}{2}$ und $-\dfrac{U}{2}$ gegen Erde führen, so müssen beispielsweise dem Leiter *1* die Ladungen

$$q_{1e} = c_{1e} \cdot \frac{U}{2},$$
$$q_{12} = c_{12} \cdot U$$

zugeführt werden. Für den vom Speisepunkt zu deckenden Ladestrom verhält sich daher das Leitersystem genau so, als ob die Leiter gegeneinander mit der **Betriebskapazität**

$$c_b = \frac{1}{2} c_{1e} + c_{12}$$

belastet wären. Der Faktor $\dfrac{1}{2}$ erklärt sich aus der Hintereinanderschaltung der beiden Erdkapazitäten auf dem Wege von einem Leiter zum anderen. Die Einführung der Betriebskapazitäten entspringt dem Umstand, daß in bestimmten Betriebsfällen bei symmetrischer Leiteranordnung der Betriebszustand durch die Angabe eines einzigen Stromes und einer einzigen Spannung gekennzeichnet wird, die dann als „Betriebsgrößen" anzusprechen sind. In ihrer Auswahl liegt eine gewisse Willkür.

Wir ergänzen die an Hand einer typischen Leiteranordnung vollzogene Begriffsbildung durch einige Formeln für die numerische Bestimmung der Kapazitäten des symmetrischen Zweileitersystemes.

In Gleichung (12b) und (13) hat man

$$h_1 = h_2 = h,$$
$$\varrho_1 = \varrho_2 = \varrho,$$
$$d_{12} = d,$$
$$d'_{12} = \sqrt{d^2 + 4h^2}$$

einzuführen. Setzt man dann noch [in Übereinstimmung mit späteren Festsetzungen, z. B. Gleichung (15)]

$$2 \ln \frac{2h}{\varrho} = a_{11},$$
$$2 \ln \frac{\sqrt{d^2 + 4h^2}}{d} = a_{12},$$

so wird

$$D = a_{11}^2 - a_{12}^2$$

und schließlich:

Das kapazitive Grundschema eines einfachen Systems gestreckter Leiter.

Teilkapazität eines Leiters gegen Erde:
$$c_{1e} = c_{2e} = \frac{a_{11} - a_{12}}{a_{11}^2 - a_{12}^2} = \frac{1}{a_{11} + a_{12}}.$$

Kapazität der beiden parallel geschalteten Leiter gegen Erde:
$$2c_{1e} = \frac{2}{a_{11} + a_{12}}.$$

Gegenseitige Teilkapazität:
$$c_{12} = \frac{a_{12}}{a_{11}^2 - a_{12}^2}.$$

Kapazität eines Leiters gegen Erde und den mit Erde verbundenen anderen Leiter:
$$c_{1e} + c_{12} = \frac{a_{11}}{a_{11}^2 - a_{12}^2}.$$

Betriebskapazität:
$$c_b = \frac{1}{2} c_{1e} + c_{12} = \frac{1}{2(a_{11} - a_{12})}.$$

(13a)

Der Übergang auf die Zahlenwerte des praktischen Maßsystems vollzieht sich durch Erweiterung der rechten Seite mit $\frac{1}{9}$ [vgl. die Herleitung von Gleichung (5a)] bzw. soferne man die Ausdrücke $a_{11}$ und $a_{12}$ nicht in natürlichen, sondern in den bequemeren Briggsschen Logarithmen berechnet hat, im Sinne von Gleichung (5b) durch Erweiterung mit 0,04826. Das Ergebnis liegt dann in $\mu$F/km vor.

Zahlenbeispiel. Einphasenfreileitung nach Abb. 4, Höhe über Erde 1000 cm, Leiterabstand 100 cm, Leiterradius 0,5 cm, Längenausdehnung 100 km, Betriebsspannung 10 kV, Frequenz 50 Hz.

$$a_{11} = 16,588$$
$$a_{12} = 5,994$$
$$c_{1e} = 0,00492 \ \mu\text{F/km}$$
$$c_{12} = 0,00278 \ \mu\text{F/km}$$
$$c_b = 0,00524 \ \mu\text{F/km}.$$

Somit wird der betriebsmäßige Ladestrom eines Leiters
$$i = 10000 \cdot 314 \cdot 0,00524 \cdot 100 \cdot 10^{-6} = 1,65 \text{ A}.$$

Verbindet man den einen der beiden Leiter mit Erde, so sendet der andere mit der verketteten Spannung einen der Teilkapazität $c_{1e}$ entsprechenden Strom gegen Erde, der an der Erdverbindungsstelle des anderen Leiters in das System zurückkehrt. Dieser Erdschlußstrom ergibt sich somit zu
$$i_e = U \cdot \omega \cdot c_{1e} \cdot l = 10000 \cdot 314 \cdot 0,00492 \cdot 100 \cdot 10^{-6} = 1,54 \text{ A}.$$

Lade- und Erdschlußströme in der Größenordnung von 1,5 A können für Einphasensysteme ohne Erdseil als Kennziffern je 10 kV und 100 km gelten.

Wir müssen natürlich in den numerischen Werten auch eine Bestätigung der Behauptung wiederfinden, daß der zweite Leiter an der Kapazität des ersten nichts zu ändern vermag, wenn er von diesem und von Erde isoliert gewissermaßen tot mitläuft. Aus Abb. 4 entnehmen wir die Anleitung, daß zunächst die Hintereinanderschaltung von $c_{12}$ und $c_{1e}$ zu bilden ist. Sie ergibt 0,00178 $\mu$F/km. Sodann ist eine Parallelschaltung mit $c_{1e}$ vorzunehmen, welche 0,0067 $\mu$F/km liefert. Man vergleiche diesen Wert mit dem Ergebnis des Zahlenbeispieles zu Gleichung (9b).

## 4. Mehrleitersysteme aus parallelen gestreckten Leitern (Teilkapazitäten, Ableitungen).

Eine Drehstromübertragung erfolgt im einfachsten Fall über drei Drähte. Zu diesen tritt in der Mehrzahl der Fälle noch ein Erdseil. Zur Übertragung großer Leistungen benutzt man mit Vorliebe Doppelleitungen, welche am gleichen Mast verlegt werden und ein oder mehrere Blitzschutzseile erhalten. Auch kommt es vor, daß Leitungssysteme verschiedener Spannung wenigstens ein Stück Weges auf den Masten nebeneinander verlegt sind, ja auch Betriebsfernsprechleitungen begleiten manchmal das Hochspannungssystem unter Benutzung derselben Maste. Stark- und Schwachstromleitungen verlaufen auch oft zu zweien oder mehreren auf getrennten Masten durch längere Strecken parallel. Wenn sich auf allen oder auf einem Teil der Leitungssysteme Influenzwirkungen bemerkbar machen können, so spricht man von einer Beeinflussung durch Näherung. Alle diese Fälle werden durch die allgemeine Theorie der kapazitiven Verkettungen von Mehrleitersystemen erfaßt.

Wir dürfen uns auf die Überlegungen berufen, welche zur Aufstellung der Gleichungen (12) geführt haben. Ihre sinngemäße Erweiterung lautet:

$$\left.\begin{aligned}\varphi_1 &= a_{11} q_1 + a_{12} q_2 + \ldots\ldots + a_{1n} q_n \\ \varphi_2 &= a_{21} q_1 + a_{22} q_2 + \ldots\ldots + a_{2n} q_n \\ \varphi_n &= a_{1n} q_n + a_{2n} q_n + \ldots\ldots + a_{nn} q_n \end{aligned}\right\} \quad (15)$$

Darin sind die Koeffizienten definiert durch die Ausdrücke

$$\left.\begin{aligned} a_{kk} &= 2 \ln \frac{2 h_k}{\varrho_k} \\ a_{ik} &= 2 \ln \frac{d_{ik}}{d_{ik}} \end{aligned}\right\} \quad (16)$$

welche an Hand von Abb. 5 ohne weiteres verständlich sind.

Die Auflösung des Gleichungssysteme (16) nach den $q$ liefert ein neues ähnlich gebautes System, welches zuerst von Maxwell (L 7) aufgestellt wurde:

$$\left.\begin{aligned} q_1 &= \phantom{-}c_{11}\varphi_1 - c_{12}\varphi_2 - \ldots - c_{1n}\varphi_n \\ q_2 &= -c_{12}\varphi_1 + c_{22}\varphi_2 - \ldots - c_{2n}\varphi_n \\ q_n &= -c_{1n}\varphi_1 - c_{2n}\varphi_2 - \ldots + c_{nn}\varphi_n \end{aligned}\right\} \quad (17)$$

Die Theorie der linearen Gleichungen lehrt hier, daß zwischen den $a_{ik}$ und $c_{ik}$ folgende Zusammenhänge bestehen: Ist die Determinante der $a_{ik}$ symmetrisch zu der von links oben nach rechts unten verlaufenden Hauptdiagonale, dann trifft das auch für die Determinante der $c_{ik}$ zu. Die Glieder $c_{ik}$ sind die durch den numerischen Wert $D$ der Determinante $|a_{ik}|$ geteilten „algebraischen Komplemente" $\alpha_{ik}$ der Glieder $a_{ik}$. Für die außerhalb der Hauptdiagonale stehenden Glieder ist übrigens in (17) in Anlehnung an Gleichung (12 a) ein negatives Vorzeichen eingeführt, da diese Koeffizienten in (17) ihrem Wesen nach stets so auftreten müssen.

$$-c_{ik} = \frac{\alpha_{ik}}{D}, \qquad c_{ii} = \frac{\alpha_{ii}}{D}. \quad (18)$$

Bei der numerischen Behandlung solcher Gleichungssysteme macht man jedoch kaum von der zwar formal übersichtlichen, rechnerisch jedoch umständlichen Determinantenmethode Gebrauch. Es stehen brauchbare Näherungsverfahren zur Verfügung, welche im Abschnitt VI vorgeführt werden sollen.

Das Gleichungssystem (17) ist genau wie (12a) noch einer weiteren Umformung fähig. In der Schreibweise

$$\left.\begin{array}{l}q_1 = c_{1e}\varphi_1 + c_{12}(\varphi_1-\varphi_2) + \ldots + c_{1n}(\varphi_1-\varphi_n) \\ q_2 = c_{12}(\varphi_2-\varphi_1) + c_{2e}\varphi_2 + \ldots + c_{2n}(\varphi_2-\varphi_n) \\ q_n = c_{1n}(\varphi_n-\varphi_1) + c_{2n}(\varphi_n-\varphi_2) + \ldots + c_{ne}\varphi_n\end{array}\right\} \quad (19)$$

treten sofort die **Erdkapazitäten**

$$c_{ie} = c_{ii} - (c_{i1} + \ldots + c_{in}) \quad (20)$$

sowie die **gegenseitigen Kapazitäten** $c_{ik}$ hervor. Diese physikalische Deutung läßt nachträglich erkennen, daß die $c_{ik}$ in den Gleichungen (19) mit positivem, in (17) mit negativem Vorzeichen erscheinen müssen.

Wie bedient man sich der Gleichungen (15) in praktischen Fällen? Natürlich dürfen nur so viel Unbekannte gesucht sein, als der Zahl der Gleichungen bzw. der Leiter entspricht. Unter den $2n$-Größen $\varphi_1$ bis $\varphi_n$ und $q_1$ bis $q_n$ muß daher über $n$ aus den Bedingungen der jeweiligen Aufgabe verfügt werden. Beispielsweise wird für einen Teil der Leiter das Potential gegeben sein, sei es, daß sie als geerdete Seile durch $\varphi=0$ gekennzeichnet sind, sei es, daß sie auf gegebenem, in unserem Problem meist gruppenweise gleichem Potential gegen Erde gehalten sind. Soweit sie systemfremd und von Erde isoliert sind, wird man bei ihnen $q=0$ setzen. Man ermittelt auch in der Regel nicht sämtliche Teilkapazitäten, sondern richtet es so ein, daß man die meist bedeutungslosen internen Kapazitäten eines Systems von Anfang an ausscheidet, ebenso die Erdkapazitäten geerdeter Leiter. Da sich derartige Hinweise am besten an Hand eines praktischen Beispieles verdeutlichen lassen, soll auf sie zurückgegriffen werden, wenn wir einem konkreten Falle gegenüberstehen (Kap. 1, Abschnitt VI). Sind alle $n$-Bedingungen eingeführt, so werden die Gleichungen nach den unbekannt gebliebenen Ladungen $q$ aufgelöst. Man gewinnt stets eine Darstellung nach Art der Gleichungen (17) oder (19), in der $q$ als Summe von Teilladungen auftritt. Diese liefern die gesuchten Teilkapazitäten als Koeffizienten der Spannungen.

An bestehenden Mehrleitersystemen kann das System der in den Gleichungen (19) vorkommenden $\frac{n(n+1)}{2}$ Teilkapazitäten $c_{ie}$ und $c_{ik}$ auch durch **Messungen** bestimmt werden. Es empfehlen sich hierfür die beiden folgenden Methoden:

1. Man verbinde alle Leiter bis auf einen mit Erde. Diesem verleiht man die Spannung $U$ gegen Erde und mißt dann seine Stromaufnahme $I$. Man kann überdies die Ströme in den Erdverbindungen der übrigen Leiter messen. Bezeichnet man mit dem Index $k$ den auf Spannung gehobenen Leiter, mit dem laufenden Zeiger $m$ die übrigen, so gilt

$$\frac{I_k}{U} = \omega c_{kk} l,$$

$$\frac{I_m}{U} = \omega c_{km} l.$$

Wiederholt man die Messung an sämtlichen Leitern, so ergeben sich nach Division durch die Leitungslänge $l$ alle gesuchten Größen.

2. Man verbinde alle Leiter bis auf zwei ($i$ und $k$) mit der Erde, schalte die beiden Leiter parallel und messe ihren Summenstrom unter der Spannung $U$. Dann folgt aus der $i$ten und $k$ten der Gleichungen (17) durch Erweiterung mit $\omega$ und Addition:

$$\frac{I_{i+k}}{U} = \omega(c_{ii} - 2c_{ik} + c_{kk})l = \omega l\, c_{i+k}.$$

Die $c_{ii}$ können nach Methode 1 bestimmt werden. Man erhält dann

$$C_{ik} = l\, c_{ik} = \frac{C_{ii} + C_{kk} - C_{i+k}}{2}.$$

Bei dieser kombinierten Anwendung von Methode 1 und 2 kann man sich auf lauter Meßwerte von gleicher Größenordnung stützen.

Alle Mehrleitersysteme weisen im Leerlauf außer den Ladeströmen auch **Verlustströme** auf, die vor allem als Leckströme an den Stützpunkten zur Ausbildung kommen. Im allgemeinsten Falle, wenn es sich auch um dielektrische Verluste handeln kann (Kabel), gelten sinngemäß alle für die Kapazitäten abgeleiteten Zusammenhänge. Zwar handelt es sich bei Hochspannungsleitungen stets nur um geringe Prozentsätze der Ladeströme. Jedoch gerade im Falle der induktiven Erdschlußkompensation, wo, wie wir sehen werden, die Kapazitäten des Systems ihre Richtkraft einbüßen, treten die parallel zu ihnen liegenden **Ableitungen** zusammen mit den anderen Verlustquellen in den Vordergrund.

Anwendung auf einen praktischen Fall:

Als einfachstes Beispiel eines Mehrleitersystems bietet sich die **Drehstromfreileitung ohne Erdseil** dar. Obgleich hier Symmetrie der drei Leiter nicht mehr möglich ist, wollen wir die formale Voraussetzung hierfür dadurch herstellen, daß wir mit einer mittleren Höhe und einem mittleren Abstand rechnen. Wir werden auf diese Weise Einblick in die wesentlichen Verhältnisse erlangen. In den Definitionen (16) werden also alle $a_{kk}$ untereinander gleich angenommen.

$$a_{11} = a_{22} = a_{33} = 2\ln\frac{2h_m}{\varrho}.$$

Da auch aus allen $d_{ik}$ und $d'_{ik}$ ein Mittelwert $d$ bzw. $d'$ gebildet sein soll, vereinfachen sich ebenso die $a_{ik}$ mit $d' \approx 2h_m$:

$$a_{12} = a_{13} = a_{23} = 2\ln\frac{2h_m}{d}. \qquad (21)$$

Sodann ergibt sich durch Auflösen von (15) oder auch gemäß (18)

$$c_{11} = c_{22} = c_{33} = \frac{a_{11}+a_{12}}{a_{11}-a_{12}}\frac{1}{a_{11}+2a_{12}}.$$

Gegenseitige Teilkapazität:

$$c_{12} = c_{13} = c_{23} = \frac{a_{12}}{a_{11}-a_{12}}\frac{1}{a_{11}+2a_{12}}.$$

Teilkapazität eines Leiters gegen Erde nach Gleichung (20):

$$c_{1e} = c_{2e} = c_{3e} = c_{11} - 2c_{12} = \frac{1}{a_{11}+2a_{12}}.$$

$(22)$

Die Betriebskapazität eines symmetrischen Dreiphasensystems ergibt sich, indem man als Betriebsgrößen die Phasenspannung und den Leiterstrom wählt, zu

$$c_b = c_{1e} + 3c_{12} = \frac{1}{a_{11}-a_{12}}. \qquad (23)$$

Der Ausdruck für $c_b$ wird erhalten, indem man nach einer Ersatzkapazitätsbelastung zwischen Phase und Neutralpunkt sucht, welche den Ladestrom des Leiters hervorzurufen vermag. Zum Blindverbrauch $3\left(\dfrac{U}{\sqrt{3}}\right)^2 \cdot \omega\, c_{1e}$ der drei Erdkapazitäten tritt der Verbrauch $3U^2\omega c_{12}$ der gegenseitigen Kapazitäten. Ihre Zusammenfassung führt auf das dreifache des Ausdruckes

$$\left(\frac{U}{\sqrt{3}}\right)^2 \omega\,(c_{1e} + 3c_{12}).$$

### Zahlenbeispiel.

Sämtliche Annahmen mögen mit denjenigen für das Zahlenbeispiel des vorigen Kapitels identisch sein. Wir dürfen dann auch die Werte für $a_{11}$ und $a_{12}$ mit geringfügiger Ungenauigkeit identifizieren.

Danach wird
$$c_{1e} = 0{,}00389 \ \mu\text{F/km}$$
$$c_{12} = 0{,}00220 \ \mu\text{F/km}$$
$$c_b = 0{,}01048 \ \mu\text{F/km}$$

Gegenüber dem früheren Zahlenbeispiel wird sofort der neuerliche Rückgang der Teilkapazität gegen Erde ersichtlich, der von dem Hinzutreten eines weiteren Leiters herrührt. Der Unterschied in der Betriebskapazität ist hingegen nur in der willkürlichen, aber nun einmal eingebürgerten Bezugnahme auf eine andere Betriebsgröße, die Phasenspannung, begründet. Bei gleicher Definition wäre die Betriebskapazität der Einphasenleitung gleich hoch.

Der betriebsmäßige Ladestrom eines Leiters beträgt
$$i = \frac{10\,000}{\sqrt{3}} \cdot 314 \cdot 0{,}01048 \cdot 100 \cdot 10^{-6} = 1{,}9 \ \text{A}.$$

Verbindet man einen der drei Leiter mit Erde, so senden die beiden anderen durch die Teilkapazitäten Ströme
$$i_{e1} = i_{e2} = U \omega c_{1e} l = 1{,}22 \ \text{A}$$
zur Erde, welche durch die Erdschlußstelle des dritten Leiters in das System zurückkehren. Berücksichtigt man die gegenseitige Phasenverschiebung von $60^0$, so ergibt sich der gesamte Erdschlußstrom der Drehstromleitung ohne Erdseil für je 10 kV und 100 km zu
$$i_e = 1{,}22 \cdot \sqrt{3} = 2{,}1 \ \text{A}.$$

Auch diese Ergebnisse sind typisch für die Höhe des Lade- bzw. Erdschlußstromes einer Drehstromeinfachleitung ohne Erdseil. Praktisch sind noch gewisse Zuschläge zu berücksichtigen, welche dem Einfluß der Maste usw. Rechnung tragen. Man darf überschlägig den Erdschlußstrom einer Drehstromeinfachleitung für je 10 kV und 100 km auf rd. 2,5 A (mit Erdseil etwa 3 A) schätzen.

## 5. Die Kapazitäten von Zwei- und Dreileiterkabeln.

Soweit Hochspannungskabel heute nach dem System Höchstädter mit geerdeter Metallhülle um jede Ader ausgeführt werden, weisen sie Teilkapazitäten nur gegen Erde auf, deren Bestimmung als geometrisches Problem durch Anwendung der Gleichung (5c) für die Kapazität eines Zylinderkondensators erledigt ist. Im technischen Anwendungsfalle tritt als Faktor noch die Dielektrizitätskonstante hinzu, welche bei ölgetränktem Kabelpapier 4 beträgt.

Bis vor wenigen Jahren herrschten Hochspannungskabel von anderem Aufbau vor, deren Adern symmetrisch innerhalb eines geerdeten Bleimantels angeordnet sind. Bei einem Zweileiterkabel hat man es also mit dem Fall zweier paralleler Leiter zu tun, die von einem geerdeten Zylinder eingeschlossen sind. Obgleich die rechnerische Behandlung dieser Anordnung nicht allzu verwickelt wird, darf sie hier übergangen werden, da die Herstellerfirmen die Kapazitätswerte im Prüffeld zu messen pflegen und an Stelle konstruktiver Unterlagen lieber gleich Angaben über die tatsächlich gemessenen Teilkapazitäten zur Verfügung stellen. Da auch hier grundsätzlich die in Abb. 4 symbolisierten Verkettungen bestehen, sind 2 Messungen erforderlich. Speist man die Leiterschleife mit der Betriebsspannung unter Aufrechterhaltung der elektrischen Symmetrie, so ergibt sich die Betriebskapazität

$$C_b = C_{1e} + 2\,C_{12}.$$

Erdet man den einen der beiden Leiter, d. h. verbindet man ihn mit dem Bleimantel, so mißt man die Kapazität

$$C_1^* = C_{1e} + C_{12}.$$

Man könnte ebensogut beide Leiter auf gleiche Spannung gegen den Bleimantel aufladen und derart $2\,C_{1e}$ direkt bestimmen. Ferner könnte man nach den im vorigen Kapitel angegebenen allgemeinen Methoden vorgehen.

Was im dritten Kapitel in Form der Gleichungen (13a) über symmetrische Zweileitersysteme ausgesagt wurde, gilt genau so für Kabel. Für die Ausdrücke $a_{11}$ und $a_{12}$ benützt man hierbei die Näherungen

$$\left. \begin{array}{l} a_{11} = 2\ln\dfrac{D^2-d^2}{2D\varrho} \\[4pt] a_{12} = 2\ln\dfrac{D^2+d^2}{2Dd} \end{array} \right\} \quad (24)$$

in welchen $D$ den Innendurchmesser des geerdeten Bleimantels, $d$ den Abstand der Leiterachsen, $\varrho$ den Leiterradius bedeutet. Eine etwas genauere Formel für die Betriebskapazität ist bei Breisig (L 3) zu finden. Nach erfolgter Berechnung der geometrischen Kapazitätswerte geht man durch Erweiterung mit der Dielektrizitätskonstante $\varepsilon$ zu den physikalischen Größen über.

Für das symmetrische Dreileiterkabel gilt alles dies in sinngemäßer Übertragung. Insbesondere gelten hier die für das symmetrische Dreileitersystem aufgestellten Gleichungen (22) und (23) zusammen mit den Näherungsausdrücken

$$\left. \begin{array}{l} a_{11} = 2\ln\dfrac{D^2-d^2}{2D\varrho} \\[4pt] a_{12} = \ln\dfrac{D^4+D^2d^2+d^4}{3D^2d^2} \end{array} \right\} \quad (25)$$

Die Summenerdkapazität der drei Leiter beträgt bei einem normalen verseilten Drehstromkabel rund das 1,5fache der Betriebskapazität, die sich selbst wieder in der Größenordnung des 20- (bis 40) fachen der für Freileitungen charakteristischen Werte hält. Beispielsweise ist der Erdschlußstrom eines Drehstromkabels für 10 kV mit 50 mm² Querschnitt 60 A je 100 km, während bei Freileitungen mit etwa 3 A je 100 km zu rechnen ist.

$H$-Kabel, bei denen jede Ader einen geerdeten Mantel erhält, sind frei von gegenseitiger Kapazität. Ihre Summenerdkapazität ist daher gleich der vollen dreifachen Betriebskapazität, der selbst auch wieder höhere Werte zukommen. Man gelangt damit in die Größenordnung des 60fachen Erdschlußstromes von Freileitungen. Für ein 10 kV-$H$-Kabel von 50 mm² beträgt der Erdschlußstrom 180 A/100 km.

## 6. Das Wesen des Erdschlusses.

Die betriebsmäßig unter Spannung stehenden Leiter einer Kraftübertragung sind hinsichtlich ihrer Mitwirkung an der Fortleitung der Nutzströme nur von den Spannungen abhängig, welche von Leiter zu Leiter und demnach auch an den Klemmen eines angeschlossenen Verbrauchers herrschen. Sofern letzterer von Erde isoliert ist, also insbesondere einen von Erde isolierten Neutralpunkt aufweist, bleibt seine Energieaufnahme von der Einstellung der einzelnen Leiter gegen Erde unberührt. Man könnte also das Übertragungssystem grundsätzlich auch so betreiben, daß man irgendeinen dem System eingegliederten Punkt, sei es den Nullpunkt oder einen der Leiter oder eine Wicklungsanzapfung, fest an Erde legt. Diese Maßnahme wirkt sich vor allem hinsichtlich der Isolationsbeanspruchungen aus, allerdings ohne daß sie die Isolationsauswahl zu beeinflussen vermag. Wird an einem Einphasensystem nach Abb. 6a ein Leiter geerdet, so wird dem anderen die verkettete Spannung gegen Erde aufgedrückt. Man sagt, das System fährt im Erdschluß. In der Regel verbindet man mit dieser Ausdrucksweise den Sinn, daß es sich nicht um den natürlichen freien Zustand, sondern um eine abnormale irgendwie erzwungene Betriebsform handelt. Der Erdschluß kann widerstandsfrei oder satt sein, er kann aber auch widerstandsbehaftet zustande kommen. Tritt ein Erdschluß in einer Anlage ein, die mit geerdeter Neutrale betrieben wird, so wird eine der Phasen dadurch überbrückt und arbeitet im Kurzschluß. Man spricht von Erdkurzschluß (Abb. 6b). Es ist aber auch der Fall denkbar, daß in zwei verschiedenen Abschnitten eines ausgedehnten Netzes zu gleicher Zeit Erdschlüsse an Drähten verschiedener Phasen zustande kommen. Dieser an sich kurzschlußartige Zustand heißt Doppelerdschluß (Abb. 6c). Nicht selten wird an einer und derselben Stelle eines Netzes mehr als eine Phase vom Erdschluß betroffen, sei es, daß die gleiche Störungsursache an mehreren Leitern zur Auswirkung gelangt,

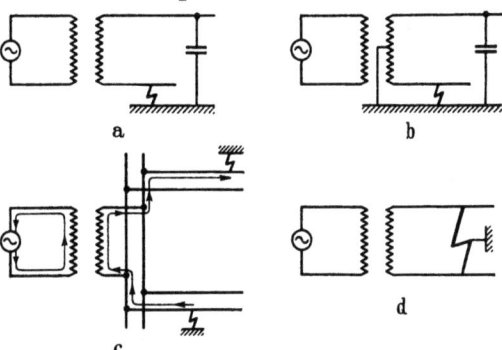

Abb. 6 a—d. Erdfehler. a Einfacher Erdschluß, b Erdkurzschluß, c Doppelerdschluß, d Kurzschluß mit Erdberührung.

sei es, daß die Störung eines Leiters nachträglich auf andere übergreift. Es liegt dann Kurzschluß mit Erdberührung vor (Abb. 6d).

Unter diesen Abweichungen von der Sollform des Betriebes werden wir vornehmlich den einfachen Erdschluß zu behandeln haben. Im nächsten Abschnitt wird sich ein vertiefter Einblick dadurch gewinnen lassen, daß wir vom stationären Erdschluß mit fester Erdverbindung eines Leiters ausgehen und die dabei auftretenden betriebsfrequenten Besonderheiten ergründen. Dann wollen wir uns den praktischen Formen des Erdschlusses und den in seinem Gefolge auftretenden verwickelten Ausgleichserscheinungen zuwenden. Erst wenn wir uns über alle Einzelheiten im Betrieb eines gegen Erdschluß ungeschützten Netzes, insbesondere über die dem aussetzenden Erdschluß entspringenden Schwierigkeiten Rechenschaft gegeben haben, wollen wir in einem weiteren Abschnitt der Beherrschung des Erdschlusses durch induktive Erdschlußkompensierung nähertreten.

## II. Die stationären Erdschlußvorgänge in Drehstromnetzen.

### 1. Der freie Nullpunkt. Elektrischer Schwerpunkt und Nullpunktsverlagerung.

Durch die Stromerzeugungsanlage eines dreiphasigen Drehstromsystemes wird diesem ein Spannungsdreieck aufgedrückt, dessen Aufrechterhaltung bei Belastung von der Leistungsfähigkeit der speisenden Maschinen abhängt. Betrachtet man die Klemmenspannung als starr, so stellt das Spannungsdreieck einen festen Rahmen vor, dessen Lage gegen irgendeinen Bezugspunkt, vor allem also gegen Erde, zunächst nicht fixiert ist, sofern nicht galvanische Verbindungen oder sonstige weitere Bestimmungsstücke hinzutreten. Als solche haben wir bei einem von Erde galvanisch isolierten System die kapazitiven Erdverbindungen anzusehen. Man ist gewöhnt, dem symmetrischen Dreieck der verketteten Spannungen $U$ eine sternförmige Anordnung von drei gleichen, aus dem geometrischen Schwerpunkt nach den Ecken weisenden Phasenspannungen $U_p$ zuzuordnen und den Schwerpunkt mit Erde zu identifizieren. Bei gleichen Erdkapazitäten der drei Leiter trifft diese Annahme aus Symmetriegründen zu.

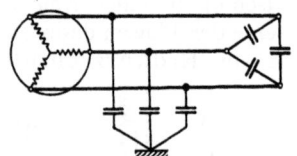

Abb. 7. Teilkapazitäten eines Drehstromsystemes.

Daß es nur auf die Teilkapazitäten gegen Erde ankommt, lehrt ein Blick auf Abb. 7. Die gegenseitigen Teilkapazitäten der einzelnen Leiter geben nur zu direktem Stromaustausch der Leiter Anlaß, verhalten sich also wie eine zusätzliche Belastung des Systems, die ihren Stromweg über die Wicklungen der Stromerzeuger schließt. Soweit hingegen die drei Leiter Strom zur Erde entsenden, steht ihnen bei isoliertem Nullpunkt als einziger Rückschluß die gegenseitige Ergänzung zur Verfügung. Nach dem Kirchhoffschen Gesetz ist die Erde als ein Knotenpunkt des Leitergebildes zu betrachten, dem die Stromsumme Null zuzuordnen ist. Bezeichnet man die Spannungsvektoren[1] der drei Leiter gegen Erde mit $\mathfrak{U}_{1e}$ bis $\mathfrak{U}_{3e}$, ihre Teilkapazitäten gegen Erde mit $C_{1e}$ bis $C_{3e}$, so gilt:

$$\mathfrak{U}_{1e}\,\omega\,C_{1e} + \mathfrak{U}_{2e}\,\omega\,C_{2e} + \mathfrak{U}_{3e}\,\omega\,C_{3e} = 0. \quad (26)$$

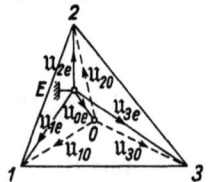

Abb. 8. Phasenspannungen, Leiterspannungen, Nullpunktsspannung.

Diese Beziehung erinnert sogleich an eine Momentengleichung der Mechanik mit den $\omega\,C$ als Kräften, den $\mathfrak{U}$ als Hebelarmen. Bevor wir uns dieser Deutung zuwenden, beschäftigen wir uns noch mit einer aufschlußreichen Umformung von (26). Wir richten uns nach Abb. 8, in welcher irgendeinem Punkt innerhalb des Spannungsdreieckes willkürlich das Erdpotential zugeordnet ist. Man liest die folgende Beziehung zwischen den drei „Leiterspannungen" $\mathfrak{U}_{1e}\ldots \mathfrak{U}_{3e}$, den drei „Phasenspannungen" $\mathfrak{U}_{10}\ldots \mathfrak{U}_{30}$ und der „Nullpunktsspannung" $\mathfrak{U}_{0e}$ ab:

$$\left.\begin{aligned}\mathfrak{U}_{1e} &= \mathfrak{U}_{10} + \mathfrak{U}_{0e}\\ \mathfrak{U}_{2e} &= \mathfrak{U}_{20} + \mathfrak{U}_{0e}\\ \mathfrak{U}_{3e} &= \mathfrak{U}_{30} + \mathfrak{U}_{0e}\end{aligned}\right\} \quad (27)$$

Der Vollständigkeit halber sei hier eingefügt, daß das Spannungsdreieck durchaus nicht gleichseitig oder symmetrisch angenommen werden braucht, um den Ansatz (27) zu rechtfertigen. Man wird diese Beziehung immer mit Vorteil einführen und $\mathfrak{U}_{10}\ldots \mathfrak{U}_{30}$ zweckmäßig den Schwerpunktsstrahlen des Dreiecks gleichsetzen. Dann gilt nämlich

$$\mathfrak{U}_{10} + \mathfrak{U}_{20} + \mathfrak{U}_{30} = 0. \quad (28)$$

Diese Festlegung findet ihre physikalische Basis darin, daß in den drei Schenkeln eines symmetrisch aufgebauten, in Stern geschalteten Transformators bei Erregung mit irgendeinem Spannungsdreieck Spannungskomponenten wirken, die durch Gleichung (28) bestimmt sind. Dort leitet sich die Bedingung (28) aus dem Aufbau des magnetischen Kreises ab, dessen drei Flüsse sich innerhalb des Eisens im wesentlichen zu Null ergänzen müssen.

---

[1] Von den beiden Zeigern eines Vektors soll der erste immer den Aufpunkt bedeuten, nach welchem der Vektorpfeil hinweist, der zweite den Bezugspunkt, also die Wurzel des Vektors.

### Der freie Nullpunkt. Elektrischer Schwerpunkt und Nullpunktsverlagerung.

Die Knotenpunktsbedingung (26) stellt sich dann folgendermaßen dar: Das System entsendet zur Erde die Ströme

$$(\mathfrak{U}_{10} + \mathfrak{U}_{0e})\,\omega\,C_{1e}$$
$$(\mathfrak{U}_{20} + \mathfrak{U}_{0e})\,\omega\,C_{2e}$$
$$(\mathfrak{U}_{30} + \mathfrak{U}_{0e})\,\omega\,C_{3e},$$

welche sich gruppenweise zu

$$\mathfrak{U}_{10}\,\omega\,C_{1e} + \mathfrak{U}_{20}\,\omega\,C_{2e} + \mathfrak{U}_{30}\,\omega\,C_{3e}$$
und $$\mathfrak{U}_{0e}\,\omega\,(C_{1e} + C_{2e} + C_{3e})$$ (29)

zusammenfassen lassen. Der erste Ausdruck stellt den Strom dar, der zustande käme, wenn die Leiterspannungen gleich den Phasenspannungen $\mathfrak{U}_{10} \ldots \mathfrak{U}_{30}$ wären. Er wird zu Null, wenn die drei Erdkapazitäten $C_{1e} \ldots C_{3e}$ gleich groß sind, wie ein Blick auf die Beziehung (28) lehrt. Dann muß nach dem Kirchhoffschen Gesetz auch der zweite Teilstrom in (24) verschwinden und mit ihm $\mathfrak{U}_{0e}$: Der Systemnullpunkt des ungestörten symmetrischen Drehstromnetzes weist gegen Erde keine Spannung von Betriebsfrequenz auf.

Sind hingegen die drei Erdkapazitäten ungleich groß, so ist auch $\mathfrak{U}_{0e}$ von Null verschieden, und zwar gilt:

$$-\mathfrak{U}_{0e}\,\omega\,(C_{1e} + C_{2e} + C_{3e}) = \mathfrak{U}_{10}\,\omega\,C_{1e} + \mathfrak{U}_{20}\,\omega\,C_{2e} + \mathfrak{U}_{30}\,\omega\,C_{3e}.$$ (30)

Die Deutung dieser Gleichung ist sehr einfach und für viele unserer Betrachtungen grundlegend.

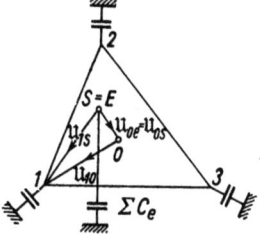

Abb. 9. Elektrischer Schwerpunkt einer Kraftübertragungsanlage.

Jedes von Erde galvanisch isolierte Leitersystem verhält sich so, als ob es mit den Phasenspannungen $\mathfrak{U}_{10}$ usw. über die Erdkapazitäten $C_{1e}$ usw. Ströme zur Erde entsenden würde, deren Summe es vermittels einer allen Leitern gemeinsamen zusätzlichen Spannungskomponente, der Nullpunktsspannung $\mathfrak{U}_{0e}$, über die Parallelschaltung aller kapazitiven Erdverbindungen mit entgegengesetztem Vorzeichen zusätzlich zur Erde schickt.

Die Phasenspannungen gehen hierbei vom Nullpunkt des Systems aus und erfüllen die Bedingung (28). Der Nullpunkt stimmt mit dem geometrischen Schwerpunkt des Spannungsdreieckes überein. Er nimmt zur Unterbindung einer Stromabwanderung gegen Erde selbst eine Verlagerung an. Nicht der Nullpunkt, sondern der elektrische Schwerpunkt des von Erde galvanisch isolierten Systems besitzt Erdpotential. Man kann sich nämlich die kapazitiven Leitwerte als Massen in den Eckpunkten des Dreieckes, an den Enden der Strahlen $\mathfrak{U}_{10} \ldots \mathfrak{U}_{30}$ angebracht denken. Zwischen geometrischem und elektrischem Schwerpunkt, also zwischen Netznullpunkt und Erde, spannt sich der Vektor $\mathfrak{U}_{0e}$ der Nullpunktsverlagerung. Ebenso wie man sich im mechanischen Analogiefall den physikalischen Schwerpunkt mit der Summe aller Massen belegt zu denken hat und dadurch ein völliges Äquivalent für die Wirkung paralleler Massenkräfte schafft, genau so darf man die Summe aller kapazitiven Leitwerte im elektrischen Schwerpunkt zusammenfassen.

Abb. 9 interpretiert die Gleichung (30) in dieser Art. Es gibt einen Punkt $S$ im elektrischen Abstand $-\mathfrak{U}_{0s}$ vom Nullpunkt 0, in welchem man sich die Summe aller Kapazitäten vereinigt angreifend zu denken hat. Dann tritt volle Ersatzwirkung für alle mit der Erde ausgetauschten Ströme ein. Liegt kein Rückweg für solche Ströme vor, so ist ihre Summe Null, der Punkt $S$ muß sich auf Erdpotential einstellen, der Nullpunkt 0 liegt um $\mathfrak{U}_{0e} = \mathfrak{U}_{0s}$ gegen Erde gehoben.

## 2. Ein allgemeiner Satz über den elektrischen Schwerpunkt.

Die soeben für Systeme mit freiem Nullpunkt gewonnene Erkenntnis läßt eine Verallgemeinerung für Systeme beliebiger Erdungsart zu: Werden von einem Mehrphasensystem $n$-Leiter gespeist, welche über Admittanzen vom Leitwert $\mathfrak{G}_1 \ldots \mathfrak{G}_n$ mit Erde verbunden sind, wobei fest geerdete Leiter nicht mitbetrachtet werden, so gibt es einen vom Systemnullpunkt $0$ im allgemeinen verschiedenen Punkt $S$, in dem man sich eine Ersatzbelastung $\sum \mathfrak{G}_i$ gegen Erde angebracht denken darf, gleichgültig, wie das System auch gegen Erde verlagert sein mag. Dieser Punkt $S$ ist der elektrische Schwerpunkt des Spannungssystems. Er wird definiert durch die Gleichung

$$\sum_1^n \mathfrak{U}_{is}\mathfrak{G}_i = 0. \tag{31}$$

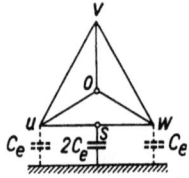

Abb. 10. Beispiel für die Bestimmung des elektrischen Schwerpunktes, Systemstörung durch Unterbrechung des dritten Leiters.

$\mathfrak{U}_{is}$ ist dabei der Spannungsvektor des $i$ten Leiters mit dem elektrischen Schwerpunkt als Bezugspunkt. Benennt man die Spannung des letzteren gegen Erde mit $\mathfrak{U}_{se}$, so ist die Leiterspannung $\mathfrak{U}_{ie}$ gegen Erde bestimmt durch

$$\mathfrak{U}_{ie} = \mathfrak{U}_{is} + \mathfrak{U}_{se}. \tag{32}$$

Dann gilt offenbar

$$\sum_1^n \mathfrak{U}_{ie}\mathfrak{G}_i = \sum_1^n \mathfrak{U}_{is}\mathfrak{G}_i + \mathfrak{U}_{se}\sum_1^n \mathfrak{G}_i. \tag{33}$$

Das erste Glied der rechten Seite verschwindet gemäß Definitionsgleichung (31) und so verbleibt der mathematische Ausdruck des oben ausgesprochenen Theorems:

$$\sum_1^n \mathfrak{U}_{ie}\mathfrak{G}_i = \mathfrak{U}_{se}\sum_1^n \mathfrak{G}_i. \tag{34}$$

Die linke Seite stellt hier die Summe der unter dem Einfluß der Leiterspannungen nach Erde abfließenden Einzelströme vor, die rechte Seite einen äquivalenten Strom, der vom elektrischen Schwerpunkt über die Gesamtheit aller Erdverbindungen nach Erde übertreten würde.

Beispiel. Eine von Erde isolierte symmetrische Drehstromleitung mit den drei Erdteilkapazitäten $C_e$ werde eingeschaltet. Durch eine Unterbrechung in einer der drei Phasen (Versagen des Schalterpoles, Unterbrechung in der Transformatorwicklung oder dgl.) bleibe ein Phasenleiter (z. B. $v$ in Abb. 10) ohne Spannung. Es ist sofort einzusehen, daß der elektrische Schwerpunkt des Systemes jetzt auf der Verbindungslinie $uw$ liegen muß. Man hat sich ihn mit $2C_e$ belastet zu denken und kann dann die beiden noch vorhandenen $C_e$ streichen. Das sich selbst überlassene System stellt sich so ein, daß kein Strom mit Erde ausgetauscht wird. Der Punkt $S$ nimmt Erdpotential an, die beiden Leiter $u$ und $w$ verhalten sich wie eine mit der verketteten Spannung $uw$ versorgte Einphasenleitung. Der Transformatorsternpunkt und Systemnullpunkt $0$ liegt um die halbe Phasenspannung über Erde.

Die Aufsuchung des elektrischen Schwerpunktes kann im allgemeinen nach den Regeln für die Bestimmung des Massenschwerpunktes erfolgen. Sind die Admittanzen $\mathfrak{G}_i$ untereinander nicht von gleicher Art, so geht man besser von der elektrischen Aussage der Definitionsgleichung (31) aus. Da man die Spannungsvektoren $\mathfrak{U}_{is}$ usw. nicht kennt, wählt man zweckmäßig einen bekannten Bezugspunkt, etwa den Nullpunkt, von dem die Spannungsvektoren $\mathfrak{U}_{10} \ldots \mathfrak{U}_{i0} \ldots$ ausgehen. Beachtet man die aus Abb. 9 abzulesende Beziehung

$$\mathfrak{U}_{is} = \mathfrak{U}_{10} + \mathfrak{U}_{0s} \text{ usw.}, \tag{27a}$$

so geht (31) über in die Bedingung

$$\sum_{1}^{n} i \mathfrak{U}_{is} \mathfrak{G}_i = \sum_{1}^{n} i \mathfrak{U}_{i0} \mathfrak{G}_i + \mathfrak{U}_{0s} \sum_{1}^{n} i \mathfrak{G}_i = 0. \tag{31a}$$

Die Gleichung (31a) liefert uns folgendes Verfahren zur Bestimmung des elektrischen Schwerpunktes von Systemen, die mit keinem der Leiter fest an Erde gelegt sind, im übrigen keiner einschränkenden Bedingung über die Art ihrer Erdverbindungen unterliegen. Man bestimme zunächst denjenigen Strom, der in Summe mit der Erde ausgetauscht würde, wenn der Sternpunkt

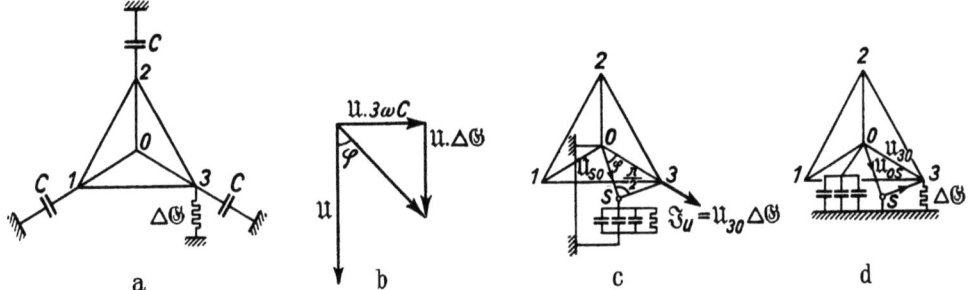

Abb. 11a—d. Hochohmiger Erdfehler. Entstehung unausgeglichener Ströme (Abb. b und c) in geerdeten Systemen, unausgeglichener Spannungen (Abb. d) in isolierten Systemen.

an Erdpotential gebunden wäre. Wir wollen diesen Strom, der sich bei symmetrischen Phasenspannungen und Erdverbindungen gar nicht ausbilden kann, als **unausgeglichenen Strom** $\mathfrak{J}_u$ des Systems bezeichnen. Er beträgt

$$\mathfrak{J}_u = \sum_{1}^{n} i \mathfrak{U}_{i0} \mathfrak{G}_i.$$

Sodann bestimme man die resultierende Admittanz $\sum \mathfrak{G}_i$ aller Erdverbindungen. Diejenige Spannung, welche mit der resultierenden Admittanz $\sum \mathfrak{G}_i$ den unausgeglichenen Strom aufzuheben vermag, ist identisch mit dem Spannungsvektor $\mathfrak{U}_{0s}$, der vom Nullpunkt zum elektrischen Schwerpunkt weist. Der vektorielle Abstand des elektrischen Schwerpunktes vom Nullpunkt wird derart als Spannungsverbrauch eines gegebenen Stromes in einer gegebenen Impedanz erhalten.

Wir verfügen damit über eine Methode, einen einzigen Systempunkt und eine einzige Belastung ausfindig zu machen, durch deren elektrisches Verhalten die Teilnahme aller Leiter des Systems am Stromaustausch mit Erde gleichwertig ersetzt werden kann.

Die Einführung des Begriffes „unausgeglichener Strom" sei noch zum Anlaß genommen, seine auf das gesamte System, nicht auf einen einzelnen Leitungsabschnitt gerichtete Bedeutung hervorzuheben und ihn dadurch von dem sog. **Unsymmetriestrom** einer Teilstrecke (vgl. S. 34) zu unterscheiden.

In Abb. 11a—d wird das Beispiel einer in einer Phase durch hochohmige Berührung (Baumzweig) zusätzlich mit Erde verbundenen Drehstromleitung behandelt. In der ersten Nebenfigur 11b wird der durch die symmetrisch verteilten Kapazitäten $C$ und durch die unsymmetrische Widerstandsverbindung $\triangle \mathfrak{G}_3$ unter der Einwirkung einer beliebigen Spannung $\mathfrak{U}$ fließende Summenstrom bestimmt, um die Eigenschaften der resultierenden Admittanz, insbesondere den zugehörigen Phasenwinkel $\varphi$ festzulegen. Dem unausgeglichenen Strom $\mathfrak{U}_{30} \triangle \mathfrak{G}_3$ eilt dann die gesuchte Schwerpunktsspannung $\mathfrak{U}_{s0}$ (Abb. 11 c) um den Winkel $\varphi$ nach. Sie hat den Betrag

$$\mathfrak{U}_{30} \frac{\triangle G_3}{\sqrt{(\triangle G_3)^2 + (3\omega C)^2}}.$$

Wir haben soeben die Hilfsvorstellung fester Nullpunktserdung und eines daraus abgeleiteten eingeprägten Stromes für die Auffindung des elektrischen Schwerpunktes herangezogen. Ebenso kann man auch vom Grenzfall des freien Nullpunktes ausgehen. Es wird sich gleich zeigen, daß wir es dann mit dem Gegenstück zu dem ersten Verfahren, mit einer eingeprägten Spannung zu tun haben. Wir wollen uns der Mühe einer zweiten Betrachtung aus dem Grunde unterziehen, weil wir damit folgende Einsicht vorbereiten helfen: Aufgaben über Stromspannungsverhältnisse, welche der Lösung durch Ersatzschaltbilder zugänglich sind, können sowohl mit der Vorstellung eingeprägter Ströme als auch durch Benutzung eingeprägter Spannungen der Erledigung zugeführt werden. Macht man sich diese Erkenntnis nicht zu eigen, so kann man zu Trugschlüssen verleitet werden, die auf dem Gebiete der induktiven Erdschlußkompensierung manchen Bearbeitern nicht erspart blieben.

Im vorliegenden Falle findet man die eingeprägte Spannung durch Vergleich des unsymmetrischen Belastungsfalles mit einem Ausgangszustand völliger Symmetrie. Solange dieser herrscht, fällt der Schwerpunkt mit dem freien Netznullpunkt zusammen, die Klemme 3 ist mit der vollen Phasenspannung $\mathfrak{U}_{30}$ gegen Erde wirksam. Nun fügen wir $\triangle \mathfrak{G}_3$ hinzu und stützen uns auf die Definition (31), jedoch in anderer Gruppierung:

$$\sum_{1}^{n} \mathfrak{U}_{is} \mathfrak{G}_i = \sum_{1}^{n} \mathfrak{U}_{is} \omega C + \mathfrak{U}_{3s} \triangle \mathfrak{G}_3 = 0. \tag{31 b}$$

Der erste Teil des zweigliedrigen Ausdruckes ist gleichwertig mit $\mathfrak{U}_{0s} \Sigma \omega C$, da man die symmetrischen Kapazitäten $C_1 \ldots C_n$ im Nullpunkt zusammenfassen darf (Abb. 11 d). Die beiden Teilspannungen $\mathfrak{U}_{3s}$ und $\mathfrak{U}_{s0}$ des Spannungsvektors $\mathfrak{U}_{30}$ erfüllen somit die Bedingung

$$\mathfrak{U}_{3s} \triangle \mathfrak{G}_3 = \mathfrak{U}_{s0} \Sigma \omega C,$$

welche als Vorschrift für die Teilung der Summenspannung $\mathfrak{U}_{30}$ auszulegen ist. Diese verteilt sich auf die Reihenschaltung des unsymmetrischen Zweiges $\triangle \mathfrak{G}_3$, wirksam an Klemme 3, und der zusammengefaßten übrigen Admittanzen $\Sigma \omega C$, wirksam am Systemnullpunkt 0. Der Teilungspunkt ist der elektrische Schwerpunkt, der hier aus zwei Teilschwerpunkten (0 und Klemme 3) gewonnen ist. In Abb. 11 d ist dieses Verfahren für einen Wirkwiderstand $\triangle \mathfrak{G}_3$ zur Anwendung gebracht. Es ergibt für die gesuchte Lage des Schwerpunktes natürlich die gleiche Lösung wie das zuerst durchgeführte Verfahren. Man erkennt, wieso das Dreieck $OS3$ bei $S$ einen rechten Winkel aufweist.

Der Umstand, daß der für die Gesamtheit aller Erdverbindungen einzuführende und in dieser Hinsicht das System repräsentierende Anschlußpunkt $S$ im allgemeinen nicht mit dem Nullpunkt zusammenfällt, gibt Anlaß, den elektrischen Abstand dieser beiden Punkte als unausgeglichene Spannung $\mathfrak{U}_{0s}$ des Systems aufzufassen. Ihre Bedeutung tritt in Netzen mit ungeerdetem Nullpunkt unmittelbar hervor. Da dort nämlich, wie ein Blick auf Abb. 12a lehrt, der vom elektrischen Schwerpunkt nach Erde anzunehmende Stromzweig keinen Rückschluß vorfindet, muß der Schwerpunkt selbst Erdpotential annehmen, damit der Bedingung der Stromlosigkeit genügt wird. Dann hebt sich aber der Nullpunkt um den Betrag der unausgeglichenen Spannung über das Niveau des Erdpotentials.

Ein allgemeiner Satz über den elektrischen Schwerpunkt.

In den beiden Grenzfällen des freien und des starr geerdeten Nullpunktes liegt also je ein anderer Endpunkt des Vektors der unausgeglichenen Spannung an Erde. Der freie Nullpunkt entspricht einem Leerlaufzustand, die starre Erdung ist als Kurzschlußfall aufzufassen. In diesem fließt unter dem Einfluß der unausgeglichenen Spannung über die als innerer Widerstand wirkende resultierende Impedanz der parallel geschalteten Erdverbindungen gerade der unausgeglichene Strom $\mathfrak{J}_u$ (Abb. 12b und 11c)

$$\sum \mathfrak{U}_{i0}\mathfrak{G}_i = \mathfrak{J}_u = \mathfrak{U}_{s0}\sum \mathfrak{G}_i. \tag{35}$$

Wir haben zu erwarten, daß bei Erdung des Nullpunktes über eine beliebige Impedanz $\mathfrak{Z}_0$ das Verhalten des Systems aus den beiden Extremfällen abzuleiten ist.

Erstes Verfahren: Man kann den Nullpunkt wie irgendeine Klemme des Systems auffassen und den unausgeglichenen Strom bilden. Dieser Strom

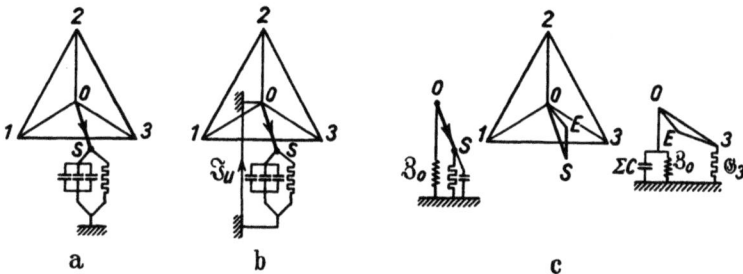

Abb. 12 a—c. Gegenüberstellung des isolierten, starr geerdeten und über eine Impedanz geerdeten Nullpunktes. a: $I_s = 0$, $\mathfrak{U}_s = 0$, Nullpunkt gehoben (unausgeglichene Spannung); b: $I_s = \mathfrak{J}_u$ (unausgeglichener Strom), $\mathfrak{U}_0 = 0$; c: $\mathfrak{U}_{0e} \neq 0$, $\mathfrak{U}_{se} \neq 0$, Ermittlung des Gesamtschwerpunktes $E$ aus den Teilschwerpunkten $O$ und $S$ oder $O$ und $3$.

ist dann über die Parallelschaltung der Erdverbindungen aller Klemmen und des Nullpunktes aufzuheben (vgl. S. 21) und bedingt das Auftreten einer Spannung Nullpunkt-Erde vom Betrage $\mathfrak{U}_{0e}$

$$\mathfrak{J}_u = -\mathfrak{U}_{0e}\left(\sum \mathfrak{G}_i + \frac{1}{\mathfrak{Z}_0}\right). \tag{36}$$

Zum Beweis dieses Satzes, welcher eine Erweiterung der für ungeerdeten Nullpunkt ($E = S$) geltenden Beziehung (35) vorstellt, bilden wir die Summe aller aus dem System gegen Erde abfließenden Ströme unter Einbeziehung des Nullpunktes. Nach dem Kirchhoffschen Knotenpunktssatz ist diese Summe gleich Null zu setzen.

$$\sum \mathfrak{U}_{ie}\mathfrak{G}_i + \frac{\mathfrak{U}_{0e}}{\mathfrak{Z}_0} = 0.$$

Wir greifen noch zurück auf die Beziehung

$$\mathfrak{U}_{ie} = \mathfrak{U}_{i0} + \mathfrak{U}_{0e}$$

und bilden mit ihr die Zwischengleichung

$$\sum \mathfrak{U}_{i0}\mathfrak{G}_i + \mathfrak{U}_{0e}\left(\sum \mathfrak{G}_i + \frac{1}{\mathfrak{Z}_0}\right) = 0. \tag{36a}$$

Im ersten Glied dieses Ausdruckes haben wir den unausgeglichenen Strom $\mathfrak{J}_u$ in der unveränderten Definition nach Gleichung (35) vor uns und gelangen damit unmittelbar zu der zu beweisenden Formel (36).

Zweites Verfahren: Das Gegenstück zu der eben durchgeführten Betrachtung, welche sich auf den im Grenzfall fester Nullpunktserdung auftretenden unausgeglichenen Strom stützt und ihn als dem System eingeprägt annimmt, bildet eine andere, welche von der bei freiem Nullpunkt auftretenden unausgeglichenen Spannung ausgeht. Die Schwerpunktsspannung $\mathfrak{U}_{s0}$ spielt dann die Rolle einer eingeprägten Spannung. Man hat es mit einem Stromkreis zu tun, in welchem ein innerer Widerstand entsprechend der im Schwerpunkt zusammengefaßten resultierenden Impedanz sowie ein äußerer Widerstand entsprechend der Erdungsimpedanz $\mathfrak{Z}_0$ des Nullpunktes zu überwinden ist (Abb. 12c). $\mathfrak{U}_{s0}$ zerlegt sich dann in zwei Komponenten, welche einen Strom $\mathfrak{J}_0$ durch die in Reihe liegenden Impedanzen treiben:

$$\mathfrak{U}_{s0} = \frac{\mathfrak{J}_0}{\Sigma \mathfrak{G}_i} + \mathfrak{J}_0 \mathfrak{Z}_0 \, .$$

Um diesen anschaulichen Zusammenhang formal zu bestätigen, erbringen wir noch den Nachweis seiner Identität mit der eben benützten Knotenpunktsbedingung durch eine kleine Umformung

$$\mathfrak{U}_{s0} \sum \mathfrak{G}_i = \mathfrak{J}_0 \mathfrak{Z}_0 \left( \sum \mathfrak{G}_i + \frac{1}{\mathfrak{Z}_0} \right).$$

Man erkennt unschwer die Übereinstimmung mit (36a), wenn man die Spannung $\mathfrak{U}_{0e}$ zwischen Nullpunkt und Erde durch $(-\mathfrak{J}_0 \mathfrak{Z}_0)$ ausdrückt ($-\mathfrak{J}_0$ vom Nullpunkt ausgehend).

Die Sinnfälligkeit dieses Verfahrens wird noch gesteigert, wenn man ihm die Bedeutung einer Aufsuchung des Gesamtschwerpunktes $E$ aus zwei Teilschwerpunkten $S$ und $O$ beilegt. Man kann natürlich in sinngemäßer Auswahl genau so gut zwei andere leicht auffindbare Teilschwerpunkte, z. B. $O$ für $C_1 \ldots C_3$ und $\mathfrak{Z}_0$ sowie Klemme 3 für die Zusatzbelastung $\triangle \mathfrak{G}_3$ benutzen (Abb. 12c rechts). Die Ermittlung des Gesamtschwerpunktes $E$ auf eine dieser Arten gibt stets die Lösung der Aufgabe einer Eingliederung des Erdpotentials in die Vektordarstellung der Systemspannungen.

Es kann nun auch eine Regel über den Aufbau von Ersatzschaltbildern ausgesprochen werden, die sich auf die Wirkung von Erdverbindungen einzelner Pole oder des Nullpunktes bezieht. Als treibende EMK ist stets die Spannung zwischen dem ursprünglichen elektrischen Schwerpunkt und dem mit zusätzlicher Erdverbindung ausgestatteten Systempunkt anzusehen. Sodann hat man eine Strombahn zwischen Schwerpunkt und Erde zu bilden, welche die Gesamtheit aller durch den Schwerpunkt vertretenen, dort in Parallelschaltung angebracht zu denkenden natürlichen Erdverbindungen umfaßt. Die Fortsetzung der Strombahn führt von Erde zu dem zusätzlich belasteten Systempunkt zurück.

Die hier angewendete Betrachtungsweise liefert die Resultate in einer Form, in der sie nicht nur für Dreiphasennetze, sondern beispielsweise ebensogut für Einphasen- sowie verkettete und unverkettete Zweiphasennetze unmittelbar brauchbar sind. Dabei werden alle zu den Ergebnissen nicht beitragenden Eigenschaften des Systems von selbst ausgeschieden. Natürlich deckt sich dieses Verfahren letzten Endes mit der sog. Methode der symmetrischen Komponenten, nur ist es frei von der Spezialisierung auf Dreiphasensysteme. Von den drei Komponenten, dem rechtläufigen oder Mitsystem, dem gegenläufigen (inversen) oder Gegensystem und dem Nullsystem, sind es die dem letzteren angehörenden Größen, die uns als Nullpunktsstrom und Nullpunktsspannung begegnet sind.

## 3. Der Erdschluß des Drehstromsystems mit voll isoliertem Nullpunkt. Spannungsbeanspruchungen.

Verbindet man eine der drei Phasen widerstandsfrei mit Erde, so tritt bei hinreichend leistungsfähiger Stromquelle keine Änderung der von Leiter zu Leiter herrschenden Spannungen ein. Ein Blick auf Abb. 13 zeigt dann, daß die beiden anderen Phasen mit voller verketteter Spannung gegen Erde betrieben werden. Man begegnet immer wieder der Auffassung, dieser Umstand sei als nachteilige Seite des Betriebes mit freiem Nullpunkt zu bewerten. Da die gebräuchlichen Prüfspannungen des Isolationsmaterials der Leitungen und Apparate stets über dem Doppelten der Nennspannung liegen, ist der Sicherheitsgrad noch durchaus angemessen. Nur eine geschwächte und auch für andere gar nicht seltene Beanspruchungen unzureichende Isolation hält dem Erdschlußbetrieb nicht stand. Man kann demgegenüber nur zwei Einschränkungen gelten lassen, welche sich auf die Verwendung abgestufter Wicklungsisolation und auf die Netzkupplung durch Spartransformatoren beziehen. Bevor wir uns mit diesen beiden Fragen auseinandersetzen, müssen wir auf die Nullpunktsverlagerung als das maßgebende Bestimmungsstück der Spannungsverteilung näher eingehen. Das Wesentliche hierüber ist in den Gleichungen (27) und (27a) bereits gesagt:

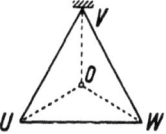

Abb. 13. Spannungseinstellung isolierter Drehstromsysteme bei Erdschluß.

Bei gegebenem Polygon der verketteten Spannungen verhalten sich alle Leiter so, als ob sie zu der ihnen zukommenden Phasenspannung eine und dieselbe Zusatzspannung gegen Erde führen würden, die am Nullpunkt unmittelbar meßbar wird. Das Beispiel der Drehstromleitung im Erdschlußbetrieb ist besonders geeignet, dies vor Augen zu führen. Wir gehen in Abb. 14 von dem dort voll ausgezogen gezeichneten symmetrischen Stern der Phasenspannungen aus. Im erdschlußfreien Betrieb kommt dem Sternpunkt das Erdpotential zu. Tritt am Leiter $V$ ein satter Erdschluß ein, so verschiebt sich das gesamte Spannungsdreieck relativ zu dem festgehaltenen Bezugspunkt $E$ so, daß es in die strichliert gezeichnete Lage kommt, in welcher $V$ mit $E$ zusammenfällt. Die punktiert gezeichneten Vektoren der Verschiebung haben naturgemäß alle gleiche Größe und Richtung und decken sich mit der Verlagerung, welche der Nullpunkt $0$ gegen Erde erfährt (Strecke $O'E$). Insbesondere haben die ursprünglichen Erdspannungen $EU$, $EV$, $EW$ der drei Klemmen einen vektoriellen Zusatz $UU'$, $VV'$, $WW'$ (punktiert gezeichnet) erfahren, der sie im Sinne der Pfeile zu

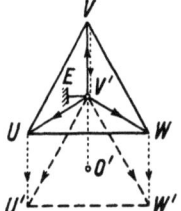

Abb. 14. Ableitung der bei Erdschluß giltigen Spannungseinstellung aus der Überlagerung einer allen Phasen und dem Nullpunkt gemeinsamen Zusatzspannung.

$$EU' = EU + UU' = U_p \sqrt{3}$$
$$EW' = EW + WW' = U_p \sqrt{3}$$
$$EV' = EV + VV' = 0$$

ergänzt. Abb. 15 überträgt diese Aussage in die Sprache der Spannungszeitkurve.

Im Erdschlußfalle wird somit der Wicklungsnullpunkt von Maschinen und Transformatoren um die mit negativem Vorzeichen genommene Phasenspannung der gestörten Phase gegen Erde verlagert. Für den Betrieb mit freiem Nullpunkt ist es daher eine Mindestforderung, daß der Nullpunkt gegen Erde entsprechend der Phasenspannung isoliert sein muß. Da vorübergehend, vor allem als Folgeerscheinung atmosphärischer Überspannungen, noch erheblich höhere Isolationsbeanspruchungen auftreten können (vgl. Abschnitt V, Kap. 11), scheiden für die Betriebsform mit freiem Nullpunkt zunächst alle jene Netze aus, deren Maschinen und Transformatoren mit gegen den Nullpunkt zu abgestufter Erdisolation ausgeführt sind.

In Abb. 16 ist ein Übertragungssystem dargestellt, welches mit 2 Spannungen arbeitet. Die beiden Netze verschiedener Spannung sind durch Spartransformatoren gekuppelt. Die Spannungsdreiecke sind ineinandergeschachtelt und werden in ihrer gegenseitigen Lage durch die Reihenwicklungen der Spartransformatoren festgehalten. Ihre Nullpunkte sind untereinander und mit dem gemeinsamen Wicklungssternpunkt identisch. So macht jedes Netz zwangsläufig die Nullpunktsverlagerungen des anderen mit. Ereignet sich in dem mit höherer Spannung betriebenen Netz ein Erdschluß, etwa an Phase $V$, so sind

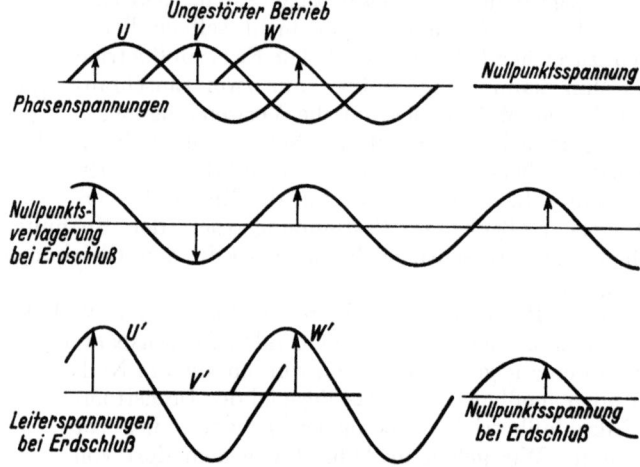

Abb. 15. Erdschluß der Phase $V$. Durchführung der Überlagerung einer Zusatzspannung $U_0 = - U_p$ an den Spannungszeitkurven der Punkte $U$, $V$, $W$, $O$.

die Spannungen, welche an den Klemmen $u$, $v$, $w$ des Netzes geringerer Spannung auftreten, aus dem Vektordiagramm direkt als Strecken $uV$, $vV$, $wV$ abzugreifen. Übersetzt der Spartransformator beispielsweise 1:2, so übertrifft die an den Klemmen $u$ und $w$ auftretende Spannung gegen Erde die verkettete Spannung dieses Netzes, also die Nennspannung der Apparate, um rd. 53 vH. Die VDE-Leitsätze wollen deshalb das Übersetzungsverhältnis von Spartransformatoren auf 1:1,25 begrenzt wissen. Es kommt dann an den Klemmen des Netzes kleinerer Spannung keine höhere Dauerbeanspruchung

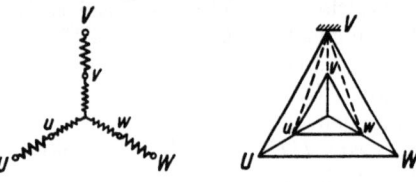

Abb. 16. Spannungseinstellung zweier durch Spartransformatoren gekuppelter Übertragungsanlagen bei Erdschluß des einen Systems.

als mit 1,12facher verketteter Spannung zustande. Man sieht daraus immerhin, daß die Praxis der abgestuften Transformatorisolation und der Netzkupplung durch Autotransformatoren, wenn sie sich einmal festgesetzt hat, für die Elektrizitätsversorgung eines Landes eine nahezu unabänderliche Festlegung in der Erdungsfrage bedeuten kann und der Einführung des freien Nullpunktes grundsätzlich entgegensteht. Dies ist die heutige Situation der amerikanischen Praxis.

Erdfehler sind meist nicht widerstandsfrei. Ein auf einem Holzmast befestigter durchgeschlagener Stützisolator, dessen Stütze keine direkte Erdverbindung besitzt, stellt den Erdschluß des Leiters über den Widerstand des Holzmastes her. Baumäste, welche durch Sturm oder durch unvorsichtiges Fällen der Bäume mit Leitungsdrähten in Berührung kommen, rufen mehr oder weniger hochohmige Erdschlüsse hervor. Schon im vorhergehenden Kapitel wurde ein Beispiel für einen derartigen Fall an Hand eines Ersatzschaltbildes behandelt. In Abb. 17 ist die dort gefundene Ermittlung der Nullpunktsverlagerung wiederholt und verallgemeinert. Die treibende Spannung des Ersatzschemas, die Phasenspannung des kranken Leiters, zerlegt sich in zwei aufeinander senkrecht stehende Komponenten. Der Inbegriff aller möglichen Lagen des mit dem Erdpotential zusammenfallenden Punktes $E$ gegenüber dem Dreieck der verketteten Spannungen ist daher ein Kreis über der Phasenspannung des gestörten Leiters. Es sind also auch Lagen außerhalb des Dreieckes möglich, ferner kann die Spannung eines Leiters gegen Erde größer sein als die verkettete Spannung des Systems. In Abb. 17 läßt sich durch Aufsuchen des von der Klemme $V$ am weitesten entfernten Kreispunktes (Strahl durch den Kreismittelpunkt) die höchstmögliche Verlagerung zu 1,82facher Phasenspannung entnehmen.

Betrachtet man in einem gegebenen Netz veränderliche Fehlerwiderstände, so regt das Kreisdiagramm der Spannungen $WE$ des gestörten Leiters zu der Frage nach der an der Fehlerstelle umgesetzten Leistung an. Die Antwort läßt sich aus dem Dreieck $WEO$ der Abb. 17 ablesen. Dieses enthält eine Strecke, welche die am Fehlerwiderstand liegende Spannungskomponente vorstellt und gibt in der anderen Kathete $OE = \dfrac{\mathfrak{J}_e}{\Sigma \omega C_e}$ auch ein Maß des Stromes in Form jener Spannung, welche den Strom durch die konstante Admittanz $\Sigma \omega C_e$ weitertreibt. Der Flächeninhalt des Dreiecks $OWE$ ist daher ein Maß für die gesuchte im Fehlerwider-

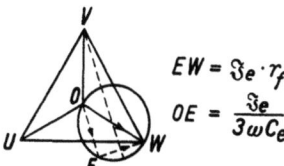

Abb. 17. Nullpunktsverlagerung $OE$ eines symmetrischen Drehstromsystemes mit ungeerdetem Sternpunkt bei Widerstandserdschluß (Kreisdiagramm).

stand $r_f$ verbrauchte Wirkleistung. Sie ist im Maximum gleich $\dfrac{U_p}{\sqrt{2}} \cdot \dfrac{U_p}{\sqrt{2}} \Sigma \omega C_e$, also gleich der halben Erdschlußblindleistung des satten Erdschlusses. Man sieht daraus, daß ein geringer Widerstandswert (feuchter Holzmast), der weder mit dem Punkt $O$ sehr guter Isolation (trockener Holzmast) noch mit dem Punkt $W$ direkter Erdberührung (geerdete Mastausleger) zusammenfällt, die größte Wärmeentwicklung an der Fehlerstelle hervorruft und zu einem Mastbrand führen kann.

## 4. Die Verteilung der kapazitiven Erdschlußströme.

Das gestörte Spannungsgleichgewicht des Erdschlußzustandes spiegelt sich in einer neuen Verteilung der den Spannungen proportionalen Ladeströme. Jede einzelne Phase erfährt eine Veränderung ihres Ladestromes um $\mathfrak{U}_{0e}\omega C_e$. Das aus der ursprünglichen Ladestrombelieferung des Netzes und dem hinzutretenden Anteil zustande kommende resultierende Stromsystem unterscheidet sich nicht von der in Abb. 14 für die Spannungen gegebenen Darstellung. Dies gilt jedoch nur für die von den Leitern selbst zur Erde geschickten Verschiebungsströme, nicht für die Maschinenströme, die auch von der Art des Stromrückschlusses abhängen. Wenden wir uns zuerst den das Dielektrikum nach Erde durchsetzenden Ladeströmen zu, so können wir durch das Überlagerungsprinzip sofort zu einer vereinfachten Betrachtungsweise gelangen. Während sich die schon im ungestörten Zustand bestehenden symmetrischen Anteile der Ladeströme zu Null ergänzen, setzen sich die Phase für Phase zur Erde übertretenden Zusatzströme $\mathfrak{U}_{0e}\omega C$ in einem Drehstromnetz zur Summe $3\,\mathfrak{U}_{0e}\omega C$, bei sattem Erdschluß daher zu $3\,U_p\omega C_e$ zusammen. Dieser Strom muß natürlich in das System wieder zurückkehren. Der Rückschluß erfolgt durch den Erdfehler und verlangt an diesem das Auftreten eines Erdschlußstromes

$$\boxed{\mathfrak{J}_e = 3\,U_p\omega C_e} \qquad (37)$$

bei sattem Erdschluß in einem symmetrischen Dreiphasensystem. Man bleibt mit diesem Ergebnis selbstverständlich in Übereinstimmung, wenn man nicht bloß die von der Nullpunktsverlagerung herrührenden Anteile berücksichtigt, sondern die vollen resultierenden Erdladeströme $U_p \sqrt{3}\, \omega\, C$ (Phase $U$ und $W$) bzw. Null (Phase $V$) gemäß Abb. 18 phasenrichtig, d. h. unter 60° zusammensetzt, wie dies schon in dem Zahlenbeispiel im 4. Kapitel des 1. Abschnittes geschah. Doch führt das Verfahren, welches wir zur Herleitung der Beziehung (35) benutzt haben, automatisch zur Aussiebung solcher Stromanteile, welche durch ihre symmetrische Verteilung auf die einzelnen Phasen in Summe keinen Beitrag zum Erdstrom liefern. Der Erdschluß ist eine Systemstörung, für welche vor allem das Auftreten von Nullkomponenten des Stromes und der Spannung charakteristisch ist. Für die Spannung ist dies durch die allgemeingültige Darstellung (27) klargestellt.

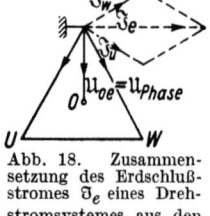

Abb. 18. Zusammensetzung des Erdschlußstromes $\mathfrak{J}_e$ eines Drehstromsystemes aus den Ladeströmen der ungeerdeten Phasen.

In Abb. 19, welche die Verteilung der eben behandelten Zusatzströme im erdschlußbehafteten Dreiphasensystem zeigt, findet man im Querschnitt $ff$, also auf der vom Speisepunkt abgelegenen Seite der Fehlerstelle, den betrachteten Zusatzstrom ausschließlich als Nullkomponente. Es fließen drei gleich große, gleichphasige Ströme vom Betrag $U_p\, \omega\, C_e$, also in jedem Leiter ein Drittel jenes Erdschlußstromes, der dem jenseitigen Netzteil zukommt. (Man vergegenwärtige sich immer, daß auch der erdgeschlossenen Phase ein solcher Stromanteil zukommt, der dazu bestimmt ist, den symmetrischen Anteil des ungestörten Betriebes gerade aufzuheben.) Passiert man in Richtung gegen den Speisepunkt den Querschnitt $ff$ der Fehlerstelle, so wächst dort in einer einzigen Phase der Strom $\mathfrak{J}_e$ zu, der hier von der Erde in das System zurückkehrt. An sich ist klar, wie dieser Rückschluß sich vollzieht. Ein volles Drittel des an der Fehlerstelle eintretenden Stromes wird für die Aufhebung des symmetrischen Ladestromanteiles

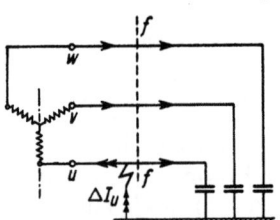

Abb. 19. Verteilung des bei Erdschluß zusätzlich auftretenden Ladestromes beiderseits der Fehlerstelle (Stichleitung).

der kranken Phase aufgewendet. Liegt die Fehlerstelle mitten im Netz, so verzweigt sich auch dieses Drittel nach beiden Seiten. Auf alle Fälle nehmen die zwei anderen Drittel ihren Weg über die Maschinen oder Transformatoren des Speisepunktes, in denen sie als einachsige Belastung auftreten. So gelangen sie in die beiden anderen Phasen. Bei mehr als einem Speisepunkt erfolgt eine Aufteilung nach Maßgabe der inneren Impedanzen, also im wesentlichen entsprechend der Leistungsfähigkeit der Stromquellen. Auch die Transformatoren der Umspannstationen bieten der einachsigen Stromverteilung einen Weg, welcher mit der auf die Netzspannung bezogenen Imdepanz der Belastung behaftet ist. Die einachsige Belastung der Speisepunkte überträgt sich durch die Transformatoren auf die Maschinen. Diese erleiden dadurch die bekannten Beanspruchungen ihrer umlaufenden Eisenteile und Wicklungen, die man am anschaulichsten durch das Auftreten von gegenläufigen Stromsystemen und Feldern erklärt. In vielen Zentralen ist der heulende Ton der auf ein erdschlußbehaftetes Netz arbeitenden Maschinen bekannt.

Zwei Drittel des Erdschlußstromes durchsetzen die Wicklungen der Transformatoren und Maschinen als einachsige Belastung. Die auf die gleiche Achse entfallende Spannungskomponente, welche durch Projektion auf die in Abb. 19 strichpunktiert eingetragene Raumrichtung gewonnen wird, beträgt $\frac{3}{2}\, U_p$. Die einachsige Leistung ist daher gleich der Erdschlußleistung. An dem vereinfachten Beispiel der Abb. 19 treten die Gesetzmäßigkeiten noch einigermaßen durchsichtig hervor. Von den Maschinenklemmen bis zum Querschnitt $ff$ der Fehlerstelle entspricht die Zusatzstromverteilung der drei Leitungsdrähte einer einachsigen Belastung, jenseits davon existiert sie nur als eine Nullstromverteilung in Form von drei gleich großen, gleichphasigen Strömen. Also ist die Fehlerstelle als Rückschlußpunkt einer einachsigen Stromverteilung von der Speisepunktseite, einer Nullstromverteilung von der Netzseite her anzusehen. Man kann von einer Umwandlung der beiden Stromverteilungsarten im Querschnitt der Fehlerstelle sprechen. Formal befriedigt man eine solche Betrachtungsweise, indem man eine Zerlegung der in diesem Querschnitt stattfindenden Speisung der drei Phasen vornimmt. Das in Abb. 20 dargestellte Stromsystem $\triangle I_u = 3$, $\triangle I_v = 0$, $\triangle I_w = 0$, welches den Zuwachs im Fehlerquerschnitt vorstellt, darf ersetzt werden durch eine einachsige Verteilung $\triangle_1 I_u = +2, \triangle_1 I_v = -1, \triangle_1 I_w = -1$ und ein Nullsystem $\triangle_0 I_u = 1, \triangle_0 I_v = 1, \triangle_0 I_w = 1$. In weniger übersichtlichen Fällen sind die beiden von der Fehlerstelle ausgehenden Stromverteilungen nicht räumlich geschieden, sondern durchdringen sich gegenseitig. Stets aber darf man jede von ihnen getrennt verfolgen.

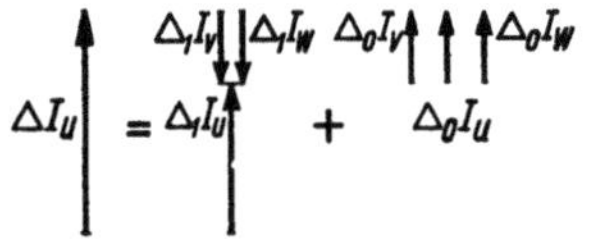

Abb. 20. Zerlegung der Stromänderung $\triangle I_u$ im Fehlerquerschnitt $ff$ der Abb. 20 in eine einachsige Stromverteilung $\triangle I_u$ und ein Nullsystem $\triangle_0 I_u$.

Maschinen und Transformatoren mit ungeerdetem Sternpunkt sind undurchlässige Endpunkte der Nullstromverteilung. Denn drei gleich große und gleichphasige Ströme, die sich im Windungsmittelpunkt vereinigen sollen, finden dort keine Abflußmöglichkeit, sie können also in den Wicklungen gar nicht anzutreffen sein.

Es ist von Vorteil, sich über Stromverteilungen von diesen Typen genau Rechenschaft zu geben, da sie selbst in kompensierten Netzen, deren Behandlung uns vorzugsweise beschäftigen soll, von erheblicher Bedeutung sind. Sie stellen dort die sog. Reststromverteilung dar. Auch gibt es Schutzschaltungen, die aus der Gesamtverteilung des Erdschlußstromes nur die Nullkomponente heraussieben und dadurch ein Kriterium für die Lage der Fehlerstelle liefern. Deshalb sei schon diese erste Berührung mit dem Stromverteilungsproblem dazu benutzt, um mit der Behandlung solcher Fragen an Hand von Beispielen vertraut zu werden.

In Abb. 21 ist die Aufgabe behandelt, die Erdschlußstromverteilung einer einzigen, beiderseits von großen Drehstrommaschinensätzen gespeisten Drehstromleitung zu ermitteln. Die Fehlerstelle liege ein Viertel der Leitungslänge vom einen Ende, drei Viertel vom andern Ende entfernt.

In der Teilfigur a ist die Aufbringung des im ungestörten Betrieb nach Erde gehenden Ladestromes dargestellt. Die Aufteilung der kapazitiven Leistung hängt nicht nur von der Leistungsfähigkeit der Maschinen, sondern auch von ihrer Erregung, in gewissem Grade auch von der Impedanz der Leitungsstrecke selbst ab. Unter der Annahme, daß die links eingetragene Zentrale über eine Maschinenleistung von 15000 kVA, die andere über eine solche von 5000 kVA verfügt, übernimmt die größere die Versorgung von drei Vierteln der Leitung mit Ladestrom. Bei geänderter Maschinenerregung, aber konstant gehaltener Betriebsspannung, kann sich nur ein für unser Problem bedeutungsloser Ausgleichsstrom überlagern, der die Leitung in konstanter Verteilung durchströmt, während der Ladestrom auf der Leitung stetig verbraucht wird. Die Ströme sind in der Abbildung positiv eingetragen, wenn sie den betreffenden Draht der Übertragungsleitung von links nach rechts durchfließen. Es ist derjenige Zeitpunkt ausgewählt, in welchem der Ladestrom der Phase $u$ gerade sein negatives Maximum durchläuft. Die Speisepunkte nehmen in dieser Phase den Strom 0,75 bzw. 0,25 auf und decken damit den gesamten Ladestrombedarf, der gleich 1,0 gesetzt sei. Die Spannungen sind gegen die Ladestromverteilung um 90° nacheilend, was im gleichen Vektordiagramm durch eine entsprechend versetzte Zeitlinie berücksichtigt wird. Kennzeichnend für diese Komponente

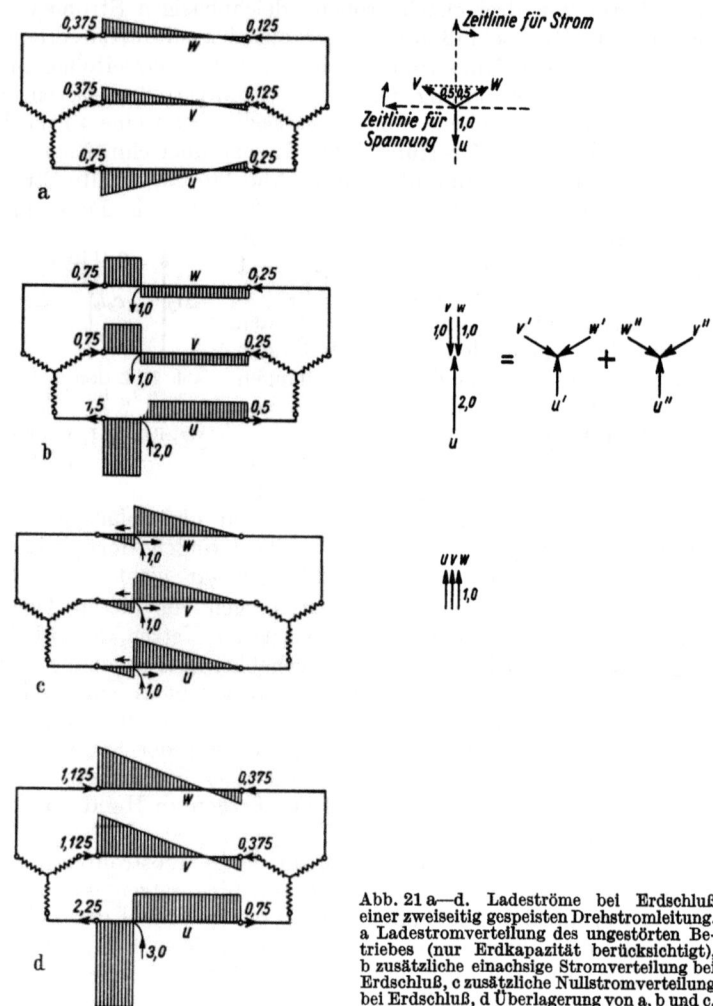

Abb. 21 a—d. Ladeströme bei Erdschluß einer zweiseitig gespeisten Drehstromleitung. a Ladestromverteilung des ungestörten Betriebes (nur Erdkapazität berücksichtigt), b zusätzliche einachsige Stromverteilung bei Erdschluß, c zusätzliche Nullstromverteilung bei Erdschluß, d Überlagerung von a, b und c.

der Stromverteilung ist: Stromlieferung durch die Speisepunkte, Stromverbrauch stetig entlang der Leitung, Fehlerstelle ohne Einfluß, Stromverteilung im wesentlichen nach der Leistungsfähigkeit der Speisepunkte.

Teilfigur b behandelt die einachsige Stromverteilung, welche bei Erdschluß in der Phase $u$ zustande kommt. In der Strombahn liegen die beiden Leitungsabschnitte und die Wicklungen der Maschinen und Transformatoren. Da die Annahmen über das Leistungsvermögen und dementsprechend auch die Impedanzen der Speisepunkte in unserem Beispiel so getroffen wurden, daß das gleiche Verhältnis wie zwischen den zugehörigen Leitungsabschnitten besteht, ist keine weitere Überlegung über die Stromverteilung anzustellen. Die im

Querschnitt der Fehlerstelle eintretenden Ströme bilden das im Vektordiagramm neben der Figur dargestellte System, welches mit Abb. 20 übereinstimmt. Sie teilen sich im Verhältnis $\frac{1}{4}$ zu $\frac{3}{4}$ auf. Im allgemeinen ergibt sich die Verteilung des einachsigen Bestandteiles des Stromsystemes nicht so einfach. Der Einfluß der Leitungs- und Transformatorenimpedanzen ist zwar kein anderer als bei symmetrischen Verteilungen; hingegen stellen die Maschinen der einachsigen Stromverteilung keine einheitliche Impedanz entgegen. Man muß vielmehr bei strengeren Untersuchungen eine Zerlegung der an der Fehlerstelle eingeprägten einachsigen Stromverteilung in zwei gleiche, aber mit entgegengesetzter Phasenfolge umlaufende symmetrische Komponenten vornehmen. Dem Mitsystem $u'$, $v'$, $w'$ bieten die Maschinen ihre Synchronreaktanz dar, dem Gegensystem $u''$, $v''$, $w''$ ihre Streureaktanz, was bekanntlich mit der verschiedenartigen Gegenwirkung des Läufers zusammenhängt. Man hat die Verteilung des Mitsystems nach Maßgabe der Schleifenimpedanzen der Leitungen und der Kurzschlußimpedanzen der Transformatoren sowie der Synchronreaktanzen der Maschinen vorzunehmen, während die davon unabhängige Verteilung des Gegensystems sich nach den gleichen Impedanzen von Leitungen und Transformatoren zuzüglich der totalen Streureaktanzen der Maschinen richtet. Der Einfluß der verschiedenen Lage des Fehlerortes innerhalb der gestörten Teilstrecke ist häufig nur ein untergeordneter. Der Weg, den sich die Mitkomponente durch das Netz bahnt, ist im wesentlichen durch die verhältnismäßige Leistungsfähigkeit der Speisepunkte bestimmt. Die Gegenkomponente benutzt zwar dieselben Strompfade, aber durchaus nicht immer in gleicher Verteilung. Beide Anteile schließen sich auch über die Impedanz der Netzlast, der dabei ein vektorieller Charakter zukommt, so daß der Strom sich auch nach der Phase spaltet. Die eingeprägte EMK der Maschinen deckt die Energiebilanz. Die wesentlichen Kennzeichen für die einachsige Stromverteilung sind: **Speisung im Querschnitt der Erdschlußstelle, Rückschluß durch die Stromquellen und Verbraucher, Leitung nur als Übertragungsglied wirksam.**

Teilfigur c zeigt die Nullkomponente des Fehlerstromes. Für die Aufteilung dieses den drei Phasen an der Fehlerstelle in gleicher Größe und Phase zuströmenden Anteiles ist der Verbrauch auf der Leitung selbst maßgebend. Im vorliegenden Falle bedeutet dies eine ganz andere Verzweigung, als sie sich in Teilfigur b entsprechend der Impedanz der Leitungsabschnitte und Maschinen ergab. In die Speisepunkte dringt die Nullkomponente überhaupt nicht ein, solange ihr dort keine Austrittsmöglichkeit geboten wird. Gehen von den Sammelschienen weitere Leitungen aus, so fließt diesen ihr Verbrauch an Nullstrom an den Speisepunkten und Verbrauchern vorüber über die Sammelschienen zu. Die Verteilung der Nullkomponente ist vom Standpunkt der selektiven Fehlerüberwachung der Leitungen ein überaus wichtiges Problem, das uns in seinen Einzelheiten noch beschäftigen wird. Zusammenfassend hat man als maßgebende Kennzeichen der Nullstromverteilung hervorzuheben:

**Einspeisung in die Leitung im Querschnitt der Fehlerstelle, Verbrauch stetig entlang der Leitungen, Stromquellen und Verbraucher ohne Einfluß.**

Teilfigur d zeigt das Ergebnis der Überlagerung aller drei Stromverteilungen. Schon die Zusammenfassung der Anteile b und c läßt an den gesunden Phasen die fingierte Speisung im Querschnitt der Fehlerstelle wieder verschwinden. Ebenso führt die Zusammenfassung der Verteilungen a und c zur Befriedigung der Forderung, daß die kranke Phase, der keine Spannung gegen Erde zukommt, auch keinen stetig verteilten Stromverbrauch aufweist, sondern nur den an der Fehlerstelle eintretenden Rückschlußstrom fortleitet.

Unter hinreichend allgemeinen Voraussetzungen ergeben sich keineswegs so durchsichtige resultierende Stromverteilungen wie in unserem Beispiel. Trotzdem bleibt das eben entwickelte Verfahren auch in diesen Fällen ein sicherer Führer, wenn wir es zu einem Ersatzschaltbild ausbauen. Wir gehen von der Feststellung aus, daß in der kranken Phase alle drei Komponenten nicht nur gleich groß sind, sondern auch gleiche Phasenlage aufweisen. Denn der an der Fehlerstelle in das System zurückkehrende Strom läßt sich in diesem Querschnitt gemäß Abb. 20 und 21 b, c ganz allgemein in dieser Weise zerlegen. In den beiden gesunden Phasen überlagern sich dieselben Anteile mit Phasenverschiebungen von 120 und 240°. Wir wählen daher die erdgeschlossene Phase und suchen in ihr nach einem geschlossenen Stromkreis. Abb. 22 enthält die Anleitung, wie der Aufbau desselben vorzunehmen ist. Wir müssen uns von der Vorstellung leiten lassen, daß in jedem Element des Stromkreises Spannungsabfälle sowohl durch die Komponente des Mitsystems als auch durch diejenige des Gegensystems entstehen und daß sich diese Spannungsabfälle überlagern. Wir sind berechtigt, zuerst alle Spannungsabfälle der einen, dann die der anderen Art aneinanderzureihen. Dies geschieht einfach durch zweimaliges Durchlaufen des gesamten Netzbildes, das derart gewissermaßen aufgespalten und mit den beiden Teilen an der Einspeisungsstelle zusammengeheftet wird. Die Bahn des inversen Anteiles folgt wie ein Schatten dem aus den Synchronreaktanzen der Maschinen, den Streuimpedanzen der Transformatoren, den Netz- und Verbraucherimpedanzen zusammengesetzten Stromkreis der Mitkomponente. Der einzige Unterschied besteht darin, daß in der begleitenden Strombahn an die Stelle der Synchronreaktanzen die totalen Streureaktanzen der Stromerzeuger treten, weil sie den Spannungsabfall des inversen Anteiles beim Durchtritt durch die Synchronmaschinen bestimmen. Dort wo ein Maschinensternpunkt erreicht wird, treffen offenbar die dem Mit- oder Gegensystem angehörenden Stromanteile auf die anderen Phasen des zugehörigen Systems, die den Rückschluß bilden. Man darf daher an dieser Stelle die Verbindung mit einer widerstandslosen Rückschlußschiene annehmen. Für die Stromanteile des Mitsystems enthält diese Verbindung zur ideellen Rückschlußphase natürlich die entsprechende, von der Maschinenwicklung her dem Stromkreis aufgedrückte Spannung. Da die Gesamtspannungsabfälle, welche den beiden Stromanteilen auf dem Wege von der Fehlerstelle bis zu irgendeinem Wicklungssternpunkt widerfahren, zu überlagern sind, hat man von der Rückschlußschiene des inversen Impedanzabbildes in die Impedanzfigur des Mitsystems überzugehen und dabei selbstverständlich den Fehlerquerschnitt als Eintrittsstelle zu wählen. Es ergibt sich dabei die unabhängige Verzweigung der Mit- und Gegenkomponente von selbst, ferner bieten sich auch die Verbraucher in der früher geforderten Weise als Strombahnen dar, schließlich erkennt man die Rolle der Speisepunkte bei der Deckung der Energiebilanz. Im Fehlerstromkreis ist bis auf die in den eben beschriebenen Rückschlußwegen zustande kommenden Spannungsabfälle im wesentlichen die Phasenspannung wirksam. Unter ihrer Einwirkung fließt der Strom durch die ihn der Hauptsache nach bestimmenden Impedanzen, den Fehlerwiderstand

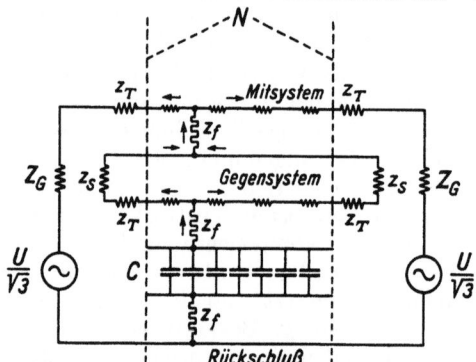

Abb. 22. Ersatzschaltbild für die Bestimmung des Erdfehlerstromes und seiner Verteilung in Systemen mit isoliertem Sternpunkt. $N$ Netzfigur, $C$ Erdkapazität einer Phase. Sonstige Bezeichnungen wie in Abb. 23.

und die Erdkapazität. Die letztere erscheint im einphasigen Ersatzschaltbild in dem Betrage und der Verteilung, wie sie einer der drei Phasen zukommt. Auch hier ergibt sich also wieder eine Nachbildung der Netzfigur mit der kennzeichnenden Besonderheit, daß sie an allen Speisepunkten und allen Verbrauchern mit isoliertem Sternpunkt in ein isoliertes Ende ausläuft. Diese Figur ist mit stetig verteilter, gegen eine Rückschlußschiene wirksamer Kapazität belegt. Man kann auch diesem dritten Netzabbild im Inneren wirkende Reihenimpedanzen zuschreiben, doch ist ihr Einfluß im allgemeinen untergeordnet. Hinsichtlich der absoluten Größe des Erdschlußstromes gilt dies ebenso von den der Mit- und Gegenkomponente zugewiesenen, als Netzabbilder aufgebauten Impedanzfiguren. Ihre eigentliche Bedeutung ist darin zu erblicken, daß sie im wesentlichen für die Verzweigung, in gewissem Grade für die Phasenlage, kaum aber für den Betrag des an der Fehlerstelle in das Netz eintretenden Stromes maßgebend sind. Hingegen kann der Fehlerwiderstand in der im 3. Kapitel dieses Abschnittes betrachteten Weise auf Betrag und Phasenlage des Erdschlußstromes Einfluß gewinnen. Um ihn in das Ersatzschaltbild richtig einzuführen, hat man sich zu vergegenwärtigen, daß auch im Fehlerwiderstand durch alle drei Komponenten Spannungsabfälle erzwungen werden. Er muß also jeder der drei Stromverzweigungen vorgeschaltet oder auch in Reihe mit ihnen allen an einer Stelle in dreifacher Höhe konzentriert eingetragen werden. Vernachlässigt man die Rückschlußimpedanz des Netzes und der Speisepunkte, so gelangt man zu einem vereinfachten Ersatzschaltbild, das sich mit der Darstellung nach Abb. 11d deckt, wenn man auch dort auf den Erdschlußstromanteil einer Phase, d. h. auf den dritten Teil des gesamten Erdfehlerstromes zurückgeht.

Soweit die an den Speisepunkten wirksame Klemmenspannung gleich groß und phasengleich angenommen werden darf, kann man sich in Abb. 22 auch die netzseitigen Anschlüsse der Stromquellen verbunden denken, mithin an ihrer Stelle eine einzige von inneren Spannungsabfällen freie Ersatzmaschine einführen. Das im nächsten Kapitel herangezogene Beispiel ist in dieser Art behandelt.

## 5. Erweiterung des Ersatzschaltbildes. Die Größen des Nullsystems.

Die im vorigen Kapitel durchgeführten Betrachtungen enthalten eine Einschränkung hinsichtlich der Wicklungssternpunkte, welche als frei von Erdverbindungen vorausgesetzt wurden. Bestehen jedoch solche Verbindungen, so steht ihrer Berücksichtigung im Ersatzschaltbild nichts im Wege. Die dreiphasig ausgeglichenen Stromanteile (Mit- und Gegensystem) machen von einer solchen Strombahn offenbar keinen Gebrauch. Hingegen wird der Nullkomponente eine neue Verbindung eröffnet. Sie dringt also in die Wicklungen ein und man muß sich zunächst auf einen inneren Widerstand derselben gefaßt machen. In Reihe mit diesem liegt die äußere Erdungsimpedanz des Wicklungssternpunktes. Da das Ersatzschaltbild den Strom pro Phase liefern soll, die Erdungsimpedanz $Z_e$ jedoch allen Phasen gemeinsam ist, spalten wir sie am besten in drei parallele Impedanzen gleichen Charakters, deren jede dem Betrage nach eine Verdreifachung der tatsächlichen Erdungsimpedanz vorstellt. Der Ersatzimpedanz $3 Z_e$ ist dann die innere Nullimpedanz $Z_0$ einer Wicklungsphase vorgelagert. Abb. 23 zeigt an Hand eines willkürlich angenommenen Netzbildes den erweiterten Ersatzstromkreis. Die Erdungsimpedanzen liegen parallel zu den kapazitiven Verbindungen, welche nicht stetig verteilt eingetragen sind, sondern unter Anwendung einer hinreichend genauen Näherung an den beiderseitigen Leitungsenden konzentriert und stationsweise zusammengefaßt sind.

Neben den kapazitiven Wegen existieren auch Ableitungen, die durch das Kondensatorsymbol mit dargestellt sein sollen. Dann umfaßt das Verzweigungsschema der Nullkomponente auch die wesentlichen Verlustquellen, zu denen auch noch die in den beiden anderen Impedanzfiguren zustande kommenden Wirkverluste hinzutreten. Vor allem aber haben wir ein Verfahren gewonnen, um die Verteilung der Nullkomponente bzw. des ihr proportionalen sog. Unsymmetriestromes mit der erforderlichen Genauigkeit aus einem einfachen Netzbild zu gewinnen, in welchem die Fehlerstelle und nur diese als Speisepunkt auftritt, während die Kapazitäten, Ableitungen und Erdungsimpedanzen die Verbraucher vorstellen.

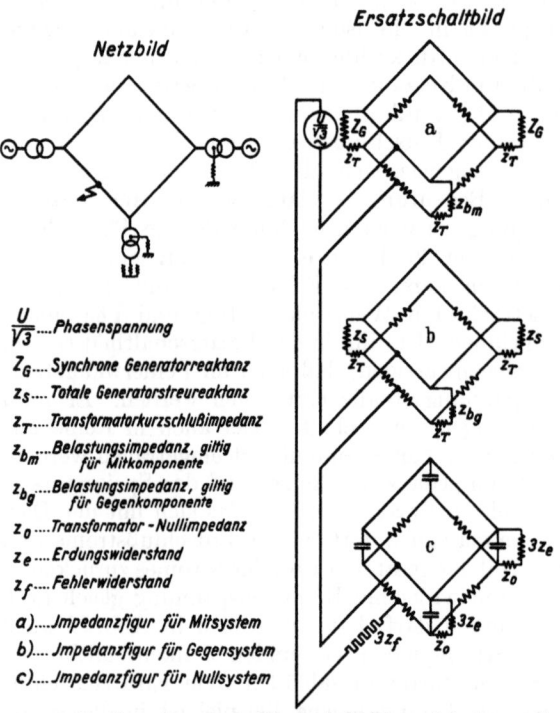

Abb. 23. Verallgemeinerung des Ersatzschaltbildes auf Systeme mit beliebigen Erdungsimpedanzen $Z_e$.

Unter dem soeben genannten Unsymmetriestrom versteht man den bei der Bildung der Summe $\Im_u + \Im_v + \Im_w$ zustande kommenden Strombetrag, der an einer bestimmten Stelle des Netzes gebildet wird und von dem früher eingeführten unausgeglichenen Strom des gesamten Netzes wohl zu unterscheiden ist. Man erfaßt ihn meßtechnisch durch Parallelschaltung der Sekundärwicklungen von drei in den einzelnen Phasen liegenden Stromwandlern, ein Verfahren, welches von Nicholson angegeben, von Holmgren (L 17) ausführlich beschrieben wurde. An den beiden Knotenpunkten der Schaltung (Abb. 24) tritt jener Strom aus, der nach Aussiebung der in sich ausgeglichenen Mit- und Gegenkomponente verbleibt. Jede Phase beteiligt sich mit dem gleichen Betrag, der Nullkomponente, die in einem Dreiphasensystem ein Drittel des Unsymmetriestromes ausmacht.

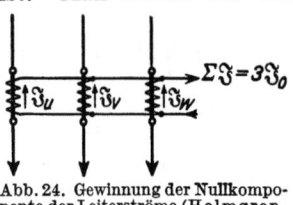

Abb. 24. Gewinnung der Nullkomponente der Leiterströme (Holmgren-Schaltung).

$$\Im_0 = \frac{\Im_u + \Im_v + \Im_w}{3}. \qquad (38a)$$

Ist das Stromsystem vektoriell gegeben, so reihe man die drei Ströme aneinander. Die Schlußlinie des offenen Dreieckes ist der Unsymmetriestrom $\Sigma \Im$.

Durchaus gleichartig liegen die Verhältnisse bei den Spannungen. Hier gibt uns das Gleichungssystem (27) die Anweisung, die drei Spannungen Leiter-Erde aus den Phasenspannungen Leiter-Nullpunkt und der Nullkomponente $\mathfrak{U}_{0e}$ zusammenzusetzen. Bildet man die Summe der drei Leiterspannungen, reiht man sie also zu einem offenen Polygon aneinander, so ist dessen Schlußseite gemäß Gleichung (27) und (28) gleich der dreifachen Nullkomponente

$$\mathfrak{U}_{0e} = \frac{\sum \mathfrak{U}_e}{3}. \tag{38b}$$

Zwischen den Nullkomponenten von Spannung und Strom bestehen Beziehungen von der Form des Ohmschen Gesetzes. Die Impedanzen liegen bei den bisher betrachteten Problemen zum überwiegenden Teil in den kapazitiven Erdverbindungen der Leitungen sowie in den Stromwegen zwischen Wicklungsnullpunkten und Erde, zum geringeren Teil im Zuge der Leitungen und in den Wicklungen der vom Nullstrom durchsetzten Transformatoren und Maschinen. Für manche Fragen sind gerade diese letzteren scheinbar sekundären Einflüsse von maßgebender Bedeutung. Es ist daher erforderlich, die Nullimpedanzen der Netzgebilde näher zu untersuchen (Kap. 7—9).

## 6. Die Ersatzschaltbilder einiger weiterer wichtiger Störungsfälle.

Für den einfachen Erdschluß ergab sich an Hand der Abb. 23 ein Ersatzschaltbild für die Bestimmung des Fehlerstromes und seiner Verteilung. In symbolischer Darstellung wiederholt Abb. 25a die dort gefundene Regel. Die Rechtecke vertreten jetzt das Netzbild, ein Punkt in ihrem Innern entspricht einer Fehlerstelle, die gerade Linie stellt die Nullschiene vor. Die drei Impedanzfiguren umfassen die für die Nullkomponente, die Mit- und die Gegenkomponente maßgebenden Impedanzen der Leitungen und der übrigen Netzausrüstung. Soweit elektromotorische Kräfte im System wirksam sind, hat man sich sie dem betreffenden Impedanzgebilde eingeprägt vorzustellen, wie dies ja auch schon für Abb. 23 galt. Die der Abb. 25 beigefügten Gleichungen sind aus dem darüber schematisch dargestellten Fehlerstromkreis abzulesen. Sie sind der Ausdruck für die Verknüpfung der Ströme und Spannungen der drei Impedanzgebilde.

Abb. 25b behandelt den Fall des Leiterbruches und gibt hierfür die Lösung der Stromverteilungsaufgabe. Man denke sich die drei Netzfiguren an der Fehlerstelle aufgeschnitten und in der in der Abbildung angegebenen Weise zusammengeschaltet. Die Gleichungen, welche aus der schematischen Fehlerdarstellung folgen und zum Ersatzschaltbild hinleiten, sind leicht zu gewinnen, wenn man Ströme und Spannungen beiderseits der Fehlerstelle in ihre symmetrischen Komponenten zerlegt und die Bedingungen für Stetigkeit von Strom und Spannung der gesunden Phasen auswertet.

In Abb. 25c handelt es sich um die Kombination von Leiterbruch und Erdschluß. Hier werden in das Ersatzschaltbild Kopplungstransformatoren eingeführt, denen idealisierte Eigenschaften zugeschrieben werden. Ihre Magnetisierungsströme und ihre Kurzschlußspannungen sollen verschwindend klein sein, so daß sie sich ohne eigenen Leistungsverbrauch zur zwangläufigen Verknüpfung der Ströme und Spannungen eignen.

Abb. 25d gibt die für zweipoligen Kurzschluß anzuwendende Verbindung der Impedanzfiguren an, während Abb. 25e den komplizierteren Fall des Kurzschlusses mit Erdberührung betrifft.

In jedem dieser Fälle geht man zur Auflösung der Aufgabe so vor, daß man die Impedanzfiguren auf möglichst einfache Ersatzgebilde zurückführt und die Impedanzen der Nullkomponente (Zeiger 0), der Mitkomponente (Zeiger 1) und der Gegenkomponente (Zeiger 2) in der vorgeschriebenen Weise zusammenschaltet. Die eingeprägte EMK der Mitkomponente übernimmt die Speisung der gesamten zusammenhängenden Strombahn.

Ein umständlich und schwierig zu lösendes Problem ist die Berechnung der bei Doppelerdschluß auftretenden Stromverteilung. Die Abb. 26 zeigt die Anwendung eines geeigneten Verfahrens, das allerdings auf die Berücksichtigung der kapazitiven Erdschlußströme verzichtet. Diese können nachträglich aus der Spannungsverteilung mit hinreichender Genauigkeit bestimmt werden. In kompensierten Netzen kann diese Korrektur des Fehlerstromes ganz entfallen. Sieht man also von den kapazitiven Strömen ab, so fließt an den Fehlerstellen $A$ und $B$ des im übrigen ungeerdeten Netzes derselbe Strom $\triangle I$ zu bzw. ab. Man gehe von irgendeinem angenommenen Stromwert $\triangle I$ aus und zerlege ihn

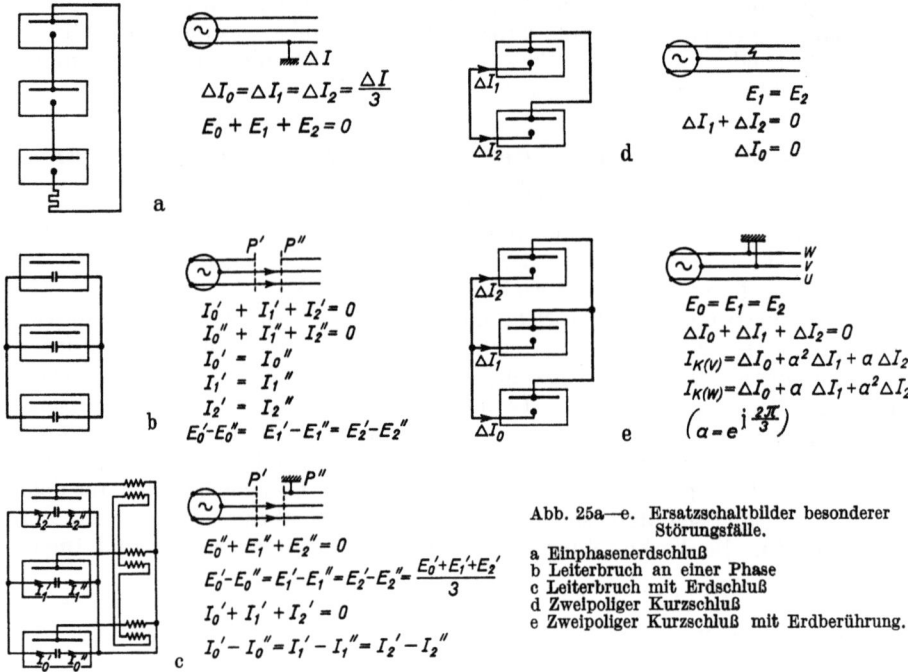

Abb. 25 a—e. Ersatzschaltbilder besonderer Störungsfälle.
a Einphasenerdschluß
b Leiterbruch an einer Phase
c Leiterbruch mit Erdschluß
d Zweipoliger Kurzschluß
e Zweipoliger Kurzschluß mit Erdberührung.

in die drei gleichen Anteile der Nullkomponente $\triangle I_0$, der Mitkomponente $\triangle I_1$ und der Gegenkomponente $\triangle I_2$. Bis auf die Nullkomponente, welche in $A$ eintritt und in $B$ austritt, kann jede dieser Stromverteilungen, ob sie nun in $A$ oder $B$ eingespeist wird, unabhängig von der anderen für sich betrachtet werden, weil sich die drei Phasen ohnehin untereinander zu Null ergänzen. Man kann also beispielsweise der Verteilung des von $A$ ausgehenden Stromanteiles $\triangle I_1$ im Netzbild der Mitkomponente nachgehen, nach Erreichen des Sternpunktes in das Netzbild der gleichgroßen Gegenkomponente $\triangle I_2$ eingehen, diese wieder bis zum Sternpunkt verfolgen und schließlich noch mit dem gleichen Strom die Netzfigur der Nullkomponente von $A$ nach $B$ durchlaufen. Die kapazitiven und induktiven Nebenschlüsse und die Ableitungsverluste der Nullstromverteilung werden dabei voraussetzungsgemäß nicht berücksichtigt. Für die Fehlerstelle $B$ verfahre man hinsichtlich der Mit- und Gegenkomponente anschließend ebenso. Es entsteht dann eine symbolische Reihenschaltung der Impedanzfiguren, deren wahre Bedeutung im Sinne der in Abb. 26 darunter gezeichneten Vektorbilder zu verstehen ist. Es ist wesentlich, daß der in $A$ eintretende Strom $\triangle I$ hinsichtlich der Phase $u$ seiner drei Komponenten größen- und phasengleich ist mit der Phase $w$ der drei Anteile des in $B$ austretenden Stromes $\triangle I$.

Nach diesem Merkmal können die symmetrischen Komponenten der in $A$ und $B$ eintretenden bzw. austretenden Ströme leicht zusammengestellt werden. Ihr Betrag ist $\frac{\triangle I}{3}$. Die weitere Aufgabe besteht darin, die Spannungsabfälle aller dieser Ströme in den Impedanzfiguren zu ermitteln, was nach diesen Vorbereitungen getrennt für die Nullkomponante $E_0$, die Mitkomponente $E_1$ und die Gegenkomponente $E_2$ erfolgen kann. Eingeprägte Spannungen bleiben dabei zunächst außer acht. Sie werden erst am Schlusse des ganzen Verfahrens berücksichtigt. Man bestimme jetzt die Strom- und Spannungsverteilung für die Einspeisung von $\frac{\triangle I}{3}$ in $A$, vergesse aber nicht, die dadurch in Punkt $B$ entstehenden Spannungen gleichfalls festzulegen. Ähnlich verfolge man die Spannungsverteilung ausgehend von der Fehlerstelle $B$ (gestrichelte Spannungsvektoren der Abb. 26), hier wiederum unter Beachtung der an $A$ entstehenden Einflußspannungen. So erhält man außer der Spannungsdifferenz $E_0$, welche zwischen $A$ und $B$ durch die Nullkomponente hervorgerufen wird,

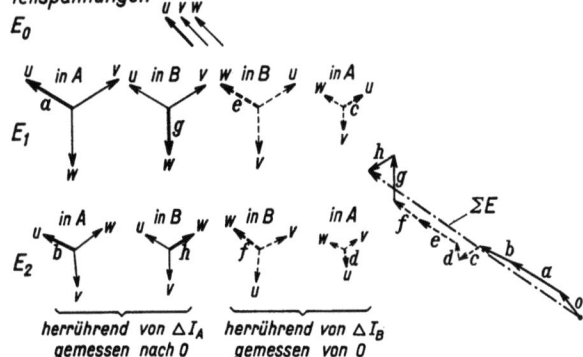

Abb. 26. Behandlung des Doppelerdschlußfalles nach der Methode der symmetrischen Komponenten.

beim Durchlaufen der Strombahnen folgende Teilspannungen, die sich zu der gesamten zwischen $A$ und $B$ entstehenden Spannungsdifferenz zusammensetzen:

Die Summe aller Teilspannungen einschließlich der von $A$ nach $B$ wirkenden Nullspannung ist notwendig, um den vorausgesetzten Fehlerstrom $\triangle I_A = \triangle I_B = \triangle I$ durch das Netz zu bringen. Der tatsächliche Fehlerstrom $I_k$ bei Doppelerdschluß

| Erzeugende Stromkomponente | Entstehende Teilspannung | |
|---|---|---|
| | Phase $u$ von $A$ nach dem Sternpunkt | Phase $w$, vom Sternpunkt nach $B$ |
| Mitkomponente von $\triangle I_A$ | $a$ | $-g$ |
| Mitkomponente von $\triangle I_B$ | $-c$ | $e$ |
| Gegenkomponente von $\triangle I_A$ | $b$ | $-h$ |
| Gegenkomponente von $\triangle I_B$ | $-d$ | $f$ |

ist im Verhältnis der verketteten Spannung $U_v$ zu $\sum E$ größer, beträgt also

$$I_k = I \frac{U_v}{\sum E}.$$

Die Behandlung dieses Fehlerfalles weist einige neue Züge auf. Die der Reihe nach durchlaufenen Impedanzfiguren, die sich nach Mit-, Gegen- und Nullkomponente sowie nach dem Stromein- und -austrittspunkt unterscheiden, gehören zwei verschiedenen Phasen an. Für die Figuren der Mit- und Gegenkomponente ist nicht nur die Klemmenspannung zu ermitteln, die auf die durchlaufene Phase entfällt (z. B. $AO$ für die Mitkomponente in Phase $u$, linke obere Impedanzfigur), sondern auch die Teilspannung, die sich am anderen Fehlerpunkt in der anderen Phase ansetzt (z. B. $OB$ in der gleichen Figur, bestimmt für Phase $w$). Der Rechnungsgang ist also wesentlich verwickelter. Immerhin ist er auf eine Anzahl normaler Netzberechnungen zurückgeführt.

Läßt man die beiden Fehlerstellen $A$ und $B$ aneinanderrücken und schließlich zusammenfallen, so gelangt man zum Störungsfall Abb. 25d (nicht 25e) zurück. Das Verfahren nach Abb. 26 liefert dann für $E_1$ und $E_2$ je vier kongruente, nur in der Phasenbezeichnung abweichende Spannungssterne, die sich auf $\dfrac{I_k}{3}$ beziehen; die Zusammensetzung der acht einzelnen Teilspannungen zur Summenspannung $\sum E = U_v$ ergibt die Summe der Einzelspannungen $3 \cdot a$ und $3 \cdot b$, die für $I_k = 3\dfrac{I_k}{3}$ benötigt werden. Die Nullkomponente entfällt. Demgegenüber wird in Abb. 25d ein Verfahren angegeben, welches mit Aneinanderreihung der von $I_1 = -I_2 = \dfrac{I_k}{\sqrt{3}}$ in den Impedanzfiguren des Mit- und Gegensystems hervorgerufenen Spannungen arbeitet, deren Summe von der Phasenspannung $\dfrac{U_v}{\sqrt{3}}$ gedeckt wird. Beide Methoden stimmen überein.

## 7. Die Nullimpedanz der Übertragungsleitungen.

Werden die drei Leiter eines Dreiphasensystemes von gleich großen Strömen gleicher Phase durchflossen, so tritt ihnen wohl derselbe Wirkwiderstand eines jeden Leiters entgegen, der für die Drehstromübertragung maßgebend ist, keineswegs jedoch der gleiche Blindwiderstand. Die drei Leiter bilden mit der Erde zusammen eine große Schleife, die ein merklich größeres magnetisches Feld einschließt als eine von den Leitern in sich gebildete Schleife. Die davon herrührende induktive Komponente der Nullimpedanz hängt vom Verlauf des Rückschlußstromes in der Erde ab, der zwar dem Leitungszug getreu folgt, aber bei einer Frequenz von 50 Hz immerhin nach der Seite und Tiefe einen Querschnitt von einigen Kilometern in Anspruch nimmt. Ferner macht sich der spezifische Widerstand $s$ der Erde in eigenartiger Weise geltend, indem er in den Ausdruck für den Selbstinduktionskoeffizienten, nicht aber in den Wirkwiderstand der Erdrückleitung eingeht. Bei höherem Erdwiderstand verbreitert sich nämlich der Strompfad.

Wir betrachten zunächst einen einzigen Leiter mit der Erde als Stromrückschluß. Seine kilometrische Impedanz muß die Form

$$\mathfrak{Z}_0 = r + r_e + j\omega l_0 \qquad (39)$$

aufweisen. Der Wirkanteil umfaßt dabei den Wirkwiderstand $r$ des Leiters selbst vermehrt um einen Zuschlag

$$r_e = \pi^2 f \cdot 10^{-4}\,\Omega/\text{km}, \qquad (40)$$

welcher der mit der Frequenz $f$ zunehmenden Einschnürung der Erdstrombahn Rechnung trägt.

Für $l_0$ gibt Rüdenberg (L 24) die Formel

$$l_0 = 2\left(\ln\frac{0{,}178}{\varrho}\sqrt{\frac{s}{f}\cdot 10^9} + 0{,}25\right)\cdot 10^{-4}\,\text{H/km}. \qquad (41)$$

Sie schließt den Einfluß des Luftfeldes oberhalb der Erdoberfläche ein. Die Größe $s$ ist der mit $10^4$ bis $10^5 \Omega$ cm einzusetzende spezifische Widerstand des Erdbodens. Man kommt also unabhängig von der Höhe der Leitung beispielsweise mit einem Leiterradius von $\varrho = 0{,}5$ cm bei trockenem Boden $(s = 10^5)$ auf einen Zahlenwert des Selbstinduktionskoeffizienten von

$$l_0 = 2{,}68 \cdot 10^{-3} \text{ H/km}.$$

Würde man die Erde als einen widerstandslosen flächenhaften Rückleiter auffassen, so käme man bei einer Leiterhöhe von 10 m auf zwei Drittel dieses Wertes. Man vergleiche seine Größenordnung außerdem mit der einer Leiterphase zuzuordnenden Induktivität einer Drehstromleitung mit 2 m Leiterabstand, die $1{,}25 \cdot 10^{-3}$ H/km beträgt. Auf 50 Hz bezogen, sind Nullimpedanz und Phasenimpedanz durch die Werte 0,84 bzw. 0,39 $\Omega$/km gekennzeichnet. Kurventafel Abb. 305 des Tafelanhanges enthält eine graphische Auswertung der Formel (41).

Neben den von Rüdenberg gegebenen Formeln kommt auch den von Mayr (L 25) aus anderen Vorstellungen entwickelten Gesetzmäßigkeiten praktische Bedeutung zu. Den Ausgangspunkt bildet hier die Annahme einer flächenhaften Stromverteilung in der Erde, was für gut leitende Oberflächenschichten auf felsigem Untergrund zutrifft. Der Widerstand der Erdrückleitung erhöht sich durch die Einbuße einer Dimension auf das Doppelte. Für die Selbstinduktion gilt mit Anpassung an die bisherigen Bezeichnungen

$$l_0' = 2 \left( \ln \frac{0{,}0446}{s \cdot 10^{-9} f \cdot \delta \cdot \varrho} + 0{,}25 \right) 10^{-4} \text{ H/km}. \tag{41a}$$

Hier tritt die Dicke $\delta$ der leitenden Schicht neu auf, die mit 3 bis $5 \cdot 10^4$ cm einzusetzen ist, um mit Meßergebnissen zur Übereinstimmung zu gelangen.

Sind mehrere $(n)$ Leiter an der Führung des Nullstromes beteiligt, so entstehen Schleifen, die sich gegenseitig beeinflussen. Man berücksichtigt dies, indem man in Formel (41) bzw. (41a) vor dem Logarithmus den Faktor $n$ einführt und den Leiterhalbmesser $\varrho$ zu $\sqrt[n]{\varrho d_m^{n-1}}$ erweitert, wobei $d_m$ das geometrische Mittel aller wechselseitigen Leiterabstände bedeutet. Die Begründung ergibt sich aus dem Umstand, daß die $(n-1)$ anderen Leiter auf die betrachtete Einzelschleife mit Koeffizienten der gegenseitigen Induktion $m_0$ einwirken, die sich von $l_0$ in ihrem Aufbau nur durch das Auftreten von $d_m$ statt $\varrho$ und durch das Wegfallen des konstanten Gliedes unterscheiden. Es liegt hier eine weitgehende Analogie zur korrespondierenden elektrostatischen Aufgabe vor. Zu der durch den gegenseitigen Induktionskoeffizienten

$$m_0 = 2 \ln \frac{0{,}178}{d_m} \sqrt{\frac{s \cdot 10^9}{f}} \, 10^{-4} \text{ H/km}. \tag{42}$$

geregelten Feldverkettung der Schleifen tritt ferner die Aufteilung des Rückstrompfades im Erdboden auf die anteiligen Rückschlußströme von $n$ gleichberechtigten Leitern, also eine $n$-fache Erhöhung von $r_e$. Man findet allgemein für die einzelne Leiterschleife des $n$-drähtigen Bündels:

$$\mathfrak{E}_0 = \mathfrak{J}_0 [r + n r_e + j \omega l_0 + (n-1) j \omega m_0] \tag{43}$$

im besonderen für eine dreiphasige Drehstromleitung:

$$\mathfrak{Z}_0 = \frac{\mathfrak{E}_0}{\mathfrak{J}_0} = \left( r + 3\pi^2 f \cdot 10^{-4} + \right.$$
$$\left. + 3 j \omega \cdot 2 \ln \frac{0{,}178}{\sqrt[3]{\varrho d_m^2}} \sqrt{\frac{s \cdot 10^9}{f}} \cdot 10^{-4} + j \omega \cdot 0{,}5 \cdot 10^{-4} \right) \Omega/\text{km} \tag{43a}$$

Numerisch erhält man unter der Annahme eines Phasenabstandes $d_m = 200$ cm und eines Leiterhalbmessers $\varrho = 0,5$ cm bei $s = 10^5$ cm (vgl. Abb. 305 des Anhanges)

$$r = 0,222 \ \Omega/\text{km}$$
$$3 \, r_e = 0,148 \ \Omega/\text{km}$$
$$\omega \, (l_0 + 2 \, m_0) = 1,74 \ \Omega/\text{km}.$$

Durch die Mitwirkung der beiden anderen Drähte ist also die Induktivität der Einzelschleife nicht auf das Dreifache, sondern nur auf etwa das Doppelte gestiegen. Die Gesamtwirkung aller Schleifen entspricht $n$ eng zusammengebündelten Leitern mit einem Ersatzradius $\sqrt[n]{\varrho \, d_m^{n-1}}$ für das ganze Bündel.

Eine außerordentlich einfache Betrachtung leitet ohne Benutzung der Beziehungen (42) bis (43a) zu genau dem gleichen Resultat. Man denke sich zunächst nur einen Leiter des Bündels vom Strom $3 \, I$ durchflossen. Der Selbstinduktionskoeffizient $l_0$ wurde von uns bereits nach (41) zu $2,68 \cdot 10^{-3}$ H ermittelt. Man überlagere nun einen Schleifenstrom, bei dem die beiden anderen Drähte $+ I$ führen, der zuerst betrachtete zusätzlich den Rückstrom $-2 I$ übernimmt. Mit der bereits früher genannten, den üblichen Tabellen zu entnehmenden Schleifeninduktivität von $1,25 \cdot 10^{-3}$ H kommt man auf einen Gesamtspannungsabfall von $(3 \, I \cdot 2,68 - 2 \, I \cdot 1,25) \cdot 314 \cdot 10^{-3} = 1,74 \, I$ V/km.

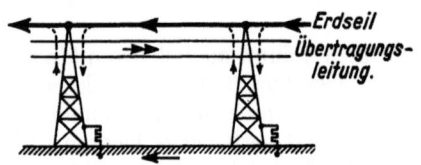

Abb. 27. Die Rolle des Erdseiles bei der Nullstromverteilung von Freileitungen.

Nun wird der Leitungsstrang in vielen Fällen von einem Erdseil begleitet, welches in der Regel an jedem Mast mit der Erdrückleitung verbunden ist. Abb. 27 läßt erkennen, daß dann mit der Leiterschleife eine kurzgeschlossen Schleife Erdseil-Erde gekoppelt ist. Der Leiterstrom findet daher eine verringerte Impedanz vor, die sich aus der Eigenimpedanz der für sich allein betrachteten Leiterschleife und einem Kopplungsfaktor $\tau$ bestimmt. Die hier anzustellende Untersuchung deckt sich völlig mit der Behandlung des Transformators im Kurzschlußzustande. Man unterscheidet

die Eigenimpedanz der Schleife Leiterbündel-Erde

$$\frac{\mathfrak{Z}_0}{n} = \frac{1}{n} \left[ r + n \, r_e + j \, \omega \, (l_0 + (n-1) \, m_0) \right], \tag{43b}$$

die Eigenimpedanz der Schleife Erdseil-Erde

$$\mathfrak{Z}_s = r_s + \pi^2 f + j \, \omega \, 2 \ln \frac{0,178}{\varrho_s} \sqrt{\frac{s \cdot 10^9}{f}} \cdot 10^{-4} \ \Omega/\text{km}, \tag{44}$$

die gegenseitige Impedanz der beiden Schleifen

$$\mathfrak{Z}_g = \pi^2 f + j \, \omega \, 2 \ln \frac{0,178}{d_s} \sqrt{\frac{s \cdot 10^9}{f}} \cdot 10^{-4} \ \Omega/\text{km}, \tag{45}$$

worin $d_s$ den mittleren Abstand des Erdseiles oder des Ersatzleiters mehrerer Erdseile vom Leiterbündel bedeutet (geometrisches Mittel!). $\varrho_s$ ist der Erdseilhalbmesser. Bei zwei Erdseilen vom Abstand $a$ ist ein äquivalenter Radius $\varrho_s' = \sqrt{\varrho_s a}$ einzusetzen.

Der komplexe Kopplungsfaktor $\tau$ bestimmt sich dann zu

$$\tau = 1 - \frac{\mathfrak{Z}_g^2}{\dfrac{\mathfrak{Z}_0}{n} \, \mathfrak{Z}_s}. \tag{46}$$

Die wirksame Impedanz der Nullkomponente ergibt sich zu $\mathfrak{Z}_0 \, \tau$.

Vernachlässigt man die Wirkkomponenten, so vereinfacht sich die Rechnung entsprechend. Beispielsweise wird für die betrachtete Drehstromleitung bei einem Erdseilhalbmesser $\varrho_s = 0{,}4$ cm und einem Erdseilabstand $d_s = 200$ cm:

$$\frac{\mathfrak{Z}_0}{3} = \frac{1{,}74}{3} = 0{,}58\, \Omega/\mathrm{km},$$

$$\mathfrak{Z}_s = 0{,}84\, \Omega/\mathrm{km},$$
$$\mathfrak{Z}_g = 0{,}45\, \Omega/\mathrm{km},$$
$$\tau = 0{,}584.$$

Das Erdseil vermindert daher die Nullinduktivität auf rd. 60 vH. Für die einzelne Leiterschleife ist mit dem Werte

$$\mathfrak{Z}_0\, \tau = 1\, \Omega/\mathrm{km} \tag{47}$$

zu rechnen.

Wir haben uns scheinbar darüber hinweggesetzt, daß die kurzgeschlossene Schleife Erdseil-Erde auch Erdübergangswiderstände der Maste enthält. Ihre Nichtberücksichtigung besteht jedoch zu Recht, da gemäß Abb. 27 stets zwei solche Leiterschleifen derart aneinandergrenzen, daß sich die in den Erdverbindungen anzunehmenden Ströme gegenseitig aufheben. Nur in unmittelbarer Umgebung der Erdschlußstelle trifft dies nicht zu, da dort ein wirklicher Stromaustausch mit dem Erdboden stattfindet und der eintretende Fehlerstrom sich symmetrisch zur Störungsstelle verteilt.

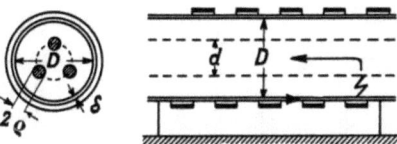

Abb. 28. Die Rolle des Bleimantels bei der Nullstromverteilung von eisenarmierten Kabeln.

Hier muß sich also die Stromverteilung auf Erdseil und Erdboden erst einspielen, man erhält auf eine gewisse Strecke noch eine überlagerte Ausgleichsverteilung. Ihre Berücksichtigung würde im vorliegenden Zusammenhange zu weit führen.

Der bisher durchgeführten Untersuchung über die Nullimpedanz von Freileitungssystemen müssen auch einige Feststellungen über das diesbezügliche Verhalten von Kabeln angeschlossen werden. Für armierte Drehstromkabel liegen insofern besondere Verhältnisse vor, als der Unsymmetriestrom praktisch in voller Höhe durch den Bleimantel zurückfließt. Abb. 28 zeigt einen Kabelabschnitt zwischen zwei Erdungsstellen des Bleimantels. Offenbar wirkt hier die Eisenarmierung wie der langgestreckte Eisenkern eines Stromwandlers, dessen kurzgeschlossene Sekundärwicklung aus dem Bleimantel und der Erde besteht. Die Bedingung, welche dieser Kurzschlußkreis dem Stromsystem auferlegt, geht dahin, daß das umfaßte Feld bis auf geringe zur Verlustdeckung erforderliche Beträge verschwinden soll. Ihr wird ohne weiteres entsprochen, wenn der an der Fehlerstelle vom Leiterbündel zum Bleimantel übertretende Fehlerstrom in genau gleicher Verteilung seinen Rückweg durch den Bleimantel nimmt, an dem ja auch der kapazitive Stromzweig mündet. Der Eisenkern bleibt dann überhaupt so gut wie unerregt, da er ja Hin- und Rückleitung des Stromes auf einmal umfaßt. Der Anteil der Erde am Rücktransport des Fehlerstromes ist unbedeutend.

Die Nullimpedanz des armierten Kabels, bezogen auf den einzelnen Leiter, setzt sich daher zusammen:

Aus dem Widerstand des Leiters, aus dem anteiligen Widerstand des Bleimantels (ein Drittel des Querschnittes bei Drehstromkabeln), aus einem Ersatzwiderstand für die Eisenverluste in der Armierung, sodann vor allem aus der Induktivität der Leiterschleife, welche durch die Kabeladern und den umgebenden Bleimantel gebildet wird. Für letztere gilt mit den Bezeichnungen der Abb. 28

$$l_0 = \left(0{,}5 + \frac{8\,\delta}{3\,D} + 2\ln\frac{D^2 - d^2}{4\,d\,\varrho}\right) 10^{-4} \text{ H/km} \tag{48}$$

für das Zweileiterkabel bzw.

$$l_0 = \left(0{,}5 + \frac{4\,\delta}{D} + 2\ln\frac{(D^2 - d^2)^{\frac{3}{2}}}{6\,d^2\,\varrho}\right) 10^{-4} \text{ H/km} \tag{48a}$$

für das Dreileiterkabel.

In den Wirkwiderstand geht der anteilige Widerstand eines Bleimantels vom Innendurchmesser $D$ cm und der Stärke $\delta$ cm ein mit dem Betrage

$$r = \frac{2}{3\,D\,\pi\,\delta}\ \Omega/\text{km}.$$

## 8. Die Nullimpedanz der Transformatoren.

Die Untersuchung fußt hier auf der von einer bestimmten Stromverteilung hervorgerufenen Feldausbildung. Alle Wicklungen eines Systems werden mit Strömen gleichen Betrages und gleicher Phasenlage beschickt. Für die Erkenntnis der maßgebenden Zusammenhänge ist es ausreichend, völlige Symmetrie aller Phasen vorauszusetzen. Die Abweichungen von dieser Näherungsannahme bedürfen dann einer ergänzenden Abschätzung.

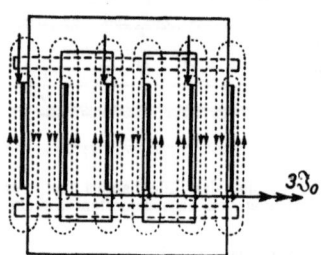

Abb. 29. Flußverteilung in einem Kerntransformator mit Stern-Stern-Schaltung beim Durchtritt eines Nullstromes (Ausbildung eines Jochflusses).

### a) Der Stern-Stern-geschaltete Kerntransformator.

Die drei in Stern geschalteten, vom gleichen Strom durchflossenen Wicklungen des erregenden Systems sind in Abb. 29 dargestellt. Die von ihnen im Eisenkern geweckten magnetomotorischen Kräfte sind in allen Schenkeln gleichgerichtet, es kann daher nicht zur Ausbildung eines eisengeschlossenen Kraftflusses kommen. Auf den beiden Jochen lastet ein Amperewindungsdruck, der einen Rückschluß für die magnetisch parallel geschalteten Schenkel sucht. Diesen Rückschluß bietet nur die Luft, allerdings der gesamte Luftraum zwischen Kern und Kasten, ja auch die Kastenwand selbst. Diese Art der Kraftlinienausbildung ist ungünstiger als im Leerlauffalle, wo die Schenkelflüsse untereinander ihre Ergänzung finden und den sperrigen Weg durch die Luft ganz vermeiden. Sie ist andererseits freier als im Kurzschlußfalle, wo dem Kraftfluß gleichfalls der Rückschluß durch das Eisen versagt bleibt und ihm hierfür nur der schmale Luftquerschnitt zwischen zwei Wicklungen offen bleibt. Wir haben also eine Nullimpedanz zu erwarten, die weder mit der Leerlauf- noch mit der Kurzschlußimpedanz übereinstimmt, sondern numerisch zwischen beiden liegt. Bevor auf die Größenordnung eingegangen wird, muß noch ein Umstand Erwähnung finden, der die Entfaltung des zur Nullkomponente des Stromes gehörenden Kraftlinienbildes nicht unbeträchtlich einschränkt. Schon bei der normalen dreiphasigen Erregung solcher Kerne tritt eine Tendenz zur Erzeugung von Luftflüssen zwischen den Jochen auf, die von dem Bedarf des Magnetisierungsstromes an dreizahligen Oberwellen herrührt. Bekanntlich haben die dritten Harmonischen von drei um 120° versetzten Sinuswellen gleiche Phasenlage. Es liegt also schon im Leerlauf des Stern-Stern-geschalteten Kerntransformators ein ganz ähnliches magnetisches Problem vor, es entstehen Flüsse außerhalb der vorgesehenen geregelten Bahn. Da die dritte Oberwelle leicht zu erheblichen Zusatzverlusten in Preßteilen und Kastenwänden Anlaß gibt, behindert man die Entwicklung eines solchen Flusses, indem man die Joche mit einem „Stirnband" umschließt. Diese in Abb. 29 gestrichelt angedeutete Kurzschlußschleife beschränkt den zwischen den Jochen zustande kommenden Luftfluß auf Kraftlinien, die an den Schenkeln entspringen und wieder münden. Durch die Entwicklung von Gegenamperewindungen wird vereitelt, daß ein die Kurzschlußschleife durchsetzendes Wechselfeld verbleibt. Zwischen den beiden Stirnbändern streuen die Kerne nach wie vor in den ganzen umgebenden Luftraum hinaus.

Die Berechnung der Nullimpedanz von Transformatoren der dreischenkligen Kernbauart ist mit einer für praktische Zwecke ausreichenden Genauigkeit durchführbar. Wir beginnen mit Überlegungen über den Kraftfluß von Joch zu Joch, der für Transformatorenkerne ohne Stirnbänder bei Messung außerhalb des Kastens maßgebend ist. Zwar wird dabei der von den Schenkeln zusätzlich ausgehende Fluß vernachlässigt, doch entfällt ja andererseits der von den Schenkeln erfüllte Raum zwischen den Jochen für die Entfaltung ihres Kraftlinienrückschlusses, so daß eine zulässige Annäherung vorliegen dürfte, wenn man nur die beiden Jochbalken in Betracht zieht. Das gesamte dreidimensionale Feld läßt sich erfassen, wenn man die Joche durch gestreckte Rotationsellipsoide ersetzt. Ist $2a$ die Gesamtlänge der Joche, $2b$ ihr Durchmesser, so ist $c = \sqrt{a^2 - b^2}$ die halbe Brennpunktsentfernung. Führt man noch den Abstand $h$ der Jochmitten ein, so ergibt sich, abgesehen von einem Proportionalitätsfaktor, als Maßzahl des magnetischen Widerstandes der Zahlenwert des Ausdruckes

$$\frac{1}{c} \log P = \frac{1}{c} \log \frac{a+c}{a-c} \frac{\sqrt{h^2+c^2}-c}{\sqrt{h^2+c^2}+c}.$$

Der Spannungsabfall, den ein im Nullpunkt abgenommener Strom gleich dem Nennstrom $I_n$ hervorruft, ist bei $z$ Windungen auch noch proportional $I_n z^2$. Wird der Spannungsabfall auf die Phasenspannung $U_p$ bezogen, so bedingt dies eine Erweiterung des Proportionalitätsfaktors mit $\frac{I_n z^2}{U_p}$ oder $\frac{U_p I_n}{\left(\frac{U_p}{z}\right)^2}$. Der Zähler ist ein Maß für die Transformatornennleistung $N$, der Nenner ist das Quadrat der Windungsspannung $E_w$. Somit wird der auf $U_p$ bezogene in vH ausgedrückte Spannungsabfall, den ein im Nullpunkt abfließender Strom $I_n$, d. h. ein Schenkelstrom $\frac{I_n}{3}$ im Transformator hervorruft

$$100 \frac{U_0}{U_p} = k \cdot c \cdot \frac{1}{\log P} \cdot \frac{N}{E_w^2}. \tag{49}$$

Setzt man $N$ in kVA, $E_w$ in Volt, $c$ in cm ein, so ist für $k$ der Wert 0,1 anzuwenden. Der Faktor $\frac{1}{\log P}$ schwankt zwischen 0,6 und 0,85.

Die Genauigkeit der Formel (49) wurde durch Vergleich gemessener und berechneter Werte zu ± 10 vH festgestellt.

Eine eingehende theoretische Untersuchung von Ollendorff (L 30) führt zu einem mit praktischen Messungen gleichfalls gut verträglichen Formelausdruck, der sich in einfacher Weise aus der vollen Länge $2a$ des Joches, dem Mittenabstand $2l$ der Außenschenkel und der Breite $2b$ des Joches aufbaut und mit einigen Umformungen lautet:

$$100 \frac{U_0}{U_p} = k' \cdot 0,035 \, a \left( 1 + 1,3 \frac{\frac{a}{l}}{\ln \frac{4a}{b}} \right) \cdot \frac{N}{E_w}. \tag{49a}$$

Der zur Übereinstimmung erforderliche Korrekturfaktor $k'$ beträgt 1,33. Der Klammerwert schwankt zwischen 1,45 und 1,6.

Für Kerne mit Stirnbändern scheiden die Joche als Kraftlinienquellen aus. Längs der Schenkel nimmt die magnetomotorische Kraft von der Mitte nach beiden Seiten linear zu. Mit der Länge des Schenkels wächst die Austrittsfläche, aber auch der magnetische Widerstand der Kraftlinien. Deshalb berechnet sich das entstehende Feld nur aus der Schenkelbreite $b_s$ (in cm) nach der Formel

$$100 \frac{U_0}{U_p} = 0{,}125\, b_s \frac{N}{E_w^2}. \qquad (50)$$

Für die praktische Anwendung ist nur die **Nullimpedanz der in den Kasten eingesetzten Transformatorenkerne** von Bedeutung. Hier ist ein Minderungsfaktor anzuwenden, welcher dem Umstand Rechnung trägt, daß Wirbelströme im Kasten die Entfaltung der am Kern ansetzenden Kraftlinien außerhalb der Kastenwand unterbinden. Die Verstärkung des Flusses durch die magnetische Leitfähigkeit des Kastens scheint nicht ins Gewicht zu fallen. Maßgebend ist das Verhältnis α der Abstände der Kernoberfläche und der Kastenwand von der nächsten Wicklungsachse. Über den Umfang ist ein Mittelwert dieser Größe zu bilden. Der Minderungsfaktor beträgt erfahrungsgemäß

1—0,8 α für Transformatoren ohne Stirnband
1—0,7 α für Transformatoren mit Stirnband.

Die Zahlenwerte schwanken von 0,7—0,85 bzw. 0,65—0,81.

Die nachfolgende Übersicht gemessener und gerechneter Werte (Transformatoren im Kasten eingebaut) möge die befriedigende Genauigkeit der Vorausberechnung belegen.

| Nenn-leistung kVA | Nullspannungsabfall in vH der Phasenspannung bei Entnahme von $I_n$ im Nullpunkt | | | |
|---|---|---|---|---|
| | ohne Stirnband | | mit Stirnband | |
| | gerechnet | gemessen | gerechnet | gemessen |
| 1100 | 24,1 | 23,1 | 15,3 | 15,6 |
| 3300 | 27,0 | 29,0 | 22,2 | 24,2 |
| 4000 | 17,5 | 13,6 | 14,3 | 12,5 |
| 6000 | 32,8 | 34,0 | 28,5 | 27,2 |
| 20000 | 38,7 | 37,0 | 36,3 | 35,3 |

Belastet man einen Stern-Stern-geschalteten Transformator mit einer Nullpunktsstromentnahme von 0,6 $I_n$, wie dies für Erdschlußspulen üblich ist, so entstehen Spannungsabfälle von 7,5....22 vH an Transformatoren mit und ohne Stirnband. Die Wirkung des Stirnbandes, welches 15—30 vH der erregenden AW eines Schenkels führt, verliert sich bei Leistungen über 10000 kVA.

Die Zusatzverluste belaufen sich auf 32...45 (ausnahmsweise 50) vH der im Transformator stecken bleibenden Blindleistung des Nullstromes bei Transformatoren ohne Stirnband. Bei Vorhandensein von Stirnbändern kann man mit dem guten Durchschnittswert 37,6 vH (ausnahmsweise 50 vH) rechnen.

Zahlenbeispiel:

Transformator 6000 kVA mit Stirnband, belastet mit 0,6 $I_n$ im Sternpunkt, Spannungsabfall $0{,}6 \cdot 0{,}272 = 0{,}163\, U_p$. Blindverbrauch $3 \cdot 0{,}2\, I_n \cdot 0{,}163\, U_p = 0{,}033 \cdot 3\, I_n U_p = 0{,}033\, N$. Zusatzverluste $0{,}375 \cdot 0{,}033 = 0{,}0125\, N$. Der Kasten hat also 1,25 vH der Nennleistung an Mehrverlusten abzuführen, welche vorzugsweise an der wärmeabgebenden Oberfläche selbst entstehen. Die Erhöhung der Stromwärmeverluste, welche durch das Öl hindurch abgeführt werden müssen, ist hierin nicht enthalten (vgl. hierzu Abschn. IV, Kap. 6).

Die in Stern geschaltete andere Wicklung des Transformators blieb unberücksichtigt. Selbst wenn sie belastet oder gar an den drei Klemmen kurzgeschlossen wäre, könnten die vom Sternpunkt fortstrebenden, gleichphasig induzierten elektromotorischen Kräfte keinen Stromfluß hervorrufen. Es kommt daher zu keiner Rückwirkung dieser Wicklung.

### b) Der Stern-Stern-geschaltete Transformator mit freiem magnetischem Rückschluß; Einphasensätze.

Der in den drei Schenkeln hervorgerufene gleichsinnige magnetische Druck gleicht sich über die Rückschlußschenkel aus (Abb. 30a). Es entwickelt sich ein sehr erheblicher Kraftfluß. Damit kommt auch ein sehr hoher Betrag der **Nullimpedanz** zustande, die in der **Größenordnung der Leerlaufreaktanz** liegt. Transformatoren dieser Bauart sind für die Nullkomponente des Stromes praktisch undurchlässig. Zwischen den Jochen herrscht auch hier noch der erhebliche zur Überwindung des magnetischen Widerstandes der Rückschlußschenkel erforderliche Anteil des gesamten Amperewindungsdruckes. Es entsteht also überdies noch ein durch den Luftraum gehender Jochfluß, der aber die Nullimpedanz nicht mehr wesentlich erhöht, sondern nur Zusatzverluste

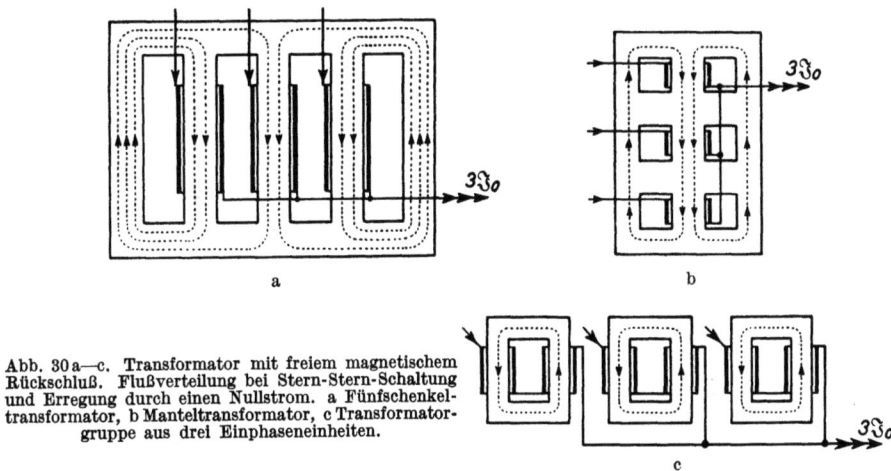

Abb. 30a—c. Transformator mit freiem magnetischem Rückschluß. Flußverteilung bei Stern-Stern-Schaltung und Erregung durch einen Nullstrom. a Fünfschenkeltransformator, b Manteltransformator, c Transformatorgruppe aus drei Einphaseneinheiten.

bringt. Zur Beherrschung der letzteren wären also Stirnbänder von Vorteil, wenn man nicht lieber bei Rückschlußtransformatoren die reine Stern-Stern-Schaltung wegen ihrer verschiedenen Mängel ganz vermeidet.

Genau das gleiche gilt natürlich für Manteltransformatoren, die ja jedem Schenkel einen freien Rückschluß bieten. Der in Abb. 30b eingezeichnete Kraftlinienverlauf erfährt noch eine leichte Modifikation im Sinne einer Mitbenutzung der Zwischenjoche, wenn der Wickelsinn oder der Anschluß der Wicklung im mittleren Fenster umgekehrt wird.

Die magnetischen Verhältnisse sind bei Transformatoren mit freiem magnetischem Rückschluß für die drei Schenkel nicht gleich. Man kann nicht mehr von einer reinen Nullimpedanz reden, da die Nullkomponente des Stromes hier auch von Spannungsanteilen des Mit- und Gegensystems begleitet wird.

Drei getrennte Einphasenkerne bilden bei Stern-Stern-Schaltung in jeder Phase einen eisengeschlossenen Kraftlinienpfad für das von der Nullkomponente des Stromes erregte Feld aus (Abb. 30c). Bei dieser Anordnung stimmen Leerlauf- und Nullimpedanz exakt überein.

### c) Der Dreieck-Stern-geschaltete Transformator.

Die in Abb. 29—30c dargestellten Bauformen werden hinsichtlich ihrer Nullimpedanz sofort gleichwertig, wenn eine ihrer Wicklungen in Dreieck geschaltet ist. Abb. 31 zeigt dies in Gegenüberstellung zur Abb. 29 in typischer Weise. Wäre die in Abb. 29 gezeigte Flußverteilung gültig, so würde nicht nur in den in Stern geschalteten, von der Nullkomponente erregten Wicklungen eine Spannung induziert werden, sondern ebenso in den in Dreieckschaltung verbundenen. Solche Spannungen würden aber, wie die rechte Figur in Abb. 31 zeigt, in den drei Zweigen in Reihe liegen und einen geschlossenen Stromkreis vorfinden. Die Dreieckwicklung spielt also für gleichsinnige und phasengleiche Kraftflüsse die Rolle einer Kurzschlußwicklung, sie widersetzt sich ihrem Auftreten. Sie vermag dies mit Erfolg zu tun, wenn sie zur Abwehr gleich große Gegenamperewindungen entwickelt, welche den Schenkelfluß in den Kanal zwischen den beiden Wicklungen zwängen (Abb. 31, links). Nur dann kann die Bedingung erfüllt werden, daß die Dreieckwicklung als Ganzes und ebenso jeder ihrer gleichberechtigten Zweige frei von Kraftflußverkettungen bleiben. Dies ist aber genau das Flußbild des kurzgeschlossenen Transformators.

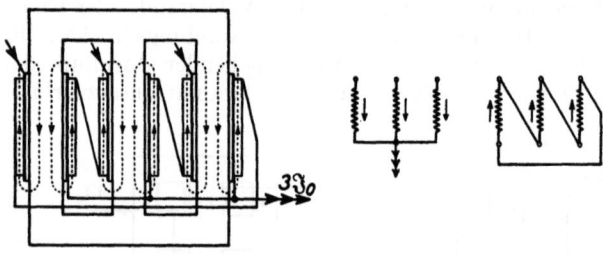

Abb. 31. Flußverteilung in einem Transformator mit Stern-Dreieck-Schaltung beim Durchtritt eines Nullstromes.

Die **Nullimpedanz des mit einer Dreieckwicklung versehenen Transformators ist also identisch mit seiner Kurzschlußimpedanz.** Dies gilt bei anderer Phasenzahl auch für die der Dreieckwicklung äquivalenten Schaltungen, also für Parallelschaltung bei zwei Phasen, Polygonschaltung bei mehr als drei Phasen.

Das Ergebnis bleibt selbstverständlich davon unberührt, ob die Dreieckwicklung für die Aufnahme von dreiphasiger Belastung bestimmt ist oder für Ausgleichszwecke besonders vorgesehen wird. Dieser Vorteil kommt allen Stern-Stern-geschalteten Transformatoren mit tertiärer Dreieckwicklung zugute.

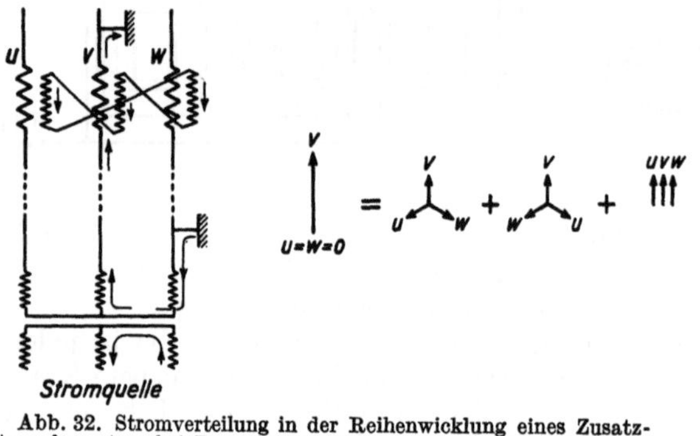

Abb. 32. Stromverteilung in der Reihenwicklung eines Zusatztransformators bei Doppelerdschluß. Aufgabe der Tertiärwicklung in Dreieckschaltung.

Die Lage der Dreieckwicklung relativ zum Kern und zu der in Stern geschalteten Wicklung ist für die Wirkung belanglos. Befindet sie sich nächst dem Kern, so steht der in Stern geschalteten Wicklung — wieder genau wie im dreiphasigen Kurzschlußfalle — an Stelle des Kernschenkels der große umgebende Luftraum zur Verfügung, der Rückschluß muß wieder im Kanal zwischen den beiden Wicklungssystemen vor sich gehen. Das Eisen bleibt feldfrei. Die Impedanz des Stromkreises wird hiervon nicht merklich berührt, da der Hauptteil des magnetischen Widerstandes beide Male seinen Sitz in dem erwähnten engen Kanal hat.

Bei dieser Gelegenheit sei noch auf die Bemessung tertiärer Ausgleichswicklungen eingegangen. Sie müssen natürlich für die Übernahme der Gegenamperewindungen zur Nullkomponente des in Stern oder offen geschalteten Systems geeignet sein. Wesentlicher ist in der Regel die Bedingung der Kurzschlußfestigkeit bei allen äußeren Störungen. Reihentransformatoren werden bei

Doppelerdschluß, Leistungstransformatoren mit starr geerdetem Sternpunkt bei Erdkurzschluß so beansprucht, daß die Dreieckwicklung Ströme von der Größenordnung des Kurzschlußstromes führt. In Abb. 32 ist für einen Reihentransformator, dessen Erregerwicklung der größeren Deutlichkeit halber weggelassen wurde, die Zerlegung des Stromsystems der Reihenwicklung für den Fall eines Doppelerdschlusses durchgeführt. Mit- und Gegenkomponente finden ihr Gleichgewicht in der Erregerwicklung. Die Nullkomponente bleibt der tertiären Dreieckwicklung zum Ausgleich vorbehalten. Diese ist daher thermisch für ein Drittel der Kurzschlußbeanspruchung der Reihenwicklung auszulegen. Das gleiche gilt für starr geerdete Leistungstransformatoren. Wird die Tertiärwicklung auch zur Belastung herangezogen, so daß äußere zwei- und dreipolige Kurzschlüsse möglich sind, so muß sie der vollen Kurzschlußbeanspruchung gewachsen sein.

Eine tertiäre Dreieckwicklung ist das geeignete und daher praktisch nicht zu entbehrende Mittel, um Reihentransformatoren gegen die magnetisierenden Wirkungen der bei Erdschluß und Doppelerdschluß auftretenden Nullkomponenten zu schützen.

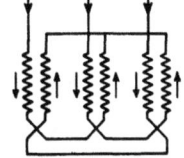

Abb. 33. Transformatorwicklung in Zickzackschaltung. Stromverteilung beim Durchtritt eines Nullstromes.

d) **Zickzackschaltung des Transformators.**

Es ist eine Eigentümlichkeit dieser in Abb. 33 schematisch dargestellten Schaltung, daß die konzentrischen Wicklungszweige eines Schenkels von der Nullkomponente entgegengesetzt erregt werden. Kraftlinien, welche beide Wicklungszweige umschlingen, vermag die Nullkomponente des Stromes mithin nicht hervorzubringen. Sämtliche Kraftlinien müssen sich daher in dem schmalen röhrenförmigen Spalt zwischen den Wicklungshälften zurückschließen. Die daraus resultierende Nullimpedanz ist sogar kleiner als die Kurzschlußimpedanz des Transformators. Denn die letztere bezieht sich auf Primär- und Sekundärwicklung, zwischen denen den Streukraftlinien im allgemeinen ein größerer Querschnitt als zwischen den Hälften der Zickzackwicklung zur Verfügung steht, überdies ist die vom gleichen Strom auf jedem der Schenkel dreiphasig erregte $AW$-Zahl $\sqrt{3}$fach höher, was im dreiphasigen Kurzschlußfalle auf anderthalbfachen Wert des Induktionskoeffizienten führt. Dreieckschaltung einer anderen Wicklung ergibt eine weitere Verringerung der Nullimpedanz.

Transformatoren und Drosselspulen in Zickzackschaltung eignen sich ganz besonders als nullpunktsbelastbare Apparate mit geringem innerem Spannungsabfall.

e) **Sekundäre Kurzschlußkreise für die Nullkomponente.**

Transformatoren, deren eine offen oder in Stern geschaltete Wicklung eine Nullkomponente des Stromes führt, vermögen von der anderen Wicklung aus keine Gegenamperewindungen beizustellen, wenn diese mit freiem Sternpunkt ausgeführt ist. Sie erhalten jedoch diese Eigenschaft sofort, wenn man auch am Sternpunkt der anderen Wicklung das Austreten eines Nullstromes ermöglicht und gleichzeitig die Voraussetzungen schafft, daß ein solcher Stromanteil auch an den Klemmen zufließen kann. Abb. 34 zeigt Lösungen dieser Aufgabe. In Figur a ist angenommen, daß ein im Nullpunkt belasteter Leistungstransformator Spannungsregelung durch einen vorgeschalteten Zusatztransformator erfährt. Statt daß der Zusatztransformator mit einer besonderen in Dreieck geschalteten Tertiärwicklung ausgerüstet wird, kann man mit gleichem Erfolge den Nullpunkt der in Stern geschalteten Erregerwicklung mit dem Nullpunkt des

Haupttransformators verbinden. Die eingetragenen Zahlen veranschaulichen die Verhältnisse für eine Nullkomponente von 3 · 100 A bei einem Übersetzungsverhältnis 1 : 10 des Zusatztransformators. Die Erregerwicklung bildet nun selbst die erforderliche Gegen-AW aus und die Nullimpedanz des Reihentransformators sinkt auf seine Kurzschlußimpedanz. Bei Zusatztransformatoren mit Spannungsregelung unter Last vermeidet man besser die Verbindung der Nullpunkte, weil die freie Erregung jeder einzelnen Phase bei ungleichzeitigem Überschalten zu gewissen Unregelmäßigkeiten führt.

In Figur b ist gezeigt, wie die Verbindung der Sternpunkte eines aus Generator und Transformator bestehenden Maschinensatzes dem Transformator die

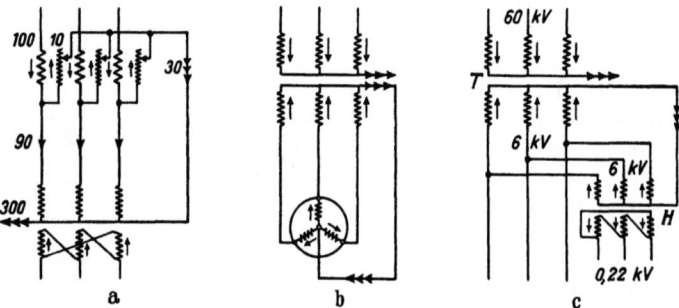

Abb. 34 a—c. Anordnungen zur Herabsetzung der Nullimpedanz von Transformatoren in Sternschaltung ohne Dreieckwicklung.

Eigenschaften verleiht, die er sonst einer in Dreieck geschalteten Primärwicklung verdankt. In Figur c ist endlich dargestellt, wie sich zwei Transformatoren untereinander die gleichen Dienste leisten können, deren einer auch ein nachträglich hinzugefügter Hilfsapparat $H$ oder ein Eigenbedarfstransformator sein

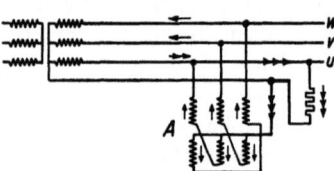

Abb. 35. Nullstromverteilung in Netzen mit Nulleiter bei Entlastung desselben durch eine Ausgleichsdrossel.

kann. Man muß nur Vorsorge treffen, daß $H$ mit der von $T$ zu verarbeitenden Nullkomponente wirklich belastbar ist und daß der Nullkomponente auf ihrem Wege im Sekundärkreis keine nennenswerten Widerstände begegnen. Man entspricht dieser Forderung durch Ausführung der Hilfsapparate mit möglichst kleiner Nullimpedanz, also in Stern-Dreieck oder besser noch in Zickzackschaltung. Ähnliches gilt bei Benutzung von Generatoren für den Rückschluß sekundärer Nullkomponenten. Über die von den Generatoren zum Zwecke der Erzielung kleiner Nullimpedanzen einzuhaltenden Voraussetzungen gibt das folgende Kapitel 9 Aufschluß.

Eine Drosselspule in Zickzackschaltung erweist sich, wie wir oben sahen, als Mittel zu fast widerstandsfreier Rückleitung einer in den drei Phasen fließenden Nullkomponente nach dem Systemnullpunkt (vgl. Abb. 34c bei entsprechender Ausgestaltung von $H$). Aber auch die umgekehrte Aufgabe wird von der Praxis häufig gestellt. Abb. 35 zeigt ein Verteilungsnetz mit Nulleiter. Man bemißt dessen Querschnitt nur für den Rücktransport unausgeglichener Ströme mäßiger Höhe, da man auf gleichmäßige Verteilung der auf die einzelnen Phasen entfallenden einphasigen Anschlüsse rechnet. Immerhin ergibt sich häufig die Schwierigkeit, daß der Nulleiter mindestens streckenweise erheblich belastet wird und unzulässige Spannungsabfälle hervorruft. Nun führt der Nulleiter offenbar einen Strom gleich der Summe der drei Phasenleiterströme, also gleich der dreifachen Nullkomponente. Baut man zwischen Nulleiter und Phasenleitern einen Apparat ein, der mit hoher Impedanz für symmetrische Dreiphasensysteme eine verschwindend kleine Nullimpedanz vereinigt, so bietet er dem Nulleiterstrom einen Kurzschlußweg und zwingt ihn in das Netz zurück. Abb. 35 zeigt am Beispiel einer Einzelbelastung der Phase $u$, daß der dem Nulleiter zufließende Strom von diesem bloß bis zur nächsten Ausgleichsdrossel $A$ mitgeführt wird, sich dort sofort in drei gleiche Teile aufspaltet und ohne Erregung einer merklichen Gegenspannung in die drei Phasenleiter übergeht. Auf der Speisepunktseite der Ausgleichsdrossel fließt dann der von der Nullkomponente befreite Belastungsstrom. Man kann sich ihn über den Anschlußpunkt der Ausgleichsdrossel hinaus fortgesetzt denken. Erst an der Einbaustelle der letzteren wächst die Nullkomponente zu, deren Überlagerung das einpolige Strombild der Belastung herstellt. Die Nullkomponente zirkuliert daher ausschließlich zwischen dem unsymmetrischen Verbraucher und der Ausgleichsdrossel.

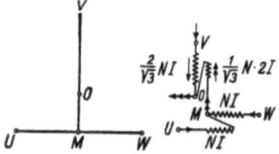

Abb. 36. $AW$-Gleichgewicht in den Wicklungen einer Scott-Schaltung bei Belastung des Sternpunktes mit Nullstrom.

f) **Transformatoren in Scottscher Schaltung.**

Diese Bauart weist auf der Drehstromseite bei geeigneter Wicklungsanordnung die Vorzüge der Zickzackschaltung auf. Werden die im Windungsverhältnis 2 : 1 stehenden Wicklungszweige $VO$ und $MO$ (Abb. 36), ebenso die untereinander gleichen Wicklungszweige $UM$ und $WM$ konzentrisch aufeinander gewickelt, so tritt von selbst Amperewindungsgleichgewicht für einen den drei Klemmen $UVW$ in gleicher Stärke zufließenden, am Nullpunkt $O$ abgenommenen Strom ein.

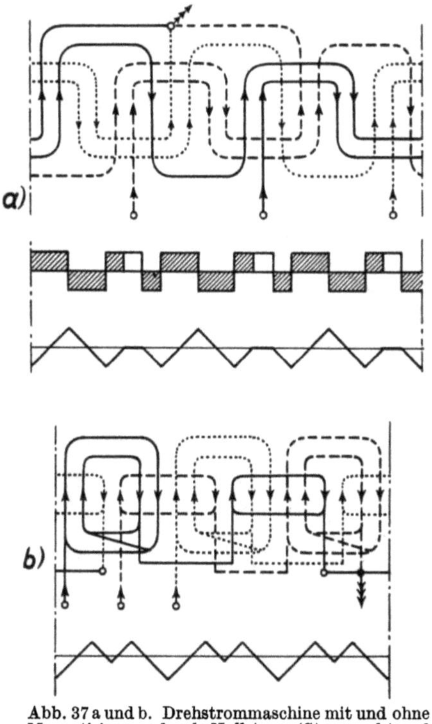

## 9. Die Nullimpedanz umlaufender Maschinen.

Bei der großen Vielfältigkeit der Wicklungsausführung von Drehstrommaschinen muß man sich mit einigen grundsätzlichen Feststellungen begnügen. Immerhin kann man zu den hauptsächlichen Bauformen ähnlich wie bei Transformatoren genauere Angaben machen.

Abb. 37 a und b. Drehstrommaschine mit und ohne Magnetisierung durch Nullstrom (Sternpunkt und Klemmen a) auf verschiedenen Seiten, b) auf gleicher Seite). Zugleich Beispiele des Strombelages und der Felderregerkurve vierpoliger Bruchlochwicklungen mit 21 bzw. 18 Nuten.

a) **Zirkulare Magnetisierung.**

Liegt der Sternpunkt nicht auf derselben Seite wie die Maschinenklemmen, so verbleibt in jeder Phase ein das Ständerpaket durchsetzender überzähliger Leiter. Das Ständerpaket umgibt dieses Bündel und wird von ihm zirkular magnetisiert. Ein Beispiel dieser Art gibt die dreiphasige Bruchlockwicklung nach Abb. 37a, welche in jeder Phase mit vier Stäben Strom in der Richtung von den Klemmen zum Sternpunkt befördert und mit drei Stäben zurücktransportiert. Besonders sinnfällig wird dieses Verhalten an dem in Abb. 38 gezeigten

50    Die stationären Erdschlußvorgänge in Drehstromnetzen.

Schema einer aufgeschnittenen Ringwicklung. Bei den üblichen Trommelwicklungen üben bei unzweckmäßiger Anordnung des Sternpunktes drei Drähte diese Wirkung aus. Man wird daher für Erdung oder Belastung des Sternpunktes Wicklungen bevorzugen, bei denen Klemmen und Sternpunkt auf der gleichen Stirnseite liegen (vgl. Abb. 37b), was ohnehin der herrschenden Praxis entspricht.

b) Einschichtwicklungen.

Am Beispiel einer zweipoligen dreiphasigen Ganzlochwicklung (Abb. 39) ist zu erkennen: Der Strombelag der durch verschiedene Schraffur unterschiedenen drei Phasen spiegelt sich bei Durchmesserspulen nach je 180°. Er wiederholt sich wegen der gleichmäßigen Strombeschickung der drei von der Nullkomponente erregten Phasen nach je 120°. Die aus dem Strombelag durch Integration hervorgehende im Raum feststehende Felderregerkurve zeigt das Bild einer sechspoligen Wechselstromerregung. Die Polzahl hat sich also gegenüber der symmetrischen dreiphasigen Erregung verdreifacht, was bei der Verwandtschaft des Problems zur magnetischen Wirkung dreizahliger Harmonischen angemerkt werden soll.

Abb 38. Zirkulare Magnetisierung eines Ringankers durch Nullstrom.

Ein Feld dieser Art vermag auch in beschränktem Maße in den Läufer einzudringen. Stellt man sich diesen der Einfachheit halber in Volltrommelbauart vor, so zeigt Figur c der Abbildung, daß der über die Erregermaschine kurzgeschlossene Läufer bei einer Lage II der Läuferspulenebene zwei von den sechs Kraftlinienwegen unterbindet. In der um $\frac{1}{12}$ Periode später eingenommenen Lage I'I' verschwindet diese Rückwirkung. Die Nullkomponente benützt das Läufereisen zur Feldausbildung. Die Nullimpedanz einer Einschichtwicklung ist auch bei Maschinen ohne Dämpferkäfig von der Synchronreaktanz vor allem durch den Wicklungsfaktor unterschieden. Die Polzahl ist verdreifacht. Die Nullimpedanz schwankt mit 6facher Netzfrequenz um einen Mindestwert. Ein Dämpferkäfig drückt die Nullimpedanz im wesentlichen auf die totale Streureaktanz herab. Auch Bruchlochwicklungen zeigen im Prinzip die gleichen Eigentümlichkeiten. In Abb. 37a ist die Kurve des Strombelages durch die nichtschraffierten Abschnitte so abgeändert, daß die für die zirkulare Magnetisierung übrigbleibenden Amperewindungen willkürlich ausgenommen werden. Die verbleibende ausgeglichene Strombelagkurve führt auf eine Felderregerkurve von verdreifachter Polzahl. Zusätzlich tritt dann noch die zirkulare Magnetisierung des Ständereisens in Erscheinung. In Abb. 37b ist eine dreiphasige vierpolige Bruchlochwicklung untersucht, bei der zirkulare Magnetisierung durch entsprechende Anordnung des Sternpunktes vermieden ist. Auch hier zeigen 12 Zacken der Felderregerkurve die Verdreifachung der Polzahl an. In beiden Fällen stellt man daneben eine sehr ausgeprägte, ja sogar überwiegende Unterharmonische halber Ordnungszahl fest. Sie rührt von dem Umstand her, daß das Durchflutungsbild der Wicklung sich erst nach einer Polpaarteilung wiederholt.

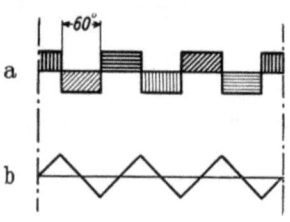
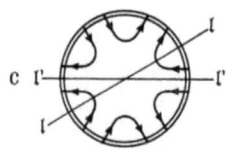

Abb. 39 a—c. Drehstrommaschine mit Einschichtwicklung (zweipolige Ganzlochwicklung, Durchmesserschritt). a Strombelag, b Felderregerkurve, c Eindringen des vom Nullstrom erregten Feldes in das Läufereisen.

## c) Zweischichtwicklungen.

Diese Wicklungsart ist bei der an sich seltenen Zonenbreite von 120° für die Erdung von Generatornullpunkten besonders geeignet. Ein Blick auf Abb. 40a lehrt an Hand des Strombelagdiagrammes für Durchmesserspulen, daß offenbar unabhängig von der Spulenbreite eine vollständige Aufhebung der von der Nullkomponente des Stromes erzeugten Amperewindungen in sich erfolgt. Die Nullimpedanz der Zweischichtwicklung mit 120° Zonenbreite ist daher in Analogie zum zickzackgeschalteten Transformator erheblich kleiner als die normale Ständerstreuung. Man benützt mit Vorliebe Zweischichtwicklungen mit 60° Zonenbreite entsprechend Abb. 40b. Hier kommt es auf den Wicklungsschritt an. In der Abbildung ist eine Schrittverkürzung auf $\frac{5}{6} = 0{,}83$ ersichtlich gemacht.

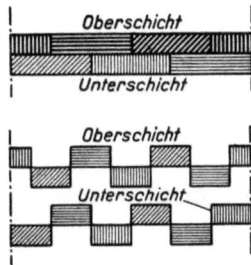

Abb. 40a und b. Strombelag von Zweischichtwicklungen beim Durchtritt von Nullstrom. a Wicklung mit 120° Zonenbreite, b Wicklung mit 60° Zonenbreite und Schrittverkürzung.

Durch Verschiebung des unteren Strombelagdiagrammes relativ zu dem der Oberschicht erhält man Einblick in den Einfluß anderer Schrittverkürzungen.

Eine Zonenbreite von 60° mit Durchmesserspulen ergibt Übereinstimmung mit dem Strombelag und daher auch mit der Felderregerkurve einer Einschichtwicklung nach Abb. 39. Ein Schritt von 120° würde auf die Aufhebung aller Strombeläge der Ober- und Unterschicht, also auf ähnliche Ergebnisse wie Abb. 40a führen. Bei beliebigem Schritt ist mit einem mittleren Verhalten zu rechnen. Bei Vorhandensein einer Dämpferwicklung kommt eine Verringerung der Nullreaktanz zustande.

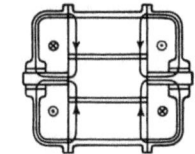

Abb. 41. Erregung von Wellenflüssen durch die Nullkomponente des Stromes.

Bei einigen Arten von Wicklungen kann noch ein Umstand einen gewissen Einfluß auf die Höhe der Nullimpedanz ausüben. Bei den in Abb. 37 behandelten Beispielen sind sämtliche Stirnverbindungen einer Seite im gleichen Sinne vom Strom durchflossen. Das hat zur Folge, daß der in Abb. 41 ersichtlich gemachte magnetische Kreis erregt wird. Es entsteht ein Wellenfluß, der sich durch die Seitenschilde schließt. Die Wickelkopfstreuung ist in solchen Fällen erhöht.

## 10. Das Nullsystem als Schwingungskreis. Stationäre Erdschlußüberströme.

Durch das im Kapitel 5 dieses Abschnittes entwickelte allgemeine Ersatzschaltbild, dessen Elemente wir in den vorangehenden Kapiteln quantitativ zu beurteilen gelernt haben, finden wir uns in den Stand gesetzt, der Theorie auch Sonderfälle einzuordnen. Besonders bemerkenswert ist die Möglichkeit, daß die in Abb. 23 mit der erregenden Spannung $\frac{U}{\sqrt{3}}$ in Reihe liegenden Kapazitäten einer Phase mit deren Nullinduktivität einen so gearteten Schwingungskreis bilden, daß seine Eigenschwingungszahl der Betriebsfrequenz nahekommt. Wir haben dann offenbar das derartigen Schwingungskreisen eigentümliche resonanzähnliche Verhalten zu erwarten. Fälle dieser Art können nicht zu den normalen zählen. Einen Anhaltspunkt dafür gibt eine überschlägige

Berechnung der langsamsten als Eigenschwingungen ungestörter Übertragungsnetze zu erwartenden Oberwellen. Schätzt man den Stoßkurzschlußstrom auf den mindestens 5fachen Betrag des Nennstromes, so wird

$$\omega L_s < 0{,}2 \frac{U}{\sqrt{3}\, I_n}.$$

Der kapazitive Ladestrom (Betriebskapazität) wird 20 vH des Nennstromes kaum überschreiten, d. h.

$$\omega C < 0{,}2 \frac{I_n}{\frac{U}{\sqrt{3}}}.$$

Die Multiplikation beider Ansätze ergibt

$$\omega^2 L_s C < 0{,}04$$

oder

$$\frac{1}{\sqrt{L_s C}} = \omega_f > 5\,\omega.$$

Die bevorzugten Oberwellen der Netze beginnen daher etwa mit der Ordnungszahl 5. Daß als Induktivität die dem Stoßkurzschlußstrom zuzuordnende Gesamtstreuinduktivität herangezogen wurde, hat seinen Grund darin, daß Oberwellenströme in den Generatoren niemals synchron rotierende Felder erzeugen, sondern stets den Läufer induzieren und in ihm Gegen-AW hervorrufen.

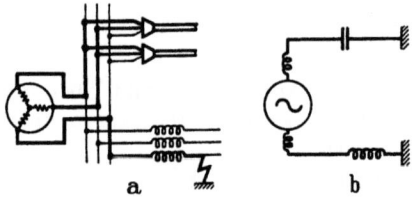

Abb. 42a und b. Entstehung von Erdschlußüberströmen.

Die Verhältnisse könnten nun für die Nullkomponente etwas anders liegen. Aus den Ersatzschaltbildern Abb. 22 und 23 wissen wir, daß hier im wesentlichen eine unter der Einwirkung der Betriebsspannung stehende Reihenschaltung der Erdkapazität mit den Impedanzen des zwischen Fehlerstelle und Maschinen liegenden Stromkreises vorliegt. Für das in Abb. 42 gebrachte Netzbild (Figur a) vereinfacht sich dieses Ersatzschaltbild zu dem daneben (Figur b) skizzierten Stromkreis, in dem die Nullimpedanz der Freileitung als reine Induktivität aufgefaßt ist und das an den Sammelschienen hängende Kabelnetz als konzentrierte Kapazität eingeführt wird.

Der Generator sei für eine Leistung von 5000 kVA bemessen und versorge ein 5000-Volt-Netz mit 100 km gesamter Kabellänge, dessen Ladeleistung rd. 200 kVA beträgt. Die Synchronreaktanz der Maschine liegt unter der Annahme eines mit dem Nennstrom übereinstimmenden Dauerkurzschlußstromes bei etwa 5 $\Omega$. Die Streuinduktivität ist bei einer Wechselstromkomponente des Stoßkurzschlußstromes vom 7fachen Betrage des Nennstromes zu $\frac{5}{7} \approx 0{,}7\ \Omega$ zu beziffern. Die Freileitung hat bei 30 km Länge eine auf den Einzelleiter bezogene Schleifenreaktanz von $30 \cdot 0{,}4 = 12\ \Omega$, die für die Mit- und Gegenkomponente gilt. Die Nullreaktanz ist nach den Feststellungen des vorigen Abschnittes bei einer ohne Erdseil ausgeführten Leitung zu etwa $30 \cdot 1{,}74 = 52{,}2\ \Omega$ anzusetzen. Die induktiven Anteile sind daher zu einer Gesamtreaktanz von $5 + 0{,}7 + 12 + 12 + 52{,}2 = \text{rd. } 72\ \Omega$ zusammenzufassen, welche zum überwiegenden Teile in dem kurzen Freileitungsstück konzentriert ist. Die kapazitive Reaktanz des Stromkreises ist fast ausschließlich durch das Kabelnetz bestimmt, welchem wir 34 A Erdschlußstrom oder pro Phase einen kapazitiven Widerstand von $3 \cdot \frac{5000}{34 \cdot \sqrt{3}} = 250\ \Omega$ zuzuschreiben haben. Durch die Reihenschaltung mit einer Induktivität entsprechend 72 $\Omega$ sinkt der resultierende Widerstand des Stromkreises auf 178 $\Omega$, also rd. auf 71,2 vH ab. Für den Erdschlußstrom ist daher — unter Vernachlässigung der Dämpfung — ein Ansteigen auf den 1,4fachen Betrag zu erwarten. Auch die Spannung am Kabelnetz muß dieser Stromerhöhung entsprechen, die drei Phasen verlagern sich statt um die einfache um die 1,4fache Phasenspannung. Auf die Induktivität entfällt mit entgegengesetztem Vorzeichen die 0,4fache Phasenspannung, der Differenz hält der Generator das Gleichgewicht.

Der Durchtritt des unverzweigten Erdschlußstromes durch große, der Fehlerstelle benachbarte Induktivitäten kann unter Umständen zu erheblicher Steigerung der stationären Erdschlußströme und zu resonanzähnlicher Erhöhung der Teilspannungen des Stromkreises führen.

Erwähnung verdient auch noch der Umstand, daß die bei der plötzlichen Ausbildung solcher Strombahnen zustande kommenden Vorgänge den Erscheinungen beim Einschalten von Schwingungskreisen entsprechen. Bei genauer Abstimmung auf die Betriebsfrequenz findet dann nur ein allmähliches Anwachsen von Strom und Spannung statt. Liegt aber nur Resonanznähe vor, so kommen Schwebungen zustande, welche weitere Überhöhungen der Spannung im Gefolge haben.

Nachdem wir die Möglichkeit eines Zusammenwirkens von Induktivität und Kapazität der Nullstrombahnen nach Art eines Schwingungskreises erkannt haben, müssen wir auch die Verlustgrößen solcher Stromkreise berücksichtigen, da ihnen naturgemäß die Aufgabe der Begrenzung von Strom- und Spannungsüberhöhungen zufällt. In dem vorhin behandelten Beispiel tritt in der Freileitung selbst zu deren kilometrischer Reaktanz von $1,74 + 0,39 + 0,39 = 2,52 \Omega$ noch ein Wirkwiderstand $0,37 + 0,22 + 0,22 = 0,81 \Omega$. Er setzt sich aus dem für Mit- und Gegensystem maßgebenden Anteil von je 0,22 $\Omega$ herrührend vom Leiterwiderstand, und aus dem Wirkwiderstand des Nullsystems zusammen; dieser besteht wiederum aus dem Leiterwiderstand selbst und dem zusätzlichen, auf eine Phase entfallenden Anteil des Erdwiderstandes $\dfrac{3 \cdot \omega \pi}{2} \cdot 10^{-4} = 0,148 \Omega$ [vgl. Formel (40) und (43a)]. In einem so einfachen Falle wie dem vorliegenden gelangt man übrigens zu den Endwerten auch ohne Komponentenzerlegung. Ein Blick auf Abb. 42a zeigt, daß man sich mit der Betrachtung einer einzigen stromführenden, reaktanz- und widerstandsbehafteten Schleife begnügen kann, die von dem Gesamtstrom, also der 3fachen Nullkomponente durchflossen wird. Für diese Einzelschleife fanden wir im Anschluß an Gleichung (41) die Reaktanz von 0,84 $\Omega$/km, die mit der 3fachen Nullkomponente (dem gesamten Fehlerstrom) den gleichen Spannungsabfall $0,84 \cdot 3 I_0$ ergibt wie die aus dem Ersatzschaltbild Abb. 23 abgeleitete Reaktanz von 2,52 $\Omega$ mit $I_0$. Dasselbe gilt vom Wirkwiderstand $\left(0,22 + \dfrac{\omega \pi}{2} \cdot 10^{-4}\right) = 0,27 \Omega$/km. Die Komponentenzerlegung bedeutet eben nicht immer den kürzesten, aber stets den verläßlichsten Weg zur Analyse des Stromkreises. Wir sind damit zu der Feststellung gelangt, daß die Reaktanz unseres Schwingungskreises von einem Wirkwiderstand begleitet wird, der einem cotg $\varphi$ von $\dfrac{0,81}{2,52} = \dfrac{0,27}{0,84} = 0,32$ entspricht. Selbst bei größeren Fehlerentfernungen als gemäß unserer bisherigen Annahme kann es also nicht zur vollen Resonanz kommen. Der Verlustwinkel der Leitung beschränkt die möglichen Strom- und Spannungsüberhöhungen. Seine Konstanz begründet ein Kreisdiagramm, dem wir uns jetzt zuwenden wollen. Wir heben in Abb. 43a die in Abb. 42b hinsichtlich der Wirkverluste gemachten Vereinfachungen wieder auf. Durch bewegliche Kontakte soll angedeutet werden, daß wir uns die Entfernung der Fehlerstelle variabel denken. Die Generatorreaktanz fassen wir mit der kapazitiven Reaktanz zu einer resultierenden Reaktanz von kapazitivem Charakter zusammen. Zahlenmäßig verbleibt ein Blindwiderstand von $-250 + 5{,}7 = -244{,}3\,\Omega$. An ihm läßt der Strom eine um $\frac{\pi}{2}$ nacheilende Spannungskomponente $OE$ entstehen. Die auf den Leitungsabschnitt entfallende Spannung $EA$ muß hingegen dem Strom um $\varphi = \text{arc cotg}\, 0{,}32$ voreilen. Sie weist also gegen die kapazitive Komponente $OE$ einen konstanten Voreilwinkel $\frac{\pi}{2} + \varphi$ auf, welches auch die Länge des vom Fehlerstrom durchflossenen Leitungsabschnittes sein mag. Die Spannungsaufteilung geht also im Sinne der Figur b in Abb. 43 so vor sich, daß über der als Basis $OA$ aufgetragenen Erregerspannung $\frac{U}{\sqrt{3}}$ zwei Komponenten $OE$ und $EA$ aufzubauen sind, welche untereinander den Winkel $\frac{\pi}{2} + \varphi$ einschließen. Der geometrische Ort der Punkte $E$ ist ein Kreis über der Sehne $OA$ mit konstantem Peripheriewinkel $\widehat{OEA}$. Die Strecke $AE$ entspricht unmittelbar der in der stromführenden Schleife des gestörten Leitungsabschnittes zustande kommenden Spannung. Die Strecke $OE$ gibt die an der Kapazität wirksame Spannung,

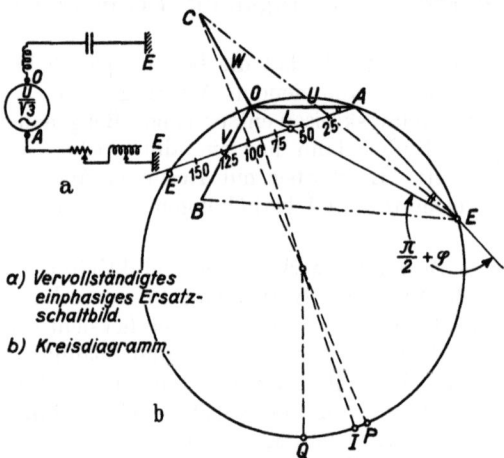

a) Vervollständigtes einphasiges Ersatzschaltbild.
b) Kreisdiagramm.

Abb. 43a und b. Erdschlußüberströme im verlustbehafteten Netz bei veränderlichem Fehlerort. Kreisdiagramm.

also die Nullpunktsverlagerung wieder. Strenggenommen müßte hier noch eine Streckung des Kreisdiagrammes von Zentrum $O$ aus im Verhältnis $\frac{250}{244{,}3}$ vorangehen. Der Punkt $E$ kennzeichnet die Lage des Erdpotentials im Spannungsdiagramm. Damit ist die Möglichkeit geboten, sofort alle drei Leiterspannungen aus dem Diagramm zu entnehmen. Ebenso erhält man die höchstmöglichen stationären Erdschlußüberspannungen $CP$, welche in unserem Beispiele an der Phase $w$ mit dem 2,46fachen Betrage (4,27fache Phasenspannung) zustande kommen können. Man stellt auch fest, daß es einen gewissen Bereich der Fehlerentfernung gibt, für welchen die Lage $E'$ des Erdpunktes fälschlich auf einen Fehler an der gesunden Phase $v$ hinweist. Endlich gibt das Kreisdiagramm in der Länge der Strecke $OE$ auch ein Maß für die Höhe des stationären Erdschlußüberstromes, der ja bei konstanter Netzkapazität der Nullpunktsspannung proportional sein muß und maßstäblich durch die für satten Erdschluß an der Kraftwerkssammelschiene maßgebende Strecke $OA$ festgelegt wird. Der höchstmögliche Erdschlußüberstrom $OI$ ist in unserem Beispiel gleich dem 3,27fachen theoretischen Erdschlußstrom. Die Bedingungen für die Maximalwerte von Erdschlußüberstrom und Erdschlußüberspannung fallen nicht vollständig zusammen. Abb. 44 zeigt die bei verschiedenen Leitungskonstanten zustande kommenden Überhöhungen in Kurvenform. Der Vollständigkeit halber sei noch darauf hingewiesen, in welcher Art die Entfernung des Erdfehlers im Kreisdiagramm ablesbar ist. Legt man durch $A$ eine Gerade unter dem Winkel $\frac{\pi}{2} - \varphi = \sphericalangle AEO$ gegen $AO$, d. h. eine Senkrechte auf den Durchmesser $OI$,

so schneidet der Strahl $OE$ auf dieser Geraden jedesmal die zu $E$ gehörende Entfernung als Strecke $AL$ ab. Der Beweis liegt darin, daß das Verhältnis der Strecken $AE = I\sqrt{r^2 + \omega^2 l^2}\, x$ und $OE = \dfrac{I}{\omega C}$ der Entfernung $x$ proportional ist. Nun gilt wegen der Ähnlichkeit der Dreiecke $AEO$ und $LAO$
$$\frac{AE}{OE} = \frac{LA}{OA}$$
oder $\qquad x \sim LA.$

Man braucht zur Festlegung der Entfernungsskala nur für einen Kreispunkt $E$ das Verhältnis $\dfrac{AE}{OE}$ zu bestimmen. In unserem Beispiel sind die ungünstigsten Verhältnisse für eine Fehlerentfernung von rd. 90 km zu erwarten. In der Tat stimmt ja für eine 92 km lange Schleife die Schleifenimpedanz $(92 \cdot 2{,}65 = 244\,\Omega)$ mit der kapazitiven $(250 - 5{,}7 = 244{,}3\,\Omega)$ überein (Punkt $Q$).

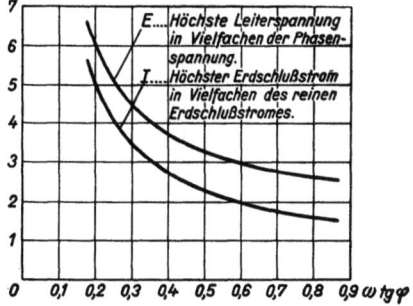

Abb. 44. Größte Erhöhung des Erdschlußstromes und der Leiterspannung in Abhängigkeit von den Leitungskonstanten.

Über den Weg, der uns zu der Darstellung durch das Kreisdiagramm Abb. 43 geführt hat, ist noch eine nützliche Bemerkung vorzubringen. Es wäre nicht ganz einfach gewesen, das dreiphasige Schaltbild Abb. 42a auszuwerten, zumal auch der gestrichelt gezeichnete Sammelschienenabschnitt Spannung führt und die zugehörige Kapazität der kranken Phase mit Strom versorgt. Im Besitze der durch Abb. 23 vermittelten allgemeinen Anweisung konnten wir sofort zum einphasigen Fall Abb. 42b bzw. 43a zurückfinden. Wir hätten aber an Stelle des auf einer Reihenschaltung mit eingeprägter EMK basierenden Ersatzkreises auch einen gleichwertigen benutzen können, bei dem Kapazität und Fehlerwiderstand parallel liegen und unter dem Einfluß eines eingeprägten Stromes stehen. Die Anweisung für das von uns gewählte Verfahren ist übrigens für den Sonderfall eines Fehlerwiderstandes von Ohmschem Charakter bereits im 3. Kapitel dieses Abschnittes gegeben. Unser Ergebnis ist eine Verallgemeinerung des Kreisdiagrammes Abb. 17.

Man könnte sich noch eine andere Kombination von normalen Aufbauelementen eines Netzes denken, welche ähnliche Erscheinungen im Erdschlußfalle auszulösen vermag. Tritt nämlich an einem Transformator ein Defekt durch Windungsschluß mit begleitendem Erdschluß ein, so ist die gestörte Phase über eine Induktivität geerdet. Man hat also auch dann beträchtliche Spannungsüberhöhungen zu befürchten. Noch klarer tritt die Übereinstimmung mit unserem ersten praktischen Beispiel in Fällen zutage, wo man eine Stichleitung von einem großen Netz durch eine der Strombegrenzung dienende Drosselspule abriegelt.

Eine unangenehme Begleiterscheinung solcher Verhältnisse ist ferner darin zu erblicken, daß an der Fehlerstelle selbst das stark verzerrte Spannungsdreieck $BCE$ (Abb. 43b) herrscht. Transformatoren und Motoren reagieren darauf mit hohen Magnetisierungs- bzw. Ausgleichsströmen. Aber auch für das übrige Netz bleiben die schweren kurzschlußähnlichen Belastungsstöße gewiß nicht unbemerkt.

Welche Folgerungen sind aus diesen nicht eben günstigen Eigenschaften gewisser Netzkonfigurationen zu ziehen? Es sei vorweg bemerkt, daß die ganze Schwierigkeit überwunden ist, wenn man die Fehlerstelle stromfrei macht, die

Schleife der vom Erdschluß betroffenen Leitung vom kapazitiven Erdschlußstrom des übrigen Netzes entlastet. Ebendies ist eine wesentliche Eigenschaft der **induktiven Erdschlußkompensierung**, welche solchen Erscheinungen grundsätzlich vorbeugt. In nichtkompensierten Netzen mit freiem Nullpunkt wird man folgende Gesichtspunkte zu wahren haben: Man vermeide die Ausdehnung des Netzumfanges über ein gewisses Maß, als welches man Erdschlußströme von 50—100 A bei 10 kV, proportional höhere Werte bei höheren

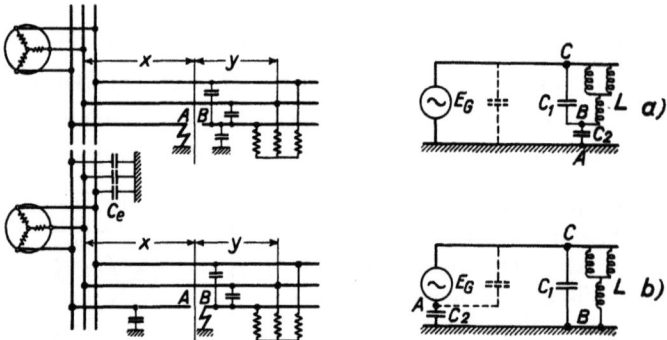

Abb. 45a und b. Erdschluß in Verbindung mit Leiterbruch. a Erdfehler speisepunktseitig, b verkehrter Erdschluß.

Spannungen gelten lassen soll. Der Anschluß von Freileitungsabzweigen an ausgedehnte unkompensierte Kabelnetze soll unterbleiben. Man bevorzuge in solchen Fällen die Trennung durch Isoliertransformatoren.

Die Möglichkeiten der Ausbildung stationärer Erdschlußüberspannungen sind damit nicht erschöpft. Eine beachtenswerte Quelle derartiger Störungen ist der **Erdschluß in Verbindung mit Leitungsbruch**. Die beiden Hauptfälle werden durch Abb. 45 dargestellt. Figur a der Abbildung zeigt einen speisepunktseitigen Erdschluß, während sich für den in Figur b behandelten Fall die Bezeichnung „verkehrter Erdschluß" eingebürgert hat.

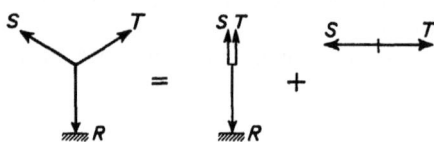

Abb. 46. Zerlegung eines Dreiphasensystemes in zwei unabhängige Einphasensysteme.

Die Untersuchung dieses eigenartigen Betriebszustandes wird durch zwei Umstände vereinfacht. Erstens ist das Ersatzschaltbild für die beiden Fälle im wesentlichen das gleiche bis auf die Aufeinanderfolge der Schaltungselemente im Stromkreis, welche nicht den grundsätzlichen Ablauf zu beeinflussen vermag, sondern nur die Potentiallage gegen Erde verschieben kann. Zweitens besteht auch kein Unterschied in der Entfaltung solcher Erscheinungen in einphasigen und dreiphasigen Netzen. Es rührt dies, wie Abb. 46 erkennen läßt, von dem Umstand her, daß man jedes Dreiphasensystem als Überlagerung zweier Einphasensysteme auffassen darf. Das eine derselben besteht aus einem der Leiter ($R$) und der Zusammenfassung der beiden anderen ($S$ und $T$). Ihm gehören die Komponenten in Richtung der Ordinatenachse an, die Systemspannung ist der 1,5fachen Phasenspannung gleich. Ein zweites unabhängiges, nur innerhalb des zusammengefaßten Leiterpaares $S$, $T$ wirksames Einphasensystem umfaßt die Komponenten in Richtung der Abszissenachse. Seine Systemspannung ist der verketteten Spannung gleichzusetzen. Dieses zweite System wird nun durch einen Erdschluß an $R$ in seiner Symmetrie nicht gestört und darf daher außer Betracht bleiben. Dann ist aber die Aufgabe stets auf den Fall eines Einphasensystems zurückgeführt, von dessen beiden Polen der eine, aus zwei Leitern gebildete, die doppelte Kapazität gegen Erde aufweist. Diese Auffassung

Das Nullsystem als Schwingungskreis. Stationäre Erdschlußüberströme.

führt auch auf eine richtige Bestimmung des elektrischen Schwerpunktes und liefert ebenso den früher gefundenen Wert des Erdschlußstromes in der Form $1{,}5 \dfrac{U}{\sqrt{3}} \cdot 2\omega C_{1e} = 3 U_p \omega C_{1e}$ [vgl. Formel (37)]. An Hand dieser Betrachtung sind die für die Kapazitäten $C_1$ und $C_2$ der Ersatzschaltbilder in Abb. 45 einzusetzenden Beträge unschwer zu ermitteln. Es sei $C_e$ die Erdkapazität einer Phase des gesamten Netzes ausschließlich der gestörten Teilstrecke, $c_e$ bzw. $c_{12}$ der Kapazitätsbelag der letzteren, $L_p$ die phasenweise gemessene Belastungsinduktivität, $U_p$ die Phasenspannung. Es gilt dann folgende Tabelle:

| Größe | Speisepunktseitiger Erdschluß im | | Verkehrter Erdschluß im | |
|---|---|---|---|---|
| | Einphasensystem | Drehstromsystem | Einphasensystem | Drehstromsystem |
| $C_1$ | $y\, c_{12}$ | $2\, y\, c_{12}$ | $C_e + (x+y) c_e + y c_{12}$ | $2 C_e + 2(x+y) c_e + 2 y c_{12}$ |
| $C_2$ | $y\, c_e$ | $y\, c_e$ | $C_e + x\, c_e$ | $C_e + x\, c_e$ |
| $L$ | $2 L_p$ | $1{,}5 L_p$ | $2 L_p$ | $1{,}5 L_p$ |
| $E$ | $2 U_p$ | $1{,}5 U_p$ | $2 U_p$ | $1{,}5 U_p$ |

Die Bedeutung der Teilstrecken $x$ und $y$ geht aus der Abb. 45 hervor. Die numerischen Beträge von $C_e$, $c_e$ und $c_{12}$ sind natürlich in Ein- und Dreiphasennetzen nicht übereinstimmend. In Abb. 45 sind gestrichelt noch einige weitere Kapazitäten angedeutet, von denen bei der Betrachtung der hier zu untersuchenden Vorgänge abgesehen werden darf. Ihre Stromaufnahme wird von den Stromquellen direkt gedeckt.

Aus der Tabelle lassen sich bereits einige Folgerungen ziehen: Bei speisepunktseitigem Erdschluß sind nur die Streckenkapazitäten des jenseits der Bruchstelle liegenden Leitungsabschnittes maßgebend. Es handelt sich um mäßige Kapazitäten und Ströme, Spannungserhöhungen treten nur in dem kurzen, an der freien Trans-

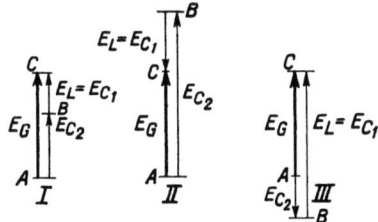

Erde bei speisepunktseitigem Erdschluß an A bei verkehrtem Erdschluß an B

Abb. 47. Spannungsdiagramme bei Erdschluß mit Leiterbruch (drei Ausbildungsmöglichkeiten).

formatorklemme hängenden, vom übrigen Netz abgetrennten Leitungsstück auf. Beim verkehrten Erdschluß hingegen haben wir es mit dem eigentlich gefährlichen Fall zu tun, da hier die Kapazitäten des ganzen Netzes mitwirken und insbesondere der gesamte Erdschlußstrom den Transformator durchfließt und magnetisiert. Zudem tritt die Überspannung im ganzen Netz an den gesunden Phasen und unter Umständen in noch höherem Betrage an der kranken Phase auf. Keine der drei Phasen wird gegen Erde auf zwangläufig vorgegebener Spannung gehalten.

Über die mögliche Höhe der Überspannungen kann eine sehr einfache Voraussage erfolgen, die sich auf das Spannungsdiagramm Abb. 47 stützt. Die am Transformator liegende Spannung $E_L$ unterliegt dem Einfluß der Sättigung. Die Nennspannung des Transformators bzw. deren von dem Vorgang betroffene Komponente kann auch bei hoher Übererregung nicht um mehr als 50—70 vH übertroffen werden. Beim verkehrten Erdschluß eines Drehstromabzweiges wird daher, abgesehen von der gegenseitigen Spannung der beiden gesunden Leiter, folgende Potentialabstufung zustande kommen: Fehlerstelle, zugehöriges Leiterstück und eine Transformatorklemme an Erde. Hebung der gesunden Phasen auf $(1{,}5-1{,}7) \cdot (1{,}5 U_p) = 2{,}25-2{,}55 U_p$. Weitere Potentialstufe in Form der zwischen gesunden und kranken Phasen wirksamen Speisepunktspannung $E_G = 1{,}5\ U_p$, die auf Grund noch zu erörternder Zusammenhänge additiv oder subtraktiv auftreten kann. Somit in ungünstigen Fällen (Abb. 47, Mitte) an der kranken Phase im nichtgeerdeten Abschnitt (Punkt $A$) 3,75—4,05 $E_p$. Netznullpunkt gegen die gesunden Phasen (Punkt $C$) um 0,5 $U_p$ gehoben, daher auf 2,75—3,05 $U_p$ gegen Erde. Da bei gewöhnlichem Erdschluß der Nullpunkt des Netzes nur um 1,0 $U_p$ gegen Erde verlagert wird, haben wir hier einen Fall vor uns, wo der Erdschlußstrom des Netzes auf den 3fachen Wert ansteigen kann und damit zum Erdschlußüberstrom ausartet.

Man kann noch ungünstigere Fehlerarten ausfindig machen. Zu ihnen gehören Kurzschlüsse, die zum Abbrennen der beiden betroffenen Leiter führen, wobei es zum einseitigen Erdschluß beider Drähte kommen möge. Die Überspannungen werden zwar nicht höher als vorhin berechnet. Die Nullpunktsverlagerung und mit ihr der Erdschlußstrom könnte jedoch bis auf den 3,25 bis 3,55fachen Normalbetrag ansteigen.

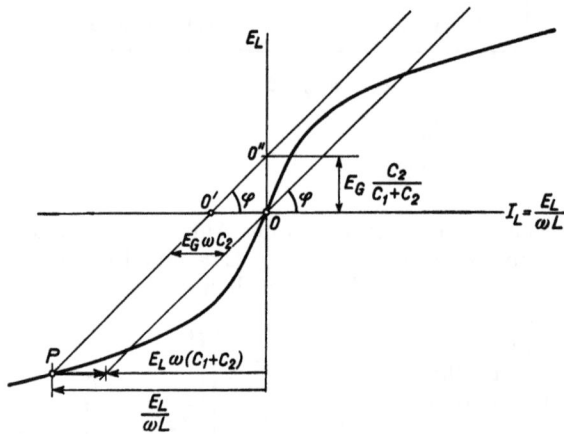

Abb. 48. Erdschluß mit Leiterbruch. Graphische Ermittlung der tatsächlichen Spannungseinstellung aus der Magnetisierungskennlinie und der Kapazitätsgeraden.

Der Durchrechnung eines einfachen Falles wollen wir eine allgemeinere Betrachtung vorangehen lassen. Die dem Stromkreis von der Stromquelle her aufgedrückte Spannung werde mit $E_G$ bezeichnet. Die am Transformator und an der Überbrückungskapazität $C_1$ liegende Spannung soll $E_L$ heißen. Dann steht die Erdkapazität $C_2$ des abgetrennten Stückes unter der Spannung $E_G - E_L$, wie aus Abb. 45 und 47 ohne weiteres hervorgeht. Der an $C_2$ hervorgerufene Strom $(E_G - E_L)\,\omega\,C_2$ muß in der Parallelschaltung der Induktivität $L$ und der Überbrückungskapazität $C_1$ als $E_L\left(\omega\,C_1 - \dfrac{1}{\omega L}\right)$ seine Fortsetzung finden. Die Gleichsetzung liefert

$$E_G\,\omega\,C_2 = E_L\left(\omega\,C_1 + \omega\,C_2 - \dfrac{1}{\omega L}\right). \tag{51}$$

Diese Beziehung findet ihren graphischen Ausdruck in Abb. 48, welche den Zusammenhang zwischen der Spannung $E_L$ und dem Strom $\dfrac{E_L}{\omega L}$ als Magnetisierungskennlinie darstellt. Die durch den Koordinatensprung gelegte Gerade gibt den Strom $E_L\,\omega\,(C_1 + C_2)$ in Abhängigkeit von $E_L$ wieder. Der tatsächliche Arbeitspunkt $P$ auf der gekrümmten Kennlinie liegt dort, wo der zwischen der Geraden und der Kurve eingeschlossene Stromabschnitt dem vorgegebenen Differenzstrom $E_G\,\omega\,C_2$ gleich ist. Man findet diesen Punkt am besten, indem man die ganze Gerade parallel zu sich selbst um den Differenzbetrag in Richtung der Stromachse verschiebt. Die Gerade bleibt im übrigen durch ihren Neigungswinkel definiert, dessen cotg nur von dem Leitwert $\omega\,(C_1 + C_2)$ abhängt.

Die Konstruktion ist auch aus Ersatzschaltbildern mit einem eingeprägten Strom vom Betrage $E_G\,\omega\,C_2$ oder mit einer eingeprägten Spannung $E_G\,\dfrac{C_2}{C_1 + C_2}$ herleitbar, doch soll hierauf nicht näher eingegangen werden.

Die graphische Darstellung gewährt Einblick in einige wesentliche Besonderheiten der Spannungsaufteilung. Aus der Tabelle auf S. 57 läßt sich entnehmen, daß für den Fall des Leiterbruches mit speisepunktseitigem Erdschluß das Verhältnis $\dfrac{C_2}{C_1+C_2}$ unabhängig von der Ausdehnung des Drehstromnetzes und der Fehlerentfernung einen nur von der Leiteranordnung abhängigen konstanten Wert von der Größenordnung 0,45—0,65 behält $\left(\dfrac{c_{12}}{c_e}=0{,}6\text{—}0{,}3\right)$. Bei Leiterbruch mit verkehrtem Erdschluß wird nach derselben Tabelle in größeren Drehstromnetzen (überwiegendes $C_e$) und ebenso bei geringer Länge des gestörten Abzweiges das Verhältnis $\dfrac{C_2}{C_1+C_2}$ konstant gleich 0,33. Wir dürfen daher bei der in Abb. 49 wiederholten Konstruktion nach Abb. 48 den auf der Ordinatenachse gelegenen Punkt $O''$ der Kapazitätsgeraden als fest ansehen. Die Veränderlichkeit der

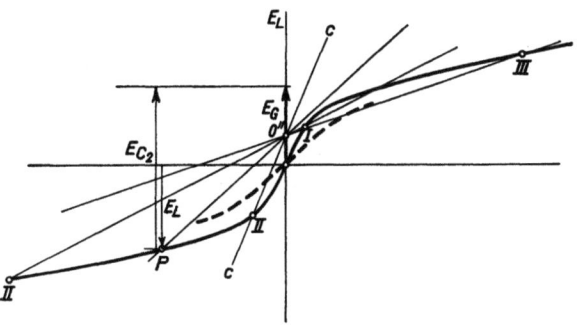

Abb. 49. Erdschluß mit Leiterbruch. Einfluß veränderlicher Netzgrößen und Fehlerentfernungen.

Netzgrößen und Fehlerentfernungen drückt sich dann in einer Schwenkung der Kapazitätsgeraden um diesen Punkt aus. Dabei sind drei Hauptlagen des Punktes $P$ möglich, welche mit $I$, $II$, $III$ bezeichnet sind und mit den gleich bezifferten Vektordiagrammen der Abb. 47 korrespondieren. Man erkennt, daß bei mäßigen Werten von $C_1$ und $C_2$, also bei steiler Lage der Kapazitätsgeraden $cc$ nur Schnittpunkte der Gattung $II$ möglich sind. Für solche Zustände gilt das dreiphasige Vektordiagramm Abb. 50b im Gegensatz zu dem normalen Betriebsdiagramm Abb. 50a. Das Dreieck der verketteten Spannungen tritt am Transformator nicht mehr als $RST$ auf, sondern ist zu $R'ST$ umgebildet. Die Phasenfolge wechselt dabei ihren Drehsinn. Man bezeichnet diese Erscheinung als Kippen. Sie hat zur Folge, daß an dem abgetrennten Netzteil angeschlossene Motoren rückwärts zu laufen beginnen.

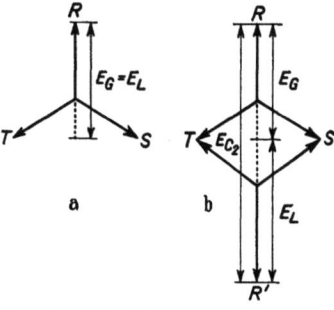

Abb. 50a und b. Spannungsdreieck an der Fehlerstelle. a Im ungestörten Betrieb, b beim Kippen durch Erdschluß mit Leiterbruch.

Wirken größere Kapazitäten bei der Erscheinung mit, welche eine im Vergleich zur Magnetisierungskurve des Transformators flach verlaufende Gerade $cc$ bestimmen (Abb. 49), so erfüllen drei Schnittpunkte formal die Bedingungsgleichung (51). Der mittlere $I$ ist als instabil anzusehen, wenn die Speisepunktsspannung als starr vorausgesetzt werden darf. Der stabile Arbeitspunkt $III$ auf dem oberen Ast der Magnetisierungslinie entspricht phasengleichem Verlauf von $E_G$ und $E_L$. Die Phasenfolge ist daher ungestört. Doch kann von einem solchen Arbeitspunkt $III$ aus ein Kippen nach einem auf der gleichen Kapazitätsgeraden am unteren Kurvenast liegenden Punkt $II$ erfolgen, wenn eine Erschütterung elektrischer oder magnetischer Art das Gleichgewicht stört. Durch die Tangente von $O''$ an die Magnetisierungslinie werden kritische Verhältnisse (Mindestwert von $C_1+C_2$) definiert, unterhalb welcher das Kippen unbedingt und völlig selbsttätig eintritt. Es handelt sich dabei jedoch nicht etwa um ein gesteigertes Gefahrenmoment. Der Verlauf der Spannung $E_{C2}$ in Abb. 49 zeigt überhaupt, daß bei veränderlicher Neigung der Kapazitätsgeraden die Spannungserhöhung nur mäßige Änderungen erfährt. Die Begrenzung liegt in der Krümmung der Magnetisierungslinie, welche $E_L$ kaum über 1,7 $E_G$ anwachsen läßt.

Die für die Entwicklung des Kippvorganges maßgebende magnetische Kennlinie hängt nicht allein von den Eigenschaften des Transformators, sondern auch von dem induktiven Anteil seiner Last ab. In dieser Hinsicht kommt in Drehstromnetzen den asynchronen Induktionsmotoren ein eigenartiges Verhalten zu. Die Netzspeisung bleibt in einer Achse ($ST$ in Abb. 46) ungestört. Die Induktionsmotoren können sich auf diese Achse stützen und einphasig weiterlaufen. Sie versuchen dann das Drehfeld selbst zu ergänzen und liefern in generatorischer Arbeitsweise in die gestörte Achse eine Ersatzspannung. Bei speisepunktseitigem Erdschluß widersetzen sie sich also dem Kippen und können das abgetrennte offene Leitungsstück bis zu einem gewissen Grade mit normaler Spannung versorgen. Bei größerer Belastung, insbesondere bei mechanischer Leistungsentnahme, vermögen sie die Last jedoch nicht einphasig durchzuziehen, sie fallen außer Tritt und nähern sich den Arbeitsbedingungen ihres Kurzschlußpunktes. Damit wirken sie als zusätzliche induktive Last des Transformators und verändern die magnetische Charakteristik im Sinne höherer Stromaufnahme (gestrichelter Verlauf in Abb. 49). Die gleiche Kapazitätsgerade schneidet dann unter Umständen nur noch den unteren Kurvenast, die motorische Belastung erzwingt also in diesem Falle das Kippen.

In einem mit 10 kV betriebenen Drehstromnetz werde ein Abzweig, der einen 100-kVA-Transformator mit 4 vH Magnetisierungsstrom (0,23 A) enthält, von einem Leitungsbruch, verbunden mit speisepunktseitigem Erdschluß, betroffen. Für die Teilkapazitäten seien die für eine Drehstromleitung ohne Erdseil auf S. 15 ermittelten kilometrischen Werte $c_e = 0{,}0039$ und $c_{12} = 0{,}0022$ $\mu$F/km, ersterer mit einem Erfahrungszuschlag von 15 vH zugrunde gelegt. Wir fragen nach der Länge des abgetrennten Leitungsstückes, für welches $E_L = -E_G$ wird, somit noch keine Überspannung am Transformator und die Überspannung $2\,E_G = 3\,U_p$ am Punkte $B$ (Abb. 45) zustande kommt. Aus Formel (51) ergibt sich hierfür die Bedingung

$$\omega\,(C_1 + 2\,C_2) = \frac{1}{\omega L} \quad . \tag{51a}$$

oder mit den aus der Tabelle S. 57 für den Fall des speisepunktseitigen Erdschlusses entnommenen Werten für $C_1$, $C_2$ und $L$

$$2\,\omega\,(c_{12} + c_e)\,y = \frac{1}{1{,}5\,\omega L_p}\,.$$

Die gesuchte Fehlerentfernung $y$ beträgt 6,3 km. Erst bei noch größerer Fehlerentfernung wird der Transformator selbst von einer Spannungsüberhöhung betroffen. Die erforderlichen Leitungslängen verringern sich mit dem Quadrat der Betriebsspannung (Wachstumsgesetz von $L_p$) und steigen mit der Transformatorleistung.

Liegt verkehrter Erdschluß vor und sitzt dieser unmittelbar an den Transformatorklemmen ($y = o$), so wandelt sich (51a) in

$$\frac{1}{\omega L_p} = \frac{3}{2}\cdot 4\,\omega\,(C_e + x\,c_e)$$

um, was offenbar aussagt, daß der an der geerdeten Klemme des Transformators in das Netz zurückkehrende vergrößerte Erdschlußstrom $6\,U_p\,\omega\,C$ (Nullpunktspannung verdoppelt) den Transformator voll magnetisiert. Ein 1000-kVA-

Transformator für 10 kV Betriebsspannung gerät bei einer Netzausdehnung von rd. 50 km (mit Erdseil rd. 40 km) in diesen Zustand verkehrter Erregung.

Das Vorhandensein einer Wirklast im Sekundärkreis des Transformators ändert die bisher entwickelten Überlegungen insoferne ab, als jetzt der Kreis nach Abb. 45 von einem Strom durchflossen wird, welcher in der Kapazität $C_2$ eine gegen den Gesamtstrom um 90° phasenverschobene Spannung hervorruft, während die Transformatorspannung nur von der Blindkomponente erregt wird. Das gestreckte Dreieck $ABC$ der Abb. 47 knickt bei $C$ aus. Wir werden bei anderer Gelegenheit (Abschnitt V, Kapitel 4) nachweisen, daß Stromkreise aus Kapazitäten und gesättigten Induktivitäten beim Hinzutreten einer Wirkbelastung in der Entwicklung von Spannungsüberhöhungen gehemmt werden. Für den vorliegenden Fall, wo es sich um Ströme von der Größenordnung des Magnetisierungsstromes eines Transformators handelt, läßt sich daraus auch der Schluß ziehen, daß Überspannungsableiter der Widerstandstype selbst bei geringem sonstigem Schutzwert gegen die Spannungsüberhöhungen des verkehrten Erdschlusses vorübergehend gute Dienste leisten könnten; bei lang anhaltenden Störungen würden sie naturgemäß thermisch versagen.

Wir gelangen damit zur Frage nach der Verhütung der Erscheinungen, welche im Gefolge von Leitungsbruch mit einseitigem Erdschluß auftreten können. Zunächst würde schon die grundsätzliche Durchführung der Netzvermaschung die ganze Frage aus der Welt schaffen. Bei zweiseitiger Speisung gibt es ja keine vom Speisepunkt abgetrennten Abschnitte mehr. Aber die heutige Erdungspraxis erlaubt sogar den Verzicht auf diese denn doch etwas weitgehende Empfehlung. Bei starrer Erdung des Nullpunktes scheidet der Fall des speisepunktseitigen Erdschlusses durch die ihm sofort nachfolgende Auslösung aus, der Fall des verkehrten Erdschlusses erledigt sich durch das Auftreten wohldefinierter starrer Spannungen an allen Induktivitäten und Kapazitäten des Stromkreises. Die induktive Erdschlußkompensation befreit uns vollends von dem Problem. Nicht nur, daß sie das Abbrennen erdgeschlossener Leitungen von vornherein verhindert, beseitigt sie auch im Falle des verkehrten Erdschlusses nachträglich den Blindstromaustausch an der Erdschlußstelle, der damit in die Größenordnung des Wirkstromüberganges absinkt.

Wenn von Beeinflussungen oder Umgestaltungen der Ströme oder Spannungen eines Netzes die Rede ist, so müssen auch die Kurvenverzerrungen durch Begünstigung von Oberwellen Erwähnung finden, die durch Unvollkommenheiten der Maschinen zustande kommen, wenn ein einachsiger Kurzschluß mit einem Erdschluß verbunden ist. Die Dauer dieses Zustandes ist naturgemäß begrenzt und umfaßt eine rasch verklingende Ausgleichsperiode und eine anschließende stationäre Form, die durch Abschaltung des Fehlers beendet wird. Während Synchronmaschinen mit Querfelddämpfung mit der äußeren Kapazität des Stromkreises nach Maßgabe ihrer totalen Streuinduktivität $L\tau$ zusammenwirken, selbst jedoch keine erregende EMK für Oberwellen beistellen, sondern einer äußeren Oberwellenerregung bedürfen, tritt eine ohne Querfelddämpfung ausgeführte Synchronmaschine im einachsigen Kurzschluß selbst als Oberwellenerzeuger auf ($L$ 36). Die Bedingung für Resonanzabstimmung zwischen Generatorinduktivität und Netzkapazität ist frequenzabhängig. Da es sich hier um grundsätzlich vermeidbare Mängel der Anlagen, also nicht um Überspannungen im eigentlichen Sinne handelt, rechtfertigt sich ein näheres Eingehen auf diese in vieler Hinsicht recht komplizierten Zusammenhänge nicht.

## 11. Kapazitiver Spannungsübertritt bei Erdschluß.

Die stationäre Spannungseinstellung eines mit einpoligem Erdschluß behafteten, in seinem Nullpunktspotential nicht starr gebundenen Netzes ist durch

Abb. 8 und durch die gleichwertige Aussage der Gleichungen (27) gegeben. Verursacht der Erdschluß neue elektrostatische Wirkungen, so haben wir sie der dem ganzen System aufgedrückten neuen Spannungskomponente $U_{0e}$ zuzuschreiben. Gelangt irgendein leitender Körper in den Feldbereich der geladenen Systemteile, so wird er von ihnen nach Maßgabe des kapazitiven Spannungsteilungsschemas Abb. 51 influenziert. Es kann sich dabei zunächst um eine zu der Trasse der Hochspannungsleitung 1 parallel geführte, galvanisch mit ihr nicht zusammenhängende fremde Leitung 2, im ungünstigsten Falle um eine Schwachstromleitung handeln. Auf dieser entsteht dann eine Influenzspannung

$$U_{2e} = U_{0e}\frac{C_{12}}{C_{12} + C_{2e}},$$

wie aus Überlegungen über den am System 2 mündenden, in Summe gleich Null zu setzenden Verschiebungsstrom hervorgeht. Unter Umständen erscheint dabei am influenzierten System 2 ein merklicher Bruchteil von $U_{0e}$. Aus Abb. 306 des Anhanges I entnimmt man beispielsweise, daß eine mit einer erdgeschlossenen Hochspannungsleitung in 20 m Abstand parallel laufende, in 10 m Höhe über Boden verlegte Leiteranordnung 17 vH der Phasenspannung durch Influenz annimmt. Unter diesen Umständen wäre eine für 3 kV bemessene Überlandleitung, die im Bereich einer 110-kV-Leitung mit 64 kV Phasenspannung verläuft, durch die influenzierte Spannung von 11 kV schon einer erheblichen Zusatzbeanspruchung unterworfen. In der Regel macht die Näherungsstrecke nur einen Teil der Gesamtausdehnung

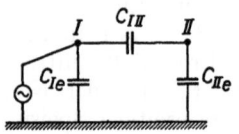

Abb. 51. Kapazitives Grundschema zweier benachbarter Leitungssysteme.

des influenzierten Systems, sagen wir $p$ vH aus. Dann sinkt die influenzierte Spannung angenähert auf $\frac{p}{100}$ des für vollen Parallellauf zustande kommenden Wertes, weil die Erdkapazität $C_{2e}$ vervielfacht für die Weiterleitung des Verschiebungsstromes zur Verfügung steht. Die Verlegung von Betriebsfernsprechleitungen auf dem Gestänge der Hochspannungsleitung ergibt einen hundertprozentigen Parallellauf und ist deshalb mit der Schwierigkeit erheblicher Influenzeinwirkung im Erdschlußbetriebe behaftet. Das Ansprechen der Spannungssicherungen beeinträchtigt den Fernsprechbetrieb empfindlich. Man muß daher für eine ausreichende Erniedrigung der Nullimpedanz des influenzierten Stromkreises Sorge tragen. Eine eingehendere Behandlung dieser Fragen wird in Abschnitt V, Kapitel 7 gebracht. Bei zwei sich gegenseitig beeinflussenden Starkstromleitungen kommt auch eine Aufhebung der kapazitiven Verkettung durch induktive Entkopplungseinrichtungen in Betracht, worauf in einem späteren Kapitel (5, in Abschnitt V) ausführlich eingegangen wird.

Man kann in Abb. 51 den Punkt 1 auch als Symbol der Hochspannungswicklung eines Transformators auffassen, deren drei Phasen gemeinsam um die Verlagerungsspannung $U_{0e}$ gehoben sind. Die von der Hochspannungsseite und vom Kern isolierte Niederspannungswicklung wird dann durch den Punkt 2 vertreten. Ihre Potentiallage gegen Erde ist durch die magnetischen Arbeitsbedingungen nicht mitbestimmt. Denn durch letztere kann nur das System der verketteten und der Schenkelspannungen festgelegt werden, die Einstellung dieses Systems gegen Erde erfordert zusätzliche Bestimmungsstücke. Im symmetrischen Betrieb besteht kein Anlaß zu anderer als symmetrischer Einstellung. Bei hochspannungsseitigem Erdschluß erfährt jedoch das elektrische Feld zwischen Oberspannungswicklung und geerdeten Teilen eine Störung; die Wicklungen aller Schenkel verhalten sich so, als wären sie von der Klemme bis zum Sternpunkt (bei Dreieckschaltung von Klemme zu Klemme) mit $U_{0e}$ gleichmäßig aufgeladen. In diesem Feld steckt die Niederspannungswicklung als Sonde; sie holt sich darin eine Spannung im Verhältnis $\frac{C_{12}}{C_{12}+C_{2e}}$. Dieses „kapazitive Übersetzungsverhältnis" ist meist weit weniger von der Einheit entfernt als das eigentliche, magnetische. Es hat nichts mit den Windungszahlen zu tun, es richtet sich nur nach den Abständen und den dielektrischen Stoffeigenschaften. Die Sekundärwicklungen aller Strom- und Spannungswandler müssen aus diesem Grunde geerdet werden. An einem Transformator für 30000 kVA, 60/6 kV, wurde im Erdschluß der Hochspannungswicklung deren halbe Phasenspannung an der 6-kV-Wicklung gemessen, d. h. das kapazitive Übersetzungsverhältnis war 2:1, das magnetische 10:1. Im Erdschlußbetriebe der 60-kV-Seite würde die Unterspannungswicklung mit 17 kV beansprucht werden, während die Isolationsprobe mit 21,5 kV vorgenommen wird. Man sieht, daß Transformatoren mit hohem magnetischem Übersetzungsverhältnis, also vergleichsweise geringer Unterspannung, insbesondere solche für direkten Motoranschluß, bei Erdschluß die Beanspruchung unerwartet stark zu übertragen vermögen. Nun wird man wohl immer damit rechnen können, daß die Unterspannungsseite eine Anlage von einer im Vergleich zum Transformator nennenswerten Kapazität versorgt. Dann drückt diese die mögliche Influenzspannung außerordentlich herab. Die Erdkapazität der gesamten dreiphasigen Hochspannungswicklung eines Transformators liegt zwischen 0,001 und 0,01 $\mu$F. Da 100 m eines normalen verseilten 6-kV-Drehstromkabels bereits 0,015 $\mu$F Erdkapazität der drei Phasen aufweisen, so genügt oft bereits diese geringe Länge der Zwischenleitungen, um jede Gefahr auszuschließen. Allerdings wird man die möglichen Schaltzustände diesem Gesichtspunkt anpassen müssen. Natürlich hat die gleiche Betrachtungsweise auch auf Stromerzeugungsanlagen Anwendung zu finden. Hier genügt stets die Generatorkapazität für sich allein, um die in der Unterspannungswicklung influenzierte Spannung niedrig zu halten. Die Kapazität eines Generators beträgt pro Meter Nutlänge $0,05-0,1 \cdot 10^{-3}$ $\mu$F für hohe bzw. niedrige Maschinenspannung. Die gesamte Erdkapazität ausgeführter Maschinen liegt in der Größenordnung 0,015—0,075 $\mu$F. Die Verbindungskabel vom Generator zum Transformator bzw. zur Schaltanlage liefern einen weiteren nennenswerten Beitrag. Generatorerdungswiderstände brauchen daher im allgemeinen gar nicht erst nach dem Gesichtspunkte bemessen werden, den von der Hochspannungswicklung des Transformators her übertretenden Ladestrom mit unschädlichem Aufwand an Nullpunktsspannung abzuleiten.

## 12. Netzbetrieb mit starrer Erdung des Nullpunktes.

Die Idee der starren Nullpunktserdung verdankt ihr Aufkommen im Grunde genommen unvollkommenen Vorstellungen über die im Betriebe mögliche Beanspruchung des Hochspannungsmaterials. Würden die Netze von Überspannungen bedroht sein, welche sich in den Wicklungen der Maschinen und Transformatoren von innen heraus entwickeln, oder von solchen, welche in eben diesen Wicklungen beim Auftreffen zwangsläufig und ohne Verzögerung zu homogener Verteilung umgestaltet werden, so wäre immerhin etwas zu gewinnen. In Wirklichkeit aber dringen die eigentlich gefährlichen Überspannungen, welche atmosphärischer Natur sind, von außen in die Netze ein, nehmen sich gar nicht erst die Zeit, den Erdungszustand der Wicklungsnullpunkte zu ergründen und beginnen unbekümmert darum ihr Zerstörungswerk. Die Wicklungen der Maschinen und Transformatoren sind praktisch einflußlose Zuschauer, für die es nur darauf ankommt, daß sie selbst in Frieden gelassen werden. Nicht ein Pfennig läßt sich durch Nullpunktserdung an der Ausrüstung der Netze und Stationen einer

Hochspannungsübertragung ersparen, wenn man eine vorgegebene Sicherheit gegen Stoßbeanspruchungen im allgemeinen, gegen atmosphärische Angriffe im besonderen einhalten will. An Transformatoren für höchste Spannungen glaubte man berechtigt zu sein, den Isolationsaufwand gegen den Sternpunkt hin in stetiger Abstufung einschränken zu können. Aber auch hier gibt es nach den heute vorliegenden Ergebnissen hinreichende Sicherheit nur bei durchgehend gleichmäßig starker Isolation gegen Erde (vgl. Abschnitt V, Kapitel 11) oder bei Anwendung der praktisch gleich teueren, auf Einphasentransformatoren zugeschnittenen „non resonating"-Bauart. Das Vertrauen in die feste Erdung hat zu Maßnahmen geführt, die sich im Aufbau zahlreicher im Ausland betriebener Netze ausprägen. Man hat zwar die Netz- und Apparateisolation, belehrt durch die unausbleiblichen Erfahrungen, dem Niveau der Netze mit ungeerdetem Nullpunkt angepaßt, aber man hat sich die Rückkehr zum Betrieb mit isoliertem Sternpunkt verbaut, indem man die Transformatoren mit gegen den Sternpunkt

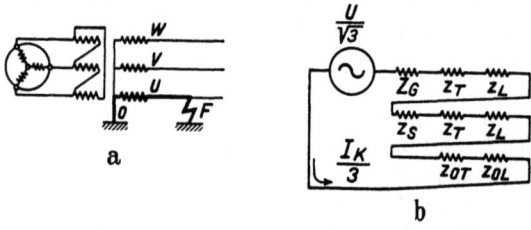

Abb. 52. Stromkreis eines Erdfehlers in einem Netz mit starrer Nullpunktserdung. a Dreiphasige Anordnung, b Ersatzschaltbild für Nullkomponente.

zu gestufter Erdisolation ausstattete. Man hat Netze sehr verschiedener Spannung durch Autotransformatoren gekuppelt und sich damit auf eine dauernde Festlegung des Sternpunktes eingelassen, die man nicht aufgeben kann, ohne die in Abschnitt II, Kapitel 3 durch Abb. 16 klargestellten Schwierigkeiten einzutauschen. Kurzum, man kann nicht zurück und das ist das Hauptübel in der Behandlung der Erdungsfrage durch die Praxis mancher Länder. Man muß sich daher mit der starren Nullpunktserdung als etwas manchenorts Gegebenem auseinandersetzen und ungeachtet des Vorhandenseins besserer Lösungen die Nachteile abwägen, die Vorteile würdigen.

An Hand einiger Beispiele sollen zunächst die mit Betriebsfrequenz ablaufenden Vorgänge zergliedert werden. Was spielt sich in einem starr geerdeten Netz bei einem Erdfehler ab? Handelt es sich um einen einzelnen Speisepunkt mit einer daranhängenden Übertragungsleitung (Abb. 52), so ist die Antwort scheinbar ganz einfach: Es tritt Erdkurzschluß ein, der Fehlerstrom kehrt über den geerdeten Nullpunkt in das System zurück. Die Betrachtungen, denen die Kapitel 4 und 5 dieses Abschnittes gewidmet sind und die im Ersatzschaltbild Abb. 23 münden, lassen sich hier unmittelbar anwenden. Die Erdungsimpedanz $z_e$ ist durch eine widerstandslose Verbindung zu ersetzen, der Fehlerstrom schließt sich auf kurzem Wege durch die Transformatorimpedanz zur Erde. Die Leitungskapazität, welche in ungeerdeten Netzen den Rückschluß übernimmt, ist hier durch die geerdete Transformatorwicklung ihrer Arbeit überhoben und wird im Ersatzschaltbild (vgl. Abb. 23) von ihr praktisch überbrückt. Man gelangt daher ohne neue Überlegungen zu dem in Figur b von Abb. 52 dargestellten Ersatzschaltbild, welches die Berechnung des Erdkurzschlußstromes ermöglicht. Sein Betrag ist gleich der 3fachen aus dem Ersatzstromkreis zu berechnenden Komponente. Er wird nur durch innere Impedanzen des Systemes begrenzt und hat den Charakter eines Kurzschlußstromes. **Jeder Erdschluß führt im starr geerdeten Netz somit zur Auslösung der betroffenen Strecke.** Es ist dies der Preis, den man für die Beseitigung der vom kapazitiven Erdschlußstrom herrührenden Schwierigkeiten zahlt.

Man ist nun leicht geneigt, der starren Erdung auf alle Fälle die Funktion vollständiger Unterdrückung von Spannungserhöhungen an den vom Erdschluß nicht betroffenen Phasen nachzusagen. Ein extrem gewähltes Beispiel soll dieser nicht immer zutreffenden Anschauung entgegengestellt werden. Ein sehr großer Generator (Abb. 53a), dessen Leistungsfähigkeit die des einzigen im Betrieb befindlichen Stern-Stern-geschalteten Transformators erheblich überschreiten möge, arbeite über diesen auf ein Netz. Unmittelbar an einer Transformatorklemme trete ein Erdschluß ein. Hält der Generator die Spannung, so müssen jetzt zwei Schenkel im wesentlichen die volle verkettete Spannung aufnehmen, da im kurzgeschlossenen Schenkel der gestörten Phase u der Kraftfluß abgewehrt wird. Die Generatorspannung überspringt die Wicklung dieses Schenkels, sie erleidet dort keinen wesentlichen Abbau durch eine Gegen-EMK und erscheint darum nahezu mit ihrer verketteten Wert an den beiden gesunden Schenkeln. Es ist so, als ob der Punkt R der Generatorwicklung mit dem Punkt o der

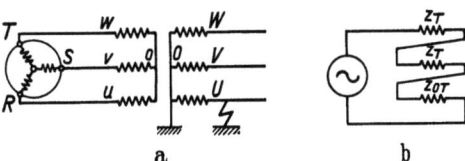

Abb. 53a und b. Der Stromkreis nach Abb. 52 bei großer Maschinenleistung und Stern-Stern-Schaltung des Transformators.

Transformatorprimärwicklung direkt verbunden wäre. Die gesunden Schenkel übertragen nunmehr statt der Phasenspannung die verkettete Spannung auf die Netzseite. Der Zweck einer Unterbindung des Spannungsanstieges an den

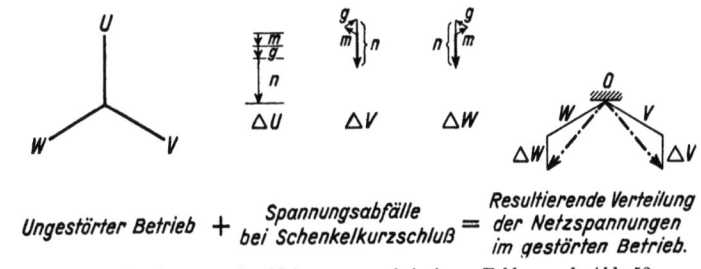

Abb. 54. Bestimmung der Netzspannung bei einem Fehler nach Abb. 53.

gesunden Phasen $V$ und $W$ des Netzes wird somit durch Erdung des Stern-Stern-geschalteten Transformators im Grenzfall großer Zentralenleistung nicht erreicht. Die eben benutzte, noch etwas zu grobe Betrachtungsweise wird an Hand des in Abb. 53b gezeigten Ersatzschaltbildes (Vereinfachung von Abb. 52) verfeinert. Der Spannungsabfall der untersuchten Phase $U$ setzt sich danach aus drei Anteilen zusammen. Mit- und Gegenkomponente finden den Widerstand der Streureaktanz vor, die Nullkomponente hingegen erleidet in der (hier erheblich größeren) Nullreaktanz einen Spannungsabfall. In Abb. 54 ist gezeigt, wie sich die Spannungsabfälle $m$ der Mitkomponente, $g$ der Gegenkomponente und $n$ der Nullkomponente aneinanderreihen und zu $\triangle U = U_p$ zusammensetzen. Für die beiden anderen Phasen sind $\triangle V$ und $\triangle W$ unter Berücksichtigung der jeweiligen Phasenlage von $m$, $g$ und $n$ leicht bestimmbar. Die Resultierende ist um $3m = 3g$ kleiner als $\triangle U$, im übrigen phasengleich mit diesem Spannungsabfall. Die Zusammensetzung $V + \triangle V$ bzw. $W + \triangle W$ liefert die Leiterspannungen bei Erdschlußbetrieb. Das Ergebnis ist die vorausgesagte Erhöhung auf einen zwischen Phasenspannung und verketteter Spannung liegenden Betrag. Die Flußverteilung gestaltet sich dabei im wesentlichen so, daß allen drei Phasen ein Zusatzfluß mit Luftrückschluß überlagert wird, der den einen Schenkelfluß schwächt, die beiden anderen verstärkt.

Würden die Spannungsabfälle $m$, $g$ und $n$ der an sich gleich großen Mit-, Gegen- und Nullkomponente des Erdkurzschlußstromes numerisch übereinstimmen,

d. h. wären Streureaktanz und Nullreaktanz größengleich, so würden in der Mittelfigur der Abb. 54 $\triangle V = \triangle W = o$ werden. Dies tritt bei Transformatoren mit primärer oder tertiärer Dreieckwicklung ein. In Abb. 55 sind diese Verhältnisse besonders dargestellt. An den gesunden Phasen $V$ und $W$ bleibt im Erdkurzschluß die Phasenspannung aufrecht. Man sieht dies unmittelbar ein, wenn man sich vergegenwärtigt, daß der als starr vorausgesetzte Generator bei Dreieckschaltung jeden Schenkel des Transformators für sich erregt. In diesem Verhalten Dreieck-Stern-geschalteter Transformatoren mit starrer Nullpunktserdung ist ein erheblicher Vorteil gegenüber der Stern-Stern-Schaltung zu erblicken. Im übrigen werden diese Verhältnisse auch durch die

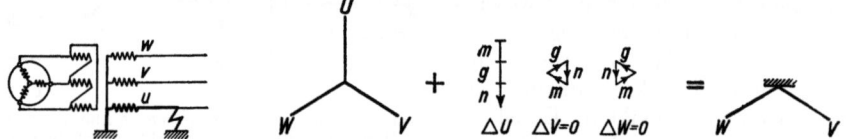

Abb. 55. Nachweis unveränderter Spannungseinstellung der gesunden Phasen im starr geerdeten Netz mit Dreieck-Stern-geschaltetem Transformator im Speisepunkt.

Impedanz der Generatoren günstig beeinflußt. Die Spannungsabfälle der Mit- und Gegenkomponente, welche im Generator zustande kommen, mildern auf jeden Fall den Einfluß der Nullkomponente an den gesunden Phasen.

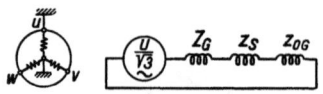

Abb. 56. Anwendung der Behandlung nach Abb. 23 auf den im einpoligen Kurzschluß arbeitenden Drehstromgenerator.

Zwei Beispiele über die Behandlung der Probleme des Erdkurzschlusses mögen in diesem Zusammenhange noch die Leistungsfähigkeit und Übersichtlichkeit des Ersatzschaltbildes Abb. 23 eindringlich vor Augen führen. Wir betrachten zunächst (Abb. 56) einen im Sternpunkt und an einer Klemme geerdeten Generator. Die drei in Betracht kommenden Impedanzen sind vorwiegend induktiver Natur und sind als Synchronreaktanz $\omega L = Z_G$, Streureaktanz $\omega L \tau = z_s$ und als Nullreaktanz $z_{0G}$ bekannt und wohldefiniert. Jede Komponente $\frac{I}{3}$ des Stromes der Phase $u$ ergibt sich zu

$$\frac{I}{3} = \frac{\frac{U}{\sqrt{3}}}{Z_G + z_s + z_{0G}}$$

und damit

$$I = \frac{U}{\sqrt{3}} \frac{3}{\omega L (1 + \tau) + z_{0G}}. \qquad (52)$$

Diese Bestimmungsgleichung ist gegenüber den üblichen Formeln um das Glied $z_{0G}$ im Nenner erweitert, was gewöhnlich in einer unscharfen Definition von $\tau$ verborgen bleibt.

Als zweites Beispiel betrachten wir eine Kraftübertragung zwischen einer Zentrale und einem Unterwerk, dessen Betrieb mit beiderseits geerdeten Nullpunkten geführt wird. In dem Ersatzschaltbild der zugehörigen Abb. 57 tritt deutlich hervor, wie die Nullkomponente eine ganz andere Verzweigung erfährt als Mit- und Gegenkomponente, denen das leerlaufende Ende der Übertragungsleitung gesperrt bleibt.

Die Behandlung wechselstromtechnischer Probleme mit Hilfe der Theorie der symmetrischen Komponenten ist in der Regel entbehrlich und durch mancherlei analytisches Beiwerk auch nicht gerade verlockend. Für die Untersuchung des Erdkurzschlusses aber ist diese Methode ein sicherer Führer, zumal sie nur in ihren leicht faßbaren Grundzügen zur Verwendung gelangt.

Die Eigenschaft der starren Nullpunktserdung, den einpoligen Erdschluß seiner Eigentümlichkeiten zu entkleiden und ihn in den Fragenkomplex des Kurzschlusses einzureihen, ist zweifellos eine radikale Vereinfachung. Sehen wir zu, welches die Bilanz dieser Lösung ist.

Vorteile. Für stationäre Vorgänge kann man bei sachgemäßer Durchführung mit einer Verankerung der Potentiallage des Systems rechnen, die bei mehrfacher Erdung beispielsweise auch den Schaltvorgängen der Hochleistungsschalter zugute kommt. Intermittierende Erdschlüsse können sich nicht ausbilden, der Kurzschlußvorgang überdeckt alle kapazitiven Erscheinungen. Irgendwelche Vorkehrungen für selektive Erfassung der Erdschlüsse sind nicht zu treffen, der gegen Kurzschlüsse vorgesehene Selektivschutz übernimmt diese Aufgabe grundsätzlich mit, wenn auch schaltungstechnisch insbesondere bei Distanzschutz gewisse Erweiterungen in Betracht kommen. Bei Netzen, die von der Generatorsammelschiene aus gespeist werden, vereinfacht sich auch der Generatorschutz.

Nachteile. a) Allgemein: Bei jedem Erdschluß muß man sich mit dem Verlust eines Teiles der Netzversorgung abfinden. Zahlreiche vorübergehende Erdschlüsse harmloser Art wirken sich durch das Gewaltmittel einer partiellen Betriebsunterbrechung unverhältnismäßig stark aus. Mit wachsender Leistung des Netzes tauscht man gegen zahlenmäßig begrenzte Spannungserhöhungen erheblich größere Überstrombeanspruchungen ein, man kuriert ein Übel durch ein anderes.

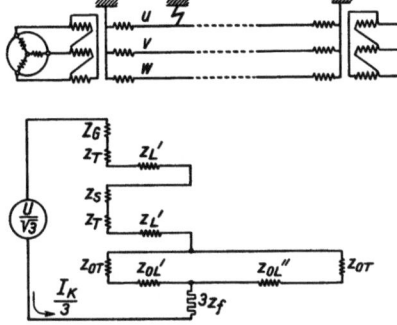

Abb. 57. Beispiel der unterschiedlichen Verzweigung von Nullkomponente einerseits, Mit- und Gegenkomponente andererseits.

An der Erdschlußstelle läßt man umfangreiche Gefahrenzonen für Menschen und Tiere entstehen, die in das trichterförmige Spannungsgefälle des Fehlerstromes geraten.

b) Im besonderen bei Speisung von Kabelnetzen durch die Maschinensammelschienen: Der einpolige Kurzschluß des Drehstromgenerators spielt sich mit rd. 2,5fachem Betrage des dreipoligen Dauerkurzschlußstromes ab. Die Überstromgefahr, welche die Überspannungsgefahr abgelöst hat, nimmt unbeherrschbare Ausmaße an, gefährdet Maschinen und Apparateausrüstung. Sind die Generatoren nicht mit einer wirksamen Dämpferwicklung ausgestattet, so entwickeln sich in der nicht kurzgeschlossenen Wicklungsachse Überspannungen, welche im Zusammenwirken mit der kapazitiven Belastung durch leerlaufende Kabelnetze zur Oberwellenresonanz ausarten und dann den Spannungsanstieg der gesunden Phasen und die mühsam unterdrückten Erdschlußüberspannungen in den Schatten stellen können. Die gleichzeitige Erdung mehrerer parallel arbeitender Generatoren verbietet sich von selbst durch das Entstehen sehr erheblicher dauernder Ausgleichsströme dreizahliger Oberwellenfrequenz bei ungleicher Maschinenbelastung. Die Ursache liegt in der Verschiedenheit der inneren EMK ungleich belasteter Maschinen und in der Proportionalität der erwähnten Oberwellen zur EMK statt zur Klemmenspannung. Eine Erdung an nur je einer Maschine ist aber ein höchst unvollkommenes Verfahren. Ein weiterer empfindlicher Nachteil ist darin zu erblicken, daß der Fehlerstrom bei eisenarmierten Kabeln nicht durch den Erdboden, sondern durch den Bleimantel des gestörten Kabels zum geerdeten Maschinensternpunkt zurückkehrt. Bei einigermaßen größeren Kurzschlußleistungen kann es also nicht ohne umfangreiche Zerstörungen des Bleimantels abgehen. Diese Nachteile haben die starre

Nullpunktserdung in Netzen, die mit Generatorspannung betrieben werden, zum Verschwinden gebracht. An ihre Stelle ist die Erdung über niedrig bemessene Impedanzen getreten, mit der wir uns gesondert auseinandersetzen werden.

c) Im besonderen bei Hochspannungsfreileitungen und Speisung über Transformatoren: Die starre Erdung des Nullpunktes greift in zwei wichtige Betriebsfragen ein: Beeinflussung von Nachbarleitungen und Stabilität der Übertragung. Zum ersten Punkt bringt sie im Erdschlußfalle keine Lösung des Problems, sondern eine Umstellung von elektrischer Influenz auf magnetische Induktion. Die weit ausgiebigere Fernwirkung der letzteren ist als entscheidender Nachteil zu bewerten. Schon im normalen Betriebe entwickeln übrigens im Sternpunkt geerdete Drehstromsysteme eine mitunter sehr erhebliche dritte Harmonische, die den Magnetisierungsstrom der Netztransformatoren auf die ihm eigentümliche verzerrte Form ergänzt. Dadurch entstehen Nullkomponenten dreifacher Frequenz mit Erdrückschluß, die von den Transformatorenklemmen aus ihren Weg durch die Netzkapazität nehmen. Es entstehen riesige Stromschleifen mit einer durch die dreifache Frequenz gesteigerten Induktionswirkung auf die Nachbarschaft. Nur bei geschickter Verteilung der Erdungsstellen kann man gegensinnig wirkende Schleifen schaffen und dadurch das Übel einschränken. Andererseits kann auch eine Verstärkung durch folgenden Umstand leicht eintreten: Zwischen Sternpunkt und Netz spannt sich die EMK der dritten Harmonischen, die auf die Reihenschaltung der Transformatornullimpedanz und der Netzkapazität arbeitet. Wie an anderer Stelle (Abschn. V, Kap. 1, Abb. 152) gezeigt werden soll, kann dann der Strom sogar höher sein als der reine Magnetisierungsstrom dreifacher Frequenz, oder es kann auch die dem Netz aufgedrückte Spannungsoberwelle die vom Transformator im Leerlauf beigestellte EMK übertreffen. Dementsprechend ist eine störende Beeinflussung von Fernsprechfreileitungen teils induktiver, teils elektrostatischer Natur schon im normalen Betriebe sternpunktgeerdeter Hochspannungsleitungen zu erwarten. Mit freiem Nullpunkt betriebene Leitungen sind von dieser Erscheinung verschont, bei ihnen kommt die von der EMK der dreizahligen Harmonischen hervorgerufene Spannung nicht an den Netzteilen, sondern am Sternpunkt zum Vorschein, wo sie ohne Einfluß bleibt und nur als Flimmern dieses sonst spannungsfreien Punktes bemerkbar wird. Hier gibt es also weder Influenz noch Induktion. Im Erdschlußfalle, wo sich das ganze Netz um eine zusätzliche betriebsfrequente Nullkomponente der Spannung verlagert, wirkt das mit freiem Sternpunkt betriebene Netz nur durch Influenz auf Nachbarleitungen ein. Ursache und Wirkung sind von begrenztem Ausmaße, so daß von Schwierigkeiten kaum gesprochen werden kann. Im starr geerdeten Netz hingegen wird die wohldefinierte Nullpunktsverlagerung eingetauscht gegen Überströme, die mit zunehmender Leistungsfähigkeit des Netzes so stark anwachsen, daß besondere Einrichtungen für ihreEindämmung erforderlich werden. Dementsprechend ist auch die Einwirkung auf Nachbarleitungen eine weit höhere. Länder, in denen der Telegraphen- und Fernsprechbetrieb verstaatlicht ist, haben an diesen Punkt eine entschiedene Ablehnung des Systems der starren Nullpunktserdung geknüpft. Andere Länder mit privatem Charakter der Fernsprechbetriebe haben nolens volens die Anpassungsfähigkeit der Schwachstromtechnik bewiesen und durch geeignete Schutzeinrichtungen Abhilfe geschaffen, mit denen man insbesondere die Schockwirkungen plötzlicher Induktions- und Saugspannungsstöße hintanhalten kann.

Auf Freileitungen spielt auch die thermische Beanspruchung der Isolation durch die Überschlagslichtbögen eine große Rolle. Die starre Nullpunktserdung steigert den Isolatorenverbrauch und zwingt zur Entwicklung komplizierterer möglichst lichtbogensicherer Anordnungen. Eine weitere Quelle verteuerter

Anlagenherstellung ist in dem Zwang zur zusätzlichen Errichtung paralleler, möglichst auf getrenntem Gestänge verlaufender Leitungsstränge zu erblicken; bei der Häufigkeit von Erdschlußauslösungen wäre sonst eine geordnete Versorgung in Frage gestellt. Bei jedem Erdkurzschluß wird überdies die Stabilität der zusammengekuppelten Kraftwerke auf eine harte Probe gestellt. Gerade weil es möglich ist, hier durch besondere Einrichtungen den Betrieb zu stützen, gibt es ein „Stabilitätsproblem" (Abschn. V, Kap. 12), das mit der Verhinderung der Erdkurzschlüsse seine Bedeutung verliert.

## 13. Netzbetrieb mit Impedanzerdung des Nullpunktes.

Die Impedanzerdung der Netznullpunkte war — von der durch Petersen eingeführten abgestimmt induktiven Erdung abgesehen — lange Zeit vorwiegend als Widerstandserdung ausgeführt worden. Es muß dies eigentlich wundernehmen, weil einfache Betrachtungen die Überlegenheit der Reaktanzerdung klarstellen. Die Spannungseinstellung bei stationärem Erdschluß ist ein Spannungsteilungsproblem. Fügt man in die für starre Erdung geltenden Ersatzschaltbilder, z. B. Abb. 52 oder 56 oder 57, in Reihe mit der Nullimpedanz einer Phase der geerdeten Wicklung die anteilige, d. h. verdreifachte Impedanz des Erdungswiderstandes (der Erdungsinduktivität) ein, so ist die an dieser Impedanz entstehende Spannung die Nullpunktsverlagerung des Netzes. Betrachten wir der Einfachheit halber

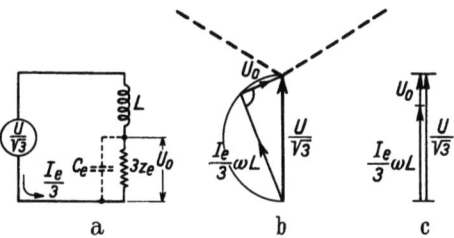

Abb. 58a—c. Erdung des Sternpunktes über eine Impedanz $Z_e$. a Ersatzschaltbild, b Diagramm der Nullpunktsverlagerung bei sattem Erdfehler in einem Netz mit Widerstandserdung des Sternpunktes ($z_e$ veränderlich), c wie b, jedoch Drosselerdung.

eine einzige Erdungsstelle des Systemnullpunktes. Sehen wir ferner das Netz und seine Ausrüstung als gegeben an, nur die Wahl der Erdungsimpedanz stehe noch frei. Man wird dann zweckmäßig alle übrigen Impedanzen des Ersatzstromkreises zusammenfassen. Sie werden im wesentlichen durch eine Induktivität $L$ (Abb. 58) vertreten, welche unter dem Einfluß der Phasenspannung den dritten Teil des bei starrer Erdung zustande kommenden Erdkurzschlußstromes durchtreten läßt. Das Ersatzschaltbild liefert die symmetrischen Komponenten $I_0 = I_g = I_m = \dfrac{I_k}{3}$ des Erdkurzschlußstromes $I_k$. Mit der Induktivität $L$ liegt die verdreifachte Erdungsimpedanz $3 z_e$ in Reihe, zu dieser parallel ist der Vollständigkeit halber noch die Erdkapazität einer Phase anzunehmen, soferne ihr Einfluß nicht größenordnungsmäßig vernachlässigbar ist. Wir beschränken uns hier auf diese Annahme und gelangen damit sofort zu dem für Erdung über niedrigohmige Wirkwiderstände gültigen Kreisdiagramm Abb. 58 b und zu dem für niedrigohmige Reaktanzen anzuwendenden Geradendiagramm Abb. 58 c. Nehmen wir nun an, man habe den Erdungswiderstand für eine Reduktion des Erdschlußstromes auf 80 vH ausgelegt. Bei dieser geringfügigen Entlastung des Stromkreises muß man bereits ein Hinaufschnellen der Nullpunktsspannung auf $100\sqrt{1-0{,}8^2}=60$ vH der Phasenspannung in Kauf nehmen. Eine der drei Phasen nimmt dabei bereits die 1,6fache Phasenspannung gegen Erde an. Obendrein muß der Widerstand rund die Hälfte $(0{,}6 \cdot 0{,}8 = 0{,}48)$ der ohne seine Verwendung zustande kommenden Kurzschlußleistung aufnehmen. Ähnlich wie im Falle der Abb. 17 kann auch hier an einer der Phasen die Leiterspannung den Betrag der verketteten Spannung noch übersteigen.

Demgegenüber würde die Zulassung der gleichen Nullpunktsspannung im Falle der Anwendung einer Erdungsreaktanz den Erdkurzschlußstrom auf 1,0—0,6 = 0,4 des ohne Begrenzungsreaktanz auftretenden Wertes eindämmen. An keinem der Leiter tritt mehr als 1,4fache Phasenspannung auf. In der Reaktanz wird die 0,6 · 0,4 = 0,24fache Kurzschlußleistung der satten Erdung umgesetzt. Überdies sind die für die Erwärmung maßgebenden Wirkverluste nur ein Bruchteil der Blindleistung, so daß Reaktanzen auch als wesentlich robustere und verläßliche Erdungseinrichtungen anzusprechen sind.

Die Widerstandserdung verdankt ihre Einführung in Netzen mit direkter Maschinenspeisung den Schwierigkeiten der festen Erdung, in transformatorisch gespeisten Netzen dem Relaisproblem und dem Bestreben nach Schonung des Isolatorenmaterials. Die Maschinenerdung über niedrigohmige Widerstände krankt nun selbst wieder an der Unverläßlichkeit dieser für ihre thermische Beanspruchung in der Regel zu knapp bemessenen Einrichtungen. Man wählte Widerstände von 1—15 $\Omega$ und beschränkte die Einschaltdauer auf 0,5 bis 2 Minuten. Man ließ Höchsttemperaturen von 400° zu, tat also alles, um die Abmessungen nicht überhand nehmen zu lassen. Der Kompromißcharakter dieser Lösung wurde durch das Zugrundegehen vieler Widerstände deutlich. Aber eine Begrenzung des Erdschlußstromes ist bei der Nullpunktserdung größerer Netze mit unmittelbarer Maschinenspeisung schon deshalb nicht zu umgehen, weil es sich um die gefährlicheren einpoligen Kurzschlüsse und um die Überbeanspruchung der Kabelmäntel durch den Erdrückstrom handelt. Bei Übertragungsanlagen mit transformatorischer Speisung sind diese Gesichtspunkte weniger zwingend. Die Kurzschlußströme sind schon wegen der höheren Betriebsspannungen auf mäßigere Werte herabtransformiert, die Störungen durch Erdfehler übertragen sich auf die Generatorseite nur als zweipolige Kurzschlüsse. Hier sind es Stabilitätsprobleme und Selektivschutzfragen, die der Impedanzerdung Eingang verschafft haben. Sicher wird das Außertrittfallen angeschlossener Synchronmotoren durch Verringerung der Spannungsabsenkung, also durch Dämpfung der Erdkurzschlüsse, wirksam bekämpft. Die gleiche Wirkung darf man rascher Fehlerabschaltung zuschreiben, so daß vielfach die Relaisfrage den Kern des Erdungsproblems gebildet hat. Deshalb ist dieser Fragenkomplex auch so uneinheitlich behandelt worden und kann nur aus der Entwicklung heraus verstanden werden. Als der Selektivschutz noch stromabhängigen Relais anvertraut war, sprachen für die feste Erdung die kurzen Zeiten, gegen sie der Verzicht auf die Benutzung der eigentlich stromabhängigen Teile der Charakteristik sowie die allzu große Veränderlichkeit der Strombahn und der Höhe des Erdkurzschlußstromes mit der Lage des Erdfehlers im Netz. Bald wirkte sich gegen die feste Erdung noch der Umstand aus, daß besondere Erdschlußrelais mit selektiver Arbeitsweise nur auf Stromstärken unterhalb des Normalstromes angewiesen waren, so daß man zu höheren Erdungsimpedanzen übergehen konnte. Die Vergleichmäßigung aller Störungsfälle durch den verminderten Einfluß der äußeren Strombahn kam der Vorausberechnung zugute. Auch neuere Schutzsysteme, wie das von Fallou (L 37) für Kabelsysteme entwickelte, bevorzugen die Impedanzerdung. Fallou empfiehlt ebenso wie Lewis (L 38) die Erdung über Reaktanzen. Damit aber nähern wir uns bereits dem Vorschlag der abgestimmt induktiven Erdung, welche einen besonderen Lösungstypus des Erdschlußproblems vorstellt.

Die Erdung des Nullpunktes über Widerstände oder Reaktanzen erfüllt in einigen Punkten die schutztechnischen Anforderungen des Netzbetriebes. Das Zustandekommen aussetzender Erdschlüsse wird verhindert, wenn die später abzuleitenden Bemessungsregeln für die Erdungsimpedanz eingehalten werden, durch welche die obere Grenze des Impedanzbetrages mit der Netzausdehnung in Zusammenhang gebracht wird. Die Erdung von Generatoren über Ohmsche Widerstände beseitigt auch die Möglichkeit von Reflexionen im Wicklungsmittelpunkt [Boehne (L 39)], wenn ein Wert von etwa 600 $\Omega$ nicht überschritten wird. An Transformatoren wäre diese Nebenwirkung auch noch durch bedeutend höherohmige Widerstände erzielbar.

## 14. Der Stromübergang an der Erdschlußstelle.

An der Fehlerstelle ergießt sich der Strom in den leitenden Boden. In der näheren und weiteren Umgebung entsteht ein Spannungsfeld, das als gefährliche Begleiterscheinung des Erdschlusses gelten muß. Lebewesen, die in den Bereich des Spannungstrichters gelangen, fassen bei genügender Schrittweite auf Punkten erheblicher Spannungsdifferenz Fuß. Tödliche Unfälle solcher Art spielen in der Statistik der Überlandwerke eine gewisse Rolle. Je höher der Fehlerstrom, desto stärker prägen sich diese Erscheinungen aus. Das allein stempelt die starre Nullpunktserdung des Systems zu einer bedenklichen Maßnahme, denn sie steigert den Fehlerstrom auf die Größenordnung des Kurzschlußstromes.

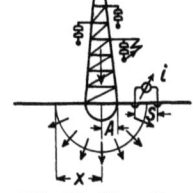

Abb. 59. Stromübergang am geerdeten Mastfuß, Entstehung der Schrittspannung.

Wir gewinnen einen ausreichenden Einblick in die wesentlichen Zusammenhänge, wenn wir die Masterdung, von der aus der Strom seinen Weg in den Erdboden nimmt, als halbkugelförmigen Leiter annehmen (Abb. 59). Die Stromfäden durchsetzen die konzentrischen Schalen, welche wir uns im Erdboden abgegrenzt denken können, in radialer Richtung, zum Teil seitlich fortschreitend, zum Teil in die Tiefe dringend. Ist der gesamte Fehlerstrom $I_e$, so beträgt die Stromdichte im Abstand $x$

$$i = \frac{I_e}{2 x^2 \pi}. \tag{53}$$

Die elektrische Feldstärke $\mathfrak{E}$ hängt mit der Stromdichte $i$ und dem spezifischen Widerstand $s$ des Erdbodens zusammen durch die Formel

$$\mathfrak{E} = s i = \frac{I_e s}{2 x^2 \pi}. \tag{54}$$

Man bestimmt das zu diesem Gradienten gehörende Potential zu

$$E = \frac{I_e s}{2 x \pi}. \tag{55}$$

An der Übergangsstelle wird das Verhältnis $\frac{E}{I_e}$, der **Ausbreitungswiderstand der Erdung**,

$$R_e = \frac{s}{2 A \pi}, \tag{56}$$

wenn man mit $A$ den Radius des Erders bezeichnet.

Die Schrittspannung für eine Schrittweite $S$ beträgt in erster Näherung

$$\mathfrak{E} S = I_e \frac{s S}{2 x^2 \pi}. \tag{57}$$

Die Proportionalität zum Fehlerstrom, zur Schrittweite und zum spezifischen Widerstand des Erdbodens leuchtet ohne weiteres ein. Die quadratische Abhängigkeit von der Entfernung besteht nur bei dreidimensionaler Ausbreitung des Stromes im Boden. Ist die Eindringtiefe gering, beispielsweise nur die Oberflächenschicht gut leitend (Durchfeuchtung durch Gewitterregen), so verwandelt sich das Entfernungsgesetz in ein lineares. Die Gefährdung ist dann im gleichen Abstande eine höhere.

Die Schrittspannung treibt einen Zweigstrom durch den in den Spannungstrichter geratenen Körper. Dieser stellt seinerseits einen gewissen Widerstand vor, selbst wenn die beiden Fußspuren miteinander kurz verbunden sind. Es bleibt dann noch immer ihr eigener Erdübergangswiderstand. Ersetzen wir sie durch Halbkugeln vom Radius $a$, so kommt der Reihenschaltung ein Widerstand

$$2\,r_e = 2\,\frac{s}{2\,a\,\pi} \qquad (58)$$

zu und der Zweigstrom $i$ wird

$$i = \frac{\mathfrak{E}S}{2\,r_e} = I_e \frac{S\,a}{2\,x^2}. \qquad (59)$$

Mit $a = 10$ cm, $S = 100$ cm ergibt sich im Abstand $x = 500$ cm

$$i = 0{,}002\,I_e.$$

Ein Fehlerstrom von 50 A hätte unter dieser Voraussetzung einen Stromdurchgang von 0,1 A durch den Körper zur Folge, der tödlich sein kann. Bei noch größerer Annäherung an den Mast sind auch geringere Erdschlußströme höchst gefährlich. Eine Milderung bringt hier das Erdseil, das den Strom auf eine größere Anzahl von Masterdungsstellen verteilt.

Abb. 60 zeigt, daß man es beim Zusammenwirken der Erdübergangswiderstände und der durch die Erdseilabschnitte gegebenen Reihenwiderstände

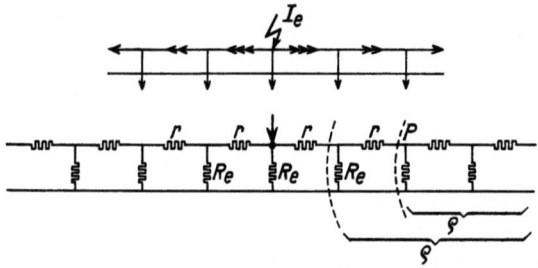

Abb. 60. Teilnahme des Erdseiles an der Fortleitung betriebsfrequenter Erdfehlerströme.

mit einem Kettenleiter zu tun hat. Von irgendeiner Stelle $P$ betrachtet, sei dessen Kombinationswiderstand $\varrho$. Nimmt man das vorangehende Glied dazu, so ergänzt man $\varrho$ durch den Reihenwiderstand $r$ zu $\varrho + r$ und schaltet noch einen Masterdungswiderstand $R_e$ parallel. Das erweiterte Gebilde ist aber identisch mit dem ursprünglichen, selbst bereits aus unendlich vielen Gliedern bestehenden. Die Parallelschaltung von $\varrho + r$ mit $R_e$ gibt somit wieder

$$\frac{1}{\varrho + r} + \frac{1}{R_e} = \frac{1}{\varrho}.$$

Die Auflösung ergibt

$$\varrho = -\frac{r}{2} \pm \sqrt{\frac{r^2}{4} + R_e\,r} \qquad (60)$$

bzw. für $r \ll R_e$

$$\varrho = \sqrt{R_e\,r}. \qquad (61)$$

Verteilt sich der Strom nach zwei Seiten, so liegt an dem betreffenden Mast eine Parallelschaltung der drei Zweige $\varrho + r$ (rechts), $\varrho + r$ (links) und $R_e$ vor. Die Auswertung ergibt

$$\left.\begin{aligned}\frac{1}{\varrho'} &= \frac{2}{\varrho + r} + \frac{1}{R_e} \\ \varrho' &= R_e\sqrt{\frac{\dfrac{r}{R_e}}{4 + \dfrac{r}{R_e}}} \\ &\approx \frac{1}{2}\sqrt{R_e\,r}\end{aligned}\right\} \qquad (62)$$

Ein Erdseil von 50 mm² Fe zwischen zwei im Abstand von 200 m stehenden Masten hat einen Widerstand von 0,4 $\Omega$. Der Masterdungswiderstand $R_e$ der Strecke betrage im Durchschnitt 10 $\Omega$. Das Verhältnis $\frac{r}{R_e}$ ist daher mit 0,04 einzusetzen. Es ergibt sich $\varrho' = 0,1\ R_e = 1\ \Omega$. Die für den Übertritt des Fehlerstromes in die Erde benötigte Spannung sinkt somit durch das Erdseil auf den zehnten Teil herab. Im gleichen Maße geht das Gefälle am Spannungstrichter des ersten Mastes zurück, ebenso der Stromübertritt an dieser Stelle.

Dort wo Kurzschlußströme in die Erde eindringen, ist in Anbetracht des hohen Spannungsverbrauches die Energieumsetzung und die Wärmeentwicklung bedeutend. Austrocknen des Bodens in der Umgebung der Fehlerstelle, Bildung von verglasten Schmelzröhren ist oft beobachtet worden.

## III. Die nichtstationären Erdschlußvorgänge in Drehstromnetzen.

### 1. Die Entstehung von Erdschlüssen.

Erdschlüsse können alle Teile elektrischer Anlagen betreffen. Sie können sich im Innern der Maschinen und Apparate ausbilden, aber auch außerhalb der Gehäuse an ihren Klemmen auftreten. Sie kommen in den Schaltanlagen der Stationen, an den Einführungen, in den Kabeln und Freileitungen zustande. Das Eindringen von Wasser in schlecht abgedichtete oder atmende elektrische Apparate verringert den Isolationswert des Öles, der Konstruktionsteile und Abstützungen, nicht nur solcher aus Holz, sondern auch aus Hartpapier, es entstehen Kriechwege und in ihrem Gefolge Gleitentladungen bzw. Durchbrüche. Ähnliche Vorgänge können von anderen Ursachen ihren Ausgang nehmen. Rißbildung in Massefüllungen, Ionisierung der die Spalte erfüllenden hochbeanspruchten Luft ist ein Beispiel, Kurzschlußdeformationen von Wicklungsteilen und ihren Isolationsanordnungen ein anderes. Schalterlichtbögen können auf geerdete Konstruktionsteile übergreifen. Gewitterüberspannungen können die elektrische Stoßfestigkeit des inneren Aufbaues überwinden. Durchführungen sind durch ihre eigenartigen Feldprobleme in erhöhtem Maße innen auf Durchschlag, außen auf Überschlag beansprucht. Sind zwei oder mehr Wicklungen einander benachbart, so ist der Durchbruch der höheren zur niederen Spannung häufig als Erdschluß zu bewerten. Daß alle diese Erscheinungen an Maschinen und Transformatoren, Meßwandlern und Schaltapparaten selten geworden sind, verdankt man der konsequenten Verschärfung der Prüfvorschriften und dem gesunden Grundsatz, daß die innere Festigkeit höher sein muß als die äußere. An den Klemmen, dem hiernach empfindlichsten Teil der Transformatoren und Meßwandler, beginnt der Bereich der offenen Schaltanlage. Das elektrische Material einer Station, Isolatoren, Wanddurchführungen, Trennschalter, Leistungsschalter, ist nach Formgebung und Aufgabe nicht einheitlich. Glatte Hartpapierstützer und Porzellanisolatoren, öl- oder massegefüllte Durchführungen und solche nach der Kondensatorbauart haben ihre Existenzberechtigung und ihre Eigenart, verschieden nach Dauerbeanspruchung und Stoß, nach Beständigkeit gegen äußere Angriffe und nach Wiederherstellung bei Schäden. Die Verschiedenheit ihrer Formgebung und ihrer Feldgestaltung ist nicht leicht aus der Welt zu schaffen und darum gibt es zur Zeit kein einheitliches Niveau der Stationsisolation. Es sei noch daran erinnert, daß bei höheren Spannungen besondere Mittel für die Verhütung des allmählichen Versagens der Isolatoren in ihrem Innern vorgekehrt werden müssen. Dazu kommt noch, daß die Stationen oft als Ende der Übertragung auch Reflexionspunkte der

Überspannungswellen bilden und daher höher gefährdet sind als die Leitungen, mit deren einheitlicher Isolation sie sich ohnehin meist nicht messen können. Die Leitungen mit ihrer verzweigten, der Kontrolle schwerer zugänglichen Verteilung der gefährdeten Objekte werden allgemein bei der Projektierung mit mehr Respekt behandelt, oft auch im Hinblick auf spätere Umstellungen in ihrer Isolation gleich für höhere Spannungsreihen bemessen. Selbstverständlich lassen sie dann die Ausbildung höherer Überspannungswellen zu, sie begrenzen das Niveau nicht durch ihren eigenen rechtzeitig eintretenden Überschlag und die Station findet sich um so höheren Überspannungen ausgesetzt. Oft versucht man einen Ausgleich dadurch zu schaffen, daß man in oder vor die Station schwache Stellen einbaut, welche sozusagen vorbestimmte Überschlagsstellen vorstellen sollen. Ähnlichen Zwecken dient die Überbrückung der Durchführungen von Freiluftapparaten mit Funkenstrecken (Abb. 61). Sie bezweckt nicht nur die Abziehung des Lichtbogens vom Porzellankörper, sondern sie stellt auch im Freien die für Innenraumkonstruktionen gültige Beziehung der überlegenen Festigkeit des Apparateinnern zur begrenzten elektrischen Festigkeit der Durchführung wieder her. Die Anforderungen in bezug auf die Höhe der Regenüberschlagsspannung werden nämlich nicht nur von den zu diesem Zweck eigens überhöhten Durchführungskörpern, sondern ebenso auch von den wesentlich enger eingestellten Überbrückungsfunkenstrecken erfüllt. Diese legen auch gleichzeitig die Stoßüberschlagsfestigkeit der gesamten Anordnung fest, mit der man ja genau so wie in gedeckten Stationen unterhalb der inneren Stoßfestigkeit des betreffenden Anlagenteils bleiben will. Maßnahmen solcher Art lassen in Freiluftstationen Überschläge mit etwa gleicher Häufigkeit wie bei Innenanlagen erwarten. In gedeckten Stationen sind des öfteren auch Erdfehler durch Tiere (Katzen, Ratten usw.) eingeleitet worden. Auch Vernunft schützt übrigens nicht immer vor solchen Vorkommnissen, wie das falsche Einlegen von Erdungstrennmessern und Einhängen von Erdungsstangen durch Bedienungspersonal beweist.

Abb. 61. Überbrückung der Isolation von Freiluftapparaten durch Funkenstrecken (Durchführung eines 110 kV-Transformators).

Abb. 62. Erdschlußstörung (Isolatorenüberschlag, Leitungsriß) hervorgerufen durch Vögel.

Die Freileitungen mit ihren vielen Stützpunkten sind die bevorzugten Entstehungsorte der Erdfehler. Vögel (L 42), die sich auf oder neben den Stützisolatoren niederlassen wollen, überbrücken die Isolationsstrecke und leiten Überschläge ein (Abb. 62). Die Zugvögel lassen diese Störungsart zu gewissen Jahreszeiten epidemisch werden („Starsaison"). Leitungsseile schnellen beim Abfallen der Rauhreifbelastung bis zum Erdseil hoch. Zur Zeit der Ernte treibt der Wind Halme in die Leitung, gegebenenfalls auch zwischen Phasenleiter und Erdseil. An ungenügend ausgeholzten Leitungsstraßen läßt der Wind Baumzweige mit den Leitungsseilen in Berührung kommen. In Küstengegenden setzt sich Salz an die Isolatoren an, in Industrierevieren legen sich dicke Staub- oder Kohleschichten auf die Porzellanfläche, längs welcher sich bei Nebel die Endladungsformen vom Glimmen zu Gleitfunken und zu Überschlägen steigern können. Vorbereitete Fehler wie Haarrisse in der Glasur wirken sich in allmählicher

Verschlechterung schließlich als Erdfehler aus. Eine eigentümliche, nicht völlig aufgeklärte, aber vom Verfasser selbst beobachtete Störungsursache an Freileitungsisolatoren ist der Sonnenaufgang (L 43). Die wichtigste Fehlerquelle sind und bleiben natürlich die Gewitterüberspannungen. Der direkte Einschlag des Blitzes oder einer seiner Zweigentladungen in die Leitungsseile oder Maste ist in der Reihenfolge der Gefährdungen obenan zu nennen. Es ist Tatsache, daß Störungen an einer einzelnen Phase gegenüber kombinierten Störungen weitaus überwiegen. Sie sind auf 80—85 vH aller Störungen zu schätzen (L 44—48). Man darf daraus auf die dem Grade nach geringere Gefährdung durch induzierte Blitzüberspannungen schließen, welche alle drei Phasen gleichmäßig betreffen und sich an diesen nur durch die Art der Überlagerung über den Augenblickswert der Betriebsspannung unterscheiden. In den einphasigen Störungen zählt ein Teil der sogenannten rückwärtigen Überschläge, welche im Gefolge von Masteinschlägen auftreten und bei allzu hohem zwischen Mast und Erde bestehendem Potentialgefälle ihren Weg vom Mast zu den — im Potential nicht mitgehobenen — Leitungsseilen nehmen. Es ist dies vielleicht der typische Störungsfall für Leitungen mit hohem Erdübergangswiderstand der Maste (Abb. 63) und man wird dabei nicht selten mit Überschlägen an mehreren Phasen zu rechnen haben.

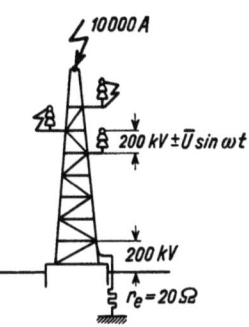

Abb. 63. Entstehung rückwärtiger Überschläge.

Auch Kabel sind durchaus nicht frei von Erdfehlern. Im Gegenteil: So gut wie alle Kabeldefekte sind ausgeartete Erdschlüsse. Es müssen nicht gerade Pickenhiebe bei Aufgrabungen sein. Winzige Verletzungen der Bleimäntel bei der Verlegung können Wasser von außen eindringen lassen. Erdbewegungen führen zu Quetschungen und langsam nach innen vorwachsenden Fehlern. Kreuzungsstellen mit anderen Rohrleitungen, vor allem Dampfleitungen, benachteiligen das Kabel lokal in mechanischer und thermischer Hinsicht. Nach Kurzschlüssen mit ihren erheblichen thermischen und dynamischen Überbeanspruchungen bleibt der Bleimantel unter Umständen gedehnt zurück, es entstehen Hohlräume, eine gesteigerte Überspannungsempfindlichkeit der Kabel ist die Folge. Natürlich wirkt sich als Vorteil aus, daß die Kabel den Gewitterbeanspruchungen entzogen sind, aber dafür sind eben andere Gefahren nicht zu unterschätzen, die mit schleichender Vorbereitung eines Erdfehlers und mit plötzlichem Durchbruch ablaufen. Eine wenig rühmliche Rolle spielen dabei die Muffen und Endverschlüsse (vgl. hierzu Abb. 169). Ihre Empfindlichkeit ist wohl darauf zurückzuführen, daß ihre Isolationsfestigkeit nicht in der Fabrik hergestellt und geprüft wird. Bei Endverschlüssen hat sich die Praxis durch Überdimensionierung geholfen. Auf keinen Fall ist es stichhaltig, daß Übergangsstellen von Freileitungen zu Kabeln besonders gefährdete Stellen, etwa bevorzugte Reflexionspunkte wären. Das Gegenteil ist zutreffend, da insbesondere längere Kabelstrecken die sofort eintretende Herabsetzung der von der Freileitung her eindringenden Überspannungen hinreichend lange aufrecht erhalten.

Das letzte Stadium bei der Entstehung von Erdschlüssen ist stets ein plötzlicher Durchbruch. Bei langsam fortschreitender Schwächung der Isolation tritt der Durchbruch offenbar im Scheitelwert ein, wenn dieser zum ersten Male die Festigkeit der restlichen Isolationsstrecke zu überwinden vermag. Dies gilt auch bei einer nur vergleichsweise langsamen, also über eine Anzahl Halbperioden erfolgenden Abstandsverkürzung, bei Annäherung von Fremdkörpern und bei handbetätigten Schaltvorgängen in Luft. Das Einschalten eines Erdschlusses

76   Die nichtstationären Erdschlußvorgänge in Drehstromnetzen.

mit einem rasch betätigten Ölschalter, desgleichen der Isolationsüberschlag oder -durchschlag infolge einer stoßartigen Überspannung kann hingegen in jedem beliebigen Augenblick der Wechselspannungswelle zustande kommen.

Zunächst betrifft der Überschlag nur die kranke Phase selbst, ja eigentlich nur die Durchbruchstelle. Die Störung breitet sich sofort nach beiden Seiten als Wanderwelle aus (Abb. 64) und teilt sich der betroffenen Phase im ganzen Netz mit. Dadurch entlädt sich deren Leiter und nimmt in seiner ganzen Ausdehnung das Erdpotential an. Dieser Endzustand tritt aber nicht sofort ein, sondern es geht ihm ein Wanderwellenspiel voran, das durch Dämpfung schnell zum Abklingen kommt. Nehmen wir

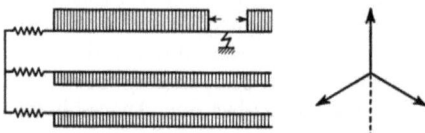

Abb. 64. Wanderwellenmäßige Ausbreitung des Spannungszusammenbruches bei Erdschluß.

an, das nächste offene Leitungsende oder der nächste den Wanderwellenzug zurückwerfende Transformator sei 3 km von der Fehlerstelle entfernt. Dieser Punkt wird — Ausbreitung der Wanderwelle mit Lichtgeschwindigkeit vorausgesetzt — nach $10^{-5}$ s erreicht (Abb. 65). Die Entladewelle wird dort sofort auf den doppelten Wert erhöht und mit diesem Betrag ins Netz zurückgeworfen. Sie läuft nun ebensolange zur Fehlerstelle zurück, wird dort umgebildet und kommt erst nach nochmaligem Ablauf der gleichen Zeit in geänderter Form am Reflexionspunkt an. Bis dahin lastet durch $2 \cdot 10^{-5}$ s die Welle unverändert am Leitungsende, es ist also eine Wanderwellenhalbschwingung abgelaufen, die nun nach bekannten Gesetzen (L 49) von einer entgegengesetzt gepolten Halbschwingung abgelöst wird. Die Dauer einer vollen Schwingung ist $4 \cdot 10^{-5}$ s, bei $a$ km Fehlerentfernung allgemein $\dfrac{4a}{3 \cdot 10^5}$ s. Die Frequenz der Wanderwellenschwingung ist 25 000 Hertz, allgemein $\dfrac{3 \cdot 10^5}{4a}$ Hertz. Selbst wenn 10 Schwingungen bis zur praktischen Beendigung des Ausgleichsvorganges vergehen sollten, ist dessen Dauer in unserem Beispiel nicht länger als $^4/_{10000}$ Sekunden. Kathodenstrahloszillogramme bestätigen die Theorie in allen Einzelteilen (Abb. 66).

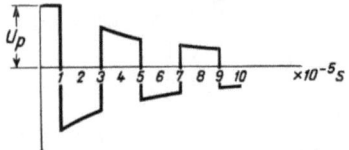

Abb. 65. Entstehung von Wanderwellenschwingungen bei Erdschlüssen. Spannungsverlauf in einiger Entfernung von der Fehlerstelle.

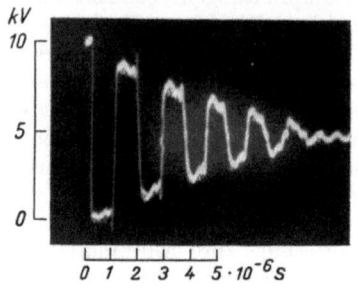

Abb. 66. Kathodenstrahloszillogramm eines Vorganges nach Abb. 65.

In dem kurzen Zeitabschnitt der wanderwellenmäßigen Entladung hat ein Transformator, wie wir sehen werden, die an seiner Klemme eingetroffene Fehlermeldung wohl entgegengenommen, aber die Vermittlung zu den anderen Leitern des Systems noch nicht vollzogen. Der Weg zu den gesunden Leitern geht nur über die Wicklungen der Transformatoren und Maschinen. Wir dürfen deshalb die erste, wanderwellenmäßig verlaufende Etappe der Entladung der kranken Leitung für sich allein betrachten. Das nächste Stadium umfaßt die Aufladung der gesunden Leitungen auf erhöhtes Potential. Bevor wir uns diesem nach ganz anderen Gesetzmäßigkeiten verlaufenden Vorgang zuwenden, sind noch ein paar Feinheiten des wanderwellenmäßigen Ablaufes zu erwähnen.

Auf kurzen Abschnitten können die in Abb. 65 gezeigten Entladungsschwingungen zustande kommen. Es gibt kritische Entfernungen, für welche die Frequenz dieser gegen die Transformatoren anlaufenden Schwingungen gerade mit der Eigenschwingungszahl der Transformatoren zusammenfällt [Courvoisier (L 52)]. Letztere liegt, je nach Leistung und Schaltung, in der Regel zwischen 5000 und 30000 Hertz. Die Nachbildung solcher Vorgänge durch das Experiment bestätigt die naheliegende Annahme, daß die Eigenschwingungen der Transformatoren durch äußeren schwingungsmäßigen Anstoß eine erhebliche Anfachung erfahren können. Abb. 67 läßt dies an Hand von Kathodenstrahloszillogrammen erkennen. Es ist aber kaum anzunehmen, daß sich durch eine einfache Entladeschwingung Beanspruchungen von der Höhe der Gewittergefährdung ergeben.

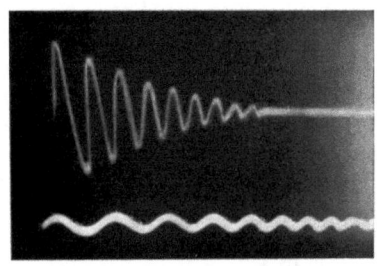

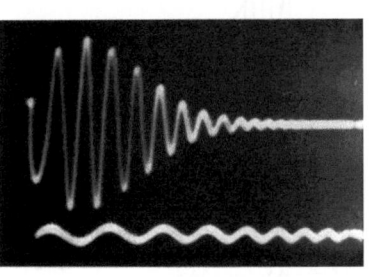

Die Wanderwellenentladung des kranken Leiters findet ein geschwächtes Abbild auf den gesunden Leitungen, welche durch den Vorgang eine Beeinflussung erfahren, da sie in erster Annäherung als Sonden im Feld des gestörten Leiters aufgefaßt werden dürfen. Wir gehen auf diese Begleiterscheinung im 4. Kapitel ein.

Die Wellenausbreitung muß auch in entfernte Netzteile vordringen und dort die Entladung des erdgeschlossenen Leiters bewirken. Nun erfährt eine Wanderwelle auf ihrem Wege eine Dämpfung, die von dem durch Stromverdrängung erhöhten Leiterwiderstand, dem Funkenwiderstand, dem bei Überschreitung der Glimmgrenze — herrührt. Obgleich letztere bei unserem Entladungsproblem ausscheiden, ist die Dämpfung noch immer sehr beträchtlich. Nehmen wir an, der Punkt, an welchem der Sprung der Entladewelle auf $e^{-3} = 5$ vH zusammengebrochen ist, liege noch innerhalb des Netzes. Bei einem wirksamen Leiterwiderstand von 20 $\Omega$/km [vgl. hierzu Flegler und Röhrig (L 53)] wäre dies denkbar,

Abb. 67a und b. Resonanz einer Transformatoreigenschwingung mit äußerem schwingungsmäßigem Anstoß. a Erregender Wellenzug, b angestoßene Eigenschwingung.

Erdrückleitungswiderstand und — auch von den Koronaverlusten

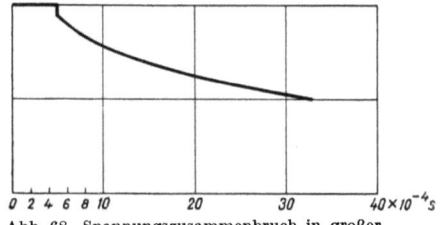

Abb. 68. Spannungszusammenbruch in großer Entfernung von der Fehlerstelle (Carson).

weil bei einem Wellenwiderstand $Z = 500\ \Omega$ der Dämpfungsexponent $\frac{1}{2}\frac{r}{Z}$ den Betrag von $\frac{1}{50}$ km$^{-1}$ annimmt, so daß der angenommene Rückgang für ein Dämpfungsgesetz $e^{-\frac{x}{50}}$ nach $3 \cdot 50 = 150$ km erreicht würde. Abb. 68 zeigt dann, wie sich die Vorgänge an einem solchen Netzpunkt abspielen (L 54). Zuerst vergeht die Laufzeit, dann kommt ein Sprung von der geringen Höhe der noch vorhandenen Wellenstirn und nun klingt die Spannung allmählich ab. Nach etwa 7facher Laufzeit ist erst die Hälfte der ursprünglich vorhanden gewesenen Spannung abgebaut. In unserem Beispiel wäre dies nach $7 \cdot \frac{150}{300\,000}$, also rd. 0,0035 s der Fall. Als Ausbreitungsgeschwindigkeit wird wieder die Lichtgeschwindigkeit angenommen, obgleich neuere Wanderwellentheorien gewisse Korrekturen fordern. Damit ist man aber bei der Größenordnung von Zeitabläufen angelangt, in denen die konzentrierten Induktivitäten des Netzes längst nicht mehr als Reflexionspunkte zu betrachten sind und die einzelnen Ausgleichvorgänge daher ohne scharfe Trennung ineinander übergehen. Zwischen den beiden hier erwähnten typischen Grenzfällen, der Wanderwellenschwingung und der stetig verlaufenden wanderwellenmäßigen Entladung, liegt noch eine Mannigfaltigkeit von Lösungsformen, die aber unser Interesse nicht zu beanspruchen haben. Wir wählen zum Ausgangspunkt der weiteren Untersuchung der Erdschlußausgleichsvorgänge den übersichtlichen Typus der Entladung durch Wanderwellenschwingungen.

Die Entladewelle komme jetzt an der Klemme eines Drehstromtransformators an. Es folgt nun eine für den Netzvorgang mehr oder weniger bedeutungslose Episode. Für steile Spannungssprünge wirkt die Transformatorwicklung im ersten Augenblick als ein hochohmiges Gebilde von rein kapazitivem Charakter. Die beiden anderen Klemmen sind mit dem Wellenwiderstand der von ihnen ausgehenden Leitungsphasen belastet. Man darf sie als praktisch geerdet betrachten, soweit es auf freie Ausgleichsvorgänge der Wicklung ankommt. Denn die geringen hieran beteiligten Stromstärken ergeben im Wellenwiderstand der Ableitungen (500 $\Omega$) keinen merklichen Spannungsabfall. Entlang der Wicklung bildet sich nun ein durch Reihen- und Erdkapazitäten bedingter Spannungsverlauf (Anfangsverteilung $A$) gemäß Abb. 69 aus. Er hat hyperbolischen Charakter und weicht von einem linearen Abbau der Spannung zwischen Eingangsklemme $U$ und Ausgangsklemmen $V$, $W$ stark ab.

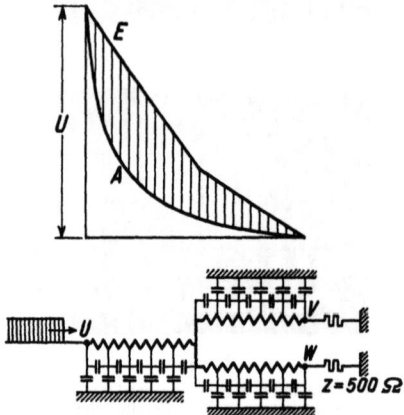

Abb. 69. Spannungsverteilung in einer Transformatorwicklung beim Auftreffen der Entladewelle eines Erdfehlers. $A$ Anfangsverteilung, $E$ Endverteilung.

Würde der Transformator als induktives Gebilde auf die aufgedrückten Gleichspannungswellen zu reagieren haben, so käme eine wachsende Gleichstromaufnahme zustande, die nur durch den Wellenwiderstand an Zu- und Ableitung begrenzt ist. Der auf die Wicklung entfallende Spannungsanteil wird dabei in jedem Augenblick entlang derselben im wesentlichen linear abgebaut. Die dreiphasige Schaltung bewirkt einen Knick, so daß wir zu der schwach gebrochenen Endverteilungslinie $E$ gelangen; diese muß sich offenbar nach dem Abklingen der wanderwellenmäßigen Vorgänge einstellen und dann den Ausgangspunkt der weiteren Veränderungen bilden. Zuvor muß die Differenz der Linienzüge $A$ und $E$ verschwinden. Der Transformator muß den Widerstreit seiner Interessen, die er als einerseits kapazitives, andererseits induktives Gebilde an den Tag legt, in sich austragen. Die Bedingungen an seinen Klemmen liegen ja fest. Er findet den Übergang durch Ausgleichsschwingungen, die zeitlich und räumlich in sinusförmige Komponenten zerlegt werden können. Die Theorie dieser Erscheinungen liegt vor (L 55). Für die Grundwelle ist in Abb. 70 zunächst der Ausgangszustand der freien Spannungsverteilung klargestellt (Ordinatendifferenz der Linienzüge $A$ und $E$ aus Abb. 69), dann der Stromverlauf entlang der Wicklung und schließlich das Ersatzschaltbild ersichtlich gemacht. In letzterem treten die Reihenkapazitäten nicht auf, weil sie für die Grundwelle von den Induktivitäten noch praktisch überbrückt sind. Das Schaltbild berücksichtigt die Eigenart der Stromverteilung und die Flußverkettung. Es gestattet die Vorausberechnung der langsamsten Eigenfrequenzen. Die einzusetzende Induktivität $L_0$ ist im Hinblick auf den für die Grundwelle identischen Stromverlauf der drei Wicklungen die Nullinduktivität, über deren Bestimmung näheres in Abschnitt II, Kapitel 7 gesagt wurde. Die berechneten Frequenzen, die mit den Messungen gut übereinstimmen, liegen in der Regel höher als 5000 Hertz. Nehmen wir hier ein Abklingen nach fünf vollen Schwingungen an (vgl. das Kathodenstrahloszillogramm Abb. 66), so müßten Vorgänge, die anschließend daran mit etwa 500 Hertz einsetzen sollten, in ihrem Verlauf von der Eigenschwingung praktisch unberührt bleiben. Denn schon in ihrer ersten Halbperiode hat sich der Transformator auf den Endzustand rein induktiver Mitwirkung eingespielt. Auch entzieht der Transformator dem Netz während seines inneren Ausgleichvorganges nur ganz geringfügige Ströme. Für einen Beobachter jenseits der Klemmen wirkt er deshalb von vornherein im wesentlichen als konzentrierte Induktivität mit. Die Umstellung von einem Gebilde kapazitiven Charakters auf das stationäre induktive Verhalten macht er sozusagen in sich ab. Es ist dies seine Art des inneren Nachrichtendienstes, mit dem er den von der Veränderung zunächst nicht betroffenen Klemmen die Kenntnis der jeweiligen äußeren Arbeitsbedingungen vermittelt.

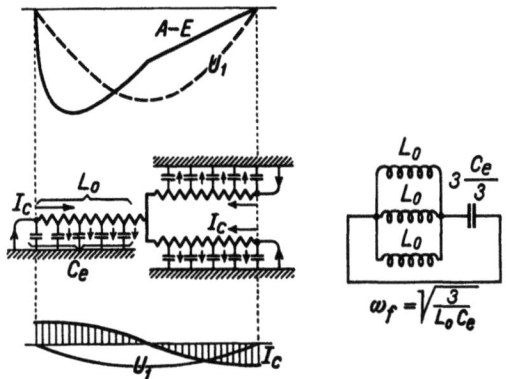

Abb. 70. Stromverteilung der inneren Ausgleichsschwingungen eines Transformators (Grundwelle).

Bei den Wicklungen umlaufender Maschinen liegen die Verhältnisse ähnlich. Die in Nuten eingebetteten Leiter haben hier jedoch von Nut zu Nut keine gegenseitige Kapazität und ebenso weisen sie in der magnetischen Feldausbildung eine gewisse Selbständigkeit auf. Man nähert sich damit mehr dem von Freileitung und Kabel her bekannten Bild der verteilten Selbstinduktion und Erdkapazität (ohne wechselseitige Flußverkettung und ohne Reihenkapazität), hat es also mehr mit einer Zwischenleitung veränderten Wellenwiderstandes zu tun. Man kann bei Maschinen einen Wellenwiderstand von 200—1600 $\Omega$ in Ansatz bringen (L 39, 56, 57).

Der Erdschlußvorgang ist nun bis zu folgendem Punkt verfolgt: An den Klemmen der zwischen den Phasen liegenden Wicklungen ist die volle Spannungsdifferenz der Entladewelle aufgetreten, die Ausgleichsvorgänge der kranken Phase und der Wicklung sind abgeklungen, die Stromaufnahme der Wicklungen hat eingesetzt und ist im Anwachsen begriffen. Wir fragen zunächst nach dem stationären Zustand, um einen weiteren Anhaltspunkt über die Art der nun einsetzenden Ausgleichsvorgänge zu gewinnen. Aus Abb. 14 ging hervor, daß sich im stationären Erdschlußzustand die auf Erde bezogenen Spannungen aller drei Leiter um einen und denselben Betrag vom erdschlußfreien Ausgangszustand unterscheiden. Die kranke Phase hat den Überschuß schon abgegeben, aber die gesunden Phasen müssen sich seiner erst entledigen. Sie werden sich also über die Wicklungen entladen und derart die noch bestehende, zur Betriebsspannung hinzugetretene Spannungsdifferenz der Klemmen aufheben. Wann auch immer der Erdschluß eintritt, alle drei Phasen müssen ihre Potentiallage um denselben Betrag ändern und die beiden gesunden Leiter müssen dies nun nachholen. Was wir dabei als Entladung ansehen, vergrößert unter Umständen

den Absolutbetrag der auf Erde bezogenen Spannung eines gesunden Leiters, und zwar dann, wenn diese im Moment des Erdschlusses das entgegengesetzte Vorzeichen wie die Spannung des kranken Leiters hatte. Die Entladung ist dann gleichbedeutend mit einer weiteren Erhöhung der schon vorhandenen entgegengesetzten Ladung. Man richtet sich am besten nach der bekannten Beziehung: Ausgleichsamplitude = Istwert — stationärer Sollwert. Beispielsweise erfolge der Überschlag an der kranken Phase im Augenblick ihres positiven Spannungsscheitelwertes $\bar{U}_p$. Es kommt eine Absenkung auf Null um $\bar{U}_p$ zustande. Im gleichen Augenblick waren die gesunden Phasen auf — 0,5 $\bar{U}_p$ gegen Erde aufgeladen. Nach dem Eintreten des Erdschlusses müssen sie auf — 1,5 $\bar{U}_p$ umgeladen werden (vgl. Abb. 14), so daß sie in der Tat ebenso wie die kranke Phase noch um den Ausgleichsbetrag $\bar{U}_p$ zu entladen sind. Das Wesen des nun einsetzenden Abschnittes der Ausgleichsvorgänge ist also die Entladung der beiden gesunden Leiter über die Wicklungsinduktivität zur Erde. Dieser Vorgang verläuft offenbar schwingungsmäßig. Er ist im Schleifenoszillogramm beobachtbar und heißt Zündschwingung.

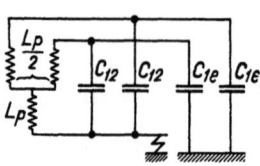

Abb. 71. Stromkreis der Zündschwingung.

In Netzen mit starrer Erdung des Wicklungssternpunktes behalten die gesunden Phasen im wesentlichen ihre Spannung gegen Erde, es gibt keine Zündschwingung im Sinne des eben beschriebenen Vorganges.

Wie die Abb. 71 verdeutlicht, sind von den gesunden Leitungen Ladungen gegen Erde über die Gesamtkapazität 2 $(C_{1e} + C_{12})$ gebunden. Die Induktivität des Kreises ist $\frac{3}{2} L_p$ und umfaßt die Parallelschaltung aller Speise- und Abspanntransformatoren. Erstere kommen im Hinblick auf ihre Fähigkeit zur Entwicklung von Gegen-AW mit der Kurzschlußinduktivität zur Geltung. In dieser ist die wirksame Streuinduktivität der Erzeugungsanlagen zu berücksichtigen. [Die Synchroninduktivität scheidet hier aus, weil es sich um Oberwellen handelt, die den Läufer durch ihren nichtsynchronen Umlauf induzieren und in ihm Gegen-AW hervorrufen. Allerdings liegen die Verhältnisse vor allem bei Maschinen ohne Querfelddämpfung etwas komplizierter, da diese schon bei symmetrischem Ladebetrieb nicht mit der Induktivität $L\tau$, sondern mit einem höheren Wert wirksam sind (vgl. L 36).] Die Abspanntransformatoren gehen in das Ersatzschaltbild mit ihrer Leerlaufinduktivität ein, zu welcher allenfalls vorhandene Belastungsimpedanzen parallel zu schalten sind. Der induktive Anteil der letzteren beteiligt sich an der Schwingung, die Wirklast hingegen vermehrt die Dämpfung des Vorganges.

Die Frequenz der Zündschwingung ist auf Grund des Ersatzschaltbildes in bekannter Weise der Berechnung zugänglich. Überlegungen ähnlicher Art, wie wir sie in Abschnitt II, Kapitel 10 bereits angestellt haben, lassen erkennen, daß man sich stets im Gebiet der ersten Oberwellen der Betriebsfrequenz befindet. Auch dreizahlige Oberwellen sind mit Rücksicht auf den zweipoligen Ablauf des Vorganges nicht ausgeschlossen. Überhaupt verläuft die freie Schwingung nicht in ganzzahligen Vielfachen der Netzfrequenz. Bei höheren Ordnungszahlen ist mit einem schnellen Erlöschen durch die verstärkte Dämpfung zu rechnen $\left(\text{Dämpfungsexponent } \frac{R}{2L} \text{ bzw. } \frac{RC\omega^2}{2}\right)$.

**Zahlenbeispiel.** Eine mit Drehstromturbogeneratoren ausgestattete, aus mehreren auf das Netz parallel arbeitenden Zentralen bestehende Erzeugungsanlage versorge ein Freileitungsnetz. Bei plötzlichem einachsigem Kurzschluß trete der 5fache (allgemein $k$-fache) Wechselstromeffektivwert des normalen Vollastbetriebes auf.

$$\omega L_k = \frac{\frac{3}{2}\frac{U}{\sqrt{3}}}{5 I_k}.$$

Ferner betrage der von der Betriebskapazität [vgl. Formel (23)] hervorgerufene normale Ladestrom 5 vH (allgemein $p$ vH) des Nennstromes.

$$\omega(C_{1e} + 3 C_{12}) = \frac{0{,}05 I_n}{\frac{U}{\sqrt{3}}}.$$

Durch Multiplikation ergibt sich

$$\omega^2 L_k (C_{1e} + 3 C_{12}) = 0{,}015$$
$$\left(\text{allgemein } \frac{3}{2}\frac{p}{100}\frac{1}{k}\right).$$

Setzt man das Verhältnis der Teilkapazitäten $C_{1e}$ und $C_{12}$ mit etwa $3:1$ an, so wird $C_{1e} + 3 C_{12} = 2 C_{1e}$ und

$$\omega_f{}^2 = \frac{1}{2 L_k (C_{1e} + C_{12})} = \frac{1}{1{,}33 L_k (C_{1e} + 3 C_{12})} = \frac{\omega^2}{1{,}33 \cdot 0{,}015}.$$

Die Kreisfrequenz $\omega_f$ der freien Schwingung ist daher in unserem Beispiel

$$\omega_f = \frac{\omega}{\sqrt{0{,}02}} \approx 7\,\omega \text{ bzw. } 350 \text{ Hertz}.$$

Abb. 72 zeigt in schematischer Darstellung den Verlauf der Zündschwingung. Die beiden oberen Figuren beziehen sich auf die gesunden Phasen. Man erkennt, daß ein Überschwingen des stationären Spannungsverlaufes stattfinden muß. Fällt der Augenblick des Isolationsdurchbruches gerade mit dem Scheitelwert einer verketteten Spannung zusammen (nahezu ungünstigster Fall), so ergibt die Überlagerung der freien Schwingung — bei Vernachlässigung jeder Dämpfung — eine vorübergehende Spannungssteigerung auf das $\sqrt{3} + \frac{\sqrt{3}}{2}$ = 2,6fache des Scheitelwertes der Phasenspannung (1,5facher Scheitelwert der verketteten Spannung). Der in Abb. 72 durchgearbeitete Fall (Zündung im Scheitelwert der kranken Phase) liefert praktisch das gleiche Ergebnis.

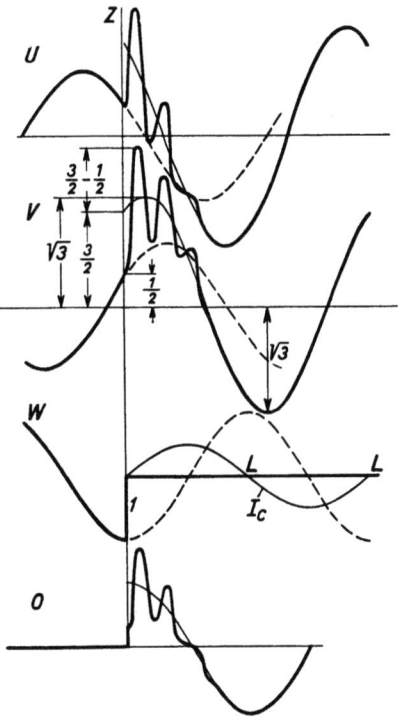

Abb. 72. Verlauf der Zündschwingung in den beiden gesunden Phasen, der kranken Phase und am Nullpunkt. $Z$ Zündmoment.

In Einphasennetzen beteiligt sich die Kurzschlußinduktivität der ganzen Wicklung und die Kapazität $C_{1e} + C_{12}$ an dem Vorgang. Die höchste Spannungsspitze des Ausgleichvorganges ist wieder das 1,5fache des Scheitelwertes der verketteten Spannung.

Während der Verlauf der Spannung an der kranken Phase in Abb. 72 sofort verständlich ist, fallen in der Kurve der Nullpunktsspannung (viertes Teilbild) einige Eigentümlichkeiten auf. Die Zündschwingung erscheint entsprechend der Lage des Nullpunktes innerhalb des Wicklungssystems mit verringertem Betrage $\left(\frac{1}{2} \text{ bei Einphasennetzen, } \frac{2}{3} \text{ bei Dreiphasennetzen}\right)$. Im Zündmoment macht die Spannung des Systemnullpunktes überdies eine sprunghafte Änderung durch, die aus der neuen, im Zeitpunkt Z zustande kommenden Spannungseinstellung (U und V unverändert, W zusammengebrochen) hervorgeht. Eine solche plötzliche Änderung ist sehr wohl möglich, sie setzt bloß ein plötzliches Auftreten von $\dfrac{dI}{dt}$ voraus, ohne die Anfangsbedingung $I = 0$ zu verletzen.

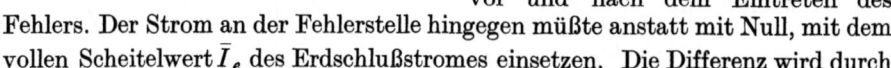

Abb. 73a und b. Verlauf der Zündschwingung bei Erdschlußzündung. a Im Nulldurchgang der Phasenspannung, b im Spannungsmaximum.

Welches auch der Augenblickswert der Betriebsspannung im Moment eines plötzlichen Isolationsdurchbruches sein mag, eine Zündschwingung setzt stets ein. Im Betrag und in der Art der Überlagerung bestehen einige bemerkenswerte Unterschiede, die am Beispiel der beiden Grenzfälle besonders deutlich werden. Zündung im Nulldurchgang der Betriebsspannung der gestörten Phase ergibt Gleichheit der Spannungseinstellung vor und nach dem Eintreten des Fehlers. Der Strom an der Fehlerstelle hingegen müßte anstatt mit Null, mit dem vollen Scheitelwert $\bar{I}_e$ des Erdschlußstromes einsetzen. Die Differenz wird durch eine Ausgleichsschwingung überbrückt, deren Spannungskurve mit dem Nulldurchgang beginnt, während die Stromkurve vom Scheitelwert $-\bar{I}_e$ ausgeht, der den Sollwert $\bar{I}_e$ zu Null ergänzt. Abb. 73a zeigt dies in Gegenüberstellung zu dem anderen Grenzfall, der in Abb. 73b behandelten Zündung im Scheitelwert der Betriebsspannung. Hier richtet sich die Ausgleichsschwingung nach der von den gesunden Phasen bzw. vom Nullpunkt zu überbrückenden Spannungsdifferenz. Ihr Scheitelwert beträgt daher an den gesunden Phasen $\bar{U}_p$, am Nullpunkt des Drehstromnetzes $\dfrac{2}{3}$ hiervon.

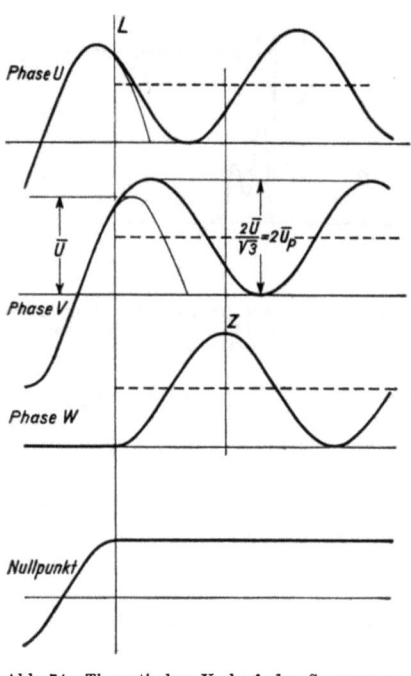

Abb. 74. Theoretischer Verlauf der Spannungen nach Unterbrechung eines Erdschlusses in einem vollisolierten Netz.

Das Verhältnis von Spannung und Strom ist in beiden Fällen durch die Impedanz des kapazitiven Weges bestimmt. Es ist klar, daß im ersten Falle (Abb. 73a) ein Strom vom Betrage des Erdschlußstromes $I_e$ nur einen Bruchteil der Phasenspannung benötigt, um mit der recht hohen Kreisfrequenz $\omega_f$ durch die Kapazität $2 C_{1e}$ hindurchzutreten (vgl. das Schema Abb. 71). Um so kräftiger wird im zweiten Falle (Abb. 73b) der von der vollen Phasenspannung $U_p$ hervorgerufene Strom sein. Kurz nach seiner Entstehung läuft er aber wieder durch Null, wodurch er unter Umständen Gelegenheit findet, von selbst zu erlöschen. Der Scheitelwert der freien Stromschwingung bestimmt sich dabei aus folgender Überlegung: Zu $I_e$ gehört an $2\,C_{1e}$ bei Betriebsfrequenz die Spannung $\frac{3}{2}\,U_p$, in freier Systemschwingung daher $\frac{3}{2}\,U_p \cdot \frac{\omega}{\omega_f}$. Dementsprechend ruft $U_p$ in freier Ausgleichsschwingung einen Strom $I_e \cdot \frac{2}{3}\,\frac{\omega_f}{\omega}$ hervor.

Die Zündschwingung ist an sich eine harmlose Begleiterscheinung des Erdschlusses in Netzen mit nicht starr geerdetem Nullpunkt. Sie ist so wenig als Überspannung zu bewerten, daß man die Überspannungsableiter am Ansprechen aus so nichtigem Anlaß verhindern soll, um nicht bei Gewittern eine überflüssige thermische Beanspruchung dieser Apparate zustande kommen zu lassen. Man wähle als Ansprechspannung der Überspannungsableiter für alle mit der Betriebsfrequenz und ihren nächsten Oberwellen verlaufenden Vorgänge einen über der 1,5fachen verketteten Spannung liegenden Wert, zweckmäßig die doppelte verkettete Spannung. Im allgemeinen wird übrigens die Dämpfung der Zündschwingung das Aufschwingen auf die 1,5fache Spannung abfangen. Die gleiche Wirkung hat stets die gegenseitige Kapazität der Leiter; diese Korrektur soll im dritten Kapitel vorgenommen werden.

Mit dem Abklingen der mittelfrequenten Zündschwingung ist der Übergang zum stationären Erdschluß vollzogen. Das Eingreifen induktiver Erdschlußkompensationsverfahren erstreckt sich nicht auf die Beeinflussung dieser Ausgleichserscheinungen. Nullpunktswiderstände von niedrigem Ohm-Wert machen sich durch Erhöhung der Dämpfung bemerkbar.

## 2. Die Unterbrechung stationärer Erdschlüsse.

Erdschlüsse können durch Abschaltung der betroffenen Teilstrecke aus dem Netz ausgeschieden werden, sie können auch durch selbsttätiges Erlöschen unterbrochen werden. Bei starrer Erdung ist nur eine Schalthandlung imstande, die ursprünglichen Verhältnisse wieder herzustellen und den entstandenen Erdkurzschluß auszumerzen. Die gesunden Phasen behalten ihre Spannungen bei, die kranke Phase muß neu aufgeladen werden. Dieser Vorgang hat gegenüber der normalen Aufladung einer spannungslosen Leitung keine Besonderheiten und soll daher nicht näher betrachtet werden. Wir wenden uns gleich der Widerstandserdung zu und gehen vom Extremfall des vollisolierten Nullpunktes aus. Die Unterbrechung des Erdschlußstromes (Abb. 74, Punkt $L$) erfolgt bei selbsttätigem Erlöschen stets im Nulldurchgang. Dann liegt aber gerade der Zeitpunkt größter Nullpunktsverlagerung des Netzes vor, wie sich aus der 90°-Verschiebung von Nullpunktsspannung und Erdschlußstrom ohne weiteres ergibt. Das von Erde getrennte Netz verhält sich daher so, als wäre — in Fortsetzung der zuletzt im Zwangszustand eingenommenen Potentiallage — jede der drei Phasen um eine und dieselbe Zusatzspannung verlagert. Diesen Zusatzspannungen entsprechen besondere Ladungsanteile, welche an die Erdkapazitäten gebunden sind. Solange diese Phase für Phase gleich großen Überschußladungen sich nicht verändern, bleibt der letzte Augenblickswert der drei Zusatzspannungen unverändert. Nun besteht aber voraussetzungsgemäß keine metallische Verbindung zur Erde mehr, die Überschußladungen können nicht abfließen. Sie würden in sozusagen erstarrter Form dauernd im Netz zurückbleiben, wenn nicht durch die Leckstellen der Isolation ein allmählicher Ausgleich mit Erde zustande käme. Abb. 75 zeigt, wie die drei Phasen und der Nullpunkt sich allmählich doch auf den gestrichelt gezeichneten Normalzustand einspielen. Bliebe die Nullpunktsverlagerung ohne Abklingung erhalten, so würden alle drei Phasen ihre Schwingung oberhalb der

Abszissenachse fortführen und abwechselnd zwischen doppelter Phasenspannung und Erdpotential pendeln (Abb. 74). Allmählich gleiten sie in den ausgeglichenen dreiphasigen Zustand zurück. Am meisten wird von diesen Nachwirkungen des Erdschlusses die kranke Phase betroffen. Eben noch völlig entlastet, wird sie (vgl. Abb. 74, drittes Teilbild) schon nach Ablauf einer halben Periode auf doppelte Phasenspannung gegen Erde gehoben. Man begreift daraus die Neigung der Erdfehler zu Rückzündungen. Andererseits hat ein Ablauf dieser Art auch sein Gutes. Die Spannungskurve der kranken Phase erhebt sich im allerersten Abschnitt nach der Löschung nur wenig über den Nullwert und gönnt dadurch der Fehlerstelle wenigstens eine kurze, nach tausendstel Sekunden bemessene Zeit zur Wiederherstellung ihrer elektrischen Festigkeit.

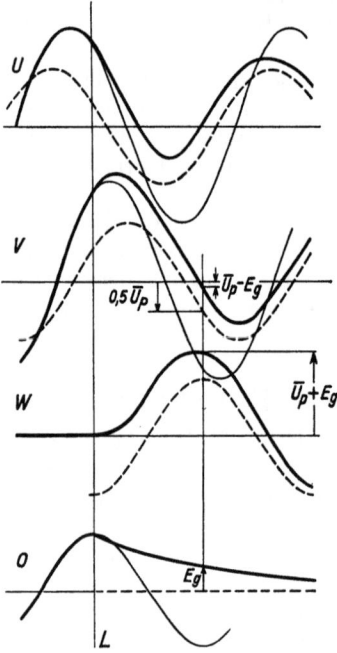

Abb. 75. Tatsächlicher Spannungsverlauf nach Unterbrechung eines Erdschlusses in einem Netz mit ungeerdetem Sternpunkt.

Unterbrechungen des Erdschlußstromes durch Schalterauslösungen müssen durchaus nicht immer im Nulldurchgang erfolgen. Wird nämlich in der Strombahn des Schalters noch ein Belastungsstrom mitgeführt, so fällt der für den Unterbrechungsmoment maßgebende Nulldurchgang des Summenstromes nicht mit dem des Erdschlußstromes zusammen. Die zurückbleibende Verlagerung der drei Spannungen nimmt dann nicht den vollen Wert $\bar{U}_p$ an.

Durch Erdung des Systemnullpunktes über einen Widerstand wird der Restladung ein Weg nach Erde eröffnet. Der Ausgleich erfolgt aperiodisch nach einem exponentiellen Abklingungsgesetz mit einer Zeitkonstante $T=RC$, wobei unter $C$ die Summe der Erdkapazitäten des Systems zu verstehen ist. Nach $t = 3T$ ist die Restladung auf $e^{-3} = 0,05$ ihres Ausgangswertes abgesunken. Will man ein Aufpendeln der gestört gewesenen Phase auf $2\bar{U}_p$ mit Sicherheit vermeiden, so muß die Zeit $3T$ etwa gleich einer Halbperiode sein.

$$3RC = 0,01 \quad (64)$$

bzw. mit $\omega = 314$

$$R \cdot \omega C \approx 1. \quad (65)$$

Bemißt man also den Erdungswiderstand $R$ gleich der kapazitiven Reaktanz $\dfrac{1}{\omega C}$ des Systems, d. h. läßt man ihn unter der Phasenspannung $U_p$ einen Strom gleich dem kapazitiven Erdschlußstrom aufnehmen, so verschwindet die Restladung innerhalb der ersten Halbperiode nach der Unterbrechung des Erdschlusses und die Überbeanspruchung der kranken Phase wird vermieden. Auch kleinere Widerstände tun den gleichen Dienst (Petersensche Bemessungsregel für induktionsfreie Erdungswiderstände). Es ist allerdings keine Gewähr vorhanden, daß sich die elektrische Festigkeit der Fehlerstelle nach einer Halbperiode wieder ausreichend erholt hat, um der einfachen Phasenspannung standzuhalten. Deshalb und wegen des erhöhten Stromüberganges an der Erdschlußstelle (mindestens $\sqrt{2}$fach) ist die Erdung über Widerstände durchaus keine vollkommene Lösung. Die Bemessungsregel empfiehlt Widerstände, welche den Fehlerstrom von 90° Phasenverschiebung auf 0—45° Voreilung gegen die treibende Spannung bringen. Das bedeutet eine Erleichterung für den Unterbrechungsvorgang, denn die wiederkehrende Spannung setzt mit einem mäßigeren Wert ein und geht sogar zunächst durch Null, so daß der Übergang in die Sollkurve, den Abb. 76 zeigt, noch eine gewisse sanfte Verschleifung der Spannungskurve ergibt.

Man betrachtet häufig die Erdung des Netznullpunktes über Spannungswandler oder den Einbau von dreiphasigen Erdungsspannungswandlern (Erdungsdrosselspulen) als ein wirksames Mittel zur Abfuhr statischer Ladungen. Diese Apparate arbeiten jedoch viel zu langsam, als daß sie die Restladungen des Erdschlusses hinreichend schnell beseitigen könnten. Zunächst ist es eine irrige Auffassung, daß sie eine schwingungsfreie Abfuhr der statischen Ladungen bewirken. Sie bilden zusammen mit der Netzkapazität einen vornehmlich aus Induktivitäten und Kapazitäten aufgebauten Stromkreis von sehr langsamer Eigenschwingung. Denn da die Wandler unter der Phasenspannung bei Betriebsfrequenz nur Ströme von einigen mA durchlassen, die Netzkapazität im gleichen Falle jedoch in der Regel einige A aufnimmt, so muß die Eigenfrequenz, bei der die Ströme gleichen Betrag haben, erheblich (rd. $\sqrt{1000}$mal, praktisch 5—50mal) tiefer liegen als die Netzfrequenz. Abb. 77 zeigt ein

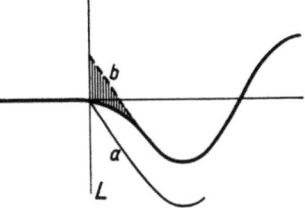

Abb. 76. Verlauf der Spannung an der kranken Phase nach Unterbrechung eines Erdschlusses in einem Netz mit Widerstandserdung des Sternpunktes.
*a* Ladungsverlust nicht berücksichtigt
*b* Sollwert bei abgeklungenem Ladungsüberschuß.

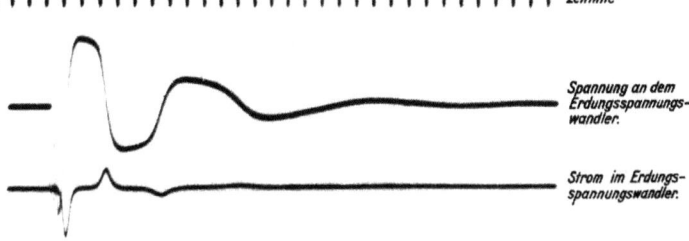

Abb. 77. Schwingungsmäßiger Ausgleich einer Restladung über Erdungsspannungswandler.

Oszillogramm eines solchen schwingungsmäßigen Spannungsausgleiches im Vergleich mit der 50periodigen Netzspeisung. Die Rechteckform der Spannungskurve rührt davon her, daß bei der geringen Frequenz große Kraftflüsse und hohe Sättigungen benötigt werden, um die Gegenspannung zu liefern. Ihnen entspricht eine Magnetisierungsstromkurve von stark verzerrtem Verlauf, die den Kondensator (das Netz) in Rechteckstößen umlädt. Die Frequenz nimmt mit abnehmender Sättigung (zunehmender Induktivität) ab. Erdungswandler sind nicht als Schutzapparate anzusprechen, sondern nur als Meßeinrichtungen mit besonders geartetem Aufgabenbereich anzusehen. Als Netzerdung sind sie zu träge und daher bedeutungslos.

Eine besondere Rolle bei der Beeinflussung der Ausgleichsvorgänge nach einer Erdschlußunterbrechung kommt der abgestimmt induktiven Erdung zu. Hierauf wird in einem späteren Kapitel 3 in Abschnitt IV ausführlich eingegangen.

## 3. Der aussetzende Erdschluß.

Den unmittelbaren Anstoß zur Entwicklung unserer heutigen Technik der Erdschlußbekämpfung gab die Gefährdung der elektrischen Übertragungsanlagen durch den aussetzenden Erdschluß. Man versteht darunter einen Ablauf der

Erdschlußstörung mit wiederholten Löschungen und stets von neuem einsetzenden, unter Umständen sogar taktmäßig verlaufenden Rückzündungen, wobei sich das Netz zu immer höheren Überspannungen hinaufarbeiten kann. In dieser Form verlaufen die Erdschlußstörungen nur in ungeerdeten Netzen und auch da nicht etwa in der Mehrzahl der Fälle. Verringerte Abstände der Lichtbogenfußpunkte erhöhen die Neigung zur Rückzündung, Beblasung durch Wind gibt die Voraussetzungen für kurzzeitige Löschung. Die Theorie muß hier mit gewissen Annahmen über die Zeitpunkte der Unterbrechung und Neuzündung arbeiten und ein regelmäßiges Spiel voraussetzen. Die erste Theorie dieser Erscheinungen gab Petersen (L 58). Sie ist für die Betrachtung dieser Fragen grundlegend geblieben und rechtfertigt eine ausführliche Darstellung.

Wir schicken eine kurze Betrachtung darüber voraus, welche Ladungsverteilung bei einer Rückzündung als Anfangsbedingung einzuführen ist. An Hand der Abb. 78 macht man sich zunächst klar, daß unmittelbar vor einer

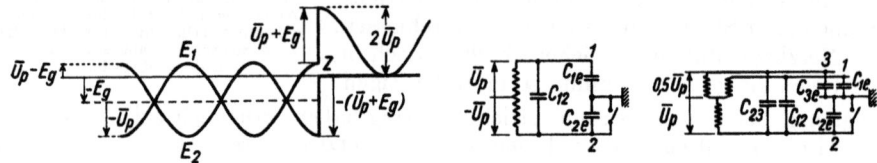

Abb. 78. Vorgänge bei der Erdschlußrückzündung von Einphasen- und Dreiphasensystemen.

Rückzündung, die im Scheitelwert von $-U_p$ erfolgen möge, die kranke Phase die Spannung $-(\overline{U}_p + E_g)$, die gesunde Phase die Spannung $\overline{U}_p - E_g$ aufweisen muß. $E_g$ bedeutet hierin eine überlagerte Gleichspannung sämtlicher Phasen und des Nullpunktes, $\overline{U}_p$ den Scheitelwert der Phasenspannung. Im Drehstromsystem herrscht an den gesunden Phasen im Zeitpunkt $Z$ $0{,}5\,\overline{U}_p - E_g$, wie man beispielsweise auch aus Abb. 74 (mit anderem Vorzeichen für $U_p$ und $E_g$) abliest. Die Existenz einer Gleichspannung $E_g$ im gelöschten System hat uns ja bereits das vorige Kapitel gelehrt. Nun komme im Moment $Z$ die Rückzündung zustande. Wir deuten sie durch Schließen des parallel zur Kapazität $C_{2e}$ gezeichneten Schalters an (vgl. die Nebenfiguren der Abb. 78). Sofort entlädt sich $C_{2e}$ wanderwellenmäßig über die Fehlerstelle zur Erde. Hingegen sollten $C_{1e}$ und $C_{3e}$ im ersten Augenblick ihre ursprüngliche Ladung und die zugehörige Spannung $\overline{U}_p - E_g$ (einphasig) bzw. $0{,}5\,\overline{U}_p - E_g$ (dreiphasig) behalten. Dies ist nicht der Fall, es tritt vielmehr eine sprunghafte Änderung durch den Einfluß der plötzlich parallel geschalteten gegenseitigen Kapazitäten $C_{12}$, $C_{23}$ ein. Ihre Spannung weicht von jener der Erdkapazität ab, sie beträgt $2\,\overline{U}_p$ bzw. $1{,}5\,\overline{U}_p$. Es besteht somit ein Plus von $\overline{U}_p + E_g$, sowohl in einphasigen wie in Drehstromnetzen. Dieser Mehrbetrag führt natürlich zu einem sofortigen Ladungsausgleich im Verhältnis der Kapazitäten, der ursprüngliche Ladungsüberschuß der Kapazitäten $C_{12}$ und $C_{23}$ vom Betrage $C_{12}(\overline{U}_p + E_g)$ verteilt sich auf $C_{12} + C_{1e}$, es entsteht daher an $C_{1e}$ eine Spannungshebung um $\dfrac{C_{12}}{C_{12} + C_{1e}}(\overline{U}_p + E_g)$, desgleichen an $C_{3e}$.

Betrachten wir, auf diese Einsicht gestützt, noch einmal das Wellenbild der Abb. 78. Im Moment der Rückzündung des von Erde eben noch isoliert gewesenen Systems verliert die kranke Phase ihre Spannung $-(\overline{U}_p + E_g)$. Dann müssen die gesunden Phasen um eben diesen Betrag $\overline{U}_p + E_g$ gehoben werden, damit die stationäre betriebsmäßige Spannungsdifferenz der Phasenleiter aufrecht bleibt. Davon ist der Teilbetrag $(\overline{U}_p + E_g) \dfrac{C_{12}}{C_{12} + C_{1e}}$ durch die Einwirkung der gegenseitigen Kapazität bereits gedeckt, es muß also nur noch $(\overline{U}_p + E_g) \dfrac{C_{1e}}{C_{12} + C_{1e}}$ nachgeschafft werden. Dieses Ergebnis gilt unabhängig von der Phasenzahl.

In Abb. 79 werden nun die Einzelheiten des neuen Zündvorganges in vollständigerer Art dargestellt. In der oberen Figur sehen wir das glatte Zusammenbrechen der Spannung an der kranken Phase. Die untere Figur läßt erkennen, daß von diesem Augenblick an der Sollwert der Spannung jeder gesunden Phase um den Betrag der verschwundenen Teilspannung $\overline{U}_p + E_g$ gehoben ist. Davon wird aber im ersten Augenblick nur ein Sprung von $(\overline{U}_p + E_g) \dfrac{C_{12}}{C_{12} + C_{1e}}$ wirklich durchgeführt, es bleibt ein Abstand $(\overline{U}_p + E_g) \dfrac{C_{1e}}{C_{12} + C_{1e}}$ vom Sollwert. Der zugehörige Ladungsanteil kann nur über die Wicklungsinduktivitäten aus der Erde bezogen werden, er gelangt im Wege einer Ausgleichsschwingung in die gesunden Leiter. Zum Wesen der Ausgleichsschwingung gehört ein Überschwingen des Sollwertes um den Betrag der Ausgleichsamplitude, hier um

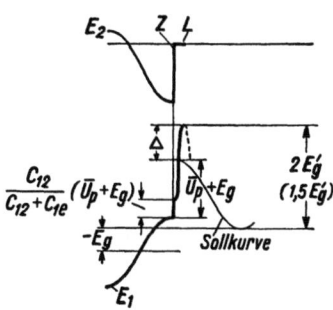

Abb. 79. Rückzündung nach Abb. 78, ergänzt durch Zündschwingung.

$(\overline{U}_p + E_g) \dfrac{C_{1e}}{C_{12} + C_{1e}}$. Da die Ausgleichsschwingung bis zu diesem Augenblick bereits eine Halbperiode lang besteht, wird sie durch Dämpfung schon etwas verringert sein. Wir berücksichtigen dies durch einen Faktor $(1-d)$.

$$\triangle = (\overline{U}_p + E_g) \frac{C_{1e}}{C_{12} + C_{1e}} (1-d). \tag{66}$$

Die wesentliche Annahme in Petersens Theorie des aussetzenden Erdschlusses besteht nun in der Verlegung des nächsten Löschmomentes in das erste Maximum der Zündschwingung. Zweifellos geht in diesem Zeitpunkt der zu $\dfrac{dE}{dt}$ proportionale Strom der Erdfehlerstelle durch Null. Selbst wenn der Lichtbogen nur manchmal diese Chance wahrnimmt, so ist doch in genügend langen Zeiträumen mit dem durch die Theorie vorhergesagten Verlauf der Erscheinung zu rechnen. Wird nun in dem erwähnten Moment die Erdverbindung für einige Zeit aufgehoben, so bleibt die Gesamtladung auf dem Netz unveränderlich zurück. Die zugehörige Gleichspannungsverlagerung berechnet sich in Einphasennetzen zu

$$E'_g = \frac{0 + E_{\max}}{2},$$

in Drehstromnetzen zu

$$E'_g = \frac{0 + E_{\max} + E_{\max}}{3}.$$

Mit anderen Worten: Der Scheitelwert der Spannung während der Zündschwingung ist gleich $2 E'_g$ bzw. $1,5 E'_g$, worin $E'_g$ die Gleichspannungsverlagerung im Löschmoment ist. Wir benutzen die erhaltene Beziehung zur Aufstellung eines Ausdruckes für die Differenz zwischen Scheitelwert $E_{\max}$ und dem betriebsmäßigen Sollwert $2 U_p$ bzw. $1,5 U_p$ der Spannung der gesunden Leiter knapp vor der Löschung:

$$\left.\begin{array}{l}\triangle = 2 (E'_g - U_p) \text{ für Einphasennetze} \\ \triangle = 1,5 (E'_g - U_p) \text{ für Dreiphasennetze}\end{array}\right\} \tag{66a}$$

Andererseits kennen wir für diese Differenz bereits den Wert (66)

$$\triangle = (\overline{U}_p + E_g) \frac{C_{1e}}{C_{12} + C_{1e}} (1-d).$$

Beide Ausdrücke sind einander gleichzusetzen. Wenn es einen Grenzwert für die durch das Spiel der Zündungen und Löschungen immer neu geschaffenen Verlagerungen gibt, so muß die Verlagerung $E_g$ vor der Zündung mit der Verlagerung $E_g''$ nach der nächsten Löschung übereinstimmen. Dann ergibt sich sogleich

$$E_g = \overline{U}_p \frac{2 + \dfrac{C_{1e}}{C_{12} + C_{1e}} (1-d)}{2 - \dfrac{C_{1e}}{C_{12} + C_{1e}} (1-d)} \quad \text{für Einphasennetze}$$

$$E_g = \overline{U}_p \frac{1{,}5 + \dfrac{C_{1e}}{C_{12} + C_{1e}} (1-d)}{1{,}5 - \dfrac{C_{1e}}{C_{12} + C_{1e}} (1-d)} \quad \text{für Drehstromnetze} \qquad (67)$$

Wünscht man einen Schritt weiter zu gehen und auch den durch Leckströme bedingten Abfall von $E_g'$ zwischen einer Löschung und der darauffolgenden Zündung zu berücksichtigen, so setze man

$$E_g = E_g' (1-a).$$

Dann erweitert sich der Subtrahend im Nenner der Gleichung (67) um den Faktor $(1-a)$.

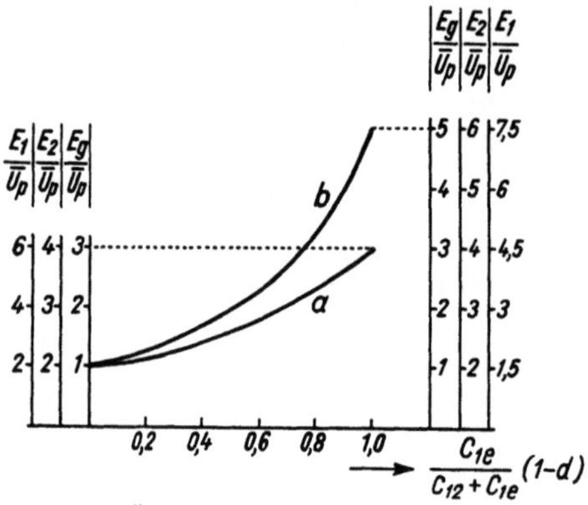

Wir erörtern das Ergebnis: Für die endgültigen Verlagerungen $E_g$, desgleichen für die endgültigen Überspannungen $2 E_g$ bzw. $1{,}5 E_g$ der gesunden Phasen, ist der Wert des Ausdruckes

$$\frac{C_{1e}}{C_{12} + C_{1e}} (1-d)$$

maßgebend. Abb. 80 gibt die Überspannung als Funktion dieser Größe. Die höchste Überspannung der kranken Phase ist ihre Zündspannung ($E_g + \overline{U}_p$). Für sie gilt der zweite Ordinatenmaßstab. Sie ist stets geringer als die Überspannung der gesunden Phasen. Alle Spannungen sind auf den Scheitelwert $\overline{U}_p$ bezogen. Wir setzen zur zahlenmäßigen Auswertung $C_{1e} = 3 C_{12}$, ferner $d = 0{,}2$. Dann wird

$$E_g = 1{,}86\ \overline{U}_p \quad \text{für Einphasennetze}$$
$$2{,}33\ \overline{U}_p \quad \text{für Dreiphasennetze}.$$

Abb. 80. Überspannungen des aussetzenden Erdschlusses. Einfluß der gegenseitigen Leiterkapazität und der Dämpfung. a (linker Ordinatenmaßstab) Einphasennetze, b (rechter Ordinatenmaßstab) Drehstromnetze.

Die höchste Überspannung an den gesunden Phasen wird dabei

$$2 E_g = 3{,}72\ \overline{U}_p \quad \text{für Einphasennetze}$$
$$1{,}5 E_g = 3{,}5\ \overline{U}_p \quad \text{für Drehstromnetze}.$$

Die höchste Überspannung an der kranken Phase ist

$$E_g + \overline{U}_p = 2{,}86\ \overline{U}_p \quad \text{für Einphasennetze}$$
$$E_g + \overline{U}_p = 3{,}33\ \overline{U}_p \quad \text{für Drehstromnetze}.$$

Die Rückzündungsgefahr ist daher in Drehstromnetzen größer.

Vergleichen wir die Rückzündungsüberspannungen mit den Überhöhungen, die bei der allerersten Zündschwingung eines Erdschlusses stattfinden: Auch für sie gilt natürlich die Formel (66)

$$\triangle = (\bar{U}_p + E_g) \frac{C_{1e}}{C_{12} + C_{1e}} (1 - d),$$

nur ist $E_g$ vor der ersten Zündung nicht vorhanden und deshalb zu streichen. Zusammen mit dem Sollwert $2\,\bar{U}_p$ bzw. $1{,}5\,\bar{U}_p$ ergibt sich durch Überlagerung eine Überhöhung auf

$$\left. \begin{array}{l} \bar{U}_p \left(2 + \dfrac{C_{1e}}{C_{12}+C_{1e}}(1-d)\right) \text{ bei Einphasennetzen} \\[1ex] \bar{U}_p \left(1{,}5 + \dfrac{C_{1e}}{C_{12}+C_{1e}}(1-d)\right) \text{ bei Dreiphasennetzen} \end{array} \right\} \quad (68)$$

Mit den früher eingesetzten Zahlenwerten kommt man auf $2{,}6\,\bar{U}_p$ bzw. $2{,}1\,\bar{U}_p$ gegenüber $3{,}72\,\bar{U}_p$ bzw. $3{,}5\,\bar{U}_p$ bei aussetzendem Erdschluß. Hiermit ist gleichzeitig die Korrektur zu den ohne Berücksichtigung der gegenseitigen Kapazität im ersten Kapitel dieses Abschnittes errechneten Werten nachgetragen.

Vom rein theoretischen Standpunkt ist es bemerkenswert, daß selbst ohne die Mitwirkung der gegenseitigen Kapazität und ohne Berücksichtigung irgendwelcher Dämpfungen die Überspannungen einem wohl definierten Grenzwert zustreben. Man erhält für $C_{12} = 0$, $d = 0$, $a = 0$

$$\left. \begin{array}{l} E_g = 3\,\bar{U}_p \text{ für Einphasennetze} \\ E_g = 5\,\bar{U}_p \text{ für Dreiphasennetze} \end{array} \right\} \quad (67\text{a})$$

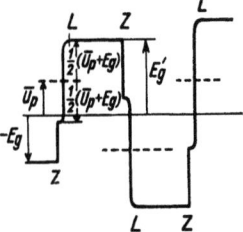

Abb. 81. Verlauf der Nullpunktsspannung beim aussetzenden Erdschluß.

Die Überspannungen $E_m = 2\,E_g\,(1{,}5\,E_g)$ an den gesunden Phasen würden ideell den 6 (7,5)fachen Wert des Scheitelwertes der Phasenspannung $\bar{U}_p$ erreichen, an der kranken Phase käme die 4 (6)fache Phasenspannung zustande. Die eingeklammerten Werte gelten für Dreiphasensysteme. Diese unter allzusehr vereinfachten Annahmen gebildeten Grenzwerte werden zu Unrecht manchmal als maximale Überspannungen nach der Petersenschen Theorie angeführt. Sie sind von gewissem Interesse, weil sie die Frage nahelegen, wieso auch ohne jede Dämpfung das Spiel der Zündungen und Löschungen ein bestimmtes Niveau nicht zu überschreiten vermag. Die Antwort auf diese Frage ergibt sich aus Betrachtungen über den Verlauf der Nullpunktsspannung (Abb. 81).

Solange das System von Erde getrennt bleibt, ist die Nullpunktsverlagerung nach unseren idealisierten Voraussetzungen als konstant anzusehen. Im Zündmoment Z erleidet sie eine sprunghaft verlaufende Einbuße (vgl. auch Abb. 72 und die zugehörige Erläuterung). Denn die kranke Phase hat ihre Spannung verloren, die gesunden Phasen sind noch nicht auf den stationären Sollwert nachgerückt, der ihnen durch die verkettete Spannung vorgeschrieben wird. Sie befinden sich erst auf dem Niveau $\bar{U}_p - E_g$ bzw. (in Dreiphasennetzen) $0{,}5\,\bar{U}_p - E_g$. Die neue Nullpunktsspannung ist daher

$$\frac{1}{2}(\bar{U}_p - E_g) \text{ in Einphasennetzen,}$$

$$\frac{2}{3}(0{,}5\,\bar{U}_p - E_g) \text{ in Dreiphasennetzen.}$$

Andererseits ist der stationäre Sollwert gleich $U_p$ (Erdschlußbedingung). Die noch bestehende Differenz

Die nichtstationären Erdschlußvorgänge in Drehstromnetzen.

$$\frac{1}{2}(\overline{U}_p + E_g) \text{ in Einphasennetzen},$$

$$\frac{2}{3}(\overline{U}_p + E_g) \text{ in Dreiphasennetzen}$$

wird schwingungsmäßig überbrückt und führt zu den nach einer halben Periode der Zündschwingung im Löschmoment $L$ herrschenden Höchstwerten.

$$\left. \begin{array}{l} E'_g = \overline{U}_p + \dfrac{1}{2}(\overline{U}_p + E_g) = \dfrac{3}{2}\overline{U}_p + \dfrac{1}{2}E_g \text{ in Einphasennetzen} \\ \overline{U}_p + \dfrac{2}{3}(\overline{U}_p + E_g) = \dfrac{5}{3}\overline{U}_p + \dfrac{2}{3}E_g \text{ in Dreiphasennetzen} \end{array} \right\} \quad (69)$$

Da das System sich in diesem Augenblick von Erde loslöst, stellen diese Werte zugleich die neuen Verlagerungen vor.

Betrachten wir die Verhältnisse in Einphasensystemen. Würde die Nullpunktsspannung nicht bei jeder Zündung um ein gewisses Maß sprunghaft zusammenbrechen, so wäre der schwingungsmäßige Anteil und damit das Endresultat des Überschwingens höher. Der Nullpunkt würde sich, ausgehend von $-E_g$, auf $\overline{U}_p + [\overline{U}_p - (-E_g)] = 2\overline{U}_p + E_g$ hinaufarbeiten, d. h. seine Spannung würde bei jedem Spiel um $2\overline{U}_p$ anwachsen. Daß der schwingungsmäßige Anteil nur $\frac{1}{2}(\overline{U}_p + E_g)$ ist, führt statt dessen nach Vollendung eines Spieles auf die neue Verlagerung $\frac{3}{2}\overline{U}_p + \frac{1}{2}E_g$, bei der zwar gegenüber dem ursprünglichen Wert $E_g$ noch immer ein Anwachsen um $\frac{3}{2}\overline{U}_p$ zu verzeichnen ist, aber auch gleichzeitig eine Abnahme um $\frac{1}{2}E_g$ eintritt. Bei kleinen Werten von $E_g$ überwiegt die Zunahme um $\frac{3}{2}\overline{U}_p$, mit steigendem $E_g$ aber wächst die Abnahme. Beide Einflüsse kompensieren sich, wenn $\frac{E_g}{2} = \frac{3}{2}\overline{U}_p$ oder $E_g = 3\overline{U}_p$, womit wir wieder bei der idealisierten Gleichung (67a) angelangt sind. Ähnliches gilt für Dreiphasensysteme, wo sich die Zunahme um $\frac{5}{3}\overline{U}_p$ und die Abnahme um $\frac{1}{3}E_g$ die Waage halten müssen.

Obgleich wir die Aufgabe gelöst haben, die Überspannungen des aussetzenden Erdschlusses zu ermitteln, wäre die Beschreibung der Vorgänge unvollständig, wenn wir nicht noch eine weitere Begleiterscheinung erwähnen würden, die **Löschschwingung**. Es sei gleich bemerkt, daß sie bei der Aufhebung des Dauererdschlusses isolierter Netze nicht vorkommt und daß sie auch etwas völlig anderes ist als die Löschschwingung kompensierter Netze. Es handelt sich hier lediglich um ein Zwischenspiel im Rahmen des aussetzenden Erdschlusses. Wir wissen ja auch bereits, daß der Nullpunkt nicht daran teilnimmt, denn er verbleibt nach der Löschung auf verlagertem, aber praktisch konstantem Niveau. Hingegen können die Pole miteinander in schwingungsmäßigen Ladungsausgleich treten, wenn die nach dem Löschmoment bestehenden Verhältnisse Anlaß hierzu geben. Nun ist die Löschung gleichbedeutend mit der Aufhebung der den Erdschluß symbolisierenden Überbrückung in Abb. 78. Die Systemladung, vorher auf $C_{1e}$ und $C_{12}$ verteilt, geht nun auch auf $C_{2e}$ über, natürlich ohne daß sich die gegen Erde gebundene Gesamtladung ändern kann. Bringt man die Verlagerung $E'_g = \dfrac{E_{\max}}{2}$ bzw. $\dfrac{2}{3}E_{\max}$ von $E_{\max}$ in Abzug, so liegen die Potentiale der gesunden Phasen auf

$\frac{1}{2} E_{\max}$ bei Einphasennetzen,   $\frac{1}{3} E_{\max}$ bei Dreiphasennetzen,

die der kranken Phase auf

$-\frac{1}{2} E_{\max}$ bei Einphasennetzen,   $-\frac{2}{3} E_{\max}$ bei Dreiphasennetzen

an Stelle der durch die speisenden Stromquellen bedingten stationären Sollwerte

$\left.\begin{array}{l} + U_p \\ - U_p \end{array}\right\}$ bei Einphasennetzen,   $\left.\begin{array}{l} -\frac{1}{3} \cdot 1{,}5\, \overline{U}_p \\ +\frac{2}{3} \cdot 1{,}5\, \overline{U}_p \end{array}\right\}$ bei Dreiphasennetzen.

Die einzelnen Leiter des Systems haben daher auch gegeneinander (nicht nur gegen Erde) Überschußladungen. Die Differenz der Ist- und Sollwerte gibt die Amplitude einer Ausgleichsschwingung, an der sich die gegenseitigen Kapazitäten, die ihnen parallel geschaltete Kombination der Erdkapazitäten und die kombinierten Streuinduktivitäten beteiligen. Es sind dies nach Abb. 78 die Größen

$\left.\begin{array}{l} C_{12} + \dfrac{C_{1e}}{2} \\ 2\, L_p \end{array}\right\}$ bei Einphasennetzen,

$\left.\begin{array}{l} 2\, C_{12} + \dfrac{2}{3} C_{1e} \\ \dfrac{3}{2} L_p \end{array}\right\}$ bei Dreiphasennetzen.

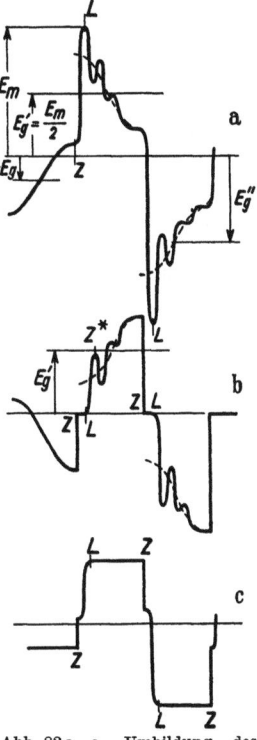

Abb. 82 a—c. Umbildung des Spannungsverlaufes durch die Löschschwingung. a gesunde Phase, b kranke Phase, c Nullpunkt.

Aus ihnen berechnet sich nach bekannten Gesetzen die Frequenz der freien Löschschwingung. Gäbe es keine gegenseitige Kapazität, so wäre sie im Verhältnis

$\sqrt{2}$ mal bei Einphasennetzen,

$\sqrt{3}$ mal bei Dreiphasennetzen

schneller als die Zündschwingung, welche bei eingeschalteter Erdüberbrückung durch

$C_{12} + C_{1e}$ bei Einphasennetzen,

$2\, C_{12} + 2\, C_{1e}$ bei Dreiphasennetzen

und durch die gleichen Induktivitäten bestimmt wird.

Der Dämpfungsexponent $\dfrac{r}{2L}$ ist in beiden Fällen der gleiche. Man kann deshalb damit rechnen, daß die Löschschwingung nach einer Halbperiode der Betriebsfrequenz, das ist in der bis zur nächsten Zündung vergehenden Zeitspanne, praktisch abgeklungen ist und sich in der Spannung der einzelnen Phasen nicht mehr bemerkbar macht. Unter dieser Annahme bleibt die Löschschwingung ohne Einfluß auf den bisher beschriebenen Ablauf der Erscheinungen des intermittierenden Erdschlusses. Abb. 82 zeigt am Beispiel des Einphasensystemes in welcher Art sie den Spannungsverlauf umbildet. Der in Abb. 79 dargestellte mildernde Einfluß der gegenseitigen Kapazität ist dabei im Interesse der besseren Übersichtlichkeit außer acht gelassen. An der kranken Phase wird gemäß Teilbild b die gestrichelt eingetragene Sollwertkurve schnell erreicht und überschritten. Das absolute Spannungsmaximum liegt jedoch eine halbe Periode der Betriebsfrequenz später. Nach unseren Annahmen erfolgt erst dann die Rückzündung. Es sei dies zum Anlaß genommen, aus den Ergebnissen heraus die Wahrscheinlichkeit der Annahmen zu überprüfen.

In Petersens Theorie des aussetzenden Erdschlusses folgen Zündung und Löschung stets kurz aufeinander, jedesmal durch eine relativ lange Pause vom nächsten Spiel getrennt. Der Erdschlußstromstoß dauert daher nur Bruchteile einer Halbperiode und ist von einer stromlosen Pause von nahezu 0,01 s gefolgt. Die Erhitzung der Lichtbogenfußpunkte bleibt dann in mäßigen Grenzen und das begünstigt die angenommene Löschung beim ersten Nulldurchgang des Stromes der Zündschwingung. Die kranke Phase erreicht erst eine Halbperiode später ihr neues absolutes Maximum. Allerdings durchläuft sie bereits früher den Wert der zuletzt vorangegangenen Zündung. Es ist aber klar, daß die Rückzündungsfestigkeit der kranken Phase ständig wächst; nur in diesem Falle kommt es zu einer Aufschaukelung der Spannungen. Stets werden daher Umstände, die auf eine Löschung hinarbeiten, vor allem Beblasung des Lichtbogens durch Wind, mit der Rückzündungstendenz im Widerstreit liegen müssen, um die Erscheinungen herauszuholen. Ein gewichtiger Grund für die Ablehnung regelmäßiger Rückzündung schon nach einer Halbperiode der Löschschwingung (Zeitpunkt $Z^*$ in Abb. 82b) ist überdies, daß die Durchrechnung einer solchen Annahme überhaupt kein Hinaufarbeiten der Spannung ergibt, was im Widerspruch zu den Beobachtungen steht.

Ungünstigere Annahmen als die bisher zugrunde gelegten sind vielleicht möglich, aber nicht gerechtfertigt. Ein etwas oberflächlich behandelter Hinweis dieser Art findet sich bei Peters und Slepian (L 60). Die Entladung der kranken Phase soll dabei hochfrequent über eine konzentrierte Induktivität (Abb. 83a) vor sich gehen, im Nulldurchgang abreißen und im nächsten Scheitelwert der Löschschwingung zünden. An sich steht solchen Betrachtungen entgegen, daß die Gesetzmäßigkeiten des Lichtbogens bei hochfrequenten Strömen nicht durch einen synchron bewegten Schalter

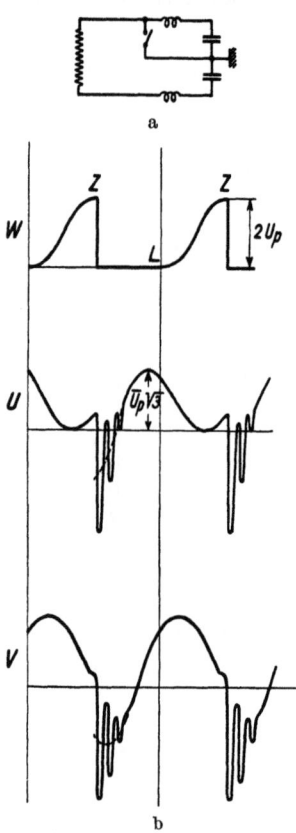

Abb. 83 a und b. a Ersatzschaltbild für den aussetzenden Erdschluß nach Peters und Slepian. b Schematischer Verlauf des aussetzenden Erdschlusses nach Peters und Slepian (zweite Annahme).

wiederzugeben sind, worauf die Autoren selbst hinweisen. Bei folgerichtiger Untersuchung ergeben sich aber nicht einmal dann nennenswerte Überspannungen. Der Vergleich mit einem Poulsenschen Hochfrequenzgenerator geht hier fehl. Dieselben Verfasser befürworten aber eine andere, wesentlich mildere Auffassung vom Wesen des aussetzenden Erdschlusses. Die Zeitpunkte $L$ der Löschung sollen jeweils nur mit dem Nulldurchgang des betriebsfrequenten Ladestromes, also mit Extremwerten der betriebsfrequenten Spannungswelle zusammenfallen können. Die Zündschwingung ist bis zu diesem Zeitpunkt stets abgeklungen. Es sei angenommen, die Löschung falle mit dem zweiten Punkt $L$ in Abb. 72 zusammen. Dann setzt das System seinen betriebsmäßigen Spannungsverlauf gemäß Abb. 74 fort. Spätestens im Zeitpunkt $Z$ wird eine Rückzündung zu erwarten sein. Die Phase $W$ bricht dann um den doppelten Scheitelwert $\bar{U}_p$ der Phasenspannung zusammen. Die weiteren Vorgänge zeigt

Abb. 83b. Die gesunden Phasen $U$ und $V$ machen die Zündschwingung durch und gehen in ihren Zwangszustand über. Ist dieser aber erreicht, so unterscheidet sich das System in nichts vom Zustande des erstmaligen Erdschlusses, d. h. alle Vorgänge wiederholen sich von da an identisch. Die höchsten Spannungswerte bestimmen sich aus folgender Überlegung:

| | Einphasensysteme | Dreiphasensysteme |
|---|---|---|
| Spannung der gesunden Phasen vor der Zündung (Verlagerung um $+\overline{U}_p$) . . | $-\overline{U}_p + \overline{U}_p = 0$ | $-0{,}5\,\overline{U}_p + \overline{U}_p = 0{,}5\,\overline{U}_p$ |
| Sollwert im Dauererdschluß unmittelbar nach der Zündung . . . . . . . . . | $-2\,\overline{U}_p$ | $-1{,}5\,\overline{U}_p$ |
| Differenz $\triangle$, zugleich Amplitude der Ausgleichsschwingung. . . . . . . . . | $2\,\overline{U}_p$ | $2\,\overline{U}_p$ |
| Höchstwert $E_m$ der Spannung an den gesunden Phasen ($|\text{Sollwert}| + |\triangle|$) . | $4\,\overline{U}_p$ | $3{,}5\,\overline{U}_p$ |
| Höchste Überspannung der kranken Phase | $2\,\overline{U}_p$ | $2\,\overline{U}_p$ |

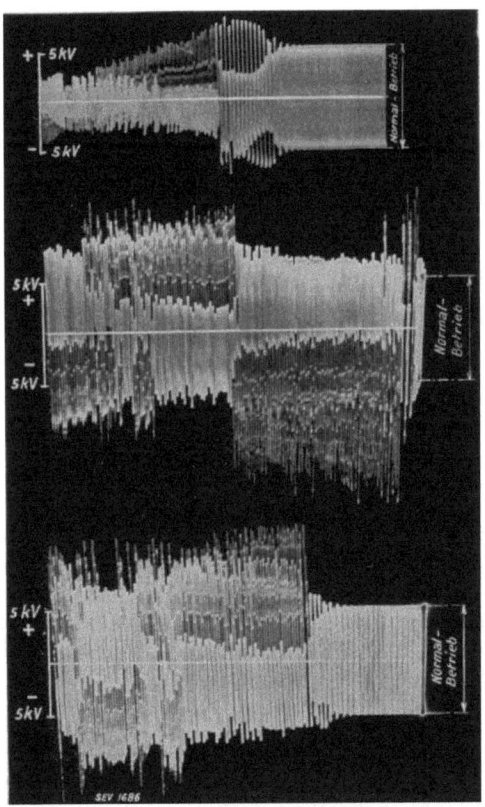

Diese Werte sind erheblich geringer als nach der Theorie von Petersen. In unseren früheren Überlegungen sind sie mit enthalten. Man braucht bloß in Gleichung (69) die Verlagerungsspannung $E_g$ vor der Zündung gleich $\overline{U}_p$ zu setzen, so ergibt sich der Scheitelwert der Zündschwingung übereinstimmend zu
$2\,E'_g = 4\,\overline{U}_p,\ \ 1{,}5\,E'_g = 3{,}5\,\overline{U}_p$.
Durch das Fortbestehen des Erdschlusses über eine Halbperiode kann $E'_g$ wieder auf den Sollwert $\overline{U}_p$ des Zwangszustandes abklingen.

Die beiden amerikanischen Autoren haben versucht, eine Entscheidung zwischen diesem Resultat und den Aussagen der Petersenschen Theorie durch das Experiment herbeizuführen. Die Anordnung, mit der sie ihre Laboratoriumsversuche durchführten, kann nicht als geeignet angesprochen werden. Sie arbeiteten mit einem einphasigen Stromkreis, den sie mit 13 200 V, 60 Hertz betrieben. Die Kapazität wurde durch Kondensatoren von $0{,}1\,\mu$F an jeder Phase vorgestellt. Es entspricht dies einem Erdschlußstrom von 0,5 A. Die

Abb. 84. Drei Versuche mit aussetzendem Erdschluß an einem 8 kV-System. Oben erdgeschlossene Phase, Mitte und unten zwei Aufnahmen an der nacheilenden gesunden Phase (Berger).

Erfahrungen der Hochspannungsbetriebe gehen aber dahin, daß Erdschlußlichtbögen von weniger als 3—5 A nicht zum aussetzenden Erdschluß führen, sondern selbstlöschend sind. Die erwähnten Versuche konnten daher keine erheblichen Erdschlußüberspannungen aufdecken.

Untersuchungen der durch Erdschluß hervorgerufenen Überspannungen an einem 8 kV-System, welche K. Berger (L 63) durchführte, ergaben Überspannungen bis zum 3,5fachen der Phasenspannung. Interessant sind die Polaritätseffekte, welche während des Vorganges ihr Vorzeichen wechseln (Abb. 84).

Wir haben nur Systeme mit isoliertem Nullpunkt in den Kreis unserer Betrachtungen gezogen. Bei Widerstandserdung führt die im vorangegangenen Kapitel begründete Bemessungsregel zu einer günstigen Beeinflussung des Spannungsverlaufes. Nach jeder Löschung wird die zurückgebliebene Gleichspannungsaufladung so schnell zum Verschwinden gebracht, daß das System sich vor einer Rückzündung bereits auf symmetrische Spannungseinstellung eingespielt hat. Es sind dabei höchstens die durch Gleichung (68) gegebenen Überhöhungen der Spannung zu erwarten. Die starre Erdung des Nullpunktes läßt das für den aussetzenden Erdschluß erforderliche Spiel der Löschungen und Zündungen gar nicht erst aufkommen.

## 4. Die Übertragung nichtstationärer Erdschlußvorgänge auf andere Stromkreise.

Das Auftreten eines Erdschlusses löst nicht nur in dem unmittelbar betroffenen Stromkreis Ausgleichsvorgänge aus; durch kapazitive und induktive Verkettung werden andere Stromkreise veranlaßt, daran teilzunehmen. Auf

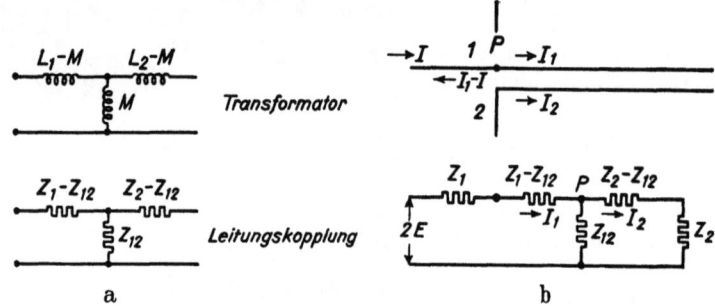

Abb. 85 a und b. Beeinflussung von Nachbarleitungen durch die Wanderwellenvorgänge der Erdschlußzündung.

Näherungsstrecken werden vom ersten Wanderwellenspiel an in den Nachbarleitungen gleichartige Veränderungen hervorgerufen.

Die für Wanderwellen maßgebende Kopplung kann durch einen „wechselseitigen Wanderwellenwiderstand" $Z_{12}$ wiedergegeben werden. Auf den beiden mit 1 und 2 bezeichneten Leitungen gilt im Hinblick auf das Superpositionsprinzip das Gleichungspaar

$$E_1 = I_1 Z_1 + I_2 Z_{12}$$
$$E_2 = I_1 Z_{12} + I_2 Z_2$$
(70)

Für ungekoppelte Leitungen verschwindet $Z_{12}$ ähnlich wie der gegenseitige Induktionskoeffizient $M$ zweier Wicklungen; für enggekoppelte wird $Z_{12} = Z_1 = Z_2$, ähnlich wie $M = L_1 = L_2$. Man sieht, zwischen den beiden Leiteranordnungen geht eine Art Wanderwellentransformation vor sich. Es bedarf daher kaum eines Beweises, daß hier das Ersatzschaltbild des Transformators angewendet werden kann, wie dies in Abb. 85a geschieht. Nimmt man beispielsweise an, daß der Näherungsstrecke gemäß Abb. 85b ein normales Leitungsstück mit

Die Übertragung nichtstationärer Erdschlußvorgänge auf andere Stromkreise. 95

dem Wellenwiderstand $Z_1$ vorgelagert ist, so ist das Ersatzschaltbild mit dem Vorwiderstand $Z_1$ zu ergänzen. Das gleiche gilt für den der beeinflußten Leitung vorangehenden Abschnitt mit dem ungestörten Wellenwiderstand $Z_2$, über welchen der Strom $I_2$ herangeholt werden muß. Als eingeprägte Spannung ist die doppelte Wanderwellenspannung $2E$ dem Stromkreis aufzudrücken. [Es ist dies bei Ersatzstromkreisen für Wanderwellenvorgänge stets der Fall (vgl. L 66) und rührt daher, daß an jedem Punkt einer homogenen Leitung mit der Wanderwellenspannung $E$ der Strom $I$ aus einem Rückschlußwiderstand $Z$ bestimmt wird, daß aber dieser Strom über einen gleich hohen Widerstand angeliefert wird, an dessen Eingangsklemmen man sich $2E$ wirksam denken müßte, um die Verhältnisse im betrachteten Leitungspunkt richtig wiederzugeben.]

Wir wollen uns hier auf diese Andeutung eines Verfahrens und des zugehörigen Beweises beschränken, weil die strenge Theorie noch auf manche andere Eigentümlichkeiten eingehen müßte. So sind die Wellengeschwindigkeiten der Hauptwelle und der sie begleitenden influenzierten Welle nicht dieselben (L 67), wie bereits an einer Stelle des ersten Kapitels erwähnt wurde. Dies bedingt, daß an die Stelle eines die Hauptwelle begleitenden getreuen Abbildes eine verzerrte Form der influenzierten Welle tritt. Doch bleibt die Aussage der vereinfachten Behandlung bestehen, daß man mit beachtlichen Spannungswerten durch Wanderwelleninfluenz zu rechnen hat. Folgen wir den Annahmen des in Abb. 85 b behandelten Beispieles und lassen wir die Näherung zu, daß sich die Wellenwiderstände wie die Koeffizienten der Influenzwirkung verhalten. Genauer geht man von den Gleichungen (15) aus und definiert

$$\left.\begin{aligned} Z_1 &= \sqrt{\frac{l_1}{\frac{1}{a_{11}}}} \\ Z_2 &= \sqrt{\frac{l_2}{\frac{1}{a_{22}}}} \\ Z_{12} &= \sqrt{\frac{m}{\frac{1}{a_{12}}}} \end{aligned}\right\} \qquad (71)$$

Um einen Einblick in die Größenordnungen zu erhalten, verzichten wir auf die Verfeinerungen der neueren Theorie der Wanderwellenvorgänge in Mehrleitersystemen und setzen die Fortpflanzungsgeschwindigkeit

$$v = \sqrt{l_1 \cdot \frac{1}{a_{11}}} = \sqrt{l_2 \frac{1}{a_{22}}} = \sqrt{m \frac{1}{a_{12}}}$$

mit dem Ergebnis

$$Z_1 : Z_2 : Z_{12} = a_{11} : a_{22} : a_{12}. \qquad (72)$$

Die Potentialkoeffizienten $a$ sind durch Gleichung (16) definiert. Über die richtigen Werte der Größen $l$ und $m$ verfügen wir gleichfalls gemäß (41) und (42), doch soll hierauf nicht zurückgegriffen werden. Für die beiden Leiter der im Zahlenbeispiel des Kapitel 3 im I. Abschnitt betrachteten Einphasenfreileitung nach Abb. 4 ergibt sich (vgl. S. 11)

$$\begin{aligned} Z_1 : Z_2 : Z_{12} &= 16{,}6 : 16{,}6 : 6{,}0 \\ &= 1 \ : \ 1 \ : 0{,}36. \end{aligned}$$

Für eine Telephonleitung, die sich der Starkstromleitung auf 20 m nähert und mit ihr parallel läuft (Höhe über Boden 600 cm, Leiterradius 0,3 cm), findet man

$$a_{11} = 2\ln\frac{2000}{0,5},$$

$$a_{12} = 2\ln\sqrt{\frac{2000^2 + (1000+600)^2}{2000}},$$

$$a_{22} = 2\ln\frac{1200}{0,3},$$

$$Z_1 : Z_2 : Z_{12} = 1 : 1 : 0,03.$$

Man erkennt die rasche Abnahme von $Z_{12}$ mit zunehmender Entfernung der influenzierten Leitung.

An Hand des Ersatzschaltbildes Abb. 85b ergibt die Rechnung, daß in der Nachbarleitung 1,5 vH des Wanderwellenstromes der Hauptleitung auftreten. Bezogen auf den durch den Punkt $P$ symbolisierten Systemquerschnitt ist das Vorzeichen entgegengesetzt. Der Spannungsanteil, der aufgewendet werden muß, um $(-I_2)$ über $Z_2$ heranzuschaffen oder über die Parallellaufstrecke weiterzutreiben, ist $E_2 = I_2 Z_2 = I_1 Z_{12} - I_2 Z_2$, somit ebenfalls 1,5 vH der einfallenden Spannungswelle $E = I_1 Z_1$.

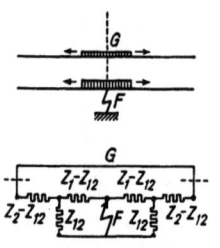

Abb. 86. Wanderwellenmäßige Beeinflussung der gesunden Leiter durch die Erdschlußzündung.

Diese Spannungen sind numerisch nicht sehr hoch, aber ihr plötzliches Auftreten führt zu unzuträglichen Störgeräuschen. Da die wanderwellenmäßige Entladung der gestörten Phase unabhängig von der Art der Nullpunkterdung vor sich geht, hat letztere keinen Einfluß auf den Ablauf dieser Erscheinung. Das gleiche gilt von denjenigen Wellen, welche auf den Nachbarphasen desselben Leitungssystemes bei Erdschluß influenziert werden.

Wir haben sie bisher vernachlässigt, wollen sie aber nunmehr in ihrer Höhe abschätzen. Das Verhältnis $Z_1 : Z_2 : Z_{12}$ haben wir soeben für diesen Fall mit $1 : 1 : 0,36$ bestimmt. Im übrigen gilt offenbar das Ersatzschaltbild Abb. 86, in welchem der Strom an der Fehlerstelle zufließt und sich in zwei gleichartige Widerstandsgebilde verzweigt. Diese hängen nicht nur an der Fehlerstelle, sondern auch am korrespondierenden Punkt $G$ der gesunden Leitung zusammen. Aus Symmetriegründen kann man sie dort auch aufschneiden, d. h. am Punkt $G$ kann Strom weder zu- noch abfließen. Damit sind die Widerstandszweige $Z_2 - Z_{12}$ tot gelegt. Es fließt in der beeinflußten Leitung kein Strom $I_2$, hingegen entsteht an ihr die Spannung $I_1 Z_{12}$, das sind 36 vH der Wanderwellenspannung $U_p$ der kranken Phase. Mit dem Verschwinden der Spannung am gestörten Leiter geht somit auch eine gleichzeitige Absenkung der auf Erde bezogenen Spannung der gesunden Leiter vor sich. Wir haben hierauf bei der schrittweisen Untersuchung der einzelnen Teilvorgänge im letzten Kapitel gebührend Rücksicht genommen. Mit Betrachtungen etwas anderer Art gelangten wir bei Herleitung der Gleichung (66) zu der Feststellung, daß die gesunden Phasen bei der Entladung der kranken um den Betrag $(\overline{U}_p + E_g)$ gleichzeitig eine Entladung um $(\overline{U}_p + E_g)\dfrac{C_{12}}{C_{12}+C_{1e}}$ durchmachen. Die Verhältniszahl $\dfrac{C_{12}}{C_{12}+C_{1e}} = \dfrac{a_{12}}{a_{11}}$ [vgl. die Beziehungen (13a) und (22)] ist aber nichts anderes als $\dfrac{Z_{12}}{Z_1}$.

Für die mittelfrequenten Ausgleichsvorgänge, welche wir als Zünd- und Löschschwingungen kennengelernt haben, kommt sowohl eine Beeinflussung von Nachbarleitungen durch Parallellauf als auch eine transformatorische Übertragung in Frage. Der Übergang von Leitung zu Leitung geht hier mit einem im Verhältnis der Frequenzen gesteigerten Verschiebungsstrom vor sich, so daß insbesondere Fernsprechleitungen sowohl absolut als auch hinsichtlich des Frequenzbereiches empfindlicher als durch die Grundfrequenz gestört sein können. Da sie meist über eine erhebliche Kapazität $C_{2e}$ (Abb. 51) mit Erde verkettet sind, ist für den übertretenden Verschiebungsstrom im wesentlichen das Produkt $E \omega C_{12}$ maßgebend. Zweidrähtige Schwachstromleitungen, vor allem solche mit geeignet verteilten Kreuzungsstellen, bleiben im Sprechkreis von diesen Einflüssen frei und werden nur in ihrer Isolation gegen Erde beansprucht.

Die Transformatoren übertragen die mittelfrequenten Vorgänge im normalen Übersetzungsverhältnis auf die anderen mit ihnen verbundenen Stromkreise. Es kann also in der Regel keine erhöhte Gefahr für die letzteren bestehen. Ein Ausnahmefall verdient hier Erwähnung. Es handelt sich um Zusatztransformatoren im Zuge einer Leitung, in Ausführung mit elektrisch isolierter Erregerwicklung, wie sie Abb. 87a am Beispiel eines von einem Drehregler gespeisten Reihentransformators zeigt. Er sei in einem 60-kV-Netz eingebaut, sein Übersetzungsverhältnis betrage 500/1750 Volt pro Phase (Regelbereich $\pm$ 5 vH). Entsteht nun auf der einen Seite der Zusatzwicklung ein Erdschluß, so entlädt sich der betreffende Netzteil, während der auf der anderen Seite der Wicklung gelegene Leiterabschnitt noch seine Spannung behält. Er kann sich gegen die Fehlerstelle hin nur über die Reihenwicklung entladen und tut dies in Form einer mittelfrequenten Entladeschwingung. Die Amplitude derselben, die für das kapazitive und induktive Element des Stromkreises gleich hoch ist, beträgt $\frac{60\,000}{\sqrt{3}} = 34\,600$ Volt. Das ist das 20fache der normalen Spannung. Die erhöhte Frequenz läßt dies gegebenenfalls ohne allzuhohe Übersättigung zu. Jedenfalls überträgt sich diese Spannung auf die Erregerwicklung, an der $20 \cdot 500 = 10\,000$ Volt induziert werden. Ein Teil dieser Spannung wird in der Streureaktanz

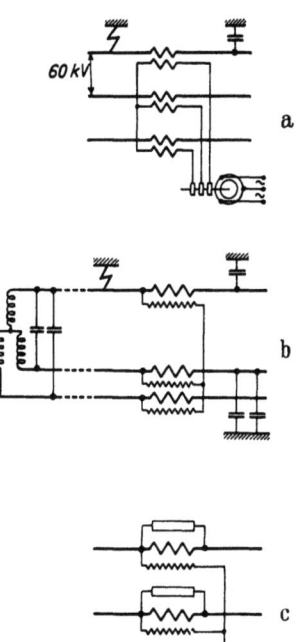

Abb. 87a—c. Übergreifen der Zündschwingung auf die Erregerwicklung von Zusatztransformatoren. a Getrennte Erregerstromquelle, b Spartransformator, c Überbrückung durch Überspannungsableiter.

des Zusatztransformators verbraucht, der Rest setzt sich am Drehregler an. Während der Transformator mit seiner Oberspannungswicklung ohnehin entsprechend einer Nennspannung von 60 000 Volt isoliert ist, bedeutet das Auftreten von 10 000 Volt im 500-Volt-Kreis eine ganz erhebliche Überbeanspruchung, die z. B. zu Durchschlägen des Drehreglers bei jedem hochvoltseitigen Erdschluß führen muß. Abhilfe wird durch Überspannungsableiter im Erregerkreis geschaffen, welche bei ihrem Ansprechen die Induktionswirkung der Zündschwingung durch Aufbringung von Gegen-AW zu bekämpfen haben. Die Erregerstromquelle wird auf dem Wege über die Ableiter umgangen. Gleichzeitig wird die Erregerwicklung des Zusatztransformators geschützt, denn die in ihr induzierte Spannung findet eine Art Kurzschluß vor und wird Windung für Windung am Orte der Entstehung in den Strompfaden verbraucht.

Ähnliche Verhältnisse liegen bei Spartransformatoren Abb. 87b vor, wie sie als Zusatztransformatoren für Längs- und Querregelung der Netzspannung heute ausgedehnte Verwendung finden. Auch wenn die Erregerwicklung von der Reihenwicklung elektrisch getrennt ist, beispielsweise durch einen besonderen Erregertransformator gespeist wird, bleibt das Grundsätzliche des Vorganges unverändert. Auf der einen Seite der Zusatzwicklung besteht bereits der Erdschluß, auf der anderen Seite ist noch die volle Aufladung des abgetrennten Netzteiles vorhanden, so daß eine Spannungsdifferenz vom Werte der Phasenspannung, bei Rückzündungen sogar von noch höherem Betrage auftreten kann, die sich über die Wicklung schwingungsmäßig ausgleichen muß. Wenn auch die Reihenwicklung gegen Erde ohnehin für die Spannung des zu regelnden Netzes isoliert ist, überdies die Länge des Wicklungszylinders meist auch für die erhöhte Beanspruchung ausreicht, so ist doch die Windungs- und Spulenisolation dafür nicht immer genügend reichlich. Je weniger überdies die Erregerwicklung durch Gegen-AW eine Abwehrwirkung zu entfalten vermag, desto stärker wird sie von der Ausgleichsschwingung mitbetroffen. Sie hat im Grenzfalle die gleiche Spannungsvervielfachung wie die Reihenwicklung zu erdulden und ist dann ernstlich gefährdet. Bei Regeltransformatoren kommt noch hinzu, daß der räumliche Aufwand für die Isolation der am Regelschalter zusammengefaßten Anzapfungen beschränkt ist. Über diese Schwierigkeiten hilft die Überbrückung der Zusatzwicklung mit Überspannungsableitern hinweg (Abb. 87c). Eine Bemessung der Ableiternennspannung gleich der anderthalbfachen Zusatzspannung einer Phase ist von ausreichender Schutzwirkung und beugt auch dem unerwünschten und überflüssigen Ansprechen der Ableiter bei einem über den Regeltransformator hinweggehenden Kurzschluß vor. Ableiter mit ventilartiger Charakteristik, beispielsweise

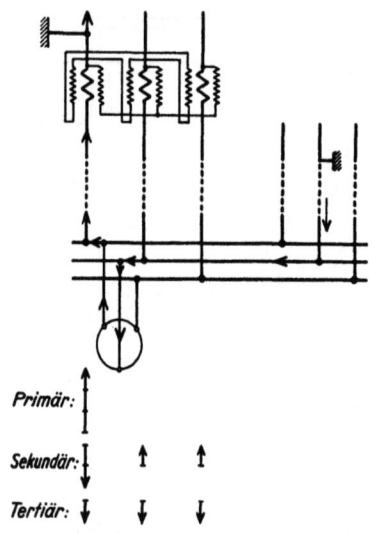

Abb. 88. Vorgänge im Zusatztransformator bei einpoligem Fehlerstromverlauf.

mit spannungsabhängigem Widerstand, sind eigentlich als unentbehrliches Zubehör von Transformatoren mit Reihenwicklung zu betrachten.

Es sei bei dieser Gelegenheit noch auf eine Forderung eingegangen, der beim Entwurf und bei der Bewertung von Transformatoren mit Reihenwicklung nicht immer das gebührende Gewicht beigemessen wird. Es handelt sich um die Anwendung tertiärer Ausgleichswicklungen. Es liegt im Wesen des Transformators für Längsregelung, daß er bei direkter Erregung vom Netz die Schaltung Y/||| aufweist. Ergänzt man ihn nicht durch eine für ein Drittel der Eigenleistung zu bemessende Hilfswicklung in Dreieckschaltung, so stellt ein solcher Apparat bei Erdkurzschluß und bei Doppelerdschluß eine Gefahrenquelle besonderer Art vor. Abb. 88 zeigt, daß die Reihenwicklung dann von dem Kurzschlußstrom in einer einzigen Phase durchsetzt wird, ohne daß vollständige Gegen-AW zur Ausbildung kommen können. Die Reihenwicklung führt dann ein Mehrfaches des Nennstromes (ein Drittel des Kurzschlußstromes) als Magnetisierungsstrom. Sie drückt dem magnetischen Kreis ein Vielfaches seiner normalen Erregung auf und treibt ihn in das Gebiet hoher Sättigung. Abgesehen von dem hohen Anteil der Netzspannung, der dann auf die Reihenwicklung und — im Übersetzungsverhältnis vergrößert — insbesondere als Nullkomponente auch auf die Erregerwicklung entfällt, wird außerdem der magnetische Kreis ein Herd für die Erregung höherer Harmonischer im ganzen Netz, von denen die eine oder andere stets eine resonanzähnliche Begünstigung vorfindet. Nebenbei ergibt sich noch eine ungünstige thermische Beanspruchung des Kastens durch die Luftfelder. Man überblickt diese Verhältnisse vollständig, wenn man eine Komponentenzerlegung des erregenden einpoligen Kurzschlußstromes (Abb. 88) vornimmt. Die beiden Drehstromsysteme, das rechtläufige und das gegenläufige, werden offenbar durch das Netz über die Erregerwicklung ausgeglichen. Die gleich starke Nullkomponente bedarf zu ihrer Aufhebung einer in Dreieck geschalteten Ausgleichswicklung. Erst durch diese wird die magnetisierende Wirkung eines gegebenen Erdkurzschlußstromes auf ein unbedeutendes Maß herabgedrückt.

# IV. Theorie der induktiven Erdschlußkompensierung.
## 1. Die Entwicklung der Erdschlußbekämpfung.

Wenn man es beim Erdschluß von Hochspannungsnetzen mit freiem Nullpunkt nur mit den Erscheinungsformen des starren Erdschlusses einer Phase zu tun hätte, so bestünde gleichwohl bereits ein Erdschlußproblem. Der Übergang des Erdschlußstromes an der Fehlerstelle ist mit der Ausbildung eines örtlichen Spannungsgefälles im Erdboden verbunden. Gerät ein Lebewesen in den Spannungstrichter, so greift es an ihm „Schrittspannung" ab, wie Abb. 59 zeigt. Die Stromverzweigung, welche hierbei vor sich geht, hat die Durchsetzung des Körpers mit einem Teilstrom zur Folge, der Verbrennungen oder gar Tötung herbeiführt. Diese Gefahr allein rechtfertigt alle Anstrengungen zur Bekämpfung des Erdschlusses. Von diesem Gesichts-

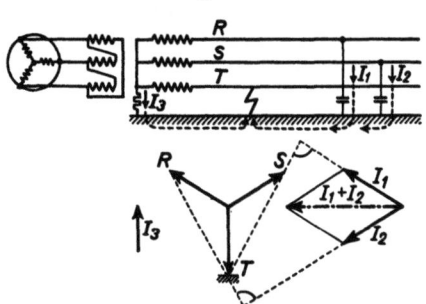

Abb. 89. Stromverteilung bei Widerstandserdung im Falle eines Erdschlusses.

punkt aus betrachtet ist die starre Nullpunktserdung durchaus keine glückliche Lösung, denn sie beseitigt zwar das Übel nach kurzer Zeit, vervielfacht es aber bis dahin im Verhältnis des Erdkurzschlußstromes zum kapazitiven Erdschlußstrom. Die Widerstandserdung bringt gleichfalls keine Erleichterung. Sie legt parallel zu der gemäß Abb. 9 im elektrischen Schwerpunkt, in der Regel also im Nullpunkt vereinigt zu denkenden Summenkapazität noch einen Wirkwiderstand, dessen Stromaufnahme sich im Rückschlußpunkt, das ist an der Fehlerstelle, dem kapazitiven Erdschlußstrom überlagert und ihn daher vergrößert (Abb. 89). Die Fehlerstelle muß aber ganz im Gegenteil dazu vom Strom entlastet werden. Eine gewisse Verbesserung schafft hier die Verwendung von Erdseilen, natürlich auch von Bodenseilen. Wie wir bereits im 14. Kapitel des II. Abschnittes erkannten und quantitativ beurteilten, verteilt das Erdseil den Stromübergang bei Isolatorenüberschlägen auf eine ganze Mastreihe. Es entsteht ein erniedrigter kombinierter Widerstand für den Erdstromübergang, der unter idealisierten Voraussetzungen der Hälfte des geometrischen Mittels aus Mastwiderstand und Abschnittwiderstand des Erdseiles gleichkommt. Ein Absinken auf 10 vH des reinen Masterdungswiderstandes ist dann leicht möglich. Im selben Maße sinkt die Spannung an dem gestörten Mast und damit auch das Gefälle um diesen.

Es gibt eine andere Art von satten Erdfehlern, bei denen das Erdseil von geringerer Wirkung ist. Liegt nämlich ein Phasenleiter auf ein längeres Stück am Erdboden, so geht der Fehlerstrom vom Leiter unmittelbar zur Erde über. Übrigens wird auch bei Mastüberschlägen die Übergangsstelle vom Seil zum Mast stets vom vollen Fehlerstrom durchflossen. Die Entlastung durch das

Erdseil kommt erst der Masterdung zugute. Deshalb bestehen die thermischen Wirkungen an der eigentlichen Fehlerstelle mit ihrem meist losen Kontakt ungemildert weiter und das Abschmoren des erdschlußbehafteten Phasenseiles ist die regelmäßige Folge. Diesem Übelstand kann nur eine Verringerung des Erdfehlerstromes abhelfen. Ein Weg hierzu ist der Lichtbogenerder (arcing ground suppressor) nach Creighton und Nicholson. Seine grundsätzliche Arbeitsweise besteht in der Verlegung der Fehlerstelle von ihrem unbekannten Entstehungsort im Netz nach einem vorausbestimmten Punkt der Anlage. Dort wird die gestörte Phase durch einen selbsttätig ansprechenden Erdungsschalter nochmals satt geerdet. Über den so geschaffenen bequemeren Nebenschluß fließt der kapazitive Erdschlußstrom, der auf diese Art von der ursprünglichen Fehlerstelle abgezogen wird. Der Lichtbogenerder in der seinerzeitigen Ausführung der AEG (L 68) besteht aus drei einpoligen, zwischen Phasenleiter und Erde geschalteten, von je einem Nullspannungsrelais gesteuerten Ölschaltern. Die jeweils erdgeschlossene Phase wird zunächst zweimal vorübergehend an Erde gelegt. Ein Zeitrelais steuert den Ablauf der Automatik. Besteht der Erdschluß weiter, so wird die Erdung ein drittes Mal eingeleitet und dauernd aufrechterhalten. Es ist dies ein gewisser Nachteil, weil der Lichtbogenerder von da an der eigentlichen Störung die Einflußnahme entzieht und gegebenenfalls trotz ihres Verschwindens dem Netz Erdschlußverhältnisse aufzwingt. Bei vorübergehenden Erdschlüssen wird jedoch der Lichtbogen schnell erstickt und die Betriebsfähigkeit des Netzes wieder hergestellt.

Durch elektrische Verriegelungen muß verhindert werden, daß dem Ansprechen einer Phase des automatischen Erders, welches durch das Zusammenbrechen einer der drei Spannungen Leiter-Erde hervorgerufen wird, das Arbeiten eines weiteren Poles des Apparates nachfolgt. Man macht die Einrichtung gegen dreiphasigen Kurzschluß und ähnliche Störungen unempfindlicher, wenn man das Kriterium ihres Eingreifens aus einer Schaltung ähnlich dem Pilotyschen Erdschlußanzeigerelais (vgl. Abschnitt VI, Kap. 4, Abb. 270) ableitet. Man vermeidet dann allerdings noch immer nicht die seltenen Fälle des Fehlansprechens bei verkehrtem Erdschluß, auf die im 10. Kapitel des II. Abschnittes hingewiesen wurde. Man kann wohl sagen, daß diese schnell und sicher wirkende Einrichtung auf dem Wege war, das Erdschlußproblem des isolierten Netzes zu lösen, als sie durch das unerwartete Auftauchen eines anderen überlegenen Systems in Form der Erdschlußspule verdrängt wurde.

Immerhin war der erste Apparat, der vorübergehende Erdschlüsse ohne Rückwirkungen auf den übrigen Betrieb unschädlich machte und die Fortführung des Betriebes im Dauererdschluß gestattete, der Lichtbogenerder. Es kann nicht ausschließlich am Preise gelegen haben, wenn er sich nur in ganz beschränktem Umfange einführte. Die Betriebsergebnisse waren günstig; im 100 kV-Netz der San Joaquin Light and Power Co. wurden dadurch 80 vH aller Überschläge ohne Betriebsstörung beseitigt. Drei Ursachen waren der Verbreitung des Lichtbogenerders hinderlich: Die Erdschlußstelle wird durch ihn so vollkommen überbrückt, daß kein Kennzeichen zu ihrer selektiven Erfassung zur Verfügung bleibt. In einer vorwiegend auf feste Erdung eingestellten technischen Praxis sind ferner oft die Rücksichten auf Netzkupplung durch Spartransformatoren und auf gestufte Isolation maßgebend (vgl. Abschnitt II, Kapitel 12). Endlich können die nach dem Gesichtspunkt eines Betriebes mit freiem Nullpunkt arbeitenden Anlagen nur den überlegenen Eigenschaften der Erdschlußspule den Vorzug geben.

Der Druck zur Auseinandersetzung mit dem Erdschlußproblem, der auf den Betrieben lastete, verstärkte sich, als mit wachsender Ausdehnung die Häufigkeit der Erdschlüsse und die Intensität ihrer Auswirkung zunahm. Die Gefahren des aussetzenden Erdschlusses, die man heute nach ihrer Beseitigung wieder gerne unterschätzt, beeinträchtigten die Betriebssicherheit der Netze so sehr, daß man sich an Zusammenschlüsse von Einzelübertragungen mit ihrer Vervielfachung der Störungsanfälligkeit und Störungsfolgen gar nicht heranwagen konnte. An dieser Stelle der Entwicklung schieden sich die Wege amerikanischer und europäischer Hochspannungspraxis. In Amerika stand man dem Problem zu einem früheren Zeitpunkt gegenüber, weil die Ausdehnung und im Zusammenhange damit die Übertragungsspannung der Netze entsprechend der Versorgungsfläche schneller anwuchs. Man mußte sich entscheiden. Als nächstliegendes Mittel bot sich damals die starre Erdung des Netznullpunktes dar. Wir haben ihre Vorzüge und Nachteile bereits im 12. Kapitel des Abschnittes II und am Schluß des 3. Kapitels von Abschnitt III erörtert und sind zu dem Schlusse gekommen, daß es der starren Erdung wohl gelingt, gewisse Gefahren des Erdschlusses zu bannen, daß dies jedoch mit unveränderter Zahl der Störungen einhergeht, da man nur eine Umwandlung von Überspannungsgefahren in Überstrombeanspruchungen vornimmt und dabei bedenkliche Unvollkommenheiten für den Normalbetrieb und für den Störungsfall in Kauf nehmen muß. Oft ist diese Lösung auf die Anspruchslosigkeit der Konsumenten und das Entgegenkommen der Schwachstrombetriebe angewiesen.

Das Bedürfnis, vorübergehende Erdschlüsse unschädlich zu machen, bevor sie sich noch auf den Gesamtbetrieb auswirken, hat in Amerika zu einer Lösung geführt, die mit der starren Nullpunktserdung vereinbar, ja sogar auf sie angewiesen ist. Man leitet die an den Isolatoren der Übertragungsleitungen ent-

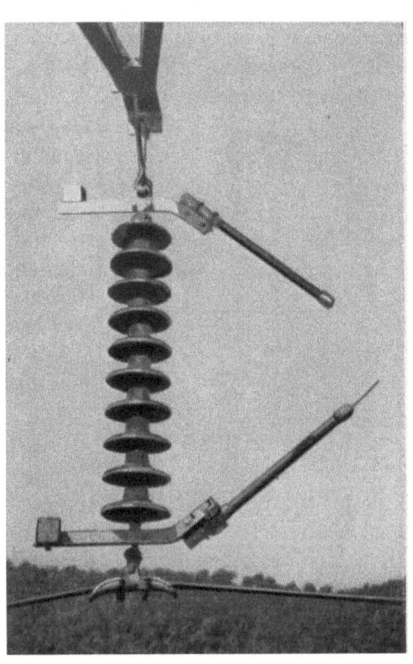

Abb. 90. Schutz einer 132 kV-Hängekette durch Blasrohr-Funkenstrecken.

stehenden Überschläge über eigens hierzu vorgesehene Wege, welche ein schnellabschaltendes Organ, sei es eine Schmelzsicherung, sei es ein Torok-Rohr (Westinghouse) oder eine Ausblasesicherung (General Electric Co. „expulsion protective gap", Abb. 90) enthalten. Jeder Isolator erhält auf diese Art eine Parallelfunkenstrecke, die z. B. aus einem beiderseits mit Elektroden vorgesehenen, einseitig offenen Isolierrohr bestehen kann, das eine verkürzte Luftfunkenstrecke einschließt. Der Überschlag wird dadurch in das Innere des Rohres verlegt. Der in der gleichen Bahn nachfolgende Leistungslichtbogen erzeugt in der Röhre hohen Überdruck. Beim Stromnulldurchgang hört die Absperrung des komprimierten Luftinhaltes durch die Druckquelle, den Lichtbogen, vorübergehend auf, die gebildeten Dämpfe, die insbesondere aus der Wand des Fiberrohres stammen, strömen aus und unterbrechen den Lichtbogen schon nach einer einzigen Halbperiode (L 69). Das Sicherungsrohr erhält einen Überwurf aus wetterbeständigem organischem Material. Um unerwünschte Nebenwirkungen durch ständig auf organischem Material lastende elektrische Längsbeanspruchung zu vermeiden, wird noch eine kurze Luftfunkenstrecke zusätzlich in Reihe geschaltet, so daß die Gesamtanordnung dem Schema der

Abb. 91 entspricht. Der Leiter wird mit einigen dem Abbrand ausgesetzten Schutzwindungen aus Draht umwickelt. An Holzmasten wahrt man die erhöhte Überschlagsfestigkeit der Leitung, indem man die Erdung der Schutzstrecken nicht unmittelbar, sondern über eine weitere Funkenstrecke gleicher Bauart vornimmt.

Die große Anzahl der zu einem vollkommenen Schutz erforderlichen Überbrückungsfunkenstrecken (eine zu jeder Isolatorenkette) wird der Einführung dieser seit einigen Jahren in Amerika lebhaft empfohlenen Anordnung kaum förderlich sein. Sicherungen scheiden wegen ihrer nur einmaligen Funktionsbereitschaft aus, Entladungsrohre ohne Schmelzleiter sind für mehrmaliges Ansprechen geeignet, bedürfen aber doch regelmäßiger Überwachung und zeitweiliger Ersetzung. Eine Schwierigkeit des Systems liegt noch darin, daß die Entladungsrohre nur oberhalb eines bestimmten Mindeststromes und unterhalb eines gewissen Höchststromes richtig arbeiten. Die Grenzen sind verschiebbar. Ein möglicher Bereich ist beispielsweise 900—5000 A. Im allgemeinen kann wohl damit gerechnet werden, daß damit eine hinreichende Anpassung an die Schwankungen des Kurzschlußstromes erreicht wird. Da für Stromstärken unter 200 A das Prinzip der selbstunterbrechenden Entladungsrohre versagt, ist diese Lösung auf Netze mit ungeerdetem Nullpunkt nicht übertragbar.

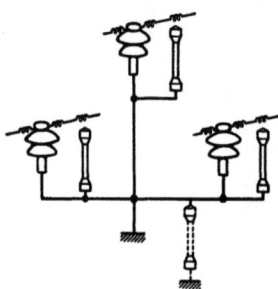

Abb. 91. Schema der Anordnung von Blasrohrfunkenstrecken.

Die Impedanzerdung begegnet zunehmendem Interesse. Sie vermeidet manches Extrem der starren Erdung, sie vermag, wie wir sahen (III. Abschnitt, 3. Kapitel), die Entstehung aussetzender Erdschlüsse zu unterbinden. Niemand wird bestreiten, daß hier eigentlich eine Kompromißlösung vorliegt, in der sich die Ablehnung der Praxis gegen die Schwächen der starren Erdung deutlich ausspricht (vgl. Abschnitt IX, Kap. 2). Ebenso klar aber tritt in den Eigenschaften dieses Erdungsverfahrens, mit welchem wir uns im 13. Kapitel des II. Abschnittes befaßten, der Abstand hervor, der noch gegen eine wirkliche Erdschlußunterdrückung besteht.

Von der Impedanzerdung führt nur noch ein Schritt zum Betrieb mit freiem Nullpunkt. Es besteht kein Bedenken, kleine Netze mit dieser Betriebsform ohne besonderen Erdschlußschutz sich selbst zu überlassen. Erfahrungsgemäß erlöschen Erdschlußlichtbogen von 5 A bei 10 kV, 3 A bei 50 kV Netzspannung noch von selbst. Aber auch bei höheren Erdschlußströmen ist es durchaus nicht ausgeschlossen, daß ein Überschlag eintritt, ohne daß ihm Betriebsstrom nachfolgt. Es kommt auf den Zeitpunkt innerhalb der sinusförmig verlaufenden Betriebsspannungswelle an, in dem der stoßartige Durchbruch dem Betriebsstrom einen neuen Weg darbietet. Der Zündung folgt eine Ausgleichsschwingung, mit der wir uns im 1. Kapitel des Abschnittes III befaßt haben. Dort fanden wir an Hand der Abb. 73b, daß bei geeigneter Lage des Zündmomentes innerhalb der Spannungskurve schon kurz nach der Zündung an der Fehlerstelle ein Stromnulldurchgang zustande kommt. Hier ist die Möglichkeit einer selbsttätigen Löschung gegeben. Allerdings wird dies bei der Höhe der Ausgleichsschwingung und bei der raschen Wiederkehr der Spannungsbeanspruchung (vgl. die Löschschwingung in Abb. 82b, Punkt Z*) einigermaßen in Frage gestellt. Immerhin kann auch bei größerer Ausdehnung des Netzes ein Teil der Erdschlüsse selbstlöschend verlaufen, soferne der Zündmoment nahe dem Scheitelwert der Betriebsspannung liegt.

Auch bei Zündung im Nulldurchgang der Spannung muß der Betriebsstrom nicht nachfolgen, da er genau so wie seine in Abb. 73a dargestellten Oberwellen zunächst eine gewisse Zeit hindurch klein bleibt. Bevor er anwächst, kann die Löschung vollzogen sein.

Ein anderer Weg zur schnellen Beseitigung von Erdschlußstörungen ohne Rückwirkung auf den Betrieb ist im Zusammenhang mit dem amerikanischen Erdungsverfahren erdacht worden. Man ging von der Feststellung aus, daß ein Hochspannungsstromkreis in 90 vH aller Fälle unmittelbar wieder eingeschaltet werden darf und ohne Belastungsstörung oder sonstige Beeinträchtigung des Betriebes angeschlossen bleiben kann (Treat, L 81, 82). Deshalb empfehlen Anderson und Prince (L 84), die Hochspannungsschalter so auszubilden, daß eine schnelle Abschaltung und sofortige Wiedereinschaltung erfolgen kann (immediate initial reclosure). Da es sich um Unterbrechungszeiten von insgesamt nur etwa 30 Halbwellen bei 60 Hertz handelt, muß eine beträchtliche Verteuerung sämtlicher Schalter in Kauf genommen werden. Ein einwandfrei arbeitender Schnellselektivschutz ist eine weitere unbedingte Voraussetzung.

Noch ein weiterer Vorschlag verdient verzeichnet zu werden, der „ground selector" von P. Ackerman (L 86). Er entspringt dem Bestreben, den Erdstrom im Störungsfalle in eindeutige, mit einer selektiven Relaiswirkung gut verträgliche Bahnen zu lenken, im normalen Betrieb aber am isolierten Nullpunkt festzuhalten. Beim Eintreten eines Erdschlusses wird die Spannungserhöhung der gesunden Phasen dazu ausgenützt, über jeweils einen von zwei Ölschaltern eine gesunde Phase unter Zwischenschaltung eines Widerstandes an Erde zu legen. Die Abschaltung des so hergestellten Doppelerdschlusses wird dem normalen Selektivschutz übertragen. Man kennt die Schwierigkeit dieser Aufgabe, die zu den sperrigsten Problemen des Selektivschutzes gehört. Ist der Erdschluß herausgeschaltet, so muß die Apparatur die an der früher kranken Phase entstehende Spannungserhöhung und den verbleibenden Erdschluß der früher gesunden Phase von einem äußeren Fehler zu unterscheiden wissen. Insbesondere muß der Erdungsschalter wieder ausgelöst werden. In der amerikanischen Ausführung ist die Automatik durch Verhinderung des Ansprechens bei dreiphasigen Spannungserhöhungen und durch verzögerte Überstromauslösung der Erdungsschalter vervollständigt. Ackerman erwartet von seinem Schutzsystem eine zweckmäßige Vereinigung folgender Eigenschaften: Vorteile des normalen Betriebes mit isoliertem Nullpunkt wie Freiheit in der Transformatorschaltung und Beseitigung des Einflusses der dritten Harmonischen und ihrer Vielfachen, sodann unbeeinflußtes Verschwinden aller selbsttätig erlöschenden Erdschlüsse, schließlich Heranziehung der Wirkung der starren Erdung erst im Falle wirklichen Erfordernisses. Als Beispiel für die Beschränkung auf die nicht anders zu erfassenden Störungsfälle wird angeführt, daß bei Kurzschluß zweier Leiter mit Erdberührung der dann entbehrliche Schutz nicht mitarbeitet, weil das Kriterium der Spannungserhöhung an zwei gesunden Leitern fehlt. Starre Erdung des Nullpunktes würde demgegenüber in diesem Falle eine neue Komponente des Fehlerstromes mit großer induktiver Störungswirkung durch ausgedehnte Leiterschleifen hervorrufen. Im 12-kV-Netz der Toronto Power Co. liegen mehrjährige Betriebsergebnisse vor, desgleichen in dem mit schwachen Isolatoren arbeitenden 50-kV-Netz der Shawinigan Water and Power Co. Etwa ein Drittel aller Erdschlüsse verschwand von selbst ohne Betriebsstörung. Die sonstigen Erfahrungen werden als befriedigend gedeutet. Die Mängel des Systems sind offensichtlich. Der „ground selector" ist ebenso wie der „arcing ground suppressor" nur auf dem Umweg über mechanische Schaltvorgänge wirksam, er greift überdies erst nach Ablauf einer weiteren künstlichen Verzögerung ein. In Netzen mit größeren Erdschlußströmen dürfte der dadurch gewonnene Anteil an selbstlöschenden Störungen gering sein. An sich sind Überschläge ohne nachfolgenden betriebsfrequenten Strom sehr wohl denkbar, wie oben gezeigt wurde. Aber ihretwegen die Störung zunächst sich selbst zu überlassen, ist bestimmt nicht gerechtfertigt.

Ein wenig bekannter, aber wiederholt aufgetauchter Vorschlag (vgl. auch E.P. 167467) zielt darauf ab, den Erdschlußstrom der einzelnen Leitungen durch eine im Zuge der Leitung eingeschaltete Reihenimpedanz abzudrosseln. Der normale Betriebsstrom soll jedoch ungehindert hindurchtreten, die Impedanz für Betriebsströme (Stromsumme Null) muß verschwinden. Es kommt daher nur eine Wicklungskombination von hoher Nullimpedanz in Frage. Wir werden später sehen, daß dieser Vorschlag sich durch die gleiche Apparatur verwirklichen ließe, mit welcher man Netze in erdschlußunabhängige Teile zerlegen kann. Schon diese Aufgabe ist nur mit erheblichem Aufwand und nur für begrenzte Leistungen zu lösen. Auf die gleiche Art den Erdschlußstrom von der Zentrale aus abdrosseln zu wollen, ist sinnlos. Ist der Speisepunkt ungeerdet, so wird von dort keine Nullkomponente geliefert, es ist also nichts vorhanden, was abzudrosseln wäre. Der Erdschluß spielt sich völlig unverändert ab, z. B. mit einer Stromverteilung nach Abb. 19 oder 21d. Auch das Schema der Abb. 23 gibt uns Auskunft. Dort wird einfach $z_0$ sehr groß. Entweder ist die Erdungsimpedanz $z_e$ gleichfalls hoch (unendlich groß bei isoliertem Sternpunkt), dann ist $z_0$ überflüssig. Oder $z_e$ ist von mäßigem Betrage, dann wird die damit beabsichtigte Wirkung durch die Reihenschaltung eines hohen $z_0$ wieder aufgehoben. Der von $z_e$ sonst hervorgerufene Strom wird durch die vorgelagerte Nullimpedanz eben gar nicht erst aus dem Speisepunkt herausgelassen, die ganze Erdung über $z_e$ ist zwecklos.

Es ist lehrreich, wie mannigfalt die Versuche sind, von der starren Erdung loszukommen. Die Vorteile bestehen dann immer in der Annäherung an die Wirkungsweise der induktiven Erdschlußkompensierung, die Nachteile in den Abweichungen hiervon. Dem Idealbild einer Einrichtung zur Erdschlußbekämpfung in Hochspannungsnetzen schreiben wir folgende Züge vor: **Wahrung der Vorteile des Betriebes mit freiem Nullpunkt, unverzögertes Eingreifen bei Erdfehlern, Aufhebung des Fehlerstromes an der Erdschlußstelle, Entlastung der Maschinen von der Fehlerstromlieferung, Schonung der Fehlerstelle durch verlangsamte Wiederkehr der Spannungsbeanspruchung nach der Löschung, günstige Beeinflussung schleichender Störungen, selektives Erfassen des Fehlerortes.** Alles dies leistet die von Petersen ersonnene induktive Erdschlußkompensierung.

## 2. Die Arbeitsweise der Erdschlußspule im satten Dauererdschluß.

Über die Fehlerstelle kehrt der kapazitive Erdschlußstrom ins Netz zurück. Schickt man aus dem System einen genau gleich großen induktiven Strom zur Erde, so überlagern sich an der Fehlerstelle zwei entgegengesetzte gleiche Ströme, sie wird stromlos. Mit dieser wichtigen, aber keineswegs wichtigsten Seite von Petersens Erfindung wollen wir uns zunächst befassen.

Es ist nicht wesentlich, wie der induktive Kompensationsstrom hervorgerufen wird. Für den ersten Einblick ist es am bequemsten, sich an jedem Leiter gemäß Abb. 92 eine Induktivität parallel zur Kapazität nach Erde geschaltet vorzustellen. Die gegenseitige Kompensierung ist dann offenkundig. Man sieht nur sogleich ein, daß eine derartige Einrichtung nicht wirtschaftlich arbeitet. Denn die an der erdgeschlossenen Leitung liegende Spule ist jeweils unausgenutzt. Zudem führen die beiden wirksamen Induktivitäten nicht phasengleiche, sondern um 60° in der Phase verschobene Ströme. Die Zusammensetzung, auf deren Ergebnis es allein ankommt, führt nur auf das $\sqrt{3}$fache des Einzelstromes. Es wird also nicht die doppelte und erst recht nicht die 3fache Leistungsfähigkeit einer Spule des Drehstromsatzes ausgenutzt. Wenn auch der Polerdung nicht gerade in dieser Form technische Bedeutung zukommt, werden wir doch auf diese ihre Grundform öfter zurückgreifen, um uns zu vergewissern, daß die Nullpunktserdung über abgestimmte Induktivitäten mit Recht die Standardlösung geworden ist. Beide Varianten hat Petersen in seinem grundlegenden DRP. 304823 angegeben.

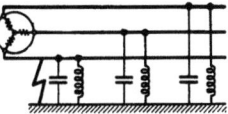

Abb. 92. Schema der induktiven Polerdung.

Der Erdschlußzustand unterscheidet sich, wie wir im 4. Kapitel des II. Abschnittes erkannten, vom normalen Betrieb nur durch das zusätzliche Auftreten einer Nullkomponente von Strom und Spannung. Abb. 93 ist das Grundschema, welches den stationären Vorgang beherrscht. Wir kennen es bereits aus Abb. 11d, an der nur einige Vereinfachungen durchzuführen sind. Fügt man im Systemschwerpunkt $S$ eine Induktivität hinzu, deren Stromaufnahme unter der Spannung $U_p$ der Bedingung entspricht

$$\frac{U_p}{\omega L_e} = U_p \Sigma \omega C_e$$

$$\boxed{\frac{1}{\omega L_e} = \Sigma \omega C_e} \qquad (73)$$

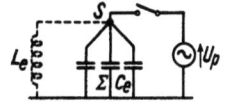

Abb. 93. Der Nullpunkt als Angriffspunkt der kapazitiven und induktiven Erdverbindungen.

so heben sich die aus dem System über die Kapazität einerseits, die Induktivität andererseits abfließenden Ströme gegenseitig auf, die Rückschlußstelle bleibt stromfrei, wenn man von der Deckung der Verluste absieht.

Gleichung (73) ist der mathematische Ausdruck der Petersenschen Bemessungsregel für die abgestimmt induktive Erdung.

Es kommt durchaus nicht darauf an, wie die Nullimpedanz $\omega L_e$ dem System eingegliedert wird. Am reinsten tritt der Gedanke in der Erdung des elektrischen Systemschwerpunktes über eine Induktivität $L_e$ hervor,

$$L_e = \frac{1}{\omega^2 \Sigma C_e} \qquad (73a)$$

$$\omega^2 L_e \Sigma C_e = 1. \qquad (73b)$$

Die Spielarten, in denen sich das Prinzip verwirklichen läßt, sind ebenso zahlreich wie die Schaltungen, welche eine gegebene Nullinduktivität liefern. Ihre Aufzählung wird uns noch beschäftigen. Es entgeht uns nichts, wenn wir die wesentlichen Eigenschaften der abgestimmt induktiven Erdung aus dem Verhalten eines Systems mit Erdschlußspule herleiten, worunter wir eine am Systemnullpunkt angeschlossene, mehr oder weniger genau nach (73a) abgestimmte Induktivität verstehen wollen. Dabei lassen wir vorläufig den Systemschwerpunkt mit dem Nullpunkt zusammenfallen.

Was am Ersatzschaltbild Abb. 93 unmittelbar einzusehen war, muß sich auch in der Darstellung im Netzbild wiederfinden. In Abb. 94 ist für den ein- und dreiphasigen Fall die Stromverteilung bei abgestimmt induktiver Erdung eingetragen, links für Nullpunktserdung über Erdschlußspule, rechts für Polerdung. Die Entlastung der Fehlerstelle vom kapazitiven Erdschlußstrom wird auch in dieser Betrachtungsweise augenscheinlich. Führt die kranke Phase überhaupt Strom, so wird er an der Fehlerstelle mit ungeändertem Betrage vorbeifließen.

Die rechts gezeichneten Bilder lassen auch erkennen, daß die Polerdung über unverkettete Einzeldrosseln nicht nur bei Erdschluß, sondern auch im Normalbetrieb stromführend ist. Bei der Polerdung über unverkettete Drosseln wird stets der gesamte Erdkapazitätsstrom der einzelnen Leiter und erst auf diesem Umwege der Summenerdschlußstrom des Netzes kompensiert. Es ist dies in der Regel unerwünscht. Die Polerdungsspulen führen nämlich dauernd Strom, im störungsfreien Betrieb den Ladestrom der Phase gegen Erde, im Erdschlußbetrieb das $\sqrt{3}$fache hiervon. Der Speisepunkt ist also auch vom symmetrischen Anteil des Stromes der Erdkapazitäten entlastet. Diese Wirkungsweise geht

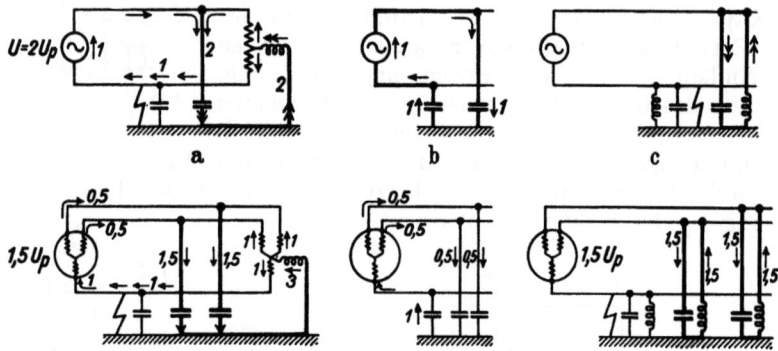

Abb. 94a—c. Verteilung der Erdladeströme im kompensierten Netz.
Oben: Einphasennetz, unten: Dreiphasennetz.

über die eigentliche Aufgabe hinaus, sie umfaßt auch einen Teil der Ladestromkompensierung — die gegenseitige Kapazität $C_{12}$ bleibt unkompensiert — und verteuert die Apparatur unnütz, wie wir bereits oben sahen. Anders liegen die Verhältnisse bei der Nullpunktserdung nach Abb. 94a. Eine Entlastung des Speisepunktes von der Aufgabe der normalen Ladestromlieferung, die in Abb. 94b zum Vergleich gegenübergestellt ist, kann hier nicht stattfinden. Dieser Anteil bleibt unverändert aufrecht. Die Speisepunkte liefern ihn nach wie vor; sie werden jedoch im Erdschluß nicht von einer zusätzlichen Stromverteilung durchflossen. Den gesamten bei Erdschluß neu auftretenden Anteil liefert die Erdschlußspule. War im unkompensierten Netz die Fehlerstelle der Rückschlußpunkt der Nullkomponente des Erdkapazitätsstromes, so ist es in kompensierten Anlagen die Erdungsinduktivität. Man kann sich auch vorstellen, daß sie dem Netz eine zweite Nullstromverteilung aufzwingt, die an der Fehlerstelle den kapazitiven Strom aufhebt. Diese Nullstromverteilung, welche bei Erdschlußspulen über den Anschlußtransformator ins Netz tritt, setzt sich mit der kapazitiven in solcher Art zusammen, daß folgende aus Abb. 94 unmittelbar abzulesende Wirkungen entstehen: Die Speisepunkte werden zur Deckung der Erdschlußstromverteilung überhaupt nicht mehr herangezogen, der Erdschluß bleibt den Maschinen verborgen. Die Fehlerstelle wird stromfrei, der Strom der kranken Phase wird an ihr vorübergeleitet. Die Stromverteilung wird damit unabhängig von der Lage der Erdschlußstelle, sie ist für ein bestimmtes Netzbild bei allen wie immer gelegenen Erdschlüssen identisch dieselbe.

Es erhebt sich natürlich die Frage, wieso im Dauererdschluß bei stromfreier Fehlerstelle das Netz überhaupt im verlagerten Erdschlußzustand verharrt. Wir werden die Veranlassung hierzu im Wattreststrom erkennen.

## Die Arbeitsweise der Erdschlußspule im satten Dauererdschluß.

In der unteren Reihe der Abb. 94 ist der dreiphasige Fall in solcher Weise behandelt, daß von den beiden einachsigen Spannungs- und Stromsystemen nach Abb. 46 nur jenes betrachtet wird, dem die gestörte Phase angehört. Es besteht Übereinstimmung mit einem Einphasensystem von 1,5facher Phasenspannung als Betriebsspannung. (Die andere Komponente der durch Erdkapazitäten und Polerdungsdrosseln fließenden Ströme ergänzt den Strom von der Maßzahl 1,5 auf $\sqrt{3}$ und bleibt hier außer Betracht. Sie wird nämlich von den Kapazitäten der beiden gesunden Phasen nur in sich ausgetauscht und bedarf einer Kompensierung an der Fehlerstelle gar nicht.) Unser vereinfachtes, auf einphasige Verhältnisse zurückgeführtes Schaltbild liefert auch die richtige Maßzahl 3 für den Summenerdschlußstrom, worauf wir schon im 10. Kapitel des Abschnittes II hinwiesen.

Die für die induktive Nullpunktserdung gezeichnete Stromverteilung stützt sich offenbar auf bestimmte Annahmen über die Verzweigung des von der Erdschlußspule aus dem System aufgenommenen induktiven oder — was dasselbe ist — an das System zurückgegebenen kapazitiven Stromes. Nach all dem, was in früheren Kapiteln über den bei Erdschluß zusätzlich auftretenden Ladestrom und seinen Charakter als Nullkomponente ausgeführt worden ist, kann es nicht zweifelhaft sein, daß auch der zur Kompensierung bestimmte Strom

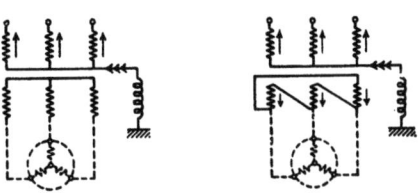

Abb. 95. Die Aufteilung des Erdschlußspulenstromes auf die Transformatorwicklungen.

von gleicher Art sein muß. Er durchsetzt das Netzbild unter Überwindung aller Nullimpedanzen, vor allem jener des der Spule vorgelagerten Anschlußtransformators. In Abb. 95 ist letzterer in den wichtigen Schaltgruppen Stern-Stern und Dreieck-Stern betrachtet. Es ist unwesentlich, ob es sich um einen Abspanntransformator in einer Unterstation oder um einen Speisepunkttransformator handelt; die Stromverteilung greift auf den an die zweite Wicklung angeschlossenen äußeren Stromkreis nicht über. Dort kann ja ohne besondere Vorkehrungen keine Nullkomponente fließen. Gleichzeitig sieht man, daß die verkettete Spannung völlig unberührt bleibt. Vom Nullpunkt zu den Klemmen können Spannungsabfälle gleicher Größe und Phasenlage entstehen, von einer Klemme zur anderen gemessen heben sie sich jedoch heraus. Die gleichmäßige Verteilung des Spulenstromes auf die vom Nullpunkt ausgehenden Wicklungen ist daher gleichwertig mit der Bedingung einer starr vorgegebenen Netzspannung. An der Einhaltung dieser Bedingung seitens der Speisepunkte ist nicht zu zweifeln. Denn selbst die mäßige Zusatzlast, welche ihnen in isolierten Netzen ohne Erdschlußkompensierung im Störungsfalle erwächst, bleibt ihnen hier erspart. An der grundsätzlichen Einsicht, daß sich der Spulenstrom vom Nullpunkt aus auf die einzelnen Phasen gleichmäßig verteilt, darf man sich durch scheinbare Widersprüche nicht irremachen lassen. Eine solche Unstimmigkeit scheint beispielsweise im Fall der Abb. 96 vorzuliegen. Die linke Figur zeigt eine Maschine, die eine leerlaufende einfache Einphasenleitung speist. Von der gegenseitigen Kapazität der Leiter ist abgesehen. Die kranke Phase ist spannungs- und stromlos. Der Spulenstrom geht in voller Höhe über die eine der beiden Wicklungshälften, die andere ist leer. Der Widerspruch gegen unsere Regel löst sich, wenn man die Stromverteilung so zerlegt, daß der bereits im Normalbetrieb vorhandene kapazitive Ladestrom und der bei Erdschluß zusätzlich fließende Anteil für sich getrennt erscheinen. Die Spule liefert eine Nullkomponente, die sich nach der oben ausgesprochenen Regel auf beide Wicklungshälften verzweigt; der Kondensator an der kranken Phase wird durch die Überlagerung stromlos.

Die induktive Erdschlußkompensierung leistet hiernach im Dauererdschluß folgende Dienste: **Aufhebung des Stromüberganges an der Fehlerstelle, Entlastung der Maschinen von der einachsigen Zusatzlast** (vgl. Abschnitt II, 4. Kapitel). Die Verbrennungen an erdgeschlossenen Leitungsseilen, durchgeschlagenen Kabeln und an Kriechwegen in der festen Apparateisolation werden vermieden, der gefährliche Spannungstrichter in der Umgebung der Störungsstelle verschwindet. Die Stromverteilung wird von der Lage der Fehlerstelle im Netz unabhängig; auch die Fragen der Beeinflussung

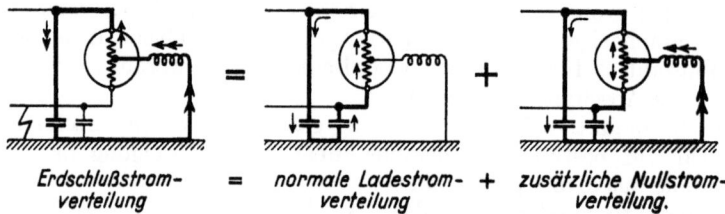

*Erdschlußstromverteilung* = *normale Ladestromverteilung* + *zusätzliche Nullstromverteilung.*

Abb. 96. Die Verteilung des Erdschlußspulenstromes im Netz.

beziehen sich daher auf klar umrissene Verhältnisse, nicht etwa auf die Wirkung von Leiterschleifen wechselnder Ausdehnung und Stromverteilung. Die **Zulässigkeit einer Fortführung des Betriebes im Dauererdschluß** ist der große Gewinn, den die Erdschlußkompensierung in Netzen jedes Umfanges und jeder Spannung bringt. Fast alle deutschen 100-kV-Versorgungen waren wiederholt darauf angewiesen, in stundenlanger Fortführung des Erdschlußbetriebes von dieser Möglichkeit Gebrauch zu machen. Für die Sicherung eines gleichmäßigen unempfindlichen Betriebes, für die wirtschaftliche Ausnützung der Anlagen und für die Freiheit der Disposition ist damit außerordentlich viel getan. Alle Umschaltungen können auf gelegene Zeitpunkte hinausgeschoben werden, für die Eingrenzung, Auffindung und Behebung des Fehlers wird Zeit gewonnen.

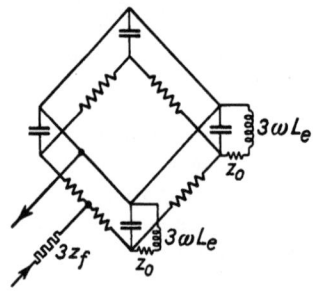

Abb. 97. Der Stromkreis des Fehlerstromes im Netz bei guter Abstimmung.

Zugleich mit dem Abbrennen der Leitungen ist die Ausbildung von verkehrten Erdschlüssen (II. Abschnitt, 10. Kapitel) vermieden.

Für die vollständige Beschreibung des Stromverlaufes ist wieder Abb. 23 maßgebend. Bei richtiger Abstimmung der Erdschlußspule gemäß Bedingung (73) bleibt der Vorgang auf die Impedanzfigur 23c des Nullsystems beschränkt, welche in Abb. 97 für eine einzelne Phase einer Dreiphasenanlage wiederholt ist. An die Stelle der ohne Spezialisierung eingeführten Erdungsimpedanzen $z_e$ treten jetzt eine oder mehrere Erdschlußspulen mit den Reaktanzen $\omega L_e$, denen wiederum die Nullimpedanzen der Anschlußtransformatoren vorgeschaltet sind. Auf eine Phase entfällt $3\omega L_e$. Denn man kann sich für jede Phase eine Spule dieser Bemessung am Nullpunkt vorgesehen denken. Die Parallelschaltung ergibt $\omega L_e$. Die Impedanzen der Teilstrecken des Netzes sind die uns bereits nach Art und Größe bekannten Nullimpedanzen. Die Erdschlußstelle, markiert durch den Fehlerwiderstand $z_f$, bleibt stromfrei. Verlustwiderstände sind nicht berücksichtigt. Wir werden ihren Einfluß später untersuchen. Sie bedingen Abweichungen von unserem vorläufigen Ergebnis, indem sie das Auftreten von Restströmen an der Erdschlußstelle hervorrufen.

Nur ausnahmsweise wird die Nullstromanspeisung durch den induktiven Zweig des Stromkreises den kapazitiven Nullstromverbrauch gerade decken.

Abweichungen von der strengen Abstimmungsbedingung werden die Regel sein. Man spricht von Überkompensierung, wenn ein induktiver Überschuß besteht, von Unterkompensierung, wenn die kapazitive Stromsumme des Netzes überwiegt. In beiden Fällen kommt an der Fehlerstelle ein wenn auch geringer Stromfluß zustande, der der Differenz der beiden Anteile entspricht. Selbstverständlich gilt für diesen Differenzanteil nun das vollständige Stromverzweigungsbild nach Abb. 23. Es sei daran erinnert, daß die dort gegebene Darstellung sich auf eine einzelne Phase bezieht. An der Fehlerstelle tritt für jede Phase über den Widerstand $3\,z_f$ ein Drittel des kapazitiven bzw. induktiven Reststromes in die Nullimpedanzfigur ein, verläßt diese am ideellen Rückschlußpunkt und tritt nun den Weg über die beiden anderen Netzfiguren an. Auf diese Art gibt das Ersatzschaltbild Rechenschaft von der in Abb. 98 unter Vernachlässigung der Feinheiten deutlich gemachten einleuchtenden Tatsache, daß der Reststrom die Speisepunkte belastet. Er ruft an ihnen eine einachsige Stromverteilung hervor, sucht sich also den gleichen Weg

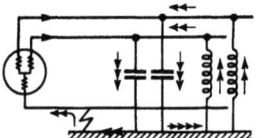

Abb. 98. Die Bahn des Reststromes bei ungenauer Abstimmung.

wie der gesamte kapazitive Erdschlußstrom im unkompensierten Netz. Die Wirkungen an der Fehlerstelle und an den Stromerzeugern sind jedoch bis zur Bedeutungslosigkeit herabgesunken. Die Blindstromkomponente des Reststromes, mit der wir es hier zu tun haben, beträgt

$$I_{rb} = U_p \left( \sum \omega C - \frac{1}{\omega L} \right). \tag{74}$$

Man bezieht den Reststrom $I_r$ auf den Erdschlußstrom

$$I_e = U_p \sum \omega C$$

und definiert einen **Verstimmungsgrad**

$$\left.\begin{array}{l} v = \dfrac{I_e - I_L}{I_e} = \dfrac{I_{rb}}{I_e} = 1 - \dfrac{\dfrac{1}{\omega L}}{\sum \omega C} \\ \qquad = 1 - \dfrac{1}{\omega^2 L \sum C} \end{array}\right\} \tag{75}$$

In dem Maße, als das Produkt $\omega^2 L \sum C$ entgegen der Abstimmbedingung (73b) vom Wert 1 abweicht, tritt Fehlkompensierung ein. Zur Ausnutzung der vorteilhaften Wirkungen der Erdschlußspule ist man nicht an exakte Abstimmung gebunden. Beiderseits derselben bietet vielmehr ein mehr oder weniger breiter Bereich die wesentlichen Vorteile in praktisch gleichem Maße. Selbst bei bester Abstimmung fließt ja noch immer wenigstens ein Wattreststrom über die Fehlerstelle, der von den Speisepunkten her aufrechterhalten wird. Mit ihm setzt sich die Blindkomponente des Reststromes unter rechtem Winkel zusammen. Das Ergebnis ist eine mehr oder weniger flach verlaufende Minimumbedingung, die uns später in Form der sog. V-Kurve entgegentreten wird. Voraussetzung für die günstige Wirkung einer Erdschlußspule im Dauererdschluß ist also nicht allein die exakte, sondern überhaupt angenäherte Abstimmung, wobei man je nach der Höhe des zu kompensierenden Erdschlußstromes Abweichungen von 10—25 vH zugestehen wird.

## 3. Die Unterbrechung des Erdschlusses in kompensierten Netzen.

Der Erdschluß ist ein Zwangszustand. Je nach der Höhe der von ihm herbeigeführten Nullpunktsverlagerung $U_0$ entsteht an den drei Kapazitäten der Abb. 93 eine mit Betriebsfrequenz pulsierende Ladung. Ihr entspricht eine elektrostatische Energiebindung $(U_0 \sin \omega t)^2 \cdot \frac{\sum C_e}{2}$. Gleichzeitig nimmt die Erdschlußspule einen nacheilenden Strom

$$I_e = -\frac{U_0}{\omega L} \cos \omega t$$

auf, dem eine elektromagnetische Energie $\left(\frac{U_0 \cos \omega t}{\omega L}\right)^2 \cdot \frac{L}{2}$ zugeordnet ist. In jedem Augenblick enthält der Kreis die Energie des Nullsystems

$$E = U_0^2 \frac{\sum C_e}{2} \left( \sin^2 \omega t + \cos^2 \omega t \frac{1}{\omega^2 L \sum C_e} \right). \qquad (76)$$

Man kann diesen Ausdruck umformen in

$$E = U_0^2 \frac{\sum C_e}{2} (1 - v \cos^2 \omega t), \qquad (77)$$

worin

$$v = 1 - \frac{1}{\omega^2 L \sum C_e}$$

den bereits definierten Verstimmungsgrad bedeutet.

Ist genaue Abstimmung vorhanden ($v = o$), so ist die Energie des Nullsystems konstant. Sie ist entweder rein elektrostatisch als $U_0^2 \frac{\sum C_e}{2}$ gespeichert, oder magnetisch mit dem gleichen Betrag in der Spule gebunden, oder auf beide Energieträger verteilt. Wann auch immer der Erdschluß aufgehoben wird, stets wird die gleiche Energiemenge $\frac{U_0^2 \sum C_e}{2}$ in Freiheit gesetzt. Dem weiteren Schicksal dieser abgetrennten und sich selbst überlassenen Energiemenge haben wir nachzugehen. Die elektrischen Voraussetzungen gibt Abb. 93 an. In ihr haben wir die den Stromkreis zwangsmäßig steuernde Spannung $U_p$ oder allgemeiner $U_0$ wegzudenken (Schalter geöffnet). Beide Stromzweige beginnen den neuen Abschnitt stetig mit dem ihnen zuletzt aufgedrückten Zustand und setzen diesen nach Maßgabe ihres freien Zusammenwirkens fort. Induktivität $L_e$ und Kapazität $\sum C_e$ bilden dabei einen Schwingungskreis mit einer Kreisfrequenz $\omega_f$ der freien Schwingung

$$\omega_f = \frac{1}{\sqrt{L_e \sum C_e}}. \qquad (78)$$

Ein Vergleich mit Formel (73b) lehrt sogleich, daß bei Einhaltung der Bedingung exakter Abstimmung genaue Gleichheit mit der Betriebsfrequenz $\omega$ besteht,

$$\omega_f = \omega. \qquad (79)$$

Somit stimmen nicht nur die Anfangsbedingungen des neuen freien Zustandes mit den Endbedingungen des früheren erzwungenen überein, sondern es wird überdies die Schwingung in unveränderter Weise mit gleichem Energieinhalt fortgesetzt. **Der freie Zustand ist die Fortsetzung des vorangegangenen Erdschlußzustandes, das System verharrt im Erdschluß.** Dazu befähigt es die übernommene Energie der Nullkomponente und die besondere Art der Abstimmung des Schwingungskreises. In dem Maße, als die verfügbare Energie in den Verlusten des Stromkreises zerstreut wird, klingt die freie Schwingung ab. In Abb. 99 wird die dem Nullpunkt im Dauererdschluß aufgezwungene Schwingung im Löschmoment durch die freie Schwingung abgelöst. Die Zeitkonstante des Abklingens ist wie für jeden Schwingungskreis

$$\frac{1}{\alpha} = \frac{2L}{r}. \qquad (80)$$

Alle drei Phasen machen die Löschschwingung des Systems mit. Außerdem weisen sie gegen den Nullpunkt die betriebsfrequenten Phasenspannungen auf. Die Überlagerung liefert einen sanften Übergang vom Erdschlußzustand in die

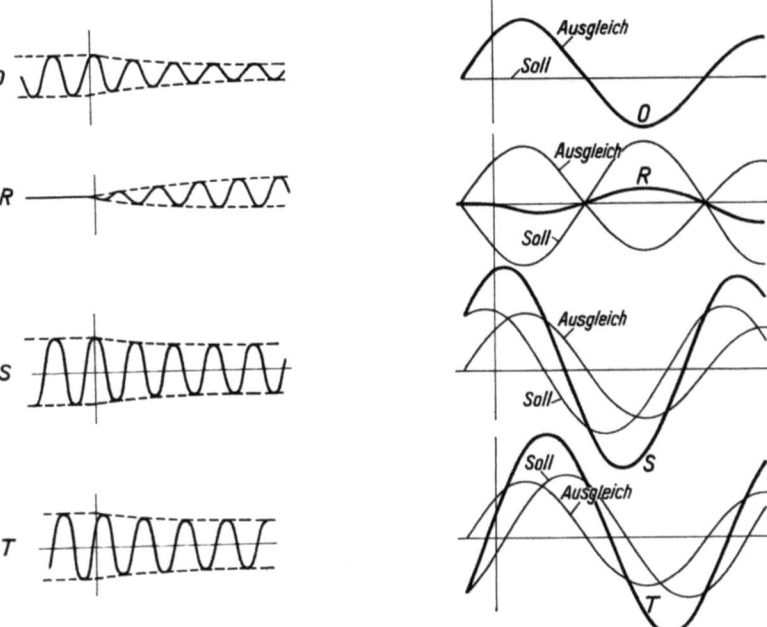

Abb. 99. Einschwingvorgang des exakt kompensierten Netzes nach Aufhebung eines Erdschlusses.

Abb. 100. Zusammensetzung des Einschwingvorganges aus stationärer Spannung und freier Ausgleichsschwingung.

Spannungen des erdschlußfreien Betriebes. Die Figuren der Abb. 99, welche dies zeigen, sind der Ausdruck für eine der wichtigsten, wenn nicht die wichtigste von allen Eigenschaften der induktiven Erdschlußkompensierung. Insbesondere

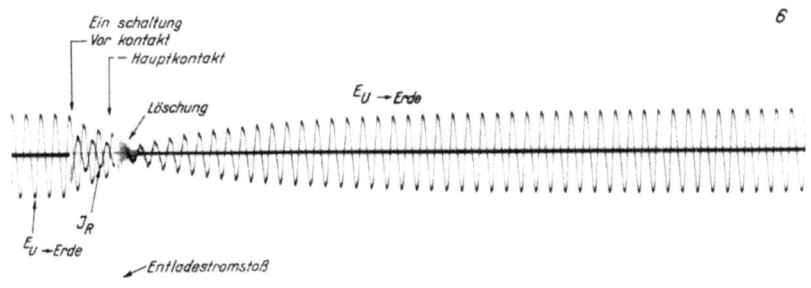

Abb. 101. Langsame Wiederkehr der Spannung an der kranken Phase nach Verschwinden des Erdschlusses in einem 100 kV-Netz.

das zweite Teilbild lehrt, daß die kranke Phase sich allmählich erholt. Die normale Spannungsbeanspruchung kehrt nicht sofort wieder, sondern es braucht eine ganze Anzahl von Halbperioden, bis sie sich an der kranken Phase wieder einstellt. Abb. 100 bringt hierzu noch die Einzelheiten des Überlagerungsvorganges.

In Abb. 101 zeigt schließlich ein Oszillogramm die Vorgänge an der kranken Phase eines 100-kV-Netzes beim Aufheben eines künstlich hergestellten Erdschlusses.

Die induktive Kompensierung des Erdschlußstromes verzögert die Wiederkehr der Beanspruchung an der kranken Phase. Sie ergibt eine praktisch stromlose Trennung der Kontaktstellen und verhindert das Auftreten lichtbogenbildender oder rückzündender Spannungsdifferenzen zwischen ihnen. Sie verlängert die Frist, in der die Entionisierung der Durchbruchstrecke und die Abkühlung der Fußpunkte vollzogen sein muß. Sie schafft mit einem Schlage alle Voraussetzungen für eine lichtbogenfreie Unterbrechung des Stromkreises an der Fehlerstelle. Sie unterbindet den aussetzenden Erdschluß.

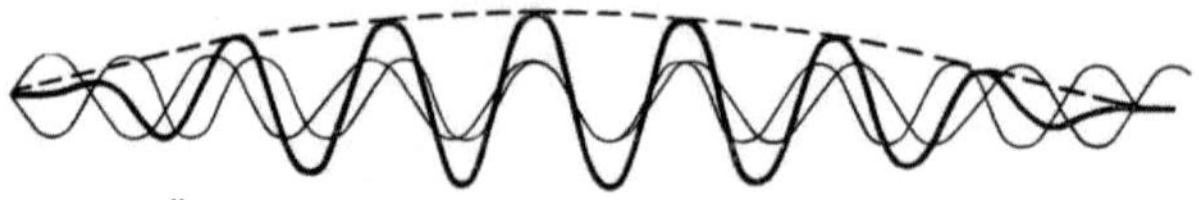

Abb. 102. Überlagerung von stationärer Spannung und freier Ausgleichsschwingung bei Fehlabstimmung.

Diese Vorzüge der Erdschlußspule und ihrer Spielarten sind es, welche den Gewittern in den Augen der Betriebsleute ihren Schrecken genommen haben. Jeder einpolige Überschlag erstickt alsbald durch den Stromentzug an der Fehlerstelle im Verein mit der Unterbindung des Lichtbogens. Der Überschlag wird sofort gelöscht.

Es gehört zu den wesentlichen Tatsachen der Erdschlußlöschung, daß diese günstigen Eigenschaften in einem nicht zu engen Bereich beiderseits der exakten Abstimmung erhalten bleiben und daß es auf die Höhe des kapazitiven Erdschlußstromes dabei nicht ankommt. Man darf also ohne Nachteil bis zu einem gewissen Grade verstimmen bzw. zufällige Verstimmungen zulassen. Hierauf führt eine einfache Ergänzung unserer bisherigen Betrachtungen.

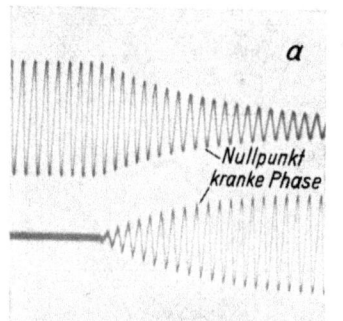

Abb. 103a und b. Oszillographische Aufnahme der Spannungswiederkehr an der kranken Phase bei Aufhebung des Erdschlusses im a genau, b ungenau abgestimmten Netz.

Die Gleichung (78) für die Kreisfrequenz $\omega_f$ der freien Schwingung geht bei Vorhandensein einer Verstimmung $v$ nicht in (79) über, sondern erfährt folgende Umformung:

$$\omega_f = \frac{\omega}{\sqrt{\omega^2 L \Sigma C_e}} = \omega \sqrt{1-v}. \tag{81}$$

Schon daraus sieht man, daß eine geringe Verstimmung die Eigenfrequenz nicht sehr stark zu beeinflussen vermag. Bei 10 vH Verstimmung weicht die Eigenfrequenz $\omega_f$ nur um 5,2 vH von der Betriebsfrequenz $\omega$ ab. Der Nenner der Beziehung (78) lehrt ebenso wie Gleichung (81), daß bei Unterkompensierung ($L$ zu groß, $v$ positiv) die Eigenfrequenz $\omega_f$ etwas verringert, bei Überkompensierung ($L$ zu klein, $v$ negativ) etwas erhöht wird.

Die Folgen dieser kleinen Abweichung müssen sich bei der Überlagerung der Löschschwingung und der Welle der Betriebsspannung genau so ausprägen, wie bei jeder Zusammensetzung zweier Wellenzüge von benachbarter Frequenz:

Die Unterbrechung des Erdschlusses in kompensierten Netzen.

Es kommt zu Schwebungen. Es ist auch ohne weiteres einzusehen, daß beispielsweise bei 5 vH Frequenzabweichung die anfängliche Phasenbeziehung der beiden Komponenten in jeder Halbperiode um $1/_{20}$ verschoben wird, so daß nach 20 Halbperioden eine Umkehrung auftritt. An der kranken Phase macht dann die ursprüngliche Gegenphasigkeit von Betriebsspannung und freier Schwingung einer gleichsinnigen Überlagerung Platz (Abb. 102). Die Wirkung der Dämpfung macht sich dahin geltend, daß ein Aufschwingen auf doppelte Phasenspannung nicht zustande kommt. Immerhin prägen sich die Schwebungen noch merklich aus, wie das Oszillogramm Abb. 103 b erkennen läßt. Nun kommt es offenbar auf den Verlauf der Spannung an der kranken Phase in den allerersten Halbwellen nach der erstmaligen Aufhebung des Erdschlusses an. Und hier läßt uns selbst eine von der Abstimmbedingung weit entfernte Erdschlußspule nicht im Stich. Sie sorgt für sanftes Ansteigen der Spannung an der kranken Phase und bewahrt damit die Eigenschaften, durch welche sie die Unterbrechung von Erdschlußlichtbögen begünstigt.

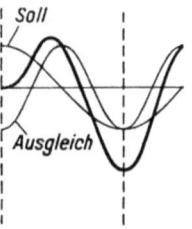

Abb. 104. Spannungswiederkehr an der kranken Phase bei mehrfacher Überkompensierung.

Man darf nicht etwa das Zustandekommen von Schwebungen als eine unerwünschte Begleiterscheinung auffassen. Ein völlig ungeerdetes Netz ist der Grenzfall der Fehlabstimmung. Wir wissen aus dem 2. Kapitel des Abschnittes III, daß sich dann schon eine Halbperiode nach der Unterbrechung des Erdschlusses an der kranken Phase die doppelte Spannung ausbildet, da die verbliebene Gleichladung additiv hinzutritt (Abb. 74). **Auch eine schlecht abgestimmte Erdschlußspule ist daher noch immer besser als keine.** Denn sie verzögert das Auftreten der doppelten Normalbeanspruchung und mildert zudem die höchste Amplitude durch die in der Zwischenzeit zur Wirkung gelangte Dämpfung. Das Zustandekommen aussetzender Erdschlüsse ist selbst in Netzen mit sehr ungenauer Abstimmung wirksam unterbunden. Die im Löschmoment zurückbleibende Ladung wird schwingungsmäßig zur Erde abgeführt. Soll sich die in freier Schwingung am Nullpunkt und an den

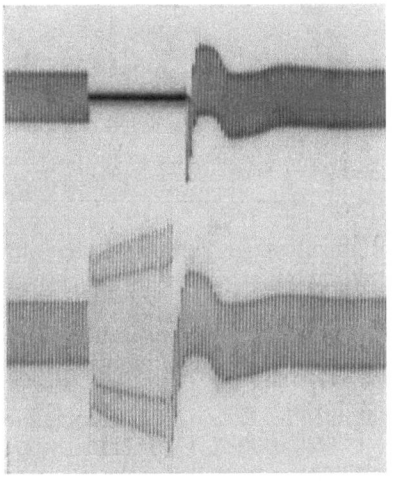

Abb. 105. Verlauf des Einschwingvorganges in einem nur über Erdungsspannungswandler geerdeten Netz. Oben kranke, unten gesunde Phase.

Leitern erscheinende Spannung schon nach einer Halbperiode der Betriebsspannung gleichsinnig überlagern, so wäre gemäß Abb. 104 ein Frequenzverhältnis von mindestens 2:1 erforderlich, wofür die Induktivität $L_e$ im Verhältnis 1:4 zu niedrig gewählt werden müßte (Überkompensation). Dann erst sind die Verhältnisse mit denen im unkompensierten Netz vergleichbar. Bei Unterkompensation nähert man sich durch Verlangsamung der Eigenschwingung allmählich den Verhältnissen des unkompensierten Netzes. Abb. 105 entspricht einem solchen Fall. Die Erdung des Netzes geht nur über sog. Ableitungsdrosselspulen (Erdungsspannungswandler) vor sich, deren Einfluß auf die Restladung des Netzes bereits im 2. Kapitel des Abschnittes III (Abb. 77) behandelt wurde. Man erkennt die charakteristischen Rechteckschwingungen abnehmender Frequenz und stellt vor allem fest, daß die ersten Halbwellen nach der Löschung genau wie im völlig isolierten Netz verlaufen. An der kranken Phase tritt sofort die doppelte Normalspannung auf.

Hier drängt sich die Frage nach den zulässigen Grenzen der Fehlabstimmung auf. Man begegnet da immer wieder gewissen Trugschlüssen, denen ausdrücklich entgegengetreten werden soll. In unkompensierten Netzen ist ein Erdschlußstrom in der Größenordnung von 5 A nicht mehr selbstlöschend. Also kann, so lautet die daran geknüpfte unzutreffende Überlegung, ein Netz mit 50 A kapazitivem Erdschlußstrom, das auf 10 vH genau auskompensiert ist, mithin 5 A Reststrom behält, auch nicht mehr zur selbsttätigen Löschung neigen. Der Verwendung der induktiven Erdschlußkompensierung wären damit enge Grenzen gezogen, mit zunehmender Netzausdehnung würden die Erfolgsaussichten immer schlechter werden. Dies ist nun durchaus nicht der Fall. Denn von den drei Faktoren, welche die Löschung maßgebend beeinflussen, Höhe des zu unterbrechenden Stromes, Betrag der wiederkehrenden Spannung und Zeitverzug bis zur Wiederkehr der normalen betriebsmäßigen Beanspruchung der aufgetrennten Stromübergangsstelle, ist

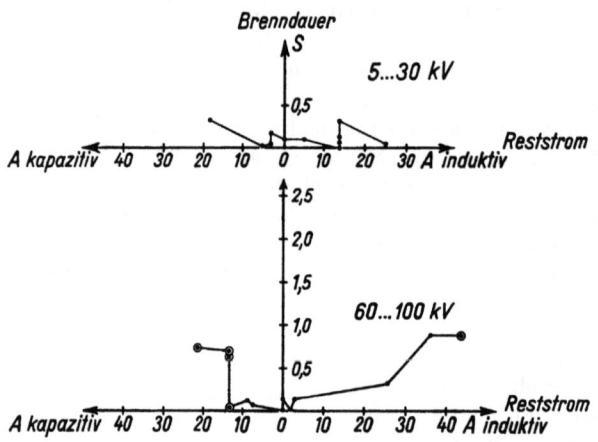

Abb. 106. Zusammenstellung gemessener Brenndauern von Erdschlußlichtbögen in kompensierten Netzen in Abhängigkeit vom Reststrom (Werte von G. Meyer).

in unzulässiger Vereinfachung nur der erste in Betracht gezogen worden. Ein unkompensiertes Netz mit bestimmtem Erdschlußstrom und ein nicht voll kompensiertes Netz mit gleich hohem Reststrom unterscheiden sich in ihrer Löschfähigkeit grundsätzlich durch die Art der Spannungswiederkehr, die im kompensierten Netz vielfach verlangsamt vor sich geht. Das ist der Grund, weshalb die Erdschlußspule sich für jede heute praktisch in Betracht kommende Netzausdehnung eignet. Das 100 kV-Netz der Bayernwerk-A.G. mit 500—600 A Erdschlußstrom ist eines unter den zahlreichen Beispielen, an denen diese Tatsache in jahrelangem Betriebe erhärtet werden konnte. Im 220 kV-System des Rheinisch-Westfälischen Elektrizitätswerkes erstreckt sich die Kompensierung auf ein Netzgebilde von rd. 1000 A Erdschlußstrom. Das 30 kV-Kabelnetz der Berliner Elektrizitäts-Werke (Bewag) hat 2800 A Erdschlußstrom und wird auf etwa 130 A auskompensiert. Gewiß muß man bei so gewaltigen Beträgen auf Einhaltung guter Abstimmgenauigkeit bedacht sein. Aber es liegt auf der Hand, daß das Zurückschrauben des Erdschlußstromes auf wenige Prozente so lange unbefriedigend wäre, als man damit nur den Zustand 10- oder 20mal kleinerer unkompensierter Netze erreichen würde. Nur eine neue besondere Wirkung würde den Aufwand rechtfertigen und als solche haben wir die verzögerte Spannungswiederkehr an der Fehlerstelle erkannt.

Wir würden in den eben gerügten Fehler einseitiger und unvollständiger Betrachtungen verfallen, wollten wir die Bedeutung der beiden anderen Bestimmungsstücke des Löschvorganges nicht anerkennen. Bei gleichem Verstimmungsgrad wird selbstverständlich das Netz mit geringerem Absolutwert des Reststromes im Vorteil sein. Ebenso wird der Absolutbetrag der in gleichen Zeiten wiederkehrenden Spannung eine Rolle spielen. Bei Isolatorenüberschlägen bietet die mit wachsender Betriebsspannung zunehmende Überschlagslänge einen gewissen Ausgleich für die erschwerte Löschung. Immerhin darf als Regel gelten, daß man mit zunehmender Betriebsspannung die Abstimmung sorgfältiger zu wahren hat, um durch Verlangsamung der Wiederkehr des höheren Endwertes den auf die Zeiteinheit bezogenen Spannungsanstieg gleichzuhalten. Während man für Freileitungsnetze bis 30 kV eine Verstimmung von 25 vH zulassen darf, geht man bei 60 kV im allgemeinen nicht über 20 vH, bei 100 kV nur bis 10 vH. Es macht keine Schwierigkeiten, diese Abstimmungsschärfe im praktischen Betriebe einzuhalten.

Erfahrung und Überlegung leiten somit übereinstimmend zu folgender Einsicht hin: Bestimmend für die Löschfähigkeit eines Netzes ist in erster Linie der Kompensierungsgrad, also eine relative, nicht eine absolute Größe. In zweiter Linie ist die absolute Höhe des Reststromes und der Netzspannung von Einfluß.

Eine Arbeit von G. Meyer (L 96) versucht andere Schlüsse zu

Abb. 107. Kettenüberschlag in gut kompensiertem Netz.

Abb. 108. Überschlagslichtbogen im gleichen Netz wie Abb. 107 ohne Kompensierung.

116    Theorie der induktiven Erdschlußkompensierung.

b

Abb. 109 a und b. Erdschlußlichtbögen aus Versuchen in einem 50-kV-Netz (Roth), Fehlabstimmung 100 und 23 vH.

a                                        b

Abb. 110 a und b. Erdschlußlichtbögen in einem 60-kV-Netz, Fehlabstimmung 100 und 58 vH (G. Meyer)

ziehen. Sie stützt sich auf Erdschlußversuche mit Löschtransformatoren und geht so vor, daß die oszillographisch bestimmten Brennzeiten des Lichtbogens in Abhängigkeit von dem Absolutbetrag des Reststromes aufgetragen werden. Wir bringen in Abb. 106 die Ergebnisse der Untersuchung ohne die dort versuchsweise konstruierte parabelförmige Grenzkurve. Zunächst ist ganz einwandfrei zu erkennen, daß bis einschließlich 30 kV so gut wie überhaupt keine Abhängigkeit der Brenndauer vom Reststrom festzustellen ist, obgleich unter den höheren Restströmen die Zahl der Versuchspunkte mit großer Fehlabstimmung häufiger sein muß. Erst für 60 und 100 kV deuten die stark streuenden Versuchspunkte auf einen gewissen Einfluß des absoluten Reststrombetrages hin. Die ungewöhnlich lange Brenndauer von 2 s, die sich bei 4 Versuchen mit 60 kV herausstellte, kann ohne Analyse des Reststromes nach absoluter und relativer Höhe, Blindstrom- und Wirkstromanteil wie auch Oberwellenbeimengung nicht als Beitrag zu einer statistischen Auswertung anerkannt werden. Nach Ausscheidung dieser vier Punkte bleibt keine Stütze für die Betrachtungsweise von G. Meyer übrig. Vier nicht näher analysierte Versuche sind aber für so wesentliche Folgerungen eine zu dürftige Grundlage.

Die äußeren Erscheinungen einer Löschung bei höherem Verstimmungsgrad beschränken sich meist auf das Hellerwerden der Unterbrechungsfunken. In einem gut kompensierten Netz ist der Überschlag kaum wahrnehmbar, wie die aus der Arbeit von Meyer stammende Abb. 107 zeigt. Ganz im Gegensatz dazu ist der Lichtbogen des ungelöschten Netzes eine mächtige Flammenerscheinung, die elektrodynamisch und durch Luftbewegungen weit ausgezogen wird und in der Regel auf die Nachbarphasen übergreift (Abb. 108).

Das Zwischengebiet wird durch Abb. 109 und 110 vertreten, wo Erdschlußlichtbögen bei Fehlabstimmungen von 23 und 58 vH gezeigt werden. Bei beträchtlichen Verstimmungsgraden entwickelt sich an der Erdschlußstelle an Stelle des punkt- oder fadenförmigen Funkens ein weich brennender Lichtbogen, der sich erst ausbreiten und in die Länge ziehen muß, um nach einiger Zeit unter Mitwirkung der Luftströmung zu erlöschen. Der Erdschlußlichtbogen braucht dann eine ganze Anzahl von Halbperioden zu seiner Unterbrechung.

Wir haben uns in diesem Kapitel mit dem Kernpunkt der Theorie der Erdschlußlöschung befaßt. Es obliegt uns nun der Ausbau dieser Theorie nach den verschiedensten Richtungen.

## 4. Erdschlußzündung in kompensierten Netzen.

Die Zündung von Erdschlüssen in Netzen mit induktiven Kompensationseinrichtungen verläuft etwas komplizierter als in vollkommen ungeerdeten Systemen. Das ist unbedenklich, denn die zusätzlichen Erscheinungen sind weder nach ihrer Intensität noch nach ihrer Dauer imstande, eine der Zündung alsbald folgende Löschung zu behindern. Es ist der Einschaltvorgang der Induktivität, der neu hinzutritt. Von den beiden Vorläufern des stationären Erdschlusses, die wir im 1. Kapitel des III. Abschnittes kennengelernt haben, der wanderwellenmäßigen Entladung der kranken Phase und der mittelfrequenten Entladung der gesunden Phasen (Zündschwingung), wird keine wesentlich beeinflußt. Eines Nachweises bedarf diese Behauptung wohl nur hinsichtlich der Zündschwingung. Wir wissen von der Erdschlußspule, daß sie bei Betriebsfrequenz unter der Nullpunktsspannung etwa den gleichen Strom aufnimmt wie die gesamte Erdkapazität. Für die erhöhte Frequenz der Zündschwingung steigert sich die Stromaufnahmefähigkeit der Kapazität, verringert sich in gleichem Maße die der Induktivität. Letztere kann also für die Zündschwingung keinen nennenswerten Rückschluß bieten und bleibt daher ohne Einfluß auf die Vorgänge, die sich zwischen den wesentlich geringeren Scheinwiderständen der Kapazität einerseits, der Kurzschlußinduktivität des Netzes andererseits abspielen.

Bleiben die Löschinduktivitäten auch gegenüber den schwingungsmäßig ablaufenden Zündvorgängen des Netzes indifferent, so sind sie doch selbst der Ursprung eines weiteren Ausgleichsvorganges. Der Erdschluß ist gleichbedeutend mit dem Schließen des Schalters in Abb. 93. Die Induktivität kann dann nicht die Stromlieferung sofort mit dem richtigen stationären Wert beginnen, der dem Augenblickswert der Spannung im Schaltmoment entspricht. Die Stromkurve muß wohl denjenigen Änderungsverlauf aufweisen, der durch die Nullpunktsspannung nach der Beziehung

$$U_0 \sin(\omega t + \varphi) = -L \frac{dI}{dt}$$

vorgeschrieben wird, aber sie muß mit dem Werte Null beginnen. Dies ist nur möglich, wenn sie sich um ein Ausgleichsglied verlagert, welches den ersten Momentanwert zu Null ergänzt. Da die Änderung $\frac{dI}{dt}$ vorgeschrieben ist, kann es sich nur um ein Gleichstromglied handeln. Sein Betrag ist entgegengesetzt gleich dem augenblicklichen Sollwert des betriebsfrequenten Spulenstromes. Selbstverständlich erlischt auch ein Ausgleichsstrom dieser Art bald. Der Verlustwiderstand $r$ der Strombahn, in den sich die $I^2 r$-Verluste zusammenfassen lassen, erzwingt ein exponentielles Abklingen mit einem Dämpfungsexponenten $\alpha$

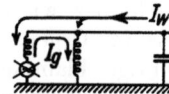

Abb. 111. Stromkreise der freien Ausgleichsströme bei Erdschlußzündung im kompensierten Netz (Polerdung).
Gleichstromglied $I_g$,
Wechselstromglied $I_w$.

$$\frac{1}{\alpha} = \frac{L}{r}. \qquad (82)$$

Die Dämpfung des Gleichstromgliedes ist also bei gleichem $r$ doppelt so groß wie die der Löschschwingung, für welche Gleichung (80) maßgebend ist. Dies gibt eine Vorstellung von der Lebensdauer des Gleichstromgliedes.

Um einige in der Näherungsbetrachtung steckende Unklarheiten abzustreifen, sei noch der kombinierte Stromkreis auf die Art seiner Ausgleichsvorgänge untersucht. Auch hier ist Polerdung und Nullpunktserdung über Löschinduktivitäten wieder gleichwertig. Die Gültigkeit des Ersatzschaltbildes Abb. 111 für die Polerdung ist einleuchtend. Man hat nur im Betriebsstromkreis die betriebsfrequente Spannung zu streichen und sieht bereits den Stromkreis der freien Ausgleichsströme vor sich. Liegt induktive Nullpunktserdung vor, so ist der eigentlichen Erdungsimpedanz noch die Nullinduktivität des Anschlußapparates vorgelagert, die also hinzuzurechnen ist. Über die Art, wie sich die Elemente des Ersatzstromkreises gruppieren, gibt eine kurze Betrachtung Aufschluß, die an Hand der für einphasige Anlagen gültigen Abb. 112a hier eingeflochten sei. $I_1$ und $I_2$ sind die in den beiden Phasen vom Sternpunkt wegfließenden Ströme, deren Summe über die Erdschlußspule in das System eintritt, $E_1$ und $E_2$ sind die vom Nullpunkt nach den Klemmen hin gemessenen Spannungen, $E_0$ ist der vom Sternpunkt zur Erde weisende Spannungsvektor. Die zwischen Strömen und Spannungen gültige Beziehung erhalten wir unter Benutzung der Kurzschlußinduktivität $L_k$ und der Nullinduktivität $L_0$ eines Transformatorschenkels mit Hilfe der Zerlegung

$$I_1 = \frac{I_1 + I_2}{2} + \frac{I_1 - I_2}{2},$$

$$I_2 = \frac{I_1 + I_2}{2} - \frac{I_1 - I_2}{2}.$$

Unabhängig von der Form der Stromkurve ist die von einem Strom $I$ an einer Induktivität $L$ bedingte Teilspannung $L\dot{I}$, worin $\dot{I}$ das Symbol für $\frac{dI}{dt}$ sein soll.

Die Komponente $\frac{I_1-I_2}{2}$ durchfließt beide Schenkel in Reihe und verlangt eine Teilspannung $L_k \frac{\dot{I}_1-\dot{I}_2}{2}$. Auf $\frac{I_1+I_2}{2}$ entfällt in beiden Schenkeln in gleichem Sinne $L_0 \frac{\dot{I}_1+\dot{I}_2}{2}$. Die Zusammensetzung ergibt

$$E_2 = L_0 \frac{\dot{I}_1+\dot{I}_2}{2} - L_k \frac{\dot{I}_1-\dot{I}_2}{2}.$$

Ferner gilt
$$E_0 = -E_2 = L_e(\dot{I}_1+\dot{I}_2),$$
worin $L_e$ die Induktivität der Erdschlußspule bedeutet.

Formt man noch die erste der beiden Gleichungen um in
$$E_2 = (L_0+L_k)\frac{\dot{I}_1+\dot{I}_2}{2} - L_k \dot{I}_1,$$
so folgt
$$\left.\begin{aligned}\frac{\dot{I}_1+\dot{I}_2}{2} &= \dot{I}_1 \frac{L_k}{2L_e+L_0+L_k} \\ &= \dot{I}_1 \frac{2L_k}{4\left(L_e+\frac{L_0}{2}\right)+2L_k}\end{aligned}\right\} \quad (83)$$

Dieser Formel gleichwertig ist das Ersatzschaltbild Abb. 112 b, welches die Induktivitäten $4\left(L_e+\frac{L_0}{2}\right)$ und $2L_k$ in Parallelschaltung vereinigt. Das Auftreten von $2L_k$ als der gesamten Kurzschlußinduktivität des Transformators

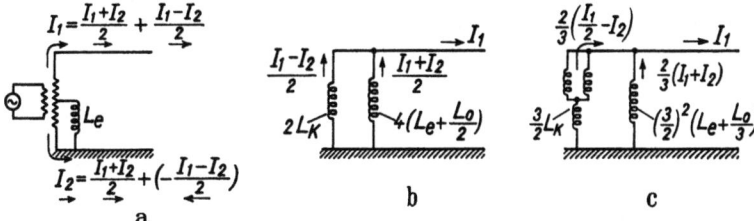

Abb. 112 a—c. Ersatzstromkreis der freien Ausgleichsströme bei Erdschlußzündung im kompensierten Netz (Nullpunktserdung). a Einphasennetz, b Einphasennetz, Impedanzen auf eine Klemme reduziert, c Dreiphasennetz.

nimmt nicht weiter wunder. Ebenso ist die Zusammenfassung von $L_e$ mit den parallelgeschalteten Nullinduktivitäten aller Schenkel zu $L_e+\frac{L_0}{2}$ verständlich. Der Faktor 4 entspricht der Reduktion der im Sternpunkt angeschlossenen Induktivität auf eine Klemme, an der die doppelte Spannung wirksam ist. Die Erdungsinduktivität ist gemäß Abb. 112a an einen Autotransformator vom Übersetzungsverhältnis 2:1 angeschlossen. Die Umrechnung auf die Oberspannung erfolgt im Quadrat des Übersetzungsverhältnisses, da die Spannungen verdoppelt, die Ströme halbiert werden. Interessant ist, daß die Ersatzinduktivität $4\left(L_e+\frac{L_0}{2}\right)$ höher ist als die bei Polerdung an jeder Phase einzubauende gleichwertige Erdungsinduktivität $2\left(L_e+\frac{L_0}{2}\right)$; die Polerdung verschwendet eben Leistung, sie nimmt mehr Strom auf als für die Kompensierungsaufgabe an sich erforderlich ist. Als Kontrolle für die vollständige Einhaltung der äußeren

Bedingungen durch den Ersatzstromkreis dient noch die Feststellung, daß gemessen über die ganze Transformatorwicklung, d. h. von Klemme zu Klemme, der Spannungsabfall keinen Beitrag der Nullkomponente enthalten darf, daher $2 L_k \dfrac{\dot I_1 - \dot I_2}{2}$ betragen muß, wovon das Ersatzschaltbild ordnungsgemäß Rechenschaft gibt.

In Abb. 112c sind die gleichen Überlegungen auf einen dreiphasigen Stromkreis übertragen.

Gleichung (83) ist eine lineare Beziehung zwischen den Differentialquotienten der Einzelströme. Genau die gleiche Beziehung gilt zwischen den Strömen selbst, nur können zu $I_1$ und $I_2$ additive Konstanten von beliebigem Wert hinzutreten, welche als Gleichstromglieder zu deuten sind. Da in unserem Problem $I_1$ seinen Rückschluß über die Netzkapazität findet, soferne wir die Kurzschlußinduktivitäten aller Speisepunkte durch Parallelschaltung mit $2 L_k$ vereinigt denken, kann $I_1$ kein Gleichstromglied enthalten. Dieses rührt nur von $I_2$ her und kreist in den Ersatzinduktivitäten $4 \left( L_e + \dfrac{L_0}{2} \right)$ einerseits, $2 L_k$ andererseits mit entgegengesetztem Vorzeichen und mit dem reduzierten Betrag $\dfrac{I_g}{2}$. Die zugehörige magnetische Energie wird aus $\dfrac{1}{2} \left( \dfrac{I_g}{2} \right)^2$ und der Gesamtinduktivität $4 \left( L_e + \dfrac{L_0}{2} + \dfrac{L_k}{2} \right)$ bestimmt, beträgt also

$$\frac{1}{2} I_g^2 \left( L_e + \frac{L_0}{2} + \frac{L_k}{2} \right) \quad \text{für Einphasenstrom,}$$

analog

$$\frac{1}{2} I_g^2 \left( L_e + \frac{L_0}{3} + \frac{2}{3} L_k \right) \quad \text{für Dreiphasenstrom.}$$

Diese Energie wird in den Verlustwiderständen der Induktivitäten selbst, ferner in den Wirkwiderständen der mit $L_k$ zusammen zu berücksichtigenden Verbindungsleitungen zwischen den Speisepunkten und zur Fehlerstelle sowie im Fehlerwiderstand aufgebracht. Der Abklingungsexponent des Gleichstromgliedes berechnet sich daher nicht aus derselben Verlustverteilung wie jener der freien Löschschwingung. Insbesondere der Fehlerwiderstand kann einen merklichen Zuschuß liefern. Überdies kommt, wie erwähnt, jeder Verlustquelle im Gleichstromglied eine gegenüber dem Wechselstromschwingungsvorgang verdoppelte Auswirkung zu.

Über die Amplituden der Ausgleichstromanteile ist noch einiges zu sagen. Die Zündschwingung teilt sich entsprechend der in den Ersatzschaltbildern Abb. 112b und c gekennzeichneten Stromverzweigung auf. Ihre Amplitude fanden wir nach den im 1. Kapitel des vorigen Abschnittes durchgeführten Überlegungen je nach dem Zündmoment zu $I_e$ (Mindestwert) bis $\dfrac{2}{3} I_e \dfrac{\omega_f}{\omega}$ (Höchstwert). Im allgemeinen wird durch den Sollwert des Stromes $I_e \sin \omega t_0$ und der Spannung $U_p \cos \omega t_0$ im Schaltmoment $t_0$ je eines von zwei Gliedern bestimmt, die sich zu

$$I_e \sin \omega t_0 \cos \omega_f (t - t_0) + \frac{2}{3} I_e \frac{\omega_f}{\omega} \cos \omega t_0 \sin \omega_f (t - t_0)$$

zusammensetzen. Das erste Glied ergänzt den Momentanwert des kapazitiven Erdschlußstromes zu Null und setzt daher mit $I_e \sin \omega t_0$ ein, das zweite Glied begleitet mit 90° Phasenvoreilung eine Spannungswelle, welche der Aufhebung von $U_p \cos \omega t_0$ dient. Der erste Stromstoß zur Zeit $t = t_0$ ist $I_e \sin \omega t_0$. Er teilt sich auf die beiden induktiven Stromzweige der Abb. 112b und c auf. Im

Spulenkreis fließe der Bruchteil $a$, im Kreis der Kurzschlußinduktivitäten dementsprechend $1-a$. Im Spulenzweig fließt außerdem der Augenblickswert $I_{sp}$ des stationären Spulenstromes und der Gleichstrom, im anderen Zweig der unkompensierte Erdschlußstrom $I_e \sin \omega t_0 - I_{sp}$ und der Gleichstrom. Die Summe muß in jeder der Induktivitäten im ersten Augenblick Null sein. Für

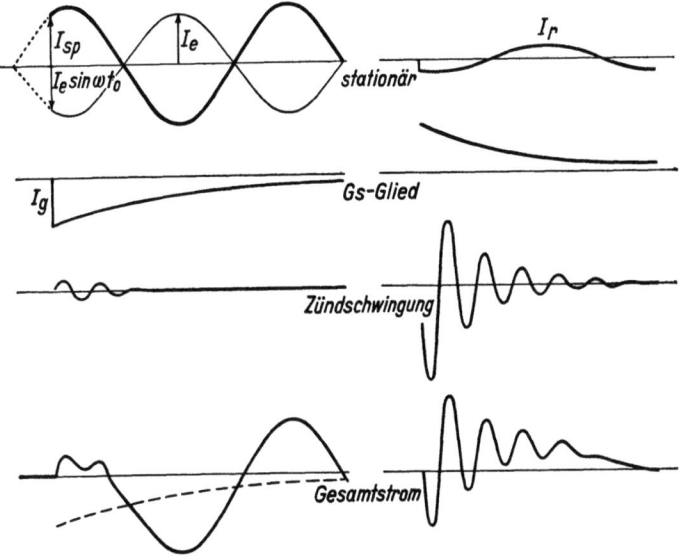

Abb. 113. Zusammensetzung des Spulenstromes (links) und des Fehlerstromes (rechts) im Zündmoment.

Spulenstrom und Gleichstrom ist noch zu berücksichtigen, daß sie im Ersatzschaltbild mit dem Reduktionsfaktor $ü$ ($\frac{1}{2}$ für Nullpunktserdung bei Einphasenstrom, $\frac{2}{3}$ für Nullpunktserdung bei Dreiphasenstrom, 1 für Polerdung) auftreten. Dann ergibt sich:

$$-ü I_g - a I_e \sin \omega t_0 + ü I_{sp} = 0$$
(Spulenstromkreis)
$$ü I_g - (1-a) I_e \sin \omega t_0 + (I_e \sin \omega t_0 - ü I_{sp}) = 0$$
(Stromkreis der Kurzschlußinduktivitäten).

Beide Bedingungen stimmen überein und liefern

$$I_g = I_{sp} - \frac{a I_e \sin \omega t_0}{ü}. \tag{84}$$

Dem zweiten Glied auf der rechten Seite kommt wegen der Kleinheit von $a$ nur eine untergeordnete Bedeutung zu.

Wir können nun die drei Anteile des Spulenstromes und des Fehlerstromes für die Zeit unmittelbar nach der Zündung graphisch verfolgen. Sie sind in Abb. 113 zunächst getrennt und schließlich überlagert aufgetragen. Die Wirkkomponente sowie die stationären Oberwellenanteile im Reststrom sind nicht berücksichtigt. Der Strom der Löscheinrichtung wird bis auf die durch den Zündmoment bedingten Variationen dem gezeichneten Bild stets gleichen. In den zahlreichen Fällen, wo der Erdschluß durch Überschlag zwischen zwei einander angenäherten Fußpunkten oder durch allmähliche Verschlechterung der Isolation zustande kommt, erfolgt die Zündung im Scheitelwert der Spannung. Der Sollwert des Stromes geht dann durch Null, ein

Gleichstromglied bildet sich nicht aus. Auch bei stoßartig verlaufenden Überspannungen besteht größere Wahrscheinlichkeit eines Isolationsdurchbruches, wenn sie sich dem Scheitelwert der Betriebsspannung überlagern. Das Gleichstromglied findet sich hingegen gerade bei künstlichen Erdschlüssen oft sehr ausgeprägt, weil sie durch Ölschalter eingeleitet werden, die mit ihrer hohen Kontaktgeschwindigkeit und mit der hohen Isolationsfestigkeit des Öles den Zufälligkeiten des Schaltmomentes mehr Spiel lassen. Das Gleichstromglied verzögert den Nulldurchgang des Reststromes und verlängert dadurch die Lichtbogendauer. Es läge also ein der Löschung nicht gerade förderlicher Einfluß vor, wenn nicht das schnelle Abklingen rasch den Zeitpunkt herbeiführen würde, in welchem das Überwiegen des Reststromes den Nulldurchgang erzwingt. Hierin mag auch ein Umstand liegen, welcher den Unterschied zwischen exakter Kompensierung und mäßiger Verstimmung verwischen hilft.

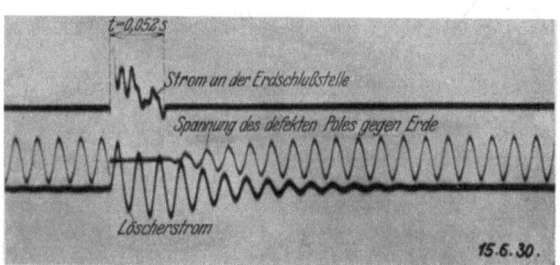

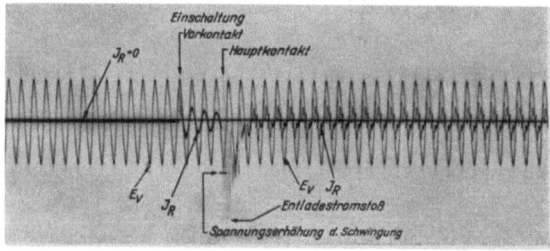

Abb. 114. Oben: Oszillogramm eines Lichtbogenerdschlusses in einem gelöschten 30-kV-Netz bei 14 $A$ Reststrom. (G. Meyer: ETZ 1921.) Unten: Oszillogramm der Erdschlußzündung in einem 100-kV-Netz (eingeleitet über Ölschalter mit Widerstandsvorstufe).

Der nach erfolgter Zündung an der Fehlerstelle übergehende Strom erhält nicht immer das durch die Abb. 113 gekennzeichnete, durch das Überwiegen der Zündschwingung beherrschte Bild. Starke Dämpfung oder Zündung nahe dem Nulldurchgang der Spannung lassen die Zündschwingung mehr zurücktreten. Zwei Oszillogramme (Abb. 114) mögen belegen, daß durch die hier durchgeführten Betrachtungen die wesentlichen Einzelheiten aufgeklärt sind.

## 5. Der Wattreststrom.

Das Idealbild eines exakt kompensierten elektrischen Leitungssystems mit vollkommener gegenseitiger Aufhebung der verlustfrei gedachten kapazitiven und induktiven Erdströme entbehrt der physikalischen Realität. Die Potentialeinstellung der Leiter gegen Erde wird ausschließlich durch das Kirchhoffsche Gesetz geregelt, wonach die Summe der von allen Leitern mit der Erde ausgetauschten Ströme Null ergeben muß. In einem symmetrischen Übertragungssystem lassen sich nun die Leiterspannungen aus dem symmetrischen Stern der Phasenspannungen und der überlagerten Nullpunktsspannung zusammensetzen, wie dies durch die Beziehung (27) zum Ausdruck gebracht und durch Abb. 8 unmittelbar veranschaulicht wird. Die Ströme

$$U_{1e}\omega C = U_{10}\omega C + U_{0e}\omega C \text{ usw.}$$

liefern bei der Summenbildung über alle Phasen des symmetrischen $m$-phasigen Systems den Ausdruck $U_{0e}\Sigma\omega C$, d. h. man hat sich zur Bestimmung des kapazitiven Erdstromes die Summenkapazität $\Sigma C = mC$ im Nullpunkt vereinigt und unter den alleinigen Einfluß der Nullpunktsspannung $U_{0e}$ gestellt zu denken. Die anderen Glieder ergänzen sich in der Form $\omega C \sum U_{i0}$ selbst zu Null. Genau die gleiche Überlegung gilt für Polerdungsinduktivitäten $L_e$; auch sie sind für den in Summe zur Erde gesandten Strom gleichwertig zu ersetzen durch eine einzige Nullpunktsspule von der Induktivität

$$L_{0e} = \frac{L_e}{m}$$

entsprechend der Parallelschaltung von $m$ Induktivitäten $L_e$.

Bildet man nun für eine beliebige Nullpunktsspannung $U_{0e}$ die Gesamtsumme der kapazitiven und induktiven Erdschlußströme, so erhält man

$$I_e = U_{0e}\left(\omega \sum C - \frac{1}{\omega L_{0e}}\right). \tag{85}$$

Führen wir die Bedingung (73) exakter Abstimmung ein, so wird $I_e$ für jeden Wert von $U_{0e}$ zu Null. Es gibt für das System keine eindeutige Gleichgewichtsbedingung mehr, jede Nullpunktsverlagerung ist zulässig und als indifferenter Gleichgewichtszustand existenzfähig. Diese Erkenntnis drängte sich uns bereits auf, als wir im vorletzten Kapitel vergeblich nach einem Merkmal des Erdschlußzustandes Umschau hielten. Die völlige Stromlosigkeit der Erdschlußstelle, die Unabhängigkeit der Stromverteilung von der Lage des Fehlerortes bewies uns bereits, daß ein so ins Gleichgewicht gesetztes System weder die symmetrische Einstellung noch die des satten Erdschlusses bevorzugt.

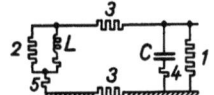

Abb. 115. Verlustquellen im Erdschlußstromkreise kompensierter Netze.

Jetzt sahen wir, daß überhaupt jede Nullpunktsverlagerung als gleichberechtigter Systemzustand anzusprechen ist. Eine solche Unbestimmtheit geht gegen die Empfindung. Sicher wird ein symmetrisches System nicht frei in einem unsymmetrischen Zustand verharren, sicher wird auch ein metallisch erdgeschlossenes System keine andere Einstellung als die dem satten Erdschluß entsprechende annehmen. Versagen die induktiven und kapazitiven Erdverbindungen als Richtkräfte, so müssen andere sonst vernachlässigte Einflüsse diese Rolle übernehmen. Die einfachste Vorstellung, welche hier zum Ziele führt, ist die Einführung von Verlustwiderständen, welche ebenso wie die Kapazitäten entlang der Leitung verteilt sind. Während sich die aus dem exakt kompensierten System zur Erde übertretenden Blindströme für jede Potentialeinstellung des Systems zu Null ergänzen, tun dies die Wirkstromanteile bei ungestörtem Betrieb nur für eine einzige Spannungsverteilung, für die symmetrische. Durch diese Ströme wird auch im Erdschlußfall eine von Null verschiedene Stromsumme bestimmt, der nur über die Fehlerstelle ein Rückschluß in das System geboten wird. Diese Stromverteilung hat alle Eigenschaften der kapazitiven Erdströme eines unkompensierten Netzes, wie wir sie im 4. Kapitel des II. Abschnittes eingehend betrachtet haben. Man hat nur in der untersten Impedanzfigur der Abb. 23 die Kapazitäten durch Widerstandsverbindungen zu ersetzen. Die Wattkomponente des Erdschlußstromes ermöglicht es dem System, sich hinsichtlich seiner Potentiallage zu orientieren.

Die Entstehung der Wattkomponente ist auf eine Mehrzahl von Ursachen zurückzuführen. Abb. 115 faßt die wichtigsten derselben zusammen. An den Stützpunkten der Leitungsseile treten Leckströme auf, welche vom Ableitungswiderstand 1 (Ersatzwiderstand für die Ableitungen sämtlicher Phasen) herrühren. Der Betrag dieser Stromkomponente ist kaum höher als 5 vH des kapazitiven Erdschlußstromes. Eine Verlustquelle gleicher Art findet sich im induktiven Stromzweig vor. Die Eisenverluste der Erdungsinduktivitäten bringen es mit sich, daß Strom und Spannung nicht genau um 90° phasenverschoben sind. Eine zusätzliche Stromkomponente, welche mit der Spannung in Phase liegt, tritt auf und wird in unserem Schema durch den Parallelwiderstand 2 wiedergegeben. Aus den an anderer Stelle noch zu bringenden Ausführungen über den Aufbau der Erdschlußspulen wird hervorgehen, daß der Hauptteil der AW auf Luftspalte im magnetischen Kreis entfällt. Da nur der geringe dem Eisen zugeordnete Aufwand an AW eine Verlustkomponente enthält, ist der Einfluß von 2 verschwindend klein, etwa 0,5 vH der Blindleistung. Neben den beiden eben behandelten Parallelwiderständen zeigt das Schema noch Reihenwiderstände 3—5. Der Erdstrom verzweigt sich nach dem Schema Abb. 23 und durchfließt hierbei die Impedanzen der Netzfiguren, in denen nicht nur die Wirkwiderstände 3 der Leitungen, Transformatoren und Generatoren, sondern auch die der Erdrückleitung zur Geltung kommen. Über letztere ist im 7. Kapitel des II. Abschnittes das Wichtigste gesagt worden. Man hat mit einem Werte von rd. 0,05 $\Omega$/km zu rechnen. Der Sitz der Verluste ist sodann zum Teil auch in der Bahn der Verschiebungsströme zu suchen. Die Koronaverluste, über deren Rolle noch einiges mitzuteilen sein wird (vgl. V. Abschnitt, 1. und 12. Kapitel), sind von dieser Art und werden dementsprechend durch den Reihenwiderstand 4 vertreten. Endlich sind die Kupferverluste und vor allem der Erdübergangswiderstand der Löschinduktivitäten sowie die Zusatzverluste der Anschlußtransformatoren durch einen mit der Reaktanz in Reihe liegenden Widerstand 5 erzeugt zu denken.

Man kann in koronafreien Netzen größenordnungsmäßig mit folgenden Beiträgen zu den Wirkverlusten des Erdschlußstromkreises rechnen:

|   | vH |
|---|---|
| Ableitungen (mit wachsender Spannung zurückgehend) | 1,5 ÷ 5 |
| Eisenverluste der Löscheinrichtungen | 0,5 |
| Leiterkupfer und Erdrückschluß, Zusatzverluste der Anschlußtransformatoren | 0,5 ÷ 5 |
| Kupferverluste der Löscheinrichtungen | 1,5 |
| Erdübergangswiderstand der Löscheinrichtung | bis 1 |

In den vorzüglich isolierten Höchstspannungsnetzen kann ebenso wie in großen Kabelnetzen die Summe aller Verluste auf 4 vH beschränkt bleiben. In durchschnittlich isolierten Mittelspannungsnetzen beläuft sich diese Zahl auf 6—15 vH. Einige Meßwerte werden dies beleuchten:

| Spannung kV | Netzart | Erdschlußstrom A | Wattreststrom vH |
|---|---|---|---|
| 6 | städt. Kabelnetz | 20,5 | 9,5 |
| 30 | ,, ,, | 450 | 4,5 |
| 30 | ,, ,, (Bewag) | 2800 | 3,5 |
| 10 | Freileitung | 6,5 | 11 |
| 25 | ,, | 3 | 12 |
| 25 | ,, | 9 | 8 |
| 25 | ,, | 10 ÷ 45 | 14 ÷ 10 |
| 50 | ,, | 7 | 9,5 ÷ 13 |
| 110 | ,, | 22 ÷ 54 | 3,75 ÷ 4,75 ÷ 3,3 |
| 110 | ,, | 70 | 4,3 |

Erwähnung verdient noch ein Meßergebnis aus einem 120-kV-Netz mit rd. 60 A Erdschlußstrom, das scheinbar nur 0,5 vH Wattreststrom ergab. Hier war auch die ausgleichende Wirkung der Verlustwiderstände auf die Spannungseinstellung stark zu vermissen. Dieses Beispiel wird uns noch beschäftigen (Abschnitt V, Kapitel 4).

Einen Anhaltspunkt für die Höhe der Ableitungsverluste an den Leitungsstützpunkten, über die nur wenig bekannt ist, bietet die Erfahrungszahl von 60 W je Hängekette einer 220-kV-Leitung. Die Verluste der Löscheinrichtungen sind bei höchsten Spannungen verschwindend gering.

Es ist nicht weiter von Belang, ob die Wirkverluste durch Reihen- oder Parallelwiderstände hervorgerufen werden. Man kann für jede einzelne Verlustursache einen im Energieverbrauch gleichwertigen Ableitungswiderstand einsetzen, der an der vollen Nullpunktsspannung liegt. Man erhält in jeder Darstellung eine Phasenverschiebung der beiden an der Fehlerstelle zu vereinigenden Ströme gegen die treibende Spannung. Der Hauptsache nach heben sich die beiden Ströme gegenseitig auf (Abb. 116), nur die Wattkomponenten setzen sich gleichsinnig zusammen.

Die Gültigkeit des Stromverteilungsschemas Abb. 23 schließt das Ergebnis mit ein, daß die Wattkomponente des Erdschlußstromkreises in einachsiger Belastung von den Speisepunkten des Systems gedeckt wird. Während also der kompensierte Anteil der Blindkomponente des Erdschlußstromes von den Löscheinrichtungen geliefert wird und sich ausschließlich nach den Verteilungsgesetzen der Nullkomponente verzweigt, überdies von der Lage der Fehlerstelle unabhängig ist, werden Blind- und Wirkkomponente des Erdschlußreststromes an der Fehlerstelle eingespeist. Von dort nehmen sie ihren Weg zum Teil als Nullkomponente (ein Drittel),

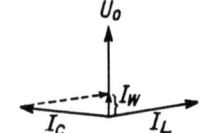

Abb. 116. Zusammensetzung des Wattreststromes aus kapazitivem Fehlerstrom und induktivem Löschstrom.

zum Teil als symmetrisches Mit- und Gegensystem (je ein Drittel) durch das Netz und durch die Speisepunkte. Man verzichtet stets darauf, den Weg der Mit- und Gegenkomponente des Reststromes näher zu untersuchen. Es sprechen verschiedene Gründe gegen eine zu weit getriebene Genauigkeit der Betrachtungen: Die Wattverluste lassen sich mit hinreichender Genauigkeit abschätzen; die Technik der Schutzschaltungen stützt sich nur auf die Verteilung der Nullkomponente des Reststromes und siebt diese aus den drei Anteilen allein heraus; schließlich haben Mit- und Gegenkomponente nur den Charakter einer an der Fehlerstelle konzentrierten Zusatzlast, welche gegenüber den anderen Abnahmestellen des Netzes nicht nur keine bevorzugte, sondern sogar eine unbedeutende Rolle spielt. Aus diesen Gründen werden wir künftig bei der Behandlung kompensierter Systeme von den drei Impedanzfiguren der Abb. 23 nur die des Nullsystems berücksichtigen. Die beiden anderen Impedanzfiguren haben ihren Zweck erfüllt, indem

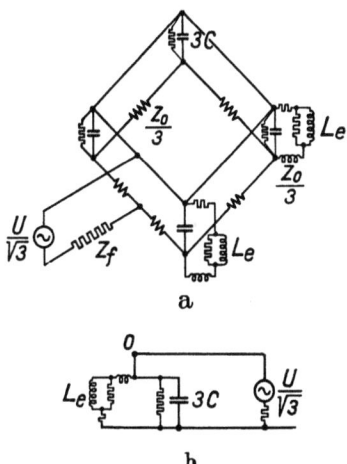

Abb. 117 a und b. Ersatzschaltbilder für Untersuchungen an Erdschlußstromkreisen. a Stromverzweigung berücksichtigt, b maßgebende Impedanzen zusammengezogen.

sie uns Aufschlüsse über die Feinheiten der Stromverzweigung und über die Energiebilanz des Reststromes gegeben haben. In Abb. 117 finden wir die vereinfachten Darstellungen des Aufbaues kompensierter Systeme, deren wir uns von jetzt an bedienen werden.

Die Bedeutung der Wattkomponente des Reststromes ist eine dreifache: Sie bildet die Belastung der Fehlerstelle bei günstigster Abstimmung der induktiven Löscheinrichtungen, sie ist von stabilisierendem Einfluß, wenn dem System sonstige Richtkräfte für seine Potentialeinstellung mangeln, und sie gibt mit ihrer

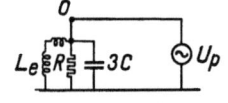

Abb. 118. Zusammenfassung der Verlustwiderstände im Ersatzschaltbild.

Nullkomponente eine brauchbare Anzeige der Lage des Fehlers. Nur mit der zuerst angeführten Eigenschaft wollen wir uns sogleich befassen, die beiden anderen sollen besonders behandelt werden.

Wird das Auftreten von Verlusten im Erdschlußstromkreis durch einen Ersatzwiderstand zwischen Nullpunkt und Erde berücksichtigt (Abb. 118), so ist sogleich einzusehen, daß über die Fehlerstelle ohne Rücksicht auf den Kompensierungsgrad ein Stromanteil

$$I_w = \frac{U_p}{R}$$

fließt. Ist $I_e$ der kapazitive Erdschlußstrom, $I_L$ der induktive Strom der Löscheinrichtung, so ist der Reststrom

$$I_r = \sqrt{(I_e - I_L)^2 + I_w^2}. \tag{86}$$

Zur Veranschaulichung dieses Zusammenhanges beziehen wir $I_L$ und $I_w$ auf $I_e$:

$$I_r = I_e \sqrt{v^2 + \left(\frac{I_w}{I_e}\right)^2}. \tag{87}$$

Dabei ist für $I_e\left(1 - \dfrac{I_L}{I_e}\right)$ die Beziehung (75) benützt. Der Reststrom $I_r$ wird in Abhängigkeit vom Verstimmungsgrad $v$ durch eine V-förmige Kurve (Hyperbel) dargestellt (Abb. 119a). Das Minimum dieser Kurve

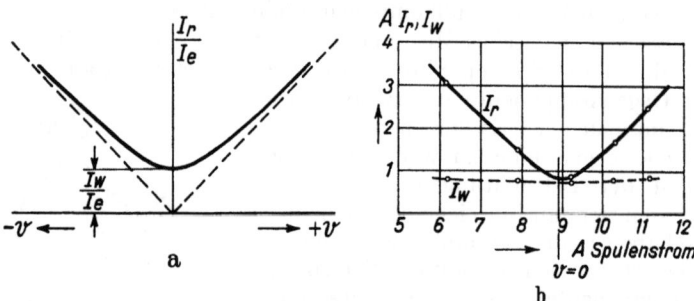

Abb. 119 a und b. *V*-Kurve des Reststromes kompensierter Netze bei veränderlicher Abstimmung.
a Theoretischer Verlauf, b Beispiel einer praktischen Messung.

kennzeichnet den Punkt genauer Abstimmung und scheidet die Gebiete unterkompensierter und überkompensierter Erdschlußbekämpfung. Man kann als Abszisse statt des Verstimmungsgrades $v$ den ihm bei gegebener Netzausdehnung linear zugeordneten Spulenstrom $I_L$ wählen. Für praktische Messungen ist dies zu bevorzugen. Ein Beispiel einer solchen Aufnahme zeigt Abb. 119b.

## 6. Der Anschluß der Erdschlußspule.

Der Anschluß der Erdschlußspule am Systemnullpunkt kann nicht wahllos an einem beliebigen Wicklungssternpunkt erfolgen. Zwei Gesichtspunkte sind maßgebend: Die Rolle des Transformators als der Erdschlußspule vorgeschaltete Impedanz und die Rolle der Erdschlußspule als zusätzliche Belastung des Transformators.

Der Spulenstrom durchläuft den Transformator nach den Verzweigungsgesetzen der Nullkomponenten (vgl. 2. Kapitel dieses Abschnittes, insbesondere Abb. 95), teilt sich also auf alle Phasen zu gleichen Teilen auf. Der Induktivität der Erdschlußspule ist die Nullimpedanz des Transformators vorgelagert. Es ist daher nach den im 8. Kapitel des II. Abschnittes gewonnenen Erkenntnissen **unzulässig, als Anschlußapparat einen Stern-Stern geschalteten Transformator mit freiem magnetischem Rückschluß zu verwenden.** Bei Stern-Dreieck geschalteten Transformatoren wird keine Beschränkung dieser Art zu beachten sein. Denn selbst wenn man jede Phase mit dem vollen Nennstrom belastet, an den Nullpunkt also die ganze Transformatornennleistung $3 I_n U_p$ als Spulenleistung hängt, ist der Spannungsabfall erst gleich der Kurzschlußspannung, somit im allgemeinen kleiner als 10 vH. An

### Der Anschluß der Erdschlußspule.

Stern-Stern geschaltete Transformatoren der Kernbauart kann man im allgemeinen eine Spulenleistung gleich 20 vH der Transformatorenleistung
$$I_L \cdot U_p = 0{,}2\,(3\,I_n\,U_p)$$
$$(I_L = 0{,}6\,I_n)$$
anschließen, ohne daß ein Spannungsabfall von 20 vH der Phasenspannung überschritten wird. Im Kapitel 8 des II. Abschnittes sind Berechnungsunterlagen für den Spannungsabfall bei einer Nullpunktsstromentnahme in der Höhe von $I_n$ gegeben.

Betrachten wir nun einen Netztransformator in einem Speisepunkt oder in einem Umspannwerk, der für den Anschluß einer Erdschlußspule bestimmt ist. Durch den die Transformatorwicklungen zusätzlich belastenden Spulenstrom entstehen Mehrverluste, welche für die zulässige Ausnutzung des Transformators als Nullpunktsapparat maßgebend sind.

Der Nutzstrom, der ungünstigstenfalls dem Nennstrom gleichzusetzen ist, sei mit $I_n$ bezeichnet. Wählen wir eine Phase als Bezugsphase, so ist mit den drei Strömen
$$I_n \cos \omega t, \qquad I_n \cos\left(\omega t + \frac{2\pi}{3}\right), \qquad I_n \cos\left(\omega t + \frac{4\pi}{3}\right)$$
zu rechnen. Ist der Spulenstrom $I_L$ gegen die Bezugsphase um den Winkel $\varphi$ verschoben, so entfällt auf jeden Schenkel ein zusätzlicher Strom
$$\frac{1}{3} I_L \cos(\omega t + \varphi), \qquad \frac{1}{3} I_L \cos(\omega t + \varphi), \qquad \frac{1}{3} I_L \cos(\omega t + \varphi).$$

Zur Bestimmung der Mehrverluste hat man die Summe aller $I^2 r$ zu bilden. Bei Stern-Dreieck-Schaltung beschränkt sich die Überlagerung nicht auf die in Stern geschaltete Wicklung. Abb. 95 läßt erkennen, daß die Dreieckseite gleich große Gegen-AW führt und deshalb die gleiche Mehrbelastung erfährt. Bei Stern-Stern-Schaltung gilt hingegen die nun vorzunehmende Ermittlung der Verluste nur für das eine Wicklungssystem.

Die Quadratsumme der Ströme $I_n \cos \omega t + \frac{1}{3} I_L \cos(\omega t + \varphi)$ usw. setzt sich aus Gliedern von dreierlei Art zusammen:
$$I_n^2 \cos^2 \omega t + I_n^2 \cos^2\left(\omega t + \frac{2\pi}{3}\right) + I_n^2 \cos^2\left(\omega t + \frac{4\pi}{3}\right)$$
entsprechend den Verlusten der anteiligen Nutzströme für sich allein,
$$3 \cdot \left(\frac{1}{3} I_L\right)^2 \cos^2(\omega t + \varphi)$$
entsprechend den Verlusten der anteiligen Spulenströme für sich allein und einem Ergänzungsglied
$$2 \frac{I_L}{3} I_n \left[\cos \omega t + \cos\left(\omega t + \frac{2\pi}{3}\right) + \cos\left(\omega t + \frac{4\pi}{3}\right)\right] \cos(\omega t + \varphi),$$
welches in jedem Augenblick verschwindet.

Die Verluste von Nutzstrom und Spulenstrom innerhalb der Transformatorwicklung überlagern sich ohne Rücksicht auf den zufälligen Leistungsfaktor der Nutzlast direkt. Ihr zeitlicher Mittelwert entspricht einem fiktiven Laststrom vom Betrage
$$I = \sqrt{I_n^2 + \left(\frac{I_L}{3}\right)^2}. \tag{88}$$
Die Leistung eines gleichwertig belasteten Transformators wäre
$$N = 3 U_p I = \sqrt{(3 U_p I_n)^2 + (U_p I_L)^2}$$
oder
$$N = \sqrt{N_n^2 + N_L^2} \tag{89}$$

worin $N_n$ die Nennleistung des Transformators, $N_L$ die der Spule bedeutet. Diese Beziehung gilt für Stern-Dreieck-Schaltung. Bei Stern-Stern-Schaltung bezieht sich dieser Zuwachs nur auf die eine Wicklung. Die entsprechenden Formeln lauten daher, auf ein Übersetzungsverhältnis 1:1 reduziert:

$$I_1 = \sqrt{I_n^2 + \left(\frac{I_L}{3}\right)^3},$$
$$I_2 = I_n.$$

Ein Transformator mit der fiktiven Belastung $I$ hat die gleichen Verluste, wenn
$$2 I^2 r = (I_1^2 + I_2^2) r,$$
$$I = \sqrt{I_n^2 + \frac{1}{2}\left(\frac{I_L}{3}\right)^2}, \tag{88a}$$
$$N = \sqrt{N_n^2 + \frac{1}{2} N_L^2}. \tag{89a}$$

Die Überlastung eines Transformators durch eine angeschlossene Erdschlußspule ist also sehr gering. Sie beträgt für eine Spule von

|  | 0,1 | 0,2 | 0,3 | 0,4 | 0,5facher Transformatornennleistung |
|---|---|---|---|---|---|
| bei Y/△-Schaltung | 0,5 | 2 | 4,4 | 7,7 | 11,8 vH |
| bei Y/Y-Schaltung | 0,25 | 1 | (2,2) | (3,9) | (6,1) vH |

Das quadratische Bildungsgesetz für den Ersatzstrom ist dasselbe wie für die Zusammensetzung von Wirk- und Blindstrom und — in noch schärferer Analogie — für den resultierenden Effektivwert von Grundwellen- und Oberwellenströmen. Es besagt, daß die Systemleistung und die Leistung der Nullkomponente für sich dem Energiegesetz genügen, ebenso daß getrennte Stromverzweigungen bestehen, die sich nach dem Superpositionsprinzip unabhängig untersuchen und zusammensetzen lassen. Dies ist ganz allgemein zwischen solchen Stromverteilungen zutreffend, welche keine „gemischten Verluste" ergeben, die durch die Ströme der einen Gattung und die Wirkspannungsabfälle der anderen hervorgerufen werden.

Es sei noch bemerkt, daß durch (89) nicht die Gesamtleistung des Systems wiedergegeben wird, sondern eine äquivalente symmetrische Leistung definiert ist, welche die gleichen Verluste hervorruft. Der Gesamtzuwachs an Kupferverlusten, der sich durch die Belastung der Transformatorwicklungen mit dem Strom der angeschlossenen Erdschlußspule einstellen kann, ergibt keine Bemessungsregel über die zulässige Spulenleistung. Am deutlichsten prägt sich dies darin aus, daß selbst bei einem Leistungsverhältnis 2:1 von Transformator und Spule die Ölübertemperatur nicht einmal um 10 vH zunimmt. Man muß nach einem anderen Kriterium suchen. Die Verluste im einzelnen Schenkel bieten sich als solches dar. Bei flüchtiger Betrachtung sieht es hierbei etwas weniger günstig aus. Der $\cos \varphi$ des Nutzstromes kann in einer der Phasen so liegen, daß eine algebraische Addition von Laststrom $I_n$ und anteiligem Spulenstrom $\frac{I_L}{3}$ eintritt. Hierbei gilt

$$\frac{I_L}{3} : I_n = N_L : N_n,$$

wie man durch Erweiterung der linken Seite mit $3 U_p$ leicht feststellt. Wählt man also die Spulenleistung $N_L$ zu 50 vH der Transformatornennleistung $N_n$, so kann bei Stern-Dreieck-Schaltung eine bis zu 50 vH betragende Stromüberlastung eines einzelnen Schenkels zustande kommen. Gleichzeitig sinkt natürlich der Summenstrom der beiden anderen Phasen, und zwar ergibt die

Zusammensetzung gemäß Abb. 120 den Betrag $\frac{\sqrt{3}}{2} I_n$. Die drei Stromquadrate betragen 2,25 bzw. 0,75 bzw. 0,75 $I_n^2$, ihre Summe beläuft sich auf 3,75 $I_n^2$ gegenüber 3 $I_n^2$ im Normalbetrieb, was in Übereinstimmung mit der oben gebrachten Tabelle mit 1,25fachen Verlusten oder 1,118facher symmetrischer Überlast gleichbedeutend ist. Nun darf man die thermische Auswirkung 2,25facher Kupferverluste in einem Schenkel bei gleichzeitiger Entlastung der anderen durchaus nicht überschätzen. Die Öltemperatur steigt gleichzeitig nur minimal an, die Kühlungsverhältnisse sind also vielfach besser als bei allphasiger Überlastung um 50 vH. Wir berechnen nun die Übertemperatur der von der 2,25fachen Erhöhung der Kupferverluste betroffenen Schenkelwicklung. Die Temperaturdifferenz gegen das umgebende Öl kann nicht in gleichem Maße gestiegen sein. Denn die Wärmeübergangszahl in W/° C m² steigt mit wachsendem Temperatursprung, so daß dieser in dem betrachteten Temperaturgebiete höchstens der 0,8. Potenz der Verluste folgt. Für

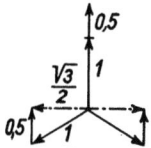

Abb. 120. Überlagerung des Nutzstromes und des Spulenstromes in den Wicklungen eines Drehstromtransformators.

Transformatoren mit Ölselbstkühlung können wir, ausgehend von einem Vollasttemperatursprung von 10° zwischen Kupfer und Öl, folgende Wärmebilanz aufstellen, welche sich auf den VDE-Vorschriften aufbaut:

|  | °C |
|---|---|
| Höchste Temperatur der Kühlluft | 35 |
| Höchste Ölübertemperatur | 60 |
| Mittlere Ölübertemperatur 60:1,2 = | 50 |
| Zuwachs der Ölübertemperatur durch 25 vH Mehrverluste im Kupfer (18 vH der Gesamtverluste) im Mittel: 50 (1,18$^{0,8}$ — 1) = | 7 |
| Normale Wicklungstemperatur über mittlerer Öltemperatur 70 — 50 = | 20 |
| Zuwachs des Temperatursprunges Wicklung-Öl durch 2,25fache Kupferverluste eines Schenkels 20 · (2,25$^{0,8}$ — 1) = | 19 |
| Höchste Wicklungstemperatur | 131 |

Wollte man sich an die in den VDE-Vorschriften für landwirtschaftlichen Betrieb festgelegte Grenztemperatur von 115° C halten, so dürfte man nur etwa 25 vH Nullpunktsbelastung zulassen. Nun liegen aber die betrieblichen Voraussetzungen weit günstiger. Weder wird stets eine und dieselbe Phase unter Vollast und ungünstigstem cos $\varphi$ von der Überlastung betroffen, noch kommt eine jährliche Ausnutzung von 500 Stunden auch nur entfernt in Frage. In Amerika betrachtet man Temperaturen von 140° durch 5 Minuten, von 120° durch 30 Minuten als zulässig.

Für Transformatoren mit Ölumlauf und Rückkühlung gestaltet sich die gleiche Rechnung etwas anders, da die Übertemperaturen mit der ersten Potenz der Verluste wachsen, überdies ein höherer Temperatursprung zwischen Wicklung und Öl angewendet wird. Es gilt etwa folgende Tabelle:

|  | °C |
|---|---|
| Höchste Temperatur des Kühlmittels (Luft) | 35 |
| Mittlere Ölübertemperatur | 35 |
| Zuwachs der mittleren Ölübertemperatur durch 18 vH Verlustzuwachs 0,18 · 35 | 6,5 |
| Normale Vollast-Wicklungsübertemperatur über mittlerer Öltemperatur | 25 |
| Zuwachs des Temperatursprunges Wicklung-Öl 25 (2,25 — 1) | 31 |
| Höchste Wicklungstemperatur | 132,5 |

Das Resultat ist also kaum ungünstiger, überdies wird man hier auf die gute Durchmischung des umgewälzten Öles rechnen dürfen. Die Praxis hat sich bei Stern-Dreieck-geschalteten Transformatoren mit richtigem Gefühl für einen Grenzwert des Leistungsverhältnisses von 2 : 1 entschieden, den wir auf Grund unserer zahlenmäßigen Überlegungen gut heißen können.

Man darf nun aus dem geringeren Zuwachs der Kupferverluste des Stern-Stern-geschalteten Transformators nicht etwa den Schluß ziehen, daß hier mindestens der gleiche Spielraum für die Anschlußleistung besteht. Man muß sich sogar mit einem Leistungsverhältnis von 5:1 abfinden, d. h. bei **Stern-Dreieck-Schaltung kann man Spulenleistungen bis zu 50 vH der Transformatornennleistung zulassen, bei Stern-Stern-Schaltung solche bis zu 20 vH.** Der Grund für die Beschränkung auf eine geringere

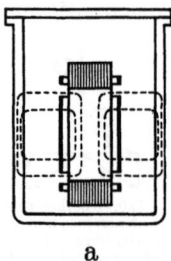
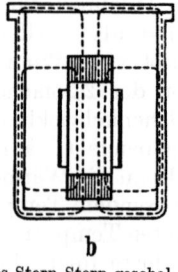
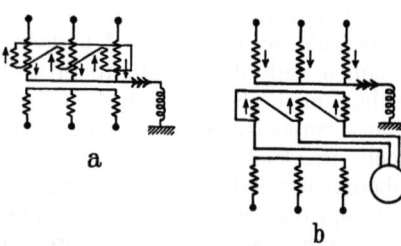

Abb. 121a und b. Luftfluß eines Stern-Stern-geschalteten Transformators. a Mit Stirnbändern, b ohne Abschirmung der Joche.

Abb. 122a und b. Stromverteilung in den Wicklungen eines Transformators mit angeschlossener Erdschlußspule. a Bei Stern-Dreieck-Schaltung, b bei Stern-Stern-Schaltung mit Tertiärwicklung.

Ausnutzung Stern-Stern-geschalteter Transformatoren liegt in den Kastenverlusten, die das Streufeld der Nullkomponente hervorruft (Abb. 121a). Durch sie wird nicht nur die Kastentemperatur örtlich stark gesteigert, sondern auch das benachbarte Öl erwärmt. Eine allzu intensive Überhitzung einzelner Partien des Öles wird man im Interesse seiner Lebensdauer vermeiden müssen. Dazu kommt noch, daß durch die Kastenerwärmung der Wärmestrom der normalen Transformatorverluste gehemmt wird, was zu einer weiteren Temperatursteigerung aller Teile führt. Die an einer früheren Stelle (Abschn. II, Kap. 8) gelegentlich der Untersuchung der Nullimpedanz gebrachten Angaben ließen erkennen, daß man sich auf Zusatzverluste bis zu 8...10 vH der Nullpunktsbelastung ge-

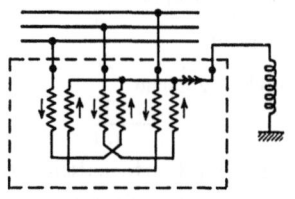

Abb. 123. Drosselspule in Zickzack-Schaltung für künstliche Nullpunktsbildung.

faßt machen muß, wenn im Transformator ein Scheinverbrauch von 20 vH der durchtretenden Nulleistung stattfindet. Auch die Stirnbänder sind der Sitz örtlich zusammengedrängter Mehrverluste und können nicht ohne nachteilige Rückwirkung auf das benachbarte Öl überlastet werden.

In Netzen, welche unmittelbar von den Maschinensammelschienen gespeist werden, kann man die Erdschlußspule auch an einen Generatornullpunkt anschließen. Inwieweit sich hier die Nullimpedanz der Maschinen geltend machen kann, ist dem Kapitel 9 des Abschnittes II zu entnehmen. Von Brown-Boveri (L 95) wird für Stromerzeuger ohne Dämpferwicklung eine Beschränkung der Spulenleistung auf 5—10 vH der Maschinenleistung empfohlen.

In der vorliegenden Zusammenstellung der Anschlußmöglichkeiten dürfen Anordnungen mit verringerter Nullimpedanz entsprechend Abb. 34b und c nicht fehlen, welche die Eigenschaften Stern-Dreieck-geschalteter Transformatoren gleichwertig ersetzen. Es können dann also auch Stern-Stern-geschaltete Transformatoren am Nullpunkt mit 50 vH ihrer Nennleistung belastet werden. Bei Anwendung einer tertiären Dreieckwicklung nach Abb. 122a wird man, wenn keine dreiphasige Belastung derselben vorliegt, die Spulenleistung gleich der Leistung der Hilfswicklung wählen dürfen. Bei Verwendung der Dreieckwicklung für andere Zwecke, beispielsweise für den Anschluß von Synchronkondensatoren nach Abb. 122b, kann die Spulenleistung gleich der halben Eigenleistung dieser Wicklung gewählt werden.

Stehen Netztransformatoren geeigneter Größe, die auch die an Schaltung und Bauart zu stellenden Bedingungen erfüllen, nicht zur Verfügung, so wird man sich mit sog. künstlichen Nullpunkten behelfen. Es sind dies induktive Anschlußgeräte, welche aus dem Spannungspolygon des Netzes den Nullpunkt zu bilden haben und dem Strom der Erdschlußspule einen möglichst widerstandsfreien Durchtritt gestatten sollen. Man wird von ihnen kleine Nullimpedanz, aber auch hohe Leerlaufimpedanz und geringe Verluste fordern. Nach den Ergebnissen des 8. Kapitels in Abschnitt II eignet sich hierfür vor allem die Zickzack-geschaltete Drosselspule nach Abb. 123. Die Eigenleistung jeder Phase ist $\frac{2}{\sqrt{3}} U_p \frac{I_e}{3}$, die Typenleistung der dreiphasigen Drosselspule daher 1,15 $N_L$, worin $N_L$ die Spulenleistung bedeutet. Es muß also die Drosselspulenleistung 2,15 $N_L$ für diese Lösung aufgewendet werden. Die Polerdung über drei einphasige Drosseln verlangt $3 (U_p \sqrt{3}) \left(\frac{I_e}{\sqrt{3}}\right)$, also $3 N_L$; sie ist somit unwirtschaftlicher.

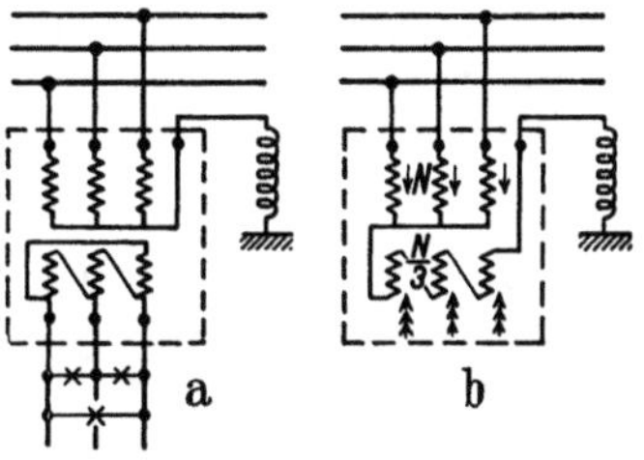

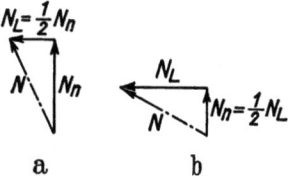

Abb. 124a und b. Transformator für künstliche Nullpunktsbildung. a In Stern-Dreieck-Schaltung mit sekundärer Leistungsabgabe, b modifiziert nach BBC.

Wegen der verschiedenen Bauart von Nullpunktsapparaten und Löschinduktivitäten sind diese Vergleichszahlen zwar nicht ohne weiteres ein Maß für den Baustoffaufwand, leiten aber eindeutig zu richtiger Entscheidung zwischen den beiden Ausführungsarten hin, von den später noch zu erörternden technischen Unterschieden ganz abgesehen. Im nächsten Kapitel werden wir einige Bauarten magnetisch verketteter Löscheinrichtungen kennen lernen, welche der Kombination eines künstlichen Nullpunktes mit einer Erdschlußspule äquivalent sind. Es handelt sich bei ihnen um Formen der Nullpunktserdung im Gewande der Polerdung.

Abb. 125a und b. Zusammensetzung von Nutzleistung und Spulen-Anschlußleistung. a Bei Stern-Dreieck-geschalteten Haupttransformatoren, b bei Vortransformatoren für künstliche Nullpunktsbildung.

An Stelle einer Drosselspule in Zickzack-Schaltung kann auch ein Transformator in Stern-Dreieck-Schaltung nach Abb. 124a zur Nullpunktsbildung herangezogen werden. Man wird dieser Lösung dann den Vorzug geben, wenn man den künstlichen Nullpunkt gleichzeitig zur Leistungsabgabe ausnützen will. Die Zusammensetzung der Nullpunktsbelastung mit der Dreiphasenlast erfolgt nach Beziehung (89). Die Verhältnisse kehren sich jetzt um. Für einen Stern-Dreieck-geschalteten Netztransformator konnten wir der überwiegenden Dreiphasenleistung eine Nullpunktsleistung vom halben Betrage hinzufügen. Beim Stern-Dreieck-geschalteten Gerät für künstliche Nullpunktsbildung darf man mit gleichem Recht der Nullpunktsbelastung noch eine symmetrische dreiphasige Nutzlast vom halben Betrage überlagern. Abb. 125 stellt die beiden Belastungskombinationen einander gegenüber. An Stelle der Stern-Dreieck-Schaltung kann auch Zickzack-Stern- oder Zickzack-Dreieck-Schaltung des Nullpunktsapparates gewählt werden, ohne daß sich weitergehende Vorteile einstellen.

Die Zickzackdrosselspule ist als Gerät zur Nullpunktsbildung von Haefely vorgeschlagen worden. Die AEG hat diese Lösung und die von ihr angegebene Stern-Dreieck-Bauweise des künstlichen Nullpunktes verwendet. Mit der Stern-Dreieck-Schaltung identisch ist die sekundär nicht belastbare Schaltung nach

Abb. 124b (BBC). Die Typenleistung der Vordrossel beträgt das Doppelte der angeschlossenen Spulenleistung. Von BBC rührt ferner eine Anordnung nach Abb. 126 her. In der eingezeichneten Verzweigung des im Nullpunkt abgenommenen Stromes, welche sich entsprechend den Windungszahlen im Sinne eines Amperewindungsgleichgewichtes ausbildet, wirkt $\frac{I}{6}$ mit dem Spannungsvektor $\frac{2}{3} U_p \sqrt{3}$, $\frac{I}{3}$ und $\frac{1}{2}$ mit $\frac{1}{3} U_p \sqrt{3}$ zusammen. Die Summenleistung ist $1,35\, I U_p$, also weniger günstig als die Typenleistung $3 \cdot \frac{I}{3} \cdot 2\, \frac{U_p}{\sqrt{3}} = 1,15\, I U_p$ der Zickzackdrossel. Von BBC wurde auch die Verwendung der in Abb. 36 behandelten Scott-Schaltung in Vorschlag gebracht (Typenleistung $1,24\, I U_p$).

Ist für einen Netztransformator aus Gründen des Parallellaufes mit

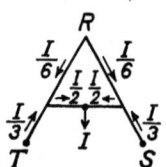 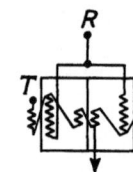 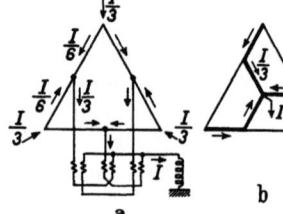 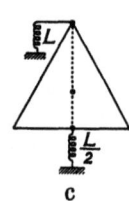

Abb. 126. Eine weitere Schaltungsmöglichkeit für Vortransformatoren zur künstlichen Nullpunktsbildung (BBC).

Abb. 127 a—c. Verwendung von Dreieckwicklungen für den Anschluß von Erdschlußlöschern.

vorhandenen Einheiten Dreieckschaltung vorgeschrieben, so könnte nach einem Vorschlage von BBC dieser Transformator trotzdem durch Anzapfungen oder Zusatzwicklungen gemäß Abb. 127a, b und c für den Anschluß einer Erdschlußspule ausgebildet werden.

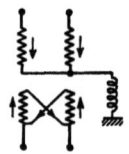

Abb. 128. Parallelschaltung als Sonderfall der Polygonschaltung.

Den Anschluß der Erdschlußspule im weiteren Sinne betrifft noch eine Vorschrift über vorgelagerte Induktivitäten. Sie werden vom Spulenstrom durchsetzt und sind mit ihrer Nullimpedanz der Löschinduktivität hinzuzurechnen. Im allgemeinen kommt auch bei eisengeschlossenen Apparaten wie Zusatztransformatoren ein merklicher Beitrag nicht zustande. Der Spulenstrom wird einen Luftfluß mit all seinen nachteiligen Begleiterscheinungen zu erregen trachten. Im Zusatztransformator wiederholt sich dabei alles, was sich im Haupttransformator abspielt, in einem gewissen Abbildungsverhältnis, das ungünstigenfalls mit dem Verhältnis von Zusatzspannung zu Systemspannung bzw. Eigenleistung zu Durchgangsleistung übereinstimmt. Ist der Zusatztransformator mit einer Dreieckwicklung versehen oder nach Abb. 34a geschaltet, so besteht kein Bedenken, ihn mit dem für den Haupttransformator bei Stern-Dreieck-Schaltung zugelassenen Spulenstrom zu belasten. Bei Zusatztransformatoren, welche zwischen zwei Netzen liegen, wird man es nicht verabsäumen, die Wirkungen des zwischen den beiden Netzteilen ausgetauschten Erdschlußstromes durch eine in Dreieck geschaltete Tertiärwicklung aufzuheben.

Als besonders geeignete Schaltgruppe eines zum Spulenanschluß auszuwählenden Leistungstransformators haben wir Stern-Dreieck erkannt. Dieses Ergebnis ist sinngemäß auf andere Phasenzahlen als $m = 3$ zu übertragen. Für $m > 3$ ist Polygonschaltung das Äquivalent der Dreieckschaltung, für $m = 2$ (Einphasentransformatoren) geht die Polygonschaltung in Parallelschaltung nach Abb. 128 über, genau so wie die Sternschaltung durch die Reihenschaltung abgelöst wird.

Die Erdschlußspule liegt mit ihrer zweiten Klemme an Erde. Auch diese Seite des Anschlußproblems darf nicht zu leicht genommen werden. Eine

Löscheinrichtung für ein 10000-Volt-Netz mit 60 A Erdschlußstrom hat einen Scheinwiderstand von $\dfrac{\frac{10000}{\sqrt{3}}}{60} = 97\ \Omega$. Ein Erdungswiderstand von gleicher Größenordnung würde die Wirkungsweise der Spule ernstlich in Frage stellen. Selbst ein Erdungswiderstand von 5 $\Omega$ bedingt bereits Verluste von 5 vH der kompensierten Erdschlußleistung und vermehrt in gleichem Maße den Wattreststrom. Es ist daher auf sorgfältige Ausführung und Überwachung der Erdungen zu achten. Sie müssen überdies im Hinblick auf die manchmal nicht unbeträchtlichen Stromübergänge so angeordnet sein, daß im betretbaren Umkreis kein gefährliches Spannungsgefälle auftreten kann. Der Forderung nach Einhaltung eines Erdübergangswiderstandes von wenigen Ohm kann nach den üblichen Gesichtspunkten der Stations- und Masterdung ohne Schwierigkeiten entsprochen werden. Bekanntlich sind Rohr- und Banderder die am besten bewährten Anordnungen. Die Aufteilung der Löschleistung auf mehrere räumlich getrennte Spulen bringt Vorteile, weil man entsprechend dem höheren Blindwiderstand jeder Spule auch einen höheren Erdübergangswiderstand zulassen darf oder weil — in anderer Ausdrucksweise — für den Gesamtstrom aller Spulen eine Parallelschaltung mehrerer Erdübergangswiderstände vorliegt.

## 7. Andere Bauformen der induktiven Löscheinrichtungen.

Petersen erfand im Jahre 1916 die induktive Erdschlußkompensierung und gab in dem grundlegenden DRP. 304823 die Lösungen durch Nullpunktserdung und Polerdung an. Wie vielen anderen Erfindungen war auch dieser der Patentschutz nicht eben förderlich. Subjektive Einstellung drängte sich vor, statt Würdigung kam Kritik, statt Kritik kam Gegnerschaft. Der Erfinder, dem einer der bedeutendsten Fortschritte der Hochspannungstechnik zu verdanken war, zog sich aus dem Streit der Meinungen zurück, als das Für und Wider in einen unerfreulichen Hader auszuarten drohte, in welchem Argumente doktrinärer Art die sachliche Auseinandersetzung verdrängten. Er überließ der Praxis die Entscheidung, mit dem Erfolge, daß über ausgeklügelte Bedenken und Papierlösungen zur Tagesordnung hinweggegangen wurde. Den Verlust trug die Fachwissenschaft, der Petersen den bis ins einzelne durchgearbeiteten Ausbau der Theorie seiner Erfindung vorenthielt, als das Wesentliche in Polemik zu versanden drohte. Das alles liegt nun weit zurück. Der Patentstreit ist längst entschieden: Es gibt keine von Petersens Vorschlägen unabhängigen und keine ihnen überlegenen Lösungen. Darum werden wir diese einst brennende Streitfrage hier nicht berühren und keine Patente anziehen. Noch eine andere Wandlung hat sich unbemerkt vollzogen. Unter dem Schlagwort „Polerdung statt Nullpunktserdung" wurden für einige Bauformen zunächst ohne Beweis vorteilhafte Eigenschaften ins Treffen geführt. Die nähere Untersuchung ergab, daß die Polerdung durch magnetisch verkettete Apparate in Wirklichkeit eine Abart der Nullpunktserdung vorstellt, welche sich bei richtiger technischer Durchbildung von der echten Polerdung durch magnetisch unverkettete Drosseln grundsätzlich unterscheidet und in die Nullpunktserdung übergeht. Es wird von diesen Zusammenhängen in späteren Kapiteln Gebrauch gemacht und wir wollen sie daher hier sorgfältig herausschälen. Danach kommt eine Gliederung nach drei Gruppen in Frage:

1. Reine Nullpunktserdung.
2. Echte Polerdung durch magnetisch unverkettete Drosselspulen.
3. Nullpunktserdung mit Polanschluß (Polerdung durch magnetisch verkettete Drosselspulen).

Die echte Polerdung wurde niemals ausgeführt. Abgesehen von ihrer Unwirtschaftlichkeit enthält sie alle jene Nachteile, welche die mit ihr oft verwechselte dritte Gruppe von Löscheinrichtungen durch Angleichung an die induktive Nullpunktserdung zu umgehen vermag und die uns im 4. Kapitel des nächsten Abschnittes beschäftigen werden.

Die reine Nullpunktserdung durch eine Löscheinrichtung wurde zum ersten Male im Kraftwerk Pleidelsheim der Kraftwerk Altwürttemberg-A. G. verwirklicht. Abb. 129 und 130 zeigen diese erste Spule und ihren Einbau. Sie besaß mehrere Anzapfungen (Abb. 131) und bei ihrer Inbetriebnahme wurde diejenige ausgewählt, welche bei hinreichender Abstimmungsgenauigkeit auch die Spannungseinstellung des Netzes im Normalbetrieb praktisch ungeändert ließ.

Auernheimer (L 103) berichtet hierüber mit dem Bemerken, daß exakte Abstimmung schon bei dieser allerersten Anwendung weder für unentbehrlich noch für optimal gehalten wurde. Einige Zeit darauf empfahl Jonas die Einstellung der Erdschlußspule mit systematischer Abweichung von der scharfen Abstimmungsbedingung. In der Tat war Jonas der erste, der Betrachtungen über das Verhalten kompensierter Netze im erdschlußfreien Betrieb der Fachwelt mitteilte (L 104), allerdings ohne dabei zu einer neuen Bauart zu gelangen.

Abb. 129. Ansicht der mit Luftisolation ausgeführten ersten Erdschlußspule.

Man kann das Ergebnis seiner Untersuchungen als eine Betriebsvorschrift bewerten, mit der wir uns an anderer Stelle noch auseinanderzusetzen haben. Der Name „Verstimmungs-" oder „Dissonanzlöschspule", der in diesem Zusammenhange geprägt wurde, darf nicht die Meinung erwecken, es handle sich um konstruktive Unterschiede. Eine Bezeichnung dieser Art könnte mit demselben Recht auf jede dreiphasige Ausführungsform der Löscheinrichtung angewendet werden, die mit der gleichen systematischen Abweichung von der genauen Abstimmbedingung arbeitet. **Die Dissonanzlöschspule ist eine Bezeichnung für ein Betriebsverfahren, nicht für eine Bauart.**

Die induktive Nullpunktserdung bedient sich stets zweier getrennter magnetischer Kreise und Wicklungssysteme. In dem einen wird die normale Systemspannung abgebaut, in dem anderen die Nullkomponente. Ein dreiphasiges Element ist also unentbehrlich, das die Systemspannung mit der hohen Impedanz eines geschlossenen magnetischen Kreises auffängt, die Nullpunktsspannung hingegen durch geringen Abfall, d. h. geringe Nullimpedanz im wesentlichen unbeeinflußt läßt. Man kann diese Aufgabenteilung beibehalten, aber die Reihenfolge der Schaltung umkehren, wie dies in Abb. 132a durch Gegenüberstellung ersichtlich gemacht ist. Liegt die für die Nullkomponente vorzusehende Induktivität netzseitig, so muß man sie im Sinne der Funktionstrennung mit geringer Impedanz $\omega L_Y$ für symmetrische dreiphasige Komponenten ausstatten. Die Systemspannung wirft sich dann vollständig auf das zweite Element, das normale dreiphasige Bauart aufweist, beispielsweise ein Netztransformator sein kann. In diesem überwiegt dann $\omega L_Y$ wieder bei weitem die Nullimpedanz.

Eine geringe Reaktanz $\omega L_\gamma$ des netzseitigen Gebildes ist schon deshalb zu fordern, damit der vom eigentlichen Transformator gelieferte oder aufgenommene mehrphasige Nutzstrom nicht abgedrosselt wird. Abb. 132b zeigt zwei Möglichkeiten einer derartigen Gestaltung des magnetischen Kreises der Nullinduktivität. Man kann die drei Phasen konzentrisch bzw. verschachtelt um einen Schenkel eines Einphasenkernes aufbauen, so daß sich die dreiphasige Erregung aufhebt. Man kann diesen Schenkel aber auch spalten, so daß ein Dreiphasenkern der Fünfschenkelbauart entsteht. Um die magnetische Wirkung der dreiphasigen Erregung zu unterdrücken, wird auf die bewickelten Schenkel noch eine beiderseits in Stern geschaltete Sekundärwicklung aufgelegt. Sie bedeutet einen Kurzschluß für die dreiphasigen Stromkomponenten des Mit- und Gegensystems, nicht aber für die Nullkomponente, die ihr Feld ungestört entwickeln und über die Außenschenkel schließen kann.

Abb. 130. Einbau der ersten Erdschlußspule im Kraftwerk Pleidelsheim (1917).

Eine theoretisch interessante Variante ist noch die Dreieckausbildung des Kernes. Durch dreiphasige Erregung entsteht kein eisengeschlossener Fluß, es kommen nur Luftstreuflüsse zustande. Hingegen findet die Nullkomponente einen geschlossenen Kraftlinienweg vor. Die Anordnung nach Abb. 132 (BBC 1923) interessiert als Schulbeispiel einer mit drei Wicklungen versehenen Einrichtung, die eine reine Nullpunktserdung vorstellt.

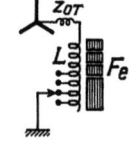

Abb. 131. Grundsätzlicher Aufbau einer Erdschlußspule.

Es mußte verlockend erscheinen, die beiden eben getrennt behandelten magnetischen Kreise zu vereinigen. Die Entwicklung hat hier gewisse Schwierigkeiten an den Tag gebracht. Zunächst ist es genau wie bei der Polerdung unbestimmt, in welchen Schenken sich die Kraftflüsse der Systemspannung und der überlagerten Nullkomponente verstärken, in welchen sie sich schwächen werden. Dies hängt jeweils von der Phasenlage des Erdschlusses ab. Man ist daher gezwungen, sämtliche Schenkel für den höchstmöglichen Fluß zu bemessen. Ein anderer

Gesichtspunkt sei hier aus einer späteren Betrachtung (Abschn. V, Kap. 4c) vorweggenommen und als Richtlinie ausgesprochen: Bei jeder möglichen Potentialeinstellung des Systems muß die induktive Gleichwertigkeit der von den Phasen zur Erde führenden Stromwege gewahrt bleiben, da sonst das System zur selbsttätigen Verstärkung jeder Unsymmetrie neigt. Man wird also den magnetischen Kreis so gestalten müssen, daß er eben doch irgendwie in zwei Abschnitte zerfällt, einen dreiphasigen, in dem jede Phase über einen Schenkel gleicher magnetischer Leitfähigkeit verfügt, mit reichlich bemessenen Schenkelquerschnitten zur Vermeidung jeder unsymmetrischen Sättigungserscheinung, und in einen den drei Phasen gemeinsamen Abschnitt, in welchem Sättigung zulässig und in mancher Hinsicht sogar geboten ist. Noch ein weiterer Umstand ist für die Auslegung magnetischer Kreise solcher Löscheinrichtungen maßgebend. Man veranlaßt sie zu kräftiger Stromaufnahme, indem man ihre Reaktanz herabdrückt. Dies geschieht durch Einschaltung von Luftstrecken in den Kraftlinienweg, wie sie in Abb. 131 und 132 angedeutet sind. Zu ihrer Überwindung muß eine hohe Amperewindungszahl entfaltet werden, so daß die Spule zur Erzielung des vorgeschriebenen Kraftflusses ihre Stromaufnahme steigert. Man muß nun darauf achten, daß nicht etwa gleichzeitig der dreiphasige Magnetisierungsstrom eine ähnliche Steigerung erfährt. Dies wäre in der Regel ein unerwünschter Zuwachs an induktiven Verbrauchern, deren die meisten Netze eher zu viele aufweisen. Sodann wird man noch der Bedingung Rechnung tragen müssen, daß freie magnetische Spannungen zu vermeiden sind, in deren Gefolge wilde

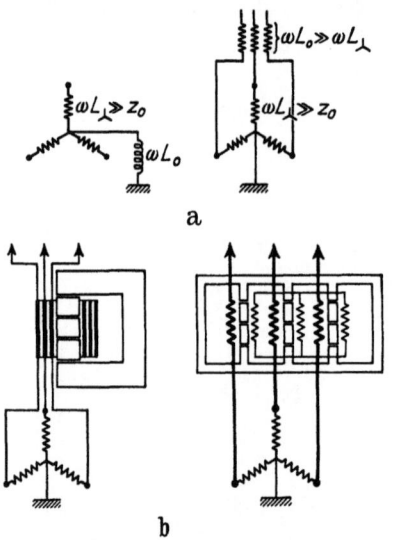

Abb. 132 a und b. Dreiphasige Erdschlußspule im Zuge der Leitung. a Entwicklung aus der Nullpunktsdrossel, b Aufbau des magnetischen Kreises.

Streuflüsse und unbeherrschbare Zusatzverluste auftreten. Nicht jede Verteilung der den magnetischen Fluß erregenden Amperewindungen ist zulässig. Schließlich wird man noch auf einfache Einstellung der Stromaufnahme Wert legen. Zur kurzen Kennzeichnung der einzelnen Lösungen versehen wir die eben umschriebenen Anforderungen mit Kennbuchstaben:

    a) Wirtschaftlichkeit und Betriebssicherheit.

    b) Magnetische Gleichwertigkeit aller Stromwege Phase-Erde.

    c) Vorgeschriebene Nullreaktanz, unabhängig davon hohe dreiphasige Leerlaufreaktanz.

    d) Vermeidung freier magnetischer Spannungen.

    e) Einfache Änderung der Stromaufnahme im Betriebe, einfache Einstellung der Luftspalte in der Fabrikation.

Die erste Einrichtung zur Polerdung durch magnetisch verkettete Drosselspulen wurde von der AEG im Jahre 1918 in einer Anordnung gemäß Abb. 133a vorgeschlagen. Es sind zwei Ausführungsformen des magnetischen Kreises möglich. Eine Ausbildung nach Abb. 133b (Luftspalte in den bewickelten Schenkeln) entspricht scheinbar der Forderung b, da alle drei Schenkel erhebliche Luftwege und gleiche Querschnitte aufweisen. Auf Einschränkungen werden wir sogleich zu sprechen kommen. Jedenfalls ist d erfüllt, denn die magnetische Spannung wird in den bewickelten Schenkeln zugleich erzeugt und verbraucht. Hingegen ist c nicht eingehalten, denn auch der Kraftlinienweg des dreiphasigen Flusses (volle Linien) ist durch Luftspalte unterbrochen. Leerlaufreaktanz und Nullreaktanz jeder Phase stimmen praktisch überein. Die Blindleistungsaufnahme im Leerlauf beträgt $\frac{3 U_p^2}{\omega L_p}$. Bei Erdschluß haben zwei Schenkel die Leistung $\frac{(\sqrt{3} U_p)^2}{\omega L_p}$ aufzubringen. Der Baufstoffaufwand (Typenleistung) entspricht der 3fachen Schenkelleistung bei Erdschluß, also $\frac{9 U_p^2}{\omega L_p}$. Die beiden zur Arbeit kommenden Schenkel nehmen Ströme $\frac{U_p \sqrt{3}}{\omega L_p}$ auf, die sich an der Erdklemme unter 60° zum $\sqrt{3}$fachen Betrag $I_e = \frac{3 U_p}{\omega L_p}$ zusammensetzen. Die Typenleistung $\frac{9 U_p^2}{\omega L_p}$ der Anordnung ist also gleich der 3fachen Erdschlußleistung $U_p I_e = \frac{3 U_p^2}{\omega L}$. Diese Lösung ist somit durchaus vergleichbar mit ihrem Urbild, der dreiphasigen Polerdung und unterscheidet sich von ihr nur äußerlich. Es werden drei Kerne benützt, jedoch nur auf je einem Schenkel bewickelt und mit dem anderen unbewickelten und magnetisch widerstandsfrei gemachten Schenkel zu einem gemeinsamen Rückschlußweg zusammengelegt. Der gemeinsame Rückschluß wird als vierter oder — in erhöhter Symmetrie — als vierter und fünfter Schenkel ausgebildet. Nebenbei bemerkt werden, wie bei jedem Transformator mit freiem magnetischem Rückschluß, die

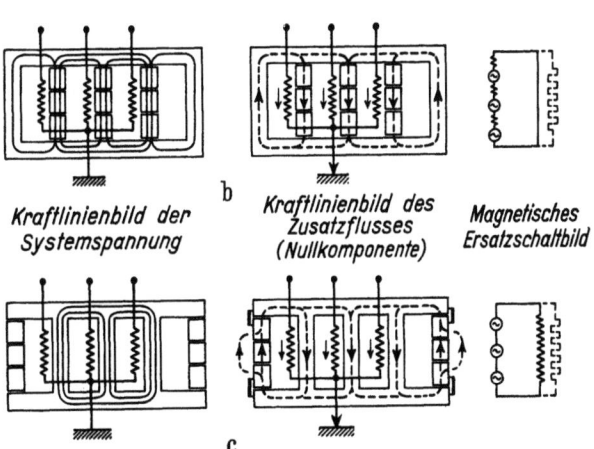

Abb. 133 a—c. Polerdung durch dreiphasige magnetisch verkettete Drosselspulen. a Wicklungs- und Spannungsschema, b Ausführung mit Luftspalten in den Hauptschenkeln, c Ausführung mit Luftspalten in den Rückschlußschenkeln.

überzähligen Schenkel auch im erdschlußfreien Betrieb von einer Komponente des dreiphasigen Flusses durchsetzt (linkes Bild in Teilfigur b). Da der Fluß des mittleren Schenkels diesen Nebenweg nicht benützt, ist die magnetische Gleichwertigkeit der drei Phasen doch keine volle, sobald das Sättigungsgebiet erreicht wird und neben den Luftspalten auch das Eisen eine Rolle zu spielen beginnt. Forderung b ist also nur unvollkommen erfüllt, Forderung a überhaupt nicht mangels eines Gewinnes an Typenleistung gegenüber der echten Polerdung und angesichts des Mehraufwandes gegenüber der Nullpunktserdung mit künstlichem Nullpunkt. Die dreiphasige Luftspalteinstellung ist kaum symmetrisch zu verwirklichen, die dreiphasige Anzapfungsregelung ist umständlich. Eigentlich ist also nur d durchgeführt.

Um nun von der technischen und wirtschaftlichen Übereinstimmung mit der Polerdung loszukommen, müßte man mindestens eine hohe dreiphasige

Leerlaufreaktanz schaffen. Ein Aufbau des magnetischen Kreises nach Abb. 133c leistet dies augenscheinlich. Sicher wird der dreiphasige Fluß der normalen Systemspannung hier auch den Weg durch die Rückschlußschenkel verschmähen (linkes Bild der Teilfigur c). Nur die Nullkomponente des Kraftflusses wird die äußeren Schenkel benutzen. Die Forderungen b und c sind damit erfüllt. Dafür ist jedoch d preisgegeben. Denn die Erregung der Nullkomponente sitzt jetzt auf den drei Innenschenkeln, die hierfür magnetisch parallelgeschaltet sind, als Sitz des magnetischen Widerstandes sind jedoch die durch Luftspalte unterbrochenen Außenschenkel anzusehen. An diesem Widerstand setzt sich die ganze magnetomotorische Kraft des Kreises an und deshalb entstehen in den parallelgeschalteten ungesteuerten Streuwegen erhebliche parasitäre Flüsse. Sie können leicht den vollen Betrag des in den Rückschlußschenkeln erregten Kraftflusses erreichen, da ja die Hilfsschenkel selbst Luftspalte enthalten, zudem nur über einen begrenzten Querschnitt verfügen. Dabei sind schon Stirnbänder vorausgesetzt, welche einen nennenswerten Teil des Jochstreuflusses abdrosseln, was sie nicht ohne beträchtliche Zusatzverluste zustande bringen. Die magnetischen Verhältnisse werden wohl vollends klar, wenn man sich der neben die Darstellung der Kraftlinienpfade gesetzten elektrischen Analogiebilder bedient.

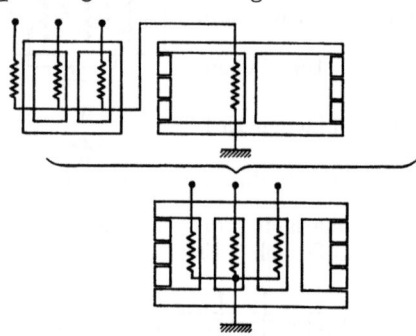

Abb. 134. Äquivalenz von Nullpunktserdung und magnetisch verketteter Polerdung.

Der Gesichtspunkt a der Wirtschaftlichkeit ist bei einer Ausführung nach Abb. 133c erheblich besser gewahrt als bei der Variante nach Abb. 133b. Der dreiphasige Magnetisierungsstrom ist jetzt vernachlässigbar klein, die Stromaufnahme der drei Schenkel beträgt im Erdschluß gleichmäßig $\frac{I_e}{3}$ statt $\frac{I_e}{\sqrt{3}}$, $\frac{I_e}{\sqrt{3}}$, 0. Die Typenleistung sinkt damit auf $3 \cdot U_p \sqrt{3} \cdot \frac{I_e}{3} = U_p I_e \sqrt{3}$. Obgleich man auch hinsichtlich Forderung e noch einigermaßen gut durchkommt, ist es doch wohl erklärlich, daß dem Verfasser nur ein einziges europäisches Ausführungsbeispiel der Bauform nach Abb. 133c bekannt geworden ist. Der Unterschied zwischen den beiden Anordnungen 133b und c ist ein tieferer, als in flüchtiger Blick erkennen läßt. Die zuerst genannte, gekennzeichnet durch die Verletzung der Forderungen a, b, c, e, ist eine typische Polerdung, bei der die Wicklungen auf je einen Schenkel konzentriert werden, während die Rückschlußwege zusammengefaßt sind. Hingegen ist die zweite Lösung unverkennbar eine Abwandlungsform der Nullpunktserdung. Abb. 134 zeigt den Übergang. Man gestatte der Nullkomponente die Erregung einer magnetomotorischen Kraft in den drei Hauptschenkeln und bilde sie dadurch zum Ersatz für den erregten Schenkel der Erdschlußspule aus. Alsdann kann man die Vordrossel als Ganzes dem magnetischen Kreis der Spule an Stelle des bewickelten Schenkels derselben einfügen. Die Gleichsetzung in Abb. 134 ist durchaus keine willkürliche. Auf die neuen Hauptschenkel ist nämlich ohne weiteres das Superpositionsprinzip anzuwenden, wenn man sie im Sinne der Forderung b genügend reichlich bemißt, so daß das ungesättigte Gebiet nicht überschritten wird. Dann darf man Ströme, Flüsse und Spannungen in Systemgrößen und überlagerte Nullkomponenten zerlegen. Man erhält die

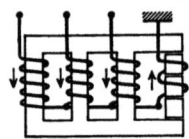

Abb. 135. Polerdungsdrossel mit Erregung des unterteilten Rückschlußschenkels.

# Andere Bauformen der induktiven Löscheinrichtungen.

| Ströme: | Flüsse: | Spannungen: |
|---|---|---|
| $I_1 = I_{m1} + \dfrac{I_e}{3}$ | $\Phi_1 = \Phi_{m1} + \Phi_0$ | $U_{1e} = U_{10} + U_{0e}$ |
| $I_2 = I_{m2} + \dfrac{I_e}{3}$ | $\Phi_2 = \Phi_{m2} + \Phi_0$ | $U_{2e} = U_{20} + U_{0e}$ |
| $I_3 = I_{m3} + \dfrac{I_e}{3}$ | $\Phi_3 = \Phi_{m3} + \Phi_0$ | $U_{3e} = U_{30} + U_{0e}$ |
| $I_1 + I_2 + I_3 = I_e$ | $\Phi_m = L_m I_m$ | $U_{i0} = \omega L_m I_m$ |
| $I_{m1} + I_{m2} + I_{m3} = 0$ | $\Phi_0 = 3 L_0 \dfrac{I_e}{3}$ | $U_{0e} = \omega L_0 I_e$ |

Die erste Kolonne zerlegt die Ströme in eine Nullkomponente $\dfrac{\Sigma I}{3}$ und in den Stromstern der dreiphasigen Magnetisierungsströme. Die zweite Kolonne weist die diesen Stromsystemen zugeordneten Flußverkettungen aus. Die Nullinduktivität eines Schenkels ist dabei $3 L_0$, die der ganzen Anordnung $L_0$. Die Spannungen ergeben sich dann in der dritten Kolonne genau so, als wären diese Flußverkettungen in getrennten, hintereinandergeschalteten Wicklungen erzeugt worden; sie setzen sich in jeder Phase aus Sternspannung und Nullpunktsspannung zusammen. Alle Größen dürfen übrigens auch als solche von vektorieller Natur aufgefaßt werden.

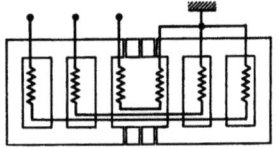

Abb. 136. Dreiphasige Erdschlußspule, entstanden durch dreiphasige Aufspaltung der Einphasenerdschlußspule.

Es ist ausgeschlossen, daß einer Anordnung nach Abb. 133c bzw. 134 andere Eigenschaften anhaften als der Nullpunktserdung. Das identische Verhalten gegenüber einer so allgemein als möglich angenommenen Stromverteilung läßt keinen Zweifel an der völligen Übereinstimmung zu. Wir haben eine verkappte Nullpunktserdung vor uns. Nicht anders ist es um die übrigen Lösungen bestellt, denen wir uns jetzt zuwenden.

An erster Stelle verdient eine Verbesserung der Dreiphasendrossel Abb. 133c genannt zu werden, die deren Hauptnachteil beseitigt. Abb. 135 läßt das Wesentliche dieser von BBC (1923) angegebenen Anordnung darin erkennen, daß die Erregung des Zusatzflusses nach dem Sitz des magnetischen Widerstandes, dem Rückschlußschenkel, verlegt wird. Auch Forderung d ist dann erfüllt, die wilden Streuflüsse werden unterbunden. Natürlich muß man die erregenden AW ebenso unterbringen, wie die magnetischen Widerstände verteilt sind. Man darf die dreiphasig bewickelten Schenkel — verglichen mit dem Rückschlußweg — als magnetisch widerstandsfrei betrachten. Dann hat auf diesen Teil auch keine Erregung durch die Nullkomponente des Stromes zu entfallen und man wird der in Abb. 135 gezeichneten Sternschaltung folgerichtig eine Zickzackschaltung der zwischen Netzklemmen und Nullpunkt liegenden Wicklungen vorziehen. Damit verschwindet jeder Unterschied gegenüber der Anordnung nach Abb. 123. Die drei Schenkel der Vordrossel werden einfach in Parallelschaltung als ein Schenkel der Erdschlußspule verwendet. Sie müssen allerdings dabei eine Überbemessung erfahren, da sie magnetisch ungleichmäßig ausgenutzt werden. Der Zwang zur Wirtschaftlichkeit wird auch diese Lösung trotz der Befriedigung unserer Forderungen b, c, d, e nicht zur technischen Verwirklichung gelangen lassen. Noch weiter entfernt sich von dem Grundsatz des Mindestaufwandes ein anderer von BBC 1923 gemachter Vorschlag nach Abb. 136. Hier liegt in der Grundidee eine Erdschlußspule vor, bei der die Erregung auf die beiden Schenkel gleichmäßig verteilt und der magnetische Widerstand in das Joch gelegt ist. Die Schenkel sind dreifach gespalten und eignen sich dadurch zur überlagerten Erregung dreiphasiger Flüsse, welche die Systemspannung Phase für Phase unter Aufnahme geringfügiger Leerlaufströme abbauen. Auf jede der symmetrischen Hälften entfällt die Hälfte der Phasenspannung. Die Zusammendrängung des magnetischen Widerstandes in einen unbewickelten Abschnitt des magnetischen Kreises ist ein erheblicher Mangel. Eine praktische Ausführung dieser Anordnung kommt wohl nicht in Frage.

Schon einige Jahre vorher (1921) suchte Reithoffer (L 105) nach einer dreiphasigen Anordnung, welche den Nullpunktsanschluß entbehrlich machen sollte. Er stellte sich klar die Aufgabe, hohe Leerlaufreaktanz mit einer größenordnungsmäßig verschiedenen Nullreaktanz in nur einem Wicklungssystem und einem magnetischen Kreis zu vereinigen. Diese Gedankengänge führten ihn auf eine unsymmetrische Zickzackschaltung (Abb. 137). Sie arbeitet im normalen dreiphasigen Leerlauf mit im wesentlichen gleichsinniger Erregung durch beide Wicklungsgruppen, während der Erdstrom als Nullkomponente eine gegensinnige Wirkung der zwei am gleichen Schenkel arbeitenden Spulen vorfindet. Will man den Leerlaufstrom auf wenige Prozent des Erdschlußstromes beschränken,

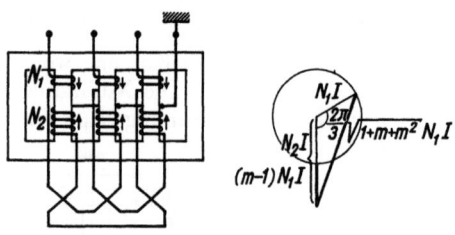

Abb. 137. Polerdungsdrossel nach Reithoffer mit unvollständiger Zickzackschaltung.

so kommt man mit diesem Prinzip für sich allein nicht durch. Es seien $N_1$ und $N_2 = m N_1$ die Windungszahlen der beiden Gruppen ($m > 1$). Dann setzen sich die erregenden Amperewindungszahlen des Magnetisierungsstromes $N_1 I$ und $N_2 I$ unter $120^0$ zu $N_1 I \sqrt{1 + m + m^2}$ zusammen, während ein Nullstromanteil $I_0 = \dfrac{I_e}{3}$ die Erregung $(N_2 - N_1)\dfrac{I_e}{3} = (m-1) N_1 \dfrac{I_e}{3}$ hervorbringt. Fänden die von diesen Durchflutungen herrührenden Flüsse gleiche magnetische Leitfähigkeit vor (Rückschlußschenkel als magnetischer Kurzschluß aufgefaßt), so wären die Induktionskoeffizienten proportional zu den Verkettungszahlen $N_1^2 (1 + m + m^2)$ für den Kraftfluß des dreiphasigen Magnetisierungsstromes, $N_1^2 (m-1)^2$ für den Schenkelkraftfluß des Erdstromes und man hätte

$$I_m = \frac{U_p}{\omega L_m} = k \frac{1}{1 + m + m^2},$$

$$\frac{I_e}{3} = \frac{U_p}{3 \omega L_0} = k \frac{1}{(m-1)^2}.$$

| Für | $m =$ | 2 | 1,5 | 1,4 | 1,3 | 1,2 | 1,1 | 1,0 |
|---|---|---|---|---|---|---|---|---|
| wird | $\dfrac{3 I_m U_p}{I_e U_p} =$ | 14,3 | 5,3 | 3,7 | 2,2 | 1,1 | 0,3 | 0.0 vH |

Das in der zweiten Zeile aufgestellte, in Prozenten ausgedrückte Verhältnis der dreiphasigen Magnetisierungsleistung zur Löschleistung wird erst für $m \leq 1,5$ annehmbar, wenn auch nicht befriedigend. Das bedeutet aber folgendes: Nicht nur die bei Erdschluß wirksame Windungszahl $N_2 - N_1 = 0,5 N_1$ muß dem Querschnitt nach für den vollen Erdschlußstrom bemessen werden, sondern die volle in Reihe liegende Windungszahl $N_1 + N_2 = 2,5 N_1$. Es muß der 5fache Betrag jener Kupfermenge aufgewendet werden, welche für sich allein die Erdschlußleistung bewältigen würde. Noch ein anderer Umstand verbietet es, sich der symmetrischen Zickzackschaltung ($m = 1$) so weit zu nähern. Der vom Erdstrom $\dfrac{I_e}{3}$ in jedem Schenkel erregte gleichphasige Zusatzfluß hat die Aufgabe, in jeder Phase eine und dieselbe Zusatzspannung $U_0 = U_p$ hervorzurufen. Dafür steht ihm nur die Differenzwirkung zweier hinsichtlich dieses

Flusses einander entgegenarbeitender Wicklungszweige $N_1$ und $N_2$ zur Verfügung. Im Zweig mit $N_1$ Windungen entsteht die $\frac{N_1}{N_2 - N_1} = \frac{1}{m-1} = 2$fache Spannung $U_0$, im Zweig mit $N_2$ die 3fache. Zur Vermeidung einer solchen Gegenwirkung mehrfach zu großer Gruppenspannungen sind nur stark unsymmetrische Zickzackschaltungen ($m > 2$) mit großem Windungszahlunterschied und geringerer Autotransformatorwirkung zulässig, die aber die gewünschte Beschränkung des Magnetisierungsstromes nicht herbeizuführen vermögen. Die Zickzackwicklung ist also wider Erwarten nicht geeignet, gleichzeitig als dreiphasige Magnetisierungswicklung mit hoher Selbstinduktion und als Erregerwicklung der Nullkomponente mit geringer Selbstinduktion zu arbeiten. Das gleiche gilt von einer Schaltung nach Abb. 138, die im normalen dreiphasigen Betrieb eine Sternschaltung bildet, im Erdschlußfalle jedoch den im Nullpunkt durchtretenden Erdstrom über einen weiteren Wicklungszweig mit Reihenschaltung der drei Schenkel zur Gegenwirkung bringt. Da hier der Summenstrom $I_e$ der drei Phasen, nicht der Einzelstrom $\frac{I_e}{3}$ eines Schenkels die Gegenerregung hervorruft, ist $N_1$ mit $3 N_2$ zu vergleichen. Die

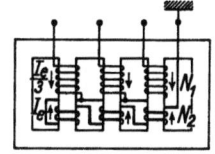

Abb. 138. Polerdungsdrossel nach Reithoffer mit Gegenschaltung des Nullpunktsstromes.

für die unsymmetrische Zickzackschaltung angestellten Überlegungen sind unschwer auf die unvollkommene Gegenschaltung ($N_1 - 3 N_2$) zu übertragen. Günstigere Ergebnisse sind zu erzielen, wenn man die Verschiedenheit von Leerlauf- und Nullreaktanz nicht allein aus Unterschieden der für symmetrische und unsymmetrische Stromkomponenten wirksamen Windungszahlen, sondern auch aus abweichendem Aufbau der zugehörigen magnetischen Kreise herausholt. Der geeignete Weg hierzu sind Luftspalte in den Rückschlußschenkeln [Reithoffer (L 106)]. Der symmetrische Fluß der Systemspannungen sucht sich dann den

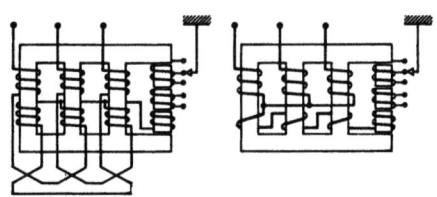

Abb. 139. Varianten der Reithoffer-Anordnung.

bequemeren Weg über die Hauptschenkel und deren Joche, während der Fluß der Nullkomponente das Hindernis nehmen muß. Die Erregung jedes Kreises muß aber, wie wir erkannt haben, dorthin verlegt werden, wo der Sitz seines magnetischen Widerstandes ist. Die Hauptschenkel sind dies nicht mehr, an ihnen muß die erregende Wirkung der Nullkomponente aufgehoben sein. Daraus ergibt sich eine Schaltung nach Abb. 139 (Elin, 1924). Ein Blick auf die Abb. 123 und 124b zeigt, wo hier die Entwicklung gelandet ist: Die drei Schenkel der Vordrossel sind mit einem Rückschlußschenkel der Erdschlußspule verschmolzen worden. Wir haben wieder klar die Bauform der Nullpunktserdung vor uns. Die Forderungen b, c, d, e sind erfüllt. Hinsichtlich der Wirtschaftlichkeit bleibt es bei der Überlegenheit des Aufbaues aus getrennter dreiphasiger Vordrossel und einphasiger Erdschlußspule. Legt man die letztere mit viel Kupfer und wenig Eisen aus, so verlangt der Zusatzfluß, der bei der Zusammenlegung mit je einem Drittel auf die Hauptschenkel aufgeteilt wird, an diesen keine sehr ins Gewicht fallende Querschnittverstärkung. Diese Lösung schneidet also auch in bezug auf die Forderung a noch einigermaßen gut ab. Eine Ausführung mit hohem Kupfergewicht, also großer Windungszahl und kleinem Kraftfluß der Erdungsinduktivität muß schon deshalb eingehalten werden, weil die Wicklungsanordnung in bezug auf den Zusatzfluß als Autotransformator wirkt. Ein Drittel des Zusatzflusses erregt nämlich in allen Zweigen der

Zickzackschaltung parasitäre Spannungen, die nur die Isolation beanspruchen, sich im übrigen phasenweise herausheben. Es genügt eine Ausführung mit zwei bewickelten Hilfsschenkeln, deren jeder mit dem doppelten Kupfervolumen eines der Hauptschenkel und mit gleicher Stromdichte ausgelegt wird. Für die rechte Teilfigur der Abb. 139 treffen ähnliche Betrachtungen zu.

Der Gedanke, eine symmetrische Zickzackschaltung ($N_1 = N_2$) beizubehalten, den Unterschied zwischen Leerlauf- und Nullreaktanz jedoch aus der magnetischen Leitfähigkeit der Kraftlinienwege herauszuholen, liegt auch noch dem Vorschlage nach Abb. 140 zugrunde (Köchling, 1929). Die fast völlige Aufhebung der vom Nullstrom herrührenden Durchflutungen, welche der Zickzackschaltung eigentümlich ist, wird durch Hilfsschenkel im Streukanal, also durch vermehrte Streuung der beiden einander entgegenarbeitenden Wicklungszylinder, teilweise unwirksam gemacht. Im Hauptquerschnitt des Schenkels bleibt die im wesentlichen gleichsinnige Erregung durch den Leerlaufstrom bestehen, ebenso die Gegenwirkung der Nullkomponente des Stromes. Der Hilfsquerschnitt verwandelt das kurzschlußartige Verhalten der Zickzackschaltung gegen Nullkomponenten der Spannung in die gewünschte beschränkte Stromdurchlässigkeit. Freie magnetische Spannungen sind hier geschickt vermieden, da der magnetische Widerstand in die durch Luftspalte unterteilten Hilfsschenkel gelegt ist. Rückschlußschenkel sind erforderlich. Der Baustoffaufwand bietet gegenüber getrennter Anordnung von Zickzackdrossel und Erdschlußspule keinen Vorteil. Luftspalteinstellung und Anzapfungswechsel sind sogar komplizierter.

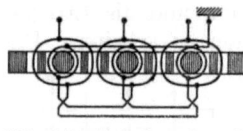

Abb. 140. Polerdungsdrossel nach Köchling.

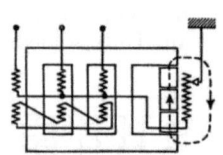

Abb. 141. Eine verfehlte Kombination: Magnetische Vereinigung der Stern-Dreieck-Vordrossel mit einer Einphasen-Erdschlußspule.

Es liegt nahe, nun auch die Vereinigung einer in Stern-Dreieck-Schaltung ausgeführten Vordrossel mit einer Erdschlußspule durch Zusammenlegung des magnetischen Kreises zu untersuchen. Ein Blick auf Abb. 141 zeigt, daß dies nicht ohne weiteres möglich ist. Die geschlossene Dreieckwicklung würde den Zusatzfluß abwehren, die Stromaufnahme wäre nicht in dem Maße begrenzt, als es der Induktivität der Erdschlußspule für sich allein entspräche. Die Spule ist — wenn auch mit erheblicher Streuung — über die Dreieckwicklung kurzgeschlossen. Die Kraftlinien vermögen in das Eisen der Hauptschenkel nicht einzudringen, sie müssen die Luftwege von Joch zu Joch einschlagen. Man behebt diese Schwierigkeit, indem man gemäß Abb. 142a einen weiteren unbewickelten Schenkel vorsieht. Die Kombination aus Primär- und Sekundärwicklung entspricht einer geringfügigen Nullinduktivität vom Betrage $L_0 = \dfrac{L_s}{3}$. Die Kraftlinien schließen sich im Streukanal zwischen beiden Wicklungen und gelangen gar nicht erst in das Joch. Ebensowenig läßt die kurzgeschlossene Dreieckwicklung Kraftlinien vom Joch her eindringen; die Erdschlußspule muß den neu angefügten unbewickelten Schenkel benutzen. Es kann also im Querschnitt $Q-Q$ bei identisch gleicher Arbeitsweise eine beliebig breite Trennfuge eingeführt werden. Man gelangt zur Aufteilung von Vordrossel und Erdungsinduktivität auf zwei Einheiten zurück (vgl. Abb. 124a). Die Erdungsinduktivität kann auch in den Stromkreis der Sekundärwicklung gelegt werden, wie dies Abb. 142b zeigt. Dabei winkt immerhin eine teilweise Ersparnis an Isolationsaufwand. Dafür entsteht jetzt auch in den Hauptschenkeln ein Zusatzfluß, denn von der Klemme bis zum geerdeten Sternpunkt ist jetzt nicht nur die Phasenspannung, sondern auch die überlagerte Nullpunktsspannung abzubauen.

Die offene Dreieckwicklung gestattet dies im Gegensatz zur geschlossenen in Abb. 142a. Sie empfängt vom Zusatzfluß transformatorisch eine ganz bestimmte Spannung, nämlich $3\,U_0\,\dfrac{N_2}{N_1}$ und drückt sie der Erdschlußspule auf. Ist der Stromkreis der Erdungsinduktivität offen ($L_e = \infty$), so ist das Netz nur über die Nullimpedanz $L_0$ der drei Hauptschenkel geerdet. Sie ist als die Leerlaufimpedanz des einphasigen Transformators anzusehen, den wir hier für die Nullkomponente vor uns haben. Wir sind berechtigt, das Ersatzschaltbild des Transformators anzuwenden. Die Erdungsinduktivität $L_e$ spielt die Rolle der sekundären Bürde und ist im Quadrat des Übersetzungsverhältnisses $\ddot{u} = \dfrac{N_1}{3\,N_2}$ auf die Primärseite zu reduzieren, sodann mit der Kurzschlußinduktivität $\dfrac{L_s}{3}$ zu ergänzen ($L_s$ pro Schenkel primär gemessen), schließlich zu $L_0$ parallel zu schalten.

Abb. 142a und b. a Richtigstellung zur Anordnung nach Abb. 141, b eine transformatorische Variante dazu und ihre Flußverteilung.

Wollte man dabei $L_0$ selbst niedrig, etwa in der Größenordnung von $L_e$ halten, so geriete man in das Dilemma der Abb. 133: Gleichzeitige Vergrößerung des dreiphasigen Leerlaufstromes oder unzulässige Erhöhung der Streuung. Es ist daher richtiger, den in Abb. 142b angenommenen luftspaltfreien Rückschlußschenkel vorzusehen. Diese Anordnung ist praktisch ohne Bedeutung geblieben und soll darum auch nicht näher erörtert werden. Was darüber gesagt wurde, bereitet uns jedoch auf

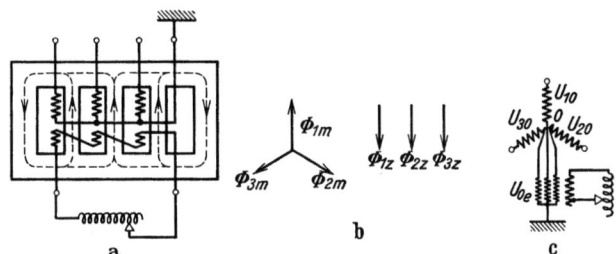

Abb. 143 a—c. Der Löschtransformator von R. Bauch. a Schaltung, b magnetische Kraftlinienflüsse der Hauptschenkel, c Spannungskomponenten der Hauptschenkel.

eine andere vielgenannte Lösung vor: den Löschtransformator von R. Bauch. Er ist durch Abb. 143 dargestellt. Die in Abb. 142b behandelte Verschmelzung des Stern-Dreieck-geschalteten Nullpunktstransformators mit der Erdungsinduktivität wurde in der Entwicklung übersprungen, als Bauch im Jahre 1918 eine im wesentlichen gleiche Bauart angab, bei welcher die Erdungsinduktivität zwar auch den primären Sternpunkt nur indirekt auf dem Wege über die sekundäre Dreieckwicklung belastet, aber als getrennter magnetischer Kreis ausgebildet ist.

Über den Löschtransformator ist so viel und des öfteren so unzutreffend geschrieben worden, daß auf eine eingehende Darstellung seiner Wirkungsweise und seiner Eigenart nicht verzichtet werden kann.

Man hat den Löschtransformator als eine Einrichtung zur Polerdung aufgefaßt. Das ist er nicht, ist es ebensowenig wie die äquivalenten Anordnungen Abb. 124a, 142a und b. Der bündige Beweis für diese Feststellung ist schnell erbracht: Wenn den drei netzseitigen Klemmen die Spannungen eines erdgeschlossenen Systems aufgedrückt werden, so handelt es sich nach Abb. 14, allgemeiner nach Abb. 8 sowie nach Gleichung (27) um die Aufgabe, phasenweise außer der Gegenspannung zur betriebsmäßigen Phasenspannung noch eine und dieselbe Zusatzspannung aufzubringen. Genau die gleiche Zusammensetzung müssen dann die in Abb. 143b vektoriell dargestellten Flüsse $\Phi_m$ für die dreiphasige Magnetisierung und $\Phi_z$ für die zusätzliche Magnetisierung (Nullkomponente) aufweisen. Die Flüsse $\Phi_m$ stehen mit der Sekundärwicklung in keiner resultierenden Wechselwirkung. Die dreiphasigen Spannungskomponenten, welche zwischen Netzklemmen und Systemnullpunkt bestehen, werden somit gegen den Wicklungssternpunkt zu unter Aufnahme des normalen Magnetisierungsstromes ohne weiteres verbraucht und sind für die eigentliche Funktion der Anordnung völlig unerheblich. Man ist berechtigt, diesen nebenherlaufenden Vorgang durch den in Abb. 143c symbolisch eingezeichneten Wicklungsstern zu kennzeichnen und sich ganz getrennt dem zweiten Teil der Aufgabe zuzuwenden, der auf dem Auftreten von $\Phi_z$ beruht. Die drei Hauptschenkel sind für den Zusatzfluß magnetisch, für die Zusatzspannung elektrisch parallelgeschaltet. Somit wird das Ersatzschaltbild Abb. 143c allen Einzelheiten des Vorganges gerecht. Der Punkt $O$ existiert im Löschtransformator nicht materiell, aber physikalisch. Er ist sozusagen in drei Punkte aufgelöst, in denen man sich die Hintereinanderschaltung der beiden unabhängig voneinander induzierten

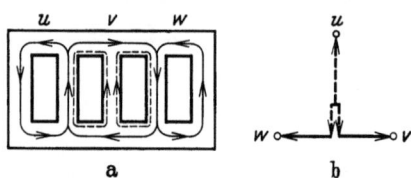

Abb. 144a und b. a Verteilung des dreiphasigen Flusses im Löschtransformator, b zugehörige Flußzerlegung im Vektordiagramm.

Teilspannungen, der Phasenspannung und der gemeinsamen Zusatzspannung (Nullpunktsspannung) vorgenommen zu denken hat. In Fortführung dieser Überlegung kann der Ersatzstromkreis der Abb. 142b für den Löschtransformator unverändert übernommen werden. Daraus geht aber hervor, daß dieser Apparat nach seiner Wirkungsweise zu den nach dem Prinzip der Nullpunktserdung arbeitenden Einrichtungen gezählt werden muß. Wie jede dieser Gruppe zuzurechnende Anordnung weist er eine geringe Nullreaktanz und eine hohe Betriebsreaktanz auf. Der Kraftlinienweg für die Betriebsspannung verläuft nach Abb. 144. Wie bereits erwähnt, bereitet die Dreieckwicklung dem dreiphasigen Fluß mit der Schenkelsumme Null keine Gegenwirkung. In den Jochen und Rückschlußschenkeln prägt sich eine gewisse Unsymmetrie der Kraftlinienwege aus, da sich der Fluß des mittleren Schenkels je zur Hälfte über die seitlichen Hauptschenkel schließen muß, um dort eine halb so große Spannungskomponente gleicher Phase zu induzieren (im Kernbild 144a und im Vektordiagramm 144b gestrichelt), während die zweite (voll ausgezogene) Flußachse auch die Rückschlußschenkel benützt. Daran ändert sich auch nichts, wenn man nach einem Vorschlag von Rüdenberg und Bauch die Rückschlußschenkel zwischen je zwei Hauptschenkel setzt. Die Folgen einer solchen Unsymmetrie sind übrigens unbedeutend. Die Summe der Magnetisierungsströme ist nicht Null. Ein unausgeglichener Strom $I_u$ tritt am Sternpunkt in die Erde (L 108). Wir werden ähnlichen Verhältnissen bei der Behandlung des Resonanzproblems in allgemeinerer Form begegnen und dann feststellen, daß man sich für $I_m = 0{,}04\,I_e$ und $I_u = 0{,}25\,I_m = 0{,}01\,I_e$, welche Werte hier schätzungsweise vorliegen können, mit der Unsymmetrie der betriebsmäßigen Magnetisierung abfinden kann.

Wir haben aber eine andere Schlußfolgerung aus Abb. 143a und 144a abzuleiten: Die Rückschlußschenkel sind nicht etwa dem Zusatzfluß zur Benutzung vorbehalten, auch ein Teil des betriebsmäßig umlaufenden Kraftflusses durchsetzt sie gleichzeitig. Will man also den magnetischen Kraftlinienweg der Erdungsinduktivität sättigen, ohne daß eine Rückwirkung auf die Symmetrie der Betriebsinduktivität zustande kommt, so empfiehlt es sich, die Sättigungsstrecke in der sekundären Belastungsinduktivität, nicht in den Rückschlußschenkeln vorzusehen, zumal man ja in dem hier maßgebenden Ersatzschaltbild Abb. 142b nicht $L_0$, sondern $L_e$ durch Sättigung beeinflussen will.

Die Überlagerung des Zusatzflusses und des Flusses der Betriebsspannung erfolgt nach Abb. 143a und 144a in den beiden Rückschlußschenkeln in entgegengesetztem Sinne. Es ist daher möglich, die auf den Hauptschenkeln sitzende Dreieckwicklung durch zwei in Reihe geschaltete Wicklungen auf den Hilfsschenkeln (Abb. 145) zu ersetzen, in denen nur der Zusatzfluß wirksam ist, während die vom Betriebsfluß herrührenden Spannungsanteile sich ebenso wie im Falle der Dreieckwicklung herausheben (Rüdenberg und Bauch, 1926).

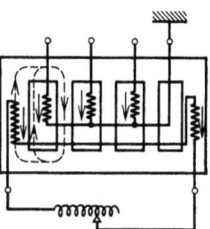

Abb. 145. Variante zur Anordnung der Wicklungen des Löschtransformators.

Es ist eine Folge ungleichmäßiger Verteilung der Erregung magnetischer Kreise, also der Verwendung unbewickelter Rückschlußwege in Abb. 143a, daß an den nichterregten Abschnitten freie magnetmotorische Kräfte sitzen. Ihr Betrag ist jedoch gering. Was nach Berücksichtigung der Gegenwirkung der primären Sternwicklung und der sekundären Dreieckwicklung an erregender Durchflutung übrig bleibt, ist von der Größenordnung der dreiphasigen Magnetisierungs-AW und entspricht der Erregung der hochohmigen Induktivität $L_0$ in Abb. 142b. Es liegt ein gut eisengeschlossener Kreis vor, der nur geringfügiger Erregung bedarf. Da bleiben auch die freien magnetischen Spannungen in zulässigen Grenzen. Die Anordnung nach Abb. 145 verhält sich jedoch in diesem Punkte anders. Primär- und Sekundärwicklung befinden sich auf verschiedenen Teilen des magnetischen Kreises und wirken dort im Sinne der eingetragenen voll ausgezogenen Pfeile jeder mit unvermindert hohem AW-Druck. Erst im Gesamtkreis bekämpfen sie sich, auf den Jochen hingegen lastet ihr AW-Druck in Parallelschaltung. Es muß also ein hoher Luftfluß von Joch zu Joch entstehen. Seine Nachteile kennen wir bereits. Man darf aber den Vorteil nicht unerwähnt lassen, daß man die äußere Belastungsinduktivität sparsamer bemessen kann. Nur ein Teil des Zusatzflusses dringt jetzt in die Rückschlußschenkel ein und erregt deren Wicklung, die wiederum die Belastungsinduktivität speist. Man hat es, anders gesprochen, bei der Ausbildung des Löschtransformators nach Abb. 145 mit einem Transformator großer Streuung zu tun. Im Ersatzschaltbild nach Abb. 142b ist die Streuinduktivität $L_s$ wesentlich erhöht. Man kann daher $L_e$ bei konstanter Summe entsprechend kleiner halten. Es liegt dann die Reihenschaltung einer Luftinduktivität mit der eisengeschlossenen Regeldrossel vor. Die erstere wird ohne zusätzlichen Baustoffaufwand im Löschtransformator untergebracht. In diesem Sinne dürfte ein gleichartiger Hinweis von Bauch (L 107) zu verstehen sein. Ohne diesen Kunstgriff, dessen Anwendung durch mehr oder weniger große Zusatzverluste im Kasten erkauft werden muß, berechnet sich der Baustoffaufwand des Löschtransformators samt zugehöriger Regeldrossel nach folgender Überlegung: Jeder Schenkel ist im Eisen für die volle verkettete Spannung zu bemessen. Für den Kupferaufwand ist an jedem Schenkel der Durchtritt von einem Drittel des Erdstromes maßgebend. Primär- und Sekundärwicklung sind gleich stark und entsprechen bei Zusammenlegung ihrer Querschnitte einer Drossel für die doppelte Stromstärke, also $\frac{2}{3}$ des Löschstromes. Demzufolge ist der dreiphasige Löschtransformator für eine Leistung $3\,U_p\,\sqrt{3} \cdot \frac{2}{3}\,I_e = 3{,}5\,U_p\,I_e$, mit der Regeldrossel zusammen sogar für 4,5 $U_p I_e$ auszulegen. Die gleiche Kennziffer beträgt für eine Nullpunktsdrossel in Zickzackschaltung mit angeschlossener Erdschlußspule nur 2,15! Gewiß läßt sich durch die Ausbildung nach Abb. 145 etwas ersparen. Man nähert sich aber durch Maßnahmen dieser Art den Verhältnissen nach Abb. 133c. Man darf sich bei der Beurteilung der Typenleistung nicht von den genannten Maßzahlen allein leiten lassen. Denn der Vorteil niedriger Isolation der Regeldrossel wird sich bei höheren Spannungen bemerkbar machen. Außerdem entsprechen die Eisenverluste nicht der 3fachen Schenkelleistung, ein Schenkel ist vielmehr frei vom Kraftfluß und daher auch von Eisenverlusten, weil sich in ihm Betriebsfluß und Zusatzfluß aufheben. Hingegen ist bereits berücksichtigt, daß der Löschtransformator als magnetisch verketteter Apparat nicht die ungünstige Stromaufteilung $\frac{I_e}{\sqrt{3}}, \frac{I_e}{\sqrt{3}}, 0$ der Polerdung, sondern die gleichmäßige Verteilung $\frac{I_e}{3}, \frac{I_e}{3}, \frac{I_e}{3}$ der künstlichen Nullpunkte aufweist. Nichtsdestoweniger ist es eine wesentliche Eigenschaft des Löschtransformators, die Drosselleistung durch drei Wicklungssysteme hindurchzuzwängen und dadurch die Verluste des induktiven Stromzweiges wie auch seine Abmessungen erheblich zu steigern. Aus diesem Grunde wurde auch des öfteren die Auslegung für Betrieb durch wenige Minuten, ja Sekunden bevorzugt, wobei die Kompensierungswirkung im Dauererdschluß preisgegeben werden mußte.

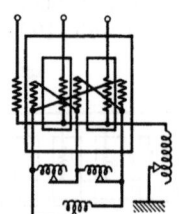

Abb. 146. Anschluß von Spulen für Erdschluß- und Ladestromkompensierung an eine und dieselbe Vordrossel.

Die Klassifizierung nach den als wesentlich erkannten Gesichtspunkten lautet hiernach für den Löschtransformator folgendermaßen: a) Wirtschaftlichkeit nicht befriedigend; b) magnetische Gleichwertigkeit aller Stromwege Phase-Erde nicht vollkommen erreicht, dabei insbesondere Sättigung des transformatorischen Bauelementes nicht zulässig; c) hohe Leerlaufreaktanz bei mäßiger Nullreaktanz ist erzielt; d) freie magnetische Spannungen in nennenswertem Betrage nur bei der im Aufwand sparsameren Durchbildung nach Abb. 145; e) Einstellung im Prüffeld und Regulierung im Betrieb genau so einfach wie bei der Nullpunktserdschlußspule.

Die Maßnahmen zur Einstellung der Stromaufnahme einer Löscheinrichtung sind für alle Bauformen von wesentlich gleicher Art. Wir verschieben ihre Besprechung bis zur Behandlung der Konstruktions- und Betriebsfragen (Abschnitt VII).

In manchen Fällen wird bei der Bewertung der Löscheinrichtungen auch ihre Eignung für Nebenaufgaben eine Rolle spielen. Besonders nahe liegt die zusätzliche dreiphasige Belastung zur Versorgung von Verbrauchern und zur Ladestromkompensierung. Apparate zur künstlichen Nullpunktsbildung sind in dieser Richtung von uns bereits untersucht worden (Abb. 124a). Ein Schema für die Verwendung der dreiphasigen Vordrossel zur einstellbaren Ladestromkompensierung zeigt Abb. 146 (AEG, 1925). Die in Dreieck geschaltete Sekundärwicklung sorgt für unbehinderten Durchtritt des der Erdschlußspule zufließenden Stromanteiles und dient gleichzeitig zur phasenweisen Belastung durch Kompensationsdrosseln. Ähnliche Möglichkeiten wären zunächst auch beim Löschtransformator zu vermuten, dessen Dreieckwicklung phasenweise zur Belastung mit induktiven Widerständen für Ladestromkompensation ausgenutzt werden könnte. Man würde dadurch allerdings auch eine weitere Drosselbelastung für die bei Erdschluß Schenkel für Schenkel auftretende Zusatzspannung schaffen. Eine Trennung der beiden Kompensationsvorrichtungen kann jedoch nicht entbehrt werden. Denn die Erdschlußkompensierung richtet sich nur nach der

Netzausdehnung, die Ladestromkompensierung wird hingegen je nach dem Belastungszustande in ganz verschiedenem Grade vorgenommen. Ein von der Erdschlußkompensierung unbeeinflußter und auf sie auch nicht zurückwirkender dreiphasiger Verbraucheranschluß muß daher beim Löschtransformator über eine in Zickzack geschaltete Tertiärwicklung vorgenommen werden (Bauch, 1925).

Die Polerdung über magnetisch unverkettete Drosseln bietet noch beschränktere Möglichkeiten. Ohne besondere Kunstschaltungen an zusätzlichen Sekundärwicklungen ergibt diese Ausführungsform zwangläufig im Normalbetrieb wie auch im Erdschlußfalle die Aufnahme einer dreiphasigen Leistung gleich der Erdschlußlöschleistung. Die Ladeleistung des Systems wird dadurch nur unvollständig erfaßt, es wird nur der Beitrag der Erdkapazitäten zur Betriebskapazität (vgl. Abschnitt I, Kapitel 4) aufgehoben, die gegenseitige Kapazität bleibt ungedeckt. Man sieht daraus, daß es nicht zweckmäßig ist, die Lösung der beiden Aufgaben in dreiphasig ausgebildeten Einrichtungen zu verschmelzen. Das RWE. hat bei seiner 220 kV-Übertragung getrennte Mittel für die Ladestrom- und Erdschlußkompensierung gewählt (Maurer, L 100). In Amerika sind einige kombinierte Einrichtungen für 26 kV gebaut worden (L 110 und Abb. 304).

Es mag eine Lösung noch so interessant und theoretisch reizvoll sein, ihre technische Daseinsberechtigung ist an andere Voraussetzungen geknüpft: Einfachheit im Aufbau, Wirtschaftlichkeit in der Anschaffung und Sparsamkeit im Betriebe. Wir haben dem letzten dieser drei Punkte noch nicht die gebührende Aufmerksamkeit gewidmet. Alle dreiphasigen Löscheinrichtungen weisen gegenüber der induktiven Nullpunktserdung von Betriebstransformatoren den Nachteil auf, daß sie ständig den durch die dreiphasige Betriebsspannung bedingten Fluß führen, daher jahraus jahrein Leerlaufverluste verursachen. Mit diesem letzten Merkmal zusammen liefern uns die bisher gegenübergestellten Eigenschaften ein geschlossenes Bild, das uns die klare Stellungnahme der Praxis erklärt und uns eine Voraussage für den Zeitpunkt gestattet, in welchem die Hersteller in ihren Bauformen und Empfehlungen nicht mehr durch Schutzrechte gebunden sein werden. Es ist kein Zweifel, daß die einphasige Erdschlußspule für Anschluß an den Nullpunkt der Betriebstransformatoren ihren Vorrang behaupten und endgültig durchsetzen wird. Soweit keine geeigneten Transformatoren verfügbar sind, wird man durch künstliche Nullpunkte gleichwertige Verhältnisse schaffen. Die anderen Bauformen dreiphasiger Löscheinrichtungen bereichern das Prinzip der induktiven Erdschlußkompensierung um keinen einzigen Gesichtspunkt und werden daher aller Voraussicht nach bei natürlichem Wettbewerb auch ihre bisherige beschränkte Bedeutung verlieren.

Man hat manchmal die nicht zu behebende Unwirtschaftlichkeit der magnetisch verketteten dreiphasigen Löscheinrichtungen, die sich im Baustoffaufwand und in den Betriebskosten ausprägt, durch den Hinweis auf einen grundsätzlichen Unterschied zu rechtfertigen versucht. Er soll in einer „Stromresonanzschaltung" zu erblicken sein, welche die ständige Arbeitsbereitschaft der Anordnung gewährleiste. Ein Blick auf Abb. 93 wird dem Leser die Feststellung vermitteln, daß auch im Falle der Nullpunktsspule beim Anlegen einer Spannung $U_0$ zwischen Nullpunkt und Erde das Abfließen eines betriebsfrequenten Stromes aus dem System nach Erde durch die Parallelschaltung von Induktivität und Kapazität gesperrt wird. Gerade dadurch wird die Fehlerstelle stromfrei gehalten. Es ist unzutreffend, diesen erzwungenen Zustand als Stromresonanz aufzufassen. Eine solche besteht nur dann, wenn ein eingeprägter Strom sich im induktiven und kapazitiven Stromzweig in erheblich höhere Teilströme entgegengesetzten Vorzeichens gabelt. Ebenso liegt Spannungsresonanz dann vor, wenn die Aufteilung einer eingeprägten Spannung auf die

Elemente einer Reihenschaltung zur Entstehung weit größerer Teilspannungen entgegengesetzten Vorzeichens führt. Beide Erscheinungen sind, wie wir bald sehen werden, an allen Arten von Löscheinrichtungen theoretisch möglich. Im Erdschlußfalle kann jedoch davon nicht die Rede sein, denn dann unterliegen beide Elemente, die Netzkapazität und die Löscheinrichtung, für sich einer vorgeschriebenen Spannung und daher auch einer gegenseitig unabhängigen Stromaufnahme. Eine besondere Funktionsbereitschaft liegt bei den dreiphasigen Löscheinrichtungen mit verkettetem magnetischem Kreis um so weniger vor, als sie im störungsfreien Betrieb unter dem Einfluß der Phasenspannung einen ganz anderen, viel kleineren Strom aufnehmen als die entsprechende Kapazität. Das Bild von der dauernd vorbereiteten phasenweisen Parallelschaltung ist zu Unrecht der echten unverketteten Polerdung entlehnt. Aber auch dort mangelt dieser Eigenschaft jede Bedeutung. Worauf es ankommt, ist das Verhalten des Systems gegenüber einer Nullkomponente der Spannung. Die Nullpunktserdung über die Petersen-Spule ist die unmittelbarste Ausdrucksform einer auf diesen Einfluß abgestellten Funktionsbereitschaft.

Einige andere Gründe für die Überlegenheit der einphasigen Erdschlußspule mit Nullpunktsanschluß dürfen nicht übergangen werden. Am Wicklungssternpunkt spielen sich die im Netz ablaufenden Überspannungsvorgänge in geänderter Form ab. Wanderwellen im eigentlichen Sinne gelangen zum Anschlußpunkt der Erdschlußspule überhaupt nicht, nur die Eigenschwingungen des Transformatornullpunktes wirken auf sie noch ein. Im Kapitel 11 des nächsten Abschnittes wird dieser Gesichtspunkt genauer untersucht werden. Die Betriebssicherheit der Erdschlußspule für Nullpunktsanschluß ist also eine höhere. Dazu kommt noch, daß man die Schalteinrichtungen des Anschlußtransformators zur Verfügung hat und kein eigenes Hochspannungsfeld einzurichten braucht. In kleineren Netzen für mittlere Spannungen, wo die Eigenverluste der Löscheinrichtung ins Gewicht fallen, könnte es auch bereits eine Rolle spielen, daß die zusätzlichen Eisen- und Kupferverluste der dreiphasigen und vor allem der transformatorisch wirkenden Anordnungen die Dämpfung der freien Schwingung erhöhen und die Wiederkehr der vollen Beanspruchung nicht genügend verlangsamen.

# V. Spezialprobleme der induktiven Erdschlußkompensierung.

## 1. Der Reststrom und seine Kompensierung.

Der in einem induktiv kompensierten Netz verbleibende Erdschlußreststrom besteht aus drei Anteilen: der Blindkomponente, herrührend von der Fehlkompensierung der Grundwelle, der Wirkkomponente, herrührend von den Verlusten der Reihenwiderstände und Nebenschlüsse in den Strombahnen des kapazitiven und induktiven Stromzweiges, und aus dem Oberwellenanteil. Über Blind- und Wirkkomponente hat das Kapitel 5 des vorigen Abschnittes bereits die Haupttatsachen beleuchtet. Dabei wurde die Frage der Wirkstromkompensierung noch nicht berührt. Ebenso ist die Entstehung und Bekämpfung von Oberwellen im Reststrom noch nicht behandelt worden.

Die Wirkstromkompensierung könnte nur dort Interesse bieten, wo die Belastung der Fehlerstelle durch die Wattkomponente des Dauererdschlußstromes thermisch bedenklich erscheint. Die Löschung des Erdschlußlichtbogens wird ja durch diesen Anteil nicht in Frage gestellt. Je nach der Schärfe der Abstimmung ergibt die Überlagerung der Blind- und Wirkkomponente eine gegen die Nullpunktsspannung $U_0$ mehr oder weniger phasenverschobene Grundwelle des Reststromes. Damit ändert sich der Zeitpunkt des Stromnulldurchganges innerhalb der Halbperiode, nicht aber der charakteristische Verlauf der anschließenden Spannungswiederkehr, wie er uns in den Abb. 99—103 entgegentritt. Die Wattkomponente übt nur Einfluß auf die Dämpfung der freien Ausgleichsschwingung und gerade hierbei kommt es nur auf den relativen, nicht auf den absoluten Betrag an. Ein besonderer Gewinn winkt also bei der Kompensierung des Wattreststromes kaum, zumal auch der im Dauererdschluß fließende Reststrom nicht um eine Größenordnung verkleinert, sondern nur auf den Betrag des praktisch unvermeidbaren Blindreststromes zurückgeführt wird. Man hat im Gegenteil damit zu rechnen, daß eine Erhöhung des letzteren kaum zu vermeiden sein wird. Hebt man nämlich den Wattreststrom auf, so verliert das System seine stabilisierende Richtkraft, wie wir im 5. Kapitel des vorigen Abschnittes gesehen haben. Man muß daher zu positiven oder negativen Überschüssen der Leitungskapazität zurückkehren, um die Unbestimmtheit der Potentialeinstellung zu beseitigen.

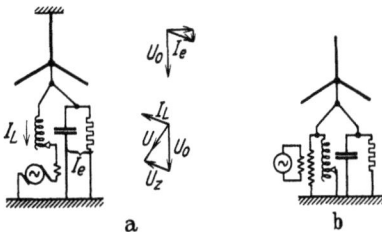

Abb. 147 a u. b. Kompensierung des Wattreststromes nach Petersen. a Durch Reihenschlußgenerator (eingeprägte Spannung $U_Z$ in Phase mit $I_L$), b durch im Nullpunkt zugeführten Strom.

Wir sahen eben, daß die stationären Arbeitsbedingungen kompensierter Systeme es gar nicht erwünscht erscheinen lassen, die Wattkomponente des Reststromes aufzuheben, also die mit dem Auftreten einer Nullpunktsspannung verknüpften Verluste durch besondere Anordnungen zu decken. Besonders deutlich wird dies, wenn man auf den Verlauf der Systemspannungen nach einem Erdschluß eingeht. Die Kompensierung der Wattkomponente ist gleichbedeutend mit einer Aufhebung der Dämpfung des Ausgleichsvorganges. Die erzwungene Schwingung des Nullpunktes, welche während des Erdschlusses besteht und sich nach dessen Aufhebung als freie Schwingung fortsetzt, bleibt in dieser neuen Form bestehen, das System verharrt freiwillig im Erdschlußzustand. Das ist natürlich ein schwer zu verwirklichender Grenzfall, der aber zu der Möglichkeit hinüberleitet, daß bei einer Überkompensation des Wirkstromanteiles die Dämpfung negativ wird, die freie Schwingung sich anfacht. Ohne auf die selbsttätige Begrenzung dieses Vorganges einzugehen, kann man ein solches Verhalten als unzulässig verwerfen. Die Untersuchung des Resonanzproblemes im 4. Kapitel dieses Abschnittes wird uns gleichfalls gewichtige Bedenken gegen eine künstliche Herabminderung der Verluste des Nullstromkreises liefern. Beachtet man schließlich noch, daß eine unkompensierte Wirkkomponente eindeutige Kennzeichen für die Lage der Fehlerstelle zu liefern vermag, die in der selektiven Erdschlußanzeige ausgenutzt werden, so resultiert aus diesem Für und Wider eigentlich kein Anreiz zur Kompensierung des Wattreststromes. Trotzdem sind Verfahren hierfür frühzeitig entwickelt worden. Sie sollen der Vollständigkeit halber nicht übergangen werden.

Die erste Lösung der Aufgabe gab Petersen im Jahre 1919. In den von ihm angegebenen Anordnungen kommt auch bereits die volle Erkenntnis aller unerwünschten Nebenerscheinungen zum Ausdruck. Sein Gedankengang besteht darin, den Wirkverbrauch des Nullstromkreises durch eine besondere generatorisch arbeitende Hilfsspannung zu decken. Legt man diese gemäß Abb. 147a und b in den Stromzweig der Erdschlußspule, so fließt durch den Kompensationskreis eine neue Stromkomponente zur Erde, die mit der Nullpunktsspannung in Gegenphase liegen soll. Dann stellt sie einen Rückschluß für die

150   Spezialprobleme der induktiven Erdschlußkompensierung.

Wattkomponente des kapazitiven Stromzweiges vor und löscht diese an der Fehlerstelle aus. Es kommt nicht darauf an, ob man die Hilfsspannung in Reihe mit der Erdschlußspule einfügt oder parallel zu dieser angreifen läßt. Die erforderliche Phasenlage der Hilfsspannung richtet sich nach dem Aufbau des Stromkreises. In Abb. 147a erzeugt eine mit der Erdschlußspule in Reihe liegende Wechselstromkollektormaschine mit Reihenschlußcharakteristik eine Zusatzspannung $U_z$ zur Nullpunktsspannung $U_0$. Das Vektordiagramm läßt erkennen, daß die resultierende Spannung $U$ in der Erdschlußspule einen um weniger als 90° nacheilenden Strom erzeugt, der der Nullpunktsspannung $U_0$ in der gewünschten Weise um mehr als 90° nacheilt. Eine Anordnung nach Abb. 147b verlangt eine höhere Zusatzspannung, dafür ist sie für einen geringeren Strom zu bemessen. Bildet man die zusätzliche Stromquelle als übersynchron angetriebene Asynchronmaschine aus, so kann man nach Petersen folgenden Vorteil erreichen: Wird durch induktive Überkompensierung dafür gesorgt, daß die freie Eigenschwingung der Nullkomponente mit höherer Frequenz verläuft als die Betriebsvorgänge, so läßt es sich einrichten, daß die Asynchronmaschine für die freien Ausgleichsschwingungen des Nullpunktes untersynchron läuft und als Verbraucher wirkt, somit die Dämpfung noch vermehrt. Für den betriebsfrequenten Zwangszustand des Erdschlusses hingegen arbeitet die Asynchronmaschine bei gleicher Drehzahl im übersynchronen Gebiet, sie wirkt generatorisch, wirkstromkompensierend. So geistreich diese Arbeitsweise erdacht ist, die praktische Verwirklichung wird durch die Bindung an die Überkompensierung und durch die Verwendung umlaufender Maschinen erschwert. Es sind auch Lösungen mit ruhenden Apparaten entwickelt worden, aber hinsichtlich der Beeinflussung der Dämpfung haften ihnen die geschilderten Mängel an. Auch kann die selbsttätige Anpassung der Hilfsspannung an die jeweils verlangte Phasenlage im allgemeinen nicht ohne Zuhilfenahme von Schaltvorgängen erreicht werden. Das von Petersen angegebene Grundschema zeigt Abb. 148. Benützt man an Stelle der dort eingefügten Zusatzspannungen gleich die Systemspannungen selbst, so gelangt man zu der von BBC 1926 angegebenen Anordnung nach Abb. 149. Der Erdschlußstrom möge nach irgendeinem der bekannten Verfahren kompensiert sein. Schließt man an diejenige Phase, welche der erdschlußbehafteten um 120° voreilt, eine Hilfsinduktivität an, so schickt diese einen Zusatzstrom zur Erde, welcher neben einem leicht zu berücksichtigenden Beitrag zur induktiven Kompensierung auch einen den Wattreststrom aufhebenden Anteil enthält. Beim Löschtransformator läßt sich der gleiche Gedanke durchführen, indem man nach Abb. 150 an einer gesunden Phase eine erhöhte Sekundärwindungszahl zur Wirkung bringt, allenfalls noch an der anderen gesunden Phase diese Windungszahl vermindert (Schimpf, 1928). Von BBC wurde schon 1925 eine Variante vorgeschlagen, welche die Verwendung von fallweise betätigten Schaltern zu vermeiden trachtet. Es werden symmetrische

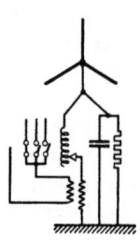

Abb. 148. Kompensierung des Wattreststromes mit Auswahl der Spannungsphase durch einen Relaissatz.

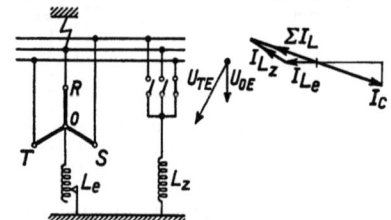

Abb. 149. Kompensierung der Wattkomponente durch eine Hilfsinduktivität.

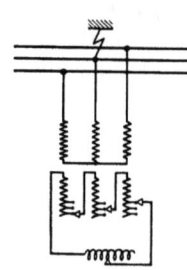

Abb. 150. Wattstromkompensierung durch unsymmetrische Schaltung des Löschtransformators.

Induktivitäten vorgesehen, die im normalen Betrieb am gleichen Punkt ihrer Kennlinien arbeiten. Eine dieser Induktivitäten soll nun im Erdschlußfalle durch Sättigung einen höheren Strom aufnehmen. Um jeweils die richtige Induktivität in das Sättigungsgebiet zu bringen, wird nach Abb. 151 die induktive Zwischenpolerdung gewählt, wobei die Anschlußpunkte aus der Wicklungsmitte versetzt sind. Man erkennt sogleich, daß derjenige Anschlußpunkt, dessen auf Erde bezogene Spannung in der Phase gegen die des Nullpunktes voreilt, die zugehörige Induktivität mit der höchsten Spannung versorgt und daß an dieser durch die Sättigung eine stärker als proportional erhöhte Stromaufnahme stattfindet. Der Überschuß vergrößert die Wattkomponente. Nacheilend versetzte Anschlußpunkte liefern eine Wattkomponente von entgegengesetztem Vorzeichen. Dadurch ist aber automatisch mit sofortiger Betriebsbereitschaft dasselbe erzielt, was in Abb. 149 durch Schalterauswahl mit einiger Verzögerung zustande kommt. Wir werden den gleichen Zusammenhängen im Kap. 4c dieses Abschnittes (Abb. 188) nochmals begegnen.

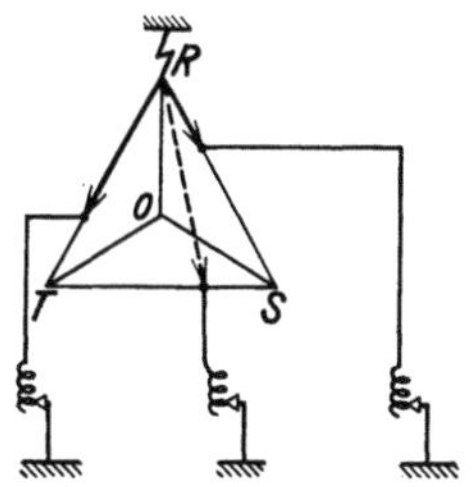

Von allen diesen Schaltungen ist in der Praxis kein Gebrauch gemacht worden. Das 220 kV-Netz des RWE mit etwa 70 A Wattreststrom und das 30 kV-Kabelnetz der Berliner städt. Elektrizitätswerke mit rd. 100 A Wattreststrom sind Beispiele dafür, daß auch Grenzfälle nicht zu einer Lösung dieses Problems drängen.

Abb. 151. Automatische Beeinflussung des Wattstromes durch exzentrisch angeschlossene gesättigte Polerdungsdrosseln.

Eine Ausnahme mögen Höchstspannungsleitungen mit knapp bemessenem Leiterdurchmesser bedingen, deren Wattreststrom durch die Coronaverluste stark erhöht wird. Das Einschalten einer Hilfsspannung in den Stromkreis der Löscheinrichtung muß hier zu einer merkwürdigen Verwicklung führen. Zwar wird der Wattreststrom unterdrückt werden, doch verharrt das System nach vollzogener Löschung in einem erdschlußähnlichen Zustande. Denn das Gleichgewicht ist dadurch gekennzeichnet, daß sich alle zur Erde übertretenden Ströme zu Null ergänzen. Beim Vorhandensein einer Hilfsspannung, welche als Wirkstromerzeuger arbeitet, kann das Gleichgewicht nur auf eine von zwei Arten hergestellt werden: Entweder das sich selbst frei überlassene System verlagert sich nach Größe und Phase so, daß es über die Gesamtheit seiner induktiven, kapazitiven und sonstigen Erdverbindungen den entgegengesetzten Strom zur Erde abgibt (Abschn. II, Kap. 2), oder es nimmt einen Zustand an, in welchem ein gleich hoher Verbrauch an Wirkstrom besteht. Dies trifft aber gerade für erdschlußartige Spannungseinstellungen zu, bei denen sich ja die Coronaverluste zusätzlich ergeben. Wenn aber das System den Erdschlußzustand oder eine davon wenig unterschiedene Spannungseinstellung beibehält, so fehlt jedes Kennzeichen für die Löschung und damit der Anstoß zur selbsttätigen Aufhebung der Zusatzspannung. Nach einem Vorschlage von Zukerman läßt man die Hilfsspannung nach vollzogener selbsttätiger Auswahl überhaupt nur kurze Zeit einwirken und gibt damit dem Netz Gelegenheit zur Löschung. Verschwindet der Fehler nicht, so kann man zur Wiedereinschaltung der Hilfsspannung ohne selbsttätige Rückführung übergehen und damit den Dauererdschlußbetrieb mit entlasteter Fehlerstelle sichern.

Der Oberwellenanteil des Reststromes kann gleichfalls in der Regel ohne besondere Gegenmaßnahmen in Kauf genommen werden. Die Entstehung der Oberwellen des stationären Erdschlußstromes und des Reststromes, ihr Einfluß auf die Löschfähigkeit und die Mittel zu ihrer Kompensierung sollen nun besprochen werden.

Schon die Einrichtungen zur Erzeugung und Umspannung der elektrischen Ströme sind nicht oberwellenfrei. Die umlaufenden Maschinen sind hier von geringerem Einfluß. Die Verzerrungen ihrer Spannungskurven sind durch die VDE-Vorschriften (R. E. M. § 14 und 21) begrenzt, überdies ist die Zahl der Generatoren verschwindend gering gegenüber jener der Transformatoren für die Speisung der Netze und für die Verteilung der in den Netzen fortgeleiteten Energie. Der verzerrte Magnetisierungsstrom, den die Transformatoren bei sinusförmiger Speisespannung verlangen, kann als die Hauptquelle des Oberwellengehaltes unserer Hochspannungsnetze angesehen werden. Diese Erscheinung spielt sich nun nicht allein zwischen den Maschinen und den von ihnen versorgten Transformatoren ab. Bei unbelastetem Netz vermag vielmehr die Leitungskapazität das Bild wesentlich zu beeinflussen. Wir haben in Abschnitt II, Kapitel 10 und in Abschnitt III, Kapitel 1 bereits die Erkenntnis gewonnen, daß in jedem Netz mindestens eine Oberwelle eine resonanzähnliche Bevorzugung dadurch erfährt, daß die Kurzschlußinduktivität der Speisepunkte mit der Kapazität des Netzes auf sie abgestimmt ist. Nach Abbildung 152a kann, soferne die Parallelschaltung der beiden genannten Elemente als Ersatzimpedanz $Z_a$ noch einen leichten kapazitiven Überschuß ergibt, angenäherte Resonanz mit der Leerlaufinduktivität $L_0$ der angeschlossenen Transformatoren zustande kommen. Die Abb. 152b gibt ein lineares Stromspannungsdiagramm, welches der Ausdruck für die Beziehung

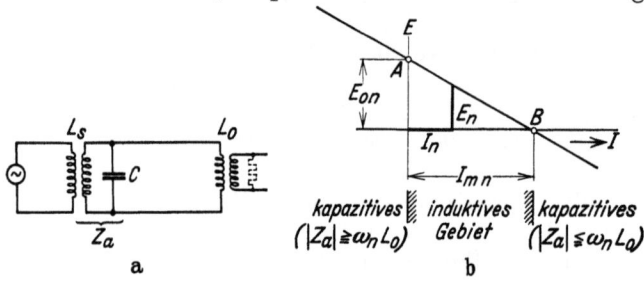

Abb. 152a und b. a Stromkreis der durch verzerrte Magnetisierungsströme hervorgerufenen Oberwellen, b Geradendiagramm $E_n = f(I_n)$.

$$E_{on} = I_n (\omega_n L_0 + Z_a) = I_n \left( \omega_n L_0 + \frac{1}{\frac{1}{\omega_n L_s} - \omega_n C} \right) \qquad (90)$$

ist, worin $E_{on}$ diejenige Spannung bedeutet, welche sich bei Sperrung der $n$-ten Harmonischen $I_{mn}$ des Magnetisierungsstromes $I_m$ ausbildet. Ohne auf den Aufbau dieses durch den Leerlaufpunkt $A$ ($I_n = o$, $E_n = E_{on}$) und den Kurzschlußpunkt $B$ ($E_n = 0$, $I_n = I_{mn}$) bestimmten Diagrammes hier näher einzugehen, entnehmen wir den beiderseits des Abschnittes $AB$ liegenden Gebieten die Bestätigung, daß die Netzkapazität gewisse Oberwellenanteile des Magnetisierungsstromes zu resonanzähnlicher Entartung bringen kann. Die Oberwellenbeimengung im kapazitätsbehafteten Netz ist also nicht auf die natürliche Zusammensetzung des Magnetisierungsstromes beschränkt, welche bei Speisung durch eine unendlich ergiebige Stromquelle auftritt (Diagrammpunkt $B$).

Es sei noch die Gelegenheit benützt, um in Abb. 152a wieder einmal die Äquivalenz von Ersatzschaltbildern mit eingeprägtem Strom und solchen mit eingeprägter Spannung zu erhärten. Mit

$$E_{on} = I_{mn} \omega_n L_0$$

ergibt sich aus (90) die zugehörige Strombeziehung

$$I_n = I_{mn} \frac{\frac{1}{Z_a}}{\frac{1}{\omega_n L_0} + \frac{1}{Z_a}} \qquad (91)$$

und damit der formelmäßige Ausdruck für Abb. 152c. Das Netz steht dann unter der Oberwellenspannung

$$E_n = I_n Z_a = I_{mn} \frac{1}{\frac{1}{\omega_n L_0} + \frac{1}{Z_a}} = I_{mn} \frac{1}{\frac{1}{\omega_n L_0} + \frac{1}{\omega_n L_s} - \omega_n C}, \quad (92)$$

die Kapazität führt den Oberwellenstrom

$$I_{nc} = E_n \omega_n C. \quad (93)$$

Die Resonanzfrequenz

$$\omega_n = \sqrt{\left(\frac{1}{L_0} + \frac{1}{L_s}\right)\frac{1}{C}}, \quad (94)$$

die dem Nullwerden des Nenners in (92) entspricht, unterscheidet sich praktisch nicht von der unter Vernachlässigung von $L_0$ bestimmten Eigenfrequenz des aus Kurzschlußinduktivität der Speisepunkte und Kapazität der Verteilungsleitungen aufgebauten Kreises. Diese beiden Elemente müssen sich eben bis auf einen geringen kapazitiven Rest aufheben, wenn die betreffende Oberwelle resonanzartig aus der Leerlaufinduktivität herausgeholt werden soll. Die Berücksichtigung der Leerlaufinduktivität $L_0$ erhöht daher die Genauigkeit der Frequenzberechnung nur unwesentlich.

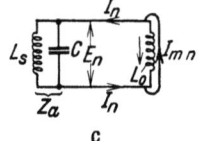

Abb. 152 c. Ersatzstromkreis für die Entstehung von Oberwellen. Annahme eingeprägter Ströme.

Wird die erregende EMK. der Oberwellen von den Speisepunkten selbst beigestellt, so wird die gleiche, durch (94) definierte Frequenz bevorzugt.

Zwei stillschweigend vorgenommene Näherungen bedürfen noch der Aufklärung. Das Geradendiagramm der Abb. 152b setzt offenbar eine konstante Induktivität des Transformators für die betreffende Oberwelle voraus. Diese Annahme ist zulässig, solange es sich um geringe Flußschwankungen handelt. Für eine mit der fünften Oberwelle verknüpfte Flußänderung von 10 vH kommt ja bereits ein Spannungsanteil von 50 vH der Grundwelle zustande. Derartige Verzerrungen der Spannungskurve liegen aber bereits jenseits aller praktisch zu erwartenden Wirkungen. Sodann ist der Einfluß des Wirkwiderstandes im Ersatzstromkreis, insbesondere einer verlustbehafteten Nutzlast (in Abb. 152a strichliert eingezeichnet) nicht berücksichtigt worden. Hierdurch tritt naturgemäß eine Begrenzung der Resonanzwirkungen, ja sogar eine völlige Abdämpfung ein. An die Stelle des Geradendiagrammes Abb. 152b treten Kreisdiagramme. Sie sind von Hueter (L 111) angegeben worden, der auch besonders einfache Formeln für die Berechnung der begünstigten Frequenzen aufgestellt hat. Derselbe Autor hat auch durch die von ihm eingeführten Oberwellenmeßgeräte wertvolle Aufschlüsse zum Einfluß der Lastschwankungen und der Veränderlichkeit des Netzbildes erbracht.

Abb. 153 zeigt an Hand der Registrierstreifen eines 60 kV-Netzes, daß den Maxima und Minima der Last eindeutig Minima und Maxima des Oberwellengehaltes zugeordnet sind. Gemessen wurde der Prozentsatz $p_5$ der 5. Harmonischen. Die Abbildung ist einer Arbeit des Verfassers (L 114) entnommen und läßt erkennen, daß die ganze Erscheinung sich nur in Zeiten schwacher Belastung, vorzugsweise am Sonntag-Vormittag ausprägt. Wird allerdings am Sonntag der Schaltzustand des Netzes geändert, so kann, wie im Beispiel unserer Abbildung, die Erscheinung auch ausbleiben. Im allgemeinen wird die 5. Oberwelle entsprechend ihrer Rolle im Magnetisierungsstrom der Transformatoren am stärksten vertreten sein. Bei Schwankungen der Netzausdehnung kann sie von der 7. abgelöst werden. Die 11. und 13. spielen in der Regel keine belangreiche Rolle. Die Änderungen der Netzkapazität, wie sie durch Schalthandlungen zustande kommen, erscheinen im Registrierstreifen als scharfe Sprünge,

**154** Spezialprobleme der induktiven Erdschlußkompensierung.

da sie im Vergleich zur geringen Überschußkapazität, auf der die Erscheinung beruht, ziemlich viel ausmachen. Alle diese Einzelheiten gehen mit voller Klarheit aus den Hueterschen Aufnahmen hervor, von denen eine in Abb. 154 wiedergegeben ist.

Die Spannungsverzerrung wird in den seltensten Fällen den Betrag von 20 vH der Grundwellenamplitude überschreiten. Aber solche Verhältnisse sind

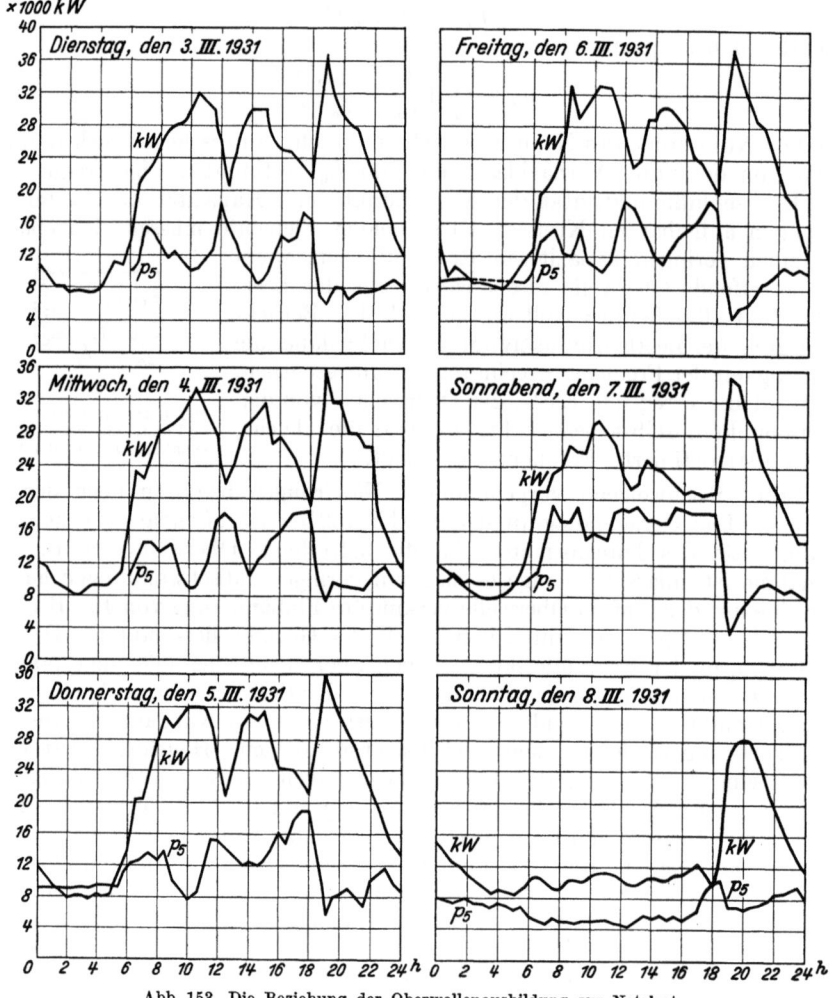

Abb. 153. Die Beziehung der Oberwellenausbildung zur Netzlast.

nicht mehr unbedenklich. Denn die kapazitive Stromaufnahme des Netzes entspricht dann für die 5. Harmonische 100 vH des Ladestromes der Grundwelle. Es kommen Kurvenformen zustande, wie sie Abb. 155 und 169 zeigen.

Im Erdschlußfalle ist die maßgebende Kapazität eine etwas andere als im störungsfreien Betrieb, während die Löschinduktivitäten den Vorgang nicht beeinflussen (vgl. Kapitel 4 des IV. Abschnittes). Die bevorzugte Oberwellenfrequenz liegt in unmittelbarer Nachbarschaft der Frequenz der Zündschwingung, die wir im 1. Kapitel des III. Abschnittes untersucht haben. Die Zündschwingung verfügt über einen einmaligen Energievorrat, der durch die Dämpfung verbraucht wird. Der Oberwellenanteil des Reststromes wird hingegen durch dauernde Erregung aufrechterhalten. Die Zündschwingung kann jede beliebige Frequenz annehmen, der Reststrom kann nur die 5., 7., 11., 13., $6n \pm 1$. Harmonische enthalten. Seine Verzerrung ist quantitativ auch sehr verschieden von dem Oberwellengehalt des unkompensierten Erdschlußstromes. Denn dieser ruft eine einachsige Belastung der Maschinen hervor und verzerrt dadurch deren Spannungskurve. Das kompensierte Netz läßt hingegen die EMK der Maschinen unverändert. Abgesehen davon, daß jedes schwach belastete Netz bestimmten Oberwellen eine bevorzugte Ausbildungsmöglichkeit bietet, kann auch die Lage des Erdschlusses im Verein mit dem übrigen Netzbild die Voraussetzungen hierfür liefern. Greifen wir beispielsweise auf Verhältnisse gemäß Abb. 42 zurück. Dort findet ein Erdschluß über die Reaktanz eines Freileitungsnetzes statt. Das zugehörige Ersatzschaltbild für den Oberwellenstromkreis wird durch Abb. 156 dargestellt. Parallel zur Reaktanz $L$ der geerdeten Phase liegt deren Erdkapazität $C$. Der über diese beiden Stromzweige aus der Erde bezogene Strom fließt über die Streuinduktivität der Stromerzeugungsanlage den Erdkapazitäten $C$ der beiden anderen Phasen zu. Mit den zu Abb. 42 gemachten Zahlenannahmen

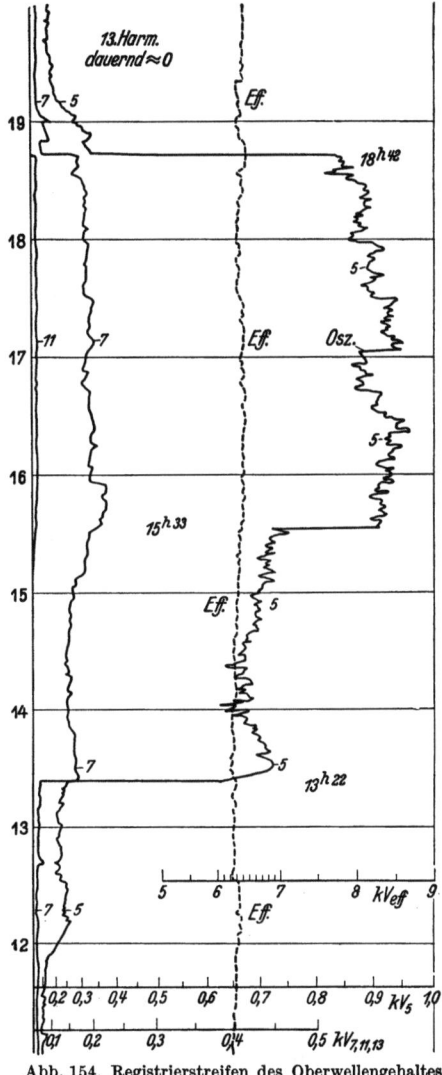

Abb. 154. Registrierstreifen des Oberwellengehaltes der Betriebsspannung (5. und 7. Harmonische) in einem 6 kV-Netz (Hueter).

$$\left( L = \frac{12 + 12 + 52{,}2}{3 \cdot 314} = 81 \cdot 10^{-3} H, \right.$$
$$L_s = \frac{0{,}7}{314} = 2{,}2 \cdot 10^{-3} H,$$
$$\left. C = \frac{1}{314 \cdot 250} = 12{,}7 \cdot 10^{-6} F \right)$$

erhält man $\omega = 6000$, das ist die 19. Harmonische, und $\omega = 550$. Beide Ergebnisse sind ohne praktische Bedeutung. Die eine der beiden Lösungen ($\omega = 6000$) stimmt im wesentlichen mit der für erdschlußfreien Zustand ($L = \infty$) maßgebenden überein.

Nähert man sich hingegen mit der Fehlerstelle den 5 kV-Sammelschienen auf 2 km oder liegt der Erdschluß in einem Kabelabzweig mit 100 A Nennstrom hinter einer Reaktanz für 6 vH $\left( L = \frac{1{,}73}{314} = 5{,}5 \cdot 10^{-3} \text{H} \right)$, so sind die Frequenzen $\omega = 1900$ und 6800 die Eigenschwingungen des Kreises. Erstere liegt zwischen der 5. und 7. Harmonischen, so daß man diese im Reststrom in stärkerer Entfaltung antreffen wird. Es gibt also kritische Fehlerwiderstände induktiver Art, welche die Oberwellen begünstigen. Für die Feststellung derartiger Verhältnisse kommt man im allgemeinen mit einem Schema nach Art der Abb. 156 aus. Das genauere Verfahren nach Abb. 23 ist hier entbehrlich, zumal für Mit- und Gegenkomponente gleiche Generatorinduktivitäten $L_s$ in Frage kommen und nicht wie bei der Grundwelle zwischen Synchron- und Streuinduktivität zu unterscheiden ist. Verfährt man nach Abb. 23, so bekommt man gleiche Ergebnisse, doch darf man nicht übersehen, daß in den Impedanzfiguren der Mit- und Gegenkomponente auch die Kapazität eine Rolle spielt, welche gerade für Oberwellenfrequenzen neben den sie sonst überbrückenden Generatorinduktivitäten sehr wohl in Erscheinung tritt.

Auch die in Abb. 156 gestrichelt eingetragenen gegenseitigen Kapazitäten sind von Rechts wegen zu berücksichtigen, wenn es sich nicht um Netze handelt, die aus Höchstädter-Kabeln aufgebaut sind.

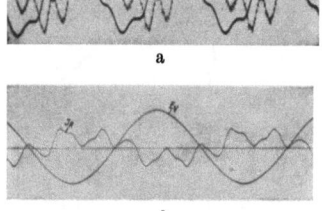

Abb. 155a und b. a Betriebsspannung und Ladestrom eines Netzes mit resonanzähnlicher Begünstigung der 5. Oberwelle (Hueter).
b Oszillogramm des Reststromes in einem kompensierten 100 kV-Netz.

Die Entstehung erheblicher Oberwellenanteile im Reststrom läßt sich darnach mitunter durch zweckentsprechende Abänderungen des Schaltzustandes unterbinden. Des öfteren neigen die beiden Teilnehmer eines Verbundbetriebes dazu, einander gegenseitig als Urheber einer bei getrenntem Netzbetrieb nicht erkennbaren Oberwellenverseuchung zu betrachten. In Wirklichkeit hat erst der Zusammenschluß der Einzelbetriebe die Voraussetzungen geschaffen. Der Vorschlag (SSW 1930), die einzelnen Teilnetze durch Sperrglieder gegen den Übertritt von Oberwellen bestimmter Ordnungszahl abzuriegeln, dürfte sich kaum in wirtschaftlicher Form durchführen lassen, da über Einrichtungen dieser Art die volle Durchgangsleistung der Grundwelle zu fließen hätte.

Rein zahlenmäßig betrachtet könnte es scheinen, als ob die Verunreinigung der Reststromkurve durch Oberwellen die Vorteile der induktiven Erdschlußkompensierung in Frage stellte (L 115). Und doch ist diese Erscheinung bis auf vereinzelte Fälle durchaus bedeutungslos geblieben. Denn erstens treten Vorgänge dieser Art überhaupt nur bei schwacher Belastung auf, zweitens lassen sie das Kernproblem der Erdschlußlöschung unbeeinträchtigt. Die verlangsamte Spannungswiederkehr nach vollzogener Unterbrechung des Erdschlußstromes bleibt erhalten. Nehmen wir den unwahrscheinlichen Fall an, daß trotz bester Kompensierung der Grundwelle des Erdschlußstromes im Reststrom ein Oberwellenanteil von 50 vH des kapazitiven Erdschlußstromes verbleibt, der aus der 5. Harmonischen bestehe. Die Spannung, welche sich an der Kapazität ansetzen muß, um diese Oberwelle im Erdschlußstrom hervorzurufen, beträgt bloß 10 vH der für die Grundwelle aufzuwendenden Spannung. Nur dieser Betrag kann somit an der Erdschlußstelle wiederkehren, wenn der Erdschluß aufgehoben wird. Im Vergleich zu den Vorgängen bei Unterbrechung einer unkompensierten Grundwelle sind dies harmlose Begleitumstände. Darum verlohnt es sich auch nicht, auf die Einzelheiten der Spannungswiederkehr des Oberwellenanteiles näher einzugehen, die in großen Zügen dem Verlauf der Grundwelle im unkompensierten Netz gleicht, aber dem Betrage nach um eine Größenordnung darunter bleibt. Selbst in Netzen mit ungewöhnlich hohem Oberwellengehalt — ein Beispiel davon beschreibt Lundholm (L 116) — kam man deshalb ohne Sondermaßnahmen durch. Man merkt den Einfluß der Oberwellen im Reststrom durch den klatschenden, härter anmutenden Unterbrechungsfunken. Bedenkt man, daß Erdschlußversuche ohnehin in der Regel

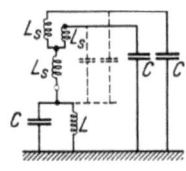

Abb. 156. Erdschluß über die Reaktanz eines Abzweiges. Entstehung des Oberwellenanteiles im Reststrom.

Der Reststrom und seine Kompensierung. 157

in betriebsschwachen Stunden vorgenommen werden, so darf man aus den Erfahrungen bei zahlreichen Inbetriebsetzungen auf das Verhalten der Netze unter ungünstigsten Oberwellenverhältnissen schließen. Nur eine verschwindend geringe Anzahl von Fällen ergab ernste, jedoch überwindbare Schwierigkeiten.

Die Korona als Oberwellenursache wird im Abschnitt V, Kapitel 12 untersucht.

Die Entwicklung der gittergesteuerten Stromrichter kann dem Oberwellenproblem künftig eine erhöhte Bedeutung verleihen. Nicht zuletzt aus diesem Grunde verdient der Fragenkomplex der Oberwellenkompensierung ein ausführliches Eingehen.

Von Mengele (L 117) wird die Vermutung geäußert, daß die Phasenlage der Oberwellenspannung den Löschvorgang verschieden beeinflusse, je nachdem, ob die Summenkurve der Spannung im Nulldurchgang des Stromes durch die Oberwellen zur Abszissenachse herabgedrückt oder in steilerem Anstieg von ihr abgehoben wird.

Die Aufgabe, den Reststrom von seinen Oberwellen zu befreien, ist lösbar und hat in einer Anzahl interessanter Anordnungen eine erfolgreiche praktische Bearbeitung erfahren. Auch hier verdankt man Petersen die grundsätzlichen Gedankengänge und Vorschläge

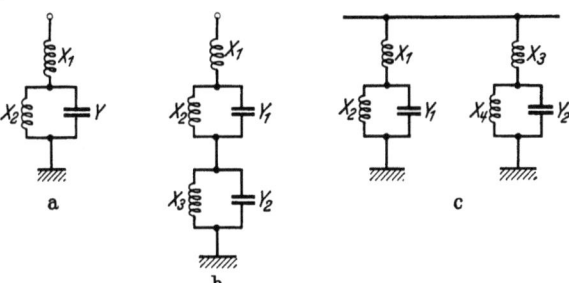

Abb. 157 a—c. a Anordnung zur Kompensierung der Grundwelle und einer Oberwelle, b Kompensierung der Grundwelle und zweier Oberwellen in einer Einrichtung, c Aufteilung der Kompensierungsaufgabe auf zwei Gebilde, je einer Oberwelle zugeordnet.

(1926). Man kommt zum Ziele, wenn für die hauptsächlichen Oberwellen im Verein mit der Grundwelle die Kompensierung sichergestellt wird. Die vervielfältigte Wirkung, welche von der Löscheinrichtung verlangt wird, setzt eine Erweiterung der einfachsten Grundform voraus. An die Stelle der Löschinduktivität (Erdschlußspule für Nullpunktanschluß, Regeldrossel des Löschtransformators) tritt nach Abb. 157a ein verwickelteres Gebilde, das neben Reaktanzen noch Kapazitäten enthält. Wird für die Grundwelle eine Reaktanz 100 verlangt, für die 3. Oberwelle völlige Sperrung, für die 5. wiederum Löschwirkung, also die Reaktanz $\frac{100}{5} = 20$, so gelten für die auf 50 Perioden bezogenen Impedanzen $X_1$, $X_2$, $Y$ die Gleichungen:

$$3 X_2 = \frac{Y}{3},$$

$$X_1 + \frac{1}{\frac{1}{X_2} - \frac{1}{Y}} = 100,$$

$$5 X_1 + \frac{1}{\frac{1}{5 X_2} - \frac{5}{Y}} = 20.$$

Die Lösung lautet: $X_1 = 36$, $X_2 = 56{,}89$, $Y = 512$.

Noch leistungsfähiger sind Anordnungen nach Abb. 157b. Die erhöhte Zahl der Elemente gestattet die Einhaltung vorgeschriebener Reaktanzwerte für ebensoviele Frequenzen. Mit einer Bemessung $X_1 = 24{,}07$, $X_2 = 53{,}27$, $X_3 = 9{,}14$, $Y_1 = 533{,}4$, $Y_2 = 740{,}7$ erreicht man die Reaktanzwerte 100, ∞, 20, 14,3, ∞, 9,09 für die Grundwelle bzw. die 3., 5., 7., 9., 11. Harmonische. In Abb. 157c kommt zum Ausdruck, daß man die Oberwellenkompensierung auch auf verschiedene parallel arbeitende Einrichtungen aufteilen darf, denen verschiedene Oberwellen zugewiesen sind. Man kann sie in mehrere Stationen verteilen, wie dies für die Grundwellenkompensierung ohnehin bevorzugt wird, und gewinnt für jede einzelne Station damit an Übersichtlichkeit. Hier erzielt man mit $X_1 = 52{,}4$, $X_2 = 86{,}0$, $X_3 = 52{,}4$, $X_4 = 223{,}3$, $Y_1 = 774$, $Y_2 = 2010$ eine Kompensierung der 5. bzw. 7. Oberwelle durch die linke bzw. rechte Einrichtung, der Grundwelle durch beide zusammen unter Wahrung gegenseitiger Auswechselbarkeit für die Drosselspulen $X_1$ und $X_3$. Die 3. Oberwelle ist in jedem der beiden parallelen Kreise gesperrt.

Hier ist eine Bemerkung darüber angebracht, welche Eigenschaften die verallgemeinerte Kompensationseinrichtung hinsichtlich der Oberwellen mit durch drei teilbarer Ordnungszahl aufweisen muß. Netze mit isoliertem Nullpunkt oder induktiver Erdschlußkompensierung gestatten das Fließen von Strömen der 3., 9., ... Harmonischen nicht, weil den gleichgerichteten Stromanteilen der einzelnen Phasen an den Wicklungsknotenpunkten keine oder nur eine sehr hochohmige Abflußmöglichkeit geboten wird. Dieses Verhalten ist befriedigend und sollte nicht geändert werden. Insbesondere wäre es falsch, etwa die verallgemeinerte Kompensationseinrichtung auch mit einer Löschwirkung für die 3. Oberwelle auszustatten. Man hätte dann eine Reihenschaltung der Netzkapazität mit der auch für die 3. Harmonische abgestimmten Löscheinrichtung vor sich. In diesen Kreis wäre eine EMK der 3. Harmonischen eingefügt, welche der Transformator durch seine nichtlineare magnetische Charakteristik entwickelt. Man hätte einen dauernd erregten Resonanzkreis geschaffen. Gegenüber der Grundwelle besteht der Unterschied, daß die drei Kapazitäten nicht unter der Wirkung eines ausgeglichenen Spannungssternes stehen, sondern mit gleich großen und gleichgerichteten Spannungen beschickt werden. Würden hingegen 3 $n$-fache Oberwellen auftreten, die nicht nach Art einer Nullkomponente erregt sind, sondern in der verketteten Spannung erscheinen, so bestünde auch für sie ein theoretischer Anreiz zur Kompensierung. In der Tat bringen magnetische Unsymmetrien der Drehstromtransformatoren solche verkettete Oberwellen 3facher Ordnungszahl zuwege. Das gleiche läßt sich von Maschinen ohne Querfelddämpfung feststellen, wenn sie im einachsigen Kurzschluß laufen, wozu sich ja in der Regel ein Erdschluß als Begleiter gesellt (Erdberührung des Kurzschlußlichtbogens oder Doppelerdschluß). Die nebensächliche Bedeutung beider Fälle, des ersten wegen der Geringfügigkeit der Einflüsse, des zweiten wegen der Entbehrlichkeit jeglicher Kompensierung, führt im Verein mit der betriebsmäßigen Resonanzgefahr durch stationäre dreizahlige Harmonische zur Ablehnung einer zusätzlichen Abstimmung der Löscheinrichtung für diese Oberwellen. In Netzen mit anderer, nicht durch drei teilbarer Phasenzahl kommt den Oberwellen 3facher Ordnungszahl diese Sonderstellung nicht zu.

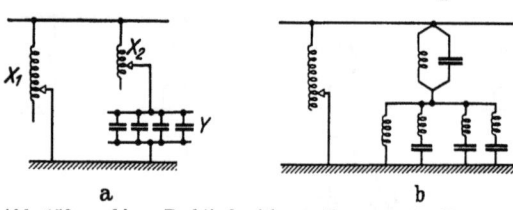

Abb. 158a und b. a Praktisch wirksame Trennung der Kompensierungseinrichtungen für Grundwelle und Oberwellen, b theoretisch strenge Lösung dieser Aufgabe.

In einer Weiterentwicklung dieses Verfahrens setzte sich Petersen zum Ziel, die Kompensierung der Grundwelle und der Oberwellen unabhängigen, für sich regelbaren Elementen zuzuweisen. Abb. 158a gibt das Schaltbild einer solchen Anordnung, dem folgende Gleichungen entsprechen, in welchen die für die 1., 3., 5. Harmonische geforderten Impedanzen mit 100, ∞, 20 anzusetzen sind.

$$\frac{1}{X_1} + \frac{1}{X_2 - Y} = \frac{1}{100},$$
$$\frac{1}{5X_1} + \frac{1}{5X_2 - \frac{Y}{5}} = \frac{1}{20},$$
$$\frac{1}{3X_1} + \frac{1}{3X_2 - \frac{Y}{3}} = \frac{1}{\infty}.$$

Man erhält $X_1 = 92{,}8$, $X_2 = 58{,}7$, $Y = 1363{,}5\,\Omega$ für die auf 50 Hz bezogenen Impedanzen der Schaltungselemente. Man vergewissert sich durch $X_2 - Y = -1304{,}8 = 14{,}1\,X_1$, daß eine Änderung des Zusatzkreises um 10 vH sich auf die Abstimmung der Grundwelle nur mit 0,7 vH auswirkt; ähnlich liegen die Verhältnisse hinsichtlich der 5. Harmonischen.

Man kann noch einen Schritt weitergehen und verlangen, daß bei Abschaltung des zusätzlichen Schwingungskreises die Abstimmung der Grundwelle überhaupt nicht gestört wird. Piloty

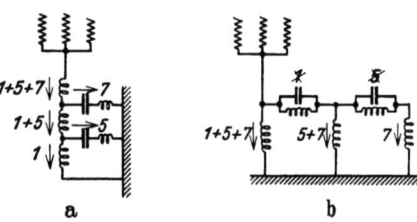

Abb. 159 a und b. Weitere Anordnungen für Oberwellenkompensierung mit Aussiebung. a Durch reihengeschaltete Resonanzkreise, b durch Sperrkreise.

schlug 1928 als Lösung dieser Aufgabe eine Schaltung nach Abb. 158b vor, in der die Grundwelle von der zur Kompensierung der Oberwellen bestimmten Einrichtung durch einen Sperrkreis abgeriegelt wird. Er benutzt dazu einen für die Grundwelle auf Stromresonanz abgestimmten Schwingungskreis und ordnet in Reihe mit diesem

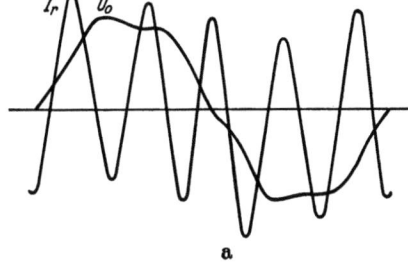

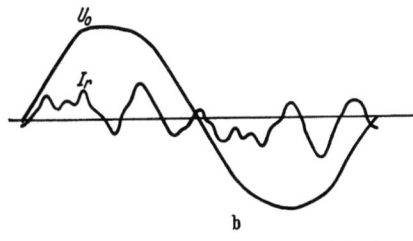

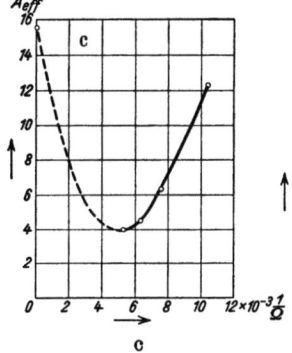

Abb. 160 a—c. a, b Oszillographisches Ergebnis eines praktischen Anwendungsbeispieles der Oberwellenkompensierung (Reststrom vor und nach Einschaltung der Einrichtung), c V-Kurve des Reststromes bei verringerter Netzausdehnung ($X_2$ veränderlich).

weitere Stromzweige an, derart, daß die Zahl der induktiven und kapazitiven Elemente der Anzahl der Abstimmungs- und Sperrbedingungen entspricht.

Andere Anordnungen trachten die Oberwellen durch Resonanzkreise (Abb. 159a) oder Sperrkreise (Abb. 159b) aus dem Gemisch zu trennen und die Kompensationsbedingung staffelweise zu erfüllen (BBC 1928).

Während die Unterdrückung des Wattreststromes niemals zur Ausführung gelangt ist, wurde die Oberwellenkompensierung wiederholt praktisch verwirklicht. In einem 30 kV-Netz wurde die Zweckmäßigkeit einer solchen Einrichtung

160  Spezialprobleme der induktiven Erdschlußkompensierung.

daraus gefolgert, daß die Leitungsbrüche trotz des Einbaues der induktiven Grundwellenkompensierung nicht im erwarteten Maße zurückgingen. Oszillographische Aufnahmen stellten klar, daß der Reststrom zeitweise einen hohen Anteil an 5. Harmonischen enthielt. Beispielsweise wurden am Tage der Inbetriebnahme der Oberwellenkompensierung in einem Abschnitt gemessen:

| Erdschlußstrom (Grundwelle) | Reststrom: Wattkomponente | Blindkomponente | Effektivwert |
|---|---|---|---|
| 33 | 2,4 | — 0,75 | 15,6 A |

Selbst bei günstigster Abstimmung verblieb also der halbe Erdschlußstrom an der Fehlerstelle. Nach Einschaltung der Anordnung zur Oberwellenkompensierung ergab sich demgegenüber die Meßreihe:

| 33 | 2,6 | — 0,75 | 4,0 A |

Die Oszillogramme Abb. 160 zeigen deutlich den Erfolg der nach Schema Abb. 158a ausgeführten Einrichtung. Ihre Bemessung erfolgte entsprechend einem Gesamterdschlußstrom (Grundwelle) von 55 A bzw. einer kapazitiven Reaktanz von $\frac{17300}{55} = 315 \Omega$ derart, daß durch $X_1 = 293 \Omega$, $X_2 = 184,6 \Omega$, $Y = 4300 \Omega$ bestmögliche Abstimmung angestrebt wurde. Als Kondensatoren wurden solche für 0,75 μF (4246 $\Omega$) ± 5 vH beschafft. Die Drossel $X_2$ umfaßte den Bereich von 154 bis 190 $\Omega$ (18 $\Omega$ steckten im Anschlußtransformator), wofür eine in vier Grobstufen regelbare Einheit (154, 163, 172, 181 $\Omega$) und eine feinstufige Zusatzdrossel von 9 $\Omega$ in gemeinsamem Kasten zum Einbau gelangte. Wenn die Netzausdehnung auf die Hälfte zurückging, wurde an der Kapazität nichts geändert. Die resultierende Reaktanz für die 5. Oberwelle war dann von $\frac{315}{5} = 63 \Omega$ um den gleichen Betrag auf 126 $\Omega$ zu erhöhen, wofür die Induktivität $X_2$, bezogen auf die

Abb. 161.
Bild einer ausgeführten Anlage für Oberwellenkompensierung.

Grundwelle, auf einen um $\frac{63}{5} = 12,6 \Omega$ höheren Scheinwiderstand (184,6 + 12,6 = 197,2 = 172 + 18 + 7 $\Omega$) einzustellen war. Die Zusatzeinrichtung war für eine Stromaufnahme von 17 A bemessen. (Bei der Beanspruchung der Kondensatoren ist auf die Möglichkeit einer ungünstigen Überlagerung der Scheitelwerte von Grund- und Oberwelle zu achten!) Die Abstufung der

Induktivität $X_2$ des Oberwellenkreises beträgt zweckmäßig rd. 1 vH. In unserem Beispiel bedeutet 1 vH von $X_2 = 184{,}6\,\Omega$ immerhin schon $1{,}85\,\Omega$ für die Grundwelle, $9{,}25\,\Omega$ für die 5. Oberwelle, das sind rd. 15 vH der Sollimpedanz von $63\,\Omega$. Die Abstimmungsgenauigkeit beträgt dann $\pm 7{,}5$ vH. Ein Ast einer V-Kurve, aufgenommen bei verringerter Netzausdehnung, ist in Abb. 160c aus Meßwerten zusammengestellt. Eine Verstimmung von 25 vH ist zulässig. Hohe Verstimmungsgrade bringen den Nachteil, daß die Einrichtung nicht mehr die Netzkapazität zu einem Sperrkreis ergänzt. Der resultierende Leitwert wirkt im Resonanzkreis nach Abb. 156 mit.

Nach dem Einbau der beschriebenen Einrichtung, die Abb. 161 im Zusammenbau zeigt, verschwanden die Leitungsbrüche, die Lichtbögen erloschen also regelmäßig. Der Oberwellengehalt des Reststromes läßt sich daher in ausreichendem Maße beschränken.

## 2. Der Widerstandserdschluß im kompensierten Netz.

Gewisse Erdschlußfehler weisen an der Erdübergangsstelle einen mehr oder weniger hohen Widerstand auf. Dazu zählen Erdschlüsse durch in die Leitungsseile geratene Baumzweige, Isolationsüberschläge zur ungeerdeten Traverse eines Holzmastes, Kabeldurchschläge im Entwicklungsstadium.

In einem exakt kompensierten System ohne Wattverluste im Erdschlußstromkreise ändert auch ein hoher Erdübergangswiderstand nichts an dem vorteilhaften Verhalten der Erdschlußspule. Hierüber gibt Abbildung 162a Aufschluß. In ihr ist am

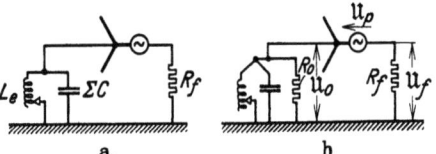

Abb. 162 a und b. Erdschluß über Fehlerwiderstand im kompensierten Netz. a Näherungsbetrachtung, b mit Berücksichtigung der Verlustwiderstände.

Nullpunkt als dem elektrischen Schwerpunkt des Systems außer der Erdschlußspule noch die symmetrische Gesamtkapazität des Netzes angeschlossen. Die Zulässigkeit dieser Ersatzschaltung ist im 1. Kapitel des II. Abschnittes begründet. Die Zusammenfassung der aufeinander abgestimmten induktiven und kapazitiven Stromwege ist als Sperrkreis zu betrachten, mithin als hoher, im Sonderfall unendlich hoher Erdungswiderstand des Nullpunktes. Die Erdverbindung einer der drei Phasen über den Fehlerwiderstand ergibt das Schaltbild einer Spannungsteilung. Die Phasenspannung wirkt auf die Reihenschaltung der Erdungsimpedanzen des Nullpunktes und der vom Fehler betroffenen Phase ein. Solange die Impedanz am Nullpunkt praktisch unendlich groß ist, bleibt es gleichgültig, wie hoch der Fehlerwiderstand ist; stets entfällt auf diesen eine verschwindend geringe Teilspannung. Der Phasenleiter erhält keine Spannung gegen Erde, die gesamte Phasenspannung setzt sich am Nullpunkt an. Im Vergleich zum nichtkompensierten Netz (II. Abschnitt, Kapitel 3, insbesondere Abb. 17) entfaltet also die Erdschlußspule eine die kranke Phase entlastende Wirkung. Diese geht auch nicht verloren, wenn man die Verlustwiderstände des Nullstromkreises berücksichtigt. In Abb. 162b geschieht dies durch einen dem Sperrkreis parallel gelegten Widerstand, dessen Größenordnung im allgemeinen das 10fache der Impedanz der Erdschlußspule oder des kapazitiven Stromkreises beträgt. Das Gesetz der Spannungsteilung läßt sich sogleich hinschreiben:

$$U_f : U_0 = R_f : R_0 \tag{95}$$
$$U_f + U_0 = U_p.$$

Hierin ist der Widerstand $R_0$ aus den bei sattem Erdschluß zustande kommenden

Wattverlusten $W$ des kapazitiven und induktiven Erdschlußstromkreises gemäß der Beziehung
$$\frac{U_p^2}{R_0} = W$$
zu bestimmen. Es ergibt sich, wie erwähnt,
$$R_0 \approx 10\,\omega L_e \approx \frac{10}{\Sigma\,\omega C}.$$
Solange daher der Fehlerwiderstand $R_f$ von der Größenordnung der induktiven oder kapazitiven Reaktanz ist, findet man ein Spannungsteilverhältnis
$$U_f \approx \frac{U_0}{10} = \frac{U_p}{11},$$
d. h. die Fehlerstelle bleibt entlastet, der an ihr auftretende Strom wird auf $\frac{1}{11}$ des Erdschlußstromes beschränkt. Die Wattkomponente des Reststromes ist also nicht gestiegen, sondern von $\frac{I_e}{10}$ bei sattem Erdschluß auf $\frac{I_e}{11}$ bei Widerstandserdschluß zurückgegangen. Dafür tritt eine andere, den Löschvorgang betreffende Eigentümlichkeit neu auf. Der auf den gestörten Leiter entfallende Spannungsanteil $U_f$ braucht beim Übergang zum stationären Sollbetrieb nur um $U_0 = U_p - U_f$ ergänzt werden. Die freie Ausgleichsschwingung hat die Amplitude $U_0 < U_p$, der Anteil $U_f$ setzt sich ohne Ausgleichvorgang fort. Im Löschmoment ist der Momentanwert von $U_f$ gleich Null, da ja $I_f$ und $U_f$ in Phase sind. (Dies gilt nicht bloß für exakte Abstimmung, sondern auch bei Fehlkompensierung.) Der Anstieg der Spannung in der kranken Phase geht nun auf zweierlei Art vor sich. Der überwiegende Teil von $U_p$, der zahlenmäßig gleich $U_0$ ist, kehrt langsam wieder und verhält sich diesbezüglich genau so wie es Abb. 99 zeigt. Der kleinere Anteil $U_f$ beginnt mit dem Nulldurchgang und verläuft in seiner stationären Form. Nun wächst $U_f$ mit steigendem Fehlerwiderstand $R_f$. Wenn der Verlustwiderstand $R_0$ und der Fehlerwiderstand $R_f$ einander gleich sind, so tritt nach der Erdschlußunterbrechung an der Fehlerstelle sofort die betriebsfrequente Spannung $\frac{U_p}{2}$ auf; sie setzt jedoch mit dem Nullwert ein. Gute Abstimmung vorausgesetzt, hat man dann den halben Wattreststrom des satten Erdschlusses und die halbe Phasenspannung zu unterbrechen. Kleiner Strom und günstiger Leistungsfaktor schaffen hier noch immer vorteilhafte Löschbedingungen. Dies gilt auch für Fehlabstimmung, denn der Strom wächst dann nur um die Blindkomponente des Reststromes an und die Phasenverschiebung zwischen unterbrochenem Strom und unmittelbar (ohne Ausgleichsvorgang) wiederkehrender Spannung bleibt sogar gleich Null entsprechend der Beziehung
$$I_f = \frac{U_f}{R_f}.$$

Das Bild ändert sich, wenn der Übergangswiderstand an der Fehlerstelle den Charakter eines Blindwiderstandes hat. Für die praktisch vorkommenden Fälle resultiert daraus keine merkliche Beeinträchtigung des Löschvorganges. Denn die der Erdschlußstelle vorgelagerten Induktivitäten (Primärauslöser, Schutzdrosselspulen, Strombegrenzungsreaktanzen, Zusatztransformatoren) haben eine viel zu kleine Reaktanz, als daß die an ihnen entstehende Fehlerspannung einen nennenswerten Bruchteil der Phasenspannung ausmachen könnte. Während im unkompensierten Netz der gesamte Erdschlußstrom über die Fehlerimpedanz fließt, wodurch die resonanzartige Erscheinung des Erdschlußüberstromes zustande kommt, die wir in Abschnitt II, Kapitel 10 untersucht haben, wird eben im kompensierten Netz die Erdungsimpedanz nur mit dem auf geringe

Bruchteile herabgedrückten Reststrom belastet. Da es sich nur um geringfügige Spannungsanteile handelt, macht sich die ungünstige Phasenverschiebung des zugehörigen Unterbrechungsvorganges kaum bemerkbar. Ein Zahlenbeispiel möge dies verdeutlichen. In einem Kabelnetz mit 1000 A Erdschlußstrom sei ein Reststrom von 100 A bei sattem Erdschluß zu erwarten. Trennt eine Reaktanz für 350 A Nennstrom, 7 vH betriebsmäßigen Spannungsabfall die Fehlerstelle vom übrigen Netz, so entfällt auf sie nur ein Spannungsanteil von 2 vH der Phasenspannung. Diese Betrachtung zeigt zugleich, daß in kompensierten Netzen Erdschlußüberströme nicht möglich sind.

Wir wenden uns wieder der Untersuchung der Erdschlußzustände und der Löschbedingungen bei Erdschluß über Ohmschen Widerstand zu, lassen aber jetzt die Voraussetzung genauer Abstimmung des kompensierten Netzes fallen. Es sind dann zwei Annahmen getrennt zu behandeln, die durch das gleiche Ersatzschaltbild Abb. 162b wiedergegeben werden. Wir gehen zuerst von gegebenen Netzverhältnissen aus und betrachten den Erdungswiderstand als variabel. Strom und Spannung der im Nullpunkt zusammengefaßten kapazitiven, induktiven und induktionsfreien Strompfade stehen in einer bestimmten, durch den Winkel $\varphi$ (Abb. 163) charakterisierten Phasenbeziehung. Daneben liegt auch das Verhältnis der Beträge fest. Mit dem Strom $\mathfrak{J}_f$ liegt

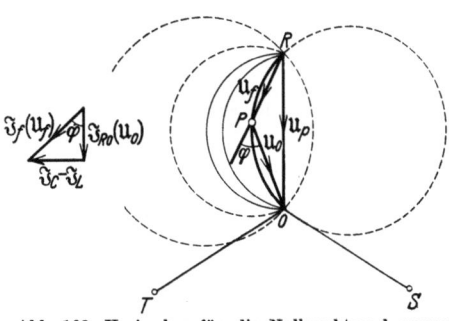

Abb. 163. Kreisschar für die Nullpunktsverlagerung $OP$, Einzelkreis gültig für gegebene Abstimmung und veränderlichen Widerstand.

auch die Spannung $\mathfrak{U}_f$ am Widerstand $R_f$ in Phase. Somit ist die Phasendifferenz von $\mathfrak{U}_0$ und $\mathfrak{U}_f$ stets gleich $\varphi$. Damit ist aber auch der geometrische Ort aller Lagen gefunden, welche die Spitze $P$ des aus $U_p$, $\mathfrak{U}_0$ und $\mathfrak{U}_f$ gebildeten Dreiecks einnehmen kann. Es muß ein Kreis mit dem Peripheriewinkel $\varphi$ über der Sehne $U_p = OR$ sein. Nur der eine voll gezeichnete Abschnitt dieses Kreisdiagrammes hat eine physikalische Bedeutung. Der gestrichelte Teil ist negativen Widerstandswerten $R_f$ zugeordnet. Punkt $O$ wird bei $R_f = \infty$, Punkt $R$ bei $R_f = 0$ durchlaufen. Die Strecke $OP$ ist die Nullpunktsverlagerung, die Strecke $RP$ die Spannung des kranken Leiters gegen Erde.

Für jede Art der Netzabstimmung gilt ein Kreis aus der in Abb. 163 dargestellten Schar. Die Gerade $OR$ gehört ihr gleichfalls an, sie entspricht exakter Abstimmung und trennt die physikalisch wesentlichen Abschnitte der Kreise für induktive bzw. kapazitive Fehlabstimmung. Bei der ersteren eilt die Nullpunktsspannung der Fehlerspannung vor, bei der letzteren ist es umgekehrt. Der Punkt $P$ wandert im Kreisdiagramm derart, daß mit wachsendem Widerstand $R_f$ die Spannung $\mathfrak{U}_f$ der kranken Phase auf Kosten der Nullpunktsspannung $\mathfrak{U}_0$ zunimmt. Solange $R_f$ die Größenordnung der induktiven oder kapazitiven Einzelwiderstände nicht überschreitet, bleibt $\mathfrak{U}_f$ in mäßigen Grenzen. Denn erst wenn die höhere Größenordnung des resultierenden Widerstandes der kapazitiven und induktiven Strombahn erreicht wird, nimmt $\mathfrak{U}_f$ ansehnliche, mit $\mathfrak{U}_0$ vergleichbare Beträge an. Die Nullpunktsspannung wird dann kleiner, der kapazitive, induktive und der Watterdschlußstrom sinken.

Die Erdschlußspule behält auch bei hochohmigem Erdfehler einen wesentlichen Teil ihrer Vorzüge. Auf eine lichtbogenfreie Unterbrechung wird man allerdings nicht mehr rechnen dürfen. Die Aussichten für die selbsttätige Löschung von Überschlägen bleiben jedoch günstig, da es sich um kleine Ströme, um Spannungen unterhalb der Phasenspannung des Systems und um Phasengleichheit von Strom und Spannung handelt. Darum hat die Erdschlußkompensierung auch bei Holzmastleitungen klare Erfolge zu verzeichnen. Soweit die Isolatorstützen nicht ohnehin mit dem Erdseil verbunden sind, entstehen die Überschläge bevorzugt an den eisernen Abspannmasten.

Tritt an die Stelle des induktionsfreien Fehlerwiderstandes $R_f$ eine Impedanz mit dem Phasenwinkel $\psi$, so ändert sich an dem Diagramm und seiner Herleitung nichts, nur die Kreise wechseln ihre Bedeutung. Jeder Kreis mit dem Peripheriewinkel $\varphi$ ist jetzt einer Erdungsimpedanz mit dem charakteristischen Winkel $\varphi' = \varphi - \psi$ zugeordnet.

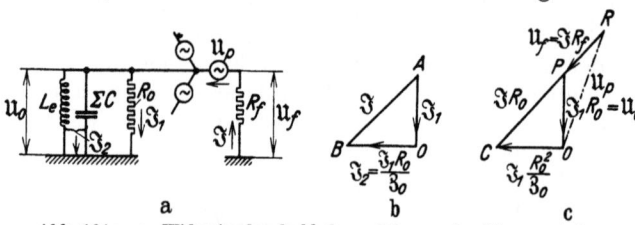

Abb. 164 a—c. Widerstandserdschluß. a Schema der Stromverteilung, b Vektordreieck der Ströme, c Vektorfigur der Spannungen.

Wir wollen nun die Annahme wechseln. Es sei der induktionsfreie Fehlerwiderstand gegeben, und es soll der Einfluß veränderlicher Abstimmung untersucht werden. Zu diesem Behufe gehen wir an Hand der Abb. 164 a von einem im Stromzweig $R_0$ angenommenen Strom $\mathfrak{J}_1$ aus. Sein Vorhandensein setzt eine Nullpunktsspannung

$$\mathfrak{U}_0 = \mathfrak{J}_1 R_0$$

voraus, die andererseits in der Kombination von $\Sigma C$ und $L_e$ einen Strom

$$\mathfrak{J}_2 = j \mathfrak{U}_0 \left( \omega \Sigma C - \frac{1}{\omega L_e} \right) = \mathfrak{J}_1 \frac{R_0}{\mathfrak{Z}_0} \qquad (97)$$

hervorruft. Dabei ist die durch Fehlabstimmung verbleibende kapazitive oder induktive Nullreaktanz des Systems mit

$$\mathfrak{Z}_0 = \frac{1}{j \left( \omega \Sigma C - \frac{1}{\omega L_e} \right)} \qquad (98)$$

abgekürzt.

Die beiden Ströme $\mathfrak{J}_1 = AO$ und $\mathfrak{J}_2 = \mathfrak{J}_1 \frac{R_0}{\mathfrak{Z}_0} = OB$ sind unter rechtem Winkel zusammenzusetzen. Sie ergeben in Abb. 164b den Summenvektor $\mathfrak{J} = AB$. Eine maßstäbliche Umzeichnung des Stromdreieckes $AOB$ führt auf das Dreieck $POC$ der Abb. 164c, in welchem wir die Spannung $\mathfrak{U}_0 = \mathfrak{J}_1 R_0$ in Form der Strecke $PO$ und außerdem eine dem Gesamtstrom $\mathfrak{J}$ proportionale Strecke $PC = \mathfrak{J} R_0$ unter richtiger Wiedergabe von Betrag und Phasenlage finden. Nun interessiert uns gerade der Spannungsvektor $\mathfrak{J} R_f$ als zweite Teilspannung der erregenden Spannung $\mathfrak{U}_p$. Die Strecke

$$RP = PC \cdot \frac{R_f}{R_0}$$

stellt den gesuchten Spannungsvektor vor. Die strichpunktierte Schlußlinie $RO$ ist als Summe $\mathfrak{U}_f + \mathfrak{U}_0$ mit der wirksamen Spannung $\mathfrak{U}_p$ des Kreises identisch.

Wir betrachten jetzt in Abb. 165a das eben gefundene Dreieck $POC$ etwas näher. Durch Ziehen einer zu $OC$ parallelen Hilfsgeraden entsteht der Punkt $F$. Es ist klar, daß durch ihn die Strecke $RO = \mathfrak{U}_p$ derart unterteilt wird, daß eine Teilstrecke

$$FO = \mathfrak{U}_p \cdot \frac{R_0}{R_0 + R_f}$$

entsteht. Damit ist ein geometrischer Zusammenhang zwischen den Spannungsvektoren $\mathfrak{U}_p$ und $\mathfrak{U}_0$ aufgedeckt. Bei gegebenem Fehlerwiderstand $R_f$ und gegebenem Verlustwiderstand $R_0$ des Nullstromkreises ist das aus dem konstanten Vektor $\mathfrak{U}_p \dfrac{R_0}{R_0+R_f}$ und dem variablen Vektor $\mathfrak{U}_0$ gebildete Dreieck $OPF$ ein rechtwinkliges. Der Punkt $P$ ist daher auf einem Kreis über dem Durchmesser $OF$ zu suchen. In Abb. 165b haben wir das **Kreisdiagramm der Nullpunktsverlagerung bei Widerstandserdschluß und veränderlichem Abstimmungsgrad** zu erblicken.

Wir können uns aber sogleich auch darüber Rechenschaft geben, welche Verallgemeinerung dieses Ergebnisses zustande kommt, wenn der in Abb. 164a aus $L_e$ und $\sum C$ gebildete Nullstromkreis nicht bloß Verluste von der Form $\dfrac{U_0^2}{R}$, sondern etwa auch solche von der Form $I_L^2 R_L$ besitzt. Dabei sei $R_L$ näherungsweise proportional zu $L_e$ gesetzt. Unter dieser Annahme ist die für den Stromzweig $L_e \parallel \sum C$ maßgebende Impedanz mit einer geringen konstanten Phasenverschiebung behaftet, durch welche $\widehat{AOB}$ in Abb. 164b auf

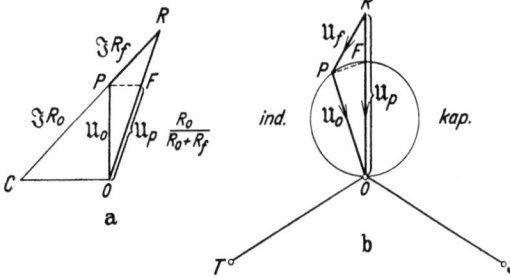

Abb. 165a und b. Widerstandserdschluß. a Weitere geometrische Beziehungen im Spannungsdreieck $OPR$, b Kreisdiagramm der Nullpunktsspannung $OP$ bei gegebenem Widerstand des Erdfehlers, veränderlicher Abstimmung.

einen von $\dfrac{\pi}{2}$ etwas abweichenden Wert gebracht wird. Der Peripheriewinkel des über $OF$ aufzubauenden Kreises ändert sich dadurch in Abb. 165b etwas, der Kreismittelpunkt verschiebt sich nach rechts. Ähnliche Abweichungen zieht eine Blindkomponente der Erdfehlerimpedanz nach sich.

Wir können in dem Kreisdiagramm Abbildung 165b zu jedem Punkt leicht den Fehlerwiderstand, den Abstimmungsgrad und den Fehlerstrom ermitteln. Der Kreis unterteilt die Phasenspannung $\mathfrak{U}_p = OR$ derart, daß die beiden Abschnitte im Verhältnis $\dfrac{R_f}{R_0}$ stehen. Diese Aufspaltung von $U_p$ in zwei phasengleiche Anteile tritt bei exakter Abstimmung ein und ist uns bereits aus Gleichung (95) bekannt. Voreilung von $\mathfrak{U}_0$ gegen $\mathfrak{U}_f$ (linke Hälfte) bedeutet Überkompensierung, Nacheilung (rechte Hälfte) entspricht Unterkompensierung.

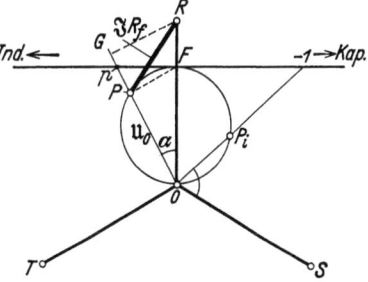

Abb. 166. Blindkomponente und Wattkomponente des Reststromes, Abstimmungsgrad im Kreisdiagramm.

Der Fehlerstrom ist unter der von uns zugrunde gelegten Annahme konstanten Fehlerwiderstandes der Strecke $RP = \mathfrak{U}_f = IR_f$ proportional. Er ist bei genauer Abstimmung ein Minimum, und zwar

$$I_{\min} = \dfrac{U_p}{R_0 + R_f}.$$

Die Wattkomponente dieses Stromes liest man in Abb. 166 aus der Projektion der Strecke $RP$ auf $OR$ ab. Sie variiert in der Nähe der günstigsten Abstimmung nur wenig. Bei den üblichen wattmetrischen Messungen kombiniert man übrigens nicht den Fehlerstrom $\mathfrak{I}$ und $\mathfrak{U}_p$, sondern $\mathfrak{I}$ und $\mathfrak{U}_0$, da man die Nullpunktsspannung $\mathfrak{U}_0$ meist meßtechnisch einfacher zur Verfügung hat. Die Projektion $PG$ von $\mathfrak{I}R_f$ auf $\mathfrak{U}_0$ ist gegen Änderungen der Abstimmung besonders unempfindlich. Sie ist $\mathfrak{U}_0$ selbst proportional, und zwar gleich $\mathfrak{U}_0 \frac{RF}{FO} = \mathfrak{U}_0 \frac{R_f}{R_0}$ oder im Strommaßstab $\frac{\mathfrak{U}_0}{R_0}$. Mit $\mathfrak{U}_0$ zusammen gibt diese Größe ein Maß für die reinen Erdschlußwattverluste des Netzes ausschließlich derjenigen des Fehlerwiderstandes.

Ebenso hat man die andere Komponente von $\mathfrak{J}$ bzw. $\mathfrak{U}_f$, das ist die Projektion $RG$ auf die Richtung $\perp \mathfrak{U}_0$ als Maß der Blindkomponente und damit der Abstimmung zu deuten. An die Stelle der Strecke $RG$ kann natürlich die ihr proportionale $FP$ treten. Die starke Änderung der Strecke $FP$ in der Nähe des Punktes $F$ exakter Abstimmung bedeutet, daß sich auch die Punkte für mäßige Fehlabstimmung am Kreis in der Nachbarschaft von $F$ zusammendrängen. Die Nullpunktsverlagerung $\mathfrak{U}_0 = OP$ ist auch bei Widerstandserdfehlern in erster Annäherung von der Genauigkeit der Abstimmung unabhängig. Die Nullpunktsverlagerung ist stets groß, die Fehlerspannung bleibt klein. Die Erdschlußspule entlastet die kranke Phase und entzieht ihr dadurch den Strom. Der Aufbau des Kreisdiagrammes zeigt, daß dies zutrifft, solange der Fehlerwiderstand im Vergleich zum natürlichen Verlustwiderstand des Netzes mäßige Beträge aufweist.

Die Strecke $PF$ ist ein Maß für den Absolutwert der Blindkomponente $\mathfrak{U}_0 \left(\omega \Sigma C - \frac{1}{\omega L_e}\right)$. Will man den Klammerausdruck allein, also die Abstimmung für irgendeinen Punkt $P$ ermitteln, so hat man $PF$ mit $OP = U_0$ ins Verhältnis zu setzen. Somit ist $\frac{PF}{OP} = \operatorname{tg}\alpha$ zu bilden, welche Größe man in Form der Strecke $Fp$ auf der Tangente in $F$ unmittelbar ablesen kann. Zur Festlegung des Maßstabes benötigt man nur die Kenntnis eines Skalenpunktes. Hierfür eignet sich z. B. der Zustand bei abgeschalteter Erdschlußlöscheinrichtung, also isoliertem Nullpunkt. Dem zugehörigen Punkt $P_i$ entspricht $Fp = -1$. Der Punkt $O$ hat $Fp = \infty$, er wird bei starrer Erdung des Nullpunktes über $L_e = 0$ erreicht. Ist $R_f$ von der Größenordnung $\frac{1}{\omega \Sigma C}$, $R_0$ etwa 10mal so hoch, so liegt $P_i$ in der Nähe des durch $\alpha = \frac{\pi}{4}$ bestimmten Kreispunktes. Bei unkompensiertem Netz stellen sich daher bedeutende Fehlerspannungen und proportionale Fehlerströme ein. Mit günstigerem Abstimmungsgrad rückt $P$ sehr schnell von $P_i$ nach $F$, die Fehlerstelle wird entlastet, gleichzeitig werden die gesunden Phasen auf die erhöhten Spannungsbeträge $PS$ und $PT$ gebracht. Mißt man diese beiden Spannungsbeträge, so erhält man im Punkt $F$ der genauen Abstimmung numerische Gleichheit und damit ein überaus scharfes Kennzeichen richtiger Kompensierung. Dieser Zusammenhang gilt nur bei Widerstandserdung. Bei sattem Erdfehler rückt $F$ nach $R$ $\left(\text{wegen } \frac{R_f}{R_0} = 0\right)$, der Kreis baut sich über $RO$ auf, ist aber eigentlich bedeutungslos, weil die Punkte $P$ für beliebige Abstimmung mit $R$ zusammenfallen. Je kleiner $R_f$ wird, desto mehr drängt sich eben der gesamte Abstimmungsbereich am Durchmesserendpunkt zusammen. Der übrige Kreis verliert seine physikalische Bedeutung, er wird erst in der Nähe des Zustandes fester Nullpunktserdung durchlaufen. Die Verhältnisse liegen ähnlich wie beim Kreisdiagramm des widerstandslosen Transformators oder Asynchronmotors.

Das Kreisdiagramm des kompensierten Netzes bei Widerstandserdung und veränderlicher Abstimmung ist ein wertvoller Behelf bei der Inbetriebnahme von Löscheinrichtungen und bei der Kontrolle ihrer Abstimmung. Wir werden hierauf im 3. Kapitel des VII. Abschnittes näher eingehen. Für diese Zwecke wurde das Diagramm vom Verfasser im Jahre 1925 entwickelt und im 6-kV-Kabelnetz der Westmährischen Elektrizitätswerke in Brünn erstmalig angewandt und bestätigt (Abb. 167).

Wir wollen den Gegenstand nicht verlassen, ohne in einem kurzen Überblick den Einfluß der einzelnen Elemente des kompensierten Stromkreises nach Abb. 162b auf den Ablauf des Löschvorganges zusammengefaßt zu haben.

1. Fehlabstimmung: Allmähliche Wiederkehr der Spannung an der kranken Phase, jedoch Schwebungscharakter des Vorganges statt aperiodischer Erreichung des stationären Zustandes.

2. Oberwellen im Erdschlußreststrom: Die geringe zur Erzeugung der Oberwellenanteile an der Kapazität wirksame Spannung reicht zur Einleitung von Rückzündungen in der Regel nicht aus.

3. Erhöhte Wattverluste im kapazitiven und induktiven Stromzweig: Nach wie vor Beginn der Spannungswiederkehr von Null ausgehend, allmähliches Ansteigen der Umhüllenden der Scheitelwerte, Dämpfung der freien Ausgleichsschwingung erhöht, Annäherung an den stationären Wert beschleunigt, Schwebungsmaxima abgedämpft.

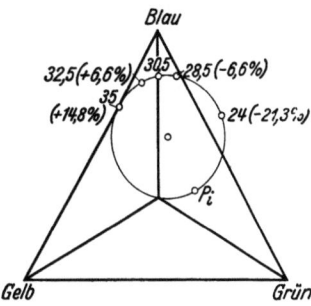

Abb. 167. Beispiel eines praktisch aufgenommenen Kreisdiagrammes.

4. Erdfehler über einen Ohmschen Widerstand: Nach wie vor Einsetzen der Spannungswiederkehr mit Null, beim überwiegenden Teil der Spannung allmähliches Ansteigen der Umhüllenden der Scheitelwerte, ein kleinerer Teil (entsprechend der Fehlerspannung $I_f R_f$) sogleich mit stationärem Verlauf erscheinend.

5. Erdfehler über eine beliebig geartete Impedanz: Wie unter 4., jedoch Momentanwert der Fehlerspannung bereits im Augenblick der Erdschlußunterbrechung vorhanden, Löschbedingungen entsprechen nicht mehr $\cos \varphi = 1$, immerhin unterbrochener Strom und wiederkehrende Spannung um eine Größenordnung herabgedrückt.

## 3. Die Erdschlußspule in Kabelnetzen.

Wiederholt wurde die Ansicht geäußert (L 37, 274), die Anwendung der induktiven Erdschlußkompensierung sei auf Freileitungsnetze beschränkt. In Kabelnetzen gebe es weder frei brennende Lichtbögen, noch vorübergehende oder gar intermittierende Erdschlüsse, auch scheine es wenig aussichtsreich, die Ausartung eines vom Reststrom dauernd beanspruchten Erdfehlers in einen Kurzschluß zwischen Leiter und Leiter zu unterbinden. Gegen diese Anschauung ist schon sehr früh von Kabelfachleuten, wie Pfannkuch (L 121), Stellung genommen worden. Kabelnetze enthalten in den Stationen zahlreiche, den Gefahren frei brennender Lichtbögen ausgesetzte Elemente, gar nicht zu reden von gemischten Netzen mit angeschlossenen Freileitungen. Der hohe Betrag der dabei zustande kommenden Lichtbogenströme verschärft noch so manche Seite des Problems. Auch die Durchführbarkeit des Erdschlußbetriebes in kompensierten Kabelnetzen ist durch die Praxis unter Beweis gestellt worden. Dort wo die Höhe des Reststromes und seiner thermischen Wirkungen dies in Frage stellen kann, wird etwas gewonnen, was der Betriebsleiter und die für ihn denkenden automatischen Einrichtungen vor allem gebrauchen: Zeit. In einem 6-kV-Netz mit 85 km Drehstromkabel wurde der Betrieb im Dauererdschluß bis zu 3 Stunden fortgesetzt; in einem 10-kV-Kabelnetz fuhr man 30 Stunden lang im Erdschluß. Bei Kabeln mit einzeln verbleiten Mänteln und bei der Höchstädter-Bauart

## Spezialprobleme der induktiven Erdschlußkompensierung.

vergehen Stunden, bevor der Erdschluß in einen Kurzschluß übergeht. Ältere Dreiphasenkabel vertragen selbst bei den höchsten Restströmen eines Netzes mit gut abgestimmter Kompensierung Erdschlüsse in der Dauer von einigen Minuten, mindestens jedoch von der Arbeitszeit langsam wirkender Relais. Sind also die Gegenargumente wenig stichhaltig, so läßt sich darüber hinaus eine Menge von Vorteilen für die Erdschlußkompensierung in Kabelnetzen geltend machen. Einige wesentliche Gesichtspunkte sind schon in früheren Kapiteln (II/12, III/1, IV/2) angeführt worden. Eine Zusammenfassung und Ergänzung ist hier am Platze.

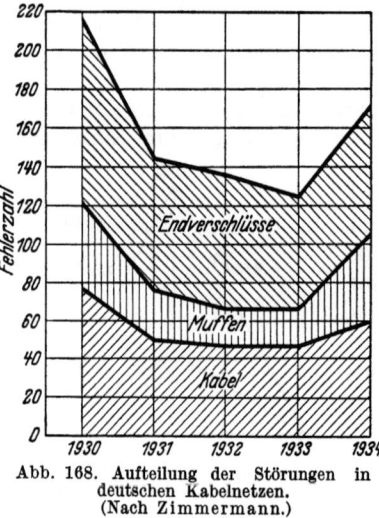

Abb. 168. Aufteilung der Störungen in deutschen Kabelnetzen. (Nach Zimmermann.)

Soweit die Fehler im Kabel selbst oder in den Muffen und Endverschlüssen entstehen, wachsen sie in der Mehrzahl der Fälle von Erde aus gegen den Leiter vor. Die amerikanische Statistik (L 123, 124) zeigt, daß dies für 66 vH aller Störungsfälle gilt. Das Kabel ist also typisch erdschlußanfällig, die Erdschlußbekämpfung stützt die Sicherheit der Betriebsführung von Grund auf. Auch die eingehende Bearbeitung der deutschen Kabelstörungen durch W. Zimmermann (L 124), aus welcher Abb. 168 entnommen ist, läßt erkennen, was hier für die Beruhigung des Betriebes der Kabelnetze geleistet werden kann. Die Erdschlüsse in Kabeln sind eine schleichende Krankheit, sie beginnen meist hochohmig und entwickeln sich unter allmählicher Zerstörung des Dielektrikums.

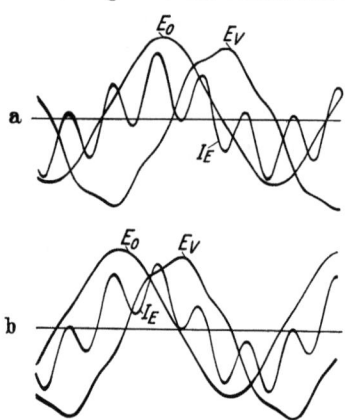

Abb. 169 a und b. Reststrom eines großen Kabelnetzes (Bewag). a Bei genauer Abstimmung, b bei schwacher Überkompensierung.

Hier greift die vorzügliche Eigenschaft der Erdschlußspule ein, die wir im vorhergehenden Kapitel kennengelernt haben. Die kranke Phase wird von der Spannung entlastet, der Fehler kündigt sich an. Die Erdschlußprüfvoltmeter zeigen lange vor dem eigentlichen Durchbruch eine Verlagerung der Erdspannungen an. Es kann vorkommen, daß der Fehler sich zurückbildet, indem das erwärmte Isoliermittel, z. B. die Ausgußmasse einer Muffe, im Durchbruchkanal zusammenfließt, es kommt zur Selbstheilung. Dieser Fall mag selten, der völlige Durchbruch also die Regel sein. Auch dann ist das Verhalten des induktiv kompensierten Netzes allen anderen Betriebsformen weit überlegen. Die Generatoren merken nichts vom Erdschluß, die Bleimäntel, bei denen, wie immer, auf gute zusammenhängende Erdung aller Einzellängen zu achten ist, führen nur den Rückschluß des in den drei Leitern fließenden Unsymmetriestromes und nicht etwa den vollen kapazitiven Erdschlußstrom oder gar den einphasigen Kurzschlußstrom. Man hat aber nicht nur den Strom an der Fehlerstelle zu fürchten, sondern muß auch den Folgeerscheinungen seiner Ausartung vorbeugen. Greift der kapazitive Erdschlußstrom des unkompensierten Netzes oder der Erdkurzschlußstrom des satt oder niederohmig geerdeten Systems auf die Isolation zwischen den Phasen über, so entstehen Kurzschlüsse, die — abgesehen von umfangreichen örtlichen Schäden — die Stabilität des Gesamtbetriebes bedrohen, Umformer aus dem Tritt werfen und die Selektivität der Schutzeinrichtungen auf eine harte Probe stellen. Die thermische und dynamische Beanspruchung der Kabel durch den Kurzschlußstrom großer städtischer Kraftversorgungen hinterläßt ihre Spuren in Form irreversibler Dehnungen und damit neuer Fehlerkeime. Die Störungen beunruhigen den Betrieb durch epidemische Häufung. Auch die äußeren Begleitumstände der den Erdschlüssen nachfolgenden Phasenkurzschlüsse sind nicht harmlos. Ein Muffendefekt dieser Art zerstört die Erddecke explosionsartig. Man ist aus allen diesen Gründen auch in großen Kabelnetzen daran interessiert, den Fehlerstrom zu beschränken, den Übergang zum satten Erdschluß zu verzögern, die Wärmewirkungen zu verringern und die Ausartung zum Kurzschluß zu verhüten. Das gegebene Mittel hierfür ist die Erdschlußspule im Verein mit selektiver Erdschlußanzeige oder Erdschlußabschaltung. Für die guten Erfahrungen mit dieser Lösung in Kabelnetzen jedes Umfanges sei das 30-kV-System der Berliner städtischen Elektrizitätswerke als Beispiel angeführt, das 1100 km Kabel umfaßt. Der gesamte Erdschlußstrom von etwa 2900 A wird durch eine größere Anzahl von Petersen-Spulen kompensiert. Durch sorgfältige Überwachung des Abstimmungsgrades lassen sich folgende Werte erreichen, die dem Oszillogramm Abb. 169 entsprechen:

Bei richtiger Abstimmung

Reststrom 122 A
{ Wirkstromanteil 90,4 A = 3,2 vH
Blindstromanteil —
Oberwellenanteil 82 A = 3 vH (5. Harmonische)

Bei Überkompensierung um 2,4 vH

Reststrom 136 A
{ Wirkstromanteil 111,6 A = 4 vH
Blindstromanteil 67 A = 2,4 vH
Oberwellenanteil 39 A = 1,4 vH

Diese Werte sind einer Arbeit von Schulze (L 126) entnommen, welche ebenso wie eine ältere von Neumann (L 127) das Problem in aufschlußreicher Weise behandelt, insbesondere die Beziehungen zwischen Erdschlußproblem und Relaisfragen aufklärt.

Es seien noch einige größere Kabelnetze angeführt, in denen die Erdschlußkompensierung ihre Eignung erwiesen hat: Berliner städtische Elektrizitätswerke (30 kV), Moskau (35 kV), Wien (28 kV), Genf (18 kV). In Amerika ist man der Begrenzung des Erdschlußstromes größerer Kabelnetze in Verbindung mit der Kompensierung des Ladestromes praktisch nähergetreten (L 110, 128).

## 4. Das Resonanzproblem.

Die induktiven Löscheinrichtungen des Erdschlußstromes entfalten ihre ideale Wirkung, wenn sie mit der Netzkapazität auf die Betriebsfrequenz abgestimmt sind. Im Erdschlußfalle (vgl. Abb. 93) liegen nach Abb. 170a beide Stromzweige parallel und stehen unabhängig voneinander unter der Wirkung einer aufgedrückten Spannung $U_p$. Im normalen Betrieb entfällt diese Zwangläufigkeit, ja es kann sich die gleiche Anordnung induktiver und kapazitiver Elemente in einen frei schwingenden Resonanzkreis (Abb. 170b) umwandeln, wenn verbleibende Ladungen dazu Anlaß geben (Löschschwingung des Nullsystems nach jedem Erdschluß, Abb. 99) oder wenn eine eingeprägte Spannung den Kreis erregt (Abb. 170c) oder wenn ein in das System eingewanderter Strom vom Nullpunkt her durch die Kombination der nach Art eines Sperrkreises parallel liegenden induktiven und kapazitiven Erdverbindungen zum Abfließen gebracht werden muß (Abb. 170d). Der Fall der Abb. 170c, der übrigens von dem der Abb. 170d nicht wesensverschieden ist, wurde von mancher Seite eine Zeitlang als die Klippe des Prinzips der induktiven Erdschlußkompensierung angesehen. Wenn auch eine vollständige theoretische Untersuchung solche Bedenken zu zerstreuen vermag, so verdankt man doch die endgültige Bereinigung dieser Frage der Praxis, welche den Zweiflern und Pessimisten jede Bestätigung ihrer Ansicht versagt hat. Um systematisch vorzugehen, müssen wir dieses vielfältige Gebiet nach folgenden Gesichtspunkten gliedern: Zuerst behandeln wir den Ausgangspunkt der Frage, den Einfluß kapazitiver Unsymmetrien, und berücksichtigen hierbei den Einluß der Verluste, der Verstimmung und der Eisensättigung. Sodann wenden wir uns den Unterschieden der Polerdung und der Nullpunktserdung durch Löschinduktivitäten zu und erledigen dabei die Untersuchung der Wirkung induktiver Unsymmetrien.

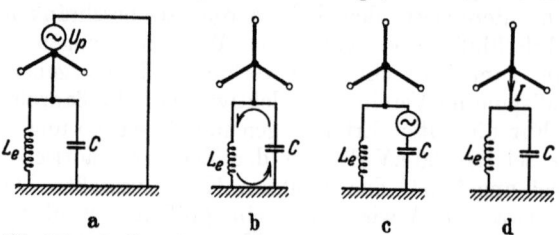

Abb. 170 a—d. Kapazitiver und induktiver Stromzweig. a Bei erzwungener Schwingung im Erdschlußfalle, b bei freier Schwingung (Ausgleichsvorgänge), c mit eingeprägter Spannung, d mit eingeprägtem Strom.

Schließlich gehen wir noch auf die Wirkung von Spannungsunsymmetrien ein. Wir werden finden, daß die Besonderheiten dieser Erscheinungsgruppe Besorgnisse nicht rechtfertigen, daß die auftretenden Wirkungen vielmehr eher als neue Vorteile zu bewerten sind.

a) **Die Erdschlußspule in Netzen mit kapazitiven Unsymmetrien.**

Man vermeidet in Hochspannungsnetzen kapazitive Unsymmetrien grundsätzlich schon bei der Erstellung der Anlage. Die ungleichartige Lage der einzelnen Leiter im Mastbild ist als Ursache für unerwünschte kapazitive Restwirkungen symmetrischer Spannungssysteme, z. B. Influenzstörungen auf benachbarten Schwachstromleitungen bekannt und wird in allen wichtigen Fällen durch mehr oder weniger vollständige Verdrillung der Phasenleiter unschädlich gemacht. Als Anhaltspunkte für die Größenordnung der Abweichungen bei unverdrillten Mittelspannungsleitungen seien die Unterschiede zweier von Petersen behandelten Mastbilder angeführt. Die Drehstromleitung nach Abb. 171a weist die drei Teilkapazitäten 0,383, 0,393 und 0,388 $\mu$F/100 km auf. Die Abweichungen vom Mittelwert 0,388 sind — 1,3, + 1,3 und 0 vH.

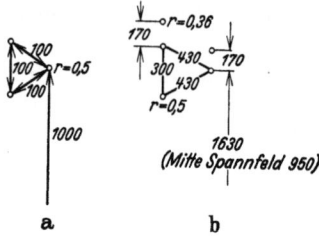

Abb. 171 a und b. Kapazitive Unsymmetrien. a Mastbild einer Drehstromleitung ohne Erdseil, b desgl. mit zwei Erdseilen.

Die Leitungsanordnung nach Abb. 171b mit zwei Erdseilen ist durch die Erdteilkapazitäten 5,72, 5,32 und 5,98 nF/km gekennzeichnet (Durchschnitt zwischen Mastkopf und Mitte Spannfeld). Die Abweichungen vom Mittelwert von 5,67 $\mu$F betragen hier + 0,9, — 6,2 und 5,3 vH. Daß man hier bereits einem extremen Fall gegenübersteht, zeigt ein Blick auf die Figur. Und doch ist selbst hier der elektrische Schwerpunkt nur um 3,4 vH aus dem geometrischen Schwerpunkt des Spannungsdreiecks herausgerückt, wie die Anwendung der Formel (34) ergibt. Maßgebend ist aber nicht die größte Abweichung der Teilkapazitäten vom arithmetischen Mittelwert, sondern die vektorielle Auslenkung

## Das Resonanzproblem.

des elektrischen Schwerpunktes. Die natürlichen Unsymmetrien einer Leiteranordnung sind somit auf wenige Prozente beschränkt. Aber es bedarf nicht einmal einer regelrechten Verdrillung der Leiter in den einzelnen Teilstrecken. Es genügt vielmehr ein Platzwechsel am Ein- und Ausgang einer Station, wie ihn Abb. 172 andeutet. Man verfährt dabei am besten so, daß man die beiden kapazitiv am meisten voneinander verschiedenen Leitungsseile im Anschluß vertauscht. In unserem letzten Zahlenbeispiel erhält man dann für zwei gleiche Teilstrecken zusammen die Kapazitätswerte

$$5{,}72 + 5{,}72 = 11{,}44,\ 5{,}32 + 5{,}98 = 11{,}30\ \text{und}\ 5{,}98 + 5{,}32 = 11{,}30.$$

Die vektorielle Verschiebung des elektrischen Schwerpunktes sinkt auf 0,4 vH und wird damit vernachlässigbar klein. Man hat es also mit den einfachsten Mitteln in der Hand, jede dauernde Unsymmetrie des Leitungssystems ein für allemal zu beheben.

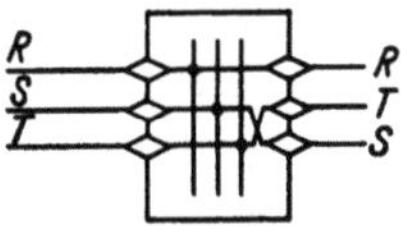

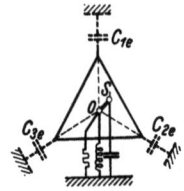

Abb. 172. Leitungsvertauschung in einer Durchgangsstation.

Stärkere kapazitive Unsymmetrien herrschen vor, wenn durch Störungen oder fehlerhafte Schalthandlungen ein Leitungsabschnitt nur mit einem Teil der Phasen zu- oder abgeschaltet wird. In solchen Fällen ist gegen kräftige Reaktionen des Systems durchaus nichts einzuwenden, denn eine deutliche Anzeige des fehlerhaften Zustandes ist erwünscht. Es darf nur nicht die Gefährdungsgrenze für das eingebaute Material erreicht werden. Es ist nicht ein Nachteil, sondern ein ausgesprochener Vorteil der Erdschlußspule, daß sie abnormale Schaltzustände in einer nicht zu übersehenden Weise meldet. Zu den Anlässen für solche Meldungen gehören: Das Ziehen eines einzelnen Trennmessers oder das Übersehen einer unvollständigen Einschaltung der dreiphasigen Ausrüstung, ferner das ein- oder zweiphasige Durchgehen der Sicherungen eines Abzweiges, das Versagen eines Leistungsschalters in einer Phase, in der er hängen bleibt oder nicht zuschaltet (Defekt der mechanischen Kupplung der Pole bzw. der Schaltertraverse, Stehlichtbogen u. dgl.), ungenügende Gleichmäßigkeit der Arbeitsweise der drei Pole eines Schalters, also ungleichzeitiges Einschalten, schließlich Störungen durch Leiterbruch, beispielsweise durch Reißen des Überbrückungsseiles zweier Abspannketten. Der größere Teil dieser Fälle verliert in vermaschten Netzen seine Bedeutung.

Abb. 173. Berücksichtigung kapazitiver Unsymmetrie im Ersatzschaltbild.

Betrachten wir zunächst die Wirkung kapazitiver Unsymmetrien ohne bestimmte Voraussetzungen über ihr Ausmaß. Wir wollen uns überzeugen, daß die Ersatzschaltbilder Abb. 170c und d hier in der Tat zutreffen. Wir wissen aus dem 2. Kapitel des Abschnittes II, daß wir im Sinne der Abb. 9 die Kapazitäten im elektrischen Schwerpunkt $S$ zusammenfassen dürfen. Der Löschinduktivität entspricht ferner gemäß Abb. 173 eine im Wicklungsmittelpunkt $O$ angebrachte Drosselspule, gleichgültig ob es sich um Nullpunktserdung oder Polerdung über symmetrische ungesättigte Drosseln handelt. Die Verlustwiderstände der Kreise sind zum Teil den Kapazitäten proportional, zum Teil sind sie als unabhängige symmetrisch verteilte Verbraucher im Nullpunkt $O$ zusammenzufassen. Unsere Ergebnisse sind von der Art der Aufteilung auf $S$ und $O$ unabhängig. Die Spannungsdifferenz $SO$ entspricht völlig der in Abb. 170c eingeführten eingeprägten Spannung. Mit demselben Recht können wir uns auf Abb. 170d stützen, worüber eine kurze Betrachtung eingeflochten sei. Die Summe aller aus dem System zur Erde abfließenden Ströme muß Null sein (Knotenpunktsbedingung). Es sind hierbei zu berücksichtigen:

Der vorwiegend induktive Strom $\dfrac{\mathfrak{U}_0}{\mathfrak{Z}_0}$, der von der Nullpunktsspannung $\mathfrak{U}_0$ über die am Wicklungsmittelpunkt angebrachte Impedanz $\mathfrak{Z}_0$ zur Erde getrieben wird; die Summe

$$\frac{\mathfrak{U}_{1e}}{\mathfrak{Z}_1} + \frac{\mathfrak{U}_{2e}}{\mathfrak{Z}_2} + \frac{\mathfrak{U}_{3e}}{\mathfrak{Z}_3} = \sum \frac{\mathfrak{U}_{ie}}{\mathfrak{Z}_i}$$

der Blind- und Wirkströme, welche in jeder Phase von der Spannung Leiter-Erde an der Impedanz $\mathfrak{Z}_i$ ihrer sämtlichen Erdverbindungen bestimmt werden. In $\mathfrak{Z}_i$ sind die Teilkapazitäten $C_{1e}\ldots C_{3e}$ und die anteiligen Verlustwiderstände inbegriffen. Polerdungsdrosseln verlangen eine Erweiterung der Ausdrücke $\dfrac{\mathfrak{U}_{ie}}{\mathfrak{Z}_i}$ um $\dfrac{\mathfrak{U}_{ie}}{j\omega L_{ie}}$.

Man erhält so die Bedingungsgleichung

$$\frac{\mathfrak{U}_0}{\mathfrak{Z}_0} + \sum \frac{\mathfrak{U}_{ie}}{\mathfrak{Z}_i} = 0. \tag{99}$$

Wir erinnern uns an die Beziehung (27)

$$\mathfrak{U}_{ie} = \mathfrak{U}_{i0} + \mathfrak{U}_0$$

und gewinnen die Gleichung

$$\mathfrak{U}_0 \left( \frac{1}{\mathfrak{Z}_0} + \sum \frac{1}{\mathfrak{Z}_i} \right) = -\sum \frac{\mathfrak{U}_{i0}}{\mathfrak{Z}_i} = -\mathfrak{J}_u. \tag{100}$$

Sie sagt aus, daß das System sich so verhält, als wäre ihm die Aufgabe gestellt, über die Parallelschaltung der Nullpunktsspule und sämtlicher Erdverbindungen des Systems vermittels der Nullpunktsspannung $\mathfrak{U}_0$ einen gegebenen Strom $-\mathfrak{J}_u$ zur Erde zu leiten, der seinerseits von der Zahl und Art der symmetrischen Erdverbindungen unabhängig ist und als unausgeglichener Erdstrom des Systems nur von den Unsymmetrien abhängt. Symmetrisch angeordnete Polerdungsdrosseln beeinflussen ihn nicht, wohl aber nehmen sie vereint an der eben umschriebenen Aufgabe des Nullpunktes teil. Sie verhalten sich genau wie eine äquivalente Nullpunktsdrossel. Der Vollständigkeit halber sei dies noch durch analytische Formulierung belegt:

Gleichung (99) erweitert sich bei Polerdung zu

$$\frac{\mathfrak{U}_0}{\mathfrak{Z}_0} + \sum \frac{\mathfrak{U}_{ie}}{\mathfrak{Z}_i} + \sum \frac{\mathfrak{U}_{ie}}{j\omega L_{ie}} = 0, \tag{101}$$

oder

$$\mathfrak{U}_0 \left( \frac{1}{\mathfrak{Z}_0} + \sum \frac{1}{\mathfrak{Z}_i} + \sum \frac{1}{j\omega L_{ie}} \right) = -\sum \frac{\mathfrak{U}_{i0}}{\mathfrak{Z}_i} - \sum \frac{\mathfrak{U}_{i0}}{j\omega L_{ie}} = -\mathfrak{J}_u. \tag{102}$$

Das zweite Glied auf der rechten Seite verschwindet bei symmetrischer Polerdung.

Die eben durchgeführte Ableitung ist im wesentlichen eine Wiederholung der im Kapitel 2 des Abschnittes II in allgemeiner Form gefundenen Ergebnisse, insbesondere der Beziehung (36). Dort findet sich auch die Brücke zwischen den beiden gleichwertigen Hilfsvorstellungen der Einprägung unausgeglichener Spannungen oder unausgeglichener Ströme. Die Gleichwertigkeit beider Betrachtungsweisen entspricht der Zulässigkeit paralleler Behandlung nach dem Schema der **Spannungsresonanz** (Abb. 170c) oder der **Stromresonanz** (Abb. 170d). Es ist völlig verfehlt, der Nullpunktserdung das erstere, der Polerdung das letztere zuzuordnen. Ein Darstellungsunterschied ist dann mit einer physikalischen Eigenschaft verwechselt.

## Das Resonanzproblem.

Das Ersatzschaltbild Abb. 170d beantwortet sogleich die Frage nach den höchsten möglichen Nullpunktsverlagerungen. Sie treten auf, wenn der induktive und kapazitive Stromzweig sich zu einem Sperrkreis ergänzen und nur ein Wirkwiderstand $R$ zur Weiterleitung von $I_u$ zur Verfügung steht. Dann ist aber

$$U_{0\,\mathrm{max}} = I_u \cdot R, \qquad (103)$$

d. h. der Verlustwiderstand des Nullstromkreises

$$R = \frac{U_p}{I_{rw}} \quad (I_{rw} = \text{Wattkomponente des Erdschlußstromes})$$

begrenzt die mögliche Nullpunktsverlagerung selbst im Falle vollendeter Abstimmung auf einen bestimmten Höchstwert, und zwar ist

$$\frac{U_{0\,\mathrm{max}}}{U_p} = \frac{I_u}{I_{rw}}. \qquad (104)$$

Die Verlagerungsspannung des Nullpunktes verhält sich zur Phasenspannung wie der unausgeglichene Erdstrom zum Wattreststrom, überschreitet also für $I_u = 0{,}04\,I_e$ und $I_{rw} = 0{,}08\,I_e$ nicht den Betrag $0{,}5\,U_p$. Es gilt noch gemäß (35)

$$I_u = U_{s0} \Sigma \omega C_{ie}$$

oder

$$\frac{I_u}{I_e} = \frac{U_{s0}}{U_p}$$

und mit (104)

$$\left.\begin{array}{l} U_{0\,\mathrm{max}} = \\ = U_{s0} \cdot \dfrac{I_e}{I_{rw}} \quad (\text{Jonas}) \end{array}\right\} \quad (104\mathrm{a})$$

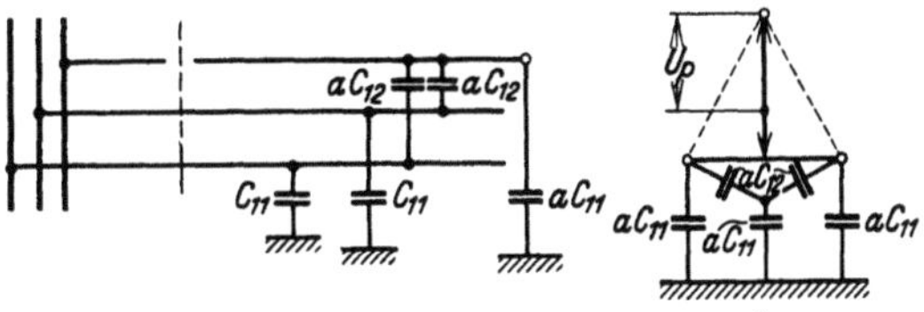

Abb. 174 a und b. Teilweise Abtrennung einer Phase. a Streckenbild, b Kapazitätsschema.

Wir fanden die unausgeglichene Spannung $U_{s0}$ vorhin kleiner als $0{,}04\,U_p$ (S. 170). Für den Wattreststrom sind auf S. 124 Zahlenwerte genannt.

Liegt nicht die natürliche Unsymmetrie des Netzes als erregende Ursache der Nullpunktsverlagerung vor, handelt es sich vielmehr um abnormale Schaltzustände mit nicht allphasig eingeschalteten Teilstrecken, so ändern sich die Verhältnisse durchaus nicht in gefährlichem Ausmaß. Es sei z. B. in einem Dreiphasennetz eine Stichleitung nur zweiphasig zugeschaltet. Ihre Ausdehnung werde mit einem Bruchteil $a$ der gesamten Linienlänge des Netzes angenommen. Da die betroffene Phase nur ein Drittel des Kapazitätsgewichtes beistellt, fehlen $\dfrac{a}{3}$ der alten Gesamtkapazität, bzw. $\dfrac{\dfrac{a}{3}}{1-\dfrac{a}{3}}$ der neuen Gesamtkapazität. Bei Freileitungen bedarf diese Rechnung noch einer Korrektur. Der abgeschaltete Leiter beteiligt sich nämlich nach Abb. 174a noch an der Ladestromverteilung des Netzes. Die beiden gesunden Leiter liefern zu ihm über die gegenseitigen Kapazitäten $aC_{12}$ Ladeströme hinüber, die er über seine Teilkapazität $aC_{11}$ zur Erde weiterleitet. Im gestörten Abschnitt enthält die von der Unsymmetrie betroffene senkrechte Spannungsachse nach Abb. 174b zwei Arme, einen unbelasteten Arm $U_p$ und einen zweiten von der Länge $\dfrac{U_p}{2}$, an dem, nach den Schwerpunktsregeln zusammengefaßt, außer $2\,aC_{11}$ noch die Reihenschaltung von $2\,aC_{12}$ mit $aC_{11}$ hängt. Der unausgeglichene Strom $I_u$ beträgt danach

$$I_u = \frac{U_p}{2}\omega\left(2aC_{11} + \frac{1}{\frac{1}{2aC_{12}}+\frac{1}{aC_{11}}}\right) = U_p\,\omega\,aC_{11}\left(1 + \frac{1}{2+\frac{C_{11}}{C_{12}}}\right). \quad (105)$$

Die Gesamtkapazität gegen Erde hat sich gleichzeitig geändert, und zwar ist sie um $aC_{11}$ an der gestörten Phase abgesunken, um $\dfrac{1}{\frac{1}{2aC_{12}}+\frac{1}{aC_{11}}}$ an den anderen Phasen angestiegen. Ihr neuer Wert beträgt

$$C_e = 3C_{11} - aC_{11} + \frac{2a^2C_{11}C_{12}}{aC_{11}+2aC_{12}} = \left(3 - \frac{a}{1+\frac{2C_{12}}{C_{11}}}\right)C_{11}. \quad (106)$$

Die unausgeglichene Spannung $\dfrac{I_u}{\omega C_e}$ berechnet sich danach zu

$$U_{s0} = U_p a\,\frac{1+\dfrac{1}{2+\frac{C_{11}}{C_{12}}}}{3-\dfrac{a}{1+\frac{2C_{12}}{C_{11}}}} = U_p a\,\frac{1+3\frac{C_{12}}{C_{11}}}{3-a+6\frac{C_{12}}{C_{11}}}. \quad (107)$$

Im allgemeinen verschärft die gegenseitige Kapazität den Grad der Unausgeglichenheit noch etwas. Beispielsweise erhält man für $a = 0,1$

$$\frac{U_{s0}}{U_p} = 0{,}0345 \text{ mit } C_{12} = 0,$$

$$0{,}041 \quad \text{mit } C_{12} = \frac{1}{3}C_{11},$$

für $a = 0,25$

$$\frac{U_{s0}}{U_p} = 0{,}09 \text{ mit } C_{12} = 0,$$

$$0{,}105 \text{ mit } C_{12} = \frac{1}{3}C_{11}.$$

Wenn also in einem Viertel des Netzes eine Phase vollkommen fehlt, liegt die Unausgeglichenheit erst in der Größenordnung von 10 vH. War das Netz außerdem um 10 vH unterkompensiert, so daß die Induktivität gerade auf das Rumpfnetz abgestimmt ist, so kann — wieder unter Annahme eines Wattreststromes von 8 vH — eine Nullpunktsverlagerung von $\dfrac{10}{8} = 1{,}25$facher Phasenspannung zustande kommen, d. h. es wird ein erdschlußähnlicher Zustand eintreten, der keinerlei Gefahr bedeutet, wohl aber eine sehr nachdrückliche Warnung für das Personal vorstellt. **Selbst schwere Symmetriestörungen des Netzes verlaufen im kompensierten Betrieb daher entgegen den oft geäußerten Zweifeln ohne Nachteil.** Dazu kommt noch, daß sich gut abgestimmte oder überkompensierte Netze bei Ausfall eines Netzteiles von der richtigen Abstimmung entfernen und damit die auftretenden Verlagerungen noch weiter begrenzen. Nehmen wir an, das Netz sei vor der Störung genau kompensiert gewesen. Sehen wir von den gegenseitigen Kapazitäten, aber auch von dem sehr maßgebenden Einfluß der Verlustwiderstände ab und setzen wir die im Nullpunkt vereinigt zu denkenden Induktivitäten und Kapazitäten für sich allein zusammen. Sie heben sich auf bis auf die Kapazitätsabnahme $\Delta C$, welche gegenüber dem ursprünglichen genau abgestimmten Zustand eingetreten ist. Dem unausgeglichenen Strom $I_u$ wird also die Impedanz $\omega \Delta C$ geboten. Es entsteht die Nullpunktsverlagerung

$$U_0 = \frac{I_u}{\omega \triangle C}.$$

Nun ist
$$I_u = U_p \cdot \omega \triangle C,$$
da in der verkürzten Phase mit $\Delta C$ dieser Strom zur Ausgeglichenheit fehlt. Daraus folgt $U_0 = U_p$, d. h. es wird in einem ursprünglich scharf abgestimmten Netz durch phasenweisen Ausfall einer beliebig langen Teilstrecke Erdschluß vorgetäuscht. Diese Tatsache spricht für genaue Einhaltung der Abstimmung. Überkompensierung ist zulässig, Unterkompensierung ist weniger günstig.

Wollte man auch noch die gegenseitige Kapazität berücksichtigen, so hätte man im kompensierten Netz den Ausdruck (106) für $\Sigma C_e$ mit der Leitfähigkeit $\frac{1}{\omega L_e}$ des induktiven Stromzweiges zu ergänzen, wodurch ein Teil von $3 C_{11}$ (bei ursprünglich exakter Abstimmung sogar das ganze Glied $3 C_{11}$) wegfällt. Doch wäre die so entstehende Formel

$$U_{s0} = U_p a \frac{1 + 3\frac{C_{12}}{C_{11}}}{3(1-v)\left(1 + 2\frac{C_{12}}{C_{11}}\right) - a} \quad (107\text{a})$$

für rechnerische Auswertung unbrauchbar, da man für größere Werte von $a$ auf Verlagerungen geführt wird, für welche die Veränderlichkeit von $L_e$ bzw. $v$ von stärkstem Einfluß ist. Bevor auf diese Fälle, in denen die Sättigung eine schnelle Überwindung der Resonanzgefahr bewirkt, näher eingegangen wird, sollen die Verhältnisse bei schwach gesättigter Spule noch unter allgemeinen Voraussetzungen erörtert werden.

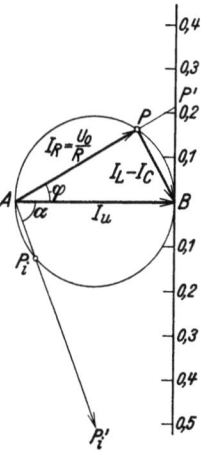

Abb. 175. Kreisdiagramm der Ströme bei kapazitiver Unsymmetrie und veränderlicher Abstimmung.

Wir gelangen mit elementaren Überlegungen zu einer graphischen Darstellung des Einflusses des Abstimmungsgrades. Es gibt hierfür ein Kreisdiagramm, welches Jonas (L 104) zuerst angegeben hat. Nach Abb. 170d, die entsprechend Abb. 118 zu vervollständigen ist, hat man den eingeprägten Strom $I_u$ auf zwei Stromwege aufzuteilen, auf einen Wirkwiderstand $R$ und auf die Kombination aus induktiver und kapazitiver Reaktanz $\omega L$ bzw. $\frac{1}{\omega C}$. Die beiden Stromkomponenten müssen stets aufeinander senkrecht stehen. Ein Kreis über dem Durchmesser $AB = I_u$ (Abb. 175) ist daher der Inbegriff aller Punkte $P$, welche den Scheitel des aus $AB = I_u$, $AP = I_R$ und $PB = I_L - I_C$ zusammengesetzten rechtwinkligen Dreieckes bilden. Wir finden in diesem Kreisdiagramm folgende Größen und Zustände vereinigt: Die Strecke $AP$ ist nicht nur ein Maß der Wirkkomponente $I_R$, sondern wegen der vorausgesetzten Konstanz von $R$ auch nach Größe und Richtung ein Maß für die Nullpunktsverlagerung $U_0 = I_R R$. Der Durchmesser $AB$ ergibt das Maximum von $U_0$ im Betrage von $I_u R$, übereinstimmend mit den vorangegangenen Ausführungen. Der Kreispunkt $B$ entspricht dabei exakter Abstimmung, gekennzeichnet durch das Verschwinden von $PB = I_L - I_C$. Der Kreispunkt $A$ repräsentiert die feste Erdung des Nullpunktes ($L = 0$), bei der es zu einer Verlagerung nicht kommen kann. Dem Punkt $P_i$ endlich ist der Zustand des völlig unkompensierten isolierten Systems zugeordnet. Das Verhältnis von Blindkomponente $BP_i = I_c$ und Wirkkomponente $AP_i = I_R$ ist durch die Netzkonstanten $R$ und $C$ gegeben, und zwar ist $\operatorname{tg}\alpha = R\omega C$. Die untere Kreishälfte zwischen $P_i$ und $B$ entspricht Unterkompensierung, die ganze obere enthält die Zustandspunkte für Überkompensierung. Zwischen $A$ und $P_i$ erstreckt sich das Gebiet kapazitiver Nullpunktserdung. Den Abstimmungsgrad, der jedem Punkt $P$ zukommt, bestimmt das Verhältnis $v = \dfrac{I_L - I_c}{I_c}$. Nun wird $I_L - I_c$ durch die Strecke $PB$ wiedergegeben. Als Maß für $I_c$ empfiehlt sich die Strecke $AP$, die ja wegen der $R$ und $C$ gemeinsamen Spannung $U_0$ stets zu $I_c$ proportional bleibt. Daraus folgt aber

$$v = k \operatorname{tg} \varphi.$$

Auf einer Tangente im Punkte $B$ schneidet der Strahl $AP$ eine dem $\operatorname{tg}\varphi$ und folglich auch eine dem Verstimmungsgrad $v$ proportionale Strecke $BP'$ ab. Aus den Punkten $B$ für $v = 0$ und $P'_i$ für $v = 1$ ergibt sich der Maßstab der Verstimmungsskala. Es ist bemerkenswert, daß in der Nähe des Punktes $B$ der Resonanzabstimmung schon eine geringe Verstimmung genügt, um sich mit dem Punkt $P$ entlang des Kreises ausgiebig von $B$ zu entfernen. Allerdings ist dieses Auseinanderrücken der Punkte $P$ noch nicht gleichbedeutend mit einer raschen Abnahme von $U_0$. Immerhin kommt auch diese Wirkung stärker zur Geltung als die Abb. 175 erkennen läßt, da dort der Deutlichkeit zuliebe $P_i$ nicht soweit an $A$ herangerückt ist, als es den praktischen Verhältnissen mit $\operatorname{tg}\alpha = 0{,}1$ entsprechen würde, wodurch dann auch die Verstimmungsskala noch weiter auseinandergezogen wird. Erreicht der Verstimmungsgrad $\dfrac{I_L - I_c}{I_c}$ auch nur den Relativbetrag $\dfrac{I_R}{I_c}$ der Wattkomponente, so ist das Dreieck $APB$ schon gleichschenklig und $U_0$ geht auf 70 vH des Maximalbetrages zurück. Aus diesem Grunde hat Jonas (1920) eine systematische Abweichung von der exakten Abstimmungsbedingung empfohlen, auf deren Zweckmäßigkeit näher eingegangen werden soll, wenn wir uns mit den Maßnahmen zur Einschränkung der Verlagerungen beschäftigen werden. Vorerst soll die Aussage des Kreisdiagrammes noch in einem Punkte ausgeschöpft werden. In Einphasensystemen ist der unausgeglichene Strom $I_u$, soweit er kapazitiven Unsymmetrien entspringt, phasensenkrecht zur Systemspannung. Fügt man also das Kreisdiagramm der Nullpunktsverlagerung $U_0$ an das Vektorsystem $\pm U_p$ der Betriebsspannung an, so muß das gemäß Abb. 176a so erfolgen, daß $U_{0\max} = I_u R$ senkrecht zu $\pm U_p$ steht. Dann ist aber der Punkt $B$ größter Nullpunktsverlagerung durchaus nicht der Punkt größter Beanspruchung der Phase 1 oder 2. Bei viel kleineren Nullpunktsspannungen $AP$, also bei merklichen Verstimmungen, erreicht vielmehr $U_{1e} = 1P$ ein Maximum. **Für die maßgebenden Beanspruchungen ist also Verstimmung (Dissonanz) im Falle des Einphasennetzes theoretisch keine Erleichterung, sondern eine Erschwerung.** Praktisch wirkt sich auch eine mäßige Verstimmung bereits vorteilhaft aus. Bei hohem Anteil der Verlustquellen des Stromkreises, also kleinem Ersatzwiderstand $R$ parallel zur Kapazität $C$, ist

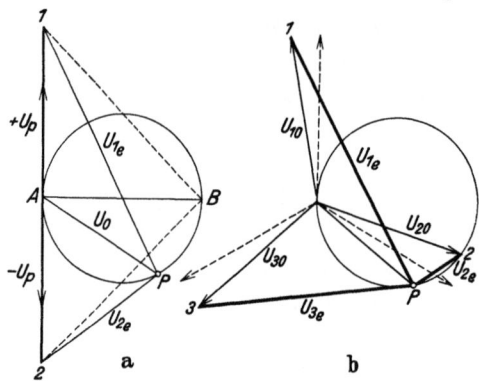

Abb. 176a und b. Kreisdiagramm der Spannungseinstellung bei kapazitiver Unsymmetrie und veränderlicher Abstimmung. a In Einphasennetzen, b in Dreiphasennetzen. (Bemerkung: Kreis geht im allgemeinen nicht durch Punkt 2!)

der Durchmesser $AB = I_u R$ des Verlagerungskreises ohnehin klein (Mittelspannungsnetze). Bei geringen Verlusten (Höchstspannungsnetze) führt schon eine kleine Verstimmung am Kreis der Punkte $P$ sehr weit vom Durchmesserendpunkt $B$ fort. In Dreiphasennetzen läßt sich über die Phasenlage keine scharfe Voraussage machen. Ist die Unsymmetrie auf mehrere Phasen ungleich verteilt, so können $I_u$ und $U_{0\max}$ zum Spannungsstern in beliebiger Lagenbeziehung stehen (Abb. 176 b). Bei Störungen durch Schaltvorgänge wird man mit senkrechter Phasenlage zu einer der drei Phasenspannungen (gestrichelt) rechnen können. Hier wird die Verstimmung im allgemeinen die Verwerfung der drei Spannungen Leiter-Erde mildern können. In einem Vorschlag von Oerlikon (1921) wird in der allerdings unzutreffenden Annahme, in einem verstimmten Netz sei die schwebungsmäßige Wiederkehr der Spannung nach vollzogener Löschung unerwünscht, zusätzlich zu einer Verstimmung auch eine verstärkte Verlustdämpfung empfohlen. In der Tat liegt darin eine wirksame Begrenzung von Verlagerungen durch Unsymmetrie.

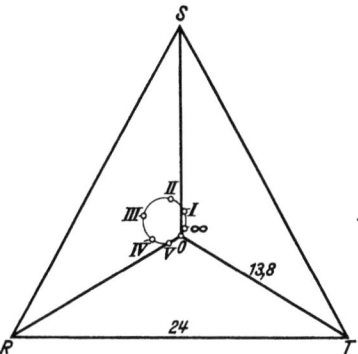

Abb. 177. Beispiel eines Verlagerungskreises (natürliche Unsymmetrie). Leiterspannungen gegen Erde 12,6, 13,1 und 16,3 kV.

Die tatsächlichen Auswirkungen unter praktischen Verhältnissen werden am besten durch einige aufgenommene Kreisdiagramme beleuchtet. Abb. 177 zeigt den Verlagerungskreis eines 24 kV-Netzes von nur 3,4 A Erdschlußstrom. Ohne Erdschlußspule ist der Schwerpunkt des Systems um 437 V aus dem geometrischen Mittelpunkt versetzt. Die Unsymmetrie beträgt daher 3,15 vH. Der Wattreststrom wurde zu 13 vH gemessen. Es ist also eine maximale Verlagerung von $U_p \dfrac{3{,}15}{13} = 0{,}24\, U_p = 3{,}45$ kV zu erwarten. Gemessen wurden 3 kV. Der günstigsten Abstimmung kam der Punkt $III$ der Abbildung am nächsten. Die hinsichtlich der Leiterspannungen etwas ausgeglicheneren Punkte $II$ und $IV$ entsprechen $-10{,}3$ bzw. $+11{,}8$ vH Verstimmung. Es liegt aber kein Anlaß zum Übergang auf diese Fehlabstimmung vor. Die Anordnung der einzelnen Punkte des Kreisdiagrammes ist übrigens stets eine solche, daß ein Fortschreiten im Sinne der umlaufenden Zeitlinie aus dem Gebiet der Überkompensierung in das der Unterkompensierung führt. Abb. 178 bringt die Spannungseinstellung eines deutschen 110 kV-Netzes, in welchem stets die stärkste Verlagerung aufgesucht wird, um derart einen guten Abstimmungszustand aufrechtzuerhalten.

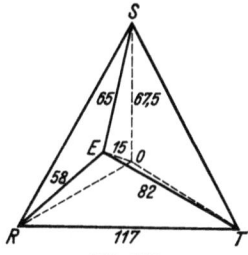

Abb. 178. Betriebsmäßige Spannungseinstellung eines großen deutschen 100 kV-Netzes.

Abb. 179 ist der Ausdruck ganz extremer Verhältnisse. Das betreffende 120 kV-Netz, das schon im IV. Abschnitt, 5. Kapitel Erwähnung fand, bestand aus einer unverdrillten Doppelleitung mit insgesamt 57,5 A Erdschlußstrom. Eine verläßliche Bestimmung des Wattreststromes liegt zwar nicht vor, doch ergab ein Meßwert 3,5 vH. Die Unsymmetrie des unkompensierten Netzes war 2,06 kV oder rd. 3 vH. Die zu erwartende maximale Verlagerung wäre hiernach auf $\dfrac{3}{3{,}5}\,U_p = 0{,}86\,U_p$ beschränkt. Das aufgenommene Kreisdiagramm liefert $1{,}04\,U_p$. Punkt $I$ liegt der genauen Abstimmung sehr nahe. Punkt $II$ entspricht einer Überkompensierung von rd. 20 vH. Die Erdschlußlöschung erfolgte bei dieser Einstellung noch einwandfrei. Man entschloß sich zu einer Korrektur der Verhältnisse durch einmalige Verdrillung, worauf die Verlagerung selbst bei genauer Abstimmung unbeachtlich wurde. In Fällen dieser Art ist übrigens auch die Messung der Wattkomponente des Erdschlußstromes ungenau. Denn die kapazitive Unsymmetrie läßt einen Reststrom zustande kommen, dessen Phasenlage in der Nähe des Punktes bester Abstimmung sehr stark schwankt und insbesondere einen der Wattkomponente entgegengesetzten Anteil enthalten kann. Es kommt durchaus darauf an, welche Phase vom Erdschluß betroffen wird.

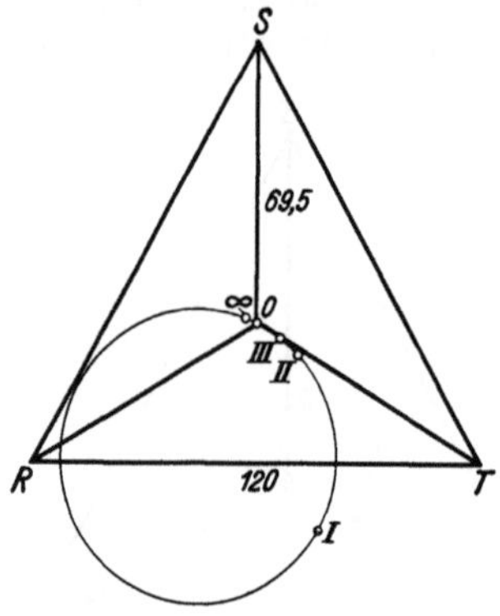

In Abb. 180 handelt es sich um ein 25-kV-Netz von 167 km Ausdehnung, 10,5 A Erdschlußstrom, 12 vH Erdschlußwattreststrom, welches auf eine Strecke von 22 km durch Abschaltung einer Phase unsymmetrisch gemacht worden war $\left(a = \dfrac{22}{167} = 0{,}132\right)$. Mit einem $C_{12} = 0{,}33\, C_{11}$ ergibt sich nach Gleichung (107) ein Unsymmetriegrad $\dfrac{U_{s0}}{U_p}$ von $0{,}132\, \dfrac{2}{5 - 0{,}132} = 0{,}054$. Der zu erwartenden höchsten Verlagerung von $\dfrac{100 \cdot 0{,}054\, U_p}{12} = 0{,}45\, U_p$ entspricht das Meßergebnis von $6{,}9\ \mathrm{kV} = 0{,}48\, U_p$

Abb. 179. Verlagerungskreis eines unverdrillten 120 kV-Netzes.

befriedigend. Dieser Fall bestätigt eindringlich unser Ergebnis, daß selbst beträchtliche Symmetriestörungen eines Netzes von normalem Aufbau nur zur Warnung, nicht zur Gefährdung führen. Die sehr eingehenden Versuche der Berliner Elektrizitätswerke (Bewag), über welche Neumann (L127) berichtet hat, ergeben bei näherer Auswertung Kreisscharen, zu welchen sich die Punkte veränderlicher Abstimmung bei jeweils gegebener Unsymmetrie zusammenfassen lassen (Abb. 181). Die Leiterspannungen überschreiten dabei praktisch kaum den Wert der verketteten Betriebsspannung.

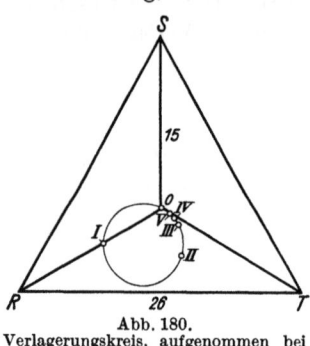

Abb. 180. Verlagerungskreis, aufgenommen bei künstlicher Unsymmetrie.

Ist der Leiterbruch in einer Ausläuferleitung von einem Erdschluß begleitet, so sind nach den Ausführungen im 9. Kapitel des II. Abschnittes zwei Fälle zu unterscheiden. Bei speisepunktseitigem Erdschluß (Abb. 45a) entfällt auf die Erdschlußspule die Sternspannung des Systems, die kompensierende Wirkung bleibt aufrecht, die Vorgänge am fernen Ende der Ausläuferleitung werden ohne Beeinflussung sich selbst überlassen. Als der unangenehmere Fall gilt mit Recht der verkehrte Erdschluß nach Abb. 45b. Hier handelt es sich — im Grunde genommen — um einen Erdschluß über einen Fehlerwiderstand von induktivem Charakter. Bei der Untersuchung des Problems an der erwähnten Stelle wurde bereits darauf hingewiesen, daß die Erdschlußspule der Entstehung solcher Fehler durch die Verhinderung des Abbrennens erdgeschlossener Leitungen vorbeugt, daß sie aber auch durch die Stromentlastung der Fehlerstelle die Magnetisierung des Transformators beschränkt. Dadurch wird das gefährliche Gebiet nicht etwa bloß verschoben, sondern wirkungslos gemacht; denn in den über die Transformatorinduktivität geschlossenen Stromwegen hat jetzt die Verlustkomponente einen gleich-

wertigen Einfluß gewonnen, da der kapazitive Anteil durch die Erdschlußspule zurückgedrängt ist.

Zwischen Erdschluß und Unsymmetrie der Erdverbindungen besteht insofern
ein stetiger Übergang, als der Erdschluß über Fehlerwiderstände ohne weiteres
auch als Symmetriestörung aufgefaßt werden darf. Der Umstand, daß die
Erdschlußspule schon auf vergleichsweise hochohmige Fehler mit ausgiebigen
Verlagerungen antwortet, die nach dem im vorigen Kapitel Gesagten zur
Entlastung der kranken Phasen führen, ist eine wohltätige Wirkung der
sogenannten Resonanzneigung. Schlägt man Zurückdrängung dieser wichtigen Eigenschaft durch Verstimmung vor, so muß man unvollkommene Entlastung bei höherohmigen Fehlern in Kauf nehmen. Ein Blick auf Abb. 165
und 166 zeigt, daß in bezug auf die Höhe der Spannung am Fehlerwiderstand,

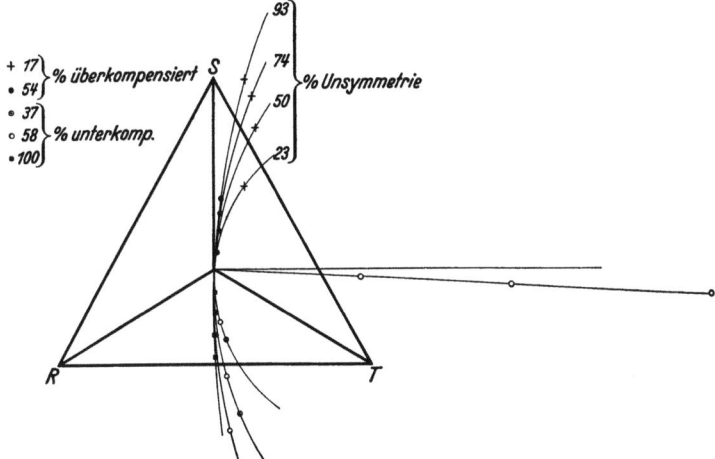

Abb. 181. Verlagerungskreise eines 30-kV-Netzes, aufgenommen bei veränderlicher Abstimmung und
verschieden hoher kapazitiver Unsymmetrie (NEUMANN).

also in bezug auf die Löschwirkung an widerstandsbehafteten Erdschlüssen
stärkere Verstimmungen eine merkliche Einbuße bringen.

Die Resonanzneigung induktiv kompensierter Netze dient auf diese Art dem
Schutze des Netzes. Wir sahen, daß eine natürliche Begrenzung der Spannungs-
verlagerungen zunächst in der Verlustdämpfung des Systems vorliegt.

### b) Der Einfluß der Eisensättigung.

Über die im vorangegangenen Unterabschnitt gegeneinander abgewogenen
Einflüsse lassen sich Annahmen treffen, mit denen man auf ansehnliche Verlagerungen des Systems gegen Erde kommt. Auch diese entfernten Möglichkeiten einer resonanzartigen Verwerfung der Systemspannungen finden ihre
absolute Begrenzung in einem Umstand, auf dessen Berücksichtigung wir bisher
verzichten konnten, in der gekrümmten Kennlinie des magnetischen Kreises
der Erdschlußspule.

Für einen ersten Einblick in die hierdurch geschaffenen Verhältnisse genügt
es, an Hand der mehrfach benutzten Abb. 170d die Feststellung zu machen,
daß die Differenz des bei irgendeiner Nullpunktsverlagerung $U_0$ auftretenden
induktiven und kapazitiven Stromes gleich dem unausgeglichenen Strom $I_u$ des
Systems sein muß. Ihren zeichnerischen Ausdruck findet diese Beziehung in
durchsichtiger Weise in Abb. 182, welche die Magnetisierungskennlinie $I_L = f(U_0)$
und die Kapazitätsgerade $I_c = U_0 \Sigma \omega C$ enthält. Der Ursprung der $I_c$-Kennlinie

ist gegen den der $I_L$-Kennlinie um $I_u$ verschoben. Im Schnittpunkt $P$ der $I_c$-Geraden mit der $I_L$-Kurve ist daher von selbst die Bedingung

$$I_L - I_c = I_u$$

erfüllt. Wie man sieht, kann selbst unter ungünstigen Annahmen (vgl. auch Abb. 200) die Nullpunktsverlagerung den Betrag $U_p$ der Phasenspannung nur um einen mäßigen Bruchteil überschreiten. Wäre die Charakteristik einer ungesättigten Erdschlußspule etwa in Form der verlängerten Anlauftangente zugrunde gelegt worden, so ergäbe sich das unzutreffende Bild einer $U_p$ weit überschreitenden Nullpunktsverlagerung.

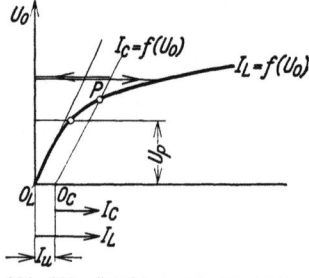

Abb. 182. Graphische Berücksichtigung des Einflusses der Sättigung auf die Verlagerung unsymmetrischer Netze.

Die Magnetisierungskennlinie ist bei diesem Verfahren so auszuwählen, daß sie die Grundwelle der Spannung in Abhängigkeit von einem aufgenommenen Strom sinusförmigen Verlaufes wiedergibt. Mit vollkommen ausreichender Genauigkeit kann die übliche Wechselstromcharakteristik $U_{0\,\text{eff}} = f(I_L)$ verwendet werden, da der gemessene Effektivwert der tatsächlichen Spannungskurve sich von dem der Grundwelle nur sehr wenig unterscheidet $\left(I_\text{eff} = \sqrt{I_{1\,\text{eff}}^2 + I_{3\,\text{eff}}^2 + \ldots}\right)$.

Der Scheitelwert der Verlagerungsspannung, auf den es bei der Beurteilung der elektrischen Beanspruchungen tatsächlich ankommt, liegt wegen der abgeplatteten Form der Spannungskurve noch um einige Prozente tiefer als sich aus dem graphischen Verfahren mit

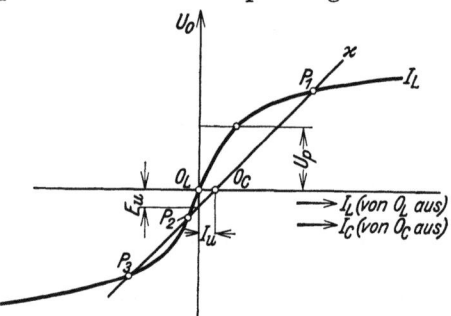

Abb. 183. Drei typische Gleichgewichtszustände.

dem Formfaktor $\frac{\pi}{2}$ ergäbe [Biermanns (L 132, 145)]. Man vergleiche hierzu die für ein verwandtes Problem erhaltenen Oszillogramme Abb. 77.

In Abb. 183 ist die graphische Bestimmung der Verlagerungsspannung unter anderen Annahmen wiederholt. Es sei darauf hingewiesen, daß man von der Kapazitätsgeraden $\varkappa$ auch sagen kann, sie sei aus dem Ursprung $O_L$ in Richtung der Ordinatenachse verschoben worden. Dies muß ja so sein, denn die Vorstellung gegebener Abszissendifferenz (eingeprägter Strom $I_u$) und gegebener Ordinatendifferenz (eingeprägte Spannung $E_u$) sind einander gleichwertig. Im übrigen soll diese Abbildung zeigen, daß unter Umständen mehrere Lösungen des Verlagerungssystems existieren können. Für gewisse flache Lagen der Geraden $\varkappa$ ergeben sich nämlich drei Schnittpunkte mit der Kurve $I_L$. Die praktische Bedeutung der Existenzbedingungen einer solchen Erscheinung ist anzuzweifeln. Sie verlangt das Zusammentreffen starker Unterkompensierung mit erheblicher Unsymmetrie. Man könnte hier allenfalls an das nicht allpolige Zuschalten eines größeren Netzabschnittes an ein für sich gut kompensiertes Netz denken. Der mittlere Arbeitspunkt $P_2$ wird vielfach als labil angesehen. Grünholz (L 139) äußert gegen diese Auffassung bemerkenswerte Bedenken. Ein selbsttätiges Kippen des Systems vom Punkt $P_2$ nach $P_1$ oder $P_3$ kommt schwerlich zustande, zumal insbesondere für $I_u = O$ die Stabilität des mittleren Arbeitspunktes $O_L$ außer Frage ist. Da hier die Energiebilanz des Stromkreises eine Deckung der Wattverluste verlangt, wenden wir uns jetzt der Behandlung des verlustbehafteten, durch Unsymmetrie erregten Stromkreises mit einem kapazitiven und einem gesättigten induktiven Element zu. Wir halten dabei an dem Ersatzschaltbild Abb. 170d fest, obgleich einige wichtige Arbeiten über diese Frage sich eines Schemas nach Abb. 170c bedienen. Die Ergebnisse werden davon nicht berührt. Es gibt verschiedene Wege zur Durchdringung der Aufgabe.

1. Das Verfahren von Grünholz (L 139): Man wähle auf der Kapazitätsgeraden $k$, welche den Zusammenhang

$$I_c = U_0 \Sigma \omega C$$

darstellt, einen Punkt $P_c$ (Abb. 184b). Die Strecke $QP_c$ entspricht $I_c$. Zu ihr proportional ist der um 90° versetzte Widerstandsstrom $I_R = P_c H$ anzunehmen, dessen Endpunkt $H$ auf der Geraden $h$ liegen muß. Schlägt man um $H$ einen Kreis mit dem Radius $I_u$, so werden auf der Geraden $QP_c$ zwei Punkte $P_L^*$

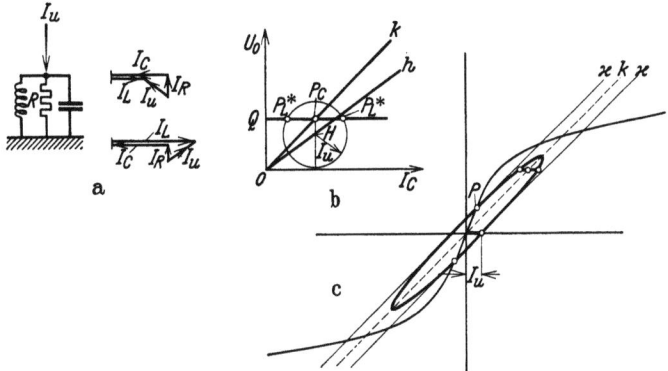

Abb. 184a—c. Nullpunktsverlagerung unsymmetrischer Systeme; Ellipsendiagramm, a Vektordiagramm der Ströme, b punktweise Bestimmung von $I_u$ aus Wertepaaren $(I_e, I_r)$, c Bestimmung des Arbeitspunktes aus Ellipsendiagramm und Magnetisierungskennlinie.

herausgeschnitten, welche die Endpunkte des induktiven Stromvektors $I_L$ sein können. Man überzeugt sich davon durch einen Blick auf die Vektorfigur in Abb. 184a. Sucht man nun zu jedem Punkt $P_C$ der Geraden $k$ das Punktepaar $P_L^*$ in der beschriebenen Weise auf, so gelangt man zu einer Ellipse. Ist $I_R = 0$, so geht die Ellipse in ein Geradenpaar $\varkappa$ über, das die in Abb. 183 gefundenen Lösungen in symmetrischer Wiederholung umfaßt. Wird $I_R$ jedoch berücksichtigt, so wird daraus die in Abb. 184c mit der Magnetisierungslinie $P_L^*$ zum Schnitt gebrachte Ellipse. Dort wo die $I_c$ zugeordnete Lage des Punktes $P_L^*$ mit $P_L$ zusammenfällt, liegt der wahre Arbeitspunkt $P$. Man sieht, daß die Ellipse sich schließen kann, ohne daß mehr als ein Schnittpunkt gebildet wird. Somit ist dieser mit Gewißheit als stabil anzusehen, obgleich die mehrlösige Näherungsbetrachtung daran zweifeln ließ. Ferner kommt es in gewissen Fällen durch den Fortfall der Nebenlösungen zu einer Beschränkung auf Zustände mit mäßigen Verlagerungen.

2. Das Verfahren des Verfassers (L 135): Man bilde zunächst die kombinierte Charakteristik von $I_L - I_c$ als $f(U_0)$, wodurch gemäß Abb. 185a eine $S$-förmige Kurve entsteht. Diese Kurve zeichnen wir in Abb. 185b noch einmal um, wobei die Ordinaten $U_0$ im Maßstab $\dfrac{U_0}{R}$ erscheinen sollen. Dann ist die Ordinate gleich $I_R$, die Abszisse gleich $I_L - I_C$. (Es empfiehlt sich, die Ströme verhältnisrichtig, aber stark vergrößert darzustellen.) Der vom Ursprung zu irgendeinem Punkt der Kurve weisende Vektor ist gleich dem eingeprägten Strom $I_u$. Kreise um den Koordinatenursprung mit dem Radius $I_u$ liefern den Arbeitspunkt $P$. Liegt der Durchgang $A$ der $S$-Kurve durch die Ordinatenachse (Gleich-

heit der induktiven und kapazitiven Stromaufnahme) bei $mU_p$, so entspricht dies im neuen Maßstab einer Ordinate $m\frac{U_p}{R}$, also der $m$-fachen Wattkomponente des Erdschlußreststromes $I_{rw}$. Wird die Maßstabänderung rückgängig gemacht, so gelangt man zu einem Ellipsenverfahren nach Art des zuerst beschriebenen.

Der Abb. 185b liegen praktische Annahmen zugrunde. In einem aus drei Einleiterkabeln bestehenden Übertragungssystem werde ein Ersatzleiter versehentlich im erdschlußfreien Betrieb einer Phase zugeschaltet. Bezogen auf die neue Summenkapazität $4C_e$ ist die Unsymmetrie 25 vH ($I_u = 0{,}25\,I_C$). Die Erdschlußspule möge ursprünglich, d. h. mit $3C_e$ abgestimmt gewesen sein.

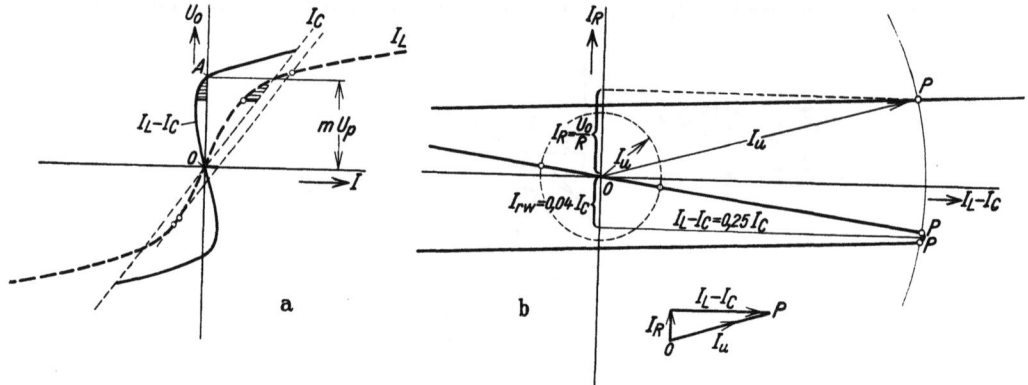

Abb. 185a und b. Nullpunktsverlagerung unsymmetrischer Systeme; Bestimmung des Arbeitspunktes aus der Differenzcharakteristik $I_L - I_C = f(U_0) = f(I_R R)$ und dem $I_u$-Kreis.

Daraus folgt für den neuen Zustand, daß der Spannung $U_0 = \pm U_p$ (bzw. im geänderten Maßstabe der Ordinate $I_R = \frac{U_p}{R} = I_{rw}$) in Abb. 185b ein Blindstrom $I_C - I_L = \pm 0{,}25\,I_C$ zugeordnet ist. Außer diesem Punkt gehören der $S$-Kurve noch zwei Schnittpunkte mit der Ordinatenachse an, in welchen durch Steigerung der Spannung von $U_p$ auf $mU_p$ wieder Gleichgewicht zwischen $I_L$ und $I_C$ erreicht wird. Es sei dies hier gemäß Abb. 185a [$I_L = f(U_0)$] bei $m = 1{,}35$ der Fall. Die Ordinatenschnittpunkte liegen also in Abb. 185b bei $1{,}35\,I_{rw}$. Der Verlauf der $S$-Kurve ist damit bestimmt. Für $I_{rw}$ sei angenommen, daß der Wattreststrom 4 vH des kapazitiven Erdschlußstromes $I_C$ beträgt (Kabelnetz). Die möglichen Arbeitspunkte sind durch einen Kreis mit dem Radius $I_u$ bestimmt. Es zeigt sich nun, daß für große Werte von $I_u$ drei Schnittpunkte des $I_u$-Kreises mit der $S$-Kurve existieren, aus denen man etwas Neues gegenüber dem Näherungsdiagramm Abb. 183 nur hinsichtlich der Phasenlage von $I_C$ bzw. $U_p$ zu $I_u$ erfährt, während die Arbeitspunkte selbst mit hinreichender Genauigkeit so bestimmt werden können, als wäre nur die Sättigung, nicht aber die Wattkomponente maßgebend. Ist hingegen die erregende Unsymmetrie gering, und zwar von der Größenordnung des Wattreststromes, so liefert das Näherungsdiagramm nach Abb. 183 zu Unrecht drei Lösungen. Es existiert nur ein Arbeitspunkt und für dessen Lage ist nicht die Sättigung, sondern die Höhe der Wattkomponente maßgebend. Der Betrag der Verlagerung kann aus der Projektion des Punktes $P$ auf die Ordinatenachse entnommen werden, welche $I_R$ und daher auch $U_0 = I_R R$ darstellt.

3. **Das Verfahren von Gauster** (L 140). Ausgehend von der gekrümmten Magnetisierungskennlinie $I_L = f(U_0)$ und der Kapazitätsgeraden $k$ kann man

(Abb. 186a) der Strecke $I_C - I_L$, die zwischen den beiden Kennlinien eingeschlossen ist, den Vektor $I_R$ anfügen. Die betreffende Strecke ist dem Betrag $U_0$ proportional und geht daher von einem Punkt auf der etwas tiefer liegenden Hilfsgeraden $h$ aus. Man erhält derart zu jeder Verlagerung $U_0$ den erregenden unausgeglichenen Strom $I_u$, während Verfahren 1 und 2 bei gegebenem $I_u$ die Auffindung von $U_0$ gestatten. Man kann nun alle Wertepaare $(I_u, U_0)$ in einem Koordinatensystem zu einer Kurve vereinigen, die den in Abb. 186b dargestellten Verlauf hat.

Es prägen sich drei Gebiete aus: $I$ und $III$ enthalten nur eine Lösung, $II$ hingegen drei. Durchläuft man die Kurve im Sinne wachsender Unsymmetrie, so erfährt die Verlagerung $U_0$ im Punkte $P_1$ eine sprunghafte Änderung auf

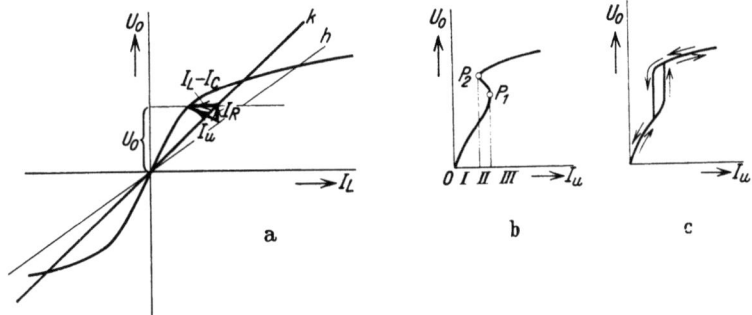

Abb. 186 a—c. Nullpunktsverlagerung unsymmetrischer Systeme; Gausters Verfahren. a Punktweise Bestimmung von $I_u$. b Zuordnung des erregenden Stromes $I_u$ und der Verlagerung $U_0$. c Schleifencharakteristik $U_0 = f(I_u)$.

einen höheren, durch die Sättigung scharf begrenzten Wert. Macht man die Unsymmetrie rückgängig, so liegt bei $P_2$ ein Zwang zu einer unstetigen Änderung vor. Es wird also die in Abb. 186c dargestellte Schleife durchlaufen.

c) Der Einfluß der Sättigung bei Polerdung und Nullpunktserdung.

Als die Erdschlußspule in der mitteleuropäischen Hochspannungstechnik noch umstritten war, fehlte es nicht an Versuchen, das Resonanzproblem als Kriterium für die verschiedenen Spielarten der induktiven Erdschlußkompensierung hinzustellen. Der Polerdung wurde eine Art Resonanzscheu zugebilligt, der Nullpunktserdung wurde sie abgestritten. Ein Versuch von Noether (L 135), das Verhalten von induktiven Polerdungseinrichtungen aufzuklären, blieb ohne Erfolg. Erst eine Arbeit von Gauster (L 140) gab 1925 die Antwort auf diese Frage. Es stellte sich heraus, daß die echte Polerdung über magnetisch unverkettete Drosseln durch induktive Unsymmetrien zu einer neuen Art von Labilität führt, welche die übrigen Löscheinrichtungen mit Polanschluß nur in dem Maße vermeiden können, als sie sich nach den im 7. Kapitel des IV. Abschnittes entwickelten Gedankengängen der Nullpunktserdung nähern.

Bevor wir auf die Untersuchung von Gauster näher eingehen, sollen einige physikalische Überlegungen den Unterschied zwischen gesättigter Polerdung und gesättigter Nullpunktserdung beleuchten, die wie alle Betrachtungen dieser Art viel durchsichtiger bleiben, wenn wir uns auf Einphasenwechselstrom beschränken. Während im Falle der Nullpunktserdung für die Stromaufnahme der gemäß Abb. 173d am Nullpunkt vereinigt zu denkenden Gebilde nur der Betrag der Nullpunktsverlagerung $U_0$ maßgebend ist, kommt bei der Polerdung als neues Moment die Phasenlage von $U_0$ gegen die Systemspannung $U_p$ hinzu. Selbst wenn wir annehmen, daß der das Erdpotential annehmende Systempunkt sich nur entlang der Geraden $AB$ der Abb. 187a verschieben kann, tritt bereits in der Wirkung der Sättigung ein Unterschied zutage. Es sei (Abb. 187b) die Kurve 1 die Kennlinie einer für die Kompensierung des Netzes geeigneten Nullpunktsdrossel. Jene der beiden Polerdungsdrosseln geht also aus 1 durch Verdoppelung der Ordinaten hervor (2). In der Höhe der Ordinaten $y = U_A$ werde noch die jeweilige Stromaufnahme der anderen Drossel aufgetragen, die unter der Spannung $U_B = U_A - 2\,U_p$ steht. Die bezügliche Kurve 3 geht aus 2 durch eine Ordinatenverschiebung um $2\,U_p$ hervor. Die Zusammensetzung der Abszissenabschnitte ergibt die Kurve 4 als Kennlinie $\Sigma I_L = f(U_A)$. Durch die Einführung einer neuen (strichpunktierten) Abszissenachse, die um $U_p$ höher liegt, stellt sich die Kurve 4 als Ausdruck von

$$\Sigma I_L = f(U_0)$$

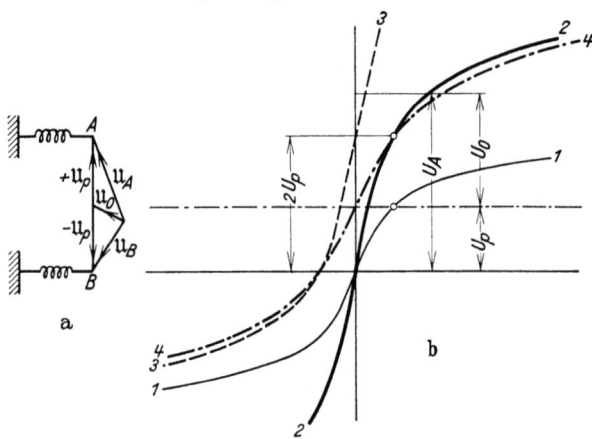

Abb. 187a und b. a Spannungseinstellung eines Einphasensystemes gegen Erde. b Resultierende Charakteristik (4) zweier Polerdungsdrosseln bei Verlagerung des Nullpunktes in Richtung der Phasenspannungen.

dar. Diese Kurve ist nun mit der Kennlinie 1 der Nullpunktsspule zu vergleichen. Sie ist von merklich gestreckterem Verlaufe, die Sättigung kommt bei weitem nicht so zur Geltung. Der Grund für das abweichende Verhalten ist einfach der, daß bei steigender Verlagerung nur die eine der beiden Poldrosseln in das Sättigungsgebiet gerät, während die andere ungesättigt bleibt oder in der Stromaufnahme sogar stärker als linear absinkt. Schon diese erste Betrachtung läßt daher die unverkettete Polerdung als der Nullpunktserdung unterlegen erscheinen.

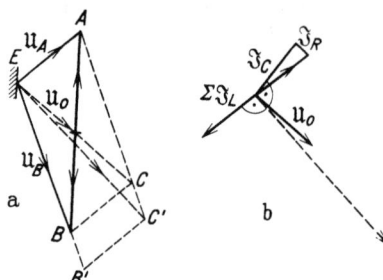

Abb. 188a und b. Phasenbeziehung zwischen der Nullpunktsspannung und dem Summenstrom der Löscher bei gesättigten Polerdungsdrosseln. a Wirkung der ungleichen Phasenspannungen, b Erfüllung der Knotenpunktsbedingung der Ströme.

Nun verlangt noch der in Abb. 187a zum Ausdruck gebrachte Umstand Berücksichtigung, daß der Nullpunktsverlagerung $\mathfrak{U}_0$ auch eine von der Richtung $\pm\,\mathfrak{U}_p$ der Systemspannungen abweichende Vektorlage zukommen kann. Die Kurve 4 ist also nur ein spezielles Glied einer Kennlinienschar. Es erhebt sich die Frage, ob innerhalb dieser Gesamtheit von Zuständen nicht auch stabile Arbeitspunkte mit stationären Verlagerungen $\mathfrak{U}_0$ vorkommen können, ohne daß eine äußere Erregung (unausgeglichener Kapazitätsstrom $I_u$) den Anlaß dazu bildet. Die Voraussetzungen hierfür sind erfüllt, wenn die Summe der induktiven Erdströme eine Komponente enthält, die die Wirkverluste des Systems deckt. Unter den nach Größe und Phasenlage variierenden Nullpunktsverlagerungen, denen proportionale Kapazitäts- und Verlustströme zugeordnet sind, könnte es einzelne geben, die zusammen mit der Systemspannung in den unsymmetrischen Induktivitäten eine Stromsumme hervorrufen, welche eine Doppelbedingung befriedigt. Die Blindkomponente muß den kapazitiven, die

## Das Resonanzproblem.

Wirkkomponente den Verluststrom kompensieren. Dies ist in der Tat möglich. In Abb. 188 wirkt sich die Ungleichheit der beiden Leiterspannungen $\mathfrak{U}_A$ und $\mathfrak{U}_B$ im Hinblick auf die Sättigungserscheinungen so aus, als ob bei gleicher Induktivität eine größere Spannung $\mathfrak{U}_B = EB'$ wirksam wäre. Der resultierende Strom entspricht also nicht der Spannungssumme $\mathfrak{U}_A + \mathfrak{U}_B = 2\,\mathfrak{U}_0 = EC$, sondern der ein wenig nacheilenden Spannung $EC'$. Der induktive Erdstrom $\mathfrak{J}_L$ eilt daher gegen $\mathfrak{U}_0$ um mehr als $90^0$ nach. Andererseits eilt die Summe aus kapazitivem Erdstrom $\mathfrak{J}_C$ und Wirkstrom $\mathfrak{J}_R$ der Nullpunktsspannung $\mathfrak{U}_0$ um weniger als $90^0$ vor. Die Gesamtheit aller Erdströme einschließlich der Wirkstromanteile kann sich somit zu Null ergänzen. Die Polerdung über gesättigte Drosseln bietet eine neue Verlagerungsmöglichkeit und zwar durch induktive Unsymmetrie. Neben der ausgeglichenen Einstellung auf $\pm U_p$ existieren auch Gleichgewichtszustände von erd-

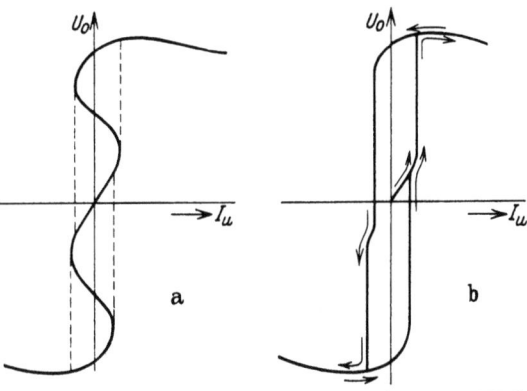

Abb. 189 a und b. Zuordnung von Unsymmetriestrom und Nullpunktsverlagerung bei gesättigten Polerdungsdrosseln, a punktweise graphisch ermittelt, b gemessen.

schlußähnlichem Charakter. Insbesondere nach der Unterbrechung von Erdschlüssen werden sie bevorzugt aufgesucht werden. Das System verharrt scheinbar im Erdschluß.

In der erwähnten Arbeit von Gauster werden punktweise jene Zustände konstruiert, welche mit den Bedingungen gegebener kapazitiver Unsymmetrie,

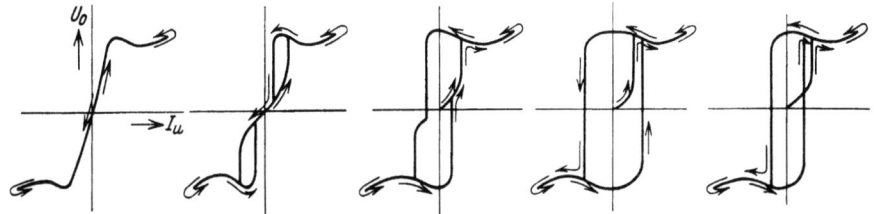

Abb. 190. Versuchsergebnisse von Gauster, geordnet nach dem Sättigungsgrade.

gegebenem Blind- und Wirkleitwert der kapazitiven Erdverbindungen und gegebener magnetischer Charakteristik verträglich sind. An die Stelle der für die Nullpunktsspule gefundenen Kennlinienform nach Abb. 186 b und c tritt ein Verlauf nach Abb. 189. Modellversuche mit Kondensatoren und gesättigten Drosselspulen lieferten trotz eines Verlustanteiles von 20 vH bei geeigneter Wahl der Sättigung in der Tat Kurven dieser merkwürdigen Gestalt. In Abb. 190 sind die Versuchsergebnisse in einer nach dem Sättigungsgrade abgestuften Formenreihe zusammengestellt. Man liest aus diesen Zustandsschleifen ab, daß auch ohne jede kapazitive Unsymmetrie stabile Verlagerungszustände (Schnittpunkte mit der Ordinatenachse) festgehalten werden, die bei der Nullpunktsspule ausgeschlossen sind. Ihre Existenz erklärt sich aus der induktiven Unsymmetrie verlagerter Systeme mit gesättigten Polerdungsdrosseln. In den zu Abb. 188 vorgebrachten Ausführungen wurde der physikalische Zusammenhang klargestellt. Die Verluste, welche die Verlagerung zusätzlich hervorruft, werden durch die induktive Unsymmetrie gedeckt. Es liegt hier für die freie Schwingung genau dieselbe Erscheinung vor, welche für den Erdschlußzwangszustand als Methode zur Kompensierung des Wattreststromes im 1. Kapitel dieses Abschnittes an Hand der Abb. 151 Erwähnung fand. Je nach dem Grade der Sättigung ist eine mehr oder weniger große Steigerung der Wattverluste des Nullstromkreises eine unter Umständen brauchbare Gegenmaßnahme. Die in Abb. 188 willkürlich gewählten Verhältnisse gewähren einen gewissen Einblick. Die induktive Unsymmetrie $\frac{C'E-CE}{CE}$ ist dort aus einem Sättigungsüberschuß $\frac{BB'}{EB} = 0{,}25$ zu 20 vH zu ermitteln. Hiervon wirkt jedoch nur die gegen $CE$ um $90°$ nacheilende Komponente wirkstromkompensierend. Es sind dies rd. 9 vH. Sind die tatsächlichen Wattverluste des Nullstromkreises höher, so tritt eine höhere Verlagerung oder nach Überschreitung eines Maximums ein Rücksprung zur Symmetrie ein.

Wir haben nun den Grund herausgearbeitet, weshalb wir die unverkettete Polerdung nicht als eine praktisch brauchbare Lösungsform der induktiven Erdschlußkompensierung anerkannt haben. Bei mäßiger Sättigung besteht durch die vergleichsweise gestreckte Form der maßgebenden Magnetisierungslinie (Kurve 4 in Abb. 187b) ein Nachteil gegenüber einer äquivalenten Nullpunktsspule. Bei höherer Sättigung droht das Umschlagen in den Zustand starker Spannungsverwerfung durch die eigenartige Wirkung der induktiven Unsymmetrie.

Das Verfahren der induktiven Polerdung darf sich daher nicht unverketteter Drosselspulen bedienen. An ihre Stelle haben magnetisch verkettete Drosselspulen zu treten, bei denen sich die magnetische Unsymmetrie der einzelnen Phasen vermeiden läßt. Zu diesem Behufe setzt man den magnetischen Aufbau aus zwei Teilen zusammen: Einem ungesättigten Abschnitt, der nach den zwei bzw. drei Phasen gegliedert ist, und einer gesättigten Strecke, welche den eigentlichen magnetischen Widerstand enthält und allen Phasen gemeinsam ist. Man erreicht auf diese Weise, daß jede von einer der Phasen hervorgerufene Änderung des magnetischen Widerstandes genau so im Kraftlinienwege der anderen Phasen auftritt, und unterbindet die Entstehung von Unsymmetrien. Den sich wechselseitig zu Null ergänzenden Anteilen der Kraftflüsse steht der symmetrisch aufgebaute Teil des magnetischen Kreises zur Verfügung. Die überlagerten Zusatzflüsse (vgl. Abb. 133c, Mitte) nehmen zwar Phase für Phase denselben Weg, müssen aber weiterhin den überwiegenden Widerstand der Sättigungsstrecke überwinden, an der sie magnetisch verkettet sind. Für den gleichen Zusatzfluß benötigen dann alle Phasen den gleichen AW-Druck. Den Einzellösungen dieser Aufgabe ist Kapitel 7 des Abschnittes IV gewidmet. **Erst die magnetische Verkettung verleiht den mehrphasigen Bauformen der Erdschlußlöscher ein der Nullpunktsdrossel gleichwertiges Verhalten. Die Petersen-Spule für Nullpunktsanschluß ist die optimale Lösung.**

Bei allen Ausführungsformen, die die verlangte Angleichung an die Erdschlußspule mit Nullpunktsanschluß aufweisen, hat man Vorsorge zu treffen, daß durch richtige Wahl der Sättigungsverhältnisse eine natürliche Begrenzung der Nullpunktsverlagerung eintritt. **Das Eisen ist daher als Baustoff der Löschdrosseln nicht zu umgehen.** Andererseits darf die magnetische Leitfähigkeit des Kraftlinienpfades im Interesse einer großen Stromaufnahme nicht zu hoch werden. **Man muß deshalb den Eisenweg durch Luftstrecken unterbrechen** und gelangt damit zur typischen Kernbauart (Abb. 191) der Erdschlußspule. Bei mehrphasigen Löschdrosseln müssen die Luftspalte aus den in Abschnitt IV, Kapitel 7 klargestellten Gründen im Rückschluß angeordnet sein.

Das Resonanzproblem.

In der Regel verfügt ein Netz über mehrere abschnittweise verteilte oder mit dem allmählichen Netzausbau zugewachsene Erdschlußlöscheinrichtungen, welche die Aufgabe der Kompensierung gemeinsam zu lösen haben. Da die Sättigung nur zum Zwecke einer selbsttätigen Verstimmung bei einer Überschreitung der Phasenspannung am Netznullpunkt benötigt wird, braucht eigentlich bloß ein Teil der Spulen nach diesem Gesichtspunkt bemessen zu sein. Im Interesse gegenseitiger Auswechselbarkeit und einheitlicher Fabrikationsgrundsätze wird man jedoch vom eisengesättigten Kreis nicht abgehen.

d) Vorbeugende Maßnahmen.

Besondere Maßnahmen zur Verhütung einer durch Erdschlußspulen hervorgerufenen Resonanz sind überflüssig. Nichtsdestoweniger sollen die zahlreichen auf diesem Gebiet bekannt gewordenen Vorschläge Erwähnung finden.

Systematische Verstimmung (Dissonanz) kann im Bereich mäßiger Unausgeglichenheit Vorteile bringen. Für stärkere Verlagerungen, bei denen die Resonanzneigung zur Gefährdung ausarten könnte, bietet die Sättigung eine viel wirksamere selbsttätige Verstimmung. Man müßte überdies zwei Forderungen gleichzeitig gerecht werden, die miteinander nicht vereinbar sind. Bei Unsymmetrie durch ungleichphasiges Abschalten müßte Unterkompensierung

Abb. 191.
Eisenkern einer Petersen-Spule für 6300 kVA, 110 kV Netzspannung.

vermieden werden, damit das Rumpfnetz nicht in die scharfe Abstimmung hineingerät. Umgekehrt müßte im Hinblick auf Fälle ungleichphasigen Zuschaltens Überkompensierung ausgeschlossen werden. Glücklicherweise führen nach den vorangegangenen Untersuchungen über die Wirkung der Eisensättigung beide Annahmen nicht auf unzulässige Betriebsverhältnisse, aber man sieht, daß man bei der exakten Abstimmung am besten wegkommt, bei der schlimmstenfalls eine Warnung durch Entstehung eines erdschlußartigen Zustandes zustande kommen kann. Auch fanden wir, daß bei hochohmigen Erdschlüssen die Fehlabgleichung merklich ungünstigere Löschbedingungen liefert. Übrigens ist bei Ver-

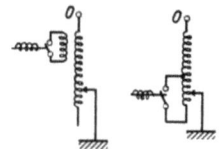

Abb. 192.
Verlagerungsbegrenzung durch Verstimmung im Normalbetrieb.

wendung gesättigter Löscheinrichtungen im Gebiet mäßiger Verlagerungen automatisch eine gewisse Unterkompensierung gegeben. Gegen stationäre Nullpunktsverlagerungen hilft besser als die Verstimmung ein geschickter Phasenwechsel nach Art der Abb. 172. Vorübergehende Verlagerungen durch ungleichmäßig abgewickelte Schaltvorgänge erreichen im übrigen auch kaum ihren Höchstwert, denn ein Resonanzkreis kommt nicht schlagartig zur Wirkung, er schaukelt sich vielmehr nach und nach auf. Ein Beispiel für diese allmähliche Entfaltung von Resonanzerscheinungen ist uns bereits in Abb. 67 begegnet.

Der vorteilhafte Einfluß, aber auch die nachteilige Seite der Dissonanzeinstellung ist in bewußter Überbetonung einem Vorschlage von Biermanns (1922) zu eigen. Die Erdschlußspule wird nach Abb. 192 mit einer zweiten mehr oder weniger gut verketteten Wicklung versehen, welche im normalen Betrieb durch einen Überbrückungsschalter kurzgeschlossen gehalten wird. Die für die Erdung maßgebende Impedanz ist die Kurzschlußreaktanz der beiden Wicklungen.

Im Erdschlußfalle wird der Schalter selbsttätig geöffnet und die richtige Erdungsinduktivität hergestellt. Es kann auch ein Teil der eigentlichen Spulenwicklung in Sparschaltung dem gleichen Zweck der Induktivitätsänderung durch sekundären Kurzschluß dienen. Ausführungen dieser Art sind nicht bekannt geworden.

Von BBC wird übrigens eine mindestens 15prozentige Verstimmung auch für Oberwellenkompensationskreise vorgeschlagen, um vom Netz her kommende Erregungen der abgestimmten Kreise nicht wirksam werden zu lassen. Bei den hohen inneren Verlusten dieser Stromkreise ist man aber auf solche Maßnahmen wahrscheinlich nicht angewiesen.

Während man auf vorbereitete Verstimmungen nicht immer rechnen darf, weil die Ab- oder Zuschaltung unsymmetrischer Netzteile Änderungen gegensinniger Art nach sich ziehen kann, ist die Wattkomponente des Resonanzkreises eine stets wirksame Beschränkung der Verlagerung. Nun ist im erdschlußfreien Zustande ein hoher Wirkleitwert der Erdverbindungen erwünscht, im Erdschlußfalle wird man hingegen die natürlichen Verhältnisse vorziehen. Ein Vorschlag der AEG (1920) gibt Mittel für die Herbeiführung eines solchen Verhaltens an. Er bedient sich sog. spannungsabhängiger (stromabhängiger) Widerstände in Anordnungen nach Abb. 193a und b. Schließt man den Widerstand unmittelbar oder transformatorisch am Nullpunkt in Parallelschaltung zur Erdungsinduktivität an, so wird ein bestimmter Zusammenhang $R = f(U_0)$ gefordert, und zwar muß für große Werte von $U_0$ (Erdschluß) auch $R$ groß sein, der Widerstand muß strombegrenzenden Charakter haben. Durch thermische Effekte bekannter Art (Eisenwiderstände, insbesondere in Wasserstoffatmosphäre) läßt sich dies verwirklichen. Auch den Eisenverlusten gesättigter Erdschlußspulen kommt ein wenn auch mäßiger Einfluß gleicher Art zu. Legt man den Widerstand mit der Erdschlußspule in Reihe, so muß sein Betrag $R = f(I_L)$ um so höher sein, je geringer $I_L$ ist. Man verfügt heute über Widerstände, welche diesen Effekt trägheitslos liefern, und zwar ist $\frac{R}{R_1} = \left(\frac{I}{I_1}\right)^{-n}$. Der Wert $n = 0{,}75$ ist technisch erreichbar. Für $n = 1$ hätte man bereits die reine Ventilcharakteristik $U_0 = $ konst. erreicht. In Japan ist auch der Gedanke erwogen worden, einen Widerstand, der in Reihe mit der Erdschlußspule liegt, durch ein echtes Ventil zu überbrücken. Als solches käme ein Thyratron in Frage, dessen Gitter von der Nullpunktsspannung transformatorisch, z. B. über die sekundäre Meßwicklung der Erdschlußspule, gesteuert wird. Sobald eine gewisse konstante Vorspannung überschritten wird, kommt es zur Zündung der Röhre. Der Stromdurchgang dauert zunächst bis zum Schluß der Stromhalbwelle an und wird bei einem Weiterbestehen des Erdschlusses selbsttätig erneuert. Eine von BBC (1932) beschriebene Anordnung bedient sich ähnlicher Mittel. Hier soll die ganze Erdschlußspule im normalen erdschlußfreien Betrieb durch einen Stromkreis überbrückt sein, der gittergesteuerte Vakuumzellen einschließt. Ihr Gitter wird in Abhängigkeit vom Betrage der Nullpunktsspannung so beeinflußt, daß bei Überschreitung eines gewissen Grenzwertes der Stromdurchgang gesperrt wird. Alle Maßnahmen dieser Art sind für doppelpolige Arbeitsweise auszugestalten. Da die Wiederzündung im Augenblick des Stromnulldurchganges

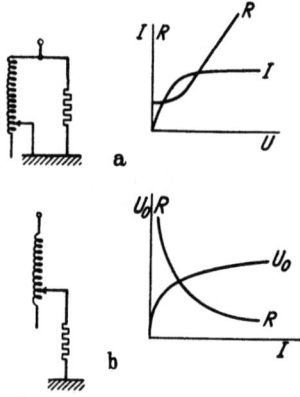

Abb. 193a und b. Verlagerungsbegrenzung durch spannungs- bzw. stromabhängige Verlustwiderstände. a In Parallelschaltung, b in Reihenschaltung.

## Das Resonanzproblem.

entschieden werden soll, damit die Kurvenform nicht gestört wird, muß das Maximum der Steuerspannung mit dem Nulldurchgang des Spulenstromes zusammenfallen. Das Erfassen der eingetretenen Löschung ist schwierig.

Grünholz (L 139) erwähnt noch, daß eine Erhöhung der Spulenverluste zwar die Wattkomponente des Erdschlußreststromes hinaufsetzt, aber die Dauerverluste im erdschlußfreien Betrieb zu vermindern vermag. In Abb. 184a ist dies daraus zu schließen, daß dann dem gegebenen unausgeglichenen Strom auch bei vollkommener Abstimmung ein Stromweg von weniger hohem Widerstand dargeboten wird. Vom Standpunkt einer Verlagerungsbegrenzung sind Widerstände mit linearer Charakteristik schon von BBC (1919) und Oerlikon vorgeschlagen worden.

Die Wirkungsweise von Widerständen mit nichtlinearer Charakteristik kommt auch den Koronaverlusten von Hochspannungsnetzen zu. Sie sind im Gebiet geringer Verlagerungen ohne Einfluß und greifen erst bei Überschreitung erdschlußähnlicher Verlagerungen ein.

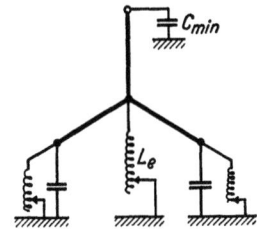

Abb. 194. Bekämpfung kapazitiver Unsymmetrie durch Zusatzdrosseln.

Hat man es mit Unausgeglichenheiten vorherbestimmter oder unveränderlicher Art zu tun (kapazitive Unsymmetrien bekannter Herkunft), so läßt sich die Entstehung von ungewollten Verlagerungen in kompensierten Netzen an der Wurzel fassen. Nach einem Vorschlage von BBC (1918) wird der über die kleinste der Erdkapazitäten hinausgehende Überschuß im $m$-Phasensystem phasenweise durch $m-1$ Zusatzdrosseln aufgehoben (Abb. 194). Die eigentliche Löschinduktivität $L_e$ ist auf $mC_{\min}$ abzustimmen. Die Zusatzdrosseln bleiben nach dem früher über Poldrosseln Ausgeführten zweckmäßig ungesättigt.

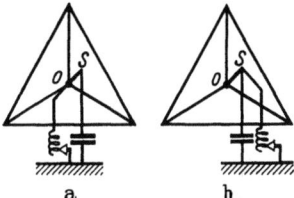

Abb. 195a und b. a Praktisch üblicher Anschluß der Erdschlußspule, b theoretisch richtige Anschlußweise.

Eine andere exakte Lösung der gleichen Aufgabe erhält man nach Jonas (1919), indem man als Anschlußpunkt der Löschspule nicht den Wicklungsmittelpunkt, sondern den elektrischen Schwerpunkt (vgl. Abschnitt II, Kapitel 2 und Abschnitt V, Kapitel 8) wählt. Dann verwandelt sich die aus Abb. 173 übernommene Anordnung nach Abb. 195a in eine solche nach Abb. 195b, in der die Erregung des Schwingungskreises beseitigt ist.

Ein noch allgemeinerer und stets gangbarer Weg ist die Benutzung einer Hilfsspannung im Spulenkreis, ein erstmalig von Petersen angegebenes Verfahren. Durch die Einschaltung der Hilfsspannung (Abb. 196) kann man dem Anschlußpunkt $S'$ der Spule jedes beliebige Potential verleihen, beispielsweise auch das des Schwerpunktes $S$. Natürlich kann die Hilfsspannung

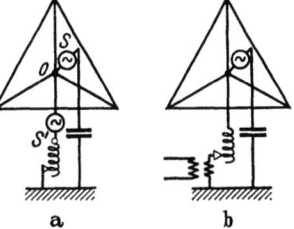

Abb. 196a und b. Gegenschaltung von Unsymmetriespannung und Hilfsspannung. a Direkt, b transformatorisch.

direkt oder transformatorisch an beliebiger Stelle eingefügt werden, insbesondere zwischen Spule und Erde. Beim Löschtransformator können Anzapfungen der Sekundärwicklungen in gewissem Umfange eine bequeme Möglichkeit zur Herstellung von Zusatzspannungen bieten. Wir werden später (Abschnitt V, Kapitel 8) erkennen, daß diese exakten Verfahren zur Unterdrückung von Verlagerungen mit den exakten Löschbedingungen zusammenfallen.

### e) Das Verhalten der Erdschlußspule bei Symmetriestörungen der Spannung.

Auch bei unversehrtem und symmetrischem Leitungsnetz können gewisse Unregelmäßigkeiten in der Spannungsversorgung auftreten, bei denen das Verhalten kompensierter Anlagen bemerkenswerte Eigentümlichkeiten aufweist.

Erleidet irgendein Punkt im Innern einer Wicklungsanordnung Erdschluß, so kommt eine wohldefinierte neue Potentialeinstellung zustande. Die symmetrisch vorausgesetzten Erdkapazitäten und die Löscheinrichtung sind am Wicklungsmittelpunkt in Parallelschaltung vereinigt zu denken, so daß die Fehlerstelle vom Strom entlastet wird. **Die Erdschlußspule verhütet daher Ausbrennungen im Gefolge von Isolationsdurchschlägen der Wicklungen.**

Liegt ein Windungsschluß vor, so sind folgende Fälle zu unterscheiden:

a) Transformatorendefekt im Speisepunkt. Es entsteht ein unsymmetrisch verzerrtes Spannungsdreieck des belieferten Netzes. Die gespeisten Transformatoren stellen den geometrischen Schwerpunkt des aufgedrückten Dreieckes her, die dort angeschlossenen Erdschlußspulen finden im erdschlußfreien Betrieb keine erregende Spannung vor. Hingegen ist der Wicklungsmittelpunkt des gestörten Speisepunkttransformators außerhalb der geometrischen Schwerpunkte des liefernden und des belieferten Netzes zu erwarten, er ist verlagert. Im Stromkreis einer dort angeschlossenen Erdschlußspule mit der Netzkapazität besteht daher eine eingeprägte Spannung. Die Erdschlußspule nimmt in dem Schwingungskreis nach Abb. 170c eine die erregende Spannung übersteigende Teilspannung an und meldet dadurch die sonst kaum wahrnehmbare Störung. Es verdient noch hervorgehoben zu werden, daß Windungsschlüsse Fehler mit stark betonter Wattkomponente sind, wodurch sich eine Begrenzung der Systemverlagerung von selbst ergibt.

b) Defekt in einer der Wicklungen eines Transformators in einer Umspannstelle. Die Symmetrie des zugeführten Spannungsdreieckes bleibt überall gewahrt. Nur in der gestörten Einheit verschiebt sich durch die Ungleichheit der wirksamen Windungszahlen und durch den Einfluß des lose gekoppelten Teilkurzschlusses der Wicklungsmittelpunkt aus dem geometrischen Netzschwerpunkt. Eine an einem solchen Transformator angeschlossene Erdschlußspule liegt also gewissermaßen an einem exzentrisch verschobenen Systempunkt, so daß die eben für den Speisepunkttransformator erörterten Verhältnisse auch hier zutreffen. Sind andere Erdschlußspulen vorhanden, so ändert dies nichts an dem Grundsätzlichen der Erscheinung. Der Leitwert dieser anderen Spulen ist von dem am Netznullpunkt zusammengefaßten kapazitiven Leitwert in Abzug zu bringen, die Differenz ist mit der Ergänzungsspule am gestörten Transformator wieder mehr oder weniger genau abgestimmt. Doch kommt eine auf den Gesamtkreis bezogene Verstimmung mit einem Vielfachen zur Geltung, weil sie jetzt auf einen Schwingungskreis mit viel geringeren Einzelleitwerten umzurechnen ist. Ebenso sind die perzentuellen Wattverluste erheblich größer. Aus all dem folgt, daß die **Erdschlußspule bei Windungsschlüssen ein sehr erwünschter Indikator ist,** dessen verstärkte Anzeige niemals die Form einer Gefährdung annimmt.

In die Gattung der Windungsschlüsse läßt sich auch der Eisenbrand einbeziehen, der ja als kurzgeschlossene Sekundärwindung von hohem innerem Widerstand aufzufassen ist.

Durch die heute sehr verbreitete Technik der Spannungsregelung unter Last sind einige weitere Arten betriebsmäßiger Schaltvorgänge und Schaltzustände entstanden, in denen die Rücksichtnahme auf die Erdschlußspule besonderer

Erwägungen bedarf. In Hochspannungsnetzen überwiegt die Stufenregelung, für die sich das System Jansen (L 149) eingeführt hat. Erfolgt der Stufenwechsel in den drei Phasen nicht gleichzeitig, wie dies im Prinzip der Schnellschaltung durch drei unabhängige Kraftspeicher begründet liegt, oder folgt eine der drei Lastschaltvorrichtungen nicht nach, so entsteht eine Spannungsunsymmetrie, die von der in einer Phase vorgefallenen Störung um den Betrag $\pm \triangle U_p$ einer Spannungsstufe herrührt. Die Nullkomponente dieser Störspannung ist $\frac{\triangle U_p}{3}$, wie wir aus zahlreichen Zerlegungen ähnlicher Art (vgl. etwa Abb. 55 mit $\triangle U_p = U_p$) bereits wissen. Bei den gebräuchlichen Stufen von etwa 2,5 vH bleibt daher die erregende Spannung des Nullstromkreises unter 1 vH. Es wird somit bei weitem nicht die Größenordnung natürlicher kapazitiver Unsymmetrien erreicht. Der Regelvorgang kann daher selbst bei starker zeitlicher Versetzung der Schaltsprünge keine nennenswerte Nullpunktsverlagerung hervorrufen. Das gleiche gilt von der sog. $ABC$-Schaltung, bei der die Ungleichzeitigkeit der Regelvorgänge der einzelnen Phasen direkt zu einer feineren Unterteilung des Regelbereiches ausgenutzt wird.

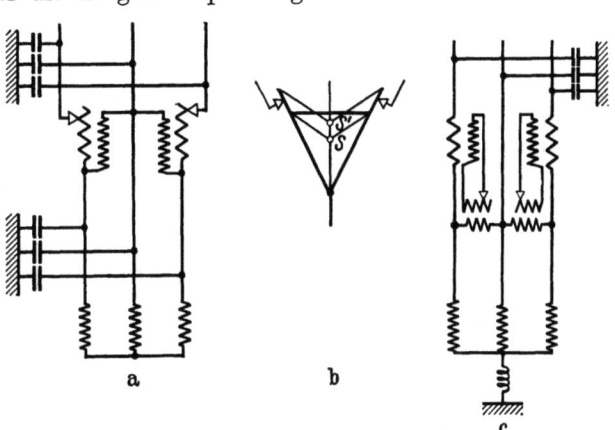

Abb. 197 a—c. Anordnung von Zusatztransformatoren in V-Schaltung als Ursache von Schwerpunktsverschiebungen. a Schaltung für Netzregelung, b Spannungseinstellung der beiden Netze, c in Kombination mit einem Leistungstransformator.

Die erwähnte Unsymmetrie ist hier betriebsmäßig vorhanden. Soferne die $ABC$-Schaltung nicht zum Anlaß einer Vergröberung der Hauptstufung genommen wird, kann erst das dauernde Zurückbleiben einer Phase beim Durchlaufen des Regelbereiches, etwa im Gefolge des Bruches eines Kupplungsgliedes, zu einer kräftigen Unsymmetrie des Systems führen, welche durch eine an den betreffenden Transformator angeschlossene Erdschlußspule — und nur durch eine solche — in verstärktem Maße herausgeholt wird, so daß eine nicht zu übersehende selbsttätige Störungsmeldung zustande kommt. Schaltungen, bei welchen ähnliche Zustände (Unsymmetrie der Phasen um den vollen Regelbereich) betriebsmäßig vorgesehen sind, eignen sich für die Verwendung in kompensierten Systemen nicht. Ein Beispiel hierfür ist die Anordnung der Regulierorgane in $V$-Schaltung nach Abb. 197. Hier ist der Schwerpunkt des Spannungsdreieckes vor und hinter der Regelstelle nicht mehr identisch. Zwischen den beiderseitigen Netznullpunkten ist eine den Nullstromkreis erregende Spannung eingefügt, welche bei $p$ vH Regelbereich auch $p$ vH der Phasenspannung ausmacht. Man wird diese Anordnung auch dann als unzulässig anzusehen haben, wenn nicht ein ganzer Netzteil, sondern nur ein einzelner Transformator auf der einen Seite der Regeleinrichtung angeordnet ist, soferne an diesen Transformator eine Erdschlußspule angeschlossen werden kann (Abb. 197c). Liegt auf der einen Seite der Regeleinrichtung keinerlei Nullstromverbraucher (Netzkapazität, dreiphasige oder Nullpunkts-Erdschlußspule), so ist die Verwendung der $V$-Schaltung zulässig. Der Nullpunkt flimmert dann auf dieser Seite mit dem Betrag der Schwerpunktsdifferenz.

192    Spezialprobleme der induktiven Erdschlußkompensierung.

Eine weitere ernste Symmetriestörung ist die vollständige Unterbrechung einer Phase an einem für den Anschluß einer Erdschlußspule benutzten Transformator. Die erregende EMK des Ersatzstromkreises nach Abb. 170c ist hier gleich der halben Phasenspannung, wie an Hand der Abb. 10 in Abschnitt II, Kapitel 2 gezeigt wurde (Fall des Speisepunktes). Für leerlaufende Transformatoren in Umspannwerken mit angeschlossener Erdschlußspule gilt dasselbe; der Schwerpunkt des symmetrischen Netzes und der Wicklungsmittelpunkt vertauschen hier ihre Rolle gegenüber Abb. 10. In beiden Fällen ist die dem Schwingungskreis eingeprägte Spannung von außergewöhnlich hohem Betrage. Hätte das Netz nur einen einzigen speisenden Transformator und wäre die Erdschlußspule an diesem angeschlossen, so würde eine Phase vollständig ausfallen. Diese Annahme haben wir im vorliegenden Kapitel bereits unter a) behandelt. Wir fanden, daß Erdschluß vorgetäuscht werden kann. Die Stromverteilung entspricht dabei der Abb. 198, in der auch gezeigt ist, welche inneren Ausgleichsströme sich einstellen, wenn eine Tertiärwicklung in Dreieckschaltung mitwirkt. Die Maschinen werden mit einem Anteil der Spulenleistung einachsig belastet und vermehren dadurch die Verlustdämpfung. Versorgt der speisende Transformator das Netz nicht allphasig und sind Erdschlußspulen nur bei den Abnehmern angeschlossen, so besteht keine Differenz zwischen Systemschwerpunkt und Anschlußpunkt. Ist ein einzelner unter mehreren Speisepunktstransformatoren gestört, so geschieht gleichfalls überhaupt nichts. Denn das Netz bleibt richtig gespeist und der Transformator wird Phase für Phase richtig dreiphasig erregt, so daß sein Wicklungsmittelpunkt auf dem Potential des Systemschwerpunktes verharrt. Handelt es sich um einen Transformator in einem Umspannwerk, so kann sich der exzentrische Anschluß der Erdschlußspule wiederum nicht auswirken, denn der Spulenstrom findet beim Passieren der beiden intakten Schenkel den magnetischen Rückschluß über den dritten Schenkel vor; der Erdschlußspule ist somit die volle Leerlaufimpedanz vorgelagert. Nur bei hoher Belastung rein induktiver Art verringert sich diese zusätzliche Impedanz, doch verbleibt selbst in solchen praktisch bedeutungslosen Fällen stets die Wirkung einer ansehnlichen Verstimmung. Auch die Wicklungsunterbrechung scheidet somit als Resonanzursache aus.

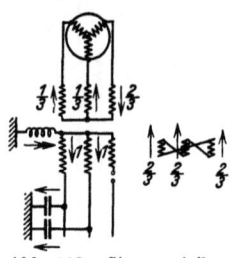

Abb. 198. Stromverteilung im kompensierten Netz bei Abtrennung einer Phase.

Als Symmetriestörung kann es schließlich auch angesehen werden, wenn den drei Phasen eines Transformators eine und dieselbe EMK eingeprägt wird. Ein im Nullpunkt belasteter Transformator erfährt durch die sich auf die drei Schenkel aufteilende Nullkomponente des Stromes eine Wirkung dieser Art in Form eines Spannungsabfalles, der sich auf eine zweite in Stern geschaltete Wicklung transformatorisch übertragen muß. Die derart induzierte Nullkomponente der Spannung beträgt rd. $0,1\ldots0,2\ U_p$, wenn eine Erdschlußspule der Leistung $0,2\ N = 0,6\ I_n\ U_p$ angeschlossen ist (vgl. Abschnitt II, Kapitel 7). Es ist deshalb nicht zulässig, an beide Wicklungen eines Stern-Stern-geschalteten Transformators Erdschlußspulen anzuschließen. Das Arbeiten der einen Spule würde mit dem Auftreten einer induzierten Nullspannungskomponente im Stromkreis der anderen verknüpft sein. Dadurch werden auch im anderen Netz Verlagerungen erregt, ohne daß eine elektrische Störungsursache vorhanden ist. Da hier jedoch die Verlagerungsursache genau erfaßbar ist — sie ist der Nullpunktsspannung des gestörten Systems nach Größe und Phase proportional —, kann auch die Abhilfe aus ihr abgeleitet werden. Man muß der beeinflußten Wicklung eine entgegengesetzt gleiche Hilfsspannung zuführen, die man der durch Messung genau bestimmten Beeinflussungsspannung anpaßt. Der in Abb. 199 dargestellte Hilfstransformator $HT$ bewirkt die Entkopplung nach beiden Richtungen. Das Auftreten eines Spulenstromes $I_L$ ruft automatisch die Entstehung einer Spannung $\omega M I_L$ in der anderen Wicklung des Hilfstransformators hervor, welche der im Haupttransformator erregten, gleichfalls $I_L$ proportionalen Spannung entgegengesetzt gleich zu machen ist. Im Haupttransformator beträgt die Einflußspannung eines Nullstromes $I_0$, der in einer von beiden Wicklungen fließt, in der anderen Wicklung $\omega M_0 I_0$, wobei $M_0$ eine aus der Nullinduktivität $L_0$ und dem Übersetzungsverhältnis $ü$ zu berechnende Transformatorkonstante

$$M_0 \approx L_{01} ü = \frac{L_{02}}{ü}$$

vorstellt, die gleichfalls für das Wicklungspaar unabhängig von der Rolle der einzelnen Wicklung als induzierende oder induzierte gilt. Der Entkopplungstransformator $HT$ muß in seiner Selbstinduktion so bemessen sein, daß seine Berücksichtigung als Zusatz zur Spuleninduktivität möglich ist. Er muß also für großen Leerlaufstrom ausgelegt sein, d. h. einen durch Luftspalte unterbrochenen Kern erhalten. Vorgeschrieben ist $M = M_0$, also eine Kombination aus $L$ und $ü$. Die eine der beiden Erdschlußspulen kann selbst als Hilfstransformator ausgebildet werden.

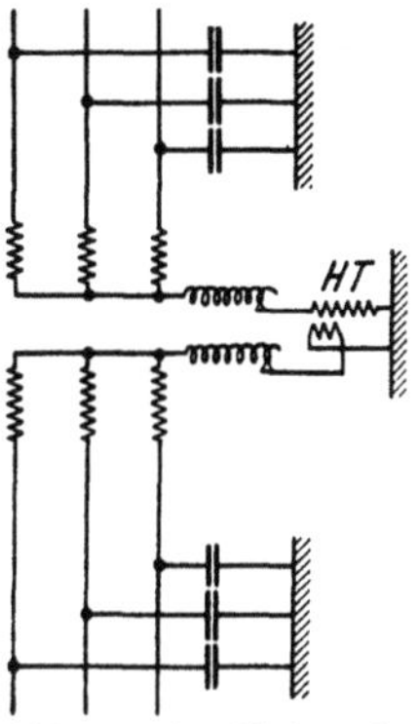

Abb. 199. Anschluß zweier Erdschlußspulen an die Wicklungen des gleichen Transformators.

Als erregende Spannung für den aus Spule und Erdkapazität bestehenden Schwingungskreis könnte noch eine Oberwelle mit durch 3 teilbarer Ordnungszahl $3n$ in Frage kommen. Die Reaktanz $3n\omega L$ der Löscheinrichtung ist schon für die 3. Harmonische 9mal so groß wie die kapazitive Reaktanz. Das Netz müßte also zufällig bei angeschlossener Erdschlußspule auf ein Neuntel seines Umfanges zusammenschrumpfen, um eine Erscheinung dieser Art zu liefern. Sie wird unter dieser seltenen Voraussetzung genau so verlaufen, wie in einem Netz ohne Erdschlußspule, wo die für Meß- und Schutzzwecke eingebauten Erdungsspannungswandler bisweilen zusammen mit einem einzelnen kurzen Abzweig (Transformatorverbindungskabel u. dgl.) die 3. Harmonische herausholen. Die Erdschlußspule begünstigt solche Fälle nicht, sie verschiebt nur ihre Existenzbedingungen.

Das Resonanzproblem der Erdschlußlöscheinrichtungen erfährt seine richtigste Bewertung, wenn man die daran geknüpften Bedenken an Hand eines konkreten Beispieles entkräftet, dem die ungünstigsten Annahmen zugrunde gelegt werden. Eine Erdschlußspule arbeite in einem Netz, welches aus Einleiterkabeln aufgebaut ist und durch Abschaltung einer Phase oder durch Zuschaltung eines Ersatzleiters die größtmögliche Symmetriestörung erfahren hat. Jedesmal sei die Erdschlußspule auf das entstandene unsymmetrische Gebilde gerade abgestimmt. Im einen Falle (Abschaltung) bedeutet dies, daß die Erdschlußspule für den symmetrischen Betrieb mit 33 vH unterkompensiert war und daß der Unsymmetriestrom $U_p \omega C$ ein Drittel des Erdschlußstromes $U_p \cdot 3 \omega C$ bzw. die Hälfte des Spulenstromes $\frac{U_p}{\omega L_e}$ ausmacht. Im anderen Falle (Zuschaltung) geht die getroffene Maßnahme dahin, daß die Spule von vornherein um 33 vH überkompensiert war und daß der Unsymmetriestrom ein Drittel des kapazitiven Erdschlußstromes des symmetrischen Netzes oder ein Viertel des Spulenstromes $\frac{U_p}{\omega L_e}$ erreicht. Es genügt offenbar, den ersten schärferen

194    Spezialprobleme der induktiven Erdschlußkompensierung.

Fall zu verfolgen. Im Diagramm Abb. 200 ist unter Verzicht auf die Berücksichtigung der Verlustdämpfung eine Kapazitätsgerade eingeführt, welche gemäß Abb. 182 in der Abszissenrichtung um $I_u = \dfrac{I_e}{2}$ verschoben ist, im übrigen mit derjenigen Neigung verläuft, welche dem normalen Arbeitspunkt der Spule entspricht. Der Schnitt ergibt eine Verlagerung $U_0 = 1{,}5\,U_p$. Setzt man diese mit dem Stern der drei Phasenspannungen zusammen, so findet man Systemspannungen gegen Erde im Betrage von 126, 126 und 29 vH der verketteten Betriebsspannung. Dabei ist die Sättigungscharakteristik der Erdschlußspule einem normalen Ausführungsbeispiel an der Anzapfung für kleinsten Strom (größte Windungszahl, geringste Sättigung) entnommen (vgl. Abb. 280). Bei diesem Ergebnis darf man wohl mit Recht feststellen, daß von gefährlichen Überspannungen trotz der wahrhaft gesuchten Voraussetzungen nicht die Rede sein kann. Ein unbedachtes Experimentieren mit unfachmännisch gewählter Versuchszusammenstellung, insbesondere mit reinen Luftdrosseln, wie es praktisch vorkam, rechnet nicht ernstlich zu unserem Problem.

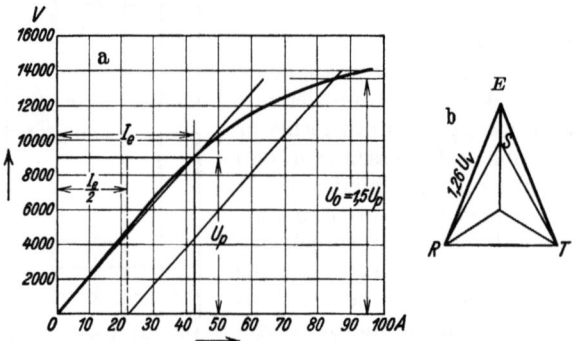

Abb. 200a und b. Verwerfung des Spannungsdreieckes bei Abschaltung einer Phase und 33% Unterkompensierung. a Bestimmung der Nullpunktsspannung, b Spannungseinstellung der 3 Phasen gegen Erde (Punkt $E$).

   Wir fassen zusammen: Kleine Symmetriestörungen (unzureichende Verdrillung, Leitungsbruch, mangelhafte Schalterfunktion) arbeitet die Erdschlußspule deutlich heraus. Die Wattkomponente des Schwingungskreises oder dessen Verstimmung setzen der Erscheinung eine natürliche Grenze. Dieses Verhalten ist vorteilhaft, es begründet die günstige Entlastungswirkung bei höherohmigen Erdfehlern. Wicklungsfehler und Kerndefekte in den Anschlußapparaten (Transformatoren, Generatoren) werden durch die Erdschlußspule ohne Rückwirkung auf den Störungsherd, bei Erdschluß sogar unter Milderung der Wirkungen, aus dem Gebiet der nicht erkennbaren schleichenden Fehler herausgeholt und durch eine nicht zu übergehende Anzeige aufgedeckt. Extreme Symmetriestörungen, die in Netzen von normalem, insbesondere vermaschtem Aufbau überhaupt nicht möglich sind, bilden selbst unter gekünstelten Annahmen keine Gefahrenquelle, sondern sind nur der Anlaß zu kräftiger Warnung des Betriebes durch erdschlußähnliche Verlagerung. In anderthalb Jahrzehnten scharfer Kontrolle durch die Praxis hat sich kein Fall einer unzulässigen Nebenwirkung der Erdschlußspule ergeben, vielleicht zur Enttäuschung einiger Theoretiker, aber zur Beruhigung der durch phantasievolle Darstellungen unsicher gewordenen Praktiker.

## 5. Die Beeinflussung von kompensierten Systemen. Querkompensierung von Hochspannungsleitungen.

   Hochspannungsleitungen, welche auf längeren Strecken parallel zueinander verlaufen, galvanisch jedoch nicht zusammenhängen, beeinflussen sich im Wege kapazitiver Verkettung. Es kann sich dabei im allgemeinsten Fall um eine Näherung von gegenseitig systemfremden Netzteilen handeln, welche nicht einmal in der Frequenz übereinzustimmen brauchen, es kann die Benutzung des gleichen Gestänges durch Leitungen von verschiedenem Spannungsniveau stattfinden, die dann meist transformatorisch gekuppelt sind, und es können endlich zwei Stränge gleicher Spannung nebeneinander verlaufen, die verschiedenen Sammelschienensystemen der gleichen Anlage angehören. Gerade der letztere Fall ist deshalb nicht selten, weil die Bildung einer Übertragungseinheit aus Transformator und Leitung Einsparungen in der Hochspannungsausrüstung gestattet und weil die Führung getrennter Betriebe die einfachste Lösung in der Frage der Spannungshaltung und der Störungsbegrenzung ist. Selbst wenn alle Mittel vorgekehrt sind, um Systeme von solchem Aufbau durch symmetrische Anordnung von gegenseitiger Beeinflussung zu befreien, so kann doch die Verkettung hinsichtlich der Potentialeinstellung gegen Erde durch Verdrillungen u. dgl. nicht aufgehoben werden. Man hat sich zur Beurteilung dieser Wirkungen sämtliche Leiter des einen Systems auf Nullpunktspotential zu denken, das bei Erdschluß zwangsläufig gleich der Phasenspannung wird. Der Spannungsstern, der die einzelnen Leiter außerdem zur Übertragung der Betriebsleistung befähigt, scheidet bei dieser Betrachtungsweise aus der Gesamtwirkung aus (vgl. Abschnitt II, Kapitel 1). Das System kann dann nach außen hin durch einen Ersatzleiter von mittlerer Höhe und von einem auf $\sqrt[2n]{\varrho^n d_m^n}$ vergrößerten Durchmesser vertreten werden, wie weiter unten noch gezeigt werden soll. Das gleiche gilt vom beeinflußten System, auch dieses wiederum als Ganzes betrachtet und nur hinsichtlich seiner Nullpunktseinstellung untersucht. Man erkennt daraus unmittelbar die Gültigkeit eines Schemas nach Abb. 51. Die mathematischen Voraussetzungen sollen zur Sicherstellung klarer Begriffe noch exakt formuliert werden.

Jedes der beiden Systeme besteht aus den $m$- bzw. $m'$-Phasenleitern mit einem Radius $\varrho$, einem Erdabstand $h_1 \ldots h_m$ und einem gegenseitigen Abstand $d_{ik}$ (vgl. Abb. 5 oder 252). Dazu kommen noch die wechselseitigen Systemabstände der $m$- bzw. $m'$-Leiter. Bei je zwei Leitern pro System, die mit 1, 2 bzw. 3, 4 numeriert werden sollen, ergibt sich das folgende hinreichend allgemeine Gleichungssystem, welches auch je ein Erdseil $s$ bzw. $t$ berücksichtigt:

$$\left.\begin{aligned}
U_{1e} &= a_{11} q_1 + a_{12} q_2 + a_{1s} q_s + a_{13} q_3 + a_{14} q_4 + a_{1t} q_t \\
U_{2e} &= a_{21} q_1 + a_{22} q_2 + a_{2s} q_s + a_{23} q_3 + a_{24} q_4 + a_{2t} q_t \\
O &= a_{s1} q_1 + a_{s2} q_2 + a_{ss} q_s + a_{s3} q_3 + a_{s4} q_4 + a_{st} q_t \\
U_{3e} &= a_{31} q_1 + a_{32} q_2 + a_{3s} q_s + a_{33} q_3 + a_{34} q_4 + a_{3t} q_t \\
U_{4e} &= a_{41} q_1 + a_{42} q_2 + a_{4s} q_s + a_{43} q_3 + a_{44} q_4 + a_{4t} q_t \\
O &= a_{t1} q_1 + a_{t2} q_2 + a_{ts} q_s + a_{t3} q_3 + a_{t4} q_4 + a_{tt} q_t
\end{aligned}\right\} \quad (108)$$

Hierin bedeutet nach Formel (16)

$$a_{kk} = 2 \ln \frac{2 h_k}{\varrho_k}$$
$$a_{ik} = 2 \ln \frac{d'_{ik}}{d_{ik}},$$

so daß sämtliche Koeffizienten aus dem Mastbild bestimmbar sind. Man hat nun gruppenweise $U_{1e} = U_{2e} = U_I$, $q_1 = q_2 = \frac{1}{2} q_I$, $U_{3e} = U_{4e} = U_{II}$, $q_3 = q_4 = \frac{1}{2} q_{II}$ zu setzen, da es sich nur um die Bestimmung der Nullpunktsgrößen handelt. Es besteht scheinbar noch eine Überbestimmtheit, da sechs Gleichungen für vier Unbekannte $q_I$, $q_{II}$, $q_s$, $q_t$ zur Verfügung bleiben. In Wirklichkeit sind auch bei Gleichheit von $U_{1e}$ und $U_{2e}$ bzw. $U_{3e}$ und $U_{4e}$ die Größen $q_1$

und $q_2$ bzw. $q_3$ und $q_4$ nicht genau gleich. Wir beheben diese unnötige Verwicklung durch paarweises Zusammenfassen der Gleichungen und erhalten mit $q_s = q_t = q_S$

$$\left.\begin{aligned} U_I &= a_{II}\,q_I + a_{III}\,q_{II} + a_{IS}\,q_S \\ U_{II} &= a_{III}\,q_I + a_{IIII}\,q_{II} + a_{IIS}\,q_S \\ O &= a_{SI}\,q_I + a_{SII}\,q_{II} + a_{SS}\,q_S \end{aligned}\right\} \qquad (109)$$

Hierin ist z. B.

$$a_{II} = \frac{a_{11} + a_{22} + 2a_{12}}{4} = 2\ln\sqrt[4]{\frac{2h_1\,2h_2}{\varrho^2} \cdot \frac{d'^2_{12}}{d^2_{12}}}. \qquad (109\,\text{a})$$

$$\left.\begin{aligned} a_{III} &= a_{III} = \frac{a_{13} + a_{14} + a_{23} + a_{24}}{4} = 2\ln\sqrt[4]{\frac{d'_{13}\,d'_{14}\,d'_{23}\,d'_{24}}{d_{13}\,d_{14}\,d_{23}\,d_{24}}}, \\ a_{IS} &= \frac{a_{1s} + a_{2s} + a_{1t} + a_{2t}}{4} = 2\ln\sqrt[4]{\frac{d'_{1s}\,d'_{2s}\,d'_{1t}\,d'_{2t}}{d_{1s}\,d_{2s}\,d_{1t}\,d_{2t}}} \end{aligned}\right\} \qquad (109\,\text{b})$$

usw.

Das neue Koeffizientenschema ist aber nichts anderes als das eines Systems von zwei Leitern $I$ und $II$ mit einem Erdseil $S$.

Der Aufbau der Koeffizienten ist ein solcher, daß an Stelle des Radius eines Einzelleiters das geometrische Mittel der Radien und der gegenseitigen Abstände aller Leiter der Gruppe tritt und daß die Höhe eines Einzelleiters durch das geometrische Mittel aller Höhen und der halben Spiegelbildabstände der Leitergruppe abgelöst wird. Auch die wechselseitigen Abstände der Leiter verschiedener Gruppen sind durch die entsprechenden geometrischen Mittelwerte zu ersetzen. Man gelangt in praktischen Rechnungen zu den Ersatzkoeffizienten stets in einfachster Weise durch Aufstellung des vollständigen Schemas und durch eine Art „Verjüngung" mittels gruppenweiser Zusammenfassung (vgl. auch Abschnitt VI, Kapitel 1).

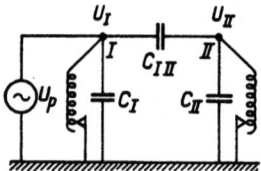

Abb. 201. Kapazitive Querverkettung zweier kompensierter Systeme.

Den Potentialkoeffizienten $a$ entsprechen die dazu in dualer Beziehung stehenden Teilkapazitäten, die man durch Auflösen der Gleichungen (109) nach den $q$ erhält. Hierüber ist in Abschnitt I, Kapitel 3 und 4 das Wesentliche bereits gesagt. Damit sind wir aber zum Schema der Abb. 51 zurückgelangt.

Wir erweitern nun die Darstellung der kapazitiven Verkettungen der beiden Systeme durch die Aufnahme der Löschinduktivitäten (Abb. 201). Hier verdient der Fall besonderes Interesse, daß ein System im Erdschluß fährt. Der Ersatzleiter $I$ befindet sich dann zwangläufig auf dem Potential $U_I = U_p$. Der Nullpunkt des Systems $II$ würde bei Abwesenheit seiner Kompensierungseinrichtung die Teilspannung

$$U_{II} = U_I \frac{C_{III}}{C_{III} + C_{II}} \qquad (110)$$

annehmen. Im kompensierten System ist hingegen der Fall denkbar, daß $C_{II}$ durch die Löschinduktivität aufgehoben wird. Dann muß das beeinflußte System $II$ die volle Verlagerung des beeinflussenden Systems $I$ annehmen ($C_{II} = O$, $U_{II} = U_I$). Physikalisch ist dies so zu deuten, daß dem System $II$ der Weg zur Erde gesperrt ist. Es muß sich daher im Potential so weit heben, daß es auch das Eindringen eines jeden Querstromes von $I$ her abwehrt. Dies ist jedoch noch nicht der ungünstigste Fall. Die vollständige Berücksichtigung aller Stromwege, der durch die kapazitiven und induktiven Blindleitwerte und durch die Wirkleitwerte dargebotenen, ergibt die Beziehung.

Die Beeinflussung von kompensierten Systemen.

$$(U_I - U_{II})j\omega C_{III} = U_{II}\left(j\omega C_{II} - \frac{1}{j\omega L_{II}}\right) + U_{II}\frac{1}{R} \qquad (111)$$

und damit

$$U_{II} = U_I \frac{j\omega C_{III}}{j\omega(C_{III} + C_{II}) - \frac{1}{j\omega L_{II}} + \frac{1}{R}}. \qquad (112)$$

Ein Maximum kommt zustande für

$$\omega(C_{III} + C_{II}) = \frac{1}{\omega L_{II}}. \qquad (113)$$

Dies kann nicht weiter wundernehmen, denn dann besitzt in der Reihenschaltung der Strompfade die gegenseitige Kapazität $C_{III}$ gerade die Fähigkeit, den induktiven Überschuß $\frac{1}{\omega L_{II}} - \omega C_{II}$ der Erdverbindung zu einem Resonanzkreis zu ergänzen. Übrigens fällt diese Bedingung mit derjenigen exakter Erdschlußkompensierung des Systems $II$ bei geerdetem System $I$ zusammen. Das erwähnte Maximum beträgt

$$U_{II\,max} = U_I j\omega C_{III} R. \qquad (114)$$

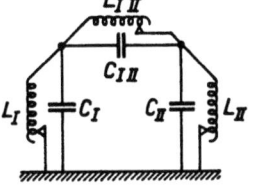

Abb. 202. Entkopplung zweier Systeme. Querkompensierung durch Ausgleichsdrossel.

Das System $II$ verhält sich so, als würde von $I$ hier mit Hilfe der vollen dort eingeprägten Spannung $U_I$ der Strom $U_I j\omega C_{III}$ über die Querkapazität $C_{III}$ einwandern und als müßte dieser Strom über den Widerstand $R$ zur Erde weitergetrieben werden.

Der eben definierte eingewanderte Strom

$$I_{III} = U_I j\omega C_{III} \qquad (115)$$

beträgt für die üblichen Drehstromdoppelleitungen bei 200 cm mittlerem Strangabstand $\frac{1}{4}$ bis $\frac{2}{3}$ des Erdschlußstromes eines Einzelstranges, bei 1000 cm Abstand immerhin noch $\frac{1}{10}$ bis $\frac{1}{4}$.

Um solch hohe Bruchteile des Erdschlußstromes über den Verlustwiderstand $R$ zu treiben, wäre ein Mehrfaches der Phasenspannung nötig, denn diese ergibt an $R$ gerade den Wattreststrom $I_{rw} \approx 0{,}1\,I_e$. Selbstverständlich kann es zur Ausbildung eines so hohen Resonanzmaximums niemals kommen, da die alsbald eintretende Sättigung der Erdschlußspulen nach den im

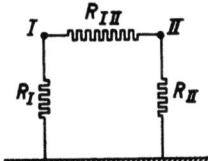

Abb. 203. Vollständige Entkopplung. Steuerung der Potentialeinstellung durch die Verlustwiderstände.

vorigen Kapitel dargelegten Gesetzmäßigkeiten einer Überschreitung der Phasenspannung rasch eine Grenze setzt. Immerhin bestünde die mißliche Tatsache, daß der Erdschluß des einen Systems das andere in einen erdschlußähnlichen Verlagerungszustand hineintreibt und daß der Betrieb zu irrtümlichen Annahmen über Art und Umfang der Betriebsstörung verleitet werden könnte.

Hier setzt eine weitere Erfindung von Petersen ein, die **Querkompensierung**. Er hat für sie drei Lösungen gegeben: Die **Ausgleichsspule**, die **Saugspule** und den **Saugtransformator**.

Die Ausgleichsspule (Abb. 202) ist eine zwischen die Nullpunkte der beiden Systeme geschaltete Drosselspule, welche zur Querkapazität $C_{III}$ parallel liegt und sie aufhebt. Die beiden Systeme sind voneinander bis auf einen mäßigen den Wirkverlusten entsprechenden Restleitwert entkoppelt. Ihre gegenseitige Beeinflussung schrumpft auf eine Ohmsche Spannungsteilung (Abb. 203) zusammen, bei der auf das gestörte System nur eine geringe Wirkung entfällt. Die Bemessungsregel lautet:

$$\omega L_{III} = \frac{1}{\omega C_{III}}.\qquad(116)$$

Sie ist unabhängig von der Behandlung der Kompensierungsfrage in den beiden Netzen, die entweder richtig kompensiert oder verstimmt oder unkompensiert über Impedanzen verschiedener Art geerdet sein können.

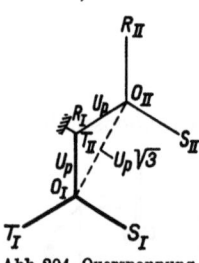

Abb. 204. Querspannung der Systemnullpunkte bei gleichzeitigem Erdschluß.

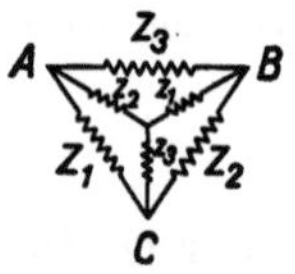

Diese Unempfindlichkeit und Unabhängigkeit ist ein Vorzug der Ausgleichsspule, die jedoch andererseits in der Leistung eine reichliche Bemessungsreserve verlangt. Befinden sich zunächst beide Systeme gleichzeitig im Zustande starren Erdschlusses, so wirkt an den Klemmen der Ausgleichsspule die Differenz $U_{pI} - U_{pII}$, welche je nach der gegenseitigen Phasen- und Größenbeziehung der Einzelspannungen ihrer Summe mehr oder weniger nahe kommen kann. Für zwei synchrone und phasengleiche Drehstromsysteme gleicher Betriebsspannung kann die Differenz der Nullpunktsspannungen gleich der verketteten Spannung $U_p \sqrt{3}$ werden (Abb. 204). Die Spulenleistung wächst dann von $\frac{U_p^2}{\omega L_{III}}$ auf $\frac{3 U_p^2}{\omega L_{III}}$. Die Ausgleichsdrossel darf daher nur schwach gesättigt werden. Wären die beiden Systeme starr um 180° versetzt, so käme man auf eine Spulenspannung von $U_{pI} + U_{pII}$. Sind sie hingegen in der Frequenz nicht aneinander gebunden (getrennte Kraftwerksbetriebe), so hat man für die Spulenerwärmung mit vollem Schlupf und daher mit einem effektiven Wert von $\frac{U_{pI} + U_{pII}}{\sqrt{2}}$ der zwischen Null und $U_{pI} + U_{pII}$ sinusförmig schwankenden Differenzspannung zu rechnen.

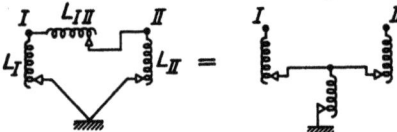

Abb. 205. Ersetzung eines Impedanzdreieckes durch einen gleichwertigen Impedanzstern.

Die Ausgleichsspule ist die Schlußseite eines Dreieckes aus Induktivitäten, welches dem Dreieck der Kapazitäten genau nachgebildet ist. Zu einer Anordnung beliebiger Impedanzen in Dreieckschaltung existiert jedoch stets eine gleichwertige Impedanzfigur in Sternschaltung, welche nach außen hin bei gleicher Spannung der drei Klemmen das gleiche Verhältnis aufweist. Die Beziehung, welche den Dreieckimpedanzen $Z_1 \ldots Z_3$ die Sternimpedanzen $z_1 \ldots z_3$ zuordnet, lautet in Anwendung auf Abb. 205

Abb. 206. Äquivalenz von Ausgleichsspule und Saugspule.

$$z_1 Z_1 = z_2 Z_2 = z_3 Z_3 = \frac{Z_1 Z_2 Z_3}{Z_1 + Z_2 + Z_3}.\qquad(117)$$

Läßt man nämlich die Klemme $B$ stromfrei, so ergibt sich die Spannungsteilbedingung $\frac{Z_2}{Z_3} = \frac{z_3}{z_2}$ usw.; eine andere Voraussetzung, die zu erfüllen ist, besteht in der Gleichheit der aus der Stern- und Dreieckimpedanzfigur im Falle eines Kurzschlusses zweier Klemmen zu bestimmenden resultierenden Widerstände. Durch Hinzunahme dieses Zusatzes gelangt man zu (117).

Die angegebene Beziehung, aus der Netzberechnung als Kennellysche Transfigurationsformel bekannt, gilt auch unmittelbar für die Induktivitäten. Man sieht sogleich:

Der Ausgleichsspule, die sich in der Dreieckschaltung zwanglos verstehen ließ, tritt jetzt die Saugspule gegenüber, welche zwischen den Verknotungspunkten der beiden Erdschlußspulen und Erde einzuschalten ist (Abb. 206).

Die gegenseitige Beziehung der Dreieck- und Sternanordnung von je drei Impedanzen gleichen Charakters läßt sich nach einem von Edson (L 150) angegebenen Verfahren auch graphisch in einfacher Weise darstellen. Man bilde aus den Dreieckimpedanzen $Z_1 \ldots Z_3$ ein Dreieck (Abb. 207), suche darin den Schnittpunkt der drei Winkelhalbierenden und ziehe von diesem aus Parallele zu den drei Seiten. Die entstehende Sternfigur entspricht $z_1 \ldots z_3$. Ein gleichartiger Zusammenhang führt von den Leitwerten $\frac{1}{z_1} \ldots \frac{1}{z_3}$ zu den Leitwerten $\frac{1}{Z_1} \ldots \frac{1}{Z_3}$.

Ein Zahlenbeispiel möge die Bemessungsregel (117) beleuchten: Zwei Stränge einer Doppelleitung verlaufen in einer horizontalen Ebene nebeneinander, ihr mittlerer Abstand betrage 4 m. Im Kapazitätsschema ist $C_{III}$ mit $0{,}25\, C_1$ einzusetzen (für andere Mastbilder kann bei diesem Abstand das Verhältnis $\frac{C_{III}}{C_I}$ auch Werte zwischen 0,4 und 0,65 erreichen). Eine Ausgleichsspule müßte also die 4fache Reaktanz einer Erdschlußspule aufweisen. Den Werten $Z_1 = Z_2 = 1000\,\Omega$, $Z_3 = Z_{12} = 4000\,\Omega$ entspricht $z_1 = z_2 = 667$, $z_3 = z_{12} = 167\,\Omega$.

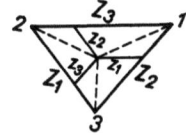

Abb. 207. Graphische Umwandlung der äquivalenten Impedanzanordnungen.

Es ist interessant, sich von der Stromverteilung in verschiedenen Betriebsfällen Rechenschaft zu geben. Abb. 208 gibt hierfür die Anleitung. Die Systemspannung betrage $35 = 20 \cdot \sqrt{3}$ kV.

a) Erdschluß im System $I$ (Abb. 208a). Wenn es zutrifft, daß System $II$ ungestört bleibt, sein Nullpunkt daher auf Erdpotential verharrt, so muß dort

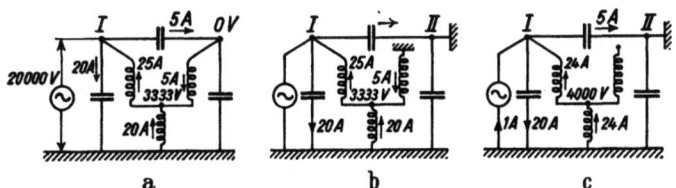

Abb. 208 a—c. Stromverteilung bei Entkopplung durch Saugspule und Erdschluß an System I. a System II im normalen Betrieb, b System II außer Betrieb und geerdet, desgleichen Erdschlußspule II am Anschlußtransformator, c wie b, jedoch Erdschlußspule abgeschaltet.

unter dieser Voraussetzung Gleichgewicht zwischen zu- und abfließendem Strom bestehen, ferner muß System $I$ richtig kompensiert sein. Die eingetragene Stromverteilung erfüllt diese Forderung. Die aus dem System $I$ über die kapazitiven Verbindungen abfließenden Ströme sind $\frac{20\,000}{1000} = 20$ A und $\frac{20\,000}{4000} = 5$ A. Also muß in $I$ über die Erdschlußspule ein Strom von 25 A angeliefert werden, in $II$ muß die Spule 5 A übernehmen. Der Knotenpunkt der drei Spulen bezieht über die Erdschlußspule $II$ 5 A, über die Saugspule 20 A. Er muß zu diesem Behufe ein Potential $5 \cdot 667 = 20 \cdot 167 = 3333$ V annehmen. Die Potentialdifferenz 16 667 V deckt den Spannungsabfall des Summenstromes 25 A in der Impedanz 667 $\Omega$ der Spule $I$.

Allgemein liegt in diesem Falle an der Erdschlußspule $I$ eine Spannung entsprechend der Stromaufnahme $U_p \left( \frac{1}{Z_1} + \frac{1}{Z_{12}} \right)$ und der Reaktanz $z_2 = \omega L_I = \frac{Z_1 Z_{12}}{Z_1 + Z_2 + Z_{12}}$, also $U_p \frac{Z_1 + Z_{12}}{Z_1 + Z_2 + Z_{12}}$. Die Saugspule führt den Strom $\frac{U_p}{Z_1}$ in der Impedanz $z_{12} = \omega L_{III} = \frac{Z_1 Z_2}{Z_1 + Z_2 + Z_{12}}$; an ihr setzt sich die Spannung $U_p \frac{Z_2}{Z_1 + Z_2 + Z_{12}}$ an.

b) Erdschluß in System *I*, System *II* außer Betrieb und im Sternpunkt oder an den Phasen geerdet (Abb. 208b). Die Stromverteilung stimmt mit a) überein, da dort der Punkt *II* von selbst Erdpotential zu behalten trachtet. In beiden Fällen führt die Erdschlußspule *II* Strom, obgleich ihre Eingangsklemme an Erde liegt. Dafür ist ihre mit dem Knotenpunkt verbundene Erdklemme unter Spannung. Der Spulenstrom fließt verkehrt wie bei Erdschluß in System *II*. Wird bei der Außerbetriebnahme des Systems *II* die Einrichtung für den Anschluß der Löschinduktivitäten vom Netz getrennt, so erde man den Sternpunkt genau so wie das Netz selbst. Unterläßt man dies (Abb. 208c), so entsteht eine geringfügige Verstimmung. Der kapazitive Erdschlußstrom von *I* beträgt $\frac{20000}{1000} = 20$ A, der kapazitive Querstrom über $Z_{12}$ nach dem geerdeten Leitersystem *II* beträgt $\frac{20000}{4000} = 5$ A. Der Löschstrom über die Reihenschaltung $L_I$ und $L_{III}$ wird $\frac{20000}{667 + 167} = 24$ A, die Verstimmung beläuft sich auf 4 vH $\left(\text{allgemein} \frac{100 z_{12}}{Z_{12} + z_{12}} \text{ vH}\right)$.

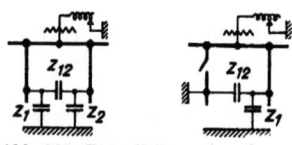

Abb. 209. Doppelleitung ohne Querkompensierung.

Ebenso bleibt bei Verwendung einer Ausgleichsspule die exakte Kompensierung erhalten, wenn die für das System *II* bestimmte Anschlußklemme der Ausgleichsspule zugleich mit dem Netz fest geerdet wird. Andernfalls beträgt die Verstimmung $100 \frac{Z_1}{Z_1 + Z_{12}}$ vH.

In dieser Wirkungsweise ist ein großer Vorteil gegenüber dem Betrieb ohne Querkompensierung zu erblicken. Das Anwendungsgebiet dieser letzteren Betriebsform bilden Doppelleitungen, welche über Sammelschienen elektrisch zusammenhängen (Abb. 209). An ihnen wird $Z_1 = Z_2$ kompensiert, $Z_{12}$ ist überbrückt.

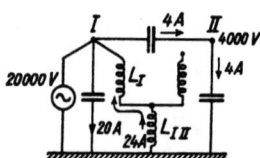

Abb. 210. Stromverteilung bei Entkopplung durch Saugspule. System I im Erdschluß, System II ungespeist und ungeerdet.

Schaltet man einen Strang bei unveränderter Einstellung der Löscheinrichtung ab und erdet man ihn, so fällt sein Anteil $\frac{U_p}{Z_1}$ zum Erdschlußstrom fort. Der kapazitive Erdschlußstrom des verbleibenden Stranges wächst um $\frac{U_p}{Z_{12}}$ über seinen früheren Anteil $\frac{U_p}{Z_1}$ an, wodurch ein Teil des Ausfalles gedeckt wird. Der Verstimmungsgrad ist

$$1 - \frac{\frac{2}{Z_1}}{\frac{1}{Z_1} + \frac{1}{Z_{12}}} = -\frac{1 - \frac{Z_1}{Z_{12}}}{1 + \frac{Z_1}{Z_{12}}} \quad \left(\text{im Zahlenbeispiel} -\frac{1 - 0{,}25}{1 + 0{,}25} = -0{,}6\right).$$

Näheres hierüber wird im nächsten Kapitel ausgeführt.

c) Erdschluß im System *I*, gleichzeitig System *II* außer Betrieb, Leiter von Erde isoliert, Induktivitäten am abgetrennten Transformatornullpunkt verbleibend (Abb. 210). Dieser Zustand kann nach selbsttätiger Abschaltung des Systems *II* jederzeit eintreten, ohne daß zwischenzeitig ein Eingriff möglich ist. Die richtige Abstimmung des Systems *I* bleibt voll gewahrt. Zum Erdschlußstrom $\frac{U_p}{Z_1}$ (20 A) tritt noch ein Querstrom $\frac{U_p}{Z_{12} + Z_2}$ (4 A), der Löschstrom beträgt $\frac{U_p}{\omega L_I + L_{III}}$ (24 A). Dabei nimmt System *II* durch elektrostatische

Beeinflussung die Spannung $U_p \dfrac{Z_2}{Z_{12}+Z_2}$ (0,2 $U_p$) an. Ebenso würde eine Anordnung mit Ausgleichsspule diesen Fall voll beherrschen.

Auch hier sei wieder die elektrisch verbundene Doppelleitung in Gegenüberstellung betrachtet (Abb. 211). Der Erdschlußstrom von $I$ wird unter der Annahme einer Abschaltung von $II$ zu

$$I_e = U_p \left( \dfrac{1}{Z_1} + \dfrac{1}{Z_{12}+Z_1} \right)$$

bestimmt. Der Löschstrom beträgt nach wie vor

$$I_L = 2 \dfrac{U_p}{Z_1}$$

für die beiden parallel arbeitenden Erdschlußspulen. Die Verstimmung beträgt

$$v = \dfrac{I_e - I_L}{I_e} = - \dfrac{1 - \dfrac{Z_1}{Z_{12}+Z_1}}{1 + \dfrac{Z_1}{Z_{12}+Z_1}}$$

(— 67 vH mit den Zahlenwerten unseres Beispieles).

Weitere Betrachtungen, insbesondere über die Verhältnisse nach Abschaltung einer Spule seien dem nächsten Kapitel vorbehalten. Eine engere schaltungstechnische Verbindung zwischen Leitung und zugehöriger Löscheinrichtung etwa durch Verwendung dreiphasiger Löscheinrichtungen oder künstlicher Nullpunkte für direkten Anschluß an die Leitung bringt keine selbsttätige Anpassung, wenn man nicht das vollständige Schema der Querkompensierung nach Abb. 202 bzw. 212 anwendet.

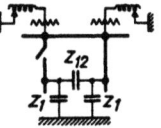

Abb. 211. Doppelleitung an gleicher Sammelschiene, ein Strang abgetrennt und ungeerdet.

Umgekehrt entsprechen Anordnungen mit Querkompensierung auch dann allen Forderungen, wenn man die Nullpunkte beider Systeme elektrisch zusammenschließt. Im allgemeinen wird der Aufbau der Netze wohl so geartet sein, daß der Übergang zum Betrieb mit Einfachleitung in einem Streckenabschnitt die Gesamtabstimmung nur unwesentlich stört. Wo jedoch unzulässige Verstimmungen zu erwarten sind, kommt eine Anordnung nach Abb. 212 in Betracht.

d) **Gleichzeitiger Erdschluß in beiden Systemen.** Man hat die Strom- und Spannungsverteilung phasenrichtig zu überlagern. Dabei werden einzelne Stromzweige stärker belastet, wie wir bei der Untersuchung der Ausgleichsspulenschaltung erkannten. Die Saugspule erfährt ihre stärkste Beanspruchung, wenn die Nullpunktsspannungen beider Systeme in Phase liegen. Dann tritt an ihr

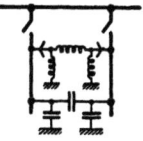

Abb. 212. Doppelleitung mit Querkompensierung. Untrennbarer elektrischer Zusammenhang der Spulen und Leitungen.

eine Spannung entsprechend dem Stromdurchgang $\dfrac{U_I}{Z_1} + \dfrac{U_{II}}{Z_2}$ auf. Für $U_I = U_{II}$ und $Z_1 = Z_2$ wird die bei einfachem Erdschluß auftretende Spannung im Falle eines gleichzeitigen Erdfehlers genau wie bei der Ausgleichsspule verdoppelt. Nur tritt bei letzterer die stärkste Mehrbeanspruchung auf, wenn $U_I$ und $U_{II}$ gegenphasig sind. In der Saugspulenschaltung erfahren ferner auch die Erdschlußspulen eine geänderte Spannungsbeanspruchung, und zwar tritt zu dem bereits unter a) abgeleiteten, von $U_I$ herrührenden Anteil $U_I \dfrac{Z_1 + Z_{12}}{Z_1 + Z_2 + Z_{12}}$ noch ein von $U_{II}$ bedingtes Glied $- U_{II} \dfrac{Z_1}{Z_1 + Z_2 + Z_{12}}$. Die einfache Ableitung sei hier übergangen. Selbst für $U_I = - U_{II}$ macht die Steigerung nur den

Bruchteil $\dfrac{Z_1}{Z_1 + Z_{12}}$ der einfachen Erdschlußspannung aus, in unserem Zahlenbeispiele 25 vH.

Die Saugspulenanordnung bietet insbesondere bei höheren Spannungen den Vorteil, daß keines ihrer Elemente für die Summe $U_I + U_{II}$ der Nullpunktsspannungen beider Systeme isoliert werden braucht. Dieselben Erwägungen, welche bei den Hochspannungswicklungen der Transformatoren für die Sternschaltung sprechen, gelten auch bei der Querkompensierung für die Bevorzugung der Saugspulenschaltung.

Es ist bemerkenswert, daß auch die Verstimmung eines der drei Elemente keine unzulässige Rückwirkung auf die Gesamtanordnung hervorruft. Um hierüber ins klare zu kommen, wollen wir voraussetzen, daß eine Saugspulenanordnung mit den Elementen $z_1$, $z_2$, $z_3$ genau einem kapazitiven Schema mit den in Dreieck angeordneten Erd- und Querverbindungen $Z_1$, $Z_2$, $Z_3$ entspreche. Die Beziehungen sind durch Gleichung (117) geregelt, die hier nochmals etwas erweitert hingeschrieben sei:

$$\left. \begin{array}{l} z_1 Z_1 = z_2 Z_2 = z_3 Z_3 = K = \dfrac{Z_1 Z_2 Z_3}{Z_1 + Z_2 + Z_3} = \dfrac{\dfrac{1}{z_1} + \dfrac{1}{z_2} + \dfrac{1}{z_3}}{\dfrac{1}{z_1} \dfrac{1}{z_2} \dfrac{1}{z_3}} = \\ = z_2 z_3 + z_1 z_3 + z_1 z_2 . \end{array} \right\} \quad (117a)$$

Wird das Glied mit $z_1$ auf $z_1 + \delta z_1$ verstimmt, so entspricht der neuen Kombination $z_1 + \delta z_1$, $z_2$, $z_3$ eine äquivalente Dreiecksanordnung $Z_1 + \delta Z_1$, $Z_2 + \delta Z_2$, $Z_3 + \delta Z_3$. Man erhält die Fehlabstimmung durch Vergleich mit den Systemwerten $Z_1$, $Z_2$, $Z_3$. Mit einfachen Zwischenrechnungen gelangt man auf dem Wege

$$(z_1 + \delta z_1)(Z_1 + \delta Z_1) = z_2 (Z_2 + \delta Z_2) = z_3 (Z_3 + \delta Z_3) = K + \delta K$$
$$\delta K = (z_2 + z_3)\, \delta z_1$$

zu dem Ergebnis

$$\left. \begin{array}{l} \dfrac{\delta Z_1}{Z_1} = - \dfrac{\delta z_1}{z_1 + \delta z_1} \cdot \dfrac{Z_1}{Z_1 + Z_2 + Z_3} \\ \dfrac{\delta Z_2}{Z_2} = \dfrac{\delta Z_3}{Z_3} = \dfrac{\delta z_1}{z_1} \left( 1 - \dfrac{Z_1}{Z_1 + Z_2 + Z_3} \right) \end{array} \right\} \quad (118)$$

Ändert man also in der Sternschaltung beispielsweise die Abstimmung der Saugspule, indem man deren Impedanz vergrößert, so ist dies gleichbedeutend mit einer Impedanzverringerung an einer gleichwertigen Ausgleichsspule, wobei sich die Fehlabstimmung nicht mit dem vollen Werte auswirkt. Gleichzeitig entsteht eine Abweichung von der exakten Kompensierung auch an den beiden anderen Elementen, also den Kompensierungsdrosseln der Erdkapazitäten, im Sinne einer Erhöhung ihrer Impedanz.

In dem früher herangezogenen Zahlenbeispiel war $Z_1 = Z_2 = 1000\, \Omega$, $Z_{12} = Z_3 = 4000\, \Omega$ angenommen worden, wofür sich $z_1 = \omega L_{II} = z_2 = \omega L_I = 667\, \Omega$, $z_{12} = z_3 = \omega L_{III} = 167\, \Omega$ ergab. Es liege nun an der Erdschlußspule $L_{II}$ des Systems $II$, d. h. an der Impedanz $z_1$ (vgl. Abb. 205) eine Fehlabstimmung $\delta z_1$ von $+ 10$ vH vor. Mit $\dfrac{\delta z_1}{z_1} = 0{,}1$ wird

$$\dfrac{\delta Z_1}{Z_1} = - \dfrac{0{,}1}{1{,}1} \cdot \dfrac{1000}{6000} = -0{,}015$$
$$\dfrac{\delta Z_2}{Z_2} = \dfrac{\delta Z_3}{Z_3} = + 0{,}1 \left( 1 - \dfrac{1000}{6000} \right) = + 0{,}08 .$$

Durch den Fehler an der Nullpunktsspule des Systems $II$ wird System $I$ so gut wie gar nicht beeinflußt (1,5 vH), an System $II$ entsteht eine nicht ganz

## Die Beeinflussung von kompensierten Systemen.

so hohe Fehlabstimmung hinsichtlich der reinen Erdkapazität und im gleichen Grade wird die Querkompensierung verstimmt.

Wäre $z_{12}$ um $+10$ vH zu hoch eingestellt, so kämen folgende Fehlabstimmungen zustande:

An der Querkompensierung

$$\frac{\delta Z_{12}}{Z_{12}} = -\frac{0,1}{1,1} \cdot \frac{4000}{6000} = -0,06,$$

an der Kompensierung der reinen Erdkapazität

$$\frac{\delta Z_1}{Z_1} = \frac{\delta Z_2}{Z_2} = 0,1 \left(1 - \frac{4000}{6000}\right) = 0,033.$$

Eine Erhöhung der Saugspulenimpedanz hat somit denselben Einfluß wie die entgegengesetzte Maßnahme an einer gleichwertigen Querinduktivität, bewirkt also eine Überkompensierung der Querkapazität. Gleichzeitig entsteht eine mäßige Unterkompensierung der reinen Erdkapazitäten.

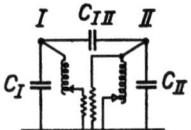

Abb. 213.
Der Saugtransformator.

Bei jedem Erdschluß in einem der beiden Systeme wird in dem induktiven Erdungskreis des anderen durch die Saugspule eine Spannung eingeführt. Dieser Zusammenhang leitet zu der Frage hin, ob die Aufgabe der Querkompensierung nicht auch auf dem Wege der Einfügung geeigneter Hilfsspannungen oder Hilfsströme gelöst werden kann, wobei im übrigen die wirksame Erdkapazität eines jeden Systems für sich kompensiert werden soll. In der Tat gelingt dies durch geeignete Schaltung eines Hilfstransformators, dem Petersen den Namen **Saugtransformator** gegeben hat. Von seinen beiden Wicklungen liegt eine in Reihe mit der Erdschlußspule des einen Systems, die andere parallel zur Erdschlußspule des zweiten Systems. Es ist nicht erforderlich, diese durch Abb. 213 dargestellte Schaltung symmetrisch durchzubilden. Der einfache Saug-

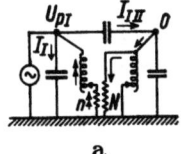 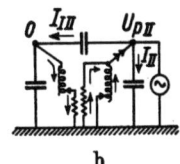

Abb. 214 a und b. Stromverteilung in der Saugtransformatoranordnung bei Erdschluß je eines Systemes

transformator entspricht allen Forderungen bei Erdschluß jedes der beiden Systeme. Nehmen wir an, dem Netz $I$ sei durch Erdschluß einer Phase die Nullpunktsspannung $U_p$ aufgedrückt (Abb. 214a). Soll das Netz $II$ unverlagert bleiben, so muß der von $I$ über die Querkapazität $C_{III}$ nach $II$ hinübergetriebene Strom $I_{III} = U_p \omega C_{III}$ durch den Saugtransformator abgeführt werden. Außer dem Strom $I_{III}$ gelangt auch noch $I_I = U_p \omega C_I$ zur Erde. Der Summenstrom $U_p \omega (C_I + C_{III})$ soll sich durch die Erdungseinrichtung des Systems $I$ zurückschließen. Dabei sind zwei Bedingungen zu erfüllen. An der Reihenwicklung des Saugtransformators darf keine Spannung auftreten, die ganze Spannung $U_{pI}$ muß vielmehr von der Reaktanz $\omega L_I$ der Erdschlußspule aufgenommen werden. Die Aussage über den Saugtransformator leitet sich daraus ab, daß beide Klemmen seiner zweiten Wicklung Erdpotential haben. Spannungen und Felder bestehen daher nicht, es muß Amperewindungsgleichgewicht herrschen:

$$U_p \omega (C_I + C_{III}) n = U_p \omega C_{III} N.$$

Das Übersetzungsverhältnis $\frac{n}{N}$ des Saugtransformators beträgt daher

$$\frac{n}{N} = \frac{C_{III}}{C_I + C_{III}}. \tag{119}$$

## Spezialprobleme der induktiven Erdschlußkompensierung.

Im übrigen muß der kapazitive Erdschlußstrom $U_p \omega (C_I + C_{III})$ von der Spulenreaktanz $\omega L_I$ unter dem Einfluß von $U_p$ durchgelassen werden.

$$\frac{1}{\omega L_I} = \omega (C_I + C_{III}). \tag{120}$$

An Hand der Abb. 214b überblickt man nun leicht, daß die gleiche Einrichtung auch bei Erdschluß des Systems $II$ richtig arbeitet. Wiederum tritt der Querstrom $U_{pII} \omega C_{III}$ nach dem gesunden, von der Beeinflussung freizuhaltenden System über. Damit er zur Erde abgesaugt wird, muß der Erdschlußspule vom Saugtransformator her eine entsprechende Spannung aufgedrückt werden. Für den Strom $U_{pI} \omega (C_I + C_{III})$ wurde vorhin $U_{pI}$ benötigt, daher ist $U_{pII} \dfrac{C_{III}}{C_I + C_{III}}$ für den Strom $U_{pII} \omega C_{III}$ erforderlich. In der Tat stellt sich gerade diese Spannung ein. Denn die eine Wicklung des Saugtransformators steht unter der Spannung $U_{pII}$, die andere entwickelt

$$U_{pII} \cdot \frac{n}{N} = U_{pII} \frac{C_{III}}{C_I + C_{III}}.$$

Die Saugwirkung stellt sich also selbsttätig ein. Natürlich nimmt der Saugtransformator dabei einen gewissen Magnetisierungsstrom auf. Seine Leerlaufinduktivität wirkt dann in Parallelschaltung mit der weitaus überwiegenden induktiven Löscheinrichtung des Systems $II$, welche auf eine kombinierte Kapazität abzustimmen ist, deren Betrag sich aus folgender Überlegung ergibt: Der von $II$ nach $I$ übergehende Querstrom $U_{pII} \omega C_{III}$ wird durch die Erdschlußspule $L_1$ und die Reihenwicklung des Saugtransformators abgeführt. In der anderen Wicklung treten die Gegen-AW hierzu auf, welche bis auf den vernachlässigbar kleinen Magnetisierungsstrom das AW-Gleichgewicht herzustellen haben und $U_{pII} \omega C_{III} \cdot \dfrac{n}{N}$ betragen. Am Erdungspunkt des Saugtransformators tritt der Strom

$$U_{pII} \omega C_{III} \left(1 - \frac{n}{N}\right) = U_{pII} \omega \frac{1}{\frac{1}{C_I} + \frac{1}{C_{III}}}$$

über, der zusammen mit dem Strom $U_{pII} \omega C_{II}$ der reinen Erdkapazität zu kompensieren ist, wofür die Erdungsinduktivität des Systems $II$ und allenfalls die Leerlaufinduktivität $L_{0T}$ des Saugtransformators zur Verfügung steht.

$$\frac{1}{\omega L_{II}} + \frac{1}{\omega L_{0T}} = \omega \left( C_{II} + \frac{1}{\frac{1}{C_I} + \frac{1}{C_{III}}} \right) \tag{121}$$

lautet die Bedingungsgleichung richtiger Abstimmung.

Die Typenleistung des Saugtransformators bestimmt sich aus der der einen Seite aufgedrückten Spannung $U_{pII}$ und der höchstmöglichen Stromaufnahme der gleichen Wicklung $U_{pI} \omega C_{III} + U_{pII} \omega C_{III} \dfrac{C_{III}}{C_1 + C_{III}}$, worin das Additionszeichen geometrisch zu verstehen ist. Die eine der beiden Erdungsinduktivitäten ist dabei für eine Spannungserhöhung um $U_{pII} \dfrac{C_{III}}{C_1 + C_{III}}$ auszulegen.

Die Überlegungen betreffend das Verhalten der Gesamtanordnung bei Abschaltung eines Stranges mit isolierten oder geerdeten Leitern sind ähnlich wie bei der Ausgleichs- und Saugspule anzustellen.

Der Saugtransformator teilt mit der Ausgleichsspule den Vorzug, daß er nachträglich bei Netzumgestaltung eingebaut werden kann, ohne daß an dem einen vorhandenen System eine Änderung der mit geeigneten Anzapfungen versehenen Löscheinrichtung erforderlich wird. An dieser Löscheinrichtung ist sogar die Abstimmung vorher und nachher durch dieselbe Bedingung (121) bestimmt (vgl. Abschn. I, Kap. 3). Dem Saugtransformator fällt als Anwendungsgebiet vor allem die Entkopplung von Netzen verschiedener Spannung zu, die man nicht gerne durch eine elektrisch zusammenhängende Wicklung miteinander in Verbindung bringen wird.

Welcher Art die miteinander in Querkompensierungsschaltung zu verbindenden Elemente sind, ob es sich um ein- oder dreiphasige Löscheinrichtungen handelt, ist ohne Bedeutung für die Wirkungsweise.

Eine Variante der Saugtransformatorschaltung ist noch leicht zu überblicken. Der Transformator liegt parallel zu einer der beiden Erdschlußspulen. Man kann diese als die herausgezogene Leerlaufinduktivität des Transformators betrachten und darum mit ihm auch vereinigen. Auf diese Weise entsteht die Schaltung nach Abb. 215a, die auch nach Abb. 215b symmetrisch ausgestaltet werden kann.

Werden zwei einander beeinflussende Leitungen gleicher Spannung mit Rücksicht auf die Spannungsregelung nicht von der gleichen Sammelschiene aus betrieben, so bleibt noch der Ausweg, sie bei Wahrung der Freiheit von Größe und Phasenlage der Betriebsspannung im Nullpunkt zusammenzuschließen. Es entspricht dies einer Parallelschaltung in bezug auf die Nullkomponente und einer Betriebstrennung hinsichtlich Mit- und Gegenkomponente. Jedes System macht dann alle Erdschlüsse des anderen mit, die Querkapazität ist überbrückt.

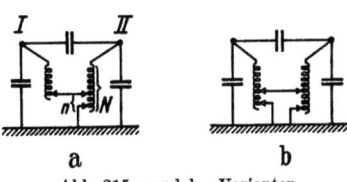

Abb. 215a und b. Varianten der Saugtransformatorschaltung.

Selbst asynchroner Betrieb bleibt möglich; nur kann sich die Spannung einzelner Leiter des vom Erdschluß nicht direkt betroffenen Systems mit der Nullpunktsspannung zur doppelten statt zur $\sqrt{3}$-fachen Phasenspannung zusammensetzen. Man wird darin keinen Grund zur Ablehnung dieser interessanten Lösung sehen können.

Sind die einander beeinflussenden Systeme solche von verschiedener Frequenz, so besteht im allgemeinen kein Bedürfnis zur Entkopplung. Denn die auf die eigene Betriebsfrequenz mehr oder weniger scharf abgestimmten Netze liegen für die beeinflussende Spannung anderer Frequenz weit außerhalb der Resonanzzone. Damit beispielsweise ein Netz von 42 Hertz ein solches von 50 Hertz durch Beeinflussung wirksam erregt, muß das Frequenzverhältnis 0,84 überbrückt werden, das dem Verstimmungsgrad $0,84^2 = 0,7$ entspricht. Nur bei starker Unterkompensierung des Netzes höherer Frequenz nähert sich dessen Eigenschwingung der Betriebsfrequenz des anderen, so daß eine Beeinflussung zustande kommt.

Auch unkompensierte Netze könnten durch Querkompensierung entkoppelt werden, doch bieten die geringeren Wirkungen der kapazitiven Beeinflussung hier keinen Anlaß zur Anwendung solcher Maßnahmen.

Von größerer Wichtigkeit sind Betriebsverhältnisse, bei denen die Beeinflussung eines kompensierten Systems durch ein betriebsmäßig im Erdschluß fahrendes vorliegt. Die Parallelführung des Fahrdrahtes einer Wechselstrombahn und der die Bahnstrecke von Unterwerk zu Unterwerk begleitenden Übertragungsleitung ist ein typisches Beispiel. Der Fahrdraht sendet über die gegenseitige Kapazität dauernd einen Querstrom zur Übertragungsleitung. Soll eine Erdschlußkompensierung der letzteren stattfinden, so muß für die Absaugung des eingewanderten Stromes Vorsorge getroffen werden. Das gegebene Mittel bildet die Saugtransformatorschaltung. Ihre Eignung folgt aus der vorangegangenen Untersuchung, in die man nur die Annahme einzuführen braucht, daß der Erdschluß des einen der beiden Systeme ein Dauerzustand ist. Grundsätzlich wäre auch die Ausgleichsspule brauchbar. Die Saugspulenschaltung verliert hier die Eindeutigkeit ihrer Bestimmungsstücke; denn von den drei Impedanzen der äquivalenten Dreieckschaltung darf die eine, nämlich die kapazitive Reaktanz des Fahrdrahtsystems, jeden beliebigen Wert annehmen, weil die Kompensierung dieses Systemes ohnehin zwecklos ist. Abb. 216 zeigt die wesentlichen Ausführungsformen der für Beeinflussungen dieser Art in Betracht zu ziehenden Entkopplungsverfahren. Wegen der Proportionalität der Fahrdrahtspannung mit der verketteten Spannung des beeinflußten Systems kann die Hilfsspannung auch von dieser, in Kraftwerken übrigens auch von der Maschinenspannung abgeleitet werden.

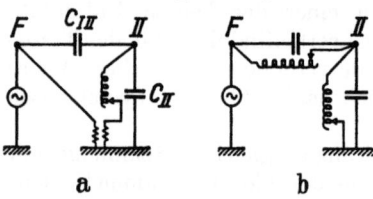

Abb. 216 a und b. Entkopplungsverfahren bei Parallelführung eines Fahrdrahtes und einer Übertragungsleitung. a Saugtransformator, b Ausgleichsspule.

Erfolgt die Erdschlußkompensierung der einander beeinflussenden Systeme auf transformatorischem Wege, so lassen sich die verschiedenen Querkompensierungsschaltungen sinngemäß im Sekundärkreis der Löscheinrichtungen durchführen. Man hat es ja mit Abbildungen der primären Nullpunktsspannungen zu tun und findet die mit $I$, $II$ und $E$ gleichwertigen Punkte im Sekundärkreis leicht wieder (Abb. 217).

Hier ist jede hochspannungsseitig brauchbare Schaltung übertragbar, soferne beide Löscher mit gleichem Übersetzungsverhältnis gebaut sind. Man ist also nicht auf die in Abb. 217 als Beispiel eingezeichnete Ausgleichspulenschaltung beschränkt. Die Leistung aller Schaltungselemente ist dieselbe wie bei direkter Unterbringung im Primärkreis. Auch die Löschtransformatoren unterliegen der Erhöhung der umgesetzten Leistung. Ein nicht zu verkennender Vorteil transformatorischer Anordnungen liegt in der Verringerung des Isolationsaufwandes für die zusätzlichen Induktivitäten der Querkompensierung.

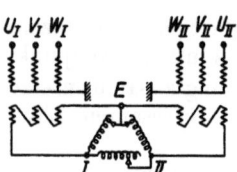

Abb. 217. Durchführung der Entkopplung im Sekundärkreis von Löschtransformatoren.

Ein weiterer praktisch beschrittener Weg zur Verringerung der Wirkungen kapazitiver Beeinflussung besteht in der Erhöhung des Wirkstromanteiles der Erdverbindungen. Das Verlockende an diesem Verfahren besteht in der gleichzeitigen Verbesserung der Arbeitsverhältnisse für wattmetrische Erdschlußrelais. Trotzdem muß von dieser Lösung abgeraten werden, denn sie gibt die Güte der Löschung preis und bringt eine unwillkommene Komplizierung durch eine zusätzliche Schaltautomatik mit sich. Es sei wieder angenommen, daß auf einer Doppelleitung $C_{III} = 0{,}25\, C_{II}$ ist, wobei $C_{II}$ exakt kompensiert sein soll. Für die Ableitung des Querstromes steht dann nur der Widerstand $R_{II}$ zur Verfügung, an dem eine Spannung

$$\frac{U_{pI}}{\sqrt{R_{II}^2 + \left(\dfrac{1}{\omega C_{III}}\right)^2}} \cdot R_{II} = \frac{U_{pI}}{\sqrt{1 + \left(\dfrac{1}{R_{II}\,\omega\, C_{III}}\right)^2}}$$

entsteht, wenn System $I$ um $U_{pI}$ verlagert wird. Man beschränkt die Verlagerung auf

|  | 70,7 | 44,7 | 24,3 vH von $U_{pI}$, |
|---|---|---|---|
| wenn man |  |  |  |
| $R_I$ | 100 | 50 | 25 vH von $\dfrac{1}{\omega C_{III}}$ |

macht.

Wählt man daher $R_I = 0{,}25\,\dfrac{1}{\omega\,C_{III}}$, so bedeutet dies in unserem Beispiel zugleich $R_I = \dfrac{1}{\omega\,C_{II}} = \dfrac{1}{\omega\,C_I}$, also eine künstliche Wirkkomponente von 100 vH. Das gibt Widerstände von gewaltigen Leistungen, die man für hohe Spannungen nicht mehr gerne bauen wird. Man müßte zur transformatorischen Belastung der Erdschlußspulen durch Widerstände übergehen, die etwa als Gußspiralen auszuführen wären und erhebliche Abmessungen bekommen. Überdies muß man sie beim Auftreten eines Erdschlusses sogleich unterbrechen, sonst gehen die Wirkungen der Erdschlußkompensierung verloren. Dabei sind noch Verriegelungen gegen Fehlansprechen erforderlich, kurzum die Vereinfachung ist nur eine scheinbare, der technische Aufwand mindestens der gleiche wie bei induktiver Querkompensierung. Immerhin sind Einrichtungen dieser Art in Schweden mit gutem Erfolg in Betrieb (vgl. Abschnitt VI, Kapitel 4 und Abschnitt IX, Kapitel 3).

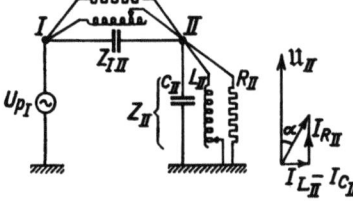

Abb. 218. Impedanzschema der Erdschlußbeeinflussung zweier Systeme.

Die gegenseitige Erdschlußbeeinflussung zweier kapazitiv gekoppelter Systeme kann durch ein Kreisdiagramm dargestellt werden, das alle Grade der Querkompensierung umfaßt. Den Ausgangspunkt muß ein Ersatzschaltbild (Abb. 218) liefern, in welchem das beeinflussende System $I$ durch eine aus Kapazität, Verlustwiderstand (Leerlaufverluste der Ausgleichsspule) und variabler Induktivität aufgebaute Querimpedanz $Z_{III}$ auf das über die Erdverbindung $Z_{II}$ verfügende Netz $II$ einwirkt. Dieses Schema ist, genau genommen, identisch mit dem für Erdschluß über Fehlerwiderstand gültigen, wie es mit anderer Reihenfolge der Elemente in Abb. 164a gezeigt ist. Wir könnten uns auf die daran geknüpften Ableitungen berufen, wollen aber in Anbetracht der Selbständigkeit des Problems und der etwas allgemeineren Voraussetzungen die Überlegungen vollständig durchführen.

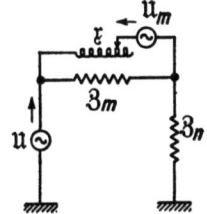

Abb. 219. Herleitung der Stromverteilung einer Masche aus der unabhängigen Wirkung zweier überlagerter Spannungen.

Die aus Kapazität, Löschinduktivität und Verlustwiderstand des Systems $II$ gebildete Erdungsimpedanz $Z_{II}$ hat einen Phasenwinkel $\alpha$, der bei genauer Abstimmung 0° beträgt. Bei Über- und Unterkompensierung weicht $\alpha$ von Null in der Weise ab, daß zusätzlich ein nach- bzw. voreilender Strom aufgenommen wird. Wir wählen nun für $Z_{III}$ einen solchen Ausgangswert $Z_\alpha$, daß der charakteristische Phasenwinkel $\alpha$ mit demjenigen von $Z_{II}$ übereinstimmt. Es ist klar, daß sich dann die erregende Spannung $U_{pI}$ auf $Z_{III} = Z_\alpha$ und $Z_{II}$ phasengleich und im Verhältnis $Z_\alpha : Z_{II}$ aufteilt. Nun ist noch der Einfluß einer Veränderung in der Abstimmung der Ausgleichsspule zu beurteilen. Man kann diesen Vorgang als Parallelschaltung einer positiven oder negativen Induktivität $\triangle L$ zu $Z_\alpha$ auffassen. Über den Einfluß der zusätzlichen Parallelreaktanz $\triangle Z_{III} = \omega\,\triangle L$ läßt sich ein allgemeiner Satz aussprechen, auf dessen analytischen Beweis verzichtet werden darf, weil er sich durch einfachen Rechnungsgang erbringen läßt und weil die wesentliche Aussage in Abb. 219 eine einleuchtende Versinnbildlichung erfährt.

Greift man aus einem Netzgebilde ein beliebiges Impedanzelement $\mathfrak{Z}_m$ heraus und faßt man die gesamte übrige Netzfigur einschließlich der Belastungswiderstände in die Reihenimpedanz $\mathfrak{Z}_n$ zusammen, so liegt an $\mathfrak{Z}_m$ der Anteil

$\mathfrak{U}_m = \mathfrak{U} \dfrac{\mathfrak{Z}_m}{\mathfrak{Z}_m + \mathfrak{Z}_n}$ der Netzspannung $\mathfrak{U}$. Bei Parallelschaltung eines zusätzlichen Stromweges mit der Impedanz $\mathfrak{x}$ zu $\mathfrak{Z}_m$ überlagert sich der ursprünglichen Strom- und Spannungsverteilung eine zweite, in welcher $\mathfrak{U}_m$ die Rolle einer im neuen Stromzweig $\mathfrak{x}$ eingeprägten Spannung übernimmt. Diese Spannung wirkt sich ihrerseits im ganzen Netzgebilde aus, wobei die Speisepunkte als widerstandslose Verbindungen zu betrachten sind. Man sieht die Berechtigung dieser Zerlegung ein, wenn man sich $\mathfrak{x}$ als von vornherein vorhanden vorstellt und die Annahme macht, daß dieser Zweig durch künstliche Mittel zunächst stromfrei gehalten wird. Ein solches Mittel ist die Einfügung der Spannung $\mathfrak{U}_m$ in den Zweig $\mathfrak{x}$, der dann ohne Stromaufnahme mit $\mathfrak{Z}_m$ parallel geschaltet werden kann. Soll sich $\mathfrak{x}$ an der Stromführung beteiligen, so muß man die eben in Gedanken eingefügte, den Leerlauf von $\mathfrak{x}$ bewirkende Spannung durch eine entgegengesetzt gleiche aufheben. Die Wirkungen beider Spannungen dürfen einzeln ermittelt und überlagert werden. Die erste gibt mit der Netzspannung zusammen eine Leerlaufverteilung, die zweite liefert dann für sich allein die Ergänzungsverteilung. Wir wollen nun zeigen, daß dieser Satz ein Verfahren einschließt, welches mühelos die Ortskurven von Wechselstromproblemen der hier behandelten Art liefert.

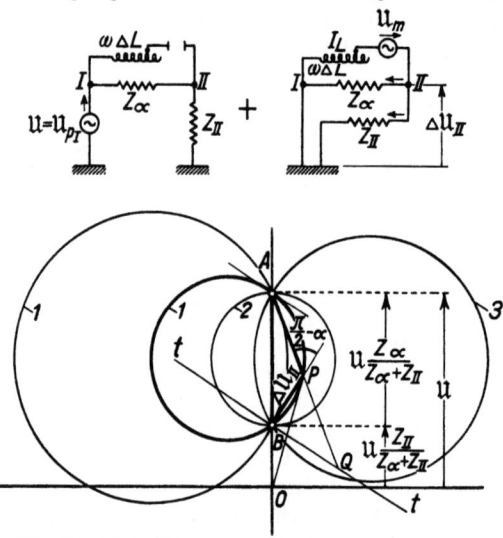

Abb. 220. Kreisdiagramm der Querkompensierung durch Ausgleichsspule. Beeinflußtes Netz: *1* überkompensiert, *2* genau abgestimmt, *3* unterkompensiert.

Wir wenden uns der Abb. 220 zu, in welcher das Element $\mathfrak{Z}_m$ durch $Z_\alpha$, $\mathfrak{Z}_n$ durch $Z_{II}$ und $\mathfrak{x}$ durch $\omega \triangle L$ vertreten wird. Die Netzspannung ist im linken Stromkreis auf $Z_\alpha$ und $Z_{II}$ aufgeteilt; ebenso ist an dem Vektor $\mathfrak{U} = OA$ diese Teilung in $OB$ und $BA$ durchgeführt ($OB = \mathfrak{U}_{II}$, $BA = \mathfrak{U}_m$). Nun suchen wir nach dem Einfluß von $\omega \triangle L$, der sich durch eine überlagerte Stromverteilung erfassen läßt. Sie stellt sich im Sinne der rechts gezeichneten Figur in solcher Art ein, daß eine EMK $\mathfrak{U}_m = \mathfrak{U}\dfrac{Z_\alpha}{Z_{II} + Z_\alpha}$ den Strom $\mathfrak{J}_L$ hervorruft, der sich über die aus $Z_\alpha$ und $Z_{II}$ kombinierte Impedanz schließt. An letzterer entsteht eine neue Spannung $\triangle \mathfrak{U}_{II}$, welche mit der auf $\omega \triangle L$ entfallenden Komponente in einer eindeutigen Phasenbeziehung steht. $Z_\alpha$ und $Z_{II}$ haben nämlich einzeln und zusammen den Phasenwinkel $\alpha$. Somit müssen die vom gleichen Zusatzstrom $I_L$ herrührenden Spannungen $\triangle \mathfrak{U}_{II}$ und $I_L \omega \triangle L$ den Winkel $\dfrac{\pi}{2} - \alpha$ einschließen. Der geometrische Ort des neuen Teilungspunktes ist demzufolge ein Kreis über $AB = \mathfrak{U}\dfrac{Z_\alpha}{Z_\alpha + Z_{II}}$ mit dem Peripheriewinkel $\dfrac{\pi}{2} - \alpha$. Die Strecke $OP = OB + \triangle \mathfrak{U}_{II}$ stellt nun die Spannung an $Z_{II}$, d. h. am Nullpunkt des beeinflußten Netzes vor, während die Strecke $PA = BA - \triangle \mathfrak{U}_{II} = I_L \omega \triangle L$ nach Größe und Phase der Querspannung beider Systeme entspricht.

Der Winkel α (vgl. Abb. 218) ist bei exakter Kompensierung des Netzes $II$ (reiner Wirkleitwert der Erdverbindungen des Systems) gleich Null; der Peripheriewinkel $\frac{\pi}{2} - \alpha$ bestimmt einen Halbkreis über $AB$. Bei Unterkompensierung ist α negativ (Voreilung), bei Überkompensierung positiv (Nacheilung). Der Teilungspunkt $B$ liegt wegen der vorausgesetzten Gleichartigkeit des Aufbaues der Impedanzen $Z_\alpha$ und $Z_{II}$ zwischen $O$ und $A$ auf der Verbindungslinie $OA$. Ausnahmen hiervon werden wir kennen lernen.

Das Teilungsverhältnis $\frac{OB}{BA}$ entspricht $\frac{Z_\alpha}{Z_{II}}$, im besonderen dem Verhältnis der Wirkanteile von $Z_\alpha$ und $Z_{II}$. Sind diese konstant, so verbleibt $B$ bei

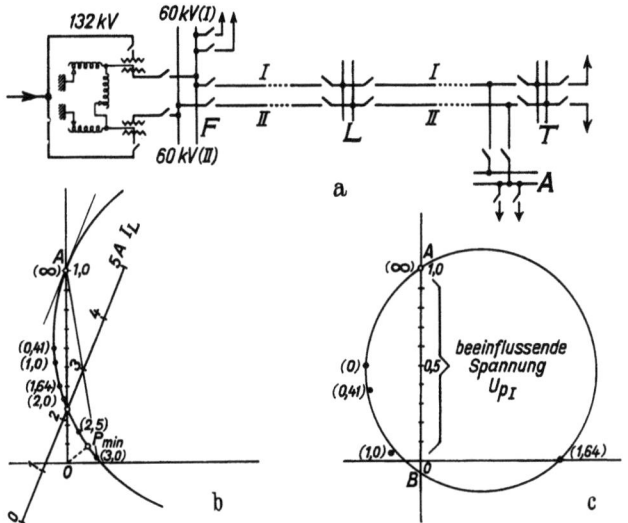

Abb. 221 a und b. Ergebnis praktischer Aufnahmen an zwei 60 kV-Systemen mit Querkompensierung durch Ausgleichsspule. a Netzbild, b und c Aufnahmen mit vollem und verkürztem Parallellauf.

veränderlicher Abstimmung des Systems $II$ an seiner Stelle und gehört allen Kreisen an.

Die durch die Punkte $A$ und $B$ festgelegte Kreisschar ist der Inbegriff aller Arbeitspunkte $P$. Der jeweils maßgebende Kreis ist durch den Abstimmungsgrad des beeinflußten Systems, und zwar durch den Phasenwinkel α der Gesamtheit aller Erdverbindungen $R_{II}$, $\omega L_{II}$ und $\frac{1}{\omega C_{II}}$ bestimmt (Abb. 218). Auf dem α-Kreis verschiebt sich der Arbeitspunkt $P$ bei veränderlicher Abstimmung der Ausgleichsspule. Dabei werden auch Zustände durchlaufen, bei denen die Verlagerung $OP$ die erregende Spannung $OA$ übertrifft. Auch hier greift natürlich die Verlustdämpfung begrenzend ein.

Das vorliegende Kreisdiagramm der Querkompensierung wurde erstmalig von Oberdorfer (L 155) abgeleitet und vom Verfasser im Jahre 1930 durch experimentelle Aufnahmen in einer norwegischen Anlage bestätigt.

Wie Abb. 221a zeigt, handelte es sich um zwei 60 kV-Netze, die von der gleichen 132 kV-Schiene aus gespeist, zum Zwecke der unabhängigen Spannungsregelung jedoch elektrisch getrennt betrieben werden. Sie sind ständig synchron. Auf der Strecke $FL$ und $LT$ bzw. $LA$ findet Parallellauf statt. System $II$ wurde bei den Versuchen geerdet. System $I$ wurde schwach unterkompensiert gehalten. Seine Erdschlußspule war auf 30 A eingestellt. Das aufgenommene

Kreisdiagramm Abb. 221b entspricht in allen Einzelheiten der Theorie. Die den Versuchspunkten beigefügten Zahlen bedeuten die Einstellung der Ausgleichsspule in $A$ bezogen auf $\frac{60}{\sqrt{3}}$ kV. Die günstigste Abstimmung der Ausgleichsspule beschränkt die Verlagerung des beeinflußten Systems auf weniger als 15 vH der Erdschlußverlagerung des anderen. Auf dem Kreis liegt natürlich auch ein Punkt mit voller Übertragung der Verlagerung von $I$ auf $II$, d. h. der Punkt $A$, der dem unmittelbaren widerstandslosen Zusammenschluß der Nullpunkte beider Systeme entspricht. Schreitet man von dort entgegen dem Sinne des Uhrzeigers fort, so folgen zunächst Arbeitspunkte mit erhöhter kapazitiver Verkettung der beiden Systeme, dann der natürliche Zustand ohne Querkompensierung, weiterhin unter ständig abnehmender Verlagerung Zustände verringerter kapazitiver Verkettung bis zur schließlich erreichten Querkompensierung. Ein Überschuß an induktivem Querstrom führt dann in das Gebiet des größeren Kreisabschnittes rechts von der Ordinatenachse. Hier können erhebliche Beeinflussungen zustande kommen, denn der induktive Überschuß der Querverbindung wirkt mit dem kapazitiven Überschuß der nicht voll kompensierten Leitung zusammen.

Es empfiehlt sich, bei Inbetriebsetzungen mit Erdschlußversuchen das beeinflußte Netz, wie hier gezeigt, unterkompensiert zu halten, um nicht bei zu hoher Induktivität der Ausgleichsspule in ungünstige Zustände im Bereich des größeren Kreisabschnittes zu geraten.

In der gleichen Anlage wurden auch die Verhältnisse für einen weiteren Betriebszustand, und zwar für verkürzten Parallellauf untersucht. Die Beeinflussung fand nur noch auf der Strecke $FL$ statt, System $I$ war von $L$ aus nicht mehr unter Spannung. Der Erdschlußstrom des Rumpfnetzes $I$ wurde zu 28 A ermittelt. Die Spule wurde für die Versuche auf 25 A eingestellt. Das aufgenommene Kreisdiagramm ist in Abb. 221c wiedergegeben. Es fällt auf, daß der Schnittpunkt $B$ des Kreises mit der Ordinatenachse auf dem negativen Teil liegt. Es gibt also eine Abstimmung der Querkompensierung, für welche Querimpedanz $Z_{III}$ und Erdungsimpedanz $Z_{II}$ gegenphasig sind, nicht aber eine gleichphasige Kombination. Dann aber müssen vor allem die induktionsfreien Anteile entgegengesetztes Vorzeichen haben und einer derselben ist somit kein echter Ohmscher Widerstand. Schon bei der Besprechung des Resonanzproblems im 4. Kapitel dieses Abschnittes sind wir darauf aufmerksam geworden, daß kapazitive Unsymmetrien eine Wattkomponente von beliebigem Vorzeichen vortäuschen können. Insbesondere in wenig ausgedehnten Netzgebilden, in denen noch nicht eine Art natürliche Verdrillung durch die Unregelmäßigkeit der Mastbilder zustande kommt, ergibt sich diese unerwartete Erscheinung beim Erdschluß an bestimmten Phasen. Aber auch die Querkapazität der beiden Systeme kann der Sitz der Unsymmetrie sein. Denn in zwei Drehstromsystemen sind die 6 Leiter durch 9 wechselseitige Kapazitäten verknüpft, deren unvollkommene Übereinstimmung einen unausgeglichenen Rest ergibt, für den eine Beschränkung hinsichtlich der Phasenlage nicht vorliegt. Im untersuchten Falle waren bei verkürzter Parallellaufstrecke beide Einflüsse festzustellen. Sie führten zu der erwähnten Gegenphasigkeit der Wirkanteile von $Z_\alpha$ und $Z_{II}$. Im übrigen ist auch hier ein guter Anschluß an die Theorie festzustellen. Damit ist gezeigt, daß gewisse Näherungsannahmen, die wir stillschweigend eingeführt haben, das Ergebnis nicht wesentlich beeinflussen. Wir haben nämlich der Ergänzungsinduktivität $\triangle L$ einen konstanten Phasenwinkel zugeschrieben und damit vorausgesetzt, daß die Verluste der gesamten Querimpedanz sich aus einem konstanten Anteil entsprechend der Wirkkomponente von $Z_\alpha$ und einem zweiten, mit $\triangle L$ veränderlichen Anteil zusammensetzen. Strenggenommen weisen bei variabler Windungszahl der Ausgleichsspule nur die Eisenverluste dieses Verhalten mit befriedigender Annäherung auf.

In dem Kreisdiagramm der querkompensierten Systeme ist noch die Frage nach der Zuordnung der einzelnen Punkte zu einem bestimmten induktiven Querwiderstand von theoretischem Interesse. Das Verhältnis der Strecken $BP$ und $PA$ in Abb. 220 ist ein Maß für $\dfrac{1}{\omega \triangle L}$ und damit für den Zuwachs $\dfrac{U_p}{\omega \triangle L}$ des Nennstromes auf der gewählten Anzapfung. Die beiden genannten Strecken vertreten nämlich gemäß Abb. 220 die auf die Parallelschaltung der konstanten Widerstände $Z_\alpha$ und $Z_{II}$ einerseits, auf $\omega \triangle L$ andererseits entfallenden Spannungskomponenten. Ein einfaches geometrisches Maß für ihr Verhältnis ergibt sich durch folgendes Verfahren: Man ziehe durch $B$ eine Parallele $tt$ zu der

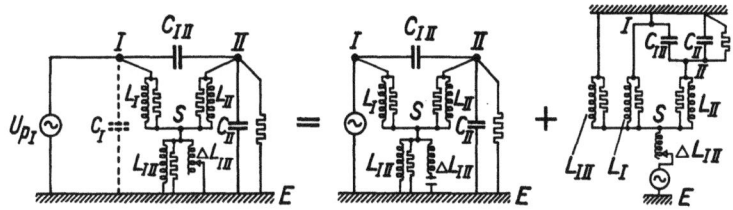

Abb. 222 a. Saugspulenschaltung. Zerlegung des Stromkreises in zwei unabhängig zu überlagernde Stromverteilungen.

Kreistangente in $A$. Durch Verlängerung von $AP$ entsteht das Dreieck $AQB$, welches mit $ABP$ winkelgleich und daher ähnlich ist. Die Beziehung

$$\frac{BQ}{BA} = \frac{BP}{PA}$$

lehrt, daß $BQ$ mit Rücksicht auf die Konstanz von $BA$ das gesuchte Verhältnis und damit die Größe $\dfrac{U}{\omega \triangle L} = I_L - \dfrac{U}{Z_\alpha}$ darstellt. Man kann also auf $tt$ eine proportional geteilte Skala für $I_L$ auftragen (vgl. Abb. 221b).

Hält man die Abstimmung der Ausgleichsspule fest (resultierende Querimpedanz $Z_{III}$ der kapazitiven und induktiven Querverbindungen) und variiert dabei den Abstimmungsgrad des beeinflußten Netzes $II$, so sind sinngemäß die gleichen Betrachtungen anzustellen; die beiden Abschnitte von $OA$ (Abb. 220) behalten ihre Bedeutung bei, der variable Stromzweig $Z_{II}$ steht jetzt unter dem Einfluß von

$$OB = U_{pI} \frac{Z_{II\beta}}{Z_{III} + Z_{II\beta}},$$

worin $Z_{II\beta}$ die Impedanz jener Erdverbindung des Systems $II$ vorstellt, für welche Übereinstimmung mit dem Phasenwinkel $\beta$ von $Z_{III}$ besteht. Änderung des Abstimmungsgrades muß dann auf die Wanderung von $P$ längs eines Kreises über $OB$ führen. Der Punkt $B$ wird dabei eine von der Auswahl von $Z_{III}$ abhängige Lage auf $OA$ einnehmen. Bei guter Entkopplung ist der Kreis über $OB$ klein, die Güte der Abstimmung des beeinflußten Systems $II$ ist nicht wesentlich.

Auf ähnliche Art gelangt man zu einem Kreisdiagramm der Saugspulenanordnung. Man löst das Impedanzgebilde der Kapazitäten, Induktivitäten und Verlustwiderstände nach Abb. 222a auf. Es wird ein Ausgangszustand festgelegt, bei dem die Erdung des Knotenpunktes $S$ über eine nach Belieben gewählte Saugspuleninduktivität $L_{III}$ erfolgt. Zweckmäßig, wenn auch nicht notwendig, verfügt man hierbei über $L_{III}$ so, daß die darauf entfallende Komponente $ES_0$ der aufgedrückten Spannung $U_{pI}$ die Phasenlage der letzteren behält. Der in Wirklichkeit zu $L_{III}$ noch parallel liegende Zweig $\triangle L_{III}$ wird stromfrei gemacht, indem man ihm eine entsprechende EMK einfügt. Die Spannung $U_{pI} = EI$ teilt sich in die Komponenten $ES_0$ und $S_0I$ auf. Sodann überlagert man eine neue Stromverteilung, die von einer zweiten eingefügten, der ersten entgegengesetzt gleichen EMK herrührt. Wie groß dann auch $\triangle L_{III}$ sein mag, die beiden Teilspannungen des nun maßgebenden ganz rechts gezeichneten Stromkreises behalten eine ganz bestimmte Phasendifferenz. Somit gilt (Abb. 222b, links) für den Punkt $S$ im wesentlichen ein ähnliches Kreisdiagramm über der Teilspannung $S_0E$ wie in Abbildung 220 für den Punkt $P$ über der Teilspannung $AB$. Man findet in

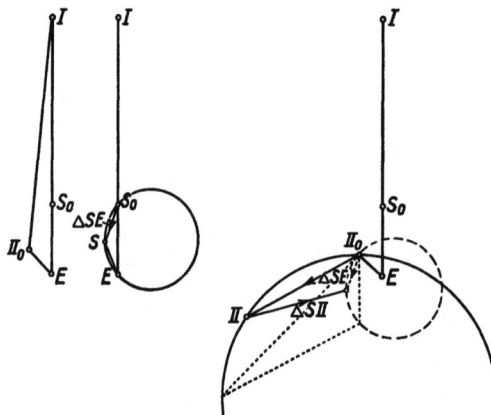

Abb. 222b. Saugspulenschaltung. Kreisdiagramm.

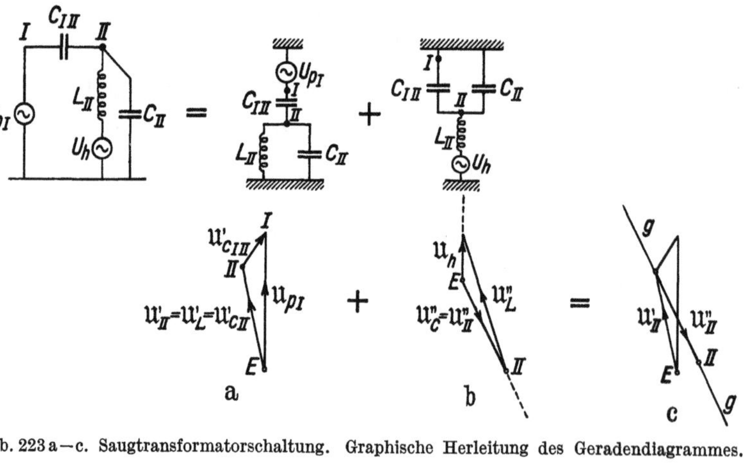

Abb. 222b folgendermaßen den Übergang zum Ortskreis der dem Systempotential von $II$ zugeordneten Vektoren $IIE$: Man bestimme die Lage $II_0$ des Punktes $II$ im Vektordiagramm für offenen Stromzweig $\triangle L_{III}$ (Ausgangszustand nach Abb. 222a, erste Figur rechts). Von $II_0$ ausgehend führe man

Abb. 223a—c. Saugtransformatorschaltung. Graphische Herleitung des Geradendiagrammes.

die Aufteilung der dort angefügten Zusatzspannung $\triangle SE$ auf die Stromzweige $S II$ und $II E$ der zweiten, überlagerten Stromverteilung durch. Es entstehen zwei Vektoren über der Basisstrecke $\triangle SE$, wovon der eine auf $L_{II}$, der andere auf $C_{III}$ und $C_{II}$ entfällt. Sie sind untereinander und gegen $\triangle SE$ in stets gleichbleibendem Maße nach Größe und Phasenlage verschieden. Eine Drehung und Streckung des in $II_0$ angetragenen Vektors $\triangle SE$ führt also auf den Vektor $II_0 II$, dessen Endpunkt $II$ genau so wie $S$ einen Kreis beschreibt.

Von Diesendorf und Groß (L 157, 158) wurden die Kreisdiagramme der Saugspulenanordnung bei veränderlicher Abstimmung der Saugspule und

Die Beeinflussung durch kompensierte Systeme.

der beiden Erdschlußspulen untersucht. Als geometrischen Ort der Kreismittelpunkte fanden sie gerade Linien, denen auch eine einfache Skalierung zugeordnet werden kann. Sämtliche Kreise der drei Scharen haben einen Punkt gemeinsam, der mit Punkt $B$ der Abb. 220 zusammenfällt, wenn einige naheliegende Voraussetzungen über die Verlustwinkel der Reaktanzen erfüllt sind. Auch der Einfluß der Eisensättigung wird von den beiden Autoren berücksichtigt.

Es sei endlich noch eine Bemerkung über den geometrischen Ort der Arbeitspunkte des Saugtransformators angefügt. Hier weist uns eine nach dem Überlagerungsprinzip vorgenommene Zerlegung gemäß Abbildung 223 den Weg zur Auffindung des Diagrammes. Man betrachtet je für sich die Potentialeinstellung des Systems $II$ unter dem Einfluß der festen Verlagerungsspannung $U_{pI}$ des Systems $I$ und der daraus abgeleiteten Zusatzspannung $U_h$ im Saugkreis. Beispielsweise ergibt sich unter der Annahme einer Unterkompensierung des Systems $II$ zunächst ohne Berücksichtigung der Hilfsspannung das Vektordiagramm $a$, in welchem eine Aufspaltung der aufgedrückten Spannung $U_{pI}$ in zwei Komponenten von vorwiegend kapazitivem Charakter vorgenommen ist. Vektordiagramm $b$ ist der Hilfsspannung $\mathfrak{U}_h$ zugeordnet, welche sich auf die Induktivität $L_{II}$ und die Parallelschaltung von $C_{II}$ und $C_{III}$ aufteilt. (Gemäß unserer speziellen Annahme überwiegt im Beispiel die Impedanz der Drosselspule.) Man gewinnt durch dieses Verfahren einen festen Grundanteil von $U_{II}$ in Form von $U'_{II}$ und einen ver-

Abb. 224a. Saugspulenanordnung zur Entkopplung eines 50 kV- und eines 30 kV-Netzes.

Abb. 224b. Saugtransformator für Entkopplung eines 125 kV- und eines 25 kV-Netzes.

änderlichen zweiten Anteil $U''_{II}$, der von der Hilfsspannung $U_h$ des Saugtransformators herrührt und dieser proportional ist, so daß das Vektordreieck der

214 Spezialprobleme der induktiven Erdschlußkompensierung.

Figur b proportional zu $U_h$ jede Größe bei unveränderter Form annehmen kann. Der Punkt $II$ wandert dabei auf der Geraden $EII$. Die Zusammensetzung von $U'_{II}$ und $U''_{II}$ zu $U_{II}$, welche in Figur c erfolgt, läßt die zu $EII$ parallele Gerade $gg$ als Arbeitsdiagramm des Saugtransformators bei veränderlichem Übersetzungsverhältnis erkennen. Die Streureaktanz des Saugtransformators dürfen wir bei Beschränkung auf den praktischen Arbeitsbereich vernachlässigen.

Die Frage nach der Verschiebung des Arbeitspunktes bei konstantem Übersetzungsverhältnis des Saugtransformators und veränderlicher Induktivität der Löscheinrichtung führt auf ein Kreisdiagramm. Man gelangt zu diesem Ergebnis ohne wesentliche Schwierigkeiten auf dem im vorliegenden Kapitel mehrfach beschrittenen Wege.

Als Beispiele für die praktische Durchbildung von Querkompensierungseinrichtungen seien Abb. 224a und b gebracht. Die erstere zeigt die Verwendung einer Saugspule zur Entkopplung eines 30 kV- und eines 50 kV-Netzes. In die Leitung von der erdseitigen Klemme der 25 kV-Erdschlußspule (links) zur Saugspule (rechts) mündet ein Kabel, welches die Verbindung mit der 50 kV-Erdschlußspule herstellt. Abb. 224b zeigt die Anwendung eines Saugtransformators zur Entkopplung eines 125 kV- und eines 25 kV-Systemes. Die aus dem 25 kV-Netz abgeleitete Hilfsspannung wird in die Erdleitung der 125 kV-Erdschlußspulen eingefügt.

## 6. Der Erdschlußstrom elektrisch zusammengeschlossener Doppelleitungen.

Das vorhergehende Kapitel gab Gelegenheit, auf die besonderen Eigenschaften von Doppelleitungen hinzuweisen, welche über Sammelschienen elektrisch zusammenhängen. An Hand der Abb. 209 und 211 wurde auf die Verhältnisse eingegangen, die beim Abschalten eines der beiden Stränge entstehen. Die Frage ist von einiger praktischer Bedeutung und verdient deshalb eine zusammenfassende Darstellung. Abb. 225 zeigt das Netzbild, beschränkt auf die wesentlichen Züge. Die beiden zwischen den Sammelschienen der Stationen $A$ und $B$ in Betrieb befindlichen Leitungsstränge $I$ und $II$ seien mit ihrer Löscheinrichtung gut abgestimmt. Die Bedingung hierfür lautet:

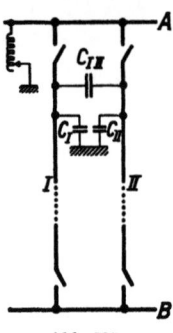

Abb. 225.
Doppelleitung mit Erdschlußkompensierung.

$$\frac{1}{\omega L} = \omega (C_I + C_{II}) = 2\omega C.$$

Die Querkapazität $C_{III}$ bleibt auch im Erdschlußfalle stromlos.

Nun werde der Strang $II$ beiderseits abgeschaltet. Das Rumpfnetz hat eine geänderte Erdkapazität, die sich aus $C_I$ und der Reihenschaltung von $C_{III}$ und $C_{II}$ zusammensetzt. Die neue Gesamtkapazität [vgl. auch Abschnitt I, Kapitel 3, Gleichung (10)]

$$C_I + \frac{1}{\frac{1}{C_{III}} + \frac{1}{C_{II}}} = C\left(1 + \frac{C_{III}}{C + C_{III}}\right) \tag{122}$$

unterscheidet sich von der bisher kompensierten Summenkapazität $2C$ um $C\left(1 - \frac{C_{III}}{C + C_{III}}\right)$ und entspricht einem Verstimmungsgrade (Überkompensierung)

$$|v| = \frac{1 - \frac{C_{III}}{C + C_{III}}}{1 + \frac{C_{III}}{C + C_{III}}} = \frac{1-b}{1+b}. \tag{123}$$

Für $\dfrac{C_{III}}{C+C_{III}}$ ist die Beeinflussungszahl $b$ eingeführt, welche der Querwirkung des Stranges $I$ auf den abgeschalteten Strang $II$ entspricht. Liegt keine Beeinflussung vor ($b = 0$, Leitungen weit abliegend), so wird $v = 1$, es besteht nach dem Abschalten eine Überkompensierung von 100 vH. Die Kopplung der beiden Leitungen mildert also die von der Abschaltung herrührende Verstimmung.

Wird der Strang $II$ nach der Abschaltung geerdet, so steigt die wirksame Erdkapazität des Stranges $I$ auf $C + C_{III}$. Eingestellt ist voraussetzungsgemäß $2C$, somit besteht dann ein Verstimmungsgrad (Überkompensierung)

$$|v| = \frac{C - C_{III}}{C + C_{III}} = 1 - 2b. \tag{124}$$

Die Bedeutung dieser letzteren Formel ist gering, da zugleich mit der Erdung des Stranges eine Behebung der Verstimmung durch Anzapfungswechsel veranlaßt werden kann.

Ist die Doppelleitung mit zwei dreiphasigen Löscheinrichtungen ausgestattet, die auf $C_I = C_{II} = C$ abgestimmt sind, so ergibt sich eine ungestörte Fortdauer der ursprünglich richtigen Abstimmung. Denn der Strang $II$ ist durch die weiterbestehende Parallelschaltung seiner Erdkapazität und Löschinduktivität von Erde abgeriegelt, er nimmt keinen Querstrom von $I$ her auf, sondern verlagert sich um den vollen Betrag der Einflußspannung $U_p$ (Abwehrverlagerung). Das Ergebnis $v = 0$ wird jedoch beeinträchtigt durch den Umstand, daß eine kleine Verstimmung des abgeschalteten Stranges $II$ in Richtung einer Überkompensierung zur Resonanz mit der in Reihe liegenden Querkapazität $C_{III}$ führen kann und an $II$ unerwünscht hohe Verlagerungen bedingt. Eine Gefahr ist hierin allerdings nicht zu erblicken, denn jeder Leiter des abgeschalteten Stranges hält mehr als die verkettete Spannung aus und soweit kommt es schon der Sättigung der Löscheinrichtung wegen nicht. Immerhin muß die früher an Hand der Abb. 212 beschriebene Lösung als überlegen angesehen werden.

Die Erdung des abgeschalteten Stranges überbrückt unter den eben behandelten Voraussetzungen sowohl die Erdkapazität als auch die zugeordnete Löscheinrichtung. Man hat es also an $I$ mit einer wirksamen Erdkapazität $C + C_{III}$ und mit einer Abstimmung auf $C$ zu tun.

Die Verstimmung beträgt

$$v = -\frac{C_{III}}{C + C_{III}} = -b \tag{123a}$$

im Sinne einer Unterkompensierung.

Für Doppelleitungen, die am gleichen Mast verlegt sind, gibt die Kurventafel Abb. 312 des Anhanges mittlere Werte der Beeinflussungszahl $b$. Die an den Kurven angeschriebenen Buchstaben beziehen sich auf die im Tafelanhang mit den gleichen Buchstaben bezeichneten Mastbilder.

Die Ausschaltung eines Stranges einer Doppelleitung ist für den verbleibenden Strang gleichbedeutend mit der Wiedergewinnung seiner kapazitiven Selbständigkeit. Die isolierten Drähte des abgeschalteten Stranges wirken nur noch als Sonden, sie binden kein Feld mehr (vgl. Abschnitt I, Kapitel 3). Der Erdschlußstrom der verbleibenden Einfachleitung wächst gegenüber dem ursprünglichen Anteil auf $C\left(1 + \dfrac{C_{III}}{C + C_{III}}\right)$, also auf das $(1 + b)$fache. An sich ist daher die Verstimmung durch Ausfall eines Stranges einer Doppelleitung geringer als bei Abschaltung eines anderen Netzabschnittes gleicher Längenausdehnung. Aber gerade diese Differenz muß berücksichtigt werden, wenn die Abstimmung neu einreguliert wird. Man darf dann die Leitungen nicht schematisch nach ihrer kilometrischen Erstreckung bewerten, sondern muß den Ausfall entsprechend geringer ansetzen, vor allem wenn der abgeschaltete Strang geerdet wird. Die Abschaltung eines Stranges ist, je nachdem er isoliert bleibt oder geerdet wird, gleichwertig mit einer Verminderung der Gesamtkapazität um

$$C - \frac{C\,C_{III}}{C + C_{III}} = C\,(1-b) \quad \text{(isoliert)} \tag{125}$$

$$C - C_{III} = C\,\frac{1-2b}{1-b} \quad \text{(geerdet)}. \tag{126}$$

Das erste Glied der linken Seite jeder dieser Gleichungen entspricht der Kapazitätsabnahme durch Wegfall der Eigenkapazität $C$ eines Stranges, das zweite Glied der entgegengesetzten Änderung durch Zunahme der Erdkapazität des verbleibenden Stranges. Für einen Wertbereich $0{,}65 > b > 0{,}1$ erhält man Änderungen um

$$0{,}35 \ldots 0{,}9\,C \quad \text{(isoliert)}$$
$$-0{,}86 \ldots 0 \ldots 0{,}89\,C \quad \text{(geerdet)}.$$

Man kann die Betrachtung auch anders anstellen. Die echte Erdkapazität eines Stranges kommt zur Geltung, wenn der andere isoliert mitläuft. Nimmt man den zweiten gleichfalls in Betrieb, so drücken sie wechselseitig ihre Erdkapazität, indem jeder einem Teil der Kraftlinien des anderen als Sperre von gleichem Potentialniveau entgegentritt. Die Erdkapazität sinkt von $C + \frac{C\,C_{III}}{C + C_{III}} = C\,(1+b)$ auf $C$, also auf den Bruchteil $\frac{1}{1+b}$, der etwa von $\frac{1}{1{,}65} = 0{,}61$ bis $\frac{1}{1{,}1} = 0{,}91$ schwanken kann. **Eine Doppelleitung ist daher gleichwertig einer Einfachleitung von $\frac{2}{1+b}$ facher Ausdehnung**, wobei

$$\frac{2}{1+b} = 1{,}2 \ldots 1{,}8, \tag{127}$$

im Mittel 1,5 zu setzen ist. Eine genaue Berechnung der Beeinflussungszahl $b$ an Hand des Mastbildes wird sich häufig nicht umgehen lassen. Diesbezüglich kann auf die Gleichungen (13) verwiesen werden, welche mit den zu Anfang des vorigen Kapitels eingeführten Kenngrößen als Ersatz für $\varrho$, $h$ und $d$ auszuwerten sind. Ein Zahlenbeispiel bringen wir im VI. Abschnitt.

## 7. Die Beeinflussung durch kompensierte Systeme.

Bei der Entscheidung über die Einführung eines bestimmten Erdungsverfahrens war in allen Ländern die Beeinflussungsfrage von gewichtigem Einfluß. Es handelt sich ja um die Rückwirkung auf den anderen großen Zweig der Elektrotechnik, die Schwachstromtechnik, vornehmlich das Fernmeldewesen. In früheren Kapiteln (Abschnitt II, Kapitel 11 und 12 und Abschnitt III, Kapitel 4) wurden Teilprobleme bereits erörtert. Die gewonnenen Erkenntnisse sollen in dem nun folgenden Überblick eine Ergänzung finden.

Die Beeinträchtigung der Sprechverbindungen durch Störeinflüsse verschiedener Frequenz ist bei objektiver Gleichheit der Störgrößen nicht dieselbe. Hier macht sich vielmehr ein relativer Störfaktor von stark frequenzabhängigem Betrage geltend. Er steigt bis 1050 Hertz und nimmt dann wieder ab. Es ist üblich, diesen Faktor für 800 Hertz gleich 1 zu setzen, was darauf hinauskommt, für jeden Störeinfluß einen gleichwertigen von 800 Hertz anzugeben. Es gilt nachstehende Tabelle:

| Frequenz in Hertz | 150 | 300 | 450 | 600 | 750 | 800 | 900 | 1050 | 1200 | 1350 |
|---|---|---|---|---|---|---|---|---|---|---|
| Störfaktor | 0,17 | 0,32 | 0,45 | 0,56 | 0,84 | 1,0 | 1,41 | 1,93 | 1,26 | 0,67 |

Die Beeinflussungswirkungen sind im übrigen von zweierlei Art. Man hat Längs- und Querspannungen zu unterscheiden. Influenz erzeugt Querspannungen aller beeinflußten Leiter gegen Erde. Elektromagnetische Induzierung einer Fernsprechleitung ergibt in der Hauptsache eine Längsspannung, die an einem der beiden Enden zu einem unzulässigen Betrag der Spannung zwischen allen Leitern und Erde führen kann. Personen, die an der Leitung oder an den Apparaten beschäftigt sind, werden elektrisch gefährdet, ferner stellen sich akustische Schockwirkungen ein. Man muß für eine Beschränkung der induzierten Spannungen auf 300 Volt Sorge tragen. Leiterschleifen großer räumlicher Erstreckung spielen hier die Hauptrolle. Als Quellen der Induktionsstörung wirken dabei die Nullkomponenten der Grundwellen und alle Oberwellen mit durch 3 teilbarer Ordnungszahl. Die Stromverteilung benutzt die drei Drähte der Übertragungsleitung als Hinweg, die Erde als Rückweg. Die elektromagnetische Induktion dieser Art wirkt weniger auf die Betriebsschleife der beeinflußten Leitung ein als auf die weit größere Schleife, welche von der Gesamtheit aller beeinflußten Leiter mit der Erde gebildet wird. Es entsteht eine Nullkomponente der Spannung. Ist im beeinflußten System irgendein Punkt geerdet, so wächst die induzierte Spannung von diesem aus an. Liegt keine oder nur eine unzureichende Erdung vor, so stellt sich das Potential gegen Erde so ein, daß die Knotenpunktsbedingung der nach Erde gerichteten Ableitungsströme erfüllt ist.

Die feste Nullpunktserdung ergibt einen widerstandslosen Rückschluß der durch 3 teilbaren Harmonischen im stationären Betrieb. Im Erdschlußfalle treten überdies die heftigen Erdkurzschlußströme auf, welche die großflächige Schleife zwischen krankem Leiter und Erde erregen. (Man kann diese Schleife für sich allein betrachten oder mit gleichem Recht die Nullkomponente untersuchen, die dem Werte nach nur ein Drittel des Kurzschlußstromes beträgt, dafür aber drei Leiterschleifen erfüllt.)

Zur quantitativen Ermittlung der Induktionswirkungen dient das Kurvenblatt Abb. 306 des Tafelanhanges. Erdseile über der beeinflussenden Übertragungsleitung mildern die Beeinflussung (vgl. Abschnitt II, Kapitel 6). Es ist dann ein Reduktionsfaktor von 0,6—0,7 einzuführen, der bei Erdseilen aus Stahl auf 0,9...0,95 zurückgeht.

Kabelübertragungen sind naturgemäß als Störungsquelle weniger wirksam, aber keineswegs harmlos. Dies gilt vor allem von Einleiterkabeln. Denn in einer Entfernung gleich dem Mehrfachen der Verlegungstiefe unterscheidet sich die Verteilung des Erdrückstromes nicht wesentlich vom Falle der Freileitungsübertragung. Die Entfaltung des magnetischen Feldes und der Induktionswirkungen des störenden Kabels wird allerdings durch den Abschirmungseffekt des Kabelmantels behindert, in welchem nach Abb. 28 feldschwächende Gegenströme entstehen. Dies trifft auch für Kabel ohne Eisenarmierung zu und macht sich insbesondere für die höheren Frequenzen geltend. Schon bei 50 Hertz gilt ein Reduktionsfaktor von 0,05—0,4, verschieden für Einleiterkabel und für nichtarmierte Drehstromkabel verschiedenen Aufbaues. Erdschlußströme in Kabeln sind trotzdem für Fernmeldeleitungen eine Störungsquelle. Insbesondere bei den häufig im selben Graben liegenden Hilfskabeln für Schutz- und Fernmeßeinrichtungen ist Vorsicht geboten. Man kann sich durch Unterteilung der Hilfskabellängen mittels Zwischenübertragern helfen. Einen gewissen Schutz gewähren auch die Bleimäntel der beeinflußten Kabel, welche zusammen mit der Erde die Gegenwirkung einer kurzgeschlossenen Windung ausüben (L 174, 175).

Drehstromleitungen können auf benachbarte, insbesondere am selben Gestänge oder im selben Graben verlaufende Hilfsleitungen schon durch den normalen Laststrom merklich einwirken, indem die phasenweise zustande

218  Spezialprobleme der induktiven Erdschlußkompensierung.

kommenden Beeinflussungen sich nicht zu Null ergänzen, sondern einen unausgeglichenen Rest ergeben. Solche Wirkungen haben keine Beziehung zum Erdungsproblem.

Bei Erdkurzschluß können ferner induktive Beeinflussungen in gemischter Form auftreten, indem sich zu den bisher behandelten Längsspannungen noch Querspannungen der Leiter untereinander gesellen. Es hängt dies vor allem von der Anordnung der induzierten Leiter ab. Sind diese nicht unmittelbar benachbart oder verdrillt, so ergibt ihre Schleife eine Umlaufspannung, die aus dem induzierenden Strom mit Hilfe eines Induktionskoeffizienten $M$ errechnet werden kann. Es gilt

$$M \approx 200 \frac{a}{A} 10^{-6} \text{ H/km}. \qquad (128)$$

Darin bedeutet $a$ den Abstand der induzierten Leiter untereinander, $A$ die Entfernung des induzierten Leiterbündels vom Starkstromkreis. Auch hier

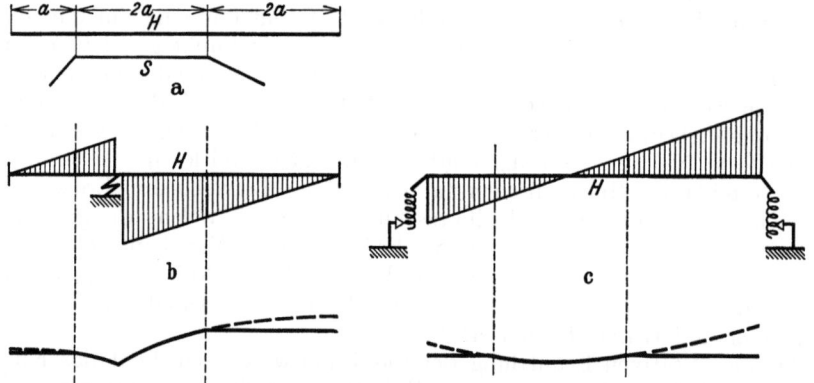

Abb. 226 a—c. Beeinflussung durch Hochspannungsleitungen im Erdschlußbetrieb. a Näherung von Starkstrom- und Schwachstromleitung, b Verteilung des Erdschlußstromes und der induzierten Längsspannung, Hochspannungsleitung unkompensiert, c wie b, jedoch Hochspannungsleitung kompensiert.

gewähren Kabelmäntel, insbesondere solche mit Eisenarmierung, Schutz gegen das Eindringen der Induktionswirkung.

Es bedarf keines Beweises, daß die Induktionswirkungen des Erdschlußstromes von ungeerdeten oder induktiv kompensierten Netzen gering sind. Gewisse Besonderheiten sollen ohne eingehendere Behandlung Erwähnung finden. Der Erdschlußstrom von Leitungssystemen mit isoliertem Nullpunkt hat eine von der Lage der Erdschlußstelle abhängige Verteilung von linearem Verlauf mit einer Unstetigkeitsstelle am Erdschlußpunkt. Da es sich um eine Nullkomponente handelt, haben die Regeln der Kapitel 4 und 5, Abschnitt II Geltung. Die Leistungsfähigkeit und Verteilung der Speisepunkte ist ohne Einfluß. Die lineare Ortsveränderlichkeit der induzierenden Fehlerströme bringt eine parabolische Verteilung der induzierten Längsspannung mit sich. Es ist denkbar, daß der Erdschluß zwei von der Fehlerstelle ausgehende Längsspannungsverteilungen influenziert, durch welche die beiden Enden auf gleiches Potential kommen, so daß in ihren Erdverbindungen keine Wirkung merkbar wird. Während im unkompensierten System ein solcher Ausgleich ein Zufall ist, kann man ihn im kompensierten System zur Regel machen. Denn die Verteilung der Erdschlußströme ist hier unabhängig von der Lage der Fehlerstelle, kann also ein für allemal gewählt und eingestellt werden. Bei gegebener Anordnung der zu schützenden Näherungsstrecke kann man die Einspeisung des Erdschlußstromes in das Netz an den Einbaustellen der Erdschlußspulen durch Wahl der Stromaufteilung so einrichten, daß die induktive Beeinflussung zurückgeht oder verschwindet. Ein praktisches Bedürfnis hierfür wird kaum bestehen, doch zeigt Abb. 226 ein einfaches Mittel für die Lösung dieser Aufgabe. Die Teilfigur a kennzeichnet den Verlauf der Näherung, unter b wird oben die Erdschlußstromverteilung bei einer willkürlich angenommenen Fehlerlage, darunter die auf der Näherungsstrecke induzierte Spannung gezeigt. Eine Bezugslinie für das Niveau der Längsspannung ist nicht eingetragen, da hierfür Nebenumstände wie die weitere Führung und Ausdehnung des Schwachstromsystems maßgebend sind. Unter c wird gezeigt, daß sich eine für alle Erdschlußfälle gültige Stromverteilung durch Löschspulen erzielen läßt, welche die Spannungsdifferenzen längs der Näherungsstrecke auf geringe Beträge beschränkt und die Leitungsenden sogar auf gleiches Potential bringt.

Sind die Abstände auf der Näherungsstrecke nicht konstant, so wendet man die Beeinflussungsformeln abschnittsweise an. Es ergibt sich für die induzierten Längsspannungen

$$\sum E = \sum I \omega m_0 l, \qquad (129)$$

für die influenzierten Querspannungen

$$\sum E = U_p \frac{\sum c_{12} l}{\sum c_{12} l + \sum c_{2e} l + C_{2e}}. \qquad (130)$$

Hier ist $C_{2e}$ die zur Eigenkapazität der Näherungsstrecke hinzutretende verteilte oder konzentrierte Erdkapazität.

Auch die Oberwelleneinflüsse, die wir als Ausgangspunkt von Induktionswirkungen in Form von Längsspannungen erkannt haben, treten in kompensierten Netzen ähnlich wie in ungeerdeten zurück. Bei fester Erdung des Nullpunktes fließt unter dem Einfluß einer Oberwellenspannung $U_{3n}$ von der Klemme aus durch die gesamte Netzkapazität $C$ ein Strom

$$I_{3n} = U_{3n} 3 n \omega C. \qquad (131)$$

Im ungeerdeten Netz schließt sich der durch $C$ zur Erde fließende Strom über die auf den Nullpunkt reduzierte Wicklungskapazität $\frac{C_T}{2}$ zurück. An der Klemme fließt in das Netz ab

$$I_{3n} = U_{3n} 3 n \omega C \frac{\frac{C_T}{2}}{C + C_T}. \qquad (132)$$

Im kompensierten Netz liegen am Nullpunkt $L = \frac{1}{\omega^2 C}$ und $\frac{C_T}{2}$ parallel. An der Klemme sind $\frac{C_T}{2}$ und $C$ vereinigt zu denken. $C$ wird durchsetzt von dem Strom

$$I_{3n} = U_{3n} 3 n \omega C \frac{\frac{C_T}{2} - \frac{C}{9 n^2}}{C + C_T - \frac{C}{9 n^2}}. \qquad (133)$$

Für sehr kleine Werte von $C_T$ liefert (133) zunächst größere Zahlenwerte als (132). Doch gibt es nach (133) stets einen Frequenzbereich, in welchem das kompensierte Netz sogar oberwellenreiner ist als das vollkommen ungeerdete Netz. Für $\frac{C_T}{2} = \frac{C}{9 n^2}$ ist dies unmittelbar einzusehen (Sperrwirkung der Erdschlußspule und der anteiligen Wicklungskapazität für die $3 n$-te Oberwelle). Beispielsweise ist dies der Fall bei einem Netz mit 225 km Ausdehnung ($C = 3,4 \cdot 10^{-6}$ F) und drei Großtransformatoren als Oberwellenerzeugern ($C_T$ je gleich $0,01 \cdot 10^{-6}$ F) für $3 n = 15$. Außerhalb des Bereiches um die

Sperrfrequenz müßte die Formel (133) noch eine Korrektur erfahren, die auch die Nullimpedanz der Transformatoren berücksichtigt. Diese Einschränkung gilt auch für (131).

Die Erdschlußspule beeinflußt die mit der Entstehung von Erdfehlern verbundenen Ausgleichsvorgänge nicht (Abschnitt IV, Kapitel 4). Sie vermag daher induktive Störungen, die vom Zündvorgang herrühren, nicht abzuschwächen. Dies ist auch nicht erforderlich. Was sich hier abspielt, ist mit den Vorgängen im starr geerdeten Netz quantitativ gar nicht vergleichbar. Die Zündschwingung, welche hier neu hinzutritt, verläuft in der engen Stromschleife zwischen gesundem Leiterpaar und kranker Phase. Auch die Zeitdauer der von der Erdschlußspule nicht beherrschten Ausgleichsvorgänge ist gegenüber dem Ablauf eines Kurzschlusses wesentlich kürzer.

Der Unterdrückung der induktiven Beeinflussung steht als Gegengewicht die elektrostatische Einwirkung auf Nachbarleitungen gegenüber, über welche im Abschnitt II, Kapitel 11 Angaben gemacht wurden. Es wurde schon an anderer Stelle (Abschnitt II, Kapitel 12) hervorgehoben, daß bei der kapazitiven Beeinflussung die erregende Ursache in sich begrenzt ist. Die hierfür maßgebende Verlagerung des Nullpunktes hat den wohldefinierten Betrag der Phasenspannung. Der Erdkurzschlußstrom hingegen steigt mit wachsendem Leistungseinsatz des Netzes, so daß die Entscheidung für feste Erdung gleichbedeutend ist mit einer dem fortschreitenden Netzausbau parallel gehenden Verschärfung der Beeinflussungsschwierigkeiten. Dazu kommt noch, daß die Influenzierung weit geringere Wirkungen auslöst als die Induzierung und daß man sich mit ganz einfachen Mitteln gegen sie schützen kann. An Hand des Ersatzschaltbildes Abb. 51 vergewissert man sich, daß die Ableitung des Stromes $U_I \omega C_{III}$ die einzige Aufgabe der Schutzeinrichtung ist.

Von einem japanischen Netz berichtet Fukao (L 288), daß mangelnde Verdrillung der Hochspannungsleitungen zu Sternpunktsverlagerungen führte, welche im normalen Betriebe Schwachstrombeeinflussungen ergaben. Da es sich um induktive Wirkungen eines durch die Verlagerung hervorgerufenen Nullstromes handelte, schuf man Abhilfe durch besseres Verdrillen und durch 10 prozentige Fehlabstimmung.

Der Erdschluß gibt natürlich schärfere Beanspruchungen. Er ist zudem im kompensierten Netz als lang andauernder Zustand denkbar. Die Influenzwirkungen müssen daher von dem beeinflußten System beliebig lange ertragen werden können.

Um noch Klarheit in die Frage der Zahlenwerte zu bringen, sei folgendes Beispiel durchgerechnet: Einer 50 kV-Leitung laufe auf eine Strecke von 10 km eine Schwachstromleitung im Abstande von 20 m parallel. Der Erdkurzschlußstrom des Starkstromsystemes betrage 1000 A, entsprechend einer Kurzschlußleistung von nur 30 MVA. Diese Annahmen sind für den Fall der festen Nullpunktserdung als ausgesprochen milde anzusehen. Die Formel (42)

$$m_0 = 2 \ln \frac{0{,}178}{d_m} \sqrt{\frac{s \cdot 10^9}{f}} \cdot 10^{-4} \text{ H/km},$$

welche wir in Abschnitt II, Kapitel 7 kennen lernten, liefert $m_0 = 0{,}967$ mH/km, das ist auf 10 km Leitungslänge umgerechnet $\omega M = 10 \cdot 0{,}314 \cdot 0{,}967 = 3{,}04\,\Omega$. Die induzierte Spannung beträgt somit rd. 3000 Volt. Schätzt man den spezifischen Widerstand $s$ auf $10^4$ statt $10^5\,\Omega$/cm, so wird man auf 2350 Volt als untere Grenze geführt.

Auch die influenzierte Spannung, welche von der statischen Beeinflussung eines mit freiem Nullpunkt betriebenen 50 kV-Systemes auf die in 20 m Abstand verlaufende Schwachstromleitung ausgeübt wird, kann den Betrag von 2100 Volt erreichen. Doch ist dies die obere Grenze. Zur Berechnung ziehen wir die

Formel (13) heran, wobei wir die Gesamtheit der beeinflussenden Leiter in einen Ersatzleiter 1 zusammenfassen. Im Anschluß an die Formel (109) ist ausgeführt worden, daß man für die in unserem Beispiel vorliegenden Verhältnisse einen Halbmesser

$$\varrho_1 = \sqrt[6]{\varrho^3 \cdot d_m^3}$$

und eine praktisch unveränderte Höhe

$$h_1 = \sqrt[6]{h_m^3 \cdot h_m^3} = h_m$$

einzusetzen hat. Für $\varrho = 0{,}525$ cm entsprechend 70 mm² Leiterquerschnitt und für $h_m = 1500$ cm erhält man mit $d_m = 100$ cm

$$\varrho_1 = 7{,}25 \text{ cm}$$
$$h_1 = 1500 \text{ cm}.$$

Der gegenseitige Abstand $d_{12}$ der Systeme beträgt bei 10 m Leiterhöhe des beeinflußten Drahtes

$$d_{12} = 2060 \text{ cm},$$

der Abstand vom Spiegelbild des Gegenleiters

$$d'_{12} = 3200 \text{ cm}.$$

Wir haben damit alle für die Auswertung der Formel (13) erforderlichen Zahlenwerte. Die influenzierte Spannung $E$ drückt sich in Bruchteilen der beeinflussenden Spannung $U_p$ als

$$\frac{E}{U_p} = \frac{C_{12}}{C_{12} + C_{2e}}$$

aus, welcher Ausdruck nach (13) gleich

$$\frac{E}{U_p} = \frac{\ln \dfrac{d'_{12}}{d_{12}}}{\ln \dfrac{2 h_1}{\varrho_1}} \qquad (134)$$

zu setzen ist.

Die zahlenmäßige Auswertung ergibt 0,073 und damit

$$E = 0{,}073 \cdot \frac{50\,000}{\sqrt{3}} = 2100 \text{ V}.$$

Die numerische Gleichheit der für Influenzspannung des ungeerdeten Systems und Induktionswirkung des geerdeten Systems berechneten Spannungswerte weicht sogleich einer erheblichen Überlegenheit der ungeerdeten Betriebsform, wenn man die volle Ausdehnung der beeinflußten Schwachstromleitung berücksichtigt, welche als zusätzliche Erhöhung der Erdkapazität $C_{2e}$ in Rechnung zu stellen ist. Die Erdkapazität $C_{2e}$ des 10 km langen Näherungsabschnittes beträgt nach Formel (13)

$$C_{2e} = 0{,}06 \quad \mu\text{F},$$
ebenso $\qquad C_{12} = 0{,}0047 \; \mu\text{F}.$

Wird $C_{2e}$ durch die Gesamtausdehnung der Schwachstromübertragung oder durch eine konzentrierte Kapazität auf 0,6 $\mu$F ergänzt, so sinkt die influenzierte Spannung auf $29\,000 \cdot \dfrac{0{,}0047}{0{,}6047} = 225$ Volt. Es ist also leicht, die Influenzspannung zu beherrschen, zumal über die Querkapazität kein größerer Strom als $29\,000 \cdot 314 \cdot 0{,}047 \cdot 10 = 0{,}043$ A zufließen kann. An das Ableitungsvermögen der Erdverbindungen werden also keine großen Anforderungen gestellt. Die induktive Beeinflussung ist demgegenüber eine viel starrere Erscheinung. Eine einzelne Erdverbindung kann die hervorgerufene Längsspannung überhaupt nicht beseitigen, sondern nur eine Niveauverschiebung bewirken. Um die

Längsspannung zu ermäßigen oder gar aufzuheben, müßte man die Schleife des beeinflußten Leiters kurzschlußartige Gegenströme entwickeln lassen. Dies folgt aus der Bedingung

$$\omega M_k + \omega L I_g = 0,$$

in welcher $\omega M$ mit dem oben gefundenen Wert 0,304 $\Omega$/km, $\omega L$ mit dem von früher her (Abschnitt II, Kapitel 7) bekannten Wert 0,8 $\Omega$/km auftritt. Der Gegenstrom $I_g$ müßte also $\frac{3}{8}$ des Kurzschlußstromes betragen. Die Aufgabe der Bekämpfung induzierter Längsspannungen ist somit weit schwieriger und leidet insbesondere unter dem Umstand, daß bei gegebenen Näherungsverhältnissen nicht die Netzspannung, sondern der Fehlerstrom maßgebend ist, der selbst wieder vom gesamten Hochspannungsnetz, seinem Schaltzustand und seinem Wachstum mitbestimmt wird.

Ein Grenzfall der Beeinflussung ist noch zu erwähnen, die unmittelbare Berührung einer Leitung II geringerer Spannung durch einen Draht der anderen, mit höherer Spannung betriebenen (Riß der Hochspannungsleitung, Berührung der Nachbarleitung). Die Wirkung der Erdschlußspule kann hier einen überraschenden Vorteil bringen. Die Berührung bedeutet nämlich nichts anderes als eine Annäherung an den Erdschlußzustand, indem die Erdkapazität $\frac{C_I}{3}$ des betreffenden Leiters eine Erhöhung um den Betrag $C_{II}$ der Gesamterdkapazität des Nachbarsystems erfährt. Ist $C_{II}$ gegen $\frac{C_I}{3}$ nicht zu klein, so verlagert sich das kompensierte Hochspannungssystem selbsttätig im Sinne einer Entlastung der kranken Phase. Die Fehlerstelle bleibt im wesentlichen strom- und spannungsfrei. Kommt es aber trotz allem zum Überschlag der berührten Leitung geringerer Spannung, so bleiben der Anlage die bösen Wirkungen erspart, die dem Erdschluß des unkompensierten Systems anhaften.

## 8. Die allgemeinen Lösch- und Betriebsbedingungen kompensierter Systeme.

Die Betrachtungen dieses Kapitels sind dazu bestimmt, durch eine allgemeinere Fassung der Aufgabenstellung die bisherigen Ergebnisse in einheitlicher Form wiederzufinden. Insbesondere soll gezeigt werden, daß in einem theoretisch richtig kompensierten Netz von selbst alle Voraussetzungen für einen verlagerungsfreien Normalbetrieb erfüllt sind.

Von $n$-Leitern eines Systems sei jeder über Impedanzen $\mathfrak{Z}_1 \ldots \mathfrak{Z}_n$ mit Erde verbunden. Kapazitive Verkettungen gegen geerdete Seile sollen hierin inbegriffen sein. Die Potentiale gegen Erde seien $\mathfrak{U}_{1e} \ldots \mathfrak{U}_{ne}$. Der geometrische Schwerpunkt $O$ des Spannungspolygons, der in der Regel mit dem Wicklungsmittelpunkt identisch sein wird, soll das Potential $\mathfrak{U}_{0e}$ gegen Erde aufweisen. Dann gilt [vgl. Abschnitt II, Kapitel 1, Gleichung (27)]

$$\left.\begin{array}{l}\mathfrak{U}_{1e} = \mathfrak{U}_{10} + \mathfrak{U}_{0e} \\ \mathfrak{U}_{ne} = \mathfrak{U}_{n0} + \mathfrak{U}_{0e}\end{array}\right\} \quad (135)$$

und

$$\left.\begin{array}{l}\sum \mathfrak{U}_{i0} = 0 \\ \mathfrak{U}_{0e} = \dfrac{\sum \mathfrak{U}_{ie}}{n}\end{array}\right\} \quad (136)$$

Für die Einstellung des Systems gegen Erde ist eine Knotenpunktsbedingung der Erdströme maßgebend:

$$\sum \frac{\mathfrak{U}_{ie}}{\mathfrak{Z}_i} = 0$$

oder in anderer Form

$$\sum \frac{\mathfrak{U}_{i0}}{\mathfrak{Z}_i} + \mathfrak{U}_{0e} \sum \frac{1}{\mathfrak{Z}_i} = 0. \tag{137}$$

Diese Beziehungen und ihre Deutungen fanden wir bereits in Abschnitt II, Kapitel 2. Für die Verlagerung $\mathfrak{U}_{0e}$ des Systems folgt

$$\mathfrak{U}_{0e} = -\frac{\sum \dfrac{\mathfrak{U}_{i0}}{\mathfrak{Z}_i}}{\sum \dfrac{1}{\mathfrak{Z}_i}}. \tag{138}$$

Die Summen in Zähler und Nenner sind dabei über alle Leiter und Klemmen zu erstrecken, an welche Erdverbindungen angeschlossen sind. Wir haben diese Beziehung folgendermaßen gedeutet: Nicht der geometrische Schwerpunkt $O$ des Spannungspolygons, sondern ein anderer Systempunkt, der elektrische Schwerpunkt $S$, nimmt Erdpotential an. Der vektorielle Abstand der Punkte $O$ und $S$, eben die Spannung $\mathfrak{U}_{0s} = \mathfrak{U}_{0e}$, leitet sich aus der Bedingung ab, daß die im Schwerpunkt vereinigt gedachte Kombination aller Erdverbindungen $\sum \dfrac{1}{\mathfrak{Z}_i}$ in jedem Betriebszustand die Summe der tatsächlichen Erdströme aller Klemmen $1 \ldots n$ ersetzen soll. Es ist also immer

$$\mathfrak{U}_{se} \sum \frac{1}{\mathfrak{Z}_i} = \sum \frac{\mathfrak{U}_{ie}}{\mathfrak{Z}_i}$$

und insbesondere

$$\mathfrak{U}_{se} = 0$$

für

$$\sum \frac{\mathfrak{U}_{ie}}{\mathfrak{Z}_i} = 0,$$

d. h. für isolierten Zustand des Netzes.

Es sei nun die Aufgabe gestellt, eine oder mehrere Erdschlußspulen so anzuschließen, daß die neue Spannungseinstellung sich von der des unkompensierten Netzes gar nicht unterscheidet. Auch für die Löschinduktivitäten läßt sich eine Zusammenfassung in der Weise durchführen, daß an ihre Stelle eine einzige gleichwertige Induktivität gemäß der Beziehung

$$\frac{1}{L} = \sum \frac{1}{L_i}$$

tritt, deren Anschlußpunkt nach den Regeln für die Bestimmung elektrischer Schwerpunkte zu ermitteln ist. Bei dreiphasigen Löscheinrichtungen hat man dabei auf die Trennung der Nullinduktivität von der Schleifeninduktivität zu achten. Fällt der elektrische Schwerpunkt der Löschinduktivitäten bzw. bei einer einzelnen Löschspule deren Anschlußpunkt mit dem elektrischen Schwerpunkt des unkompensierten Netzes zusammen, so ist damit auch eine übereinstimmende Lage des gemeinsamen neuen Schwerpunktes gegeben. Schließt man also die Löscheinrichtung an den elektrischen Schwerpunkt des Netzes an, so ergeben Unsymmetrien der Erdverbindungen des unkompensierten Netzes keine andere Verlagerung als bei Abwesenheit der Löscheinrichtung. Dabei ist es nicht von Belang, ob man den Schwerpunkt durch Herausführen von Anzapfungen oder durch Kombination von zusätzlichen Wicklungszweigen oder durch Einfügen von Hilfsspannungen herstellt. Natürlich soll keine nennenswerte Impedanzvermehrung des Anschlußapparates eintreten, was bei der Auswahl der Schaltungen zu berücksichtigen ist. Gestattet die Konstanz der Unsymmetrie feste Anschlußverhältnisse für die Löschspulen, so wird man auf eine Regelbarkeit des Anschlußpunktes verzichten oder dieselbe nur dem Genauigkeitsgrade der Vorausbestimmung anpassen. Bei praktischen Anwendungen wird man sich wegen der zweidimensionalen Mannigfaltigkeit der Lagen des Schwerpunktsvektors mit Annäherungen begnügen.

Es wäre nun denkbar, daß diese aus den normalen Betriebsbedingungen abgeleiteten Anschlußregeln den Voraussetzungen einer vollkommenen Kompensierung nicht angepaßt sind. Tatsächlich stimmen sie jedoch damit genau überein. Der Erdschlußstrom eines Systems von $n$-Leitern mit den Erdverbindungen $\mathfrak{Z}_1 \ldots \mathfrak{Z}_n$ und den auf irgendeinen Systempunkt bezogenen Phasenspannungen $\mathfrak{U}_1 \ldots \mathfrak{U}_n$ beträgt, wenn der $m$-te Leiter an Erde kommt

$$\mathfrak{J}_e = \sum_1^n \frac{\mathfrak{U}_i - \mathfrak{U}_m}{\mathfrak{Z}_i} = \sum_1^n \frac{\mathfrak{U}_i}{\mathfrak{Z}_i} - \mathfrak{U}_m \sum_1^n \frac{1}{\mathfrak{Z}_i}. \tag{139}$$

Der Löschstrom $\mathfrak{J}_L$ beträgt, wenn die resultierende Induktivität einer Impedanz $\mathfrak{Z}_L$ entspricht, und wenn deren Anschlußpunkt (elektrischer Schwerpunkt der Gesamtheit der Löscheinrichtungen) unter Berücksichtigung etwa eingefügter Hilfsspannungen die Spannung $\mathfrak{U}_L$ aufweist

$$\mathfrak{J}_L = \frac{\mathfrak{U}_L - \mathfrak{U}_m}{\mathfrak{Z}_L}.$$

Die Summe

$$\mathfrak{J}_e + \mathfrak{J}_L = \sum_1^n \frac{\mathfrak{U}_i}{\mathfrak{Z}_i} + \frac{\mathfrak{U}_L}{\mathfrak{Z}_L} - \mathfrak{U}_m \left( \sum_1^n \frac{1}{\mathfrak{Z}_i} + \frac{1}{\mathfrak{Z}_L} \right) \tag{140}$$

soll verschwinden, gleichgültig welche Phase $m$ an Erde liegt, also unabhängig von Größe und Richtung von $\mathfrak{U}_m$. Das ist nur möglich, wenn sowohl

$$\sum_1^n \frac{\mathfrak{U}_i}{\mathfrak{Z}_i} + \frac{\mathfrak{U}_L}{\mathfrak{Z}_L} = 0 \tag{141}$$

als auch

$$\sum_1^n \frac{1}{\mathfrak{Z}_i} + \frac{1}{\mathfrak{Z}_L} = 0. \tag{142}$$

Die zweite Gleichung dieser Doppelbedingung ist die bekannte Abstimmungsbedingung (73) in verallgemeinerter Form. Die erste Gleichung ist von uns als Löschbedingung bisher nicht formuliert worden, weil wir uns auf die vereinfachende Annahme symmetrischer Phasenspannungen und Teilkapazitäten beschränkt hatten. Führt man noch die für jeden Bezugspunkt der Spannungsvektoren zutreffende Schwerpunktsdefinition

$$\sum_1^n \frac{\mathfrak{U}_i}{\mathfrak{Z}_i} = \mathfrak{U}_s \sum_1^n \frac{1}{\mathfrak{Z}_i}$$

ein, so ergibt sich mit (142) für (141) die durchsichtige Form

$$\mathfrak{U}_L = \mathfrak{U}_s. \tag{143}$$

Man erreicht also vollständige Aufhebung des Erdschlußstromes bei Erdschluß einer beliebigen Phase nur durch Anschluß der Löschinduktivität an den elektrischen Schwerpunkt des Systems. Der Erdschlußstrom eines nicht vollkommen symmetrischen Netzes ist eben bei Erdung der einzelnen Phasen nicht von gleicher Größe, so daß man auch die jeweilige Arbeitsspannung des Spulenzweiges nicht gleich der Phasenspannung wählen sollte. Der Anschluß an den elektrischen Schwerpunkt ergibt einen selbsttätigen Ausgleich.

**Bei Einhaltung der exakten Löschbedingungen erfährt ein System im Normalbetrieb keinerlei zusätzliche Verlagerung gegenüber dem unkompensierten Zustand.**

In der Regel ist der elektrische Schwerpunkt des unkompensierten Netzes dem Nullpunkt hinreichend benachbart, um die gebräuchliche Praxis des Anschlusses an den Nullpunkt (oder, was dasselbe ist, der symmetrischen Ausbildung dreiphasiger Löscheinrichtungen) zu rechtfertigen. Ebenso erfüllt man die Abstimmungsbedingung (142) nicht voll, denn man läßt die Wattkomponenten der $\mathfrak{Z}_n$ unkompensiert. Würde man diese gleichfalls als kompensiert voraussetzen, so ergäbe eine genauere Betrachtung, daß die Einhaltung der verallgemeinerten Löschbedingungen zu einer Unbestimmtheit der Spannungseinstellung im normalen Betrieb führt. Die ursprüngliche Einstellung des unkompensierten Netzes kann dann beibehalten werden, doch besteht theoretisch eigentlich kein Zwang dazu. Denn in der Gleichung (138) für die Verlagerungsspannung $\mathfrak{U}_{0e}$ sind jetzt durch die Einbeziehung der Löschinduktivitäten Zähler und Nenner zu Null ergänzt worden. Bei keiner Verlagerung des Systems käme ein Erdstrom zustande, das System könnte sich daher auch nicht eindeutig gegen Erde einstellen. In Wirklichkeit übernehmen die Wattkomponenten diese Aufgabe. Sie beseitigen die Unbestimmtheit, so daß der theoretisch richtige Anschluß einer Löscheinrichtung die gleiche Gewähr für gute Löschwirkung und für verlagerungsfreien Betrieb bietet.

Die eben durchgeführten Betrachtungen lassen sich auch auf zwei und mehr Systeme ausdehnen (L 151). Auch hier ergibt sich wieder Identität der Bedingungen für einen unbeeinflußten Normalbetrieb einerseits, für vollkommene Löschwirkung andererseits. Im übrigen bleibt es bei den Ergebnissen des Kapitels 5 in Abschnitt V mit einigen Verfeinerungen. Zur vollständigen Lösung der Kompensierungsaufgabe gehören mindestens drei Induktivitäten. Zwei davon sind den Erdkapazitäten zugeordnet, wobei

$$\frac{1}{\mathfrak{Z}_{IL}} = \sum_{i=1}^{n} \frac{1}{\mathfrak{Z}_{Ii}}, \tag{144a}$$

$$\frac{1}{\mathfrak{Z}_{IIL}} = \sum_{k=1}^{n} \frac{1}{\mathfrak{Z}_{IIk}}. \tag{144b}$$

Es ist naheliegend, daß auch hier die Zusatzbedingung (141) für jedes der beiden Systeme gilt. Denn durch die Entkopplung, welche die dritte Induktivität bewirkt, gewinnen die Systeme ihre Selbständigkeit zurück. Eine gewisse Störung kann aber durch die unvollkommene Symmetrie der kapazitiven Querverbindungen hereingebracht werden, worauf wir schon bei der Behandlung der Querkompensierung hingewiesen haben.

Es sei je ein Leiter $i$ bzw. $k$ aus dem System $I$ bzw. $II$ herausgegriffen. Die auf Erde als gemeinsamen Pol bezogenen Spannungen dieser Leiter sind

$$\mathfrak{u}_{Ii_0} + \mathfrak{u}_{I0e}$$

bzw. $\mathfrak{u}_{IIk_0} + \mathfrak{u}_{II0e}.$

Unter dem Einfluß der Differenz dieser Spannungen fließt über die Querverbindung $\mathfrak{Z}_{ik}$ ein Strom

$$\frac{\mathfrak{u}_{Ii_0} + \mathfrak{u}_{I0e}}{\mathfrak{Z}_{ik}} - \frac{\mathfrak{u}_{IIk_0} + \mathfrak{u}_{II0e}}{\mathfrak{Z}_{ik}}.$$

Mit Absicht sind hier die beiden Spannungsausdrücke getrennt. Man gewinnt dadurch eine Darstellung, in der jeder Leiter des einen Systems Ströme über die Impedanzen $\mathfrak{Z}_{ik}$ zu den quasi geerdeten Leitern des anderen Systems entsendet, umgekehrt von ihnen wieder Querströme so empfängt, als wären sie

## Spezialprobleme der induktiven Erdschlußkompensierung.

auf Spannung, der betrachtete Leiter selbst hingegen auf Erdpotential. Diese Teilströme werden dann zusammengesetzt. Man hat nun über alle diese Beiträge die Summe zu bilden. Im System $I$ geht dabei der Zeiger $i$ von 1 bis $n$, im System $II$ durchläuft $k$ alle Werte. Es entstehen die Glieder

$$\left.\begin{aligned}\sum_{ik}\frac{\mathfrak{u}_{Ii0}}{\mathfrak{Z}_{ik}} &= \sum_{i}\mathfrak{u}_{Ii0}\sum_{k}\frac{1}{\mathfrak{Z}_{ik}} = \sum_{i}\frac{\mathfrak{u}_{Ii0}}{\mathfrak{Z}_{iII}} \\ \sum_{ik}\frac{\mathfrak{u}_{I0e}}{\mathfrak{Z}_{ik}} &= \mathfrak{u}_{I0e}\sum_{ik}\frac{1}{\mathfrak{Z}_{ik}} = \mathfrak{u}_{I0e}\frac{1}{\mathfrak{Z}_{III}} \\ \sum_{ik}\frac{\mathfrak{u}_{IIk0}}{\mathfrak{Z}_{ik}} &= \sum_{k}\mathfrak{u}_{IIk0}\sum_{i}\frac{1}{\mathfrak{Z}_{ik}} = \sum_{k}\frac{\mathfrak{u}_{IIk0}}{\mathfrak{Z}_{kI}} \\ \sum_{ik}\frac{\mathfrak{u}_{II0e}}{\mathfrak{Z}_{ik}} &= \mathfrak{u}_{II0e}\sum_{ik}\frac{1}{\mathfrak{Z}_{ik}} = \mathfrak{u}_{II0e}\frac{1}{\mathfrak{Z}_{III}}\end{aligned}\right\} \quad (145)$$

Das zweite und vierte Glied sagen aus, daß die Differenz $\mathfrak{u}_{I0}-\mathfrak{u}_{II0e}$ der Nullpunktsverlagerungen beider Systeme an der gesamten Querimpedanz $\mathfrak{Z}_{III}$ (Ergebnis der Parallelschaltung sämtlicher Querverbindungen $\mathfrak{Z}_{ik}$) einen Querstrom bestimmt. Soll das Verhalten der beiden Systeme $I$ und $II$ im Erdschluß wie im normalen Betrieb von diesem Querstrom unbeeinflußt bleiben, welches auch der Wert der treibenden Spannung $\mathfrak{u}_{I0e}-\mathfrak{u}_{II0e}$ sein mag, so ist die Hinzufügung eines entgegengesetzt gleichen Stromes unerläßlich, der unter dem Einfluß derselben Spannung stehen muß. Eine Ausgleichsinduktivität zwischen den beiden Strömen ist nötig, die der Bedingung

$$\mathfrak{Z}_{LIII} = -\mathfrak{Z}_{III} \qquad (146)$$

zu genügen hat. Selbstverständlich wird man hinsichtlich der Wirkkomponenten auf die Einhaltung dieser Vorschrift keinen Wert legen.

Der erste und dritte Ausdruck liefert Störglieder. Selbst bei Symmetrie aller Phasenspannungen $\mathfrak{u}_{i0}$ des Systems $I$ kommt eine von Null verschiedene Summe zustande, wenn die Gesamtheit der vom Leiter $i$ des Systems $I$ nach allen Leitern des Systems $II$ hinüber wirksamen Querverbindungen $\mathfrak{Z}_{iII}$ nicht für alle Leiter $i$ gleiche Werte besitzt. Angenähert ist dies wohl der Fall. Die Störglieder sind daher dem Betrage nach gering. Welche Maßnahme wird nun von der strengeren Theorie gefordert, um die unausgeglichenen Querströme unwirksam zu machen? Es müssen über eine weitere Querverbindung Ströme ausgetauscht werden, welche die Störglieder ausgleichen. Es liegt nahe, hierfür die eben zum Zwecke der Aufhebung von $\mathfrak{Z}_{III}$ eingeführte Querinduktivität $\mathfrak{Z}_{LIII}$ zu benutzen, in deren Stromzweig man geeignete Hilfsspannungen einführen muß. Diese sind wie die Störströme selbst aus den Systemspannungen von $I$ und $II$ herzuleiten. Wir nennen die Hilfsspannungen $\mathfrak{u}_{hIII}$ (wirksam vom System $I$ her) und $\mathfrak{u}_{hIII}$ (wirksam vom System $II$ her); die für ihre Auswahl maßgebenden Bestimmungsgleichungen lauten:

$$\frac{\mathfrak{u}_{hIII}}{\mathfrak{Z}_{LIII}} = -\sum_{i}\frac{\mathfrak{u}_{Ii0}}{\mathfrak{Z}_{iII}}, \qquad (147)$$

$$\frac{\mathfrak{u}_{hIII}}{\mathfrak{Z}_{LIII}} = -\sum_{k}\frac{\mathfrak{u}_{IIk0}}{\mathfrak{Z}_{kI}}. \qquad (148)$$

Insgesamt sind an der Ausgleichsinduktivität wirksam:

$$\mathfrak{u}_{I0e} - \mathfrak{u}_{II0e} + \mathfrak{u}_{hIII} - \mathfrak{u}_{hIII}.$$

Mit anderen Worten, die Ausgleichsdrossel ist genau so wie die Erdschlußspulen nicht unmittelbar an die Nullpunkte der Systeme $I$ und $II$ zu legen, denen die Spannung $\mathfrak{U}_{I\,0\,e}$ bzw. $\mathfrak{U}_{II\,0\,e}$ gegen Erde zukommt, sondern an etwas außerhalb davon gelagerte Systempunkte, die um $\mathfrak{U}_{h\,III}$ bzw. $\mathfrak{U}_{h\,III}$ von den Nullpunkten abstehen. Da entsprechende Klemmen im allgemeinen nicht zur Verfügung sein werden, kommt das Verfahren der Einfügung von Hilfsspannungen in Betracht, die aus dem betreffenden Spannungssystem durch Wicklungskombinationen, durch Drehregler u. dgl. zu gewinnen sind.

Das vollständige Schema der Kompensierungseinrichtung zweier benachbarter Leitungsstränge umfaßt somit (Abb. 227) zwei Erdschlußspulen, eine Querinduktivität und vier Hilfsspannungen $\mathfrak{U}_{h\,I}$, $\mathfrak{U}_{h\,II}$, $\mathfrak{U}_{h\,III}$ und $\mathfrak{U}_{h\,III}$. In der Praxis verzichtet man in der Regel auf die Einführung der Hilfsspannungen und beschränkt sich auf die einfacheren Anordnungen nach Abb. 206 und 213. Erwähnung möge noch finden, daß bei Anwendung eines Saugtransformators nach Abb. 213 die Hilfsspannungen $\mathfrak{U}_{h\,III}\dfrac{n}{N}$ und $\mathfrak{U}_{h\,III}$ mit je einer Wicklung in Reihe zu legen wären, was wieder auf eine Verschiebung der Anschlußpunkte gegen die Systemnullpunkte hinausläuft. Die Reihenwicklung gestattet eine Zusammenziehung der einen Hilfsspannung $\mathfrak{U}_{h\,III}\dfrac{n}{N}$ mit jener der Erdschlußspule, das ist mit $\mathfrak{U}_{h\,I}\dfrac{C_I}{C_I+C_{III}}$.

Abb. 227. Vollständiges Schema der Kompensierungseinrichtungen zweier kapazitiv gekoppelter Systeme.

Wirkt ein System mit einem betriebsmäßig starr geerdeten Pol (Fahrdraht einer Wechselstrombahn) auf ein anderes System kapazitiv ein, so entfällt im Sinne der in Abschnitt V, Kapitel 5 gemachten Ausführungen die eine der beiden Erdschlußspulen. Die allgemeine Lösung umfaßt beispielsweise eine Erdschlußspule $L_I$ mit einer aus ihrem System abgeleiteten Hilfsspannung $\mathfrak{U}_{h\,I}\dfrac{C_I}{C_I+C_{III}}+\mathfrak{U}_{h\,III}\dfrac{n}{N}$ für das isolierte Netz und einen Saugtransformator mit einer aus dem beeinflussenden Fahrdrahtsystem zu gewinnenden zweiten Hilfsspannung $\mathfrak{U}_{h\,III}$. Im allgemeinen werden dabei wieder die Zusatzspannungen $\mathfrak{U}_{h\,I}$ und $\mathfrak{U}_{h\,III}$ entbehrlich sein, während $\mathfrak{U}_{h\,III}$ namhafte Werte annehmen kann.

Die Übereinstimmung der Bedingungen für störungsfreien Normalbetrieb und für richtige Kompensierung im Erdschlußzustand folgt daraus, daß beide Forderungen wesensgleich sind. Es wird verlangt, daß in jedem System die Summe der Erdströme und der Querströme Null bleibt, welche Verlagerungen auch dem einen oder dem anderen Netz von außen aufgezwungen sein mögen.

## 9. Die Kompensierung langer Leitungen.

Auch für lange Leitungen gilt an jeder Stelle die durch die Beziehung (27) ausgedrückte Berechtigung zur Zerlegung des Systems der Spannungsvektoren in den Stern der Phasenspannungen und die überlagerte Nullkomponente. Nur die letztere ist für den Beitrag maßgebend, den jedes Leitungselement zum Erdschlußstrom liefert. Die Einsicht, daß für die Erdschlußprobleme ein jeder hinreichend kurze Abschnitt der langen Leitung genau so behandelt werden darf wie ein Stück einer Einphasenleitung, gebildet aus den Phasenseilen als Hinleitung, der Erde als Rückschluß, berechtigt uns, die Gesetzmäßigkeiten der langen Einphasenleitung unmittelbar auf den Erdschlußzustand der langen Mehrphasenleitung zu übertragen. Bei dem bedingten praktischen Interesse dieser Untersuchung ist zunächst die Beschränkung auf verlustarme Übertragungen berechtigt. Die Rolle der Verluste soll für sich betrachtet werden.

Wir stützen uns auf die bekannte Eigenschaft der langen Leitung, Strom und Spannung in einer von Punkt zu Punkt veränderlichen wellenförmigen Verteilung zu führen. Spannungs- und Stromwelle haben sinusförmige Gestalt und sind gegeneinander um 90° versetzt. Solange die Leitung sich selbst überlassen bleibt, ist die Amplitude $U_{\max}$ der Spannungswelle mit der Amplitude $I_{\max}$ der Stromwelle verknüpft durch die Beziehung

$$U_{\max} = I_{\max} Z, \qquad (149)$$

worin $Z = \sqrt{\dfrac{L}{C}}$ den Wellenwiderstand der Leitung bedeutet. Ferner gilt an einer um $\varphi$ elektrische Grade vom Leitungsende entfernten Stelle

$$\left. \begin{array}{l} U = U_{\max} \cos \varphi \\ I = I_{\max} \sin \varphi \end{array} \right\} \qquad (150)$$

Am Leitungsende ist nämlich notwendig $I = 0$, soferne nicht Verbrauchsapparate angeschlossen sind. Ist dies der Fall, so gilt die Verallgemeinerung

$$\left. \begin{array}{l} U = U_{\max} \cos (\varphi + \alpha) \\ I = I_{\max} \sin (\varphi + \alpha) \end{array} \right\} \qquad (151)$$

mit

$$\operatorname{ctg} \alpha = \frac{U_e}{I_e Z} = \frac{Z_e}{Z}. \qquad (152)$$

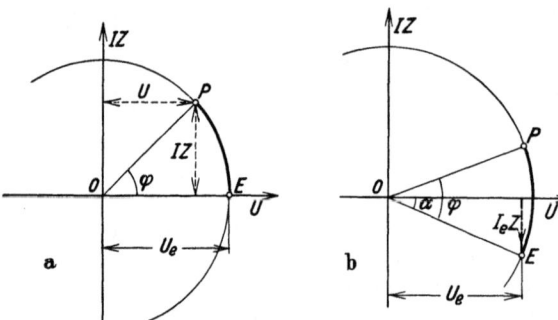

Abb. 228 a und b. a Kreisdiagramm der leerlaufenden langen Einfachleitung. b Kreisdiagramm der am Ende belasteten langen Einfachleitung.

Darin bedeutet $Z_e$ die Impedanz am Leitungsende, welche als rein induktiv oder kapazitiv vorausgesetzt werden soll, wie dies für die durch $Z$ bestimmte Stromaufnahme der Leitung selbst auch zutrifft. Diese Zusammenhänge kommen in einer graphischen Darstellung durch ein Kreisdiagramm besonders klar zum Ausdruck. Abb. 228a zeigt, daß man, ausgehend von den für den Endpunkt $E$ der Leitung maßgebenden Zustandsgrößen $U = U_e$, $I = 0$, durch Fortschreiten auf einem Kreisbogen alle einander zugeordneten Wertepaare $(U, IZ)$ durchläuft. $U$ und $IZ$ sind nämlich jeweils Abszisse und Ordinate eines Kreispunktes $P$, der von $E$ um einen der Leitungslänge $s$ entsprechenden Winkel $\varphi$ entfernt ist. Die Zuordnung von $s$ und $\varphi$ folgt der Beziehung

$$\varphi = \omega \frac{s \,(\mathrm{km})}{300\,000}$$

bzw. genauer wegen der für die Nullkomponente nach Carson (L 176, 177) bestehenden Abweichung der Wellenausbreitungsgeschwindigkeit $v = \dfrac{1}{\sqrt{lc}}$ von der Lichtgeschwindigkeit

$$\varphi = \frac{\omega s}{v} = \omega \sqrt{LC}. \qquad (153)$$

Auf diese Art gibt das Kreisdiagramm die nach einem cos-Gesetz verlaufende räumliche Veränderlichkeit von $U$ sowie gleichzeitig den Verlauf von $IZ$ nach einer sin-Funktion wieder. Die Darstellung von $I$ im Maßstab $IZ$ gibt die Möglichkeit, die Projektionen eines und desselben umlaufenden Vektors

$$OP = U_{\max} = I_{\max} Z$$

zu benutzen.

Die Phasenbeziehung zwischen $U$ und $I$ wird durch die Feststellung geregelt, daß am Beginn des ersten Quadranten die Verhältnisse der kurzen Leitung herrschen, $I$ somit als um 90° voreilender Ladestrom aufzufassen ist. Im zweiten und vierten Quadranten besteht eine Phasennacheilung von $I$ um 90°.

Ist das Leitungsende nicht unbelastet, sondern über eine Induktivität mit dem Scheinwiderstand $Z_e$ geerdet, so muß am Leitungsende ein Strom $I_e = \dfrac{U_e}{Z_e}$ zugeführt werden. Der Punkt $E$ liegt dann (Abb. 228b) auf einem Strahl $OE$, der die Neigung

$$\operatorname{ctg}\alpha_e = \frac{U_e}{I_e Z} = \frac{Z_e}{Z}$$

aufweist. Einem Fortschreiten auf der Leitung gegen den Anfang hin entspricht das Zurücklegen eines Winkels $\varphi$ im Kreisdiagramm, ausgehend von $E$. Liegt hingegen der mit einem induktiven Apparat vom Scheinwiderstand $Z_L$ belastete Punkt irgendwo unterwegs, so hat man im Sinne von Abb. 229 die Stromzufuhr an dieser Stelle durch einen Ordinatensprung wiederzugeben. Man ermittelt diesen durch Ziehen eines unter $\alpha_L$ geneigten Strahles, der auf der Ordinate von $P$ die Strecke

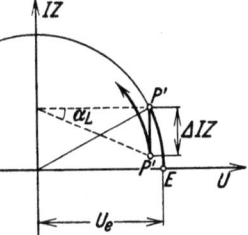

Abb. 229. Kreisdiagramm der unterwegs induktiv belasteten Leitung.

$$\frac{U}{\operatorname{ctg}\alpha_L} = U\frac{Z}{Z_L} = I_L Z = \triangle(IZ)$$

abschneidet. Auf diese Weise wird bei unveränderter Spannung der Übergang zu einem neuen Diagrammpunkt $P'$ vollzogen, von dem ausgehend ein neues gegen den Anfangspunkt der Leitung gleichsinnig fortschreitendes Kreisdiagramm aufzubauen ist.

Im Besitze dieses Verfahrens gehen wir an die Beantwortung der Frage, was bei Erdschluß der unkompensierten langen Leitung geschieht. Die Fehlerstelle $F$ liege irgendwo mitten auf der Strecke (Abbildung 230a). Fünf Werte sind als gegeben zu betrachten: Die Winkelabstände $\varphi_a$ und $\varphi_e$ der Fehlerstelle von Anfangspunkt $A$ und Endpunkt $E$ der Leitung, die Stromwerte $I_a = I_E = 0$ an den Punkten $A$ und $E$, gleichbedeutend mit ihrer Lage auf der Abszissenachse, und schließlich der Spannungswert $U_f$ an der Fehlerstelle.

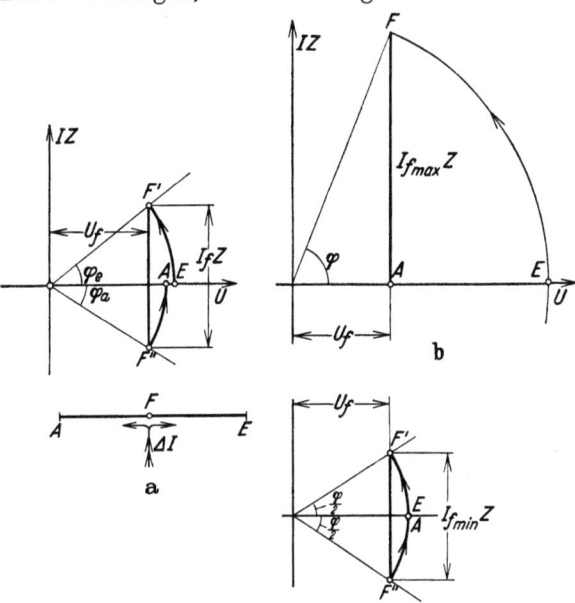

Abb. 230 a—c. Erdschluß auf der langen Leitung. a unterwegs, b am Anfang (größter Fehlerstrom), c in der Mitte (kleinster Fehlerstrom).

Dort und nur dort wird die Leitung zwangsläufig auf eine vorgeschriebene Nullspannung gegen Erde gebracht, welche der an dieser Stelle herrschenden Phasenspannung der kranken Phase entgegengesetzt gleich ist. An der Fehlerstelle findet ein Stromsprung statt, der unsere gesuchte Unbekannte ist. Man kann nun, ausgehend von den unter $+\varphi_e$ und $-\varphi_a$ gezogenen Strahlen und einer im Abstand $U_f$ zur Ordinatenachse gezogenen Parallelen, die beiderseits der Fehler-

## Spezialprobleme der induktiven Erdschlußkompensierung.

stelle gültigen Kreisdiagrammbögen sofort ermitteln. Beispielsweise liegt zwischen dem Punkt $E$ auf der Abszissenachse und dem Strahlenschnittpunkt $F'$ die vorgeschriebene Bogenlänge $\varphi_e$ im richtigen Fortschreitungssinne, außerdem herrscht in $F'$ die vorgeschriebene Spannung $U_f$. Ähnliches gilt von dem Bogenstück zwischen $F''$ und $A$. Die Strecke $F'F''$ ist der gesuchte Stromsprung $I = I_f$ im Maßstabe $I_f Z$.

Der Betrag von $I_f$ ist offenbar nicht unabhängig von der Lage von $F$ innerhalb der Strecke $AE$. Die beiden Grenzfälle sind in Abb. 230b und c dargestellt. Das Schwankungsverhältnis vom größten zum kleinsten Wert des Erdschlußstromes beträgt danach für $\varphi_a + \varphi_e = \varphi$ bei gleicher Spannung am Fehlerort

$$\frac{I_{f\max}}{I_{f\min}} = \frac{U_f \operatorname{tg}\varphi}{2\,U_f \operatorname{tg}\dfrac{\varphi}{2}} = \frac{1}{1-\operatorname{tg}^2\dfrac{\varphi}{2}}$$

oder in Tabellenform für

mit

| | 367 | 550 | 733 | 1100 km |
|---|---|---|---|---|
| $\varphi \approx$ | $\dfrac{\pi}{6}$ | $\dfrac{\pi}{4}$ | $\dfrac{\pi}{3}$ | $\dfrac{\pi}{2}$ |
| | 1,077 | 1,207 | 1,500 | $\infty$ |

Für die Zuordnung der kilometrischen und der im Winkelmaß ausgedrückten Leitungslänge ist dabei mit Gleichung (153) und mit einem Selbstinduktionskoeffizienten

$$L + 2M = \frac{1{,}2 \div 1{,}8}{314} \text{ H/km}$$

sowie mit einer Leiterkapazität

$$C = 4{,}8 \div 5{,}7 \cdot 10^{-9} \text{ F/km}$$

gerechnet

$$\left(\frac{1}{\sqrt{LC}} = 220\,000 \text{ km/s}\right).$$

Bis zu Leitungslängen von 200 km ist der Einfluß der Lage der Fehlerstelle unbedeutend.

Um den Erfolg der Erdschlußkompensierung beliebig langer Leitungen von linearer Erstreckung zu untersuchen, wenden wir uns zuerst den Verhältnissen bei Verwendung einer einzigen, am Leitungsanfang eingebauten Spule zu. Die Abb. 231a enthält in dem stark ausgezogenen Kreisbogenstück $EA$ das Stromspannungsdiagramm der Leitung. Wird in $A$ soviel Strom zugeführt, als der Ordinatenstrecke $AA'$ entspricht, so ist der Strombedarf der Leitung voll gedeckt. Bei einem Erdschluß in $A$ selbst braucht also über die Fehlerstelle kein Strom zuzufließen. Die dazu erforderliche Induktivität hat einen Scheinwiderstand

$$Z_L = \frac{U_A}{I_L} = Z\,\frac{U_A}{Z\,I_L} = Z\operatorname{ctg}\alpha_L. \tag{154}$$

Dabei ist $\alpha_L = \varphi$, wie aus Abb. 231a unmittelbar abzulesen ist.

Die merkwürdige Beziehung

$$Z_L = Z \operatorname{ctg}\varphi = Z \operatorname{ctg}\left(\omega\sqrt{LC}\right) \tag{154a}$$

wird sogleich verständlicher, wenn man sich vergegenwärtigt, daß mit Rücksicht auf die Formel

$$\operatorname{ctg}\varphi = \frac{1}{\varphi}\left(1 - \frac{\varphi^2}{3} - \frac{\varphi^4}{45} - \cdots\right)$$

für Werte von $\varphi \ll 1$ gesetzt werden darf

## Die Kompensierung langer Leitungen.

$$Z_L \approx \frac{Z}{\varphi} = \frac{\sqrt{\frac{L}{C}}}{\omega\sqrt{LC}} = \frac{1}{\omega C}.$$

Die früher gefundene Bemessungsregel (73) ist also ein Spezialfall der Formel (154a), für die man auch schreiben kann

$$Z_L = \frac{1}{\omega C} \cdot \varphi \operatorname{ctg} \varphi. \tag{154b}$$

$C$ ist hier die Summenkapazität der Einzelleiter des erdgeschlossenen Leitersystems.

Zur Kompensierung langer Leitungen hat man daher kleinere Induktivitäten zu wählen als der reinen Kapazitätsberechnung entspräche, d. h. man hat auf größere Erdschlußströme abzustimmen. Es rührt dies daher, daß die für den Kapazitätsstrom maßgebende Spannung $U = U(\varphi)$ von der Einbaustelle der Erdschlußspule an gegen das Leitungsende zu ständig wächst.

Die Erhöhung des Erdschlußstromes bei Fehler am Leitungsende gegenüber einem örtlich konzentrierten Netzgebilde gleicher Gesamtlänge folgt dem Gesetz $\dfrac{1}{\varphi \operatorname{ctg} \varphi}$ und beträgt für

|  | $\varphi = 0{,}1$ | 0,2 | 0,3 | 0,4 | 0,5 | 0,6 | 0,7 | 0,8 | 0,9 | 1,0 |
|---|---|---|---|---|---|---|---|---|---|---|
| bzw. | $s = 70$ | 140 | 210 | 280 | 350 | 420 | 490 | 560 | 630 | 700 km [1] |
| das $\dfrac{1}{\varphi \operatorname{ctg} \varphi} =$ | 1,0033 | 1,014 | 1,031 | 1,057 | 1,093 | 1,140 | 1,203 | 1,287 | 1,400 | 1,557 fache |

Die Grenze, von welcher an dieser Einfluß bei der Vorausberechnung zu berücksichtigen ist, liegt über 200 km. Sind Erdschlußspulen am Anfang und Ende vorgesehen, so liegen symmetrische Verhältnisse vor, so daß die Summe der zwischen den beiden Spulen liegenden Versorgungsabschnitte eine Längenausdehnung von 400 km besitzen darf, ohne daß der gewöhnliche Rechnungsgang aufgegeben werden müßte. Sind also an einer langen Leitung unterwegs alle 400 km Erdschlußspulen angeordnet, so tritt ein „Effekt der langen Leitung" nicht auf. Größere Abstände wird man aber schon aus betriebstechnischen Gründen nicht wählen, damit die Selbständigkeit der einzelnen Abschnitte gewahrt bleibt.

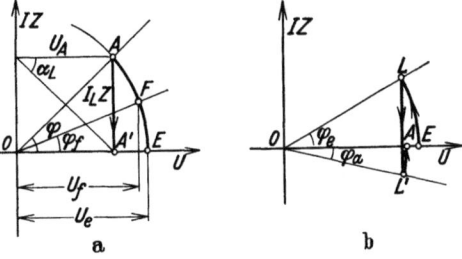

Abb. 231 a und b. Bestimmung der Löschspulenreaktanz.
a Spule am Leitungsanfang, b Spule unterwegs angeschlossen.

Fällt die Erdschlußstelle nicht in den Anfangspunkt der Leitung, so bleibt trotzdem die Unterdrückung des Erdschlußstromes bei Einhaltung von (154b) eine gleich vollständige. Dies geht aus Abb. 231a in unmittelbarer Anschaulichkeit hervor. Verleiht man irgendeinem Punkte $F$ des Kreisbogens die Eigenschaft, eine vorgeschriebene Nullspannung $U_f$ gegen Erde zu führen, so bedarf es dazu keiner weiteren Einspeisung eines Stromes $I_f = \triangle I$ an dieser Stelle. Man verfügt damit vielmehr nur über den Maßstab des ganzen Stromspannungsdiagrammes. Auch ohne Einspeisung sind alle Bedingungen des Problems erfüllt.

---

[1] Bei Doppelleitungen ist die Phasengeschwindigkeit $\dfrac{1}{\sqrt{LC}}$ noch stärker herabgesetzt. Den gleichen Werten von $\varphi$ sind daher etwas kürzere Streckenlängen zugeordnet, wie F. Fertl (gemäß einer mündlichen Mitteilung) an einer 280 km langen Doppelleitung theoretisch und praktisch festgestellt hat.

Am Leitungsende herrscht der Strom Null, die Spannung ist frei und stellt sich auf $U_e = \dfrac{U_f}{\cos \varphi_f}$ ein. Am Leitungsanfang wird der gesamte dort erforderliche Strom $\dfrac{AA'}{Z}$ durch die Erdschlußspule gedeckt; denn

$$\frac{AA'}{Z} = \frac{U_A}{Z \operatorname{ctg} \varphi} = \frac{U_A}{Z_L}.$$

Die Erdschlußstelle kann also beliebig längs der Strecke $AE$ wandern, das Diagramm gilt unverändert und wechselt nur seinen Maßstab derart, daß die Abszisse von $F = U_f = -U_p$ wird. $U_p$ ist die durch die augenblicklichen Übertragungsverhältnisse bestimmte Phasenspannung im Querschnitt $F$. In keinem Falle besteht bei Einhaltung der Bedingung (154b) das Erfordernis, einen Fehlbetrag im Kapazitätsstrom durch Zuführung eines wattlosen Reststromes in $F$ zu decken.

Auch bei der langen Leitung gibt es eine Bemessung der Löscheinrichtung, welche für Erdschluß an jeder beliebigen Stelle richtig ist.

Abb. 231b lehrt, wie man vorzugehen hat, wenn die Spulenleistung in einer in den Abständen $\varphi_a$ bzw. $\varphi_e$ vom Anfangspunkt $A$ bzw. Endpunkt $E$ angeschlossenen Löscheinrichtung untergebracht ist.

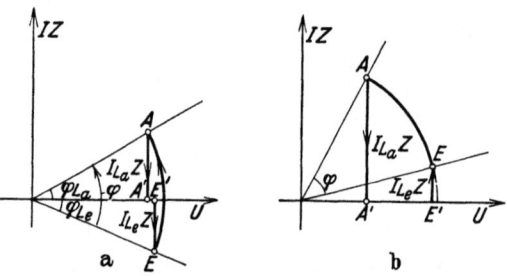

Abb. 232 a und b. a Spulen am Anfang und Ende der langen Leitung, b Spule einseitig durch Kapazität ersetzt.

Man wähle auf der Abszissenachse in beliebiger Entfernung vom Ursprung 0 das Abbild $E$ des Endpunktes, für welches $I_e = 0$ erfüllt ist. Sodann schreite man auf einem Kreisbogen um $\varphi_e$ bis zum Bild des Anschlußpunktes $L$ der Löscheinrichtung fort. An dieser Stelle findet ein Stromsprung statt, $L$ wechselt nach einem auf der gleichen Ordinate befindlichen Punkt $L'$ hinüber, der noch zu suchen ist. Da der Endpunkt eines von $L'$ in der bisherigen Fortschreitungsrichtung weitergeführten Kreisbogens vom Winkel $\varphi_a$ entsprechend der Bedingung $I_a = o$ auf der Abszissenachse liegen muß, hat man die Ordinate von $L$ mit einem unter $-\varphi_a$ gegen die Abszissenachse geneigten Fahrstrahl zum Schnitt zu bringen. Der Spulenstrom wird dann durch die Strecke $LL' = I_L Z$ wiedergegeben, die Spulenspannung $U_L$ entspricht der Abszisse von $L$. Der induktive Widerstand der Löscheinrichtung beträgt

$$Z_L = \frac{U_L}{I_L}.$$

Der Maßstab des Diagrammes ist ohne Einfluß, er richtet sich nach der Lage der Fehlerstelle.

In Abb. 232a ist der Fall behandelt, daß je eine Spule am Anfang und Ende der langen Leitung verwendet wird. Der Wert $Z_{Le}$ kann beliebig gewählt werden. Man beginne also das Diagramm mit einem Fahrstrahl unter $\varphi_{Le}$ $\Big($d. h. $\operatorname{ctg} \varphi_{Le} = \dfrac{Z_{Le}}{Z}\Big)$. Dann schließe man das Kreisbogenstück des Leitungsdiagrammes an (Winkel $\varphi$) und lese $\operatorname{ctg} \varphi_{La}$ ab, woraus sofort der Wert von $Z_{La} = Z \operatorname{ctg} \varphi_{La}$ folgt. Anfangspunkt $A$ und Endpunkt $E$ liegen nun nicht mehr auf der Abszissenachse; denn an diesen Stellen findet Stromzufuhr statt. Erst die Einbeziehung der von den Löscheinrichtungen herrührenden Ordinatenabschnitte führt an den Punkten $A'$ und $E'$ zur Abszissenachse zurück. Man sieht, daß der Kreisbogenabschnitt $\varphi$ der langen Leitung theoretisch nach Belieben am Umfang

Die Kompensierung langer Leitungen.

des Kreises verschoben werden kann, wenn man nur die Löscheinrichtungen richtig bemißt. Es ist einleuchtend, daß man dabei auch auf kapazitive Reaktanz der einen Löscheinrichtung geführt werden kann. Schon für die kurze Leitung ist dies möglich. Abb. 232b veranschaulicht diesen Fall.

Neu ist jedoch eine besondere Eigentümlichkeit der langen Leitung, auf die Klein (L 181) durch eine analytische Untersuchung des Problems geführt wurde. Man denke sich in Abb. 232b die kapazitive Reaktanz der am Leitungsende $E$ eingebauten Löscheinrichtung (Kondensatorenbatterie) so lange gesteigert, bis der Kreisbogenabschnitt $\varphi$ der langen Leitung sich im Diagramm Abb. 233a beiderseits des Scheitelpunktes des Kreises symmetrisch zur Ordinatenachse erstreckt. Untersucht man nun unter Berücksichtigung der eingetragenen Pfeile das Ergebnis für $Z_{La}$, so stellt man die überraschende Tatsache fest, daß sich die lange Leitung auch durch zwei reine Kapazitäten kompensieren läßt. Denn $I_a$ eilt gegen $U_a$ genau so vor wie $I_e$ gegen $U_e$. Die physikalische Begründung liegt darin, daß man durch die an den Enden abgenommenen kapazitiven Ströme den Spannungsverlauf entlang der Leitung derart beeinflußt, daß ein Vorzeichenwechsel eintritt. Je eine Leitungshälfte und die daran angeschlossene Kapazität liefern den Kompensierungsstrom für die andere Hälfte und deren Zusatzkapazität. Es tritt also nicht eine unmittelbare abschnittsweise Kom-

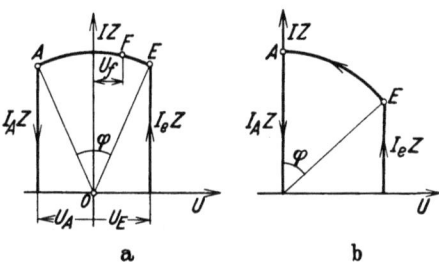

Abb. 233 a und b. a Kompensierung einer langen Leitung durch zwei Kapazitäten, b Kompensierung einer langen Leitung durch starre Erdung an einem Ende, durch Kapazitäten am anderen Ende.

pensierung ein, sondern der Leitung wird ein so hoher kapazitiver Strom aufgezwungen, daß sich auf dem Wege über die Leitungsinduktivität das Spannungsbild entlang der Leitung umkehrt. Auch hier bestimmt die Lage der Fehlerstelle $F$ und die dort gegebene Spannung $U_f$ den Maßstab des Diagrammes. Die Steilheit der Fahrstrahlen $OE$ und $OA$ zeigt an, daß riesige Kapazitäten erforderlich sind, die um so mehr anwachsen, je kürzer die Leitung ist. Aus diesem Grunde geht dieser zweiten Lösung zur Zeit jede technische Bedeutung ab.

In Abb. 233b ist noch ein interessanter Spezialfall gekennzeichnet. Man kann die kapazitive Löscheinrichtung am Leitungsende so dimensionieren, daß der Leitungsanfang in die Ordinatenachse fällt. Dann muß an dieser Stelle ohne Spannung ein namhafter Strom zur Erde abgeführt werden, man hat also fest zu erden. Die zweiseitige Kompensierung der langen Leitung kann somit erfolgen: a) durch zwei Induktivitäten, b) durch eine Induktivität und eine Kapazität, c) durch zwei Kapazitäten, d) durch einseitige feste Erdung und durch eine Kapazität. Die Viertelwellenleitung mit fester Erdung an einem Ende ist selbstkompensierend. Dies folgt unmittelbar aus Formel (154b) mit

$$\varphi = \frac{\pi}{2}.$$

Nun sind die Leitungen verlustbehaftet. Je längere Wege der durch die Löscheinrichtung zugeführte Strom in der Leitungsbahn zurücklegen muß, bis er sich kapazitiv zur Erde zurückschließen kann, desto größer wird der ihn begleitende Wirkanteil. Maßgebend ist hier eine Verallgemeinerung der Formel (154b). Es gilt für die Löschimpedanz $\mathfrak{Z}_L$

$$\mathfrak{Z}_L = \frac{1}{j\omega C + A}\varphi \operatorname{ctg}\varphi, \qquad (154c)$$

worin $A$ die Gesamtableitung des erdgeschlossenen Leitersystems bedeutet, während $\varphi$ definiert ist durch

$$\varphi = \omega \sqrt{LC} \sqrt{\left(1 + \frac{R}{j\omega L}\right)\left(1 + \frac{A}{j\omega C}\right)}. \qquad (153\mathrm{a})$$

Die Ableitung $A$ wird im allgemeinen hinreichend genau berücksichtigt sein, wenn sie in der Beziehung (154c) im ersten Faktor ausgewertet wird, der den Verhältnissen des konzentrierten Netzes entspricht. Die Größe $\frac{R}{\omega L}$ hat bei einer 220-kV-Drehstromleitung für die drei parallel geschalteten Leiter einen Wert von der Größenordnung 0,04. Die praktische Auswirkung ist daher gering.

## 10. Grenzen der Erdschlußkompensierung. Erdschlußunabhängige Teilnetze.

Eine unvollkommene Betrachtung der Erdschlußvorgänge im kompensierten Netz bleibt bei der Tatsache stehen, daß die Löschinduktivität den Stromübergang an der Fehlerstelle auf einen geringen Bruchteil des kapazitiven Erdschlußstromes herabdrückt. Unvollkommen ist diese Auffassung, wie bereits gezeigt wurde, vor allem deshalb, weil der absolute Wert des Reststromes durchaus kein Maßstab für den Erfolg der Löscheinrichtung ist. Viel wesentlicher ist der relative Abstimmungsgrad, weil er das Wiedereinschwingen des Systems beherrscht. Übersieht man diese Grundtatsache, so gelangt man leicht zu folgendem Trugschluß: Netze mit Erdschlußströmen von 5 A sind kompensierungsbedürftig, somit hätte man stets den Reststrom auf 5 A zu beschränken. Sieht man einen Reststrom von 5 vH des kapazitiven Erdschlußstromes als schwer zu unterbietende untere Grenze an, die von Fehlabstimmungen und von der Wattkomponente herrührt, so wäre es von einem Erdschlußstrom von etwa 100 A an um die Aussichten der Erdschlußbekämpfung schlecht bestellt. Mittelspannungsnetze von beträchtlicher Ausdehnung sind von dieser ungünstigen Voraussage noch nicht betroffen, denn ein 1000 km großes 30 kV-Freileitungsnetz fällt noch in diesen Bereich. Hingegen wären nach dieser Regel bei einem 110 kV-Netz von nur 250 km Gesamtlänge schon Zweifel über die Brauchbarkeit der induktiven Erdschlußkompensierung zu hegen. Es sind aber Netze dieser Spannung von mehr als 1000 km Gesamtausdehnung mit Erdschlußspulen erfolgreich in Betrieb. Bei 200 A Erdschlußstrom haben sich in 100 kV-Netzen Verstimmungen um $\pm$ 20 A als durchaus zulässig erwiesen. Schon zu Ende des Jahres 1927 erbrachte das Bayernwerk den Beweis, daß die Kompensierung in 100 kV-Netzen mit mehr als 500 A Erdschlußstrom mit vollem Erfolg durchführbar ist. Eine sorgfältige Überwachung der Abstimmung beschränkte dabei die Fehlabstimmung auf wenige Prozent. Doch erstreckte sich dieser Beweis keineswegs bloß auf kurzzeitige Überschläge nach Erde, sondern es kamen auch Dauererdschlüsse vor, die man etwa eine Stunde lang bestehen ließ, um die erforderlichen Schaltungsänderungen in Ruhe abzuwickeln. Bei diesem Stande konnte der Schritt zur Kompensierung ausgedehnter Netze mit 130, 150 und 220 kV Betriebsspannung unbedenklich unternommen werden. Zwar wird das rheinische 220 kV-System nicht als elektrisch zusammengeschlossene Einheit betrieben. Aber die alleinige Angabe des Erdschlußstromes von 1000 A, des Wattreststromes von 70 A für einen der Bereiche läßt erkennen, daß man sich hier der Beschränkung durch hypothetische Grenzwerte nicht unterwarf. Ebensowenig war dies im 30-kV-Kabelnetz der Bewag der Fall, das sich als zusammenhängender Komplex bis zu Erdschlußströmen von 2800 A entwickelt hat, einen Wattreststrom von über 100 A aufweist und dabei eine verhältnismäßig träge selektive Erdschlußabschaltung verwenden kann, ohne Ausartungen der Erdfehler zu Kurzschlüssen befürchten zu müssen. Die Grenzen für die Anwendung der induktiven Erdschlußkompensierung sind also durch Freileitungs- und Kabelnetze der heutigen Spannungen und der derzeitigen Ausdehnung nicht erreicht. Wohl aber sind Mittel erwogen worden, um die Unterteilung großer Komplexe in kleinere erdschlußunabhängige Teilgebiete zu ermöglichen.

Die Aufgabe der Erdschlußtrennung elektrisch zusammenhängender Systeme kann auch anderen Forderungen entspringen. Das Zusammenarbeiten von Systemen mit verschiedenen Erdungsverfahren (Kompensierung, starre Erdung, Widerstandserdung) kann gewünscht werden. Oder es treten zwei ungleiche Netze miteinander in Energieaustausch, wollen sich jedoch gegen Erdschlußstörungen gegenseitig abriegeln. Weder wünscht das große, in der Verbundwirtschaft führende Netz von Störungen an schwachen Punkten des kleineren Partners mitbetroffen zu werden, noch paßt es dem kleineren System, die wesentlich erhöhte Erdschlußwahrscheinlichkeit des fremden Komplexes mitzumachen.

Das naheliegendste Verfahren ist die Kupplung der einzelnen Gebietsteile durch Isoliertransformatoren mit einem Übersetzungsverhältnis nahe bei 1:1, denen man meist auch die Aufgabe der Spannungsregelung zuweisen wird. Neben dieser praktisch oft durchgeführten Lösung hat sich die Neigung geltend gemacht, die großen Leistungstransformatoren an der Kupplungsstelle durch Spartransformatoren zu ersetzen. Es sind Vorschläge bekannt geworden, wie man das Vorhaben der Auftrennung eines Netzes in mehrere erdschlußunabhängige Teilgebiete mit dem der Spannungsregelung durch Spartransformatoren verschmelzen könnte. Man müßte von der Reihenwicklung solcher Transformatoren verlangen, daß sie die Erdschlußverlagerung des einen Netzes beim Übergang zum anderen auf geringfügige Werte abbaut. Dabei darf jedoch keineswegs eine Drosselung der Betriebsströme stattfinden. Eine Wicklungsanordnung, welche die Nullkomponente sperrt, der Mit- und Gegenkomponente jedoch keine Impedanz entgegenstellt, ist uns bereits in einem früheren Kapitel (Abschnitt IV, Kapitel 7) begegnet. An Hand von Abb. 132 überzeugt man sich leicht, daß eine Ersparnis gegenüber einem Isoliertransformator nicht möglich ist. Denn die Windungszahl der Primärwicklung und der Eisenkreis sind so zu bemessen, daß im Erdschlußfalle jede der drei Phasenwicklungen die Phasenspannung aufnimmt. Überdies muß der Wicklungsquerschnitt nach dem durchgehenden Betriebsstrom bemessen werden.

## 11. Überspannungen im geerdeten und im kompensierten Netz.

Die Erdschlußspule ist ein wichtiger Schutzapparat gegen Überspannungen, denn sie unterbindet den aussetzenden Erdschluß und seine Folgeerscheinungen. Aber durch ihren Einbau sind keineswegs alle Überspannungen anderer Art abgewehrt. Diese bleiben vielmehr als primäre Ursachen von Störungen der Leitungen und des Stationsmaterials bestehen, nur die von ihnen hervorgerufenen Isolationsdurchbrüche vermögen den Betrieb nicht mehr zu erschüttern. Daß die Erdschlußlöscher die Überspannungen selbst bekämpfen oder ableiten, kann von ihnen nicht erwartet werden, soweit es sich um deren einzige wirklich gefährliche Erscheinungsform, die stoßartig verlaufenden Gewitterüberspannungen handelt. Die Erdschlußspule greift nur in Vorgänge von Betriebsfrequenz oder von noch langsamerem Ablauf ein.

Es darf als statistisch festliegende Tatsache gelten, daß 70—85 vH aller Störungen einphasiger Natur sind (L 44 ... 48). Hierüber geben in fest geerdeten

Netzen die Relaisauslösungen Aufschluß, welche übrigens die gar nicht seltenen Fälle mehrfacher Überschläge an verschiedenen Punkten eines Phasenseiles einschließen. Sie mögen hier Erwähnung finden, weil sie sorgfältigste Arbeit der Störungskolonnen vor Wiederaufnahme des Betriebes verlangen. In kompensierten Netzen bleiben auch alle Nebenüberschläge harmlos. Man wird hier übrigens auf ebendiese Zahl geführt, wenn man den Störungsrückgang nach Einbau einer Erdschlußlöscheinrichtung auf das frühere Betriebsergebnis bezieht (vgl. Abschnitt VIII, Kapitel 1). Sind die Ergebnisse mit der Erdschlußkompensierung irgendwo weniger günstig, so ist der Schluß berechtigt, daß abnormal viele zweiphasige Überschläge in der betreffenden Anlage vorkommen und daß für deren Entstehung besondere Voraussetzungen bestehen. Man könnte auf eine Häufung mehrpolig auftretender Überspannungen schließen. Aber das Zahlenverhältnis ein- und mehrpoliger Überspannungen ist in Bedingungen begründet, die mit der Eigenart des Netzes wenig in Zusammenhang stehen. Indirekte Blitzschläge erzeugen allpolige Überspannungen, weil die drei Leiter annähernd gleichberechtigt im elektrischen Felde der Atmosphäre verlaufen. Die Empfindlichkeit der Übertragungsleitungen gegen indirekte Blitzschläge ist angezweifelt worden. Obgleich das Entstehen ansehnlicher Überspannungen durch benachbarte Blitzentladungen, wie wir gleich sehen werden, auf andere Weise sichergestellt ist, wird man doch einen Zusammenhang zwischen unbefriedigendem Störungsrückgang kompensierter Netze mit einer besonderen Anfälligkeit derselben für mehrpolige Gewitterüberspannungen nur dann anzunehmen haben, wenn es sich um Mittelspannungsnetze mit unzureichendem Erdseilschutz handelt. Die Rolle der Erdseile als Schutzeinrichtung gegen indirekte Blitzüberspannungen ist durch die grundlegende Theorie von Petersen (L 183) schon 1914 geklärt und von der Peekschen Schule in Amerika experimentell (L 185, 186) bestätigt worden. Danach wird man die Höhe der Leiter über Erde beschränken und zweckmäßig mehrere weit auseinanderliegende Erdseile über diesen verlegen. Die abgesenkte Spannung beträgt nach Bewley (L 187) und Hunter:

| Zahl der Erdseile | theoretisch | experimentell |
|---|---|---|
| 0 | 100 vH | 100 vH |
| 1 | rd. 54 „ | rd. 49 „ |
| 2 | „ 38 „ | „ 34 „ |
| 3 | „ 29 „ | „ 32 „ |

Diese Gesichtspunkte werden selten so wenig beachtet sein, daß sich daraus eine Häufung mehrpoliger Überschläge ergibt. Ähnliches läßt sich vom Einfluß der Leiteranordnung auf die Anzahl der von direkten Blitzschlägen gleichzeitig betroffenen Phasenseile aussagen. Die Erfahrung lehrt hier, daß geerdete Schutzseile bei weitem vom Blitzeinschlag bevorzugt werden und daß nach ihnen, allerdings weniger ausgeprägt, noch der oberste Leiter als gefährdet anzusehen ist, soferne nur ein Schutzseil verlegt ist. Die Erklärung für dieses Verhalten besteht darin, daß der Blitz die Leitung nicht etwa streift und sich dabei auf mehrere Leiter verästelt, sondern daß negativen Blitzentladungen positive Büschel entgegenwachsen, die von den am meisten vorgeschobenen, mit höchster Feldstärke belasteten Seilen ausgehen. Von Lewis und Foust (L 188, 189) befürworten diese Auffassung, die zugleich erklärt, warum fast nur negative Blitzeinschläge auf den Leitungen beobachtet werden, obwohl positive Blitze an sich vorkommen. Man verfügt über bewährte Grundsätze für die Anordnung der Leitungen. Immerhin wird bisweilen die gesteigerte Zahl mehrpoliger Überschläge auf einen Mißgriff in der Wahl des Mastbildes und auf eine dadurch erhöhte Empfindlichkeit mehrerer Seile gegen direkte Blitzschläge zurückzuführen sein. Jedenfalls wird man eine durch Zahl und Austeilung möglichst vollkommen gestaltete Wirksamkeit genügend hoch verlegter Erdseile zu erreichen trachten.

Als die wahrscheinlichste Ursache mehrpoliger Überschläge dürfte man jedoch den **rückwärtigen Überschlag** anzusehen haben. Bei diesem handelt es sich darum, daß der durch den Mast abfließende Blitzstrom in der Masterde einen Widerstand vorfindet, so daß der Mast als Ganzes gegen Erde eine Potentialhebung erfährt (Abschnitt III, Kapitel 1, Abb. 63). Die dann vom Mast als Träger des hohen Potentiales zu den Leitungsseilen erfolgenden Überschläge können sich bei hinreichend hohem Wert des Produktes aus abgeleitetem Blitzstrom und Masterdungswiderstand mehrpolig entwickeln. In der Tat deutet die Auswertung von Betriebsergebnissen an Höchstspannungsleitungen (L 190) darauf hin, daß die unteren, gegen direkten Einschlag besser geschützten Seile vor allem an Masten mit hohem Erdübergangswiderstand Überschläge erleiden und daß dann auch die gleichzeitigen Überschläge mehrerer Phasen an Zahl zunehmen. Über den zur Vermeidung rückwärtiger Überschläge zweckmäßig einzuhaltenden Höchstwert des wirksamen Masterdungswiderstandes gibt die Überlegung Aufschluß, daß der praktisch noch zu berücksichtigende Höchstwert des Entladungsstromes — etwa 60000 A Scheitelwert — an diesem Widerstand nur einen Spannungsabfall bedingen darf, der die Stoßüberschlagsspannung der Isolatoren nicht überschreitet. Man gelangt dadurch zu folgender Tabelle:

Gute Ergebnisse scheinen bei 220 kV Erdungswiderstände unter 12 $\Omega$ zu liefern.

Für Betriebsspannungen von 50 kV und darunter bestehen schon erhebliche Schwierigkeiten, sich an die hier ausgesprochene Regel zu halten. Die Zusammenhänge zwischen Masterdungswiderstand und Störungscharakter sind für dieses Spannungsgebiet noch wenig geklärt.

| Betriebsspannung in kV | Stoßüberschlagsspannung in kV | $R_e$ in $\Omega$ |
|---|---|---|
| 50 | 500— 600 | 8—10 |
| 100 | 800—1000 | 13—17 |
| 200 | 1400—1800 | 23—30 |

Sicher ist, daß jeder Umstand, welcher das Zustandekommen rückwärtiger Überschläge fördert, der Beruhigung des Netzbetriebes durch die Erdschlußkompensierung hinderlich ist.

Doppelerdschlüsse am gleichen Mast können auch durch Ausarten eines Einfacherdschlusses zustande kommen, wenn die Löschwirkung unzureichend ist. Hier spielt der Masterdungswiderstand wiederum eine gewisse Rolle, doch sind die zulässigen Werte viel weniger eng begrenzt. In Kapitel 2 dieses Abschnittes ist gezeigt, daß ein Fehlerwiderstand gleich der kapazitiven Reaktanz des Systems die Löschwirkung noch nicht in Frage stellt.

Die Vorgeschichte von Überschlägen in Leitungsnetzen, welche durch stoßartige Überspannungen zustande kommen, kann durch das Erdungsverfahren überhaupt nicht beeinflußt werden. Aus diesem Grunde ist heute jeder Unterschied in der Auswahl des Isolationsniveaus starr geerdeter und isolierter bzw. kompensierter Systeme verschwunden. Damit wäre aber noch nicht die Frage entschieden, ob das jeweilige Erdungsverfahren für die Station, in der es angewendet wird, einen Einfluß auf die Sicherheit der Stationsausrüstung ausübt. Eine merkliche Beeinflussung des Verlaufes einfallender Wanderwellen kann nur durch sehr große Transformatoren erfolgen. Die Steilheit der Wellenstirn könnte durch die sog. Eingangskapazität umgeformt werden (L 199). Aber da diese Größe durch die Erdung des Nullpunktes nur geringfügig beeinflußt wird, scheidet dieser Gesichtspunkt für die Feststellung von Wirkungsunterschieden aus. Zudem können Wellen der auf Hochspannungsleitungen praktisch vorkommenden Form durch die geringe Eingangskapazität der Transformatoren keine merkliche Veränderung ihrer Stirnform erfahren. Denn um eine Rechteckwelle auch nur auf eine Stirn von der Zeitkonstante 2 $\mu s$ umzuformen, braucht man bei einem Wellenwiderstand von 500 $\Omega$ eine Kapazität von $\frac{2 \cdot 10^{-6}}{500} = 0{,}004 \cdot 10^{-6}$ F. Diesen Wert hat nicht einmal die Erdkapazität eines Schenkels eines Großtransformators, geschweige denn die um eine Größenordnung kleinere Eingangskapazität. Das nächste Charakteristikum einer Welle ist ihr Scheitelwert. Ihn zu beeinflussen, gelingt einer Transformatorwicklung bei steiler Front überhaupt nicht. Bei flachem Verlauf der Stirn kommt eine Rückwirkung der Transformatorwicklung auf die Wellenform in gewissem Grade zustande. Es sind die beiden Fälle der einpoligen und der allpoligen Welle zu unterscheiden, die getrennt behandelt werden müssen.

Läuft eine Welle einpolig auf eine Station zu, so gilt ein Ersatzschaltbild nach Abb. 234a für Netze mit starr geerdetem Sternpunkt, Abb. 234b für isolierten Sternpunkt. Es sei der günstigste Fall angenommen, Dreieckschaltung der Sekundärwicklung, Speisung von einer sehr ergiebigen Zentrale. Der Transformator verhält sich nach außen hin wie eine reine Induktivität, an deren Klemmen die hier praktisch einflußlose Eingangskapazität hängt. Für den Gleichstrom im Rücken langer Wanderwellen ist die Induktivität restlos durchlässig, nicht aber für den ansteigenden Strom der Wellenfront. Steile Wellen können daher nur nach Abb. 235, linke Figur, umgeformt werden. Sie springen auf den vollen Wert und klingen auf Null ab. Bei Wellen mit flacher Stirn nach Abb. 235, rechte Figur, übergreift sich der Anstiegs- und Abfallvorgang, so daß eine Amplitudenabsenkung auftreten kann.

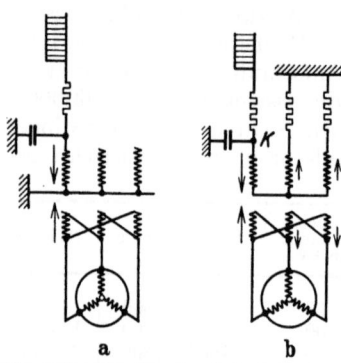

Abb. 234 a und b. Vorgänge beim Auftreffen einer Wanderwelle auf einen Transformator. a mit starr geerdetem Nullpunkt, b mit ungeerdetem Nullpunkt.

Ist $A$ der Scheitelwert der Welle bei nicht vorhandenem Transformator, $Z$ der Wellenwiderstand der Leitung, ist ferner $\alpha$ die Zeitkonstante der Stirn, $L_k$ die Kurzschlußinduktivität einer Phase des Transformators, und definieren wir eine weitere Zeitkonstante $\gamma$ durch die Beziehung

$$\gamma = \frac{Z}{\alpha L_k - Z}, \tag{155}$$

so ist der abgesenkte Scheitelwert $S$ der Welle

$$S = A\left(1 + \frac{1}{\gamma}\right)^{-\gamma}. \tag{156}$$

Nimmt man $\alpha$ mit $\frac{1}{5 \cdot 10^{-6}}\, s^{-1}$ an, was einer mäßigen Anstiegsgeschwindigkeit der Welle entspricht, setzt man ferner $L_k$ möglichst niedrig zu 0,003 H an (5000-kVA-Transformator in einem 10-kV-Netz mit rd. 5 vH Kurzschlußspannung), so wird $\gamma = 5$ und $\frac{S}{A} = 0{,}4$, d. h. es tritt eine Absenkung auf 40 vH ein. Allgemein erfolgt eine Absenkung auf 50 vH für $\gamma = 1$ bzw. $\alpha L_k = 2Z$ und auf $\frac{1}{e} = 0{,}36$ für $\gamma = \infty$ bzw. $\alpha L_k = Z$.

Diese Zahlen vermitteln insofern einen etwas zu günstigen Eindruck, als bei 20 kV die gleiche Wirkung nur durch einen Transformator 4facher Leistung entsteht. Bleibt man bei praktisch zutreffenden Verhältnissen, so liefert z. B. ein 60-kV-Transformator von 25000 kVA ($e_k = 0{,}05$) ein $L_k$ von 0,023 H, $\gamma = 0{,}122$ und eine Absenkung $\frac{S}{A} = 0{,}76$.

Man entnimmt diesem Rechnungsgang, daß einpolige Überspannungswellen von einem ergiebig gespeisten Transformator großer Leistung bei mäßig schnellem Anstieg merklich abgesenkt werden, wenn der Nullpunkt des Transformators starr geerdet ist. Im wesentlichen dasselbe trifft jedoch zu, wenn der Transformatornullpunkt isoliert bleibt. Denn dann bilden gemäß Abb. 234 b am Sternpunkt die beiden anderen Schenkelwicklungen die Fortsetzung der von der Welle getroffenen Wicklung und eröffnen dem Strom über den Wellenwiderstand der anschließenden Phasenseile einen Rückweg zur Erde. Es vergrößert sich zwar $L_k$ auf das $\frac{3}{2}$fache, aber $Z$ wächst im gleichen Verhältnis auf $Z + \frac{Z}{2}$ an, so daß sich am Ausdruck (155) nichts ändert. Qualitativ ist der Stromverlauf ungeändert, der Betrag des der Welle entzogenen Stromes geht auf $\frac{2}{3}$ zurück. Die an der getroffenen Klemme $K$ verbleibende Spannung ist etwas höher als bei starrer Erdung, die Spannungsabsenkung, das ist der Abfall von $I$ an $Z$, ist $\frac{2}{3}$ des entsprechenden Betrages bei starrer Erdung (Abb. 235, rechte Figur, Kurve b).

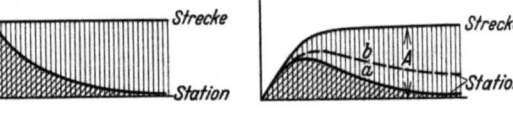

Abb. 235. Umformung einer Wanderwelle durch eine Transformatorwicklung. Links: Rechteckwelle. Rechts: Flache Wellenstirn. *a* Nullpunkt starr geerdet, *b* Nullpunkt ungeerdet.

Für die allpoligen Überspannungswellen besteht diese Gleichwertigkeit nicht. Es ist einleuchtend, daß ein isolierter Transformatornullpunkt für die allpoligen Vorgänge ein stromloses Ende bedeutet, so daß eine Absenkung überhaupt nicht Platz greifen kann. Hingegen bietet der starr geerdete, daher zweckmäßig in Stern-Dreieck geschaltete Transformator selbst dann einen Weg zur Erde, wenn die sekundäre Dreieckwicklung nicht belastet oder gespeist ist. Da die Nullimpedanz eines solchen Transformators gleich seiner Kurzschlußimpedanz ist, ändert sich an den früheren Betrachtungen nichts, nur der Wellenwiderstand ist höher, mit etwa $1000\,\Omega$ pro Phase einzusetzen. Die Schutzwirkung wird dadurch noch besser.

Große Erdungstransformatoren können also in ihrer Station als Schutzeinrichtung gegen indirekte Gewitterüberspannungen eine gewisse Rolle spielen. Freilich darf man nicht übersehen, daß diese Gattung von Überspannungen die weniger häufige und weniger gefährliche zu sein scheint. Auch ist die Wirkung insbesondere in Höchstspannungsnetzen unbefriedigend. Beispielsweise ergibt die Erdung eines 60000-kVA-Transformators von 13 vH Kurzschlußspannung in einer 220-kV-Station für eine indirekte Gewitterüberspannung mit $\alpha = \frac{1}{5 \cdot 10^{-6}}\,\mathrm{s}^{-1}$ Stirnzeitkonstante ein $\gamma = 0{,}176$ und einen Schutzfaktor von $0{,}72$. Dieser Wert bezieht sich natürlich auf die Wellenhöhe, die in der Station ohne den Transformator zustande käme, das ist in Kopfstationen auf den doppelten Höchstwert der einfallenden Welle. Es erfolgt also ein Aufstau auf das 1,44fache.

Die Erdschlußspule ist demgegenüber nicht anders wie der isolierte Nullpunkt zu bewerten. Denn ihre Induktivität ist ja ein Vielfaches der Kurzschlußinduktivität des Transformators, mindestens das 10fache, auf die drei parallel geschalteten Wicklungszweige bezogen sogar das 30fache. Ist die Erdschlußspule für s km Netzausdehnung bemessen, so beträgt $\gamma$ etwa $2{,}5\,s \cdot 10^{-6}$. Es kommt dabei nur auf die Nullinduktivität der Löscheinrichtung an, so daß dreiphasige Apparate wie der Löschtransformator in dieser Beziehung keinen Vorteil bieten. Gerade der Löschtransformator soll übrigens als Wanderwellenschutzapparat ersonnen worden sein.

Wir wissen nun, daß in der Station den direkten Gewitterüberspannungen gegenüber kein nennenswerter Unterschied zwischen starrer Erdung und isoliertem Nullpunkt besteht, bei indirekten Gewitterüberspannungen ein gewisser Vorteil der starren Erdung angebbar ist, auf den man aber unbedenklich verzichten darf. Wie steht es nun mit der Transformatorwicklung selbst, vor allem mit deren Nullpunkt? Auf den ersten Blick könnte es hier scheinen, als bestünde ein uneinbringlicher Vorsprung der starren Erdung, bei welcher der Nullpunkt von jeder Beanspruchung befreit ist. Aber eine genauere Untersuchung zeigt, daß mit dem reduzierten Absolutwert des Potentiales ein gesteigertes Gefälle verknüpft ist, wie beispielsweise ein von Palueff (L 203) untersuchter Wicklungsaufbau beweist, dessen Spannungsverteilung gemäß Abb. 236a verläuft. Man sieht dort die hyperbolische Anfangsverteilung $A$ und die lineare Endverteilung $E$ (vgl. Abschnitt III, Kapitel 1), ferner einen Zwischenzustand $B$, den man sich aus den beiden Grenzzuständen in vereinfachter Betrachtungsweise so entstanden denken kann, als wäre $A$ eine durch Auslenkung entstandene elastisch zurück- und überschwingende Deformation des Zustandes $E$. Der steile Abfall in der Nähe von $O$ nach Abbildung 236a findet sein Gegenstück beim isolierten Nullpunkt in einer Spannungsüberhöhung nach Abb. 236b. Hier kommt der Absolutwert des Potentiales von $O$ vorübergehend auf hohe Werte, dafür ist kein nennenswertes Gefälle vorhanden. Bei

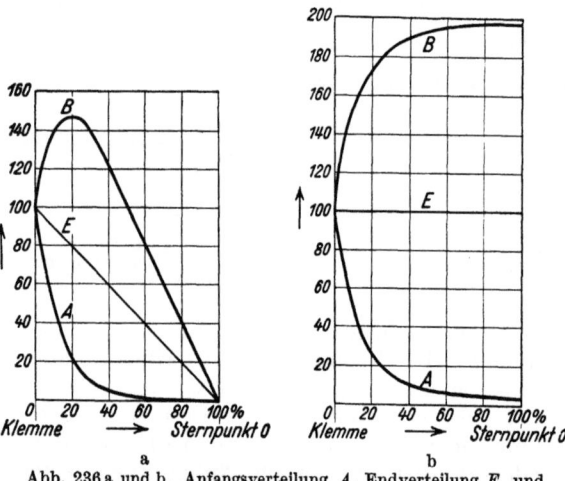

Abb. 236 a und b. Anfangsverteilung $A$, Endverteilung $E$ und Zwischenverteilung $B$ in einer Transformatorwicklung, hervorgerufen durch eine Rechteckwelle. a Nullpunkt starr geerdet, b Nullpunkt ungeerdet.

der starren Erdung kommt noch hinzu, daß ein um $1/2 \ldots 1/4$ der Wicklungslänge vom Nullpunkt entfernter Punkt vorübergehend auf die gleiche Potentialhöhe wie die Eingangsklemme gelangt, so daß es nicht etwa zulässig ist, im Vertrauen auf die feste Erdung des Nullpunktes die Isolation zwischen Wicklung und Erde mit fortschreitender Annäherung an den Nullpunkt abnehmen zu lassen. Trugschlüsse dieser Art haben zu empfindlichen Rückschlägen im Transformatorenbau geführt. Erst die neuen schwingungsfreien Bauformen haben den Weg zu einer Beseitigung dieser schwachen Punkte eröffnet, die dem Verfahren der starren Nullpunktserdung von Transformatoren mit gestufter Isolation anhaften. Bei isoliertem Nullpunkt macht man sich den Vorteil milderer Längsbeanspruchung der Wicklung durch das verringerte räumliche Spannungsgefälle am Nullpunkt mit Rücksicht auf die Verhältnisse bei einpoligem Stoß nicht zunutze, braucht aber andererseits auch keine übertriebenen Folgerungen aus dem Auftreten der Nullpunktsschwingung zu ziehen, welche durch die dreipoligen Überspannungen indirekter Blitzschläge ausgelöst wird. Eine bewährte praktische Regel besagt: Die Beanspruchung der Eingangsklemmen durch direkte Blitzschläge stimmt überein mit der an der Nullpunktsausleitung durch indirekte Blitzwirkung zustande kommenden. Zwar wird die in die Station eindringende dreipolige Welle im Falle der Kopfstation auf das Doppelte aufgestaut, auch löst diese dem Wicklungseingang aufgedrückte überhöhte Welle im Sinne der Abb. 236b und der Ausführungen des Kapitel 1 in Abschnitt III eine Nullpunktsschwingung aus, in deren Verlauf auch dieser Wert wieder verdoppelt wird. Trotz dieser Vervierfachung ist der Nullpunkt nicht stärker gefährdet als die Eingangsklemmen.

Einerseits mildert der fallende Verlauf des Wellenrückens (vgl. Abb. 238) die theoretische Überhöhung, andererseits ist der Ausgangswert von vornherein nur etwa die Hälfte der bei direkten Blitzeinschlägen in die Station einfallenden Wanderwellenspannungen. Die zweimalige Reflexion führt also nur auf das $4 \cdot 0{,}5 = 2$fache dieser Vergleichswelle. In Abb. 237 ist der Vergleich der Größenordnungen unter Berücksichtigung der Reflexionsverhältnisse graphisch durchgeführt. Die Folgerung, die man hieraus zu ziehen hat, lautet: **Die Isolation des Nullpunktes und der anschließenden Wicklungsteile gegen Erde braucht nicht stärker und soll nicht schwächer sein als die Klemmenisolation des Wicklungseinganges.** Diese Forderung gilt genau so für die Eingangsisolation der Erdschlußspulen und für die Verbindungsleitungen zu den Transformatorennullpunkten. Als man sich in Unkenntnis dieser Bemessungsregel noch mit einer Nullpunktsisolation entsprechend der Phasenspannung begnügte, waren Nullpunktsüberschläge in Kopfstationen an der Tagesordnung. Die Angleichung an das übrige Isolationsniveau des Transformators und der Station führte stets zu einer wesentlichen Beruhigung. Völlig ausschließen lassen

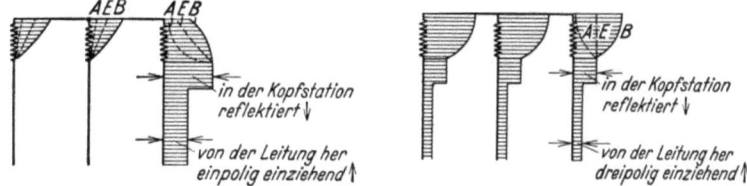

Abb. 237. Vergleich der Vorgänge im Sternpunkt starr geerdeter und ungeerdeter Transformatoren beim Auftreffen von Wanderwellen.

sich Nullpunktsüberschläge in Kopfstationen nicht, wenn nicht besondere Maßnahmen angewendet werden. Denn sie sind mit der gleichen Häufigkeit zu erwarten wie sonstige Stationsüberschläge. In einer norwegischen 130-kV-Anlage konnte man häufig, wenn das Gewitter noch fern über der Leitung stand, stromschwache Nullpunktsüberschläge gut beobachten, die ohne weitere Folgeerscheinung wieder verschwanden, da die Nullpunktsentladung nicht vom Betriebsstrom aufrecht erhalten wird. Hier genügte für die Abhilfe die Durchschaltung der beiden vorher aus Gründen der Spannungshaltung von je einem Transformator getrennt versorgten Leitungen, also die Umwandlung der Anlage zu einer Durchgangsstation. Auch aus 100-kV-Netzen ist bekannt, daß Nullpunktsüberschläge mit fortschreitendem Ausbau in die neue Kopfstation weiterrückten und mit der Schließung der Netze zu Ringen verschwanden. Man hat hierin ein Anzeichen auf das verhältnismäßig häufige Vorkommen indirekter Blitzüberspannungen von beachtlicher Höhe zu erblicken. Dieser Hinweis deckt sich mit der Registrierung zahlreicher positiver Überspannungen in Stationen, während direkte Blitzwirkungen unbestrittenermaßen überwiegend negative Polarität haben. Die Verhältnisse werden nun selten so liegen, daß man auf besondere Maßnahmen zur Verhütung von Nullpunktsüberschlägen angewiesen ist. Natürlich sind dann kompensierte und unkompensierte Systeme, ferner Stationen mit und ohne Erdschlußspule in der Entstehung und Bekämpfung der Erscheinung gleichwertig. Löschtransformatoren sind von Spannungsschwingungen an ihrem Nullpunkt selbst nicht betroffen, aber in den von ihnen geschützten Netzen besteht für die Nullpunkte der Betriebstransformatoren keine Erleichterung.

Das einfachste Mittel zur Beseitigung der Nullpunktsschwingung ist der Widerstandsableiter. Beschränkt man sich auf aperiodische Dämpfung der Nullpunktsschwingung, so ist genau so zu rechnen wie bei einem Schwingungskreis mit konzentrierten Elementen, und zwar ist als Induktivität die Nullinduktivität eines Schenkels einzuführen, als Kapazität tritt $\frac{1}{3}$ der Erdkapazität eines Schenkels auf. Es ergibt sich für die Eigenfrequenz der Nullpunktsschwingung ohne Widerstandserdung

$$\omega_f = \sqrt{\frac{3}{LC}} \qquad (157)$$

und als Dämpfungsbedingung

$$R \leq \frac{1}{2}\sqrt{3\frac{L}{C}} \leq \frac{\omega_f L}{2}. \qquad (158)$$

$R$ entfällt dabei auf einen Schenkel, am Nullpunkt ist daher $\frac{R}{3}$ anzuschließen. Da die Eigenfrequenz $\omega_f$ das 100—1000fache der Betriebsfrequenz beträgt — abhängig vor allem von der Schaltgruppe des Transformators (L 199) —, so braucht der Widerstand $\frac{R}{3}$ nur kleiner als die 17 bis 170fache Nullreaktanz eines Schenkels zu sein. Man kommt damit recht genau in die Größenordnung der Widerstandswerte moderner Überspannungsableiter, von denen man ja verlangt, daß sie bei auftretender Überspannung den Betrag von 500 $\Omega$ bedeutend unterschreiten. Es sind also keine Sonderkonstruktionen erforderlich. Als Nennspannung des Ableiters wird man 70—80 vH der verketteten Betriebsspannung des Netzes wählen. Der Ableiter darf natürlich bei Erdschluß nicht ansprechen. Abb. 238 zeigt an Hand eines Kathodenstrahloszillogrammes die Wirkung der Ableitererdung auf die Nullpunktsschwingung.

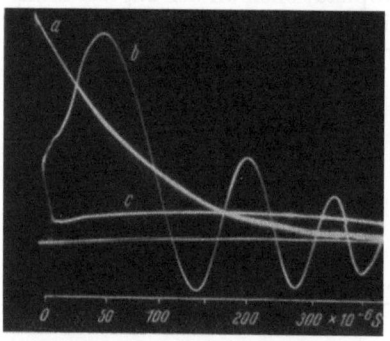

Abb. 238. Unterbindung der Nullpunktsschwingung durch Überspannungsableiter (Kathodenstrahloszillogramm). *a* Verlauf der einfallenden Welle, *b* Spannung am Nullpunkt ohne Ableiter, *c* Wirkung des Ableiters am Nullpunkt.

Ein anderer Weg ist die sog. „Impedor-Erdung". Ihr Grundgedanke besteht darin, die Erdung des Nullpunktes über ein frequenzabhängiges Impedanzgebilde vorzunehmen, welches bei Betriebsfrequenz praktisch stromundurchlässig sein muß, bei schnellen Vorgängen hingegen der festen Erdung nahekommen soll. Eine richtig bemessene Kapazität leistet dies (Abb. 239 und 240). Ihre Gleichwertigkeit mit der unmittelbaren Erdung des Nullpunktes ist dann gegeben, wenn die kapazitive Beschwerung den Nullpunkt hindert, während des Ablaufes der Überspannungserscheinung merkliche Schwingungen auszuführen. Man wird mit Wellen von 50—100 $\mu$s Halbwertsdauer des Rückens praktisch zu rechnen haben. Eine Bemessung der Impedorkapazität für eine Schwingungszahl von 1000 Hertz bindet den Nullpunkt für etwa ein Zehntel ihrer Halbperiode oder 50 $\mu$s praktisch an Erde. Die Frequenz ist dabei aus der Nullinduktivität des Transformators und der Kapazität des Impedors zu berechnen. Beispielsweise sei ein Transformator von 20000 kVA, 100 kV, 6 vH Kurzschlußspannung, Schaltung Stern-Dreieck vorliegend. Die Nullinduktivität ist ein Drittel der Streuinduktivität eines Schenkels, also $\frac{10}{314}$ H. Für $\omega = 2\pi \cdot 1000$ ist $C = 0{,}8\,\mu$F. Man wird eine so ansehnliche Kapazität als beträchtlichen Aufwand empfinden, der nicht immer mit dem

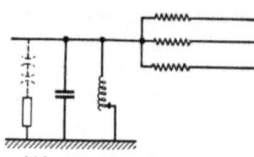

Abb. 239. Impedorerdung.

beschränkten Zweck vereinbar ist. Für die Betriebsfrequenz verhält sich der Nullpunkt nicht anders wie bei Abwesenheit jeder Erdung, nur die Löschinduktivität muß einen Zuwachs entsprechend 0,8 $\mu$F oder rd. 50 km Leitungslänge erfahren. Die Idee, welche zur Impedoranordnung geführt hat, ist die Ausnützung der Vorteile schwingungsfreier Transformatorkonstruktionen. Sie sind auf Voraussetzungen aufgebaut, welche eigentlich nur bei starrer Erdung erfüllt sind. Die Übertragung ihrer Vorteile auf die Arbeitsbedingungen in Netzen mit isoliertem Nullpunkt gelingt durch eine im Augenblick des Auftretens von Überspannungen vorübergehend bestehende und für diese schnellen Vorgänge selektiv wirksame quasistarre Erdung. Als Unterschied gegenüber der Erdung mit Hilfe von Überspannungsableitern ist anzuführen, daß diese erst beim Auftreten einer Überspannung ansprechen, somit dem Nullpunkt eine Freiheit bis zum Betrage von rd. 1,5facher verketteter Spannung gewähren müssen (Nennspannung = 0,75 $U_p \sqrt{3}$), daß sie ferner eine Halbwelle des Betriebsstromes durchlassen und erst dann die verlangte Sperrwirkung für die Betriebsfrequenz entfalten. Nichtsdestoweniger haben sich die modernen Überspannungsableiter mit ventilartiger Charakteristik, beispielsweise solche mit Löschfunkenstrecke und spannungsabhängigem Widerstand, in Kopfstationen von 60- und 100-kV-Netzen als Spannungsbegrenzer an den Transformatornullpunkten gut bewährt.

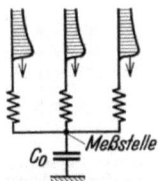

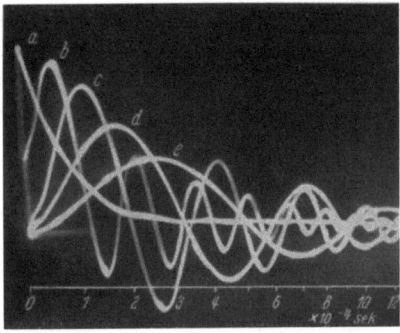

Abb. 240. Beeinflussung der Nullpunktsschwingung durch die Impedoranordnung (Kathodenstrahloszillogramm). *a* Verlauf der einfallenden Welle, *b* Schwingung des ungeerdeten Nullpunkts, *c*, *d*, *e* Wirkung kapazitiver Nullpunktserdung.

War bisher vornehmlich vom Verhalten kompensierter Netze in bezug auf Gewitterüberspannungen die Rede, so soll nun noch auf Schaltüberspannungen eingegangen werden. Es gibt zwei Gruppen von solchen, die wirklich Beachtung verdienen: Den aussetzenden Erdschluß und die Abschaltung leerlaufender Leitungen von unbelastet zurückbleibenden Sammelschienen. Gegen die erste Art von Schaltüberspannungen ist die Erdschlußspule das gegebene Vorbeugungsmittel. Zur zweiten Gruppe kann festgestellt werden, daß die Erdschlußkompensierung eine gewisse Erleichterung bringt, auf die man allerdings nicht angewiesen ist, da eine richtig isolierte Anlage nach heutigen Anschauungen durch das Abschalten leerlaufender Leitungen nicht überbeansprucht wird. Im einzelnen erstreckt sich die Teilnahme der Erdschlußspule an diesen Vorgängen auf folgende Punkte:

a) Ist der Strom in einer oder in zwei Phasen unterbrochen, so entsteht eine kapazitive Unsymmetrie, zugleich eine Fehlabstimmung, und zwar eine Überkompensierung. Es kommen an den Sammelschienen Nullpunktsverlagerungen zustande, die nach den Betrachtungen des Kapitels 4 in Abschnitt V bestimmbar sind. Ist beispielsweise 1 Phase — und zwar $R$ — abgeschaltet (Abb. 241), so trachtet das abgestimmte System sich so zu verlagern, daß die Erdschlußspule mit dem Leitwert $\frac{1}{\omega L} = 3\omega C$ an einem Punkt mit der Spannung $U_p$ angreift, während die Resultierende $2\omega C$ der Leitwerte von $S$ und $T$ in $M$ die Spannung $\frac{3}{2} U_p$ zur Verfügung hat. Dann ist nämlich

$$U_p \cdot \frac{1}{\omega L} - \frac{3}{2} U_p \cdot 2 \omega C = 0.$$

244                Spezialprobleme der induktiven Erdschlußkompensierung.

Das System versucht also, sich so zu verlagern, daß die zur abgeschalteten Phase gehörende Sammelschiene Erdpotential annimmt, während der Sternpunkt auf das Potential $-U_p$ kommt. Es wäre jedoch verfehlt, hieraus den Schluß zu ziehen, daß die Erdschlußspule dem System eine Verlagerung aufzwingt, welche die Rückzündungsneigung erhöht. Das Gegenteil trifft zu. Die Betrachtung muß nämlich durch Einbeziehung der Ausgleichsvorgänge vervollständigt werden. Es genügt, die Nullpunktsspannung zu verfolgen, denn die Betriebsspannung nimmt darüber gelagert ihren Verlauf. Bis zum Moment der Abschaltung ist nach Abbildung 242a der Nullpunkt auf Erdpotential, dann soll er mit $-U_p$ gegen Erde weiterschwingen. Mit der Differenz $\triangle = U_p$ zwischen Sollwert und Istwert setzt ein Ausgleichsvorgang ein. Seine Frequenz ist

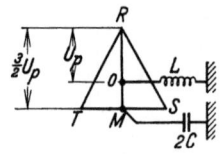

Abb. 241. Abschalten einer leerlaufenden Leitung. Zustand nach Abtrennung der ersten Phase.

$$\omega_f = \frac{1}{\sqrt{L \cdot 2 C_e}} = \sqrt{\frac{3}{2}} \frac{1}{\sqrt{L \cdot 3 C_e}} = 1{,}22\,\omega.$$

Diese etwas schneller ablaufende, naturgemäß gedämpfte Ausgleichsschwingung ist nun in Abb. 242a mit dem stationären Sollwert zum tatsächlichen Verlauf zusammengesetzt. Während der ersten Halbperiode erhebt sich die Nullpunktsspannung kaum über das Erdpotential, was nicht weiter

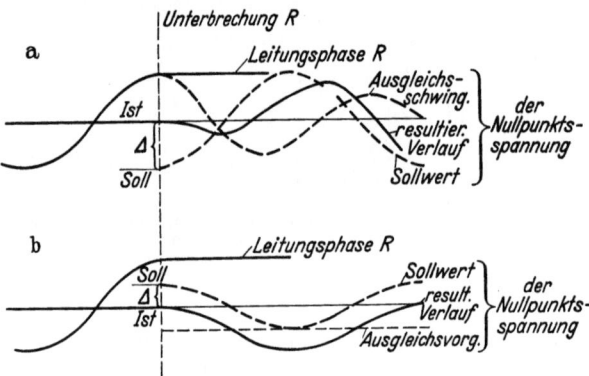

Abb. 242a und b. Abschalten einer leerlaufenden Leitung. Verlauf der Nullpunktsspannung. a im kompensierten System, b im unkompensierten System.

verwunderlich erscheint, wenn man sich an die Rolle der freien Schwingung in dem sich selbst überlassenen kompensierten System unmittelbar nach Aufhebung eines Erdschlusses erinnert (Abb. 99). Stellt man diesem Verhalten in Abbildung 242b den Verlauf der Nullpunktsspannung im unkompensierten System gegenüber, so ergibt die Zusammensetzung der als Differenz zwischen Soll- und Istwert erscheinenden Gleichspannung mit dem stationären Verlauf ein wesentlich stärkeres Ausschwingen der Nullpunktsspannung während der ersten Halbwelle. Am Ende derselben ist der Systemnullpunkt gegen Erde um $-U_p$ verlagert, die Sammelschiene $R$ somit um $-2\,U_p$. Gegen die auf $+U_p$ zurückgebliebene Leitungsphase $R$ besteht also eine auf Rückzündung hinarbeitende Spannungsdifferenz $+U_p - (-2\,U_p) = 3\,U_p$. Im starr geerdeten System verändert sich die Lage des Nullpunktes nicht, die Schiene $R$ schwingt nach einer Halbwelle auf $-U_p$ hinüber, die Schaltstrecke wird also nur mit einer Spannung $+U_p - (-U_p) = 2\,U_p$ beansprucht. Das kompensierte System steht in dieser Beziehung in der Mitte zwischen dem unkompensierten voll isolierten und dem starr geerdeten System.

b) Die Löscheinrichtung gibt die Möglichkeit, daß eine zweite Phase unterbrochen wird, ohne daß die dritte mitkommt. Der Strom dieser Phase findet einen Rückschluß über die Löscheinrichtung, kann also weiter bestehen. Die stationäre Verlagerung, welcher der Nullpunkt dabei zustrebt, ist vom Betrag der halben Phasenspannung $U_p$. Denn wenn in Abb. 241 der Punkt $R$ mit $C$,

Überspannungen im geerdeten und im kompensierten Netz.

der Punkt $O$ mit $L$ belastet ist, so muß $M$ an Erde liegen. Dann ist nämlich die Bedingung

$$\overline{RM} \cdot \omega C - \overline{OM}\frac{1}{\omega L} = \frac{3}{2} U_p \omega C - \frac{1}{2} U_p \cdot 3 \omega C = 0$$

erfüllt. Die freie Ausgleichsschwingung hat die Frequenz $\omega_f = \sqrt{3}\,\omega$. Den weiteren Ablauf des Unterbrechungsvorganges werden wir unter c) untersuchen.

Die nach a) und b) von der Erdschlußspule bedingten freien Ausgleichsschwingungen durchsetzen die Wicklungen der Anschlußtransformatoren ohne nennenswerten Widerstand, da das Amperewindungsgleichgewicht von der Stromquelle her durch eine zusätzliche Stromverteilung hergestellt wird, welche sich insbesondere bei Dreieckschaltung der speisenden Wicklung auch im Falle b) ungehindert ausbilden kann.

c) Neben der Erdschlußspule kann noch ein weiterer Umstand den Stromverlauf der zweiten und dritten bzw. noch ausgeprägter der dritten Phase allein in eigentümlicher Weise beeinflussen. Zündet beispielsweise eine der drei Phasen nach vollzogener Unterbrechung zurück, wie dies in Abb. 243 dargestellt ist, so kommt es nicht nur (Abb. 243a) zu einem schwingungsmäßigen Ausgleich zwischen Erdschlußspule und Leitungskapazität unter Mitwirkung der Rückstandsladung — Gegenstück zum Gleichstromglied der Erdschlußzündung nach Abschnitt IV, Kapitel 4, Frequenz $\omega_f = \omega \sqrt{3}$ —,

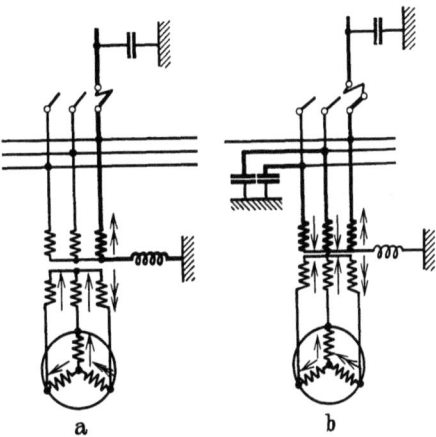

Abb. 243 a und b. Abschalten einer leerlaufenden Leitung. Vorgänge beim Rückzünden einer Phase.
a Ausgleich der Rückstandsladung, b Umladung der Sammelschienen.

sondern auch zu einer Umladung der Sammelschienen über die Kurzschlußinduktivität des Transformators (Abb. 243b). Dieser Vorgang spielt sich mit weit höherer Frequenz ab, er ist das Gegenstück zur Zündschwingung des Erdschlusses nach Kapitel 4, Abschnitt IV. Die beiden Schwingungen überlagern sich. Dadurch ergibt sich die Möglichkeit, daß der Nulldurchgang und damit die endgültige Unterbrechung des den Schaltlichtbogen durchfließenden Summenstromes nicht mit dem Nulldurchgang des Spulenstromes zusammenfällt. Die magnetische Energie der Löscheinrichtung kann dann nur über die Sammelschienen- und Transformatorkapazität ausschwingen. Die Frequenz ist dabei in der Größenordnung von mehreren 100 Hertz. Die am Wicklungssystem entstehende Spannung ist $I_L \cdot \omega L$, wenn $I_L$ der Spulenstrom zum Zeitpunkt seiner Unterbrechung, $\omega$ die Frequenz der nachfolgenden freien Schwingung zwischen Spule und restlicher Stationskapazität ist. Erfolgt die Lichtbogenunterbrechung zu weit vor dem Nulldurchgang von $I_L$, so liefert die Rückzündungsfestigkeit der Schaltstrecke den möglichen Grenzwert der Spannungserhöhung. Wir begegnen der gleichen Erscheinung mit erheblich höheren Strömen, daher in wesentlich ausgeprägterem Maße im Zusammenhang mit den Vorgängen bei der Abschaltung von Doppelerdschlüssen, denen wir uns jetzt zuwenden.

In Abb. 244a ist ein Kurzschluß zwischen den Phasen $S$ und $T$ angedeutet, der einen geerdeten Teil streift. Im allgemeinen ist dies ein harmloser Vorgang, den die Erdschlußspule günstig beeinflußt. Denkt man sich in dem zusammengeklappten Dreieck $RST$ die zusammengeschrumpfte Basis $ST$ (Abb. 244b) an Erde liegend, so steht die Erdschlußspule unter der Wirkung von $\frac{U_p}{2}$, die Erdkapazität $C_e$ der Phase $R$ unter der von $\frac{3}{2} U_p$. Der kapazitive Erdschlußstrom $\frac{3}{2} U_p \cdot \omega C_e$ wird von dem Spulenstrom $\frac{1}{2} U_p \frac{1}{\omega L_e} = \frac{1}{2} U_p \cdot 3 \omega C_e$ aufgehoben. Der Lichtbogen kann sich also von der Erdberührung jederzeit loslösen, wenn es sich nicht um zwei getrennt nach Erde verlaufende Überschlagswege handelt. In diesem Falle bleibt der Erdschluß bestehen, bis der Kurzschluß beseitigt ist. Wenn dies durch den Leitungsschalter derjenigen Station erfolgt, in der die Löscheinrichtung steht, so wird im Schalter die Summe aus Kurzschlußstrom und halbem Erdschlußstrom in jeder der beiden von der Störung betroffenen Phasen abzuschalten sein. Abb. 244c lehrt nun, daß die

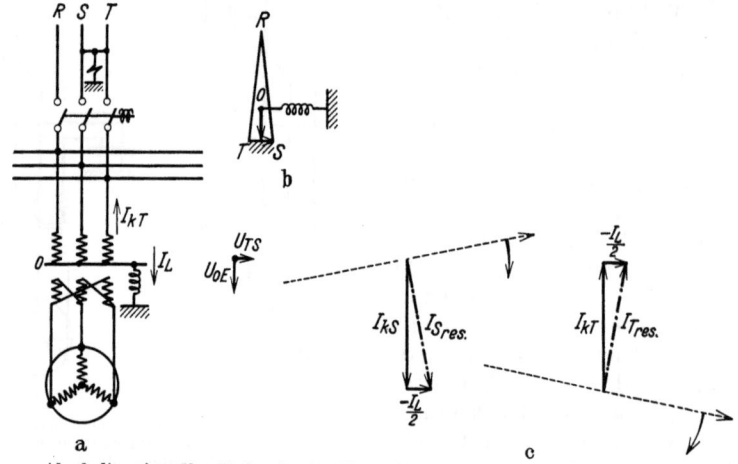

Abb. 244 a—c. Abschalten eines über Erde gehenden Kurzschlusses zugleich mit Trennung der Löscheinrichtung vom Netz. a Schaltzustand, b Spannungsdreieck während der Störung, c Fehlerströme.

Ströme $I_k$ und $I_L$ der Phase nach ebenso wie die sie erregenden Spannungen praktisch um 90° verschoben sind. Berücksichtigt man den Phasenwinkel des Kurzschlußkreises etwas genauer, dann kommt jedenfalls eine zwischen 60 und 90° liegende Verschiebung zustande. Da der Kurzschlußstrom $I_k$ dem Betrage nach bei weitem überwiegt, richtet sich der Nulldurchgang des Summenstromes weit mehr nach der Phasenlage von $I_k$ als von $I_L$. Die gestrichelt eingetragene Lage der umlaufenden Zeitlinie entspricht dem Augenblick, in welchem die Stromunterbrechung erfolgt. Der Spulenstrom $I_L$ hat dann seinen Nulldurchgang noch lange nicht erreicht. Nun wird die Strombahn aufgeschnitten. Die in der Löscheinrichtung noch aufgespeicherte magnetische Energie sucht den Strom aufrecht zu erhalten. Als Rückschlußmöglichkeit steht aber jetzt bloß die Kapazität der Schaltanlage und des Transformators zur Verfügung, wenn nicht weitere Leitungen von der Station abgehen. Ist letzteres der Fall, so schwingt die Energie der Löscheinrichtung über die Kapazität der anderen Leitungen mit mäßiger Spannungssteigerung aus, so daß die halbe Phasenspannung nur wenig überschritten wird. In dem speziellen Fall, daß von der die Löscheinrichtung beherbergenden Station nur eine Leitung ausgeht und daß deren Schalter bei einem Doppelerdschluß als erster fällt, entsteht eine Spannungserhöhung, und zwar ist

$$E_{\ddot{u}} \leq \frac{U_p}{2} \frac{\omega_f}{\omega}. \tag{159}$$

Das Gleichheitszeichen gilt für Stromunterbrechung im Scheitelwert des Erdschlußstromes.

Auch der Kurzschlußstrom geht in diesem Moment nicht genau durch Null, wird also bei diesem Vorgang gewissen Strombahnen plötzlich entzogen. Dies kann jedoch außer acht bleiben, da die Induktivität dieses Stromkreises viel geringer ist. Überdies kann der Kurzschlußstrom in den betreffenden Wicklungen oder in anderen mit ihnen ausreichend gut verketteten als Gleichstrom fortgesetzt werden. Die Schwierigkeit steckt also in der Tat im Stromkreis der Erdschlußspule.

Für den Fall des zweipoligen Kurzschlusses mit Erdberührung, wo die Unterbrechung der erstlöschenden Phase noch nicht die Abtrennung der Erdschlußspule vom Netz bewirkt, wird der Verlauf des Abschaltvorganges in seinen Grundzügen durch Abb. 245 wiedergegeben. Beim Nulldurchgang des Stromes der Phase $S$ sind die Augenblickswerte von $I_L$ und $I_T$ untereinander entgegengesetzt gleich und von Null verschieden. Nun beginnt unter dem Einfluß der vollen Phasenspannung $OT'$ der doppelte Strom durch die Spule zu fließen, der ohne Sprung anschließen muß, daher allenfalls mit einer Gleichstromkomponente $I_g$ behaftet ist. Er sucht den vollen Betrag des Erdschlußstromes $\frac{U_p}{\omega L}$ zu erreichen und wechselt die Phase um etwa $60°$ entsprechend dem Übergang von $OM$ nach $OT'$. Sein Verlauf ist gestrichelt dargestellt. Statt daß nun der Strom in dieser Art bis zum nächsten Nulldurchgang weiterbesteht, tritt eine zusätzliche Störung ein, welche die Gleichheit von $I_T$ und $I_L$ beeinträchtigt. Die Sammelschiene $S$, eben noch durch den Fehler auf der Leitung geerdet, ist durch den Unter-

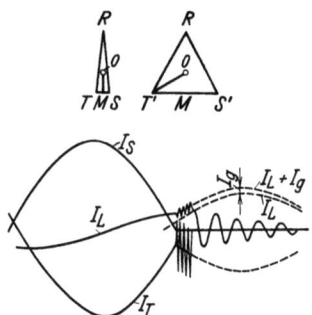

Abb. 245. Verlauf des Abschaltvorganges bei Kurzschluß mit Erdberührung bei Trennung der Löscheinrichtung vom Netz.

brechungsvorgang des zugehörigen Schalterpoles frei geworden und hat nun gegen Erde die verkettete Spannung $T'S'$ anzunehmen. Ebenso springt Phase $R$ von der bisherigen Erdspannung $RM$ auf $RT'$. Die beiden von der Leitung getrennten Sammelschienen $R$ und $S$ stellen sich also gegen Erde neu ein und beziehen zu diesem Zweck Ladung von der geerdeten Phase $T$ über die Transformatorwicklungen. Der Vorgang verläuft hochfrequent und führt daher bei gegebenen Ausgleichsspannungen auf kräftige Stromstöße, die den Lichtbogenstrom $I_T$ im Schalterpol $T$ erheblich verzerren und ihn immer wieder durch Null hindurchgehen lassen. Bei einer dieser überlagerten Schwingungen wird $I_T$ unterbrochen. Wieder nimmt der Spulenstrom $I_L$ an dem Nulldurchgang nicht teil. Denn der zwischen der Sammelschienenkapazität und Erde vor sich gehende hochfrequente Stromaustausch geht an der hochinduktiven Erdschlußspule praktisch vorüber; somit führt die Löscheinrichtung im Augenblick der endgültigen Stromunterbrechung des Leitungsschalters noch einen Strom, der den halben Scheitelwert des Erdschlußstromes sogar noch etwas überschreiten kann. Ein plötzliches Verschwinden kommt nicht in Frage. Ein Weiterbestehen ist aber nur möglich, wenn die einzige sich noch darbietende Rückschlußbahn, die Kapazität der Sammelschienen und Wicklungen, ausgenützt wird. Der Spulenstrom klingt also in einer mittelfrequenten Schwingung ab. Als Beispiel für die Größenordnung der Frequenz sei der Fall einer Spule von 29000 Volt, 30 A, 3,1 H gewählt. Die Sammelschienen- und Wicklungskapazitäten mögen zusammen etwa $0,02 \cdot 10^{-6}$ F betragen. Man erhält

$$\omega_f = \frac{10^3}{\sqrt{3,1 \cdot 0,02}} = 3950 = 2\pi \cdot 630.$$

Die Frequenz der abklingenden Stromschwingung ist 630, also das 12,6fache der Betriebsfrequenz. Zu diesem Stromverlauf gehört eine Spannung $E_{\ddot u} = I\,\omega_f L$ an der Löschinduktivität, die der Beziehung (159) folgt. Sie ist um so höher, je kleiner die Kapazität ist, die mit ihrem Energieaufnahmevermögen $\frac{1}{2}CE_{\ddot u}^2$ die magnetische Energie $\frac{1}{2}LI^2$ zu übernehmen hat. Die Wicklungskapazitäten der Erdschlußspulen selbst und die der Anschlußtransformatoren können zur Begrenzung der Spannungserhöhung wesentliche Beiträge liefern. Die Größenordnung der Spulenkapazität deckt sich mit jener von zwei Schenkeln eines Transformators gleicher Abmessungen und beträgt 0,001 $\mu F$ (für kleine Einheiten) bis 0,006 $\mu F$ (für sehr große Spulen). Die Eigenfrequenzen können wegen der durch die Luftspalte begünstigten Streuung nicht mehr nach Formel

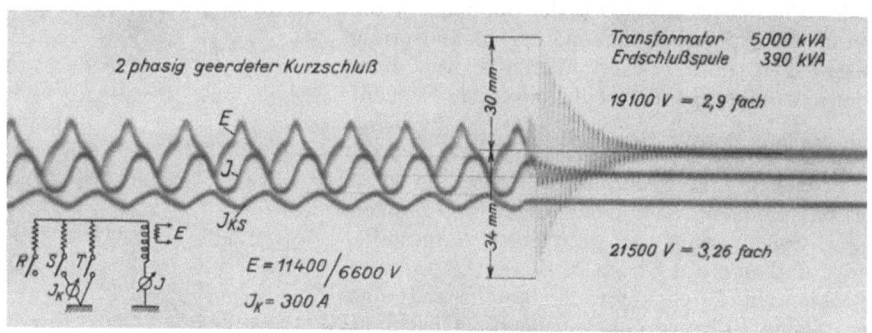

Abb. 246. Oszillogramm der Abschaltung eines zweipoligen Erdfehlers nach Abb. 244.

(157) bestimmt werden. An einer 15-kV-Spule mit $L = 0{,}66 \div 1{,}43$ H, $C = 0{,}0014\;\mu F$ wurde die Eigenschwingungszahl zu 5000 bzw. 3500 Hz bestimmt.

Ein Beispiel für den Verlauf des Stromes und der Spannung nach der Abschaltung eines zweipoligen Erdfehlers gibt das Oszillogramm Abb. 246. In Übereinstimmung mit Abb. 245 läßt sich verfolgen, wie nach dem Stromnulldurchgang der Phase $S$ der Erdschlußstrom einen Phasensprung durchmacht und durch kleine Anteile einer hochfrequenten Schwingung einen verwaschenen Kurvenverlauf annimmt. Gleichzeitig gibt die Nullpunktsspannung ein Bild von den schnellen schwingungsmäßigen Umladevorgängen, welche die Wicklung von $T$ nach $R$ und $S$ hin durchsetzen. Sehr bald nach dem Erlöschen des Lichtbogens in Phase $S$ unterbricht auch die Phase $T$ und nun schwingt die Löschinduktivität unter beachtlicher Überschreitung der Phasenspannung aus. Betrachtet man das vorübergehende Auftreten der doppelten verketteten Spannung in Übereinstimmung mit der gebräuchlichen Wahl der Ableiteransprechspannungen als zulässig, so sollte $\frac{U_p}{2}\frac{\omega_f}{\omega}$ kleiner als 3,4 $U_p$, somit $\omega_f$ kleiner als 6,8 $\omega$ bleiben. Meist wird dies erfüllt sein. In Abb. 246 ist $\omega_f = 11{,}5\,\omega$ (Spule mit hoher magnetischer Energie), die Überspannung erreicht jedoch nicht das 5,75fache von $U_p$, sondern nur das 3,26fache. Die Milderung ist jedenfalls dem günstigen Augenblickswert von $I_L$ zuzuschreiben, der den Betrag $\frac{1}{2}\frac{U_p}{\omega L}$ nicht erreicht. Das schnelle Abfallen des in Abb. 245 angenähert konstant gezeichneten Gleichstromgliedes $I_g$ trägt dazu bei. Auch bei dreipoligem Kurzschluß über Erde können sich ähnliche Vorgänge abspielen, da die Abschaltung vorübergehend den Zustand des zweipoligen Erdkurzschlusses schafft. Ein derartiges Oszillogramm gibt Abb. 247 wieder.

Die eben beschriebene Erscheinung ist der einzige Fall, in welchem die Erdschlußspule als Erreger von nicht zu vernachlässigenden Überspannungen anzusehen ist. Die Anordnung, in der die Voraussetzungen hierfür gegeben sind, ist selten und kann leicht vermieden werden. Ist es nicht zu umgehen, daß die Löscheinrichtung in einem kapazitätsarmen Speisepunkt mit nur einer abgehenden Leitung angeschlossen wird, so sollten Vorsichtsmaßnahmen erwogen werden. Überspannungsableiter an den Sammelschienen oder am Nullpunkt fangen die Spannungsüberhöhung vollständig auf. Es entsteht nur diejenige Spannung, welche es ermöglicht, daß der Spulenstrom sich durch die Ableiterwiderstände fortsetzt. Dazu braucht man nicht einmal sehr wirksame Ableiter.

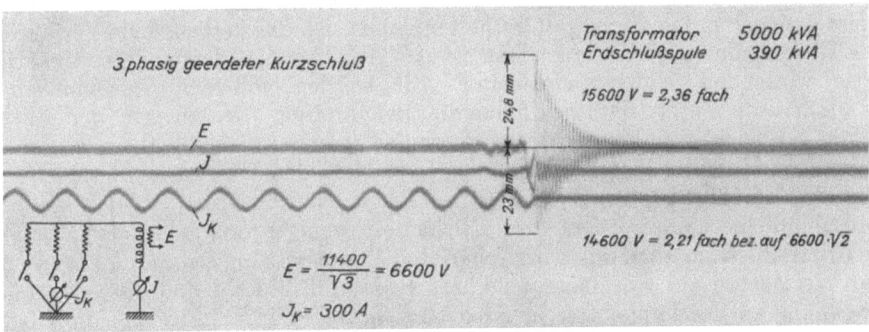

Abb. 247. Oszillogramm der Abschaltung eines dreipoligen Erdfehlers unter den Annahmen der Abb. 244.

Kommt nur ein einzelner Transformator für die Speisung in Frage, so richte man es so ein, daß der primärseitige Schalter die Unterbrechung vollzieht. Die Erdschlußspule schwingt dann mit der Leitung aus. Der gleiche Vorteil gilt für Löschtransformatoren, welche an die abgehende Linie jenseits des Leitungsschalters angeschlossen und derart mit der Leitung zu einer Einheit zusammengefaßt sind.

In einer amerikanischen Anlage, welche mit Erdschlußspulen sehr günstige Betriebserfahrungen aufzuweisen hatte, lag ein Fall dieser Art vor. Oliver und Eberhardt (L 245) berichten, daß im 44-kV-Netz der Alabama Power Comp. ein sternförmiges Netzgebilde betrieben wurde. Die Erdschlußspule war nicht im Knotenpunkt, sondern in dem einseitig gelegenen Speisepunkt eingebaut. Beim Abschalten von Kurzschlüssen beobachtete man wiederholt Sammelschienenüberschläge. Die Abhilfe bestand in einer verhältnismäßig komplizierten Maßnahme, nämlich in der Überbrückung der Erdschlußspule vor jeder Leitungsabschaltung. Allerdings waren die tatsächlichen Zusammenhänge nicht erkannt worden. Übrigens ist diese Seite des Erdschlußspulenproblems ein Beweis für die Oberflächlichkeit der manchmal geäußerten Behauptung, für die induktive Erdschlußkompensierung seien als Anwendungsgebiet kurze einfache Leitungsgebilde zu bevorzugen.

Spannungserhöhungen durch resonanzartige Verlagerung rechnen, wie wir im 4. Kapitel dieses Abschnittes gezeigt haben, nicht unter die gefährlichen Überspannungen. Auch wäre es verfehlt zu glauben, daß sich ihre theoretische Möglichkeit nicht auch bei fest geerdetem Netznullpunkt nachweisen läßt.

Ein Beispiel dafür ist der Leiterbruch an einer von einem starr geerdeten Transformator gespeisten Leitung. Die abgetrennte Phase werde über einen

250  Spezialprobleme der induktiven Erdschlußkompensierung.

am anderen Leitungsende eingebauten ungeerdeten Transformator gespeist. Ihrer Kapazität ist die Leerlaufinduktivität des Transformators vorgelagert. Es lassen sich leicht Verhältnisse angeben, bei denen man auf hohe Resonanzüberspannungen schließen müßte, wenn deren Entstehung nicht durch andere Einflüsse, wie Verluste und Eisensättigung, vereitelt würde.

Induktive Erdschlußkompensierung und Überspannungsbekämpfung durch Ableiter können sich nicht ersetzen, sondern nur ergänzen. Der Erdschlußspule fällt vor allem das ausgedehnte Gebiet der Netzstörungen auf freier Strecke zu, die sich durch die begrenzte Reichweite der Ableiterwirkung einer vorbeugenden Bekämpfung entziehen. In kompensierten Netzen darf man es ruhig zum Überschlag kommen lassen, die Erdschlußspule macht das Netz im größten Teil aller Fälle sofort wieder betriebsklar, indem sie den Überschlag erstickt. In den Stationen, die als Knotenpunkte mehrerer Leitungen empfindliche Punkte der Netzversorgung vorstellen, die überdies ungleichförmiges Material von teilweise geringerem Isolationswert enthalten, lohnt sich das vorbeugende Verfahren der Überspannungsabsenkung. Hier ist das Arbeitsgebiet der modernen ventilartig wirkenden Widerstandsableiter. Sie werden von der Erdschlußspule dadurch unterstützt, daß sie ihnen die Bekämpfung des einzigen der Blitzgefahr vergleichbaren Friedenstörers, des aussetzenden Erdschlusses, vollkommen abnimmt. Überdies bietet das kompensierte Netz den Überspannungsableitern günstige Löschbedingungen für den nachfolgenden Betriebsstrom, der wie bei Erdschlußfehlern unterdrückt wird. Nichtsdestoweniger muß jedoch der Ableiter den Betriebsstrom auch unter der schärferen Voraussetzung sicher unterbrechen, daß gleichzeitig auf einer anderen Phase Erdschluß besteht und die verkettete Spannung an der Funkenstrecke wieder erscheint. Wirkungslos sind die Überspannungsableiter bei schleichenden Fehlern und beim schließlichen Durchbruch schwacher Isolationsstellen. Hier übernimmt die Erdschlußspule die Aufgabe, den Schadensumfang auf ein Mindestmaß zu beschränken.

Im modernen Netzbetrieb stellen Überspannungsableiter und Erdschlußspule im gesamten Spannungsbereich bis zu den höchsten Übertragungsspannungen in ihrer Vereinigung eine sehr vollkommene Lösung der Aufgaben des Überspannungsschutzes vor.

## 12. Störungszustände im kompensierten Netz.

Auch bei Störungen, die nicht mit der Isolation des Netzes gegen Erde in Zusammenhang stehen, übt die Erschlußspule unter Umständen einen bemerkenswerten Einfluß aus. Im 4. Kapitel dieses Abschnittes haben wir gefunden, daß die Erdschlußspule Windungsschlüsse ihres Anschlußtransformators (oder -generators) aufzudecken vermag, indem sie auf die dadurch zustande kommende Unsymmetrie mit einer Verlagerung der Leiterspannungen antwortet. Das gleiche trifft für einen in Entstehung begriffenen Eisenbrand zu, denn dieser ist als Windungsschluß aufzufassen. Fallen $p$ vH der Windungen eines Schenkels aus oder entsteht eine Verringerung der Phasenspannung (vektoriell) um $\frac{p}{100} U_p$, so ist dies gleichwertig mit einer erregenden Nullpunktsspannung

$$\sum \frac{U_i}{3} = \frac{p}{300} U_p. \tag{160}$$

Die entstehende Verlagerung ist nach den früher in Form der Beziehung (104a) abgeleiteten Gesetzmäßigkeiten

$$U_0 = \frac{p}{300} U_p \cdot \frac{I_e}{I_r}, \tag{161}$$

d. h. im Verhältnis des Erdschlußstromes zum Reststrom vergrößert. Man wird also auf geringe in Ausbildung begriffene Fehler frühzeitig aufmerksam. Die Auslegung einer solchen Anzeige ist allerdings nicht eindeutig und verlangt eine verständnisvolle Untersuchung. In einem Falle konnte auf diese Weise ein 15000 kVA-Transformator vor größerem Schaden bewahrt werden.

Der Generatorschutz ist selbst in solchen Anlagen, wo Maschine und Transformator eine Einheit bilden oder wo von den Maschinensammelschienen kein Netz versorgt wird, von den auch dann noch vorhandenen geringen kapazitiven Erdschlußströmen nicht unbeeinflußt. Meist bedient man sich zur Feststellung von Gestellschlüssen eines künstlich verstärkten Fehlerstromes. Abb. 248 zeigt eine Anordnung mit mehreren parallel arbeitenden Maschinen. An die Sammelschienen ist ein Apparat zur künstlichen Nullpunktsbildung angeschlossen, der einen Widerstand mit Strom beschickt, sobald ein Punkt der Anlage Erdschluß aufweist. Die Stromwandler an den Kabelendverschlüssen messen unter Aussiebung des Betriebsstromes nur den Fehlerstrom. Es kann also der kranke Abzweig selektiv richtig daran erkannt werden, daß nur er Fehlerströme führt. Nun stellt auch jede Kabelgruppe einen nicht zu vernachlässigenden Leitwert vor und es bedeutet eine Beschränkung der Empfindlichkeit des Schutzes, wenn man ihn auf die Größenordnung der Kapazitätsströme nicht reagieren läßt. Durch kleine Erdschlußspulen, welche an die Generatornullpunkte angeschlossen werden, kann man erreichen, daß beim Auftreten einer Nullpunktsverlagerung der Ladestrom der Kabelgruppe so kompensiert wird, daß er auf den Stromwandler nicht einzuwirken vermag. Durch die Verwendung von wattmetrischen Relais erreicht man die gleichen Vorteile. Ein ähnlicher Fall liegt vor, wenn eine Maschinengruppe in einer Anordnung geschützt werden soll, die auch Fehler in unmittelbarer Nachbarschaft des Nullpunktes umfaßt. Man erreicht dies nach Pohl, indem man einen Erdungswiderstand mit einer in Reihe liegenden konstanten Zusatzspannung verwendet (Abb. 249). Dieser Kreis wird jedoch ständig von dem Strom durchflossen, den die Hilfsspannung an der kapazitiven Nullimpedanz des Kabels hervorruft.

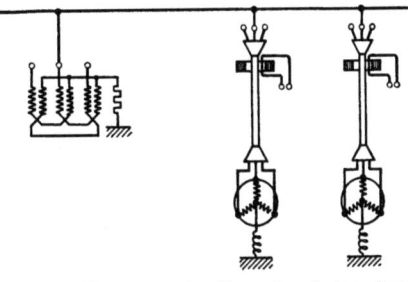

Abb. 248. Ergänzung des Generatorschutzes durch Erdschlußkompensierung der Kabelverbindungen.

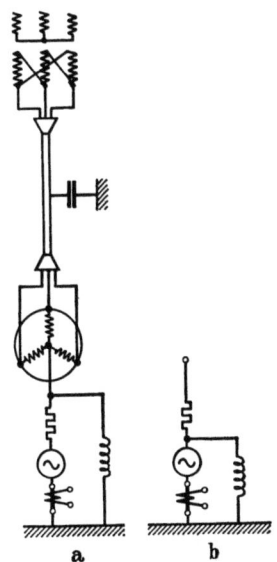

Abb. 249 a und b. Aufhebung des Ladestromes in der Pohlschen Generatorschutzschaltung.
a Induktivität am Nullpunkt,
b Induktivität an der Hilfsspannung.

Die gleiche Rolle spielt die Wicklungskapazität des Transformators und vor allem die des Stromerzeugers. Hier kann die induktive Kompensierung Abhilfe schaffen. Diesendorf gibt dazu eine Schaltung mit verringerter Spulenleistung (Abb. 249b) an. Die Spule liegt an der Hilfsspannung und wird durch den vergleichsweise niederohmigen Fehlerwiderstand nicht gestört.

Dem selektiven Überstromschutz der Leitungen wird durch die Erdschlußkompensierung eine neuartige Aufgabe gestellt. Wenn an zwei verschiedenen Stellen eines Netzes gleichzeitig Fehler an je einer Phase auftreten

(Doppelerdschluß), so ist die Forderung berechtigt, daß nur die eine der beiden Fehlerstellen der Abschaltung unterliegen soll. Die andere hat im Netzverband zu verbleiben, da ja die Fortführung des Betriebes im Erdschluß möglich und wünschenswert ist. Der Umfang der Betriebsstörung wird bei diesem Verfahren auf ein Mindestmaß eingeschränkt. Für den Selektivschutz durch Distanzrelais sind Schaltungen entwickelt worden, welche nach diesem Grundsatz arbeiten. Man gelangt zu ihnen durch besondere Ausgestaltung der Verfahren mit selbsttätiger Umschaltung der sekundären Strom- und Spannungskreise, welche zur Lösung der allgemeineren Aufgabe impedanzgetreuer Abbildung ersonnen worden sind. Auch in unkompensierten Netzen mit isoliertem oder hochohmig geerdetem Nullpunkt gilt es nämlich als wesentliche Eigenschaft einer brauchbaren Distanzrelaisschaltung, daß durch Anpassung der dem Meßwerk der Relais zugeführten Ströme und Spannungen an die Art des Fehlerfalles (dreipoliger oder zweipoliger Kurzschluß, Doppelerdschluß) stets eine der Entfernung zwischen Relaiseinbaustelle und Fehlerort proportionale Impedanz ermittelt wird, die dann die Auslösezeit bestimmt. Umschaltungen sind hier schon deshalb nicht zu umgehen, weil nur im dreipoligen Fehlerfalle Phasenspannung und Phasenstrom auf die Fehlerimpedanz führen. Im zweipoligen Kurzschluß ist zusammen mit dem Phasenstrom die halbe verkettete Spannung maßgebend, bei Doppelerdschluß wären diese Meßgrößen jedoch irreführend, weil die Fehlerentfernung nicht der halben Schleifenlänge gleich ist. Es muß auf die Spannung Leiter—Erde gegriffen werden, da nur diese an den beiden Fehlerstellen zu Null wird. Andernfalls würden zu hohe Impedanzwerte ermittelt werden. Als Kriterium für das Bestehen eines Doppelerdfehlers zieht man das Auftreten einer Nullpunktsspannung heran. Um die Bevorzugung der einen Fehlerstelle durch die Relais zu erreichen, werden die Relais der zur anderen Fehlerstelle gehörenden Phase im ganzen Netz gesperrt oder verlangsamt, beispielsweise durch Anlegen an verkettete statt an Leiterspannung (L 207, 208, 209).

Wenn Kurzschlüsse von Erdschlüssen begleitet werden, so mißt man der Löschwirkung der Erdschlußspule naturgemäß geringe Bedeutung zu. Wir haben bereits im vorigen Kapitel erkannt, daß die Erdschlußspule jedenfalls ihre Eignung zur Unterdrückung des Erdschlußstromes auch bei **Kurzschlüssen mit Erdberührung** beibehält. Im übrigen beeinflußt die Löscheinrichtung den Abschaltvorgang des Kurzschlusses insoweit, als im Gegensatz zum unkompensierten Netz und in gewisser Ähnlichkeit mit dem starr geerdeten Netz die dritte Phase nicht zusammen mit der zweiten unterbrochen wird, sondern von ihr unabhängig ist. Die dafür maßgebenden Zusammenhänge sind im vorigen Kapitel an Hand von Abb. 244 und 245 klargestellt worden. Ein Unterschied gegenüber dem dort behandelten Fall einer einzigen von den Sammelschienen aus betriebenen Leitung greift nur in denjenigen Teilvorgängen Platz, welche durch die Sammelschienenkapazität bestimmt werden. Statt dieser ist jetzt die Kapazität des übrigen Netzes maßgebend. Der Strom $I_T$ der zuletzt allein stromführenden Phase $T$ umfaßt drei Anteile: Den Spulenstrom $I_L$, den kapazitiven Erdschlußstrom $I_c$ des Netzes und die Ausgleichsströme, welche das Eintreten des neuartigen Erdschlußzustandes begleiten müssen. $I_L$ und $I_c$ setzen sich zum Reststrom zusammen, den wir der besseren Übersicht zuliebe mit Null annehmen wollen. Ein Gleichstromglied kann sich dem Spulenstrom nur in unbedeutendem Maße überlagern. Denn die sprunghafte Änderung der Spulenspannung wird in Abb. 245 durch das Entstehen der Komponente $MT'$ bewirkt, die zu $OM$ plötzlich hinzutritt. Sie ist die Hälfte der Wiederkehrspannung $T'S'$ des Kurzschlusses und setzt daher gleich dieser praktisch mit dem Maximum ein. Für Schaltvorgänge dieser Art, bei denen die neu auftretende

Stromkomponente mit dem Nullwert beginnen kann, entfällt das Gleichstromglied. Es resultiert dann nur noch die Zündschwingung, die gegenüber Abb. 245 sehr verlangsamt ist. In sehr großen Kabelnetzen sind Zündschwingungen von nur 90 Hertz errechnet und gemessen worden. Die Stromstärke der Zündschwingung ist nach den in Abschnitt III, Kapitel 1 abgeleiteten Gesetzmäßigkeiten im ungünstigsten Falle gleich $0{,}867 \cdot \frac{2}{3} I_e \frac{\omega f}{\omega}$. Der Zahlenfaktor berücksichtigt die Höhe der neu auftretenden Komponente $MT'$. Es gibt heute kompensierte Kabelnetze von solcher Ausdehnung, daß mit $\frac{\omega f}{\omega} \geq 2$ die Größenordnung des Kurzschlußstromes (einige tausend A) erreicht wird. Die endgültige Unterbrechung des Stromkreises wird bis zu einem Nulldurchgang der Zündschwingung verzögert. Die Erdschlußspule begünstigt die Lichtbogenlöschung der dritten Phase, indem sie den Lichtbogen nach dem Abklingen der Zündschwingung stromlos macht und die Wiederkehr der Spannung an der Schaltstelle wie bei jeder Erdschlußunterbrechung verlangsamt.

Die wichtigste Wechselbeziehung zwischen Kurzschluß- und Erdschlußvorgängen ist in den einpoligen Erdschlüssen starr geerdeter Netze gegeben. Hier ist der Übergang zur Erdschlußspule nicht allein ein Mittel, um etwa 85 vH aller Schalterauslösungen überflüssig zu machen und damit den Betrieb vor Teilstörungen zu bewahren. Ihre Wirksamkeit greift darüber hinaus in das Stabilitätsproblem des gesamten Netzes ein. Die einpoligen Erdfehler sind nicht nur durch das Überwiegen ihrer Zahl der Kernpunkt der Stabilitätsfrage parallel arbeitender Kraftwerke in starr geerdeten Systemen. Sie sind darüber hinaus praktisch der einzige Fall, in welchem es sich verlohnt, etwas für die Stützung der Stabilität zu tun. Die für das synchronisierende Moment maßgebende Mitkomponente der Systemspannung bricht bei dreipoligem Kurzschluß auf Null zusammen. Bei zweipoligem Kurzschluß bleiben 50 vH erhalten, bei einpoligem 66,7 vH (vgl. dazu etwa Abb. 55, gemäß welcher von der ursprünglichen Spannung der Phase $U$ eine Mitkomponente von $\frac{1}{3} U_p$ in Abzug kommt). Bei dreipoligen Kurzschlüssen geht der Zusammenbruch der synchronisierenden Momente so weit, daß es ein aussichtsloses Beginnen wäre, für ihre Steigerung besondere Mittel einzusetzen. Auch bei zweipoligen Kurzschlüssen ist es fraglich, ob Maßnahmen wie verstärkte Leitungskupplung (Doppel- und Mehrfachleitungen) oder Schnellerregung einen gerechtfertigten Aufwand vorstellen. Der einpolige Erdkurzschluß mit seinen weniger heftigen Belastungs- und Entlastungsstößen umfaßt hingegen neben Erschütterungen, die das Netz gerade noch verträgt, Grenzfälle und Stabilitätsgefährdungen, für welche die erwähnten Stützungsverfahren ersonnen worden sind. Hier fallen die Schwierigkeiten mit einem Schlage weg, wenn das Netz nicht starr geerdet, sondern kompensiert und damit vom einpoligen Erdkurzschluß befreit wird. Darum ist die Tatsache bemerkenswert, aber eigentlich nicht erstaunlich, daß kompensierte Netze in größtem Ausmaße gekuppelt werden konnten, ohne daß Stabilitätsschwierigkeiten auftraten. Schon beim Aufbau solcher Netze wird man weniger sorgfältig darauf bedacht sein müssen, über die betriebsmäßigen Anforderungen des Energietransportes hinaus für jede Strombahn eine Reserve durch einen oder mehrere Parallelstränge vorzusehen. Auch an die Selektivschutzsysteme und Schalter wird man weniger strenge Anforderungen hinsichtlich Kürze der Schaltzeiten stellen dürfen.

Wir können uns ein Bild von den praktischen Verhältnissen machen, wenn wir die Statistik der Betriebsergebnisse mit Erdschlußspulen und insbesondere die Erfahrungen eines großen stabilitätsgefährdeten, jedoch induktiv kompensierten Netzes heranziehen.

## Spezialprobleme der induktiven Erdschlußkompensierung.

Im Jahre 1921 war das Gebiet Lock 12-Vida des 44-kV-Netzes der Alabama Power Company mit freiem Nullpunkt betrieben. In 9 Monaten ereigneten sich 43 Blitzstörungen mit 230 Minuten Betriebsausfall. Der gleiche Zeitraum brachte im darauffolgenden Jahre 7 Blitzstörungen des mit Petersen-Spule kompensierten Netzes und im Zusammenhang damit 14 Minuten Betriebsunterbrechung. Die Zahl der Fälle schrumpfte also um 83,5 vH, die Störungsdauer um 94 vH zusammen. In den Jahren 1925—1927 hatte das Bayernwerk in seinem 110-kV-Netz 75 Fälle von Erdfehlern. Hiervon gingen 67 Fälle oder 89,5 vH als Einphasenerdschlüsse ohne Betriebsstörung vorüber. Nur 8 Fälle waren von Kurzschlüssen begleitet. Von diesen waren 6 ohne Einfluß auf die Systemstabilität, zwei verursachten das Außertrittfallen von Maschinen. Soferne eine proportionale Umrechnung zulässig ist, ergibt sich folgendes Bild: Ohne Erdschlußkompensierung sind die Fälle, in denen ein Erdschluß in einen Kurzschluß ausartet, 6—10mal so häufig, die vermeidbare Gefährdung der Stabilität in gleichem Maße erhöht. Zwei Fälle von Stabilitätsschwierigkeiten innerhalb von drei Jahren in einem Netz von rd. 2000 km Leitungslänge und 750000 kVA installierter Leistung sind gegenüber 12...20 Störungen in der Tat eine schwerwiegende Differenz.

Gegen die Anwendung der Erdschlußlöschung in Anlagen hoher Betriebsspannung ist das Bedenken geltend gemacht worden, daß sich die Korona nachteilig bemerkbar machen müsse. Hier darf nicht übersehen werden, daß das Zustandekommen der Korona nur in beschränktem Maße von der Spannung zwischen Leiter und Erde abhängt und daß weder die Verlustkomponente noch die dritte Harmonische des Glimmstromes die Löschung in Frage stellt, wenn nicht eine arge Fehldimensionierung der Leiter vorliegt. Was zunächst die Koronadurchbruchspannung betrifft, ist darauf hinzuweisen, daß es sich eigentlich um eine Durchbruchfeldstärke handelt und der Zusammenhang mit der Betriebsspannung erst auf dem Wege über die Feldstärke entsteht. Der bekannten Formel für die Anfangsspannung $U_0$

$$U_0 = 21{,}1 \cdot 0{,}83 \, \alpha \, \varrho \ln \frac{d}{\varrho} \tag{162}$$

liegen die Beziehungen (in Effektivwerten)

$$\mathfrak{E} = \frac{2Q}{\varrho}, \tag{3}$$

gültig in der Nachbarschaft eines Leiters mit der Ladung $Q$ und vom Halbmesser $\varrho$, und

$$Q = U_p \cdot C_b = U_p \frac{1}{2 \ln \dfrac{d}{\varrho}} \tag{163}$$

zugrunde. Die aus (23) zu entnehmende Betriebskapazität wird nämlich auch bei Leitungen mit Erdseil noch gut durch den Ausdruck

$$C_b = \frac{1}{2 \ln \dfrac{d}{\varrho}}$$

wiedergegeben. Berücksichtigt man den Rauhigkeitsfaktor 0,83 und den Temperaturkorrektionsfaktor $\alpha$, so tritt nach Gleichung (162) Strahlung ein, wenn

$$\mathfrak{E} = \frac{2Q}{r} = \frac{U_p}{\varrho \ln \dfrac{d}{\varrho}} > 21{,}1 \cdot 0{,}83 \, \alpha \cdot$$

Diese Beziehung muß nun auf die erdgeschlossene Leitung übertragen werden, in welcher zwei Seile verkettete Spannung gegen Erde führen. Die Feldstärke steigt dabei durchaus nicht auf das $\sqrt{3}$fache, sondern viel weniger. Denn die

Ladungen werden nach der Beziehung (19) nicht allein gegen Erde, sondern ebenso gegen die anderen Leiter gebunden. Den Ladungen verhältnisgleich sind ihre sekundlichen Änderungen, die Ladeströme. Durch Vergleich der Ladeströme in erdschlußfreiem und erdschlußgestörtem Zustande erhält man unmittelbar die Erhöhung der Feldstärke an der Leiteroberfläche. Die Ladeströme sind:

a) an einer ungestörten Einphasenleitung
$$I_L = U_p \omega (C_{1e} + 2 C_{12}), \tag{13a}$$
b) an einer ungestörten Dreiphasenleitung
$$I_L = U_p \omega (C_{1e} + 3 C_{12}), \tag{23}$$
c) am gesunden Leiter einer erdgeschlossenen Einphasenleitung
$$I'_L = 2 U_p \omega (C_{1e} + C_{12}), \tag{164}$$
d) an den gesunden Leitern einer erdgeschlossenen Dreiphasenleitung
$$I'_L = \sqrt{3}\, U_p \omega \sqrt{C_{1e}^2 + 3 C_{12}(C_{1e} + C_{12})}. \tag{165}$$

Für das Verhältnis $\lambda = \dfrac{I'_L}{I_L}$ erhält man mit $I_e = 2 U_p \omega C_{1e}$ in Einphasensystemen

$$\lambda = 1 + \frac{I_e}{2 I_L}, \tag{166}$$

mit $I_e = 3 U_p \omega C_{1e}$ in Dreiphasensystemen

$$\lambda = \sqrt{1 + \frac{1}{3}\frac{I_e}{I_L} + \left(\frac{1}{3}\frac{I_e}{I_L}\right)^2}. \tag{167}$$

Zahlenbeispiel:

Drehstromeinfachleitung, 1 Erdseil, $\dfrac{d}{\varrho} = 700$, $q = 120$ mm²

Ladestrom je 100 km 16,5 A bezogen auf 110 kV
Erdschlußstrom je 100 km 30,5 A (ohne Zuschlag für Maste)
$\lambda = 1,41$.

Kritische Anfangsspannung des nichterdgeschlossenen Systems tritt auf bei

$$U = \sqrt{3} \cdot 21{,}1 \cdot 0{,}83 \cdot \varrho \ln \frac{d}{\varrho} = 139 \text{ kV}.$$

Kritische Anfangsspannung des erdgeschlossenen Systems tritt auf bei

$$U' = \frac{U}{1{,}41} = 98{,}5 \text{ kV}.$$

Leitungen dieser Art werden unbedenklich mit 110—125 kV betrieben, obgleich sie im Erdschlußfalle schon bei einer Spannung von 98,5 kV zu strahlen beginnen. Die Erfahrung hat also jedenfalls gezeigt, daß dieser Umstand der Wirkung der Erdschlußkompensierung keinen Abbruch tut. Im allgemeinen liegt die Verhältniszahl $\lambda$ zwischen

1,25 und 1,35 für Leitungen ohne Schutzseil,
1,3 und 1,45 für Leitungen mit Schutzseil.

Die Überschreitung der Strahlungsgrenze wirkt sich im Erdschlußreststrom aus. Es entstehen Wirkverluste in der Bahn der Ladeströme, so daß der Wattreststrom steigt. Während bestimmter Abschnitte jeder Spannungshalbwelle erfährt der Ladestrom in der Koronaschicht einen zusätzlichen Spannungsabfall. Man gewinnt eine Näherungsvorstellung durch Betrachtung eines Schaltmechanismus nach Art der Abb. 250a. Die Überbrückungsschalter zweier mit dem Kapazitätsgebilde in Reihe liegender Widerstände werden periodisch kurzzeitig geöffnet. Es geschieht dies stets beiderseits des Punktes größter Ladung also des Stromnulldurchganges. Der Strom muß dann eine gewisse Phasenverschiebung annehmen, also in eine nach rechts verschobene Nachbarkurve übergehen (Abb. 250b). Setzt man die Abweichungen von der Sinusform für sich zusammen, so entsteht ein Verlauf nach Abb. 250c, der sich als eine sinusförmige zur Ladestromsumme phasensenkrechte Grundwelle — die vorerwähnte Wirkkomponente — mit zahlreichen Oberwellen, vor allem einer dritten Harmonischen deuten läßt.

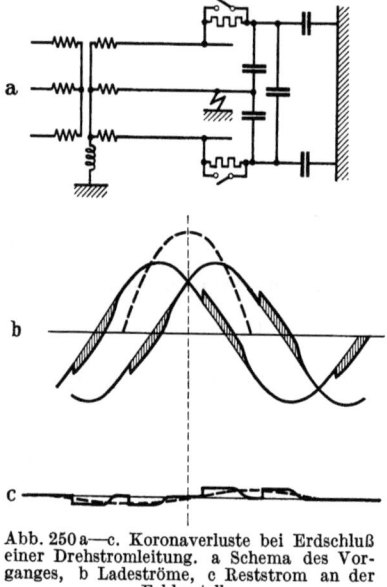

Abb. 250 a—c. Koronaverluste bei Erdschluß einer Drehstromleitung. a Schema des Vorganges, b Ladeströme, c Reststrom an der Fehlerstelle.

Um die Verluste zu berechnen, kann man näherungsweise so vorgehen, als hätte man $\frac{2}{3}$ der Verluste einer Drehstromleitung zu bestimmen, die mit der gleichen Feldstärke an der Leiteroberfläche arbeitet. In unserem Beispiel wird die kritische Anfangsspannung im normalen Drehstrombetrieb bei 139 kV erreicht. Die Leitung verhält sich jedoch im Erdschlußfalle hinsichtlich der Feldstärke an zwei Phasenseilen so, als wäre sie störungsfrei mit 1,41facher Spannung betrieben. Ist die wirkliche Betriebsspannung 110 kV, so ist ein scheinbarer Überschuß $\triangle U$ von $110 \cdot 1{,}41 - 139 = 16$ kV vorhanden. Aus Abb. 251 liest man für $\frac{d}{r} = 700$ einen Strahlungsleitwert von $6{,}5 \cdot 10^{-6}$ S/km ab. Die Verluste durch Strahlung sind also

$$V = \frac{2}{3}(16 \cdot 10^3)^2 \cdot 6{,}5 \cdot 10^{-6} \text{ W/km}$$
$$= 1{,}1 \text{ kW/km}.$$

Die Erdschlußleistung beträgt

$$0{,}335 \cdot \frac{110}{\sqrt{3}} = 21{,}2 \text{ kVA/km}$$

einschließlich des Zuschlages für die Maste.

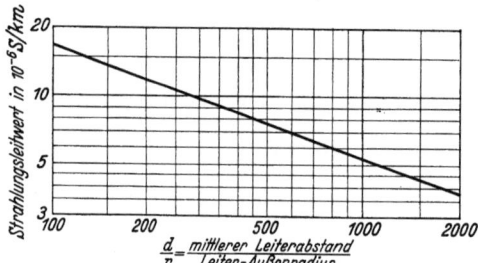

Abb. 251. Strahlungsleitwert $G$. Durch Multiplikation des Strahlungsleitwertes $G$ mit dem Quadrat der Überschußspannung $\triangle U$ in V erhält man die Verluste in W je km Drehstromkreis.

Die Strahlungsverluste sind nicht voll in Rechnung zu setzen, weil ein Teil derselben auf den nicht über Erde verlaufenden Stromkreis entfällt. Vom gesamten Ladestrom $I'_L$ ist nur $\frac{I_e}{\sqrt{3}}$ zu berücksichtigen. Wir teilen die Verluste in diesem Verhältnis auf:

$$\frac{I_e}{\sqrt{3}} : I'_L = \frac{I_e}{I_L} \cdot \frac{I_L}{I'_L} \cdot \frac{1}{\sqrt{3}} = \frac{I_e}{I_L} \cdot \frac{1}{\lambda} \cdot \frac{1}{\sqrt{3}},$$

bzw. in Zahlen

$$\frac{30{,}5}{16{,}5} \cdot \frac{1}{1{,}41} \cdot \frac{1}{\sqrt{3}} = 0{,}76.$$

Somit betragen die Strahlungsverluste etwa

$$100 \cdot \frac{1{,}1}{21{,}2} \cdot 0{,}76 = 4 \text{ vH}.$$

der kapazitiven Erdschlußleistung.

In 110 kV-Leitungen wird der gesamte Wirkanteil des Erdschlußreststromes kaum höher sein. Unsere Berechnung liefert also eher einen etwas zu hohen Wert.

Bei der Umstellung älterer Hochspannungsleitungen auf kompensierten Betrieb mag man dem Fall begegnen, daß der Wirkstromanteil des Erdschlußreststromes durch die Strahlungsverluste übermäßig anwächst. Im Zusammenhang mit dem Bericht von North und Eaton über die Erdschlußkompensierung eines amerikanischen 140 kV-Netzes kamen solche Verhältnisse zur Erörterung (L 214). Die kritische Spannung dieses Netzes war 125 kV bei symmetrischer Spannungseinstellung, 110 kV bei Erdschlußbetrieb. Das bei 70 kV genau abgestimmte Netz hatte bei 140 kV einen Reststrom von 25 vH durch Korona. Hier kann ein Anwendungsgebiet der Wirkstromkompensierung vorliegen, allerdings unter Einhaltung der im Kapitel 1 des Abschnittes V erwähnten besonderen Maßnahmen.

Die Strahlungshülle vergrößert den wirksamen Durchmesser und damit die Kapazität der Leiter. Der Erdschlußstrom wächst damit etwas an, beispielsweise in dem eben erwähnten 140 kV-Netz um 11 vH. Eine Näherungsbestimmung des vergrößerten Halbmessers $x$ kann von dem nach Gleichung (164) oder (165) berechneten Ladestrom $I_L'$ ausgehen. Zu diesem gehört dann

$$Q' = \frac{I_L'}{\omega}$$

und

$$\mathfrak{E}' = \frac{2\,Q'}{x} = \frac{2\,I_L'}{\omega\,x}.$$

Setzt man $\mathfrak{E}'$ gleich der kritischen Feldstärke von $21{,}1 \cdot 0{,}83$ kV/cm, so ergibt sich bereits der Wert $x$, auf den $\varrho$ sich vergrößert. Denn für ein weiteres Anwachsen reicht die sich dann einstellende Oberflächenfeldstärke nicht mehr aus. Mit $x$ an Stelle von $\varrho$ kann sodann die neue Kapazität bestimmt werden. Das numerische Ergebnis ist meist gering, wie z. B. aus den Kurventafeln Abb. 308b—311b hervorgeht.

Die dritte Harmonische schließt sich zwar voll durch die Erdschlußstelle, aber sie wird sich dem Betrage nach in der Größenordnung der Restgrundwelle halten. Um so weniger wird sie die Unterbrechung des Erdschlußlichtbogens beeinträchtigen, da die darauf entfallende Spannungskomponente perzentuell noch dreimal kleiner bleibt.

## 13. Der Wert der Erdschlußkompensierung.

Die Vorzüge der induktiven Erdschlußkompensierung sind die folgenden:

1. Selbsttätige unverzögerte Betriebsbereitschaft. In der wichtigsten Ausführung wird dies geleistet, ohne daß Dauerverluste in der Bereitschaftszeit zu decken sind.

2. Aufdeckung von Fehlern im Entwicklungsstadium. Dies ist von Wichtigkeit für Hochspannungsapparate, Transformatoren (Abschnitt V, Kapitel 12) und Kabel (Abschnitt V, Kapitel 3).

3. Entlastung kranker Isolationsstrecken. Auswirkung in selbsttätiger Ausheilung von Fehlern in Kabelnetzen (Abschnitt V, Kapitel 3) und in günstiger Beeinflussung von Widerstandserdschlüssen (Abschnitt V, Kapitel 2).

4. Ableitung statischer Ladungen während ihres Entstehens.

5. Aufhebung des Stromes an der Fehlerstelle (Abschnitt IV, Kapitel 2). Das Abbrennen von Leitungen, die Zersprengung von Isolatoren, das Herunterfallen von Ketten wird verhindert. Ersparnisse im Betriebe der Höchstspannungsleitungen durch Vermeidung kostspieliger Instandsetzungsarbeiten mittels

Spezialeinrichtungen für maschinelle Verlegung. In Netzen jeder Art entfällt Überlastung des Streckenpersonales während Gewittern.

Die Ausbildung von Entladungsbahnen in organischer Isolation schreitet nicht bis zur Brandwirkung oder bis zur explosiven Zerstörung massegefüllter Apparate fort.

6. Weitaus die überwiegende Zahl aller Erdfehler geht als unmerklich kurzer Überschlag an der Anlage vorüber. Es tritt sofortige Löschung ein (Abschnitt IV, Kapitel 3). Bei Doppelerdschlüssen wird der Umfang der Störung auf ein Mindestmaß beschränkt (Abschnitt V, Kapitel 12).

7. Die Erdschlußspule sorgt für eine sanfte Erholung der kranken Stelle (Abschnitt IV, Kapitel 3). Sie verhindert eine unmittelbar anschließende Neubeanspruchung der Fehlerstelle, sie unterbindet Rückzündungen und damit den aussetzenden Erdschluß.

8. Mit dem aussetzenden Erdschluß verschwindet eine der wesentlichsten Überspannungsgefahren (Abschnitt III, Kapitel 3).

9. Bei Erdfehlern stationärer Art — Überbrückungen, Berührung durch Fremdkörper, vollständige Durchschläge — kann der Betrieb im Dauererdschluß aufrechterhalten werden (Abschnitt IV, Kapitel 2). Die stundenlange Fortführung dieses Zustandes gewährt dem Betrieb die Möglichkeit einer nicht überstürzten Eingrenzung der Fehlerstelle, planmäßiger Umschaltungen und Lastverschiebungen. Der Konsument wird nicht in Mitleidenschaft gezogen.

10. Aber auch für die eigenen Erzeugungsanlagen geht der Erdschluß unbemerkt vorüber (Abschnitt IV, Kapitel 2). Die Maschinen erfahren keine zusätzliche (schiefe) Belastung, Spannung und Strom bleiben unverzerrt, die Löscheinrichtung übernimmt die Deckung des erhöhten Ladestromes.

11. Lichtbogenunterdrückung auch bei unvollkommener Abstimmung (Abschnitt IV, Kapitel 3). Geringe Empfindlichkeit gegen Änderungen des Netzumfanges durch selbsttätige Abschaltungen.

12. Überwachung der Erdschlußhäufigkeit durch selbsttätige Registrierung des Spulenstromes (Abschnitt VIII, Kapitel 1).

13. Eindeutige Verteilung der Kapazitätsströme unabhängig von der Lage der Fehlerstelle im Netz. Unveränderliche Voraussetzungen für Beeinflussungsfragen (Abschnitt V, Kapitel 7).

14. Fortfallen der Störung von Schwachstromleitungen durch die Überströme der Erdfehler. Verringerte Wirkung störender Oberwellen im Normalbetrieb. Berührung durch gerissene Hochspannungsleitungen verliert Gefahr (Abschnitt V, Kapitel 7).

15. In Kabelnetzen wesentliche Betriebserleichterungen vor allem nach den Gesichtspunkten 3, 5, 7, 8, 9, 10, ferner 6 in bezug auf die zugehörigen Schaltanlagen (Abschnitt V, Kapitel 3). Unterbindung von Erdschlußüberströmen (Abschnitt II, Kapitel 10 und Abschnitt V, Kapitel 2).

16. Schutz des Bedienungspersonales. Bei unrichtigen Schalthandlungen, die zu Erdungen von unter Spannung stehenden Anlageteilen führen, gefahrlose Aufhebung des Fehlers. Keine Erdschlußlichtbögen, keine Verbrennungsgefahr, verringerte Lebensgefahr bei Berührungen.

17. Aufhebung der gefährlichen Schrittspannung in der Umgebung der Erdfehler, Beseitigung eines wichtigen Gefahrenmomentes der Hochspannungsleitungen (Abschnitt IV, Kapitel 2).

18. Verringerung der Störungshäufigkeit von Freileitungen um 80—90 vH. Beseitigung der Belastungsstöße isolierter Netze (Abschnitt II, Kapitel 4 und Abschnitt IV, Kapitel 2), der Erdkurzschlußstöße starr geerdeter Anlagen (Abschnitt II, Kapitel 12).

19. Erhöhung der Stabilität großer Übertragungsanlagen (Abschnitt V, Kapitel 12). Günstige Voraussetzungen für den Störspiegel beim Zusammenschluß von Netzen.

20. Praktisch unbeschränkter räumlicher Wirkungsbereich. Unabhängigkeit von der Lage der Fehlerstelle (Abschnitt V, Kapitel 9).

21. Vereinfachung des Überspannungsschutzes. Beschränkung desselben auf Gewitterschutz in den Stationen (Abschnitt V, Kapitel 11).

22. Keine Steigerung der Anforderungen an das Isolationsniveau gegenüber sonstigen Erdungsverfahren. Maßgebend bleibt Gewitterfestigkeit (Abschnitt II, Kapitel 12 und Abschnitt V, Kapitel 11).

# VI. Projektierung der Einrichtungen für Erdschlußkompensierung.

## 1. Genaues Berechnungsverfahren.

Der erste Schritt bei der Auslegung der Erdschlußkompensierung ist die Feststellung der Erdschlußströme und gegebenenfalls der Querströme. Bei beliebiger Anordnung der Leiter, bei beliebiger Zahl und Lage der geerdeten Schutzseile ist immer das Gleichungssystem (15) mit den Definitionen (16) maßgebend. Die Aufstellung der Koeffizienten $a_{ik}$ und $a_{kk}$ ist leicht durchführbar. Da es sich nur um Erdschlußzustände handelt, hat man über gewisse Potentialwerte $\varphi$ und Ladungsbeträge $q$ in ganz bestimmter Weise zu verfügen. Alle Spannung führenden Leiter des gleichen Systems sind als auf gleichem Potential $\varphi_I = U_{0\,I}$ befindlich anzunehmen. Alle geerdeten Leiter haben $\varphi = 0$, für alle isolierten Leiter unbestimmten Potentiales ist $q = 0$, d. h. ihr Einfluß (und ihre Bestimmungsgleichung) fällt heraus, ihre Influenzspannung bestimmt sich nachträglich aus den fremden Ladungen. Für eine zweite Leitergruppe mit unter sich ein Ein- oder Mehrphasensystem bildenden Leitern ist wieder gemeinsam $\varphi_{II} = U_{0\,II}$ einzuführen. Man erhält durch Auflösen der für $n$-Leiter bestehenden $n$-Gleichungen die Werte für alle $q$ als Funktion der $\varphi$. Auf die Ladungen $q_e$ der Erdseile kommt es dabei nicht an, man kann sich ihre Errechnung ersparen. Man findet schließlich
$$q_i = c_i\,\varphi_I$$
oder allgemeiner (beispielsweise bei zwei Systemen)
$$q_{i\,I} = c_{i\,I}\,\varphi_I + c_{i\,II}\,\varphi_{II}\,. \tag{168}$$
Im ersten Falle ist $c_i$ die Erdkapazität des Leiters $i$. Im zweiten allgemeineren Falle geht man zur Darstellung
$$q_{i\,I} = (c_{i\,I} + c_{i\,II})\,\varphi_I + c_{i\,II}\,(\varphi_{II} - \varphi_I) \tag{169}$$
über und findet damit die Erdkapazität des Leiters $i$ im System $I$ als Koeffizienten von $\varphi_I$, die gegenseitige Kapazität dieses Leiters zum System $II$ als Koeffizienten von $\varphi_{II} - \varphi_I$. Bei der zahlenmäßigen Berechnung wird man für die Ausdrücke
$$a_{ik} = 2\log\frac{d'_{ik}}{d_{ik}}$$
$$a_{kk} = 2\log\frac{2\,h_k}{\varrho_k}$$
die bequemeren Briggschen Logarithmen wählen. Die errechneten Kapazitäten sind gemäß Abschnitt I, Kapitel 3 mit 0,04826 zu erweitern, damit das Ergebnis in $\mu$F/km vorliegt.

**260**  Projektierung der Einrichtungen für Erdschlußkompensierung.

Die Leiterhöhen $h$ sind unter Berücksichtigung des Durchhanges einzusetzen. Man ziehe zur Bildung einer maßgebenden Durchschnittshöhe rd. 70 vH des Durchhanges von der Höhe der Stützpunkte ab.

Zahlenbeispiele:

a) Mastbild nach Abb. 252, linke Hälfte, $Q_{1,2,3} = 120$ mm², $Q_s = 70$ mm².
Die Durchhänge sollen in den Höhen berücksichtigt sein.

$$\begin{array}{llll}
\varrho_1 = 0{,}7 & d_{12} = 300 & d_{13} = 600 & d_{1s} = 397 \\
2\,h_1 = 1500 & d'_{12} = 3015 & d'_{13} = 3059 & d'_{1s} = 3274 \\
& \varrho_2 = \varrho_1 & d_{23} = 300 & d_{2s} = 260 \\
& h_2 = h_1 & d'_{23} = 3015 & d'_{2s} = 3260 \\
& & \varrho_3 = \varrho_1 & d_{3s} = 397 \\
& & h_3 = h_1 & d'_{3s} = 3274 \\
& & & \varrho_s = 0{,}525 \\
& & & 2\,h_s = 3520
\end{array}$$

Die nicht ausgefüllten Felder dieses Schemas sind diagonalsymmetrisch.
Hieraus ergibt sich das Gleichungssystem:

$$\begin{aligned}
U_p &= 7{,}26404\,Q_1 + 2{,}00432\,Q_2 + 1{,}41498\,Q_3 + 1{,}83258\,Q_s \\
U_p &= 2{,}00432\,Q_1 + 7{,}26404\,Q_2 + 2{,}00432\,Q_3 + 2{,}19650\,Q_s \\
U_p &= 1{,}41498\,Q_1 + 2{,}00432\,Q_2 + 7{,}26404\,Q_3 + 1{,}83258\,Q_s \\
0 &= 1{,}83258\,Q_1 + 2{,}19650\,Q_2 + 1{,}83258\,Q_3 + 7{,}65276\,Q_s
\end{aligned}$$

Man braucht von den $n^2$ Koeffizienten der $n$-Gleichungen stets nur die $n$ Koeffizienten der Hauptdiagonale und $\dfrac{n(n-1)}{2}$ weitere bestimmen. Die Größenordnung ist stets dieselbe, also rd. 7,0 für die Hauptdiagonale, rd. 1,5…2,5 für die anderen Glieder.

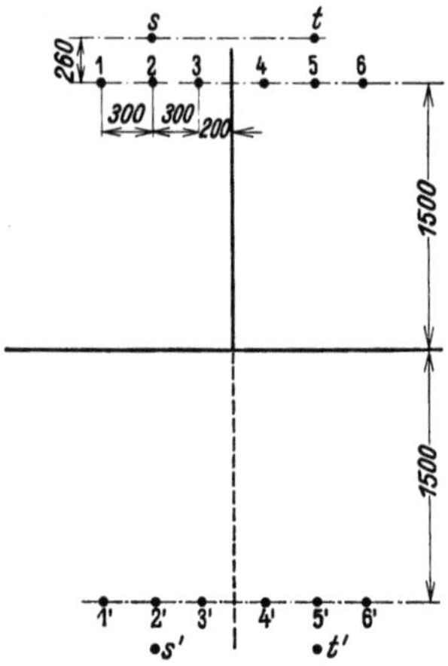

Im vorliegenden Falle ist eine weitere Vereinfachung dadurch gegeben, daß aus dem Mastbild und dem Gleichungsschema sogleich $Q_1 = Q_3$ abgelesen werden kann. Auch dann bleibt jedoch noch eine lästige Rechenarbeit zu leisten, um die Zahlenwerte für die Unbekannten $\dfrac{Q_1}{U_p}$ und $\dfrac{Q_2}{U_p}$ zu erhalten.
Sie betragen

$$\frac{Q_1}{U_p} = \frac{Q_3}{U_p} = 0{,}109$$

$$\frac{Q_2}{U_p} = 0{,}102$$

$$\frac{Q_s}{U_p} = 0{,}0815.$$

Abb. 252.
Beispiel für Kapazitätsberechnung einer Drehstromdoppelleitung.

Daraus erhält man durch Multiplikation mit 0,04826:

$$C_{1e} = C_{3e} = 0{,}00526\ \mu\text{F/km}$$
$$C_{2e} = 0{,}00492\ \mu\text{F/km}.$$

Die Summe aller $C_e$, welche für den Erdschlußstrom maßgebend ist, beträgt $0{,}0154\ \mu$F/km. Dieses Ergebnis ist mit einem gewissen Zuschlag zu versehen, der weiter unten angegeben wird.

Wäre die Leitung nicht mit Erdseil ausgestattet, so kämen die Glieder mit $Q_s$ in Fortfall, ebenso die vierte Gleichung. Man erhält

$$\frac{Q_1}{U_p} = \frac{Q_3}{U_p} = 0{,}09565$$

$$\frac{Q_2}{U_p} = 0{,}08492$$

Genaues Berechnungsverfahren.

und
$$C_{1e} = C_{3e} = 0{,}004616 \,\mu\text{F/km}$$
$$C_{2e} = 0{,}004098 \,\mu\text{F/km}$$
bzw.
$$C_{1e} + C_{2e} + C_{3e} = 0{,}01333 \,\mu\text{F/km}.$$

Das Erdseil bewirkt also eine Vermehrung der Erdkapazität um 15 vH. Bemerkenswert ist noch die nicht unerhebliche Unsymmetrie der Einzelkapazitäten. Die äußeren Leiter schirmen den inneren gegen Erde ab. Die Unsymmetrie eines solchen Mastbildes — drei Leiter in einer Ebene — beträgt, nach den Schwerpunktsgesetzen mit der im Anschluß an Gleichung (31a) gegebenen Regel bestimmt, mit $C_{1e} = C_{3e}$

ohne Schutzseil

$$100 \,\frac{U_p C_{2e} - \dfrac{U_p}{2}(C_{1e} + C_{3e})}{U_p(C_{1e} + C_{2e} + C_{3e})} = \frac{0{,}4098 - 0{,}4616}{0{,}01333} = 4 \text{ vH},$$

mit Schutzseil (vergleichmäßigtes Feldbild)

$$\frac{0{,}492 - 0{,}526}{0{,}0154} = 2{,}2 \text{ vH}.$$

b) Mastbild nach Abb. 252, Doppelleitung. Durchhänge in den Höhen mit 70 vH. berücksichtigt.

Das Schema der Koeffizienten wächst entsprechend der verdoppelten Leiterzahl beträchtlich an. Die für die Bildung der Koeffizienten zunächst zu bestimmenden Größen sind:

$\varrho_1 = 0{,}7$   $d_{12} = 300$   $d_{13} = 600$   $d_{14} = 1000$   $d_{15} = 1300$   $d_{16} = 1600$   $d_{1s} = 397$   $d_{1t} = 1324$
$2h_1 = 3000$   $d'_{12} = 3015$   $d'_{13} = 3059$   $d'_{14} = 3162$   $d'_{15} = 3270$   $d'_{16} = 3400$   $d'_{1s} = 3274$   $d'_{1t} = 3510$

$\varrho_2 = 0{,}7$   $d_{23} = 300$   $d_{24} = 700$   $d_{25} = 1000$   $d_{26} = 1300$   $d_{2s} = 260$   $d_{2t} = 1033$
$2h_2 = 3000$   $d'_{23} = 3015$   $d'_{24} = 3080$   $d'_{25} = 3162$   $d'_{26} = 3270$   $d'_{2s} = 3260$   $d'_{2t} = 3410$

$\varrho_3 = 0{,}7$   $d_{34} = 400$   $d_{35} = 700$   $d_{36} = 1000$   $d_{3s} = 397$   $d_{3t} = 746$
$2h_3 = 3000$   $d'_{34} = 3027$   $d'_{35} = 3080$   $d'_{36} = 3162$   $d'_{3s} = 3274$   $d'_{3t} = 3334$

$\varrho_4 = 0{,}7$   $d_{45} = 300$   $d_{46} = 600$   $d_{4s} = 746$   $d_{4t} = 397$
$2h_4 = 3000$   $d'_{45} = 3015$   $d'_{46} = 3059$   $d'_{4s} = 3334$   $d'_{4t} = 3274$

$\varrho_5 = 0{,}7$   $d_{56} = 300$   $d_{5s} = 1033$   $d_{5t} = 260$
$2h_5 = 3000$   $d'_{56} = 3015$   $d'_{5s} = 3410$   $d'_{5t} = 3260$

$\varrho_6 = 0{,}7$   $d_{6s} = 1324$   $d_{6t} = 397$
$2h_6 = 3000$   $d'_{6s} = 3510$   $d'_{6t} = 3274$

$\varrho_s = 0{,}525$   $d_{st} = 1000$
$2h_s = 3520$   $d'_{st} = 3659$

$\varrho_t = 0{,}525$
$2h_t = 3520$

Dies ergibt folgende Wertetafel:

| | | | | | | | | |
|---|---|---|---|---|---|---|---|---|
| $a_{11}\ldots a_{16},\,a_{1s},\,a_{1t}$ | 7,2640 | 2,0043 | 1,4150 | 1,0000 | 0,8011 | 0,6564 | 1,8326 | 0,8456 |
| $a_{21}\ldots a_{26},\,a_{2s},\,a_{2t}$ | 2,0043 | 7,2640 | 2,0043 | 1,2871 | 1,0000 | 0,8011 | 2,1965 | 1,0371 |
| $a_{31}\ldots a_{36}\ldots$ | 1,4150 | 2,0043 | 7,2640 | 1,7578 | 1,2871 | 1,0000 | 1,8326 | 1,2997 |
| $a_{41}\ldots a_{46}\ldots$ | 1,0000 | 1,2871 | 1,7578 | 7,2640 | 2,0043 | 1,4150 | 1,2997 | 1,8326 |
| $a_{51}\ldots a_{56}\ldots$ | 0,8011 | 1,0000 | 1,2871 | 2,0043 | 7,2640 | 2,0043 | 1,0371 | 2,1965 |
| $a_{61}\ldots a_{66},\,a_{6s},\,a_{6t}$ | 0,6564 | 0,8011 | 1,0000 | 1,4150 | 2,0043 | 7,2640 | 0,8456 | 1,8326 |
| $a_{s1}\ldots a_{s6},\,a_{ss},\,a_{st}$ | 1,8326 | 2,1965 | 1,8326 | 1,2997 | 1,0371 | 0,8456 | 7,6528 | 1,1268 |
| $a_{t1}\ldots a_{t6},\,a_{ts},\,a_{tt}$ | 0,8456 | 1,0371 | 1,2997 | 1,8326 | 2,1965 | 1,8326 | 1,1268 | 7,6528 |

Die Gruppeneinteilung trennt nach Leitern der Systeme *I* und *II* und Schutzseilen. Wir werden von diesen Koeffizientengruppen später einen besonderen Gebrauch machen.

Ein so umfangreiches Gleichungssystem ist nicht gut nach dem Eliminations- oder nach dem Determinantenverfahren zu lösen. Man könnte zwar Kurzschlußberechnungsschränke oder ähnlich arbeitende Einrichtungen heranziehen, um die Unbekannten auf physikalischem Umwege, richtiger gesagt durch physikalische Nachbildung des Problems zu bestimmen (L 216, 217). Aber sicher wird sich das Bedürfnis melden, zu den wesentlichen Größen auf kürzerem Wege zu gelangen.

## 2. Vereinfachte Berechnungsverfahren. Erfahrungszuschläge, Faustformeln.

Die Aufstellung der Bestimmungsgleichungen für die Unbekannten $\frac{Q}{U_p}$ ist ohne allzugroße Mühe und mit mäßigem Zeitaufwand durchführbar. Ist man soweit gelangt, so kann man die weitere Rechenarbeit durch zwei Verfahren abkürzen:

a) Näherungsberechnung nach dem Verfahren von Seidel (L 218).

Wir erläutern diese Methode an Hand des Zahlenbeispieles a) des vorigen Kapitels. Mit den Unbekannten

$$x_1 = \frac{Q_1}{U_p} = \frac{Q_3}{U_p}, \qquad x_2 = \frac{Q_2}{U_p}, \qquad x_s = \frac{Q_s}{U_p}$$

erhält man

$$8{,}67902\, x_1 + 2{,}00432\, x_2 + 1{,}83258\, x_s = 1$$
$$4{,}00864\, x_1 + 7{,}26404\, x_2 + 2{,}19650\, x_s = 1$$
$$3{,}66516\, x_1 + 2{,}19650\, x_2 + 7{,}65276\, x_s = 0.$$

Man versucht nun, das Gleichungssystem durch erste Näherungen zu befriedigen, welche derjenigen Gleichung entnommen sind, in der die betreffende Unbekannte überwiegenden Einfluß ausübt. Beispielsweise ergibt die erste Gleichung als Näherung für $x_1$ den Wert $\frac{1}{8{,}68} = 0{,}115$, der um so besser in der Nähe des wahren Wertes liegen wird, als die weiteren Glieder nicht nur kleiner sind, sondern, wie sich zeigen wird, auch untereinander entgegengesetztes Vorzeichen haben. Wir schreiben nun die ersten Näherungen für die Unbekannten auf und darunter diejenigen Werte für die rechte Seite jeder Gleichung, die vorliegen müßten, damit die Lösung genau richtig wäre.

|  | $x_1$ | $x_2$ | $x_s$ |
|---|---|---|---|
|  | 0,115 | 0,140 | 0 |
|  | 1,278692 | 1,477960 | 0,729003 |
| Sollwert | 1,0 | 1,0 | 0,0 |
| $\varDelta$ | + 0,278692 | + 0,477960 | + 0,729003 |

Einer Korrektur ist offenbar $x_s$ am meisten bedürftig. Als zweite Näherung ergibt sich daher eine Verkleinerung von $x_s$ um $\frac{0{,}729}{7{,}65} \approx 0{,}1$.

|  | $x_1$ | $x_2$ | $x_s$ |
|---|---|---|---|
|  | 0,115 | 0,140 | — 0,1 |
| Änderung von $\varDelta$ | — 0,183258 | — 0,219650 | — 0,765276 |
| neues $\varDelta$ | + 0,095434 | + 0,258310 | — 0,036273 |

Eine weitere Näherungsstufe hat an $x_2$ anzugreifen. Mit $\varDelta x_2 = -\frac{0{,}258}{7{,}26}$ $= -0{,}035$ ergibt sich nun

Vereinfachte Berechnungsverfahren. Erfahrungszuschläge, Faustformeln.

|  | $x_1$ | $x_2$ | $x_s$ |
|---|---|---|---|
|  | 0,115 | 0,105 | — 0,1 |
| Änderung von $\varDelta$ | — 0,070151 | — 0,254241 | — 0,076878 |
| neues $\varDelta$ | + 0,025283 | + 0,004069 | — 0,113151 |

Der Rechnungsgang setzt sich folgendermaßen fort:

$$\left(\varDelta x_s = + \frac{0,113}{7,65} = + 0,015\right)$$

|  | $x_1$ | $x_2$ | $x_s$ |
|---|---|---|---|
|  | 0,115 | 0,105 | — 0,085 |
| Änderung von $\varDelta$ | + 0,027489 | + 0,032948 | + 0,114791 |
| neues $\varDelta$ | + 0,052772 | + 0,037017 | + 0,001640 |

$$\left(\varDelta x_1 = -\frac{0,0528}{8,68} = -0,006\right)$$

|  | $x_1$ | $x_2$ | $x_s$ |
|---|---|---|---|
|  | 0,109 | 0,105 | — 0,085 |
| Änderung von $\varDelta$ | — 0,052074 | — 0,024052 | — 0,021991 |
| neues $\varDelta$ | + 0,000698 | + 0,012965 | — 0,020351 |

$$\left(\varDelta x_s = + \frac{0,0203}{7,65} = + 0,003\right)$$

|  | $x_1$ | $x_2$ | $x_s$ |
|---|---|---|---|
|  | 0,109 | 0,105 | — 0,082 |
| Änderung von $\varDelta$ | + 0,005498 | + 0,006589 | + 0,022958 |
| neues $\varDelta$ | + 0,006196 | + 0,019554 | + 0,002607 |

$$\left(\varDelta x_2 = -\frac{0,0196}{7,26} = -0,003\right)$$

|  | $x_1$ | $x_2$ | $x_s$ |
|---|---|---|---|
|  | 0,109 | 0,102 | — 0,082 |
| Änderung von $\varDelta$ | — 0,006012 | — 0,021792 | — 0,006590 |
| neues $\varDelta$ | + 0,000184 | — 0,002238 | — 0,003983 |

Nach einer weiteren Korrektur mit $\varDelta x_s = + 0,0005$ brechen wir den fortschreitenden Annäherungsvorgang ab. Die rechten Seiten der Gleichungen sind nach der letzten Korrektur bis auf 0,1 vH genau eingehalten. Die neuen Werte von $\varDelta$ betragen nämlich: + 0,00110, — 0,001140, — 0,000157.

Obgleich das Seidelsche Näherungsverfahren der Determinantenmethode bei weitem vorzuziehen ist, wird man für weniger einfache Fälle darin auch keine ausreichende Hilfe zu erblicken haben. An das Zahlenbeispiel b) des vorigen Kapitels wird man sich mit diesem Rechnungsvorgang nur ungern heranwagen. Bedenkt man nun daß es letzten Endes ja doch nicht auf die Einzelwerte der Erdkapazitäten ankommt, sondern auf deren Summe, wofür schon die Verdrillung oder der Mastbildwechsel sorgt, so kann man die folgende ganz weitgehende Vereinfachung durchführen, deren Brauchbarkeit der Verfasser erprobt hat.

b) Das Verfahren der Gruppengleichungen.

Setzt man für die Ladungen $Q_1$, $Q_2$, $Q_3$ der drei Leiter des Systems $I$ den Mittelwert $Q_I = \dfrac{Q_1 + Q_2 + Q_3}{3}$, so verbleiben zu viele miteinander überdies nicht zusammenstimmende Gleichungen. Man hilft sich, indem man ebensoviele Gleichungen wie Unbekannte durch Addition jeweils zusammenzieht. Man hat die in je ein Kästchen eingeschlossenen Koeffizienten der Wertetafel im Zahlenbeispiel b) des vorigen Kapitels durch Addition zu vereinigen. Es entsteht das neue vereinfachte Gleichungssystem

$$32{,}6389\,Q_I + 9{,}5906\,Q_{II} + 9{,}0441\,Q_{st} = 3\,U_I$$
$$9{,}5906\,Q_{II} + 32{,}6389\,Q_{II} + 9{,}0441\,Q_{st} = 3\,U_{II}$$
$$9{,}0441\,Q_I + 9{,}0441\,Q_{II} + 17{,}5592\,Q_{st} = 0\,.$$

Die Lösung bereitet keine Schwierigkeiten mehr. Sie ist hier noch durch den Umstand vereinfacht, daß aus Gründen der Doppelleitungssymmetrie $Q_I$ und $Q_{II}$ eine identische Rolle spielen. Es genügt daher die Zurückführung auf die eine Gleichung

$$Q_I = 0{,}1107\;U_I - 0{,}0195\;U_{II} = 0{,}0912\;U_I + 0{,}0195\,(U_I - U_{II})\,.$$

Diese Gleichung ist der zahlenmäßige Ausdruck des Zusammenhanges zwischen der Ladung $Q_I$ eines Leiters von $I$ mit den beiden Nullpunktsspannungen:

$$Q_I = \frac{1}{3}\,C_{Ie}\,U_I + \frac{1}{3}\,C_{III}\,(U_I - U_{II})\,. \tag{170}$$

Man erhält nun für die Gesamterdkapazität $C_{Ie}$ des Systems $I$ das Ergebnis

$$\frac{1}{3}\,C_{Ie} = \frac{1}{3}\,C_{IIe} = 0{,}0912 \cdot 0{,}04826 = 0{,}0044\;\mu\text{F/km},$$

für die gegenseitige Kapazität

$$\frac{1}{3}\,C_{III} = 0{,}0195 \cdot 0{,}04826 = 0{,}000941\;\mu\text{F/km}\,.$$

Bei Nichtvorhandensein oder spannungslosem, ungeerdetem Betrieb des zweiten Stranges erhöht sich die Erdkapazität auf

$$\frac{1}{3}\left(C_{Ie} + \frac{1}{\dfrac{1}{C_{Ie}} + \dfrac{1}{C_{III}}}\right) = 0{,}1072 \cdot 0{,}04826 = 0{,}00517\;\mu\text{F/km},$$

wie man am einfachsten direkt aus der Bestimmungsgleichung mit $Q_{II} = 0$ herleitet. Diese Erdkapazität des Einzelstranges haben wir schon früher genauer berechnet, wir können daher die Brauchbarkeit unserer Näherung vergleichen. Es war nach Zahlenbeispiel a) des vorigen Kapitels (mit 1 Erdseil gerechnet)

$$C_{1e} + C_{2e} + C_{3e} = 0{,}0154\;\mu\text{F/km}\,.$$

Jetzt ergibt sich mit zwei Schutzseilen $s$ und $t$ ($t$ weit entfernt)

$$3\,C_e = 3 \cdot 0{,}00517 = 0{,}0155\;\mu\text{F/km}\,.$$

Die gegenseitige Kapazität $C_{III}$ der beiden Systeme ergibt sich zu $\dfrac{3 \cdot 0{,}000941}{3 \cdot 0{,}0044} \cdot 100 = 21{,}3$ vH der Erdkapazität $C_{Ie}$ eines Stranges. Mastbilder der betrachteten Art (alle Leiter in einer Ebene) weisen wegen der großen Leiterabstände verhältnismäßig lose Kopplung und mäßige Beeinflussung auf. Über die Verwertung der so ermittelten Kapazitätsbeträge gibt Abschnitt V, Kapitel 6 Aufschluß.

Die gute Brauchbarkeit des zuletzt beschriebenen Verfahrens kommt durch die zweckmäßige Mittelwertbildung der Koeffizienten zustande. Statt die Gesamtzahl aller Koeffizienten zu bestimmen und sie nachher auf einige wenige in die vereinfachten Endgleichungen eingehende zusammenziehen, kann man von vornherein mittlere Potentialkoeffizienten aus mittleren Halbmessern, Leiterabständen und Leiterhöhen bilden. Diese Methode ist von Petersen (L 2) angegeben worden und wohl vorwiegend im Gebrauch.

Über die Seilhalbmesser $\varrho$ ist eine Mittelwertsbildung in der Regel nicht nötig. Für die Leiterabstände führt man ein:

Vereinfachte Berechnungsverfahren. Erfahrungszuschläge, Faustformeln. 265

$d = \sqrt[3]{d_{12}\, d_{23}\, d_{31}}$ innerhalb des Systems,

$D_{11} = \sqrt[3]{d_{16}\, d_{25}\, d_{34}}$, gebildet aus den Abständen symmetrischer Leiter zweier Systeme

und $D_{12} = \sqrt[3]{d_{14}\, d_{26}\, d_{35}}$ als „gemischten Abstand",

ferner $h = \sqrt[3]{h_1\, h_2\, h_3}$ als mittlere Leiterhöhe (Durchhang mit 70 vH berücksichtigt). (171)

Ähnlich bildet man mittlere Höhen $h_s$ der Erdseile, mittlere Abstände $d_s$ der Schutzseile untereinander, mittlere Abstände $D_s$ der Schutzseile und Leiter. Stets ist aus dem Produkt sämtlicher $n$-Einzelwerte die $n$-te Wurzel zu ziehen.

Nun berechnet man folgende Hilfsgrößen:

$$\left. \begin{aligned} a_{11} &= 2\ln\left[\left(\frac{2h}{\varrho}\right)\right] \cdot 9 \cdot 10^{11} \\ a_{12} &= \ln\left[\left(\frac{2h}{d}\right)^2 + 1\right] \cdot 9 \cdot 10^{11} \\ a'_{11} &= \ln\left[\left(\frac{2h}{D_{11}}\right)^2 + 1\right] \cdot 9 \cdot 10^{11} \\ a'_{12} &= \ln\left[\left(\frac{2h}{D_{12}}\right)^2 + 1\right] \cdot 9 \cdot 10^{11} \\ a_{1s} &= \ln\left[\frac{2h \cdot 2h_s}{(D_s)^2} + 1\right] \cdot 9 \cdot 10^{11} \\ a_{st} &= \ln\left[\left(\frac{2h_s}{d_s}\right)^2 + 1\right] \cdot 9 \cdot 10^{11} \\ a_{ss} &= 2\ln\left[\frac{2h_s}{\varrho_s}\right] \cdot 9 \cdot 10^{11} \end{aligned} \right\} \text{vgl. Formel (21)} \quad (172)$$

Die drei letzten Hilfsgrößen kombiniere man noch zu

$$a_s = z\, \frac{a_{1s}^2}{a_{ss} + (z-1)\, a_{st}}, \quad (173)$$

worin $z$ die Zahl der symmetrisch ausgeteilten Erdseile ist.

Nun schreitet man zur Berechnung der elektrischen Potentialkoeffizienten nach folgendem Schema:

| Art der Leitung | Ohne Erdseil | Mit Erdseil |
|---|---|---|
| Einfachleitung | $A_{11} = a_{11}$<br>$A_{12} = a_{12}$ | $A_{11} = a_{11} - a_s$<br>$A_{12} = a_{12} - a_s$ |
| Doppelleitung | $A_{11} = a_{11} + a'_{11}$<br>$A_{12} = a_{12} + a'_{12}$ | $A_{11} = a_{11} + a'_{11} - 2a_s$<br>$A_{12} = a_{12} + a'_{12} - 2a_s$ |

Dann ergibt sich in sinngemäßer Anwendung von (22) und (23)

$$\left. \begin{aligned} C_{1e} &= \frac{1}{A_{11} + 2A_{12}} \cdot 10^5 \text{ F/km} \\ C_{12} &= \frac{A_{12}}{A_{11} - A_{12}} \cdot C_{1e} \\ C_b &= \frac{1}{A_{11} - A_{12}} \cdot 10^5 \text{ F/km} \end{aligned} \right\} \quad (174)$$

Für eine Doppelleitung bestimmt man $C_{1e}$ bei Betrieb mit einem Strang, d. h. nach dem Schema der Einfachleitung, und für den Betrieb mit zwei Strängen. Daraus läßt sich dann das ganze aus $C_I = C_{II}$ und $C_{III}$ aufgebaute Kapazitätsbild zurückrechnen.

Nach abgeschlossener Berechnung hat man noch dem Einfluß der praktischen Abweichungen von der idealen Leiteranordnung Rechnung zu tragen. Über die

Berücksichtigung des Durchhanges ist das Erforderliche im vorigen Kapitel gesagt worden. Die Isolatorenkapazität und die zusätzliche Erdkapazität an den Masten verlangt eine Korrektur, die mit wachsender Isolationshöhe und mit wachsender Spannweite zurückgeht. Für die Isolatoren gibt Fukao (L 288) bei Spannungen von 15—77 kV Werte von $16\ldots26 \cdot 10^{-12}$ F (trocken) bzw. $20\ldots40 \cdot 10^{-12}$ F/km (naß) an. Das bedeutet bei vier Stützpunkten je Kilometer ein Mehr von $10^{-4} \mu F$ oder, auf $5 \cdot 10^{-3} \mu F/km$ bezogen, von 2 vH. Die tatsächlich erforderlichen Zuschläge sind weit höher, da auch die Maste und die Schaltanlagen in Betracht kommen. Sie können nach nebenstehender Aufstellung gewählt werden (s. Tabelle).

| Betriebs-spannung in kV | Erfahrungszuschlag zur berechneten Erdkapazität in vH |
|---|---|
| 10 | 16 |
| 35 | 13 |
| 70 | 11 |
| 100 | 9 |
| 150 | 8 |
| 200 | 7 |

Kabelverbindungen zwischen Transformatoren und Schaltanlagen sind in diesen Zahlen nicht miterfaßt und müssen besonders berücksichtigt werden.

Für überschlägige Berechnungen verwendet man einen auf 10 kV und 100 km bezogenen Durchschnittswert, den man aus einer Leiterkapazität von $5 \cdot 10^{-3} \mu$ F/km und 15 vH Zuschlag bestimmt. Es ist

$$I_e = \frac{10}{\sqrt{3}} \cdot 3 \cdot 314 \cdot 5 \cdot 10^{-3} \cdot 10^2 \cdot 1{,}15$$
$$\boxed{I_e \approx 3\ldots 3{,}3 \text{ A je 10 kV und 100 km}} \tag{175}$$

für Einfachleitungen mit Erdseil. Ohne Erdseil rd. 80 vH dieser Werte (vgl. auch Abschnitt I, Kapitel 4).

Langrehr (L 219) hat sich der mühevollen Arbeit unterzogen, die Erdkapazität für die verschiedensten Mastbilder und Erdseilanordnungen durchzurechnen und kurvenmäßig zusammenzustellen. Von ihm sind die Abb. 307 bis 311 des Anhanges übernommen, welche die für eine mittlere Leiterhöhe $h = 15$ m, für einen Normalhalbmesser von 0,7 cm (entsprechend 120 mm²) und für einen Erdseilradius von 0,45 cm errechneten Erdkapazitäten $C_{1e}$ eines Leiters in Abhängigkeit vom mittleren Leiterabstand $d = \sqrt[3]{d_{12}\, d_{23}\, d_{31}}$ wiedergeben. Der Einfluß anderer Leiterhöhen und Halbmesser ist durch zusätzliche Schaubilder dargestellt. Änderungen des Erdseilquerschnittes sind von untergeordnetem Einfluß (Zunahme der Erdkapazität bei wachsendem Erdseilhalbmesser). Der Erdschlußstrom bei 50 Hertz errechnet sich aus den Tafelwerten der Kapazität bei einer Betriebsspannung von $U$ kV nach der Formel

$$I_e = 3 \frac{U}{\sqrt{3}} \cdot 2\pi \cdot 50 \cdot 10^3 \cdot C_{1e} = 0{,}5441 \cdot 10^{-3} K U \text{ A/km}, \tag{176}$$

wenn $K$ die Maßzahl der Kapazität in $10^{-9}$ F/km ist.

Beispiel: Für die vorhin behandelte Doppelleitung fanden wir mit $h = 15$ m, $\varrho = 0{,}7$ cm eine mittlere Leiterkapazität gegen Erde von

0,0044 · $10^{-6}$ F/km bei Betrieb als Doppelleitung,
0,00517 · $10^{-6}$ F/km bei Betrieb als Einfachstrang (zweite Leitung isoliert).

Aus Abb. 310a lesen wir für Mastbild $b$ bei $d = \sqrt[3]{300 \cdot 300 \cdot 600} = 380$ cm ab:

$$\frac{1}{3} C_{Ie} = 4{,}4 \cdot 10^{-9} \text{ F/km (Doppelleitungsbetrieb)}.$$

Die Änderungen des Erdschlußstromes beim Übergang vom Doppelleitungs- zum Einfachleitungsbetrieb mit isoliertem oder geerdetem anderem Strang werden von Langrehr in zwei weiten Kurvenscharen zusammengefaßt, die in Abb. 312 wiedergegeben sind. Danach würde sich für den Betrieb als Einfachleitung eine Änderung von $\frac{C_{Ie}}{3}$ um 20 vH auf $4{,}4 \cdot 10^{-9} \cdot 1{,}2 = 5{,}28 \cdot 10^{-9}$ F ergeben. Dieser Wert stimmt hinreichend mit unserem Ergebnis überein. Die Zurückrechnung von $C_{III}$ ergibt dann nach Formel (122) des Kapitel 6 in Abschnitt V

$$1 + \frac{C_{III}}{C_{III} + C_{Ie}} = (1 + b) = 1{,}2$$

$$\frac{1}{3} C_{III} = 1{,}1 \cdot 10^{-9} \text{ F/km}.$$

Die erste Näherungsrechnung hatte $0{,}94 \cdot 10^{-9}$ F/km geliefert. Sie ist genauer, denn sie berücksichtigt beide Erdseile. Die Kurventafel gibt nur Mittelwerte für Mastbilder mit und ohne Erdseil. Bei Vorhandensein mehrerer Erdseile wird die Kopplung der beiden Stränge gelockert ($b = 0{,}175$ statt $0{,}20$). Ohne Erdseil liegen die Kurven höher, die Kopplung ist fester.

Für Kabel ist man im allgemeinen auf die Angaben des Herstellers angewiesen. Mit Hilfe der von Langrehr zusammengestellten Kurventafel Abb. 313 ist auch hier eine verläßliche Schätzung der Erdschlußströme von Kabeln mit Gürtelisolation und von solchen mit metallisiertem Mantel möglich.

Praktische Messungen an einer italienischen 130 kV-Leitung (L 220) haben noch Aufschluß über gewisse Nebeneinflüsse gebracht. Der Jahreszeitenwechsel macht sich bemerkbar. Für $10^0$ Temperaturerniedrigung wurde ein Anwachsen der Kapazität um $0{,}6\ldots 0{,}7$ vH festgestellt. Man hat also im Winter durch diesen Umstand mit etwa 3 vH Kapazitätszuwachs zu rechnen. Eine Schneelage von 40 cm entsprach einer Höhenänderung der Leiter um 2,5 vH und brachte 0,5 vH Kapazitätszuwachs. Die Durchmesservergrößerung der von Rauhreif eingehüllten Leiterseile führte eine Erhöhung der Kapazität um 0,6 bis 1,8 vH herbei. Die über den Vegetationseinfluß gemachten Beobachtungen sind unzureichend, da gebirgiges Terrain vorlag. In Deutschland ist die Feststellung gemacht worden, daß die sommerliche Hebung der Pflanzendecke die Kapazität merklich hinaufsetzt. Die Sommer- und Wintereinflüsse werden sich also zum Teil die Waage halten.

Für die Ableitungsverluste der erwähnten 130-kV-Leitung fand man einen Mittelwert von $0{,}03\ \mu$Skm je Phase mit beträchtlichen gegenseitigen Abweichungen der einzelnen Leiter. Die Witterungseinflüsse prägten sich folgendermaßen aus: Rauhreif $+ 50{..}65$ vH, sehr feuchter und dichter Nebel $+ 30$ vH, Regen $+ 50$ vH (feiner Dauerregen $+ 50\ldots 70$ vH), Schnee $+ 100$ vH, nach Regen oder Schnee (Selbstreinigung!) $- 50$ vH.

## 3. Anschluß und Einbau der Löscheinrichtungen.

Nach erfolgter Berechnung des Erdschlußstromes $I_e$ und der Löschleistung $U_p I_e$ wird man die Transformatoren des Netzes durchmustern. Für den Anschluß einer Nullpunktsspule kommen Transformatoren in Stern-Stern-Schaltung, jedoch nur in rückschlußfreier Kernbauart und mit einer Leistung $N \geqq$ 5fache Löschleistung, oder solche in Dreieck-Stern-Schaltung (oder Stern-Stern mit Ausgleichswicklung in Dreieckschaltung) mit $N \geqq$ doppelte Löschleistung in Betracht. Die Möglichkeit, Stern-Stern-geschaltete Transformatoren durch Nullpunktsverbindungen nach Art der Abb. 34 besser auszunutzen, wird dabei nicht übersehen werden dürfen. Man wird Knotenpunkte des Netzes bevorzugen, in denen meist mehrere geeigneten, Transformatoren zur Verfügung stehen und die Erdschlußspule mit dem Netz in Verbindung bleibt, wenn die eine oder andere Leitung selbsttätig abgeschaltet wird. Man wird andererseits die Spulenleistung so aufzuteilen trachten, daß beim Auseinanderfallen des Betriebes in mehrere Gebiete

268 Projektierung der Einrichtungen für Erdschlußkompensierung.

diese für sich möglichst gut abgestimmt bleiben. Bisweilen wird auch der Gesichtspunkt einer Beschränkung von Schwachstrombeeinflussungen bei der Auswahl der Aufstellungsorte mitzusprechen haben (Abschnitt V, Kapitel 7). Ist eine Querkompensierung vonnöten, so werden Einbaustellen mit gleichzeitiger Anschlußmöglichkeit für die beiden zu entkoppelnden Systeme bevorzugt werden.

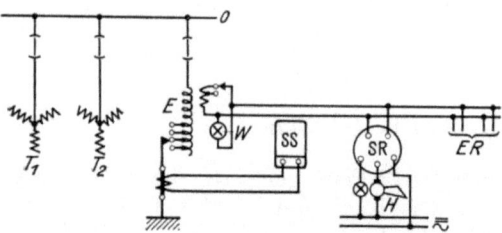

Abb. 253. Beispiel für das grundsätzliche Schaltbild einer Station mit Löscheinrichtung. $T_1$, $T_2$ Leistungstransformatoren, $O$ Nullpunktsschiene, $E$ Erdschlußspule, $SS$ Schreibender Strommesser, $SR$ Signalrelais, $H$ Hupe, $W$ Warnlampe, $ER$ Spannungsanschluß der Erdschlußrelais.

Besteht die Möglichkeit für den Anschluß einer Einphasenspule an den ausgeführten Nullpunkt von Betriebstransformatoren, so kommt daneben eine andere Lösung kaum noch in Betracht. Bei mehreren einzeln oder zusammen hierfür verwendbaren Transformatoren verlegt man eine Nullpunktssammelschiene, an die wahlweise jeder Transformator über einfache Trennschalter anzuschließen ist (Schema Abb. 253). Auch die Erdschlußspulen selbst werden über Trennschalter mit der Schiene verbunden. Alle diese Trennschalter dürfen nur stromfrei betätigt werden. In großen Anlagen kommt für sie ein Fernantrieb von der Warte her in Betracht. Früher war es üblich, sämtliche Anzapfungen der Spulen herauszuführen und über Wahltrennschalter nach Bedarf mit der Schiene zu verbinden (vgl. etwa Abb. 224b). Man macht heute von der Umschaltung unter Öl Gebrauch, so daß nur bei luftisolierten Spulen jeder Anzapfung ein Trennschalter zuzuordnen ist. Das gesamte Schaltmaterial für den Spulenanschluß ist entsprechend der verketteten Betriebsspannung, nicht etwa entsprechend der Phasenspannung zu wählen. Die Nullschiene zieht sich unter Umständen durch

Abb. 254. Anschluß der Erdschlußspule an die Nullpunktssammelschiene (Einbaubeispiel aus einem 45-kV-Netz).

mehrere aneinander anschließende Transformatorenkammern oder an einer gemeinsamen Außenwand dieser Kammern entlang. Letztere Ausführung ist vorzuziehen. Die Nullschiene in der Transformatorkammer wird leicht für spannungslos gehalten, wenn der Transformator selbst abgeschaltet und für Arbeiten freigegeben ist. Die Erdschlußspule wird dann entweder in der gleichen Flucht in einer unbesetzten Transformatorenkammer oder in einer hinreichend geräumigen Zelle der meist ohnehin benachbarten Schaltanlage eingebaut. Ein Beispiel einer solchen Ausführung zeigt Abb. 254. Man schließe Verwechslungen mit Erdleitungen aus und unterlasse es insbesondere, die Nullschiene und ihre Anschlußleitungen schwarz zu streichen. Nicht selten liegt der Fall vor, daß die Transformatoren abseits von der einen der beiden Hochspannungsanlagen aufgestellt sind und daß Kabel die Verbindung herstellen. Obgleich man unabhängig davon eine Nullschiene in blanker Verlegungsart im Transformatorentrakt schaffen kann, wird auch der Fall vorkommen, daß man sämtliche betriebsmäßigen Schalthandlungen in der Schaltanlage abzuwickeln wünscht, um unnütze Wege zu ersparen und die Übersicht

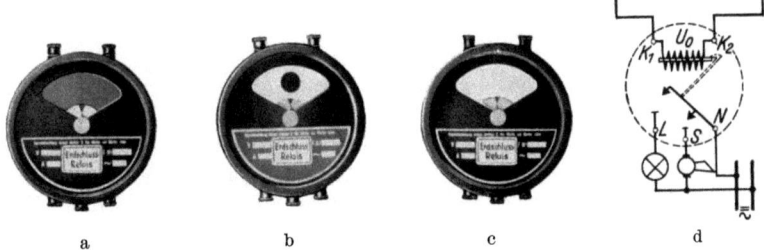

Abb. 255 a—d. Erdschlußmelderelais mit 3 Arbeitsstellungen (AEG). a Ruhestellung, b Signalstellung, c Warnstellung, d Innenschaltbild.

über den Schaltzustand zu erhöhen. Man wird sich dann dafür entscheiden, die Transformatoren mit der Nullschiene durch Kabel zu verbinden.

Die Erdschlußspule erhält eine Spannungsmeßwicklung, an welche Anzeigevorrichtungen wie Warnlampen, aber auch Erdschlußwattrelais angeschlossen werden können. Eine besondere Genauigkeit ist damit nicht erzielbar, weil bei wechselnder Wicklungslänge das Übersetzungsverhältnis nicht unverändert festgehalten wird. Man kann zwar Anzapfungen der Meßwicklung vorsehen, welche gleichzeitig mit denen der Hauptwicklung gewechselt werden, doch ist die Einstellbarkeit wegen der hohen Windungsspannung unzureichend. Dies gilt auch für Wicklungsanordnungen mit angenähert konstantem Übersetzungsverhältnis (vgl. Abb. 273 c). Man zieht es auch vor, die Registrierung der Erdschlußvorgänge nicht der Spannungsmeßwicklung anzuvertrauen, denn die so erhaltenen Angaben sind in bezug auf den Löschstrom nur auswertbar, wenn man weiß, auf welcher Anzapfung Spule und Meßwicklung standen. Es hat sich daher eingebürgert, noch einen besonderen, in Übereinstimmung mit dem Isolationsniveau der Erdklemme auszuführenden Stromwandler in Reihe mit der Spule an deren geerdete Seite zu legen. Dieser meist umschaltbar für zwei Übersetzungsverhältnisse ausgelegte Stromwandler sitzt entweder außerhalb der Spule oder ohne Gehäuse in deren Ölkasten. Der von ihm versorgte Stromkreis umfaßt zweckmäßig ein momentan wirkendes Relais und ein schreibendes Strommeßgerät (L 221). Das Relais soll bei etwa 25 vH der höchsten Nullpunktsspannung bereits ansprechen. Es arbeitet zweckmäßig dreistufig mit Alarmstellung, Warnstufe und Ruhestellung. In der Alarmstellung ertönt ein akustisches Signal. Dieses kann abgestellt werden, doch verbleibt das Relais in Warnstellung, wenn der Erdschluß andauert. Nach dessen Verschwinden geht das Relais selbsttätig in die Ruhestellung zurück (Abb. 255).

Wir sind nun bei der Verfolgung unseres Schaltbildes Abb. 253 bis zur Erdung der Spule gelangt. Man muß dieser Erdung besondere Sorgfalt widmen. Denn man verlegt durch die Löscheinrichtungen den Stromübergang bei allen Erdfehlern von der eigentlichen Fehlerstelle in die Station, wo er in vorbereiteten geregelten Bahnen gefahrlos vor sich gehen kann. Dann muß man aber darauf achten, daß die oft beträchtlichen Stromstärken ohne gefährlichen Spannungsabfall oder an abgegrenzter Stelle zur Erde abgeleitet werden. Auch darf im Dauererdschluß nicht etwa ein Austrocknen der Erdung zustande kommen. Während ein Widerstand an der Fehlerstelle der Löschwirkung keinen Abbruch tut, da ja dort auch kein nennenswerter Strom übergeht, ist ein zu hoher Widerstand in Reihe mit der Löscheinrichtung selbst nachteilig (Abschnitt IV, Kapitel 6). Wird von dem üblichen Zusammenschluß sämtlicher Erder abgewichen (L 223), so ist es nicht zulässig, die sekundären Meßwicklungen des Stromwandlers und der Löscheinrichtung mit der Erde der Löschspule zu verbinden, da sonst das Spannungsgefälle der Stromübergangsstelle in die Schaltanlage übertragen wird.

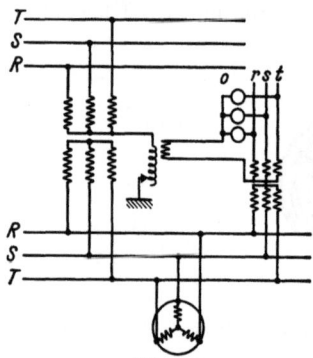

Abb. 256.
Messung der Spannungen Leiter—Erde ohne oberspannungsseitigen Spannungswandler.

Wenn die für den Einbau einer Löscheinrichtung zweckmäßig befundene Station keinen brauchbaren Anschlußtransformator aufweist, so kommt eine dreiphasige Ausführung in Frage. Die wirtschaftlichste Lösung ist die Aufteilung in eine Vordrossel für künstliche Nullpunktsbildung und eine normale Erdschlußspule (Abschnitt IV, Kapitel 7). Für die Station steht dann noch eine nutzbare Drehstromleistung in der Höhe der halben Löschleistung ohne empfindlichen Mehraufwand zur Verfügung. Es genügt der Anschluß über Trennschalter, wenn man sich auf Abschaltung des dreiphasigen Magnetisierungsstromes bei abgetrennter Erdschlußspule beschränkt. Aber auch das ungleichpolige Schalten bei angeschlossener Erdschlußspule ist nicht unzulässig, ebenso wie der Überstromschutz durch Sicherungen. Der Fall ist nämlich hinsichtlich der Stromverteilung nicht etwa identisch mit Abb. 198 oder 243. Denn es liegt die Leerlaufinduktivität der Vordrossel in Reihe mit der Löschinduktivität, ohne daß Gegenamperewindungen kompensierend eingreifen können. Arbeitet die Vordrossel auf eine Belastungsinduktivität, so wirkt diese in Parallelschaltung zur Leerlaufinduktivität und wird gleichfalls durch Verstimmung einer Verlagerung hinreichend entgegenarbeiten. In der Tat ist bei der Mehrzahl der bisher verwendeten dreiphasigen Löscheinrichtungen, vor allem bei Löschtransformatoren, von der Mehraufwendung für einen besonderen Leistungsschalter abgesehen worden.

Zu den Hilfseinrichtungen einer mit Erdschlußspulen ausgestatteten Station gehört auch eine dreiphasige Spannungsüberwachung zur Bestimmung derjenigen Phase, auf welcher Erdschluß oder Erdschlußneigung besteht. Nach einem Vorschlag von Brennecke (1921) kann man dabei einen hochvoltseitigen Erdungsspannungswandler entbehren, indem man die Meßwicklung der Erdschlußspule in einer Schaltung nach Abb. 256 mit der Sekundärwicklung eines beliebigen phasenrichtig anzeigenden dreiphasigen Meßwandlers der Niedervoltseite kombiniert. Von den drei Spannungsanteilen, der Mit-, Gegen- und Nullkomponente, wird nur die letztere dem kompensierten Netz entnommen. Unter den Meßgeräten, welche durch Anzeige der Phasenspannungen ein Bild vom Isolationszustand des Netzes geben, verdient das Assymeter nach Gossen Erwähnung, das direkt die Lage des Erdpunktes innerhalb des Spannungsdreieckes zeigt.

Für die Projektierung einer Löscheinrichtung sind an Unterlagen erforderlich: Netzlängen, Mastbilder der einzelnen Abschnitte mit Angaben über Durchhänge und Verdrillungen bzw. Leiterplatzwechsel, Längen der Kabelstrecken, Ausführung der Kabel (spezifischer Erdschlußstrom), Zahl und Größe eventueller Kondensatorenbatterien, soweit dieselben gegen Erde geschaltet sind; ferner müssen die betriebsmäßigen Unterteilungen des Gesamtnetzes bekannt sein, ebenso Zusammenschlüsse mit anderen Netzen und deren Kompensierungszustand. Für den Anschluß von Erdschlußspulen ist ferner die Anzahl, Leistung und Schaltgruppe jener Transformatoren (bzw. Stromerzeuger) festzustellen, deren Nullpunkt verfügbar ist oder nachträglich herausgeführt werden kann. Die Nullimpedanz ist nach Abschnitt II, Kapitel 8 und 9 zu bestimmen oder zu schätzen und in die Erdungsreaktanz einzubeziehen.

## 4. Erdschlußauslösung, selektive Erdschlußanzeige.

Betrachtet man jeden im kompensierten Netz nicht von selbst verschwindenden Erdfehler als eine auf dem schnellsten Wege auszumerzende Störung, so wird man zunächst die einfachen und sicheren selektiven Schutzschaltungen des starr oder über Widerstand geerdeten Netzes vermissen. Dadurch, daß die Erdschlußlöschung die Fehlerstelle stromlos macht und der Erdschlußstromverteilung ihre Beziehung zur Lage der Fehlerstelle nimmt, scheinen dem kompensierten System die Vorbedingungen für eine selektive Erdschlußauslösung zu mangeln. Nur der Erdschlußreststrom behält die Bahn des eigentlichen Fehlerstromes bei, die dadurch gekennzeichnet ist, daß die Fehlerstelle einen Speisepunkt für die Stromverteilung vorstellt, während das Netz einen teils stetig, teils konzentriert angeordneten Verbraucher bildet (Abschnitt V, Kapitel 1). Da aber im kompensierten Netz außer der Fehlerstelle auch noch die Löscheinrichtungen als Speisepunkt für den kapazitiven Fehlerstrom mitwirken, wird der eigentliche Reststrom überall durch weitere gleichartige Stromverteilungen von überwiegender Größe verdeckt. Er enthält jedoch einen Bestandteil, der sowohl leicht erfaßt werden kann, als auch die erforderliche eindeutige Beziehung zur Lage der Fehlerstelle aufweist. Es ist dies die Wattkomponente des Reststromes. Alles was über die Verteilung der kapazitiven Erdschlußströme in unkompensierten Netzen im 4. Kapitel des II. Abschnittes ermittelt wurde, läßt sich auf den Reststrom des kompensierten Netzes übertragen. Insbesondere gilt die wichtige Tatsache, daß der über die Fehlerstelle eintretende Strom zum Unterschied von den Betriebsströmen und Überströmen des Netzes nicht nur eine Mit- und Gegenkomponente, sondern auch eine Nullkomponente besitzt. Sieht man diese an jeder Überwachungs- oder Schaltstelle aus dem Gesamtstrom heraus, so hat man eine dem örtlichen Anteil der Fehler- und Löschstromverteilung proportionale Meßgröße gewonnen. Läßt man nur die Wattkomponente der Nullstromverteilung zur Wirkung kommen, so ist alles abgestreift, was durch das Prinzip der induktiven Kompensierung an neuen Merkmalen hinzugekommen ist. Die dann noch mitwirkenden Wattverluste der Löscheinrichtungen begünstigen sogar die Selektivität der Erschlußüberwachung, wie noch gezeigt werden soll.

Man bleibt somit im Fahrwasser der für andere Erdungssysteme geübten Praxis des Erdfehlerschutzes, wenn man den Fehlerstrom selbst zur Feststellung des Fehlerortes heranzieht. Allerdings tritt die neue Aufgabe hinzu, einen bestimmten kleinen Fehlerstromanteil durch eine möglichst genau arbeitende Kunstschaltung aus wesentlich größeren Betriebsströmen und Löschströmen herauszusieben, dies tunlichst unter Benutzung vorhandener Stromwandler, und in Relais von gesteigerter Empfindlichkeit zur Wirkung zu bringen.

Als Schaltung kommt nach Abschnitt II, Kapitel 5 die Anordnung nach Nicholson und Holmgren (Abb. 24) in Frage, welche die Stromsumme $I_u + I_v + I_w = 3\,I_0$ liefert. Ein Zahlenbeispiel soll uns mit den Größenordnungen bekannt machen. Es liege ein Netz mit einem Betriebsstrom von 100 A, also mit Stromwandlern 100/5 A vor. Diese Wandler dürfen genau so wie für den selektiven Überstromschutz im ganzen Netz als wenigstens dem Übersetzungsverhältnis nach übereinstimmend vorausgesetzt werden. Der Erdschlußstrom betrage 25 A, die Wattkomponente des Reststromes 6 vH, also 1,5 A. Zur Stützung unserer Vorstellungen sei noch ein Netzbild nach Abb. 257a vorausgesetzt. Man entnimmt daraus, daß unabhängig von der Lage des Fehlers an jeder Schaltstelle eine Nullkomponente von 0,1 bis 7,6 A auftritt, welche die vom Reststrom allein herrührende im allgemeinen überwiegt. Denn erst bei 20 vH Verstimmung liefert die Fehlerstelle ± 5 A ins Netz, die sich dort verteilen. Die Nullstromverteilung in ihrer Gesamtheit ist somit für die Fehlereingrenzung nicht brauchbar.

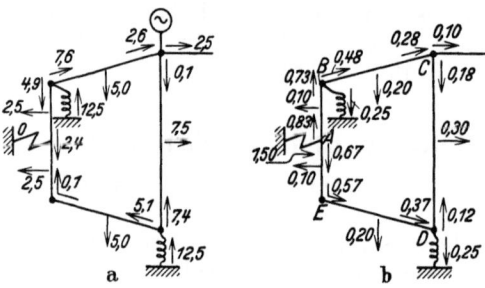

Abb. 257a und b. Beispiel einer Nullstromverteilung im vollständig kompensierten Netz. a Blindkomponente, b Wirkkomponente.

Man ist im Sinne des vorhin Gesagten auf die Wirkstromverteilung nach Abb. 257b angewiesen, in der die Fehlerstelle durch die höchsten Stromwerte 0,57 und 0,73 A in den benachbarten Schaltern ausgezeichnet ist. Wenn in den beiden an die Fehlerstelle angrenzenden gesunden Leitungsabschnitten alle Erdschlußüberwachungsrelais eindeutig ansprechen sollen, so muß hier die Empfindlichkeit unbedingt 0,28 A (auf die Hochspannungsseite bezogen) überschreiten. Jeder einzelne Stromwandler trägt dazu 0,09 A bei, das sind rd. 0,1 vH seines Nennstromes. Damit ist man aber gerade bei $\frac{1}{10}$ der Meßgenauigkeit von Wandlern der Klasse 1

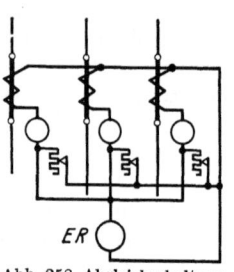

Abb. 258. Abgleichschaltung für Anschluß von Erdschlußrelais an Stromwandlersätze (ER Erdschlußrelais).

angelangt, gute Belastung derselben mit Betriebsstrom vorausgesetzt. Man darf allerdings hoffen, daß die Wandlerkurven untereinander soweit übereinstimmen, daß bei der Summenbildung der Betriebsströme nicht etwa Ungleichheiten von der Größenordnung der Fehlergrenzen zutage treten. Immerhin ergab die Nachmessung eines unbelasteten dreiphasigen Satzes, bestehend aus je zwei in Reihe liegenden Einleiterdurchführungswandlern 200/5 A, bei symmetrischer Belastung zwischen 0,1- und 1,5fachem Nennstrom einen vorgetäuschten Unsymmetriestrom von $(0{,}002 + 0{,}0017\,I_{\text{sek}})$ A. Bei Nennstrom (200 A) sind dies, auf die Primärseite bezogen, immerhin 0,4 A. Stabwandler scheiden also für unser Zahlenbeispiel aus. Dieses Ergebnis läßt sich auf alle Stabwandler ohne Klassengenauigkeit verallgemeinern. Bei Wickelwandlern wird man als Nennstrom zweckmäßig 50- bzw. 100fachen Wattreststrom für Klasse 1,0 bzw. 0,5 zulassen, jedenfalls aber am gleichen Ort nur je 3 Wandler gleicher Type, möglichst gleicher Fabrikationsserie, zu einem Satz zusammenstellen. Damit der Begriff der Klassengenauigkeit überhaupt zur Anwendung kommen kann, müßte man eigentlich sicher sein, daß im Erdschlußfalle stets mindestens 10 vH des Nennstromes in jedem Wandler magnetisierend wirken. Bis zu dieser Grenze fällt übrigens sogar der absolut (d. h. in A) ausgedrückte Fehler der Wandler. In

Zweifelsfällen kommt man nicht ohne gründliche Untersuchung der Stromverteilung durch. Ebenso wird man im Bedarfsfalle die Stromwandlersätze abgleichen, nicht nur durch Auswahl, sondern auch durch Anwendung passender Parallelwiderstände etwa in einer Schaltung nach Abb. 258. Über die Anwendung solcher Abgleichmittel in einer 150-kV-Doppelleitung berichten japanische Autoren (L 229). Dabei müssen alle sonstigen Bürden berücksichtigt sein. Um auch Phasenfehler zu beseitigen, verwendet man als Kontrollinstrument ein Wattmeter oder ein wattmetrisches Erdschlußrelais, wobei man die Spannungsspule mit wechselnder Phasenlage speist. Zur Abgleichung von Größe und Phase eignen sich an Stelle von Ohmschen Widerständen kleine Drehstrommotoren in einer Schaltung nach Abb. 259 (Geise). Das Ergebnis eines Abgleichversuches dieser Art zeigt Abb. 260 am Beispiel der oben erwähnten Einleiterwandler.

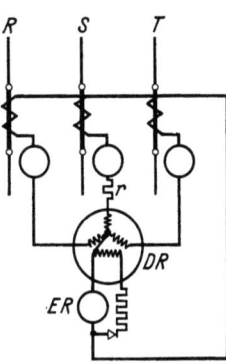

Abb. 259. Abgleichung eines Stromwandlersatzes durch einen kleinen Drehregler.
*ER* Erdschlußrelais, *DR* Drehregler.

Der auf die Sekundärseite umgerechnete Wattreststrom beträgt für den Fall der Abb. 257 mit einem Übersetzungsverhältnis von $\frac{100}{5}$ und einem örtlich zur Wirkung gelangenden Anteil von 0,28 A nur 0,014 A. Erdschlußwattrelais mit einer Empfindlichkeit bis zu 0,001 A herab sind verfügbar.

In Kabelnetzen ist die Wandlerfrage weniger kritisch. Man kann die Ungenauigkeiten der Betriebsstromwandler umgehen, indem man um den Kabelmantel einen besonderen Summenstromwandler nach Abb. 261 anordnet. Er umschlingt alle drei Leiter gemeinsam, wird daher ausschließlich von der Nullkomponente erregt. Die geringe Weglänge der magnetischen Kraftlinien gibt die Möglichkeit, mit geringen Eisengewichten auszukommen. Kerne aus hochpermeablem Spezialblech sind hier besonders am Platze, da einerseits keine Anforderungen an die Überstromgenauigkeit gestellt werden, andererseits die Grunderregung durch den Be-

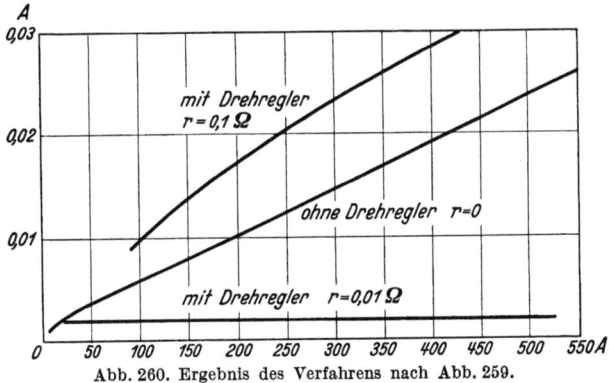

Abb. 260. Ergebnis des Verfahrens nach Abb. 259.

triebsstrom fehlt. Zweiteilige Ausführung des Kernes gestattet nachträgliches Herumschichten um den Kabelmantel unterhalb des Endverschlusses. Zu beachten ist, daß der Kabelmantel Rückstrom führt und die magnetisierende Wirkung der Leiter fast völlig aufheben könnte (vgl. Abschnitt II, Kapitel 7 und Abb. 28). Man hilft sich, indem man den vom Kabelmantel geführten Gegenstrom nicht unmittelbar am Endverschluß zur Erde übertreten läßt, sondern erst durch den Wandlerkern zurückführt. Der Endverschluß muß dann mit geringer Isolation auf dem geerdeten Gerüst befestigt werden.

Da die Erdschlußrelais in kompensierten Netzen nur vom Wirkstromanteil der Nullkomponente beeinflußt werden sollen, sind sie in wattmetrischer Bauart ausgeführt worden. Dies ist schon deshalb erforderlich, um die ankommenden von den in Richtung zur Fehlerstelle abgehenden Leitungen zu unterscheiden.

274  Projektierung der Einrichtungen für Erdschlußkompensierung.

Als sehr zweckmäßig hat sich die Verwendung von Zählersystemen wie auch von dynamometrischen Bauarten erwiesen, welche auf kleinsten Verbrauch hin durchgebildet sind. Die Stromwicklung eines solchen Relais kommt mit einem Verbrauch von 2 VA aus, die Spannungswicklung mit 4 VA. Ansprechleistungen von 0,1 W (100 V, 1 mA) sind erreichbar. Abb. 262 und 263 zeigen Erdschlußrelais der AEG. bzw. von Siemens & Halske.

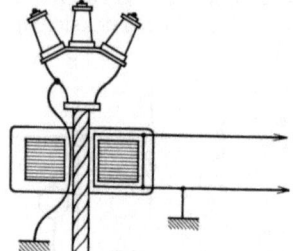

Abb. 261. Kabelringstromwandler.

Ein ernstliches Bedürfnis nach einer Erdschlußauslösung besteht in kompensierten Netzen nicht. Man ging deshalb mit den Anforderungen nicht sehr weit. Im Bewußtsein der unsicheren Arbeitsweise der Wandler und einiger anderer noch zu erwähnender Schwierigkeiten begnügte man sich mit empfindlichen Anzeigerelais, ohne es auf selektive Zeitcharakteristik ankommen zu lassen, die ja doch durch andere Einflüsse zu leicht um ihre Wirkung gebracht würde. Das tatsächlich angewendete, in der Praxis wohlbewährte Verfahren besteht darin, daß man sämtliche Relais vollständig ablaufen läßt. Sie gelangen dann je nach der Energierichtung an einen Anschlag oder an einen Kontakt, durch den eine

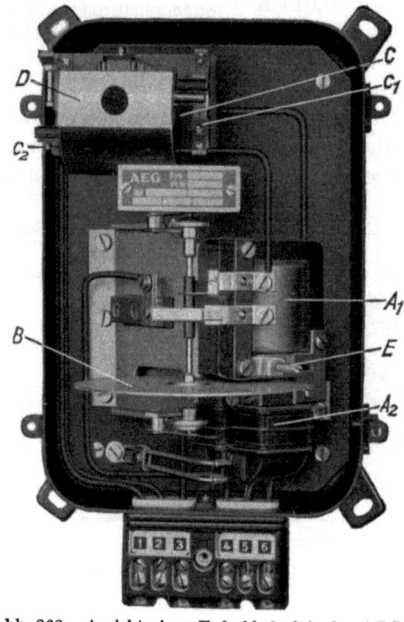

Abb. 262. Ansicht eines Erdschlußrelais der AEG.
$A_1$ Spannungswicklung, $A_2$ Stromwicklung, $B$ Triebscheibe, $E$ Regulierschraube, $C$ Spule für Fallklappe, $D$ Fallklappe, $C_1$ Unterbrechungskontakt, $C_2$ Arbeitskontakt.

Abb. 263. Erdschlußrelais von Siemens & Halske.

Fallklappe elektrisch ausgelöst wird ($D$ in Abb. 262). Um den Erdschluß einzugrenzen, nimmt man die Meldungen über die Klappenanzeige aus mehreren Stationen entgegen und trägt sie in das Netzbild ein. Man richtet es grundsätzlich so ein, daß diejenige Energierichtung die Klappe betätigt, welche einem in der Richtung zur nächsten Station (von der Sammelschiene weg) aufgetretenen Erdschluß entspricht. In einer so bearbeiteten Netzkarte weisen die etwa mit vollen Kreisen eingetragenen positiv ansprechenden Relais gegen die Fehlerstelle hin. Gestört ist jene Strecke, welche beiderseits positive Richtungsanzeige aufweist. Eine Untersuchung des Netzbildes Abb. 257 ergibt die in Abb. 264 gegebene Verteilung der Relaisanzeigen. Wenn dabei Versager auftreten, so wird nur die Auswertung der Meldungen erschwert, ohne daß gleich eine völlige Fehlweisung oder gar eine falsche Schalthandlung die Folge zu sein braucht. Man kann deshalb sagen, daß die Erdschlußmeldung die angemessene Form der Störungskontrolle des kompensierten Netzbetriebes ist.

Bevor wir auf weitergehende Ansprüche eingehen, muß noch die Spannungsgewinnung kurz besprochen werden. Als treibende Spannung der Nullkomponente des Stromes, die zur Bestimmung der Energierichtung heranzuziehen ist, kommt nur die Nullkomponente der Spannung in Frage, die als Nullpunktsspannung im System unmittelbar auftritt. Es sind Anordnungen nach Abb. 265 zu wählen, die sich (Abb. 265a) auf Stationen mit Löscheinrichtung, ferner (Abb. 265b) auf Stationen ohne Löscheinrichtung, aber mit zugänglichem Transformatorsternpunkt, schließlich (Abb. 265c) auf Anlagen mit Wandlerausrüstung für Selektivschutz beziehen. Im letzteren Falle, ebenso bei Isolationskontrolle der Sammelschienen durch drei Phasenvoltmeter, verwendet man fünfschenklige Dreiphasen-Erdungsspannungswandler mit einem magnetischen Aufbau ähnlich Abb. 144, oder drei Einphasen-Erdungsspannungswandler. Die

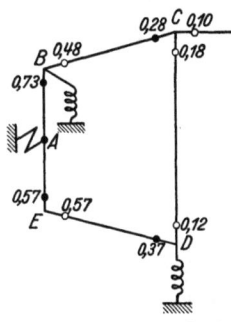

Abb. 264. Verteilung der Relaismeldungen bei Erdschluß.

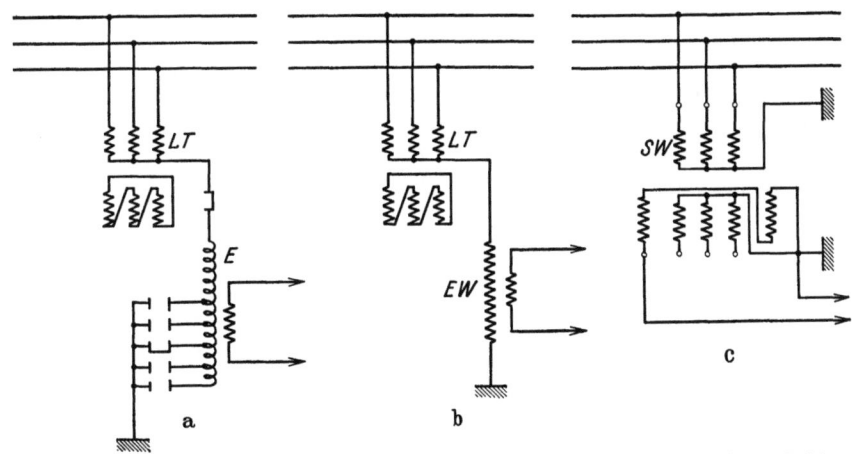

Abb. 265 a—c. Verschiedene Möglichkeiten der Spannungsversorgung von Erdschlußrelais. a Leistungstransformator $LT$ mit Erdschlußspule $E$, b Leistungstransformator $LT$ mit Einphasenspannungswandler $EW$, c Dreiphasenspannungswandler $SW$ in Fünfschenkelbauart mit Hilfswicklung auf dem Rückschlußschenkel.

letztere Ausführung ist für höchste Spannungen als beweglicher vorzuziehen. An Stelle der beim Fünfschenkelwandler auf den Rückschlußschenkeln sitzenden Hilfswicklung für die Gewinnung der Nullpunktsspannung bildet man hier die Nullkomponente als Summe der drei Spannungen Leiter-Erde ab und verwendet dazu, mangels freier Verfügung über die Außenschaltung der Hauptmeßwicklung, je eine weitere Meßwicklung für ein Übersetzungsverhältnis $U_p : \frac{100}{3}$ Volt oder einen Hilfstransformator (Abb. 266). In allen diesen Fällen kommt es nicht so sehr auf Kleinhaltung des Übersetzungsfehlers, als auf korrekte Abbildung der Phasenlage an. Ein Richtungsfehler des Spannungsvektors von 5° gibt im wattmetrischen Relais ein beachtliches Drehmoment mit dem Blindstromanteil der Nullstromverteilung. Nimmt man an, dieser sei an irgendeiner

Stelle etwa 10mal größer als die Wirkkomponente, so entsteht ein Zusatzdrehmoment von $10 \sin 5^0 = 0{,}87$ des theoretisch geforderten. Da die Richtung unbestimmt ist, könnte das Relais gesperrt werden. Es ist sogar denkbar, daß ein zur Sperrung bestimmtes Relais abläuft, wenn die Verhältnisse noch ungünstiger liegen. Die angegebene Genauigkeit wird aber von allen Einrichtungen zur Gewinnung der Nullpunktsspannung bei weitem eingehalten. Die Hauptsorgfalt der Apparateauswahl hat also die Stromwandlerausrüstung zu betreffen.

Auch wenn die Meßwandler fehlerfrei sind, können andere Einflüsse das richtige Arbeiten der Erdschlußrelais in Frage stellen. Durch die kapazitive Unsymmetrie der beiden gesunden, auf verkettete Spannung gelangten Leiter entsteht im Erdschlußfalle an manchen Stellen des Netzes eine Phasendrehung der Stromsumme, auf deren Möglichkeit bereits im Abschnitt V, Kapitel 4 hingewiesen wurde. Es wird ein Wattreststrom von positivem oder negativem Vorzeichen vorgetäuscht. Da sich die Unsymmetrien der verschiedenen Netzabschnitte ausgleichen, worauf gerade bei der Projektierung zu achten ist, spielt diese Erscheinung in größeren Netzen keine Rolle. Eine zweite ernstere Schwierigkeit bilden unzureichend verdrillte Doppelleitungen. Erzeugen nämlich symmetrische Lastströme in den drei Leitern eines Netzabschnittes unsymmetrische Spannungsabfälle, so entsteht zwischen Anfangs- und Endpunkt der Strecke auch eine Nullspannungsdifferenz. Ist diese vom Laststrom her eingeprägte Nullspannung in den beiden parallelen Strängen nicht genau gleich, so fließt über die geschlossene Strombahn der beiden parallelen Leitungen ein Ausgleichsstrom vom Charakter eines Nullstromes, der sich der wahren Nullstromverteilung

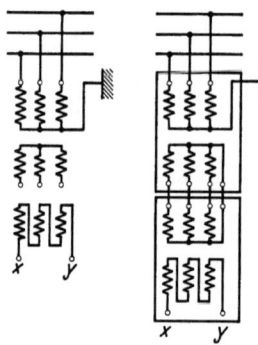

Abb. 266. Gewinnung der Nullpunktsspannung bei Verwendung von drei Einphasenwandlern. Links: Mit Sekundärwicklungen für $\frac{100}{\sqrt{3}}$ und $\frac{100}{3}$ V. Rechts: Mit einer Sekundärwicklung und einem zusätzlichen Hilfstransformator für 100/58 V je Phase.

überlagert. Es ist daher möglich, daß die einzelnen Erdschlußrelais einer Doppelleitung auf jedem Strang eine andere Fehlerrichtung anzeigen. Man kann die Erklärung dieser Erscheinung auch anders fassen. Die Stromaufteilung auf die parallel geschalteten Leiter jeder der drei Phasen ist nicht die gleiche. Sie sei z. B. in $R$, $S$, $T$ der Reihe nach 49:51, 50:50, 51:49 vH. Dann ist in keinem der beiden Stränge die Stromsumme Null, sondern in jedem besteht ein unausgeglichener Rest, der sich mit dem des anderen Stranges aufhebt. In unserem Beispiel beträgt er 3,46 vH des Laststromes. Man vermeidet solche Unstimmigkeiten, indem man die Leiter gleicher Phase im Mastbild symmetrisch austeilt. Ist dies undurchführbar oder nachträglich nicht mehr zu erzielen, so muß man sich auf die Summenmessung in beiden Strängen zusammen beschränken. Den Relaisstrom ständig etwa in der Schaltung nach Geise (Abb. 259) zu korrigieren, führt beim Übergang zum Einfachleitungsbetrieb zu Verwicklungen. Für den Parallelbetrieb von Kabelstrecken mit Freileitungsabschnitten gelten wegen der geringeren Symmetrie der letzteren ähnliche Erwägungen. Doch kommt noch hinzu, daß die Nullstromverteilung sich dann in den beiden parallelen Wegen in solcher Art gabelt, daß eine Phasenspaltung stattfindet, so daß auch die Blindkomponente des Nullstromes zur Drehmomentbildung beiträgt. Solche Erscheinungen sind auch an parallelen Kabeln verschiedenen Querschnittes und in anderen vermaschten Gebilden möglich, doch wird die richtige Anzeige kaum beeinträchtigt. Hingegen ist die Anwendung gewisser Gattungen von Selektivschutz wie Achter- und Polygonschutz auf die Erdschlußüberwachung kompensierter Netze aus den angegebenen Gründen erschwert. Auch der Längsdifferentialschutz einer Einzelstrecke mit Hilfskabel bedarf einer sorgsamen Projektierung vor allem hinsichtlich der Leistungsfähigkeit der Stromwandler.

Es sind in Freileitungsnetzen die Voraussetzungen für eine absolut verläßliche Arbeitsweise der Erdschlußrelais nicht immer gegeben. Es kommt noch ein Gesichtspunkt hinzu, der zu einer Bevorzugung der Erdschlußmeldung gegenüber der Erdschlußauslösung Anlaß gab. Viele Erdschlüsse gehen in wenigen Halbperioden vorüber, denn es handelt sich um Überschläge, die sofort erstickt werden, sog. Wischer. Es ist natürlich für den Betrieb sehr von Belang, den Ort solcher kurzdauernder Überschläge nachträglich feststellen zu können, um schwachen Stellen der Anlage auf die Spur zu kommen. Dann müssen aber

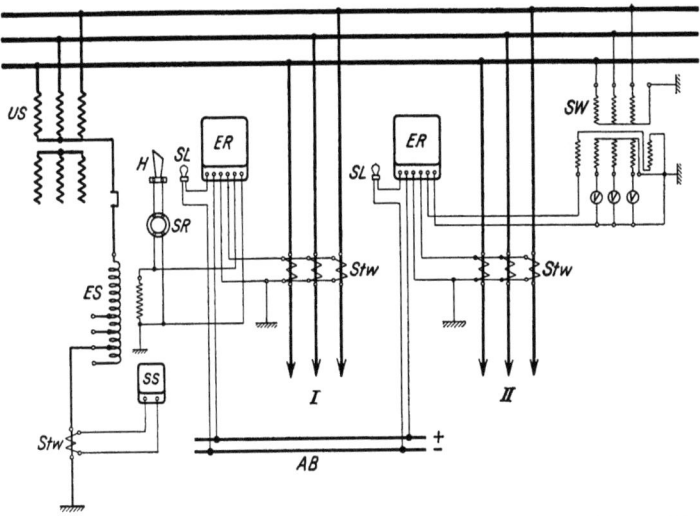

Abb. 267. Grundsätzliches Schaltbild der Erdschlußanzeige in einer mit Erdschlußspule ausgerüsteten Station.
*US* Umspanner, *ES* Erdschlußspule, *Stw* Stromwandler, *SS* Schreibender Strommesser, *SR* Signalrelais, *H* Hupe, *ER* Erdschlußrelais, *SL* Signallampe, *SW* Spannungswandler, *V* Voltmeter, *I, II* abgehende Leitungen, *AB* Akkumulatorenbatterie.

die Relais auf kurzzeitige Impulse hin ansprechen und ablaufen. Irgendwelche Zeitunterschiede können bei dieser ballistischen Wirkungsweise nicht gut herausgeholt werden; die Entwicklung der Relais mußte auf hohe Empfindlichkeit gerichtet werden. Man darf jedoch mit der Empfindlichkeit auch nicht zu weit gehen. Das Drehmoment setzt sich aus aufeinanderfolgenden positiven und negativen Impulsen zusammen, da der Wirkstromverteilung in der Regel eine sehr kräftige Blindstromverteilung beigemengt ist (vgl. Abb. 257), zu der auch eine abklingende Gleichstromkomponente hinzutreten kann. Die Ansprechzeit soll daher nicht zu weit herabgesetzt werden. In kompensierten Netzen stellen sich erdschlußähnliche Zustände von ganz kurzer Dauer auch bei Schaltvorgängen mit ungleichzeitigem Arbeiten der Pole ein. Allzu geringe Ansprechzeiten beunruhigen daher unter Umständen den Betrieb.

Abb. 267 zeigt das grundsätzliche Schaltbild der Erdschlußanzeige in einer mit Löscheinrichtung ausgestatteten Station. Der Spannungskreis der Erdschlußrelais kann aus der Meßwicklung der Erdschlußspule gespeist werden (Abzweig I) oder an einen Meßwandler der Sammelschiene bzw. der Leitung selbst angeschlossen sein (Abzweig II).

# 278   Projektierung der Einrichtungen für Erdschlußkompensierung.

Ein Interesse an selektiver Abschaltung bei Erdschlüssen werden hauptsächlich solche Betriebe nehmen, in welchen ein Fahren im Dauererdschluß nicht in Betracht kommt. Sehr große Kabelnetze mit erheblichen thermischen Wirkungen der Restströme, mit einer Nullstromverteilung von der Größenordnung der normalen Nutzlast und mit symmetrischem, im Phasenwinkel abgeglichenem Aufbau der Maschenstrecken sind das gegebene Anwendungsgebiet der selektiven Erdschlußauslösung durch Erdschlußzeitrelais. Hier erhebt sich sogleich die Systemfrage. Es wäre verlockend, ein Distanzrelais zur Verfügung zu haben, welches im Erdschlußfalle eine der Entfernung zwischen Station und Fehlerstelle proportionale Abschaltzeit aufweist. Die Nullkomponente der Spannung erleidet jedoch im ganzen Netz keinen wesentlichen Abfall. Sie ist an der Fehlerstelle genau definiert, erfährt entlang der Leitungsstrecken unbedeutende Änderungen — nicht nur Abfall, sondern auch Zuwachs — und setzt sich in etwa gleicher Höhe an den Kapazitäten und Induktivitäten an. Es kommt nicht wie beim Selektivschutz gegen Kurzschluß zum Zusammenbruch der treibenden Spannung, der Verlauf der Nullpunktsspannungsabfälle ist ebenso wie die Stromverteilung im wesentlichen sogar unabhängig von der Lage der Fehlerstelle. Eine

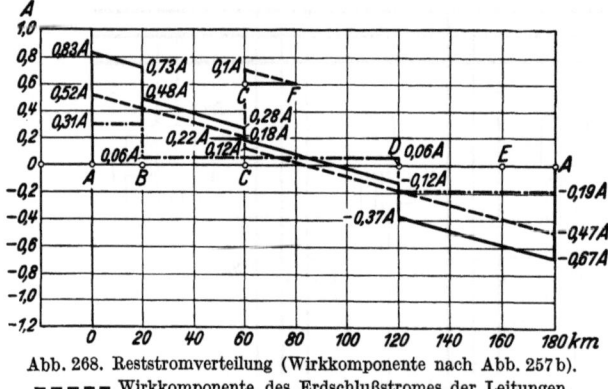

Abb. 268. Reststromverteilung (Wirkkomponente nach Abb. 257 b).
- - - - - Wirkkomponente des Erdschlußstromes der Leitungen,
— · — · — Wirkkomponente der Spulenströme,
——— Gesamtverteilung.

Quotientenmessung aus Spannung und Strom ist daher kein Maß für die Entfernung oder doch nur ein weniger sicheres als der Strom allein. Auch besteht kein Vorteil gegenüber dem Produkt aus Spannung und Strom. Man gelangt damit zur Anwendung wattmetrischer Bauformen auch für Erdschlußzeitrelais. Dieses Verfahren, die Erdschlußauslösung Relais mit im wesentlichen stromabhängigem Drehmoment anzuvertrauen, die ihre Ablaufzeit nach der Wirkkomponente des Nullstromes richten, hat in gewissem Maße die Schwäche aller stromabhängigen Schutzsysteme, daß sie entlang einer linearen Teilstreckenfolge nicht selektiv wirken. Eine Betrachtung der Reststromverteilung nach Abb. 257 b und 268 läßt deutlich werden, daß innerhalb einer Teilstrecke (z. B. $AE$ oder $BC$) zwar eine Änderung der Wirkkomponente des Reststromes erfolgt, daß aber gerade in der Nähe der Fehlerstelle der ganze Reststrom des übrigen Netzes mit durchgeschleppt werden muß, so daß die Stromabhängigkeit der Relais nicht voll zur Geltung kommen kann. Wie bei allen Schutzsystemen mit stromabhängiger Staffelung ist ein vermaschter Netzaufbau eine wesentlich günstigere Voraussetzung für sichere Arbeitsweise. Dazu gehört noch aus drei Gründen eine gleichmäßige Verteilung der Erdschlußspulen im Netz. Erstens bringt, wie Schulze (L 126) bemerkt hat, eine Häufung von Erdschlußspulen in einem Netzteil eine einseitige Versorgung mit der Blindkomponente des Nullstromes hervor; es steigt dann die Gefahr des Auftretens größerer unechter Wattkomponenten durch Phasenspaltung in den Netzmaschen. Zweitens sind die Erdschlußspulen in Mittelspannungskabelnetzen nicht zu unterschätzende Verbrauchsstellen für Wattrestströme. Sie bewirken sprunghafte Änderungen der Wattreststromverteilung und unterstützen dadurch die Selektivität. Durch die bessere Verteilung der konzentrierten Verbraucher wird schließlich noch der der Selektivität abträgliche hohe Basiswert des Wattreststromtransportes (Abb. 268) verringert.

Nach diesen Gesichtspunkten hat die BEWAG ihr 30 kV-Kabelnetz mit Erdschlußrestwirkstrom-Zeitrelais ausgestattet. Die Staffelung der Auslösezeiten wird bei der verwendeten Relaisbauart, die Sorge (L 233) beschrieben hat, nicht nur durch leistungs- und damit stromabhängige Laufzeit des wattmetrischen Systems erreicht; sie wird für Strecken mit unzureichender Stromänderung durch eine mechanische Einstellung von Zusatzzeiten (verstellbare Kontaktentfernungen) unterstützt. Die erreichte Selektivität ist eine vollkommene. Die Auslösezeiten dürfen ruhig zu einigen Sekunden gewählt werden, da, wie an anderer Stelle bereits erwähnt, Kabel mit Gürtelisolation selbst bei 100 A Reststrom viele Sekunden bis einige Minuten zum Übergang vom Erdschluß in den Kurzschluß brauchen, während Höchstädter- und ähnliche Kabel mindestens eine Stunde im kompensierten Erdschluß gefahren werden können.

In Freileitungsnetzen hat man im allgemeinen der Anzeige des Ortes kurzzeitiger Erdschlüsse mehr Wert beigemessen als der Abschaltung. Die Schwierigkeiten, welche der sicheren Auswahl der betroffenen Strecke entgegenstehen, stimmen für Anzeige und Abschaltung in der Hauptsache überein. Das gleiche gilt von den Mitteln zur Unterstützung der Selektivität. Kommt man selbst

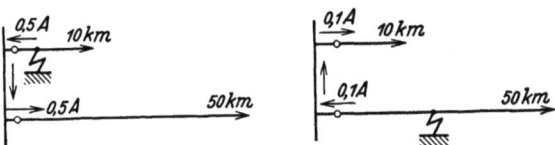

Abb. 269. Erdschlußfälle in einer Station mit ungleich langen Abzweigen.

mit den oben gegebenen Hinweisen bezüglich Beschaffenheit der Stromwandler und Austeilung der Löscheinrichtungen nicht durch, so kann eine künstliche Erhöhung der Wattkomponente des Erdschlußreststromes von Vorteil sein. Die Schaltungen dazu sind in Abschnitt V, Kapitel 4d besprochen worden, und zwar zum Zwecke einer Erhöhung der Wirkverluste im erdschlußfreien Betriebe. Beide Verwendungsarten sind miteinander verträglich (vgl. auch S. 206). Um einerseits eine thermische Überbeanspruchung der Zusatzwiderstände, andererseits eine Beeinträchtigung der Löschwirkung zu vermeiden, läßt man die Widerstände im Erdschlußfalle nur kurzzeitig zur Wirkung gelangen (AEG 1921) und entfernt sie nach wenigen Sekunden aus der Strombahn. Beschränkt man sich dabei auf die Erzeugung einer Wattkomponente in der Höhe von rd. 10 vH des kapazitiven Erdschlußstromes, so wird die Löschwirkung nicht gemindert, dafür kann auch auf die Anwendung von hochempfindlichen Erdschlußwattrelais in den bisher beschriebenen Schaltungen nicht verzichtet werden. Zu normalen Schutzrelais kann man nur übergehen, wenn man Blind- oder Wirkströme von mindestens der Größenordnung des Erdschlußstromes an der Fehlerstelle bestehen läßt oder zusätzlich erzwingt. Beispielsweise könnte man einen Teil der Erdschlußspulen vorübergehend abschalten oder durch Kurzschließen des zwischen zwei Anzapfungen liegenden Wicklungsteiles zu erhöhter Stromaufnahme bringen (vgl. Abb. 192). Zur Verbesserung der Selektivität ist es immer ratsam, die beabsichtigte Störung der Kompensierung auf mehrere Punkte des Netzes zu verteilen.

Das Verfahren der Erdschlußanzeige durch den Wattreststrom des Netzes schließt einige Paradoxien ein, deren Aufklärung die Erkenntnis der Grundlagen vertieft. Dazu gehört vor allem der Fall der Abb. 269, in welchem nur zwei Leitungen verschiedener Länge von den Sammelschienen abgehen. Es kann vorkommen, daß ein Erdschluß auf dem Abzweig größerer Länge nicht angezeigt wird, während ein Erdfehler der kurzen Strecke verläßlich erfaßt wird. Was nämlich im Sammelschienenabzweig als Nullkomponente der gestörten Leitung gemessen wird, ist nicht deren eigener Wirkverbrauch im Nullstromkreis, sondern gerade der Verbrauch der anderen Leitung, der dieser von der Fehlerstelle her über die Sammelschienen zufließt. Der höhere Wattreststrom der längeren Leitung begünstigt also das Relais des kürzeren Abzweiges. Geht von einer Station eines Netzes nur eine einzige Leitung aus und befindet sich dort keine Löscheinrichtung, so ist der Einbau eines auf die Nullkomponente ansprechenden Erdschlußrelais auch dann sinnlos, wenn es sich um einen Speisepunkt handelt.

Das Erdschlußwattrelais arbeitet in einem bestimmten Fehlerfall unrichtig. Tritt im Netz ein Doppelerdschluß auf, so kommt es zu einer Stromverteilung nach Abb. 6c. Der Erdschlußstrom nimmt Kurzschlußcharakter an. Gleichzeitig entsteht eine Spannung zwischen Nullpunkt und Erde. Beide Stromkreise des wattmetrischen Erdschlußrelais sind also erregt. Dies bedeutet, daß die Wicklung der Erdschlußrelais kurzschlußsicher ausgeführt werden muß. Strom und Spannung haben dabei, wie die in Abb. 244c durchgeführte Betrachtung lehrt, durchaus nicht 90° Phasenverschiebung. Dort sind die Ströme der betroffenen Phasen $S$ und $T$ im wesentlichen gleich- oder gegenphasig zur Nullpunktsspannung $U_{0e}$, weil ihre treibende Spannung $U_{ST}$ auf $U_{0e}$ senkrecht steht. Liegen nun die Fehlerstellen der Phasen $S$ und $T$ nicht auf derselben Leitung, sondern im Netz verteilt, so ist die Stromsumme der drei Phasen überall von Null verschieden, und zwar ist entweder $I_S$ oder $I_T$ überwiegend. Je nachdem fällt das Drehmoment unter sonst gleichen Verhältnissen positiv oder negativ aus. In einem ganzen Netzteil werden daher sämtliche Erdschlußrelais verkehrt weisen. Dies ist bei Verwendung zur Erdschlußanzeige irreführend, bei Erdschlußabschaltung vollends unzulässig. Abhilfe ist leicht geschaffen. Man unterbricht den Spannungskreis oder sperrt die Auslösung, wenn der Nullstromanteil die Größenordnung des Erdschlußstromes überschreitet. Man könnte auch durch Überstromrelais oder durch die Anregeglieder des Selektivschutzes die Erdschlußrelais unwirksam machen, doch ist zu beachten, daß gerade Doppelerdschlüsse kaum von normaler Netzlast unterscheidbar sind. Den Unterschied zwischen ein- und zweipoligem Erdschluß, der in einer Änderung der Nullpunktsspannung im Verhältnis $U_p$ zu $0,5\,U_p$ besteht, wird man mit Rücksicht auf Widerstandserdschlüsse kaum ausnutzen können. Bei Doppelerdschluß an weit auseinanderliegenden Netzstellen bricht übrigens das Spannungsdreieck nicht zusammen, in der Nähe jeder Fehlerstelle ist $U_{0e}$ nahezu gleich $U_p$. In manchen Fällen bestehen auch Bedenken gegen die Verwendung der Höhe des in Holmgren-Schaltung ausgesiebten Nullstromes als Unterscheidungsmerkmal zwischen Einfach- und Doppelerdschluß. In großen Kabelnetzen kann nämlich nur bei gleichmäßiger Verteilung der Erdschlußspulen erreicht werden, daß die Nullkomponente des ein- und zweipoligen Erdschlusses einen merklichen Unterschied behält. Sicherer ist es, die Blockierung der Erdschlußrelais vom Auftreten einer inversen Stromkomponente abhängig zu machen, die in kompensierten Netzen in nennenswertem Betrage nur in Verbindung mit zweipoligen Fehlern auftreten kann. Auch gegenläufige Spannungsanteile können herangezogen werden, wobei dann die Blockierungseinrichtung auf alle Relais einer Station einwirken kann.

Noch in einem anderen, allerdings weniger wichtigen Fall kann die richtige Arbeitsweise der Erdschlußwattrelais in ähnlicher Art beeinträchtigt werden. Bei Erdschluß mit Leiterbruch wird der Stromtransport auf einer Phase unterbrochen, wenn nicht beide Enden der Rißstelle an Erde liegen. Findet der Strom dieser Phase Gelegenheit, über andere Stromwege des vermaschten Netzes zu den Verbrauchern zu gelangen, so täuscht der Betriebsstrom das Bestehen einer

Nullstromwirkkomponente vor. Auf diesen insbesondere in kompensierten Netzen recht seltenen Fall wird man kaum Rücksicht nehmen.

Die Verwendung von wattmetrischen Erdschlußrelais ist nicht auf Leitungsabzweige beschränkt. Auch Transformatoren können in genau gleicher Weise in die Erdschlußüberwachung einbezogen werden. Solange sie ohne Erdfehler sind, erfährt ihr Relais bei freiem Nullpunkt überhaupt kein Drehmoment, während bei Anschluß einer Erdschlußspule und außenliegendem Erdfehler der Verluststrom der Spule ein negatives Drehmoment ergibt.

Als betriebsmäßiges Verfahren zur schärferen Eingrenzung des Fehlerortes bei Dauererdschlüssen ist vorgeschlagen worden, eine selbsttätige Auftrennung des Netzes an vorbestimmten Punkten vorzunehmen. Man schließt hierdurch den Kreis um die Fehlerstelle enger, verschlechtert aber gleichzeitig die Arbeitsbedingungen der Relais, für die gerade vermaschte Netze von großem Umfange

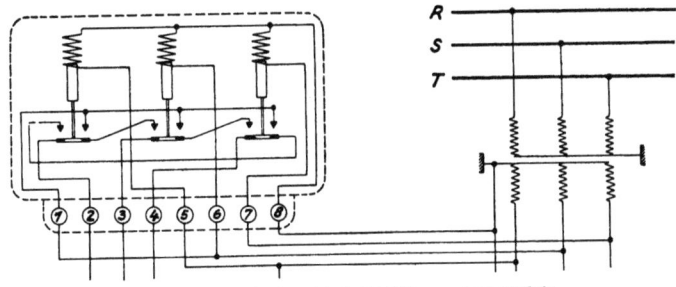

Abb. 270. Dreiphasiges Erdschlußüberwachungsrelais.

günstiger sind. Auch begibt man sich durch die Preisgabe der Kupplung wichtiger Vorteile des kompensierten Betriebes. Probeweise vorgenommene Auftrennungen (Herausschalten einzelner Leitungen) können die Eingrenzung der Fehlerstelle erleichtern.

Die Technik der Erdschlußüberwachung kompensierter Netze hat auf die unkompensierten Anlagen mit ungeerdetem Nullpunkt zurückgewirkt. Auch dort kann der Nullstrom als Kontrollgröße Verwendung finden, nur ist es dann vorteilhaft, die Blindkomponente auszuwählen, weil auch sie eine von der Fehlerstelle ausstrahlende Stromverteilung erfährt, die Wirkkomponente jedoch dem Betrage nach bei weitem übertrifft. Die Erdschlußwattrelais werden dann mit geringer Abänderung als sin $\varphi$-Relais gebaut (L 235).

Neben der Wattkomponente des Erdschlußreststromes bleibt auch sein Oberwellenanteil durch die Kompensierung der Grundwelle unbeeinflußt. Es ist daher erwogen worden, die Arbeitsweise der Erdschlußrelais auf den Oberwellenströmen beruhen zu lassen. Eine praktische Ausführung ist nicht bekannt geworden. Die schwankende Zusammensetzung und wechselnde Höhe des Oberwellenreststromes sprechen jedenfalls dagegen.

In allen Stationen, welche mit einer Einrichtung zur Messung der drei Leiterspannungen gegen Erde ausgestattet sind, kann ergänzend zur selektiven Erdschlußanzeige noch eine Meldung der erdschlußbetroffenen Phase mittels eines Relais nach Piloty (Abb. 270) durchgeführt werden. Als Merkmal für den Erdschluß einer Phase wird nicht der Rückgang ihrer gegen Erde gemessenen Spannung benutzt; um eine sichere Unterscheidung gegenüber Kurzschlüssen und Unterbrechungen der Spannungsversorgung zu erzielen, wird vielmehr aus dem gleichzeitigen Ansteigen der Spannung zweier Phasen eine Erdschlußmeldung für die dritte Phase abgeleitet. Geise (L 237) berichtet über ein Relais der *SSW*, welches durch Zusammenbrechen der Phasenspannungen angeregt, durch die Nullpunktsspannung betätigt wird. Eine sinnreiche Verriegelung beugt der Möglichkeit vor, daß durch den schwebungsmäßigen Wiedereinschwingvorgang eines verstimmten Netzes, der vorübergehend die Spannung der gesunden Phasen absenkt, eine Fehlmeldung zustande kommt.

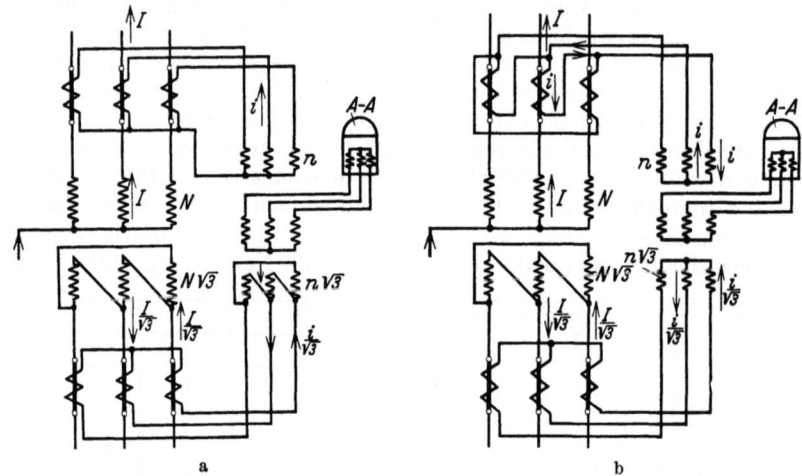

Abb. 271a und b. Zwei Differentialschutzschaltungen für Transformatoren mit Stromabnahme im Nullpunkt. a Hilfstransformator Abbild des Haupttransformators, b Stromwandlerschaltung Abbild des Haupttransformators.

Neben den Mitteln für eine gewollte Erdschlußanzeige muß der projektierende Ingenieur noch auf die nichtbeabsichtigten Rückwirkungen des Erdschlußzustandes auf die Schutzeinrichtungen des Netzes achten. Hier ist der Differentialschutz von Transformatoren mit angeschlossener Erdschlußspule zu erwähnen. Bei der Bildung der Stromdifferenz zwischen Primär- und Sekundärwicklung des Transformators darf der im Nullpunkt abgenommene Strom nicht mitwirken. Diese Forderung ist keine Besonderheit kompensierter Netze. Bei Widerstandserdung und erst recht bei fester Erdung des Transformatorsternpunktes muß darauf nicht minder Bedacht genommen werden. Die Verwendung von Hilfstransformatoren, wie sie zum Ausgleich der Stromwandler-Übersetzungsverhältnisse ohnehin verwendet werden, ermöglicht die erforderliche Anpassung.

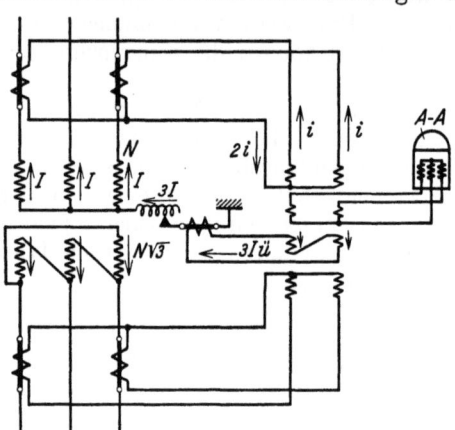

Abb. 272. Differentialschutzschaltung für Transformatoren mit Stromabnahme im Nullpunkt, Relais zweiphasig.

Solche Hilfstransformatoren werden dreiphasig in einer Wicklungsanordnung nach Abb. 271a und b oder zweiphasig nach Abb. 272 ausgeführt, um das AW-Gleichgewicht auf jedem Schenkel zu sichern, ohne daß die mit dem Relais belastete Wicklung bei Erdschluß mitwirkt. Soferne dies nicht durch die Schaltung des Haupt- und Hilfstransformators ohnehin gewährleistet ist, wofür Abb. 271 Beispiele bringt, kann man den Ausgleich im Hilfstransformator selbst herstellen. Ist die Schutzschaltung dreiphasig, so genügt dafür eine zusätzliche in Dreieck geschaltete Ausgleichswicklung, in jedem Falle aber eine weitere, vom Spulenstrom gespeiste Erregerwicklung des Hilfstransformators

(Abb. 272). Da die Empfindlichkeit des Stromdifferentialschutzes von Transformatoren im allgemeinen nicht über 30 vH des Nennstromes getrieben wird, überdies eine dreiphasige Relaiskonstruktion ohne Sternpunktsrückverbindung gewählt werden kann, wird sich die Berücksichtigung des Nullpunktsstromes auf den heute seltener gewordenen Fall der Anwendung hochempfindlicher wattmetrischer Differentialrelais beschränken. Ähnlich liegen die Verhältnisse bei Differentialwattschutz mit Zwischenspannungswandler. Schulze (L 126) hat diesen Fall untersucht und gelangt für Spannungswandler mit magnetischem Rückschluß zu der Regel, daß wie bei Synchronisierungsschaltungen die gleichzeitige Erdung der beiden niederspannungsseitigen Wandlersternpunkte zu untersagen ist.

# VII. Konstruktion, Prüfung, Inbetriebnahme.
## 1. Konstruktion der Erdschlußlöscheinrichtungen.

Versucht man die Löscheinrichtungen ein- und mehrpoliger Bauart in die Apparateformen des Elektromaschinenbaues einzugliedern, so kommen die Strombegrenzungsdrosselspulen einerseits, die leerlaufenden Transformatoren andererseits als Grenzfälle in Betracht. Gegenüber der von der Löscheinrichtung verlangten Reaktanz weichen diese beiden Gebilde um je eine Größenordnung nach unten bzw. oben ab. Die Aufbaumerkmale, welche sich an den genannten Grenzformen herausgebildet haben und ihnen heute den Charakter wirtschaftlicher Bauformen verleihen, sind entgegengesetzter Art, vertragen aber eine Synthese, welche in der Grundform der Erdschlußspule tatsächlich vollzogen ist. Die Strombegrenzungsdrosselspule soll einen Spannungsabfall von höchstens einigen 100 Volt hervorbringen, dafür aber hohe Durchgangsströme führen. Der magnetische Kreis muß gegenüber den thermischen, dynamischen und isolationstechnischen Aufgaben der Wicklung zurücktreten, er muß ferner im Überstromgebiet unverminderte Reaktanz gewährleisten. Die gegebene Lösung für diese Aufgabe besteht in der Ausbildung des magnetischen Feldes in Luft. Demgegenüber hat der leerlaufende Transformator in jedem Schenkel die volle Phasenspannung aufzunehmen, genau wie dies vom magnetischen Kreis der Erdschlußspule verlangt wird. Nun ist die Leerlaufaufnahme eines Transformators nach Stromstärke und Leistung vergleichsweise gering. Man wird bestimmt nicht die günstigste Bemessung treffen, wenn man für eine Erdschlußspule den Eisenkern eines Transformators gleicher Leerlaufleistung, also von 25—50facher Nennleistung wählt und nur die Wicklung verkümmern läßt. Eine Erdschlußspule von 2000 kVA läßt sich nicht als leerlaufender 100000-kVA-Transformator ansehen. Überdies muß von der Erdschlußspule im Bereiche der Normalspannung eine viel genauere Einhaltung des Reaktanzwertes und damit des geradlinigen Verlaufes der magnetischen Kennlinie verlangt werden. Der Einfluß der Sättigungserscheinungen ist erwünscht, ja gefordert, aber er soll erst außerhalb des Gebietes betriebsmäßiger Spannungsschwankungen zur Geltung kommen.

Diese Überlegungen führen zwangläufig auf einen Aufbau der Erdschlußspule als Mittelding zwischen Luft- und Eisendrosselspule. In der Tat verleiht die eigenartige Kombination der Luft- und Eisenwege des magnetischen Feldes den Löscheinrichtungen ihr besonderes Gepräge (Abb. 191). Man sieht, wie nahe die Erdschlußspule dem Transformator steht. Zieht man die beiden Leistungswicklungen eines Transformators halber Leistung zusammen, so ist der magnetische Kreis, von der etwas zu starken Krümmung der Kennlinie abgesehen, richtig beansprucht, das Kupfergewicht entspricht der gebräuchlichen Stromdichte. Nur die Stromaufnahme wäre beim Anlegen der Nennspannung zu gering, sie muß etwa auf das 25fache gesteigert werden. Unterbricht man den geschlossenen Eisenkreis durch Luftspalte, so geht der Leerlaufstrom auf den Betrag des Nennstromes hinauf, der Transformator wird als Erdschlußspule brauchbar. Es hat wenig Sinn, im Rahmen dieser Überlegung nach dem Minimum des Aufwandes zu suchen, denn selbst bei starker Abweichung von der so gefundenen günstigsten Bemessung wird das Minimum nicht merklich überschritten. Es spielen ohnehin noch zu viele andere Gesichtspunkte mit, Erwägungen isolationstechnischer Art, der zulässige Anteil des Eisens an der magnetischen Charakteristik, die Eigenart der weitgetriebenen Anzapfungen. Nur das Gefühl des erfahrenen Berechners und Konstrukteurs kann hier maßgebend sein. Die Aufteilung des gesamten Materialaufwandes auf Eisen und Kupfer wird gleichfalls in Anlehnung an die Praxis des Transformatorenbaues erfolgen, zur Zeit etwa im Verhältnis 2 : 1.

Besondere Aufgaben entstehen beim Entwurf der Löscheinrichtungen im Eisenkreis durch die Einführung der Luftspalte, in der Wicklungsanordnung

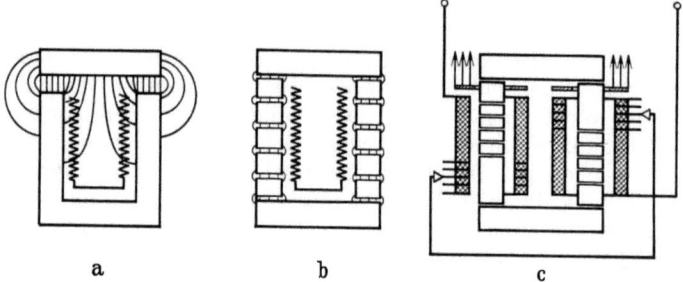

Abb. 273 a—c. Kernaufbau von Erdschlußspulen. a Luftspalt konzentriert, b Luftspalt aufgeteilt, c Luftspalte im Bereich der Stammwicklung.

durch die stets verlangte feinstufige Einstellung des Stromes innerhalb weiter Grenzen. Diese beiden Gesichtspunkte können nicht unabhängig voneinander betrachtet werden. Beispielsweise ist es nicht möglich, die erforderliche Erhöhung des magnetischen Widerstandes durch Einfügung eines einzigen konzentrierten Luftspaltes zu erreichen. Die Zusammendrängung des magnetischen Widerstandes würde das ganze Gefälle der magnetomotorischen Kraft auf kurzer Strecke vereinigen, während die Erregung entlang der ganzen Wicklungssäule verteilt ist. Ähnlich wie dies in Abb. 133c dargestellt ist, entstünde eine Scheidung zwischen Erzeugung und Verbrauch magnetischer Spannung mit dem Ergebnis, daß außenliegende, von der Wicklung nicht mehr umfaßte Streupfade unverwertbare Anteile des Gesamtflusses führen. Wie Abb. 273a und b in Gegenüberstellung erkennen läßt, vermeidet die Aufteilung des Luftspaltes die Entstehung freier magnetischer Spannungen, örtlicher Flußverdichtungen, kräftiger weit ausladender Streufelder und das Zustandekommen von Zusatzverlusten in den Schenkeln, Jochen, Preßteilen, Bolzen und Kastenwänden. Auch die Geräuschfrage wäre anders nicht zu lösen. Es ist natürlich erforderlich, die Pakete untereinander kräftig zu verspannen. Die Luftspalte werden mit Hartpapier und mit dünneren Preßspanbeilagen ausgefüllt. Durch Herausnehmen oder Beilegen solcher Zwischenlagen kann man erforderlichenfalls den magnetischen Widerstand im ganzen Anzapfungsbereich verkleinern oder vergrößern, freilich nur nach Abbauen der Wicklung. Jedes Paket ist für sich durch Endbleche und Bolzen zusammengehalten; die Pressung der ganzen Säule geht von den Jochen aus, die durch unmagnetische Bolzen gegeneinander verspannt werden. Die Herstellung der Bleche und der Aufbau des Kernes ist eine weit mühseligere Arbeit als die Fabrikation eines Transformatorkernes. In den

Kosten sind Erdschlußspulen und Transformatoren aus diesen und anderen Gründen nicht vergleichbar.

So gut die Steuerung der Kraftlinienwege durch reichliche Unterteilung der Schenkel auch gelingt, eine zu weitgehende Zerlegung wäre Verschwendung. Auch muß man berücksichtigen, daß durch das Abschalten von Wicklungsteilen gewisse Abschnitte des Schenkels ihrer erregenden AW beraubt werden. Da bei verminderter Windungszahl erhöhte Sättigung vorliegt, soll man gerade in diesem Fall Erzeugung und Verbrauch der magnetischen Spannung gut zur Deckung bringen. Die Luftspalte sollen also in den Bereich der Stammwicklung gelegt werden (Hundt). Sind die abschaltbaren Teilspulen nicht über die Länge des Schenkels verteilt, so wird man ihnen mit Vorteil einen zusammenhängenden Abschnitt der Kernsäulen zuordnen. Bei Betrieb mit voller Windungszahl kommt dann zwar verstärkte Streuung zustande, doch ist die dadurch erhöhte Belastung einzelner Teile des magnetischen Hauptkreises ein nicht unerwünschter Sättigungsausgleich (schlechtere Verkettung, erhöhter Fluß). Abb. 273c zeigt schematisch eine Anordnung dieser Art, bei welcher auch Wicklungssinn und Schaltung auf beste elektrische Ausnutzung der Fensterabmessungen abgestellt sind. Auf jedem Schenkel ist dabei die zusammenhängende Länge der durch Abschaltung selbständig werdenden frei-

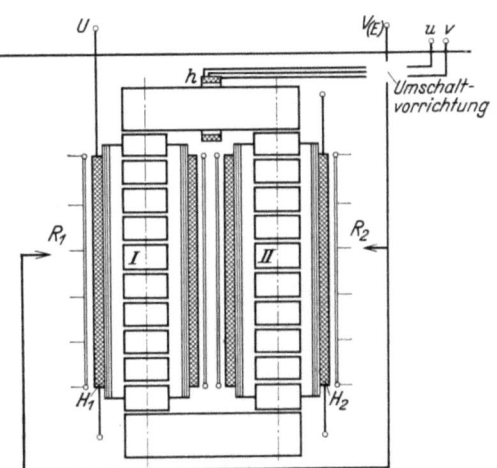

Abb. 274. Erdschlußspule mit Zusammenfassung der abschaltbaren Wicklungsteile zu einem besonderen Zylinder.

schwingenden Teile auf die Hälfte gebracht. Eine weitere günstige Nebenwirkung hat die angenäherte Konstanz der Jochsättigung auf das Verhalten der Hilfswicklung für Spannungsmessung. Das durch die stark schwankende primäre Windungszahl von Anzapfung zu Anzapfung wechselnde theoretische Übersetzungsverhältnis von Haupt- und Hilfswicklung wird dadurch vergleichmäßigt. Man wird nichtsdestoweniger höheren Ansprüchen auf Genauigkeit durch Anzapfungen der Hilfswicklung Rechnung tragen, die beim Wechseln der Stromstufen nach den Angaben des Leistungsschildes zu benutzen oder selbsttätig mit umzuschalten sind.

Die eben beschriebene Kernbauart ist für einen Regelbereich des Stromes von 1:2, also für ein Windungszahlverhältnis $\sqrt{2}:1$ brauchbar. An den Hälften des freien Wicklungsabschnittes liegen betriebsmäßig bis zu 41 vH der Schenkelspannung. Ein größerer Regelbereich kann erzielt werden, wenn man die Luftspalte über die ganze Kernlänge verteilt und die abschaltbaren Windungen zu einer mit der Stammwicklung $H_1 - H_2$ konzentrisch angeordneten Schaltspule $R_1 - R_2$ vereinigt (Abb. 274). Die Regelspulen sind zu- und gegenschaltbar, ohne daß dadurch unzulässige Streuungsverhältnisse entstehen. Man erreicht auf diese Weise einen äußersten Regelbereich von 1:3 bei einem Verhältnis $1:(2-\sqrt{3})$ der Windungszahlen von Stammwicklung und Schaltspule. Die Spannung der freien Wicklungsteile ist im Maximum 27 vH der Schenkelspannung.

Köchling hat eine Bauform angegeben, welche insbesondere für Betriebsspannungen von 100 kV und darüber von Bedeutung ist und sich vor allem für

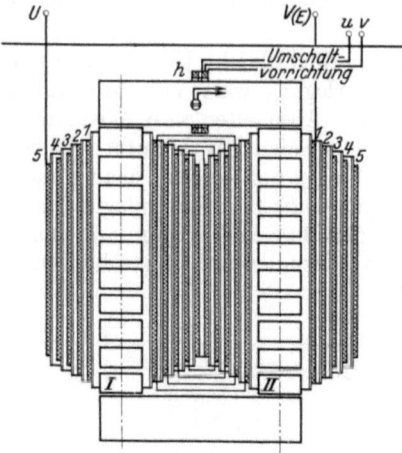

Abb. 275a. Erdschlußspule mit konzentrischem Aufbau der Regelspulen.

Abb. 275b. Kern und Wicklung einer Erdschlußspule für ein 220 kV-Netz, Löschleistung 19 000 kVA.

Abb. 276. Erdschlußspule für 140 kV Netzspannung, Löschleistung 8000 kVA (10 Min.), Mantelbauart.

die Anwendung gestufter Isolation eignet. In Abb. 275a ist zu erkennen, daß die Wicklung aus Röhrenspulen besteht, welche auf den beiden Schenkeln abwechselnd hintereinander geschaltet sind. Mit wachsendem Durchmesser nimmt die achsiale Erstreckung ab. Die innen liegenden Spulen 1—1 und 2—2 sind parallel-, ab- und gegenschaltbar. Beim Regeln wird mit wachsender Stromaufnahme der wirksame Strombelag immer mehr nach außen verlegt. Dadurch gewinnt der dem Hauptfluß parallele, durch das magnetische Spannungsgefälle der Luftspalte begünstigte nützliche Luftstreufluß an Querschnitt. Die durch die verringerte Windungszahl bedingte Erhöhung des Nutzflusses ist nicht auf den Eisenquerschnitt allein angewiesen, die Sättigung verändert sich nur in geringem Maße. Diese Eigenschaft ist sehr erwünscht, weil dann auf allen Anzapfungen mit der spannungsbegrenzenden Wirkung der Sättigung gerechnet werden darf. Abb. 275b zeigt als Ausführungsbeispiel eine Spule für 220 kV Netzspannung, 19000 kVA nach dieser Bauart; sie ist typisch für eine große Zahl in Betrieb befindlicher 100 und 200 kV-Spulen; auch für geringere Spannungen bietet diese Anordnung Vorteile.

Neben der Kerntype ist auch die Mantelbauart zur Verwendung gelangt, wie die Abb. 276 einer von der Gen. El. Co. gebauten 140 kV-Spule zeigt.

Zuweilen wird ein Regelbereich verlangt, der über die übliche Spanne von 1:2 weit hinausgeht. Bis zu einem Regelverhältnis von 1:4 gelangt man ohne nennenswerte Sättigungsschwankung mit der von Hundt angegebenen Doppelspule. Sie besteht (Abb. 277) aus zwei übereinander angeordneten Drosselspulen, die mit gemeinsamem Joch zusammengebaut sind. Ihre Wicklungen können einzeln oder parallel benützt werden. Der gemeinsame Zwischensteg führt nur dann einen magnetischen Kraftfluß, wenn die Spulen einzeln betrieben werden oder auf solche Anzapfungen geschaltet sind, an denen sie nicht gleichen Fluß verlangen. Man führt die Spulen vorzugsweise ungleich aus. Als Beispiel diene die Kombination einer Spule für 7 A mit einer solchen für 12 A. Es ergibt sich eine Verwendungsmöglichkeit für 7, 12 und 19 A ohne jede Anzapfung und ohne Sättigungsschwankung. Verlängert man die beiden Teilwicklungen um mäßige Beträge mit zwischenliegenden Anzapfungen, etwa für 7, 6, 5 und für 12, 10, 8 A, so erhält man 13 eng benachbarte Stufen, und zwar 5, 6, 7, 8, 10, 12, 13, 14, 15, 16, 17, 18 und 19 A. Baut man eine Hundt-Spule aus drei Elementen mit 6, 9 und 12 A, so beherrscht man ohne Anzapfungen den Bereich 6, 9, 12, 15, 18, 21, 27 A, also ein Stromverhältnis von 1:4,5.

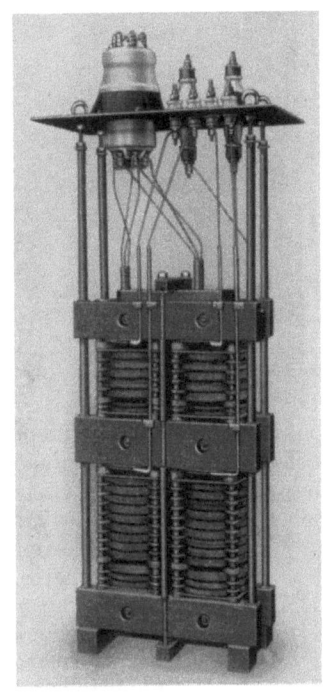

Abb. 277. Doppelspule nach Hundt für großen Regelbereich.

Die Forderung nach einstellbarer Stromaufnahme ist richtunggebend für den Entwurf der Erdschlußspulen. Es ist verständlich, daß sich die Anstrengungen der Erfinder darauf richteten, eine stetige Regelung ohne Zuhilfenahme von Wicklungsumschaltungen zu erreichen. So wurde vorgeschlagen, in einem keilförmigen Querspalt des Schenkels ein ringförmiges Füllstück mit gleichfalls keilförmigen Begrenzungsflächen zu verstellen und derart den wirksamen Luftspalt zu beeinflussen (Elin, 1921). Die Nachteile konzentrierter Luftspalte und die Beeinträchtigung der Regelempfindlichkeit durch Streuflüsse stehen einer so einfachen Regelung entgegen. Mit ovalen Drehankern läßt sich aus dem gleichen Grunde eine brauchbare und wirksame Beeinflussung der Stromaufnahme nur dann erzielen, wenn die Wicklung am Luftspalt konzentriert ist (Hundt). Ähnliche Probleme stufenloser Regelung auf dem Wege über den magnetischen Kreis liegen auch in der Technik der Schweißtransformatoren vor. Möglicherweise hat dieses bisher für Erdschlußspulen noch nicht verwirklichte Regelungsverfahren noch manche fruchtbare Anregungen zu gewärtigen. Zur Zeit wird die Änderung der Stromaufnahme von Erdschlußspulen ausschließlich auf dem Wege über die Änderung der Windungszahl durchgeführt. Man bevorzugt die stromlose Umschaltung mit einem im Kasten der Spule untergebrachten Anzapfschalter (Abb. 275b links), dessen Konstruktion mit dem analogen Bauteil der Transformatoren grundsätzlich übereinstimmt. Man führt den Antrieb des Umschalters mit einer

288     Konstruktion, Prüfung, Inbetriebnahme.

Stopfbuchse durch den Deckel und leitet ihn mit entsprechender Übersetzung weiter zu einer am Kasten in Handhöhe angebrachten Betätigungseinrichtung (Abb. 278). Der Antrieb läßt sich auch für Fernsteuerung einrichten, wofür die entsprechenden Apparate aus dem Gebiete der Regeltransformatoren übernommen werden können. Auch der Trennschalter der Erdschlußspule muß dann fernbetätigt werden. Eine Kontaktvorrichtung an seiner Welle verriegelt die Betätigung des Antriebes der Umschaltvorrichtung, solange die Spule an Spannung liegt.

Abb. 278. Umschaltung der Spulenzapfungen unter Deckel, Hand- bzw. Motorantrieb außen am Kasten. Außenansicht der Spule Abb. 275b.

Es ist durchaus zulässig und allgemein eingebürgert, die Wahl der Spulenanzapfung ohne Leistungsschalter im erdschlußfreien stromlosen Zustand vorzunehmen. Es stehen ja genug Kontrollmöglichkeiten zur Verfügung, um ein Ziehen des der Spule vorgeschalteten Trennschalters unter Strom zu verhüten. Auch die Nachstellung der Anzapfungen bei Änderungen des Netzumfanges während eines Gewitters ist bei einiger Geschicklichkeit durchführbar. In großen Betrieben kann man sich aber auf den Standpunkt stellen, daß die Zeit und Aufmerksamkeit des Personals durch Befolgung etwas umständlicherer Vorschriften zu sehr in Anspruch genommen wird. Man möchte dann wenigstens eine der Spulen unter Last nachregeln können. Die Lösung dieser Aufgabe liegt für Transformatoren längst vor und kann für Erdschlußspulen unmittelbar übernommen werden. An erster Stelle kommt das für Regeltransformatoren bewährte System Jansen (L 242) in Frage, dem für diesen Verwendungszweck verschiedene Vorzüge nachzurühmen sind. In einer insbesondere für hohe Ströme und Spannungen geeigneten Ausführungsform besteht der Jansen-Regler (Abb. 279) aus zwei abwechselnd betätigten, stromlos schaltenden, im Kasten miteingeschlossenen Stufenwählern und einem aufgebauten Lastschalter. Dieser vollzieht in einer durch Kraftspeicher bewirkten unaufhaltsamen Schnellschaltung den Übergang von der in Betrieb befindlichen Stufe des einen Wählers zur vorbereiteten Stufe des anderen.

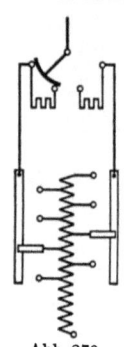

Abb. 279. Wechseln der Anzapfungen unter Last. Prinzip des Jansen-Reglers.

Die Umschaltung geht unterbrechungsfrei vor sich und bedient sich zur Begrenzung des Ausgleichsstromes kleiner Ohmscher Überschaltwiderstände. Alle Schaltvorgänge erfolgen mit $\cos \varphi = 1$, so daß der eigentliche Stufenwechsel durch den Lastschalter innerhalb 0,02 Sekunden abgewickelt wird. Der Ausgleichsstrom zwischen zwei Anzapfungen wird auf den Nennstrom der Spule beschränkt. Die entstehenden Verluste bestimmen sich zu $U_s I_n$ und verhalten sich zur Scheinleistung $U_p I_n$ der Spule wie die Stufenspannung $U_s$ zur Phasenspannung $U_p$. Man kann daher auch bei Umschaltung unter Last Stufen von 10 vH zulassen.

Man teilt allgemein den Regelbereich in Stufen von 10÷15 vH der mittleren oder höchsten Stromaufnahme ein. Eine feinere Abstufung ist zwecklos. In Netzen von kleinerem Umfang genügt ja eine Abstimmungsgenauigkeit von ±7,5 vH vollauf. In größeren Netzen hat man mehrere Spulen verfügbar, so daß deren wechselweise Kombination eine sehr enge Werteskala liefert. Beispielsweise ergeben zwei Spulen von 15, 18, 21, 24, 27, 30 A bzw. 20, 24, 28, 32, 36, 40 A zusammen folgende Stromstufen: 15, 18, 20, 21, 24, 27, 28, 30, 32, 35, 36, 38, 39, 40, 41, 42, 43, 44, 45, 46, 47, 48, 49, 50, 51, 52, 53, 54, 55, 56, 57, 58, 59, 60, 61, 62, 63, 64, 66, 67, 70 A. Die Stufenzahl der einzelnen Spule ist also versiebenfacht. Auch hinsichtlich der Genauigkeit der Stromaufnahme auf den einzelnen Stufen wird man kaum weitgehende Forderungen aufstellen.

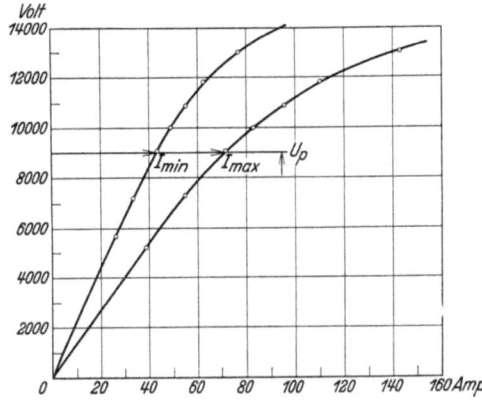

Abb. 280. Verlauf der Magnetisierungskennlinien einer ausgeführten Spule für 9000 V, 70—45 A, an den äußersten Anzapfungen.

Eine Toleranz von ±5 vH reicht aus. Nur für die Stufe mit größter Stromaufnahme wird man +5 vH (—0 vH), für die unterste Stromanzapfung —5 vH (+0 vH) festsetzen und auf diese Art den Gesamtbereich mit +10 vH (—0 vH) Genauigkeit sicherstellen. Der Konstrukteur wird dem Rechnung tragen, indem er nach beiden Seiten hin eine gewisse Reserve vorsieht, also die Wicklung verlängert und außerdem tiefer hinein anzapft. Im Prüffeld werden dann die totzulegenden Anzapfungen bestimmt. Auch ist zu beachten, daß an den Stufen für höhere Stromaufnahme die wachsende Streuung der einzelnen Schenkel die Verkettung verschlechtert, die Selbstinduktion herabsetzt und daher die Stufen vergröbert.

Die Stufung der Stromaufnahme ist für die Leistung des Modelles maßgebend. Einerseits muß bei kleinster Windungszahl der Kern den sich dann einstellenden höheren Fluß führen können, anderseits muß die Wicklung entsprechend dem Falle höchster Induktivität verlängert werden.

Abb. 281. Erdschlußspule mit Zusatzkühlung durch Luftstrom.

Einen Ausgleich schaffen sowohl die früher erwähnten Vorkehrungen zur Verringerung der Sättigungsschwankungen als auch der Umstand, daß im abschaltbaren Wicklungsteil in Anpassung an die kleineren Stromstärken Kupfer gespart werden kann. Man bestimmt die Modelleistung einer Erdschlußspule im Vergleich zu anderen überschlägig aus der Formel

$$N = U_p \frac{I_{\max} + I_{\min}}{2}. \tag{177}$$

Läßt man für die Stromaufnahme eine Regelung im Verhältnis 2 : 1 oder gar 3 : 1 zu, so bedeutet dies theoretisch eine Schwankung der Flußdichte im Verhältnis 1 : 0,707 bzw. 1 : 0,58. Man müßte daraus schließen, daß das Knie der Magnetisierungskurve bei Verwendung der Anzapfung kleinster Stromstärke erst bei 40 bzw. 70 vH höherer Spannung erreicht wird. Dies ist nicht der Fall, wenn man sich der früher angegebenen Mittel für Sättigungsausgleich bedient. Ein praktisches Beispiel für den tatsächlichen Verlauf der Magnetisierungskennlinien auf verschiedenen Anzapfungen liefert Abb. 280.

Hinsichtlich der Isolierung der Wicklung überschreiten nur wenige Einzelheiten den Rahmen der im Transformatorenbau üblichen Maßnahmen. Für höhere Spannungen kommt die Winkelringanordnung zur Anwendung. Durchgehend gleich starke Isolierung ist die Regel, doch ist insbesondere bei Höchstspannung die gegen Erde gestufte Isolation mit Erfolg eingeführt worden. Die Isolationsanordnung ist nicht entsprechend der Phasenspannung, sondern nach der verketteten Spannung des Netzes zu wählen (Abschnitt V, Kapitel 11). Den erdseitigen Isolator wird man schon der Kennzeichnung wegen nur für etwa

Abb. 282. Dreiphasige Löscheinrichtung, bestehend aus Vordrossel und Nullpunktsspule. Ausführung als Trockentransformator.

halbe Phasenspannung ausführen. Zur Vermeidung von Aufladungen ungeerdeter oder Strahlungen geerdeter Kernteile gegen die unmittelbar darauf sitzende Hochspannungswicklung schiebt man über den Schenkel einen Isolationszylinder mit geerdetem, durch eine Fuge unterteiltem Metallbelag, der den unregelmäßig geformten Kern abschirmt.

Von untergeordneter Bedeutung ist bei Erdschlußspulen das Problem des kurzschlußfesten Aufbaues, für den man jedenfalls kein Übriges tun wird. Genau so wie bei irgendeiner Strombegrenzungsreaktanz ist derjenige Strom maßgebend, den die Spule bei höchster Spannung durchläßt. Bei einem Isolationsdurchbruch gegen Erde bildet der erdseitige Wicklungsabschnitt einen kurzgeschlossenen Sekundärstromkreis. Es entstehen erhebliche Abstoßungskräfte zwischen den Wicklungsteilen. Ein Standhalten kann hier ebensowenig wie bei einem Transformator mit innerem Defekt gefordert werden, doch kann immerhin ein kurzschlußfester Aufbau die durch die hohe äußere Impedanz des Doppelerdschlusses und die große innere Streureaktanz gemilderten Beanspruchungen vielleicht gerade noch aufnehmen.

Löscheinrichtungen, die mit Rücksicht auf die Verlustwärme zu längerdauernder Stromaufnahme nicht geeignet sind, kommen für die heutige Praxis nicht mehr in Frage. Man fordert die Möglichkeit eines mehrstündigen Erdschlußbetriebes. Deshalb werden die Spulen entweder für Dauerbetrieb oder für Zweistundenbetrieb ausgelegt. In beiden Fällen hält man sich bezüglich der Temperaturgrenzen sinngemäß an die Bestimmungen der RET., welche sich auf Transformatoren für landwirtschaftlichen Betrieb beziehen. Der gemeinsame Gesichtspunkt ist die Beschränkung der jährlichen Betriebsdauer auf weniger als 500 Stunden. Es sind also 70° C im Öl und 80° C im Kupfer als Übertemperaturen zulässig. Die meisten Erdschlußspulen werden mit selbstkühlenden Kästen gebaut. Bei hohen Leistungen legt das stark schwankende Belastungsspiel die Verwendung zusätzlicher Kühlung durch Anblasen des Kastens nahe, wofür Abb. 281 ein Beispiel in Gestalt einer Spule für 12700 kVA und 220 kV Betriebsspannung gibt. Über die absolute Höhe der Verluste läßt sich wegen der nicht unbeträchtlichen Unterschiede, die sich je nach Leistung und Spannung ergeben, keine Regel aussprechen. Sie betragen für Leistungen über 200 kVA weniger als 2 vH, für Leistungen über 2000 kVA weniger als 1 vH. Das Verhältnis der Wicklungs- und Kernverluste hat sich mit 3:1 gut bewährt. Der Hauptunterschied der Bauformen für Zweistunden- und Dauerbetrieb besteht im Kessel (Glattblechkasten gegen Röhrenkasten) und im Ölbedarf.

Abb. 283. Dreiphasige Löscheinrichtung ähnlich Abb. 282, zusammengebaut in gemeinsamem Kasten. Netzspannung 63 kV, Spulenstrom 30—22—16—11 A.

Als dreiphasige Bauart wird sich nach Ansicht des Verfassers die Vereinigung einer Vordrossel für künstliche Nullpunktsbildung mit einer einphasigen Erdschlußspule in gemeinsamem Kasten früher oder später durchsetzen. Diese wirtschaftlichste Lösung birgt auch keine neuen konstruktiven Probleme. Als Ausführungsbeispiel möge Abb. 282 dienen, welche ein Aggregat aus Zickzackdrossel für 6000 Volt, Erdschlußspule für 121 kVA, $\frac{6000}{\sqrt{3}}$ Volt, und Stromwandler darstellt, die sämtlich als Trockentypen isoliert sind. Den Zusammenbau in gemeinsamem Kasten zeigt die Abb. 283 einer von BBC hergestellten Löscheinrichtung. Der Konstrukteur hat hier zu beachten, daß Drosselspulen in Zickszackschaltung den halben Streufluß als Jochfluß mit Rückschluß durch den Streukanal entwickeln.

Auch die Vereinigung von Ladestromkompensierung und Erdschlußlöschung in einer einzigen Einrichtung ist des öfteren erwogen, aber, soweit dem Verfasser bekannt, nur in Amerika ausgeführt worden (Abb. 303). Ein wirtschaftlicher Vorteil ist kaum zu erzielen, die Verquickung der ungleichen Regelungsaufgaben ist im allgemeinen abzulehnen (vgl. Abschnitt IV, Kapitel 7).

## 2. Die Prüfung der Erdschlußspulen.

Die Prüfung kleiner Erdschlußspulen bietet kein Problem. Eine Vorprobe dient der Auswahl der beizubehaltenden Anzapfungen der Hauptwicklung und der Abgleichung der Spannungsmeßwicklung. Liegt keine grobe Abweichung von der Vorausberechnung vor, so wird man nicht zur ultima ratio, dem Abziehen der Spulen und Neueinstellen der Luftspalte schreiten müssen. Die Meßwicklung ist infolge der hohen Windungsspannung weniger leicht einstellbar. „Halbe Windungen", die durch Löcher im Kern gezogen werden (Abb. 275), verhelfen bei nicht zu großen Ansprüchen zur verlangten Genauigkeit.

Die verfügbare Maschinenleistung des Prüffeldes muß für die volle Blindleistungsaufnahme des Prüflings hinreichen. Dann erfolgt die Kontrolle der Stromaufnahme auf den einzelnen Anzapfungen, die Bestimmung der Verlustsumme (Trennung nur durch Gleichstrommessung) und gegebenenfalls die Erwärmungsprüfung ohne Schwierigkeiten. Hingegen ist die Windungsprobe mit 1,3facher Spannung wegen der Überschreitung der Sättigungsgrenze leicht eine Klippe. Man hilft sich wie bei Transformatoren durch Anwendung doppelter Frequenz und kommt dann mit 65 vH der höchsten Spulenleistung $U_p I_{max}$ aus. Geprüft wird an der Anzapfung für größte Stromstärke (höchste Windungsspannung). Der Windungsprobe geht die Isolationsprobe voran, die sich nach den R.E.T.-Vorschriften richtet und auf Netzspannung, nicht Spulenspannung, zu beziehen ist. Ist, wie üblich, der erdseitige Isolator niedriger bemessen, so wird er bei der Isolationsprobe von der Wicklung abgeklemmt.

Bei Erdschlußspulen für höhere Leistung wird selbst die Maschinenleistung eines gut eingerichteten Prüffeldes bald zu knapp. Eine weitere Besonderheit liegt vor, wenn abgestufte Isolation zur Verwendung gelangt, wie dies für 100 kV und höhere Betriebsspannungen wirtschaftlich gerechtfertigt ist. Im letzteren Falle muß die Isolationsprobe mit der Windungsprobe zusammengezogen werden. Es soll nun gezeigt werden, welche Einrichtungen im Prüffeld der AEG geschaffen wurden, um Spulen von beispielsweise 19 000 kVA (RWE) oder von 500 A (Mines de Lens) voll zu prüfen. Das wichtigste Hilfsmittel ist eine Kondensatorenbatterie aus 410 Elementen zu je $0{,}043 \cdot 10^{-6}\,\mu\mathrm{F}$. Die Gesamtkapazität von $17{,}63 \cdot 10^{-6}$ F entspricht rd. 1200 km Drehstromleitung. Die aus den Kondensatoren zu entnehmende Blindleistung beträgt bei ihrer Nennspannung von 45 000 Volt rd. 11 000 kVA mit 50 Hertz bzw. 33 000 kVA mit 150 Hertz. Da die Spulen bei höherer Frequenz ihre Scheinaufnahme proportional verringern, besteht praktisch keine Grenze für die Leistung der der Isolationsprüfung zu unterwerfenden Spulen. Denn selbst eine Erdschlußspule für ein 220 kV-Netz (127 kV Nullpunktsspannung), die mit 440 kV zu prüfen ist, kann mit 75 A bei 150 Hertz gespeist werden. Sie darf also für eine Stromaufnahme von 65 A bei 127 kV und 50 Hertz auf ihrer Anzapfung für kleinste Stromaufnahme (volle Windungszahl) bestimmt sein. Man nimmt eine Reihenschaltung von Spule und Kondensatorenbatterie vor (Abb. 284) und erregt diese „Resonanzschaltung" unter Deckung der Wirkverluste mit einer Maschine für 150 Hertz. Auf eine gewisse mäßige Leistung der Prüffeldmaschine ist nicht zu verzichten, da man im Interesse einer stabilen Spannungseinstellung den Kreis verstimmen wird. Die verwendete Maschine leistet 2500 kVA. Die Nachprüfung der Stromaufnahme kann zwar in der gleichen Schaltung vorgenommen werden, doch fehlt wegen der erhöhten Frequenz der Einfluß der Sättigung. Man geht

daher möglichst auf 50 Hertz zurück und stellt tunlichst bei Nennspannung wiederum in einer Schaltung nach Abb. 284 an jeder Anzapfung Resonanz zwischen Erdschlußspule und Kapazität der Batterie her. Man stellt dann die Spannung an der Spule nach der Anzeige eines besonderen parallel liegenden Spannungswandlers ein.
Um die Kapazität bei Spannungen unter 45 kV richtig auszunützen, kann die Kondensatorenbatterie oder die Spule auch transformatorisch in den Resonanzkreis einbezogen werden. Für höhere Spannungen kommt gruppenweise Reihenschaltung der isoliert aufgestellten Kondensatoren in Frage.

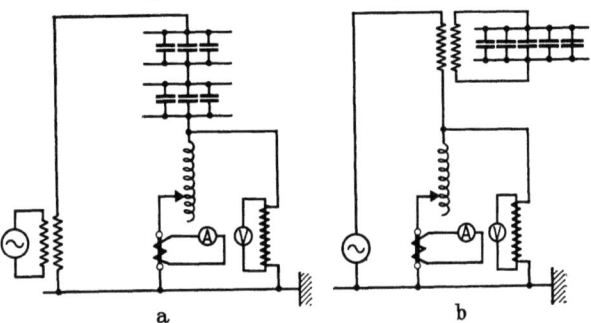

Abb. 284 a und b. Resonanzschaltung für die Prüfung großer Erdschlußspulen.

Ferner kann die Spannungsresonanzschaltung aus versuchstechnischen Gründen gleichwertig durch eine Stromresonanzschaltung ersetzt werden. Die Stromquelle arbeitet dann mit richtiger Spannung, ist aber vom Strom entlastet.

Eine Prüfung auf Sprungwellenfestigkeit erfolgt nicht. Abgesehen davon, daß für die VDE-mäßige Sprungwellenprobe die Erregungsmöglichkeit fehlt, kommt diese Beanspruchung bei Erdschlußspulen für Nullpunktsanschluß auch betriebsmäßig nicht in Frage. Denn am Nullpunkt treten nicht die Wanderwellen in ihrer ursprünglichen Form auf, sondern sie sind in die anders geartete Eigenschwingung des Transformators umgewandelt, welche eine Frequenz von einigen 1000 bis einigen 10000 Hertz aufweist (Abschnitt III, Kapitel 1 und Abschnitt V, Kapitel 11). Dreiphasige Drosselspulen wird man bei Vorhandensein einer Sekundärwicklung der Sprungwellenprobe unterwerfen.

Die Prüfung größerer Erdschlußspulen ist also mit den Mitteln eines Durchschnittsprüffeldes nicht ausführbar.

## 3. Verfahren zur Inbetriebnahme.

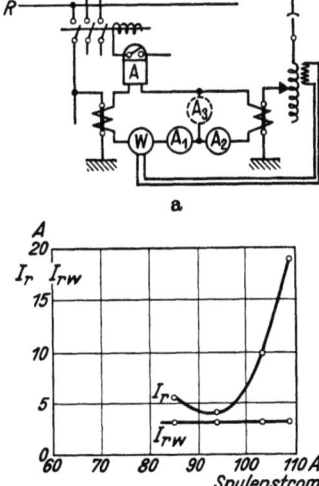

Abb. 285 a und b. Aufbau einer Meßschaltung für Inbetriebnahme von Erdschlußspulen. a Schaltbild, b Ergebnisse der Aufnahme in einem 100 kV-Netz, $I_r$... Gesamtreststrom, $I_{rw}$...Wattreststrom.

Das einfache Anschließen der Löscheinrichtung auf den Anzapfungen für den errechneten Erdschlußstrom ist unzureichend. Die richtige Abstimmung muß aufgesucht, nach Möglichkeit der Erdschlußstrom der hauptsächlichsten Netzteile bestimmt werden. Messungen im erdgeschlossenen unkompensierten Netz sind eine unzuverlässige Grundlage, denn sie können durch Oberwellen entstellte Ergebnisse liefern. Man muß also richtige Inbetriebsetzungsversuche vornehmen.

Das nächstliegende Verfahren besteht in der Herstellung von Erdschlüssen unter gleichzeitiger Messung des Spulenstromes, des Reststromes und seiner Wattkomponente. Man benötigt dazu nach dem Schema Abb. 285a zwei bis drei Strommesser, einen Leistungs- und einen Spannungsmesser. Der Strommesser $A_1$

mißt den Reststrom, und zwar dessen Effektivwert einschließlich der Oberwellen. Der Strommesser $A_2$ ergibt den Spulenstrom, der allenfalls noch eingebaute Strommesser $A_3$ führt — gleiches Wandlerübersetzungsverhältnis und Kompensierung des ganzen Erdschlußstromes an der Meßstelle vorausgesetzt — als Summe beider Stromzweige den kapazitiven Erdschlußstrom. Die Versuche werden am besten an einem betriebsfreien Abzweig oder über den Kuppelschalter am Reservesammelschienensystem vorgenommen. Das Relais des Schalters wird vom Erdschlußstrom gesteuert und auf kürzeste Zeit eingestellt. Sobald in dem am Erdschlußpunkt eingebauten Stromwandler Überstrom auftritt, wird der Ölschalter unverzögert ausgelöst. Der Doppelfehler geht dann ohne größere Störung in einen Einfachfehler über. Es wird die sog. $V$-Kurve des Reststromes (Abb. 285b) aufgenommen, deren Verlauf bereits in Abb. 119

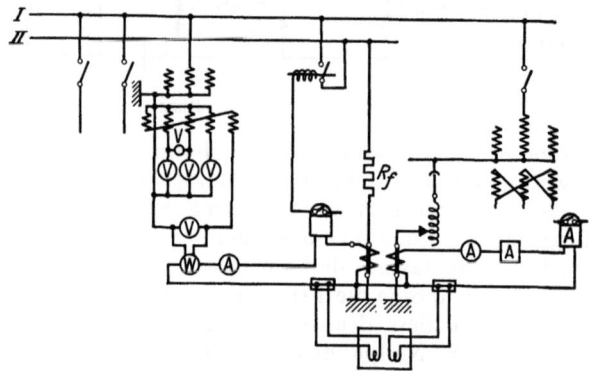

Abb. 286. Inbetriebsetzung von Erdschlußspulen durch Erdschlußversuche über Fehlerwiderstand $R_f$.
(Einlinienschaltbild.)

gezeigt wurde und sich daraus erklärt, daß beim Übergang von induktivem zu kapazitivem Überschuß des Fehlerstromes die beste Abstimmung durchlaufen wird, die sich als Minimum des Fehlerstromes ausprägt. Der Wert Null kann nicht erreicht werden, weil Wattrestströme und Oberwellenanteile im Fehlerstrom verbleiben. Bei zu hohem Betrag des Wattreststromes wird man darauf schließen müssen, daß ein weiteres, für sich kompensiertes Netz bei den Versuchen nicht abgetrennt wurde.

Da die Versuche sich stets über einen längeren Zeitraum erstrecken und die künstlichen Erdschlüsse dabei mit Rücksicht auf die Dauer der Instrumentenablesungen eine gewisse Zeit bestehen bleiben, tritt eine Beunruhigung des Netzbetriebes ein. An sich muß jedes Netz einen Dauererdschluß einwandfrei vertragen können. Wenn an irgendeiner schwachen Stelle nun doch ein Gesellschaftserdschluß entsteht, so soll die Störung nicht gleich in einen Kurzschluß ausarten. Für Netze mittlerer Größe und Spannung gibt es eine einfache Vorbeugungsmaßnahme gegen solche unliebsame Zwischenfälle. Man stellt nicht einen satten Erdschluß her, sondern baut einen Fehlerwiderstand $R_f$ (Abb. 286) ein. Sein Ohm-Wert soll in der Größenordnung der kapazitiven Reaktanz des Netzes liegen, nicht viel niedriger, damit die Löschbedingungen nicht durch zu hohe Fehlerspannungen verschlechtert werden (vgl. Abschnitt V, Kapitel 2). Ein besonderer Vorteil dieser Methode besteht darin, daß sie die exakte Abstimmung mit außerordentlicher Schärfe erkennen läßt. Die Grundlagen für dieses Verfahren sind bei der Herleitung des Kreisdiagrammes Abb. 165 entwickelt worden. Beim Durchgang durch die genaue Abstimmung werden die Erdspannungen der beiden gesunden Phasen einander gleich. Die Ablesung der drei Leiterspannungen und der Nullpunktsspannung (Spannung der kranken

Verfahren zur Inbetriebnahme.

Phase nur bei Messung über einen besonderen Spannungswandler von geeignetem Übersetzungsverhältnis hinreichend genau zu bestimmen, ferner Nullpunktsspannung besser nicht mit der Sekundärwicklung der Löscheinrichtung messen!) gestattet eine genaue Eintragung des Meßpunktes in ein Vektordiagramm und die Konstruktion des Ortskreises. Als Beispiel für die Art der Durchführung eines solchen Versuches sei nachstehend eine Tabelle der Meßwerte von der Inbetriebsetzung eines 25 000 Volt-Netzes mit 64,5 A Erdschlußstrom gebracht:

| Station | Spule | |
|---|---|---|
| | auf Anz. | für A |
| G | II | 14 |
| N | II | 14 |
| T | V | 15,5 |
| A | I | 5,5 |
| H | veränderlich | |

**Abgelesene Werte.**

| Versuchs-Nr. | Erdung | Spulenanzapfung | Spannung gegen Erde in kV | | | Verkettete Spannung in kV | | | Meßwicklung sekundär Volt | Watt Grad sekundär 1° = 3,33 W | Reststrom 100° = 5 A · 20/5 |
|---|---|---|---|---|---|---|---|---|---|---|---|
| | | | $E_1$ | $E_2$ | $E_3$ | $V_1$ | $V_2$ | $V_3$ | | | |
| 13 | Erdung | V | 21,5 | 21,7 | ~3 | 25,3 | 25,3 | 25,6 | 72,5 | 24,0 | 23,0 |
| 14 | über etwa | IV | 22,0 | 21,4 | ~3 | 25,5 | 25,3 | 25,6 | 73,0 | 24,0 | 23,5 |
| 15 | 950 Ω | III | 22,4 | 21,0 | ~3 | 25,5 | 25,2 | 25,6 | 74,0 | 24,0 | 25,0 |
| 16 | | I | 23,0 | 19,9 | ~4 | 25,3 | 25,2 | 25,6 | 72,5 | 22,5 | 30,5 |

**Umgerechnete Werte.**

| Versuchs-Nr. | Erdung | Spulenanzapfung | Spannung gegen Erde in kV | | | Verkettete Spannung in kV | Spulenspannung kV | Spulenstrom A | Spulengesamtstrom | Reststrom | Wattreststrom | Kompensation in vH | Löschung |
|---|---|---|---|---|---|---|---|---|---|---|---|---|---|
| | | | $E_1$ | $E_2$ | $E_3$ | $V_1$ | | | primär A | | | | |
| 13 | Erdung | V | 21,5 | 21,7 | 4,3 | | 10,3 | 11,2 | 45,2 | 4,6 | 4,4 | + 1,2 | sehr gut |
| 14 | über | IV | 22,0 | 21,4 | 4,3 | 25,5 | 10,3 | 10,1 | 44,0 | 4,7 | 4,4 | − 1,0 | sehr gut |
| 15 | etwa | III | 22,4 | 21,0 | 4,5 | | 10,4 | 8,9 | 42,9 | 5,0 | 4,2 | − 5,0 | sehr gut |
| 16 | 950 Ω | I | 23,0 | 19,9 | 5,4 | | 10,2 | 6,6 | 40,6 | 6,1 | 4,1 | − 9,3 | gut |

Die Stromaufnahme der übrigen Spulen ist im Verhältnis der gemessenen Nullpunktsspannung zur Phasenspannung verringert eingesetzt

Das zugehörige Kreisdiagramm samt V-Kurve zeigt Abb. 287. Der tatsächliche Erdschlußstrom des Netzes ist im Verhältnis Phasenspannung : Nullpunktsspannung größer als der bei Widerstandserdschluß gemessene und beträgt daher laut Diagramm 64,5 A. Die kapazitive Reaktanz ist 14 700 Volt : 64,5 A = 227 Ω. Als Fehlerwiderstand war ein vorhandener, zu einem dreiphasigen Überspannungsableiter älterer Bauart gehörender ölgekühlter Widerstand von 950 Ω benützt worden. Die Fehlerspannungen sind daher bereits sehr beträchtlich. Die Wattkomponente ist trotzdem richtig bestimmt, denn die Verluste des Fehlerwiderstandes scheiden bei der angewendeten Meßmethode aus (vgl. Abschnitt V, Kapitel 2). Ist ein geeigneter konstanter Widerstand nicht verfügbar, so kann man sich mit einem provisorisch zusammengebauten Wasserwiderstand behelfen. Die Form eines Kreisdiagrammes, das mit richtig gewähltem Fehlerwiderstand aufgenommen ist, zeigt Abb. 288 an Hand von Versuchen in einem städtischen 28 kV-Kabelnetz von 110 km Ausdehnung, die einen Bezirk mit 33,9 km Kabellänge und 47,5 A Erdschlußstrom betrafen. Der Fehlerwiderstand war 384 Ω, die kapazitive Reaktanz 340 Ω. Schließlich sei noch auf Abb. 167 hingewiesen.

Es ist nicht unbedingt erforderlich, Erdschlußversuche anzustellen. Die in den meisten Netzen in geringem Maße vorhandene Unausgeglichenheit der kapazitiven Erdverbindungen gibt Anlaß zu einer Nullpunktsverlagerung, die bei exakter Abstimmung ihr Maximum erreicht. Ist das Netz zu symmetrisch, als daß sich diese Erscheinung ausprägen könnte, so läßt sich etwas nachhelfen, indem man durch Abschalten einer Phase auf einer Teilstrecke — etwa an einer Stichleitung oder auch an einem Strang einer Doppelleitung — eine künstliche Unsymmetrie herstellt. In einem 110 kV-Netz von 514 km Leitungslänge und einem Erdschlußstrom von 161 A wurde diese Art der Abstimmungskontrolle vor den eigentlichen Erdschlußversuchen vorgenommen. Der Nennstrom der drei Erdschlußspulen, einer auf 28 A fest eingestellten und zweier anderer für 23—83 A, wurde durch Wechseln der Anzapfungen im normalen erdschlußfreien Betrieb zwischen 158 und 192 A verändert. Gemessen wurde die Nullpunktsspannung. Abb. 289 zeigt das Ergebnis der Meßwerte. Das Maximum ist bei 5900 Volt sehr scharf ausgeprägt. Die ungünstigste Verlagerung beträgt also 10 vH der Phasenspannung. Das Oszillogramm eines anschließend an diese Kontrolle vorgenommenen Erdschlußversuches ist in Abb. 101 wiedergegeben und bestätigt die Schärfe der erreichten Abstimmung. Ein Beispiel für Verlagerungsmessungen mit künstlich herbeigeführter Unsymmetrie findet sich in Abb. 180.

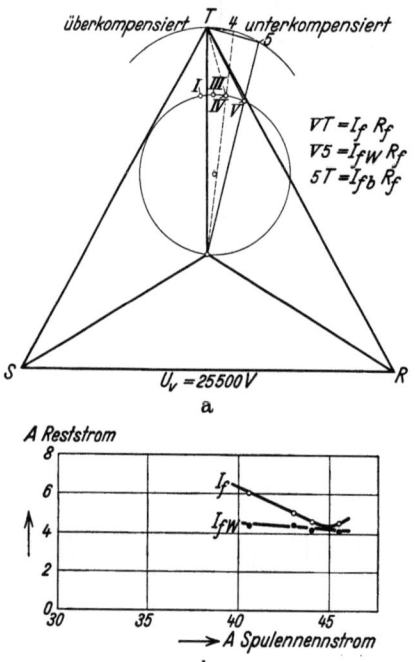

Abb. 287 a und b. Kreisdiagramm und V-Kurve, gewonnen bei Inbetriebnahme des Erdschlußschutzes eines 25 kV-Freileitungsnetzes.
$I_f$...Reststrom, $I_{fw}$...Wattreststrom.

Bei der Inbetriebnahme von Erdschlußlöscheinrichtungen durch wirkliche Erdschlußversuche werden sich auch mitunter sehr wesentliche Feststellungen ergeben, die sonst verborgen bleiben könnten. Beispielsweise kann die Kompensierung vereitelt werden, wenn die am Nullpunkt eines Transformators angeschlossene Durchschlagssicherung irgendwann unkontrolliert angesprochen und eine feste Erdung hergestellt hat. Man pflegte früher die Unterspannungswicklungen auf diese Art gegen die Folgen eines Durchschlages von Hochvolt gegen Niedervolt zu schützen. Erhält das von der Niedervoltseite gespeiste Netz eine Löscheinrichtung, so sind die Durchschlagssicherungen zu entfernen. Sternpunktserdungen an Verteilungstransformatoren sind der Betriebsleitung nicht immer bekannt. Sie können in der Anlage eines Verbrauchers durchgeführt sein und wirken dann als induktive Erdung des Netznullpunktes über die Nullreaktanz des betreffenden Transformators. Der dadurch beigesteuerte Betrag zum Löschstrom darf nicht übersehen werden. In einem Falle fand man das Netz durch einen solchen „Schwarzkompensierer" ausreichend genau abgestimmt vor. Sättigungseigenschaften und Belastbarkeit sind dann allerdings unzureichend. Es kam auch vor, daß man erst bei der Inbetriebsetzung der Löscheinrichtung den Zusammenhang des zu schützenden Netzes mit einem weiteren feststellte, das zwar eine andere Spannung aufwies, aber über einen Spartransformator elektrisch mit angeschlossen war.

Schließlich hat man noch der Einstellung der Überspannungsableiter sein Augenmerk zuzuwenden. Es ist unzulässig, daß die Funkenstrecken der Ableiter knapp über der verketteten Spannung des Netzes ansprechen. Sie arbeiten sonst bei jeder Erdschlußzündung und stören durch dauerndes Abblasen den Löschvorgang. Ebenso täuschen sie durch allzu häufiges Ansprechen eine übermäßige Erdschlußanfälligkeit des Betriebes vor, indem jedesmal die Erdschlußspule eingreift und die betreffende Phase entlastet. Die modernen Überspannungsableiter haben keine Nachstellbarkeit der Funkenstrecke und werden mit Ansprechspannungen im Betrage von $2\,U_v$ ausgeführt. Forderungen nach niedrigeren Ansprechwerten homogener Funkenstrecken verkennen die Aufgabe und Arbeitsweise des Gewitterschutzes.

In einem 100 kV-Netz mußte man feststellen, daß ein am Nullpunkt eines Transformators eingebauter Hörnerableiter mit versehentlich kurzgeschlossenen Widerständen wiederholt bei Erdschluß ansprach und als feste Nullpunktserdung wirkte.

Die Vornahme von Erdschlußversuchen wird auch dann geboten sein, wenn Erdschlußrelais in Betrieb zu setzen sind und die diesen zuzuführende Nullpunktsspannung aus der Meßwicklung einer Erdschlußspule oder von einem

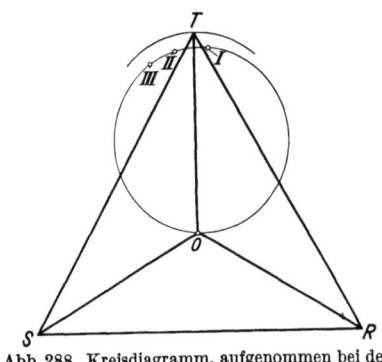

Abb. 288. Kreisdiagramm, aufgenommen bei der Inbetriebsetzung der Erdschlußspulen in einem 28 kV-Kabelnetzabschnitt.

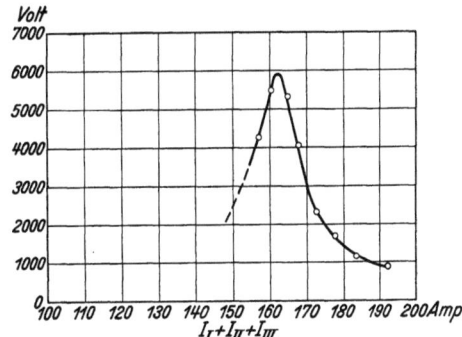

Abb. 289. Verlagerung durch natürliche Unsymmetrie als Kriterium scharfer Abstimmung.

zwischen Transformatorsternpunkt und Erde geschalteten Einphasenwandler bezogen wird. Man leitet zweckmäßig zwei Sammelschienenerdschlüsse ein und überzeugt sich, ob die Relais bestimmungsgemäß sperren bzw. ob sie bei Vertauschung der Anschlüsse ihrer Spannungswicklungen ablaufen. Nun kann es vorkommen, daß die Empfindlichkeit einzelner Relais für ein Arbeiten unter der Stromverzweigung des Sammelschienenerdschlusses nicht ausreicht. An solchen Abzweigen müssen dann auf der anderen Seite der Stromwandler zusätzlich Streckenerdschlüsse nachgebildet werden. Ist man der völlig gleichartigen Verlegung aller Sekundärleitungen sicher, so wird man sich mit Erdschluß an einer der abgehenden Leitungen oder an den Sammelschienen begnügen und nach Analogie vorgehen. Auf alle Fälle überzeuge man sich noch bei guter Belastung, daß die Stromsumme im erdschlußfreien Zustande tatsächlich Null ist. Man löse zu diesem Zwecke die Stromklemme der Erdschlußrelais. Es darf kein Funke entstehen, andernfalls liegt primäre oder sekundäre Verschaltung vor.

Wird die Nullpunktsspannung durch eine mehrphasige Wandlerkombination gewonnen (Fünfschenkelwandler, drei Einphasenwandler), so genügen für die Schaltungskontrolle der Erdschlußrelais gewisse Hilfsschaltungen im erdschlußfreien Normalbetrieb. Man unterbreche die primäre Zuführung zu einer Phase des Spannungswandlersatzes und erde diese Klemme nach Abb. 290. In der Meßwicklung der Nullpunktsspannung entsteht dann der in dem kurzgeschlossenen Schenkel $U$ abgewehrte Fluß, der dem normalen Schenkelfluß entspricht und der Phasenlage, nicht aber dem Betrage nach mit dem bei Erdschluß an $U$ zustande kommenden Fluß übereinstimmt. Bei Erdschluß steigern sich nämlich die Schenkelflüsse $V$ und $W$ gemäß Abb. 14 je entsprechend $U_p$, so daß im Rückschlußschenkel statt $U_p$ der um $2\,U_p$ höhere Betrag $3\,U_p$ induziert wird. Nun muß auch noch ein Strom entsprechender Phasenlage im Strompfad des Erdschlußrelais hervorgerufen werden. Nach einem Vorschlage von Groß (L 243) stellt man im Sekundärkreis der Stromwandler eine Schaltung nach Abb. 291a oder b her. Geht beispielsweise Wirkleistung zum Zeitpunkt des Versuches von der Sammelschiene weg, so ändere man die Betriebsschaltung auf die Anordnung a um, so daß im Erdschlußrelais genau wie im echten Erdschlußfalle ein von den Sammelschienen weg gerichteter Wirkstrom fließt. Bezogen auf die Fehlerspannung $-U_p$ fließt die Leistung den Sammelschienen zu. Im nichtkompensierten Netz verfahre man ebenso bei Lieferung kapazitiver (Empfang induktiver) Blindleistung. Anordnung b entspricht Betriebszuständen von entgegengesetztem Sinne der Energielieferung. Stehen für den Energietransport mehrere Leitungswege zur Verfügung, so könnte es möglich sein, die in Abb. 291

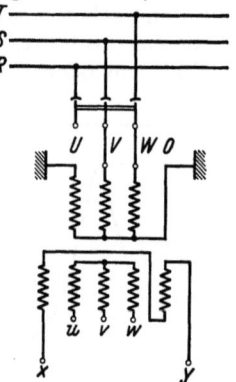

Abb. 290. Inbetriebnahme von Erdschlußrelais ohne Erdschlußversuche. Schaltung im Sekundärkreis der Spannungswandler.

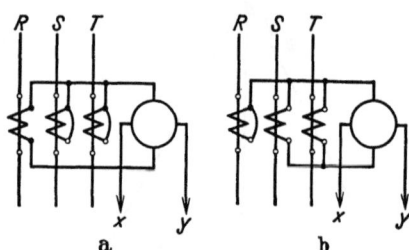

Abb. 291 a und b. Inbetriebnahme von Erdschlußrelais ohne Erdschlußversuche. Schaltungen im Sekundärkreis der Stromwandler.

dargestellte sekundäre Stromverteilung einfach primär durch Ziehen einpoliger Trennschalter auszubilden. Dieser Weg führt insbesondere dann zum Ziel, wenn Kabelstrecken mit Ringwandlern nach Abb. 261 vorliegen.

Direkte Erdschlußversuche sind insofern eine sichere Grundlage für die künftige Betriebsführung, als auch die tatsächliche Empfindlichkeit der Relais dabei erprobt wird. Unechte Nullkomponenten des Stromes können jedoch ohne Erdschlußversuche aufgedeckt werden, indem man an das Erdschlußrelais mit einem Drehtransformator Spannung anlegt oder in systematischem 6fachem Wechsel die verketteten Spannungen in positivem und negativem Sinne auf den Spannungskreis wirken läßt. Die Richtung des im Relais ausgeübten Drehmomentes gestattet eine Eingrenzung der Vektorrichtung des vorgetäuschten Nullstromes. Zunächst wird man so auf Schaltfehler geführt oder man wird solche ausschließen dürfen. Dann wird man sich ein Urteil zu bilden haben, ob Abhilfe nach Abschnitt VI, Kapitel 4 geboten ist oder ob ein bei Erdschluß auftretendes Moment überwiegt und die richtige Anzeige sicherstellt.

# VIII. Wartung, betriebsmäßige Überwachung.
## 1. Kontrolleinrichtungen, Auswertung der Betriebsergebnisse.

Zu den Voraussetzungen eines störungsfreien Betriebes der Löscheinrichtungen gehört die Verhinderung von Fehlschaltungen durch richtig angeordnete Warneinrichtungen und Betätigungssperren. Warnlampen, die von der Spannungsmeßwicklung der Erdschlußspule gespeist werden, sollen neben den von Hand zu betätigenden Trennschaltern angebracht sein. Der Überwachung einer thermisch zulässigen Belastung von Spulen für vorübergehende Belastung dienen am besten Kontaktthermometer, welche auf Gefahrmeldeeinrichtungen wirken. Man verwendet sie auch zur Temperaturkontrolle von Spulen für Dauerbelastung, bei denen sich in Ausbildung begriffene Fehler durch unzulässige Erwärmung ankündigen könnten. Selbstverständlich ist das gegebene Mittel zur rechtzeitigen Aufdeckung schleichender Störungen genau wie bei Transformatoren der Buchholzschutz.

Tritt ein Erdschluß ein, so erfolgt die Meldung durch das in Abschnitt VI, Kapitel 3 empfohlene Erdschlußmelderelais, das sich in einer Bauart mit drei Anzeigestellungen besonders eignet.

In kurzen Zeitabständen wird man die Angaben des schreibenden Stromzeigers einer Durchsicht unterziehen und in die Betriebsprotokolle übernehmen. Die Registrierstreifen sind zusammen mit den Aufzeichnungen über das Arbeiten der Erdschlußrelais ein wichtiger Behelf zur nachträglichen Rekonstruktion des Herganges einer Störung. Als Beispiel seien 6 Streifenabschnitte eines 15 kV-Netzes mit 44 A Erdschlußstrom betrachtet, welche einem Zeitraum von 6 Wochen innerhalb der gewitterfreien Monate November und Dezember entstammen (Abb. 292). Man erkennt den vorwiegend mechanischen Charakter der Störungen, deren Herd ohne Betriebsstörung bestimmt werden konnte. Die Schreibrichtung ist von links nach rechts, die Zeitskala muß durch Marken mit der Uhrzeit in genaue Beziehung gesetzt werden. Im ersten Streifen unseres Beispieles wird der Betrieb mit einem Leiterbruch 5 Stunden mit wechselnd starkem Stromübergang geführt. Im zweiten sieht man, wie der

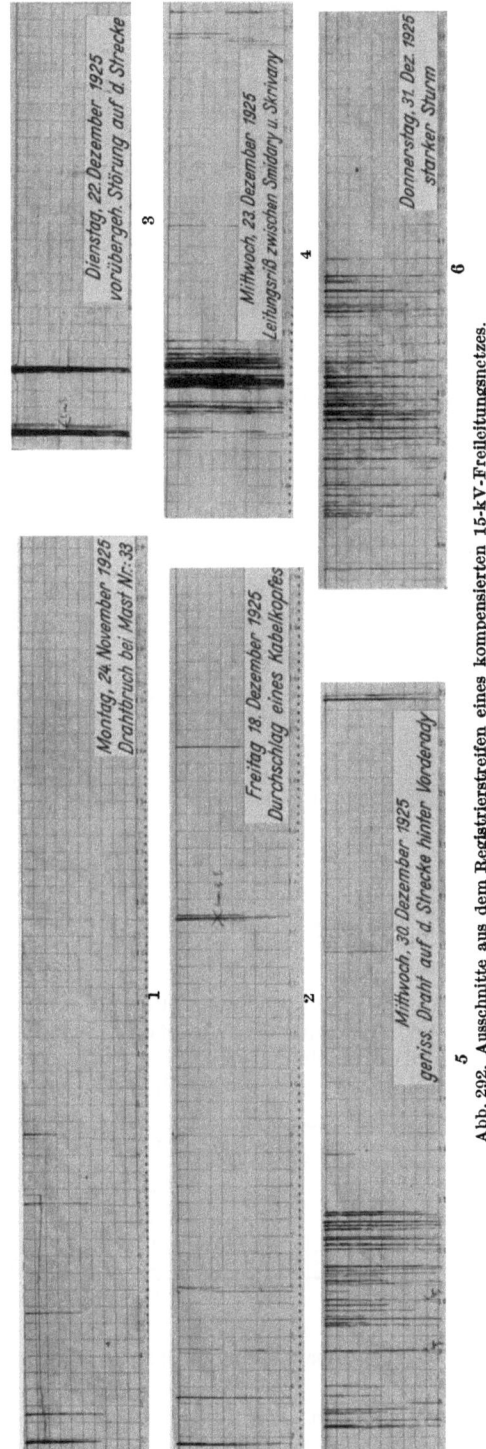

Abb. 292. Ausschnitte aus dem Registrierstreifen eines kompensierten 15-kV-Freileitungsnetzes.

Durchschlag des Kabelkopfes an einer Flußkreuzung sich durch viele Stunden immer von neuem bemerkbar macht, ohne auch nur zum Dauererdschluß zu führen, geschweige denn eine Betriebsunterbrechung zu verlangen. Im dritten Streifen ist eine Fehlerart vertreten, wie sie auf ungenügend ausgeholzten Leitungsabschnitten nicht selten ist. Eine Berührung mit einem Baumzweig führt zuerst zu einem satten Erdschluß; allmählich trocknet der Zweig aus, führt zu einem hochohmigen Erdschluß und scheidet durch Ausbrennen oder Abknicken aus der Strombahn aus. Die Störung klingt ab. Der vierte und fünfte Streifen zeigt einen sich ständig erneuernden Erdschluß durch ein Seil in Erdnähe, der letzte Streifen besagt, daß während eines Sturmes durch Baumzweige oder durch Berührung schwingender Phasenseile mit dem Erdseil in 5 Stunden 70 Erdschlüsse auftraten und ohne Ölschalterauslösungen jeweils sofort verschwanden. Ein Gegenstück aus der Gewitterperiode bildet der Registrierstreifen Abb. 293, der mehrere vorübergehende Erdschlüsse und einen zweistündigen Dauererdschluß ausweist. Es handelt sich um ein Netz mit 23 kV Betriebsspannung und einer Erdschlußlöscherleistung von 1390 kVA.

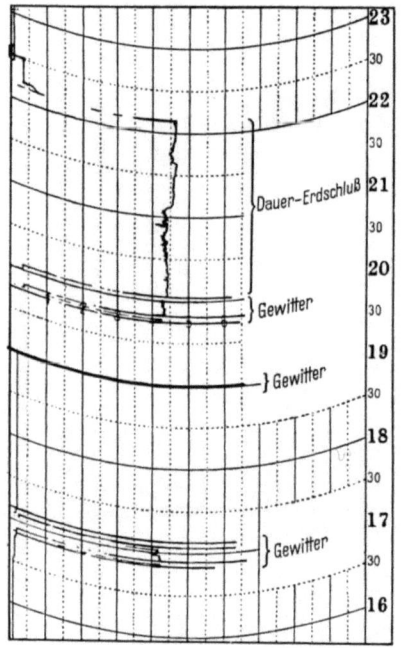

Abb. 293. Registrierstreifen der Erdschlußspule eines 23-kV-Freileitungsnetzes.

Die Registrierstreifen erzählen von den vielen unterbliebenen Störungen, die sich als erstickte Überschläge andeuten. Man darf die so ermittelten Erdschlüsse nicht einfach als ersparte Betriebsunterbrechungen bewerten, denn jede Unterbrechung würde eine gewisse Zeit dauern, so daß in diese Spanne oft mehrere glatt vorübergehende Erdschlüsse fallen. Einen richtigeren Maßstab bildet daher die ausgefallene Betriebszeit, wobei man aber nur Störungsfälle mitrechnen sollte, die nicht auf die Rechnung völlig wesensfremder Fehlerquellen, wie etwa Ölschalterdefekte, zu setzen sind. Über die Ergebnisse solcher statistischer Auswertungen wurde bereits in Abschnitt V, Kapitel 12, einiges mitgeteilt. Die Feststellungen der einzelnen Netze sind von bemerkenswerter Gleichförmigkeit.

Das durch den Registrierstreifen Abb. 293 vertretene 23 kV-Netz liefert für das Jahr vor und nach Einbau der Erdschlußspule nebenstehendes Betriebsergebnis.

| Monat | 1923 | 1924* |
|---|---|---|
| September . . | 63 | 7 |
| Oktober . . . | 52 | 7 |
| November . . | 25 | 6 |
| Dezember . . | 43 | 2 |
| Summe | 183 | 22 Betriebsstörungen |

* Inbetriebnahme August 1924.

Ein benachbartes 22 kV-Freileitungsnetz mit 25 A Erdschlußstrom fand, daß im Jahr nach dem Einbau der Erdschlußspule nur 4 vH aller registrierten Erdschlüsse von Ölschalterauslösungen begleitet waren. Unter Hinzurechnung der Hälfte aller ungeklärten Fälle wurde ein Rückgang der Störungen um 84 vH festgestellt. Längste Erdschlußdauer 3 Stunden.

Im 20 kV-Freileitungsnetz des Badenwerkes (149 A Erdschlußstrom) kam man zu folgender Übersicht:

| Zeitraum | Gesamtzahl der Erdschlüsse | Davon ohne Störung gelöscht | Von Auslösungen begleitet |
|---|---|---|---|
| 1927 (44 A) . . . . . . . . . . . . | 422 | 362 = 85,8 vH | 60 = 14,2 vH |
| 1. 4. 1929 bis 31. 3. 1930 (149 A) . . | 955 | 860 = 90,0 „ | 95 = 10,0 „ |

Im 100 kV-Netz des Badenwerkes (161 A Erdschlußstrom) lautet das Ergebnis der Auswertung:

| Zeitraum | Gesamtzahl der Erdschlüsse | Davon ohne Störung gelöscht | Von Auslösungen begleitet |
|---|---|---|---|
| Ab 15. 5. 1927 . . . . . . . . . . . | 29 | 25 = 86,2 vH | 4 = 13,8 vH |
| 1. 4. 1928 bis 31. 3. 1929 . . . . . . | 44 | 39 = 88,6 „ | 5 = 11,4 „ |
| 1. 4. 1929 bis 31. 3. 1930 . . . . . | 32 | 28 = 87,5 „ | 4 = 12,5 „ |

Besondere Fälle:

Im 20 kV-Netz am 23. Dezember 1927 während eines starken Sturmes 60 Erdschlüsse durch das in einem Spannfeld stark durchhängende Erdseil (Überdehnung durch vorangehenden Frost). Eine Auslösung (Gesellschaftserdschluß), Wiedereinschaltung, ungestörter Betrieb trotz andauernder Erdschlußfolge.

Am 28. Dezember 1927 bei heftigem Sturm 120 kurzzeitige Erdschlüsse. Untere Phase berührt beim Ausschwingen Prelldraht einer Bahnkreuzung. Keine Auslösung.

Im 100 kV-Netz:

Vor Einbau der Erdschlußspule Erdschluß durch Berührung einer Sammelschiene seitens eines mit Installationsarbeiten beschäftigten Monteurs. Wanderlichtbogen, der sich zwischen Phase und Decke des Dachgeschosses festsetzt. Ganzes 100 kV-Netz mußte spannungslos gemacht werden.

Ein halbes Jahr später, nach Einbau der Erdschlußspule: Durchschlag einer 100 kV-Ölschalterdurchführung vom Bolzen zum Flansch. 35 Minuten Betrieb im Dauererdschluß, Fehler gefunden, ohne Betriebsunterbrechung herausgeschaltet.

Für Höchstspannungsleitungen bedeutet das Verhüten des Abbrennens von Drähten auch eine außerordentliche Entlastung des Betriebspersonals von Kontrollgängen und eine bedeutende Ersparnis an Reparaturkosten. Manche 220 kV-Leitungen müssen nach solchen Störungen mit Spezialmaschinen instand gesetzt werden, was zu tagelanger Verzögerung führen kann (L 210).

Einen wichtigen Beitrag zur Statistik der Hochspannungsnetze hat Menge geliefert (L 246). Im 110 kV-Netz des Bayernwerkes stellte er nebenstehende Zahlen fest.

| Betriebsjahr | Netzumfang km | Erdschlüsse (Gesamtzahl) | Je 100 km | Kurzschlüsse (Gesamtzahl) | Je 100 km |
|---|---|---|---|---|---|
| 1925 | 1200 | 26 | 2,2 | 16 | 1,33 |
| 1926 | 1350 | 22 | 1,6 | 12 | 0,89 |
| 1927 | 1600 | 29 | 1,8 | 15 | 0,94 |
| 1928 | 1940 | 80 | 4,1 | 13 | 0,67 |
| 1929 | 2000 | 58 | 2,9 | 15 | 0,75 |
| 1930 | 2040 | 49 | 2,4 | 20 | 0,98 |
| | | 264 = 74,4 vH | | 91 = 25,6 vH | |

Eine nähere Analyse lehrt noch für die Zeit der ersten 3 Jahre:

```
Gesamtzahl der Erdschlüsse . . . . . .  79 = 100 vH
Davon Wischer . . . . . . . . . . . .  51 =  65 „
     ausgeartet . . . . . . . . . . .   5 =   6 „
     einige Sekunden . . . . . . . .  13 =  16 „
     einige Minuten . . . . . . . . .   7 =   9 „
Dauererdschluß (51 + 53 + 48 Min.) . . .   3 =   4 „
```

Besondere Ursachen:

| Art | Zahl | Dauer |
|---|---|---|
| Mutwillige Beschädigung | 9 | Wischer |
| Zufällige Berührung | 1 | Min. |
| Montageunfall | 1 | ausgeartet in Kurzschluß |
| Selbstmord | 1 | Sek. |
| Deckendurchführungen | 1 | Wischer |
| Transformatordurchführungen | 1 | Sek. |
| Transformatordurchführungen am Nullpunkt | 1 | ausgeartet |
| Ölschalterdurchführung | 1 | Min. |
| Durchführungsstromwandler | 1 | ausgeartet |
| Kopplungskondensatoren | 1 | Min. |

Von den Erdschlüssen, bei denen Personen in die Strombahn gerieten, verliefen drei ohne tödliche Folgen. Unter den drei Dauererdschlüssen betraf einer einen Kettenbruch, bei dem das Seil auf der Traverse liegen blieb, der zweite die Überbrückung einer Kette durch eine Montagebühne, der dritte einen Seilriß durch Baumsturz, wobei die Leitung in sechs Feldern auf der Erde bzw. im Wasser lag. Jedesmal wurde der Erdschluß erst nach erfolgter Umlegung der Versorgung durch willkürliche Schalthandlung unterbrochen. Ebenso wurden alle anderen aufgezählten Erdschlüsse mit einer Dauer von mehreren Minuten nach erfolgter Lokalisierung des Fehlerortes ohne Betriebsstörung von Hand herausgeschaltet.

In einem späteren Falle kam ein Seilriß zustande, während nur ein Strang der betreffenden Doppelleitung im Betrieb war (Leitungsarbeiten). Die Versorgung des Abnehmers wurde durch 90 Minuten im Dauererdschluß fortgesetzt, bis die zweite Leitung betriebsklar gemacht war und die Lieferung übernommen hatte.

Von Lewis (L 247) wird für die 140 kV-Übertragung der Consumers Power Company folgende Aufstellung mitgeteilt, welche sich auf eine Spule für 10 Minuten Belastungsdauer bezieht:

| | 27.8.–17.10. 1931 | 13.2.–31.12. 1932 | 1.1.–31.12. 1933 | 1.1.–1.10. 1934 | Summe |
|---|---|---|---|---|---|
| Zahl der eindeutigen[1] Einfacherdschlüsse | 6 | 18 | 42 | 32 | 98 |
| Davon ohne Betriebsstörung gelöscht | 5 | 18 | 40 | 29 | 92 |
| In vH | 83,5 | 100 | 95,5 | 90,5 | 94,0 |
| Gesamtzahl der Fehler | 13 | 32 | 78 | 44 | 167 |
| Zahl der ohne Betriebsstörung verschwundenen Fehler | 9 | 21 | 58 | 32 | 120 |
| Anteil in vH | 69 | 66 | 74 | 73 | 72 |

[1] Verlauf oszillographisch aufgezeichnet.

Jeder Betrieb, der eine Statistik dieser Art führt, wird binnen kurzem von den unentbehrlichen Vorteilen der Erdschlußkompensierung durchdrungen sein.

Auch in der Unfallstatistik wird die Erdschlußspule eine bemerkenswerte Rolle spielen. Abgesehen von dem eben erwähnten Ergebnis des Bayernwerkes sind dem Verfasser noch Fälle aus einem deutschen 10 kV-Netz (drei Personen), einem dänischen 10 kV-Netz (zwei Personen), einem österreichischen 25 kV-Netz und einem tschechischen 22 kV-Netz bekannt geworden, in welchen die Erdschlußspule die Schwere der Verletzungen bei elektrischen Unfällen wesentlich milderte.

Unter den Kontrolleinrichtungen, welche zur Überwachung der Störungsvorgänge in wertvoller Weise beitragen, müssen noch die Störungsschnellschreiber Erwähnung finden. Beispielsweise können die drei Spannungen Leiter-Erde dadurch dauernd registriert werden. Bei jeder außergewöhnlichen Änderung setzt Schnellablauf ein, wobei 1 Sekunde den sonst für 1 Stunde bestimmten Papiervorschub in Anspruch nimmt. Nach 24 Sekunden wird auf normale Geschwindigkeit zurückgeschaltet. Bei Doppelerdschlüssen kann dann eindeutig entschieden werden, welche Phase zuerst betroffen war und wie die Abschaltung vor sich ging. Nach Einfacherdschlüssen gibt der Verlauf des Einschwingvorganges der Spannungen Aufschluß über das Vorzeichen der Fehlabstimmung.

Es empfiehlt sich, die Überwachungseinrichtungen der Erdschlußlöschung zur besseren Übersicht auf einem Schalttafelfeld zu vereinigen. Abb. 294 zeigt ein Ausführungsbeispiel für ein Umspannwerk; die Spannungseinstellung beider Systeme wird an je drei Voltmetern abgelesen, für Erdschlußmeldung und Temperaturkontrolle der beiden Spulen und einer Vordrossel sind fünf Gefahrmelderelais eingebaut. Die Ströme beider Spulen werden registriert.

## 2. Überwachung der Abstimmung.

In Netzen mittlerer Spannung bis einschließlich 60 kV wird die Löschwirkung auch durch erhebliche Ungenauigkeit der Abstimmung nur wenig beeinträchtigt. Vorübergehende Änderungen des Netzumfanges verlangen im allgemeinen keine sofortige Nachregelung. Ein Bedürfnis nach dauernder Überwachung des Kompensierungsgrades wird wohl erst in jenen Fällen als gegeben anzunehmen sein, in welchen die Ausdehnung der Netze und die Aufgabenstellung des Verbundbetriebes ohnehin eine besondere Zusammenfassung der Betriebsüberwachung in einer Lastverteilerstelle erforderlich machen.

Abb. 294. Erdschlußkontrolltafel mit Meßgeräten und Relais in einem Umspannwerk 50/30 kV.

Die einfachste Form der Feststellung des bestehenden Kompensierungsgrades ist die Gegenüberstellung des den eingeschalteten Strecken entsprechenden Erdschlußstromes und des gesamten in Bereitschaft stehenden Spulenstromes. In der Ausführungsform als Erdschlußpegel (Abb. 295) erfolgt der Vergleich mittels zweier säulenartig übereinandergeschichteter Reihen von Täfelchen [Neumann (L 127)]. Jeder Strecke ist ein Täfelchen von solcher Höhe zugeordnet, daß damit ein Vergleichswert für den Beitrag zum gesamten Erdschlußstrom gegeben ist. Die Säule enthält alle im Betrieb befindlichen Strecken, die spannungslosen Abschnitte werden durch seitliches Herausnehmen der Täfelchen unwirksam gemacht, die Höhe wird unmittelbar in Ampere geeicht. Die Säule der Spulenströme läßt dann auf den ersten Blick den Grad der Annäherung erkennen, mit dem die genaue Abstimmung erreicht ist. An Stelle des Pegels ist auch eine Art Waage vorgeschlagen worden.

Die mechanische Versinnbildlichung der kapazitiven Erdschlußströme und der Spulenströme ist ein Umweg, vor allem wenn eine auf elektrischen Rückmeldungen aufgebaute Lastverteileranlage ohnehin zur Verfügung steht. Das Blindschema des Netzes (Abb. 296, obere Figur) liefert alle Angaben über den Schaltzustand der Abschnitte in getreuer Nachbildung. Wird eine Strecke im Netz spannungslos, so wird sie es auch in der Abbildung. Man kann daher an die Streckensymbole, die von den Sammelschienen her Spannung empfangen, Stromverbraucher in Form kleiner Widerstände anschließen, die einen dem kapazitiven Erdschlußstrom proportionalen Teilstrom an eine Sammelschiene über Anschlüsse 4 ... 14 (Abb. 296, untere Figur) liefern. Auch der Schaltzustand, möglichst sogar die in Betrieb befindliche Anzapfung einer jeden Erdschlußspule wird durch Kontaktorgane rückgemeldet. Diese Teilströme 15 ... 17 werden in einer weiteren Sammelschiene zusammengefaßt. Im Anzeigeinstrument wird mit Hilfe zweier Wicklungen die Stromdifferenz nach Größe und Vorzeichen richtig zur Wiedergabe gebracht. Zerfällt das Netz in mehrere Abschnitte, so kann

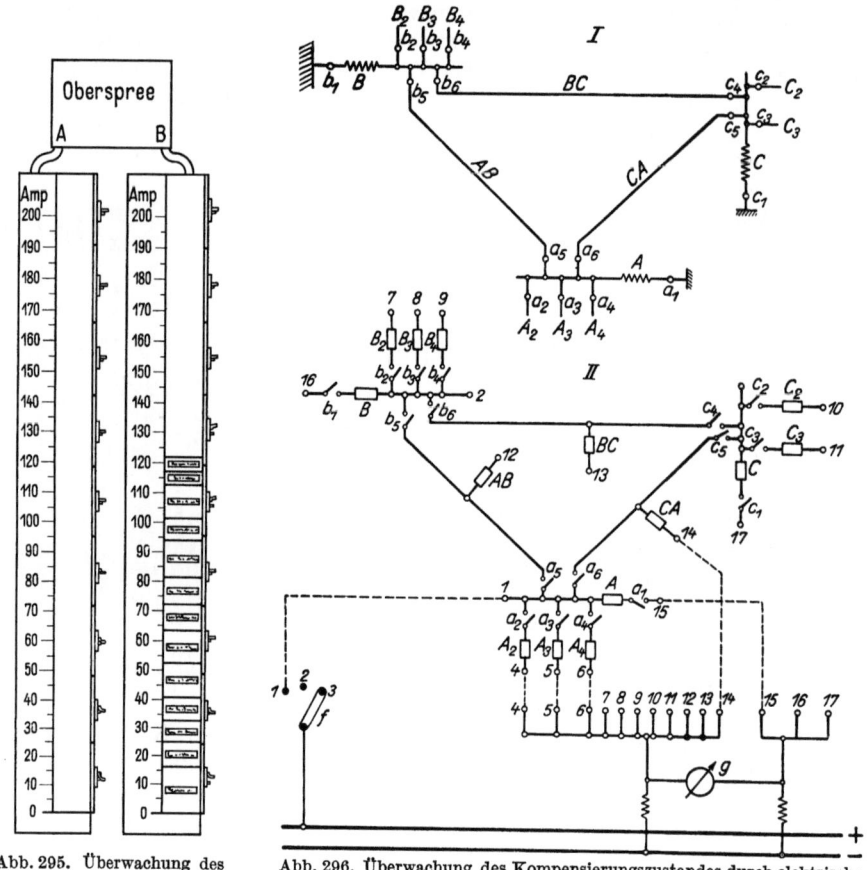

Abb. 295. Überwachung des Kompensierungszustandes durch Erdschlußpegel.

Abb. 296. Überwachung des Kompensierungszustandes durch elektrische Nachbildung. Oben: Blindschaltbild des Lastverteilers. Unten: Anordnung des Meßkreises.

mit Hilfe eines Umschalters jeder für sich der Nachmessung unterworfen werden. Die Anzeige erfolgt an einem Gleichstrominstrument $g$ mit in der Mitte befindlichem Skalennullpunkt, das für kapazitiven und induktiven Blindstrom eingeteilt ist. Selbstverständlich kann an Stelle des Differenzstromes auch kapazitiver Erdschlußstrom und Spulenstrom für sich gemessen werden. Auch kann man Einrichtungen treffen, um bestimmte Änderungen zuerst am Blindschaltbild probeweise einzustellen, dann durch Kommando oder Fernsteuerung durchführen zu lassen und schließlich die Ausführung des Befehles sowie das tatsächliche Eintreten des gewollten Kompensierungszustandes festzustellen.

Eine besondere Behandlung verlangen dabei die Doppelleitungen einerseits, die Querkompensierungseinrichtungen andererseits. Hinsichtlich der Leitungen sind die in Abschnitt V, Kapitel 5 dargelegten Zusammenhänge zu berücksichtigen, d. h. an die Stelle von zwei Einzelwiderständen treten beim elektrisch gekoppelten Doppelstrang drei Abbildungswiderstände entsprechend Abb. 202. Erdung eines Stranges zieht in der Nachbildung Überbrückung des zugeordneten Widerstandes nach sich. Eine ähnliche Sachlage ergibt sich für die Entkopplungseinrichtungen. Liegen Ausgleichsspulen vor, so läßt sich der kapazitive Querstrom im Abbild unmittelbar mit dem induktiven Querstrom in Vergleich setzen, so daß an drei Instrumenten das Ergebnis der Erdschluß- und der Querkompensierung beider Netze abgelesen werden kann. Liegt für den induktiven Stromzweig Saugspulenschaltung vor, so gelingt die Gegenüberstellung der drei kapazitiven und induktiven Größen durch Benutzung gewisser Spezialfälle. Sind in Abb. 297c die Systeme *I* und *II* auf gleichem Potential, so bleibt die Querverbindung $Z_{12}$ stromlos. Die induktiven Stromzweige $z_2$ und $z_1$ führen Ströme, welche auf diejenigen der Erdkapazitäten $Z_1$ und $Z_2$ abzustimmen sind. Das geschieht in einer Schaltungsnachbildung gemäß Abb. 297a, in der entsprechende Anzapfungen an den drei Elementen der Saugspulenschaltung wirklichkeitstreu zur Verfügung stehen. Probeverstellungen zur Ermittlung der

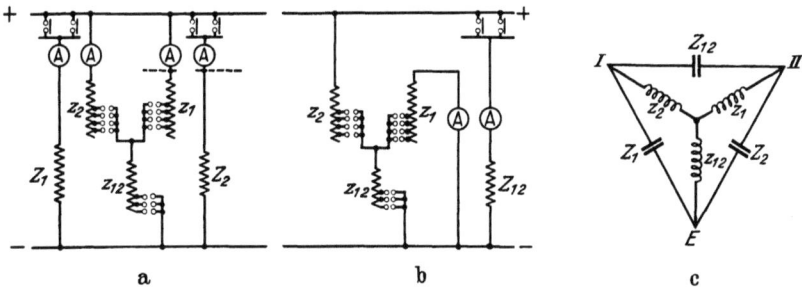

Abb. 297 a—c. Meßverfahren bei elektrischer Nachbildung der Saugspulenschaltung (Piloty).

besten Anzapfungen sind dabei so vorzunehmen, daß gleichzeitig noch eine zweite Bedingung erfüllt wird, für deren Kontrolle eine weitere Nachbildung etwa gemäß Abb. 297b zu verwenden ist. Hier wird festgestellt, ob im Falle des Erdschlusses an System *I* der Querstrom über $Z_{12}$ von *II* über $z_1$ abgesaugt wird, wie dies in der Tat erforderlich ist, wenn *II* auf Erdpotential verbleiben und keinen Strom über die eigene Erdkapazität $Z_2$ abgeben soll. Diese Fälle sind in Abschnitt V, Kapitel 5 als typische Arbeitsfälle der Saugspule besprochen worden. Ihre Anwendung zur Abstimmungskontrolle ist von Piloty (L 249) empfohlen worden, der sie als physikalisches Umrechnungsverfahren ersonnen hat. In jeder der beiden Kontrollschaltungen Abb. 297a und b verhält sich nämlich die Stromaufnahme der durch Strommesser überwachten Drosselstromzweige so, als läge eine einzige Drossel mit der Impedanz $Z_1$ bzw. $Z_2$ bzw. $Z_{12}$ vor. Die Nachrechnung führt in der Tat auf die Gleichungen (117) und (117a). Sind für die Querkompensierung mehrere Leitungsabschnitte oder mehrere Drosselspulensätze zu berücksichtigen, so können, wie in Abb. 297a gestrichelt angedeutet, Erdschlußsammelschienen gebildet werden. Der Stromvergleich kann natürlich in einem einzigen Instrument mit innerer Gegenschaltung vollzogen werden.

Neben diesen indirekten Meßmethoden, welche die Kenntnis der von den Leitungsabschnitten beigesteuerten, leider nicht ganz unveränderlichen Stromanteile bzw. Leitwerte voraussetzen, hat sich auch das Bedürfnis nach direkter Feststellung oder Messung des Kompensierungszustandes geltend gemacht. An sich eignet sich hierfür die Kontrolle der Nullpunktsspannung, die im kompensierten Netz durch die Unausgeglichenheit der drei Phasen zustande kommt. Aber der einzustellende Maximalbetrag ist keine unveränderliche vorbekannte

Größe. Versucht man mit Hilfe einer bestimmten, am besten durch Fernsteuerung umzuschaltenden Spule auf höchste Verlagerung einzuregeln, so leidet das Verfahren unter der Unklarheit, nach welcher Richtung die zu korrigierende Abweichung liegt. Als erster hat Klöckener im Jahre 1925 ein direktes Meßverfahren zur Überwachung des Kompensierungszustandes vorgeschlagen. Stellt man zwischen einer Phase und Erde durch einen zusätzlichen Leitwert, Widerstand $R$, Reaktanz $\omega L$ oder Kombination beider, eine künstliche Unsymmetrie, also einen unvollkommenen Erdschluß her, so hat man bereits zwei Größen meßtechnisch zur Verfügung: den eingeführten unausgeglichenen Strom als Ursache und die entstehende Spannungsverlagerung als Wirkung. Die Erdschlußlöscheinrichtungen bewirken eine Entlastung der kranken Phase (Abschnitt V, Kapitel 2) und es entstehen bei Erreichung genauer Abstimmung folgende Kennzeichen: Beschränkung des Fehlerstromes im künstlich eingeführten Störungsstromzweig auf ein Minimum, Steigerung der Nullpunktsverlagerung auf ein zwar betriebstechnisch bedeutungsloses, aber als Meßgröße hinreichend auffälliges Maximum, Phasengleichheit des Störungsstromes und der Nullpunktsspannung bei Widerstandserdung (Punkt $F$ im Kreisdiagramm Abbildung 166), Gleichheit der Erdspannungen an den beiden ungestörten Leitern.

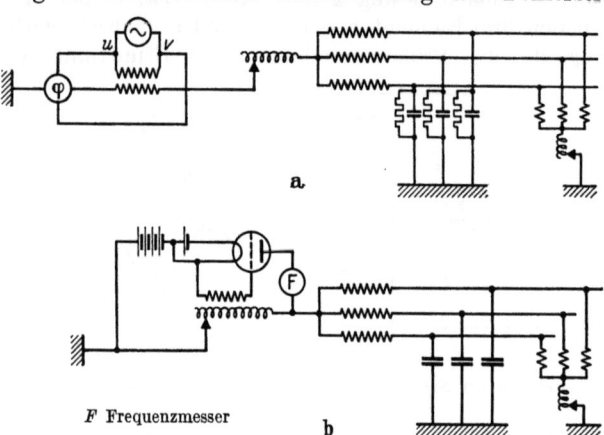

Abb. 298a und b. Kompensometerschaltungen von Biermanns (a) und von Mayr (b).

$F$ Frequenzmesser

Verfolgt man den Phasenwinkel zwischen Spannung der unsymmetrisch gemachten Phase oder Störungsstrom einerseits, Nullpunktsspannung oder Erdschlußspulenstrom andererseits, so erhält man ein auch die Richtung der Abweichung erfassendes Merkmal der mehr oder weniger vollständigen Annäherung an die genaue Abgleichung. Das gleiche läßt sich von der Zwei-Voltmeter-Methode sagen, auf deren Bedeutung auf S. 166 u. 294 hingewiesen wurde. Zur Handhabung solcher Verfahren bedarf man einer sehr ausgeprägten Störung, welche die natürliche Unausgeglichenheit des Netzes überdeckt. Über die Schwierigkeit kommt man nach einer Idee von Biermanns (1926) hinweg. Er führt das Störungsglied gemäß Abb. 298a im Systemnullpunkt, beispielsweise in Reihe mit einer Erdschlußspule ein und gewinnt damit die Möglichkeit, mit betriebsfremden Frequenzen zu arbeiten. Als Anzeigegerät empfiehlt er gleichfalls einen Phasenmesser. Die Gesamtheit der Erdkapazitäten und Löschinduktivitäten bildet bei richtiger Abgleichung einen auf die Betriebsfrequenz abgestimmten Kreis, dessen Stromaufnahme nur noch durch die Verlustwiderstände bestimmt wird. Inwieweit Reihen- oder Parallelschaltung von Induktivitäten und Kapazitäten vorliegt, ist dabei gleichgültig. Der $\cos \varphi$-Zeiger läßt die erreichte Abgleichung durch Einstellung auf $\cos \varphi = 1$ erkennen. Wird die eingeführte Hilfsspannung in der Frequenz von derjenigen des Betriebes etwas verschieden gehalten, so befreit man sich von der Wirkung der dem Netz anhaftenden inneren Unausgeglichenheit. Für die Betriebsfrequenz ist die Hilfsstromquelle nahezu als Kurzschluß zu betrachten, von den Anschlußpunkten $uv$ her wird dem

Spannungspfad des Meßgerätes keine beträchtliche Spannung von Betriebsfrequenz, wohl aber eine solche der Hilfsfrequenz zugeführt. Es entstehen nur leichte Schwebungen in der Anzeige des Instrumentes, dessen mit $\cos \varphi = 1$ bezifferter Skalenmittelpunkt der Abstimmung des Netzes auf die Frequenz der Hilfsstromquelle zugeordnet ist. Bei 2 vH Schlupf bedeutet dies eine Verstimmung um 4 vH.

Die $\cos \varphi$-Messung hat den Nachteil, daß ihr eine unmittelbare Beziehung zum Grad der Abweichung vom Zustand exakter Abgleichung mangelt. Es kommt dabei sehr auf die relative Höhe des Wattreststromes an. Diesem Mangel helfen andere Verfahren ab. Mayr hat 1926 vorgeschlagen, die Eigenfrequenz des Netzes als Kenngröße einzuführen, die mit dem Verstimmungsgrad in einer Beziehung nach Gleichung (81) steht. Die selbsttätige Ausbildung der Eigenfrequenz hätte ein Röhrengenerator zu besorgen (Abb. 298b).

Hueter, Piloty und Schaefer haben die heute in der praktischen Anwendung vorherrschende Lösung geschaffen, indem sie den $\cos \varphi$-Zeiger durch ein Gerät ersetzten, welches nur die Blindkomponente der Nullimpedanz oder nur den Blindleitwert des Netzes gegen Erde mißt. Da die Phasenspannung des Netzes eine feste Nenngröße ist, kann man in der Skalierung den resultierenden Leitwert durch den ihm proportionalen Erdschlußstrom ersetzen:

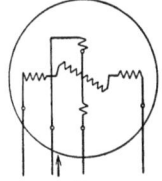

Abb. 299. Kompensometergerät in Kreuzspulschaltung.

$$I_{rbl} = U_p \left( 3 \omega C_{1e} - \frac{1}{\omega L} \right). \qquad (177)$$

Das verwendete Instrument gehört seinem Aufbau nach den Kreuzspulgeräten an (Abb. 299). Zwischen einer festen Stromspule und einer beweglichen Spannungsspule entsteht ein Drehmoment $k_1 U I \sin \varphi \cos \psi$ (90°-Verschiebungsschaltung), zwischen einer festen und einer beweglichen Spannungsspule in einem gekreuzten System das Drehmoment $k_2 U^2 \sin \psi$. Hierin bedeutet $\psi$ den räumlichen Einstellwinkel des beweglichen Systems gegen das feste. Es ergibt sich die Beziehung

$$k \operatorname{tg} \psi = \frac{I \sin \varphi}{U}, \qquad (178)$$

welche den Zusammenhang zwischen Zeigerausschlag und Blindleitwert $\frac{I \sin \varphi}{U}$ liefert. Auch hier droht wieder eine Beeinträchtigung der Anzeigegenauigkeit durch die unbekannte oder wechselnde natürliche Nullpunktsverlagerung des Netzes. Der Kunstgriff der Verwendung einer um Geringes abweichenden Frequenz der Hilfsspannung führt wiederum zum Ziele. Erst bei Frequenzunterschieden von weniger als 1 Hertz beginnt der Zeiger des Gerätes mit Schlupffrequenz zu pendeln. Dem Skalennullpunkt kommt dann die Bedeutung von 4 vH kapazitiver Fehlabgleichung zu, die Bezifferung ist entsprechend zu berichtigen. In Kabelnetzen ist die Messung mit abgeänderter Frequenz entbehrlich, da sie in sich hinreichend ausgeglichen sind. Hingegen ist auch hier auf eine andere Fehlerquelle zu achten, die von der Messung bei geringer Nullpunktsverlagerung, also bei ungesättigten Erdschlußspulen herrührt. Im wirklichen Erdschluß ist die Induktivität der Spulen um einige Prozente geringer. Ein ohne Berücksichtigung dieses Einflusses als genau abgeglichen befundenes Netz ist im praktischen Erdschlußfalle überkompensiert. Die beiden eben erörterten Fehlerquellen können sich ausgleichen.

Die Hilfsstromquelle muß gegen die Wirkung der bei Erdschluß am Nullpunkt auftretenden Betriebsspannung geschützt werden. Man schaltet sie daher beispielsweise in Reihe mit einer der Erdschlußspulen, die bei Erdschluß die Nullpunktsspannung als Vordrossel aufzufangen hat (Abb. 300). Auch überbrückt man die Stromquelle beim Auftreten eines Erdschlusses selbsttätig, wodurch sie nur kurze Zeit der erhöhten Belastung ausgesetzt ist, während die Erdschlußspule ihre bestimmungsgemäße Funktion erfüllen kann. Die Messung darf nun nicht etwa durch Bildung des Quotienten aus Stromaufnahme und Hilfsspannung erfolgen. Man erhielte dann keineswegs den Betrag des am Netznullpunkt wirksamen Leitwertes, wie man sich durch Nachrechnung der aus Vorschaltdrossel einerseits, Erdschlußspulen und Netzkapazität andererseits gebildeten Reihenschaltung leicht überzeugt. Man muß vielmehr an Stelle der Hilfsspannung die durch einen besonderen Spannungswandler gemessene Nullpunktsspannung einführen. Allerdings entgeht der Messung dann jener Stromanteil, den im Erdschlußfalle die Vorschaltdrossel selbst unter dem Einfluß der Nullpunktsspannung beisteuern würde. Dieser bekannte additive Anteil des Nullstromes bzw. des Blindleitwertes muß an der Skala berücksichtigt werden. Der Nullpunkt derselben ist an jene Stelle zu verlegen, wo man vor der Umskalierung einen Fehlbetrag an induktivem Nullstrom in der Höhe des Erdschlußstromes der Vordrossel mißt. Es sei noch kurz die vollständige Apparatur an Hand der Abb. 300 beschrieben.

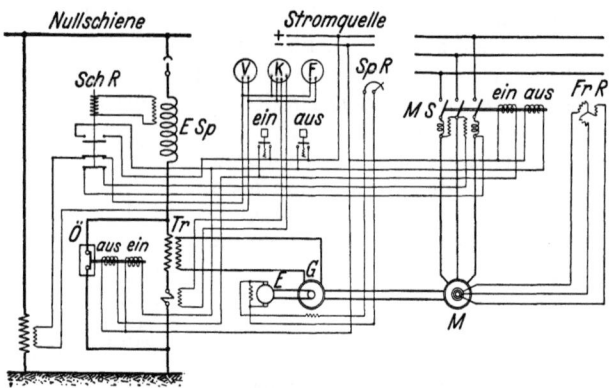

Abb. 300. Kompensometerschaltung mit Überwachung des Blindreststromes.

*V* Voltmeter, *K* Kompensometer, *F* Frequenzmesser, *E Sp* Erdschlußspule, *Tr* Transformator, *G* Generator für Hilfsspannung, *E* Erregermaschine, *M* Antriebsmotor, *MS* Motorschutzschalter, *Fr R* Frequenzregler, *Sp R* Spannungsregler, *Sch R* Schutzrelais, *Ö* Ölschalter.

Über einen mit Überstrom- und Nullspannungsauslösung versehenen Motorschutzschalter $MS$ wird ein im Läuferkreis in der Frequenz regelbarer Asynchronmotor an ein Drehstromniederspannungsnetz angeschlossen. Auch ein Synchronmotor mit Übersetzungsgetriebe kann auf die Generatorwelle arbeiten. Der Stromerzeuger wird so erregt, daß am Spannungsmesser $V$ eine bestimmte Nullpunktsspannung angezeigt wird, wobei es auf genaue Einhaltung nicht ankommt. Je nach dem Abstimmungsgrade des Netzes ist die benötigte Erregerspannung verschieden. Die eingeprägte EMK. der Schlupffrequenz wird in den Nullstromkreis über einen Transformator $Tr$ eingeführt, der durch einen Ölschalter $Ö$ überbrückbar ist. Eine Sekundärwicklung der Vordrossel $E Sp$ wirkt auf ein Schutzrelais $Sch R$, das bei Überschreitung einer vorgegebenen Spannung anspricht und dann nicht nur die Nullspannungsauslösung des Motorschutzschalters betätigt, sondern auch den Spannungskreis der Instrumente unterbricht und den Überbrückungsölschalter wirksam macht. Die ganze Apparatur wird von Hand mittels zweier Druckknöpfe gesteuert. Der Stromkreis des ,,Ein''-Druckknopfes wird zweckmäßig über Kontakte am Schutzrelais geführt. Die Sekundärspannung des an der Nullschiene hängenden Spannungswandlers muß unter Berücksichtigung der bei Netzerdschluß auftretenden Verhältnisse gewählt werden. In diesem Falle würde sich die Spannung etwa verzehnfachen. Trotzdem darf in den Meßkreisen auch nicht kurzzeitig Hochspannung auftreten. Man muß sich daher mit einer Meßspannung von 30 Volt begnügen. Beispielsweise wird in einem Netz mit rd. 10 kV Betriebsspannung, 6 kV Nullpunktsspannung, 0,6 kV eingeprägter Spannung, der Wandler am Nullpunkt für ein

Übersetzungsverhältnis 600/30 bzw. 6000/300 Volt auszuführen sein. Er ist für die verkettete Spannung zu isolieren.

Die Unterbringung der Meß- und Betätigungsgeräte im Rahmen der üblichen Schalttafelausführung einer Warte zeigt Abb. 301.

Die Maschinenausrüstung für eine Kompensometeranlage bleibt in angemessenem Verhältnis zur Löschleistung. Rechnet man mit Verstimmungen $v$ bis zu 20 vH, so wäre selbst bei einem Betrage der eingeführten Nullpunktsspannung gleich $U_p$ nur 20 vH der Löschleistung erforderlich. Allerdings ist dies die am Nullpunkt einzuspeisende Leistung. Für die Stromquelle kommt außer diesem Anteil, dem wir induktiven Charakter zuweisen wollen (ungünstigere Annahme), auch noch der Verbrauch der Vordrossel in Betracht. Ihr bestimmungsgemäßer Anteil an der Löschleistung $N_e$ des Netzes sei $p N_e$. Verglichen mit dem der Messung unterliegenden am Nullpunkt hängenden Netzgebilde, dessen Leistungsaufnahme unter der Spannung $U_p$ den Betrag $vN_e$ hat, ist die Impedanz der Vordrossel $\frac{v}{p}$ mal größer. Für den Durchtritt des Meßstromes ist also nochmals die $\frac{v}{p}$ fache Leistung aufzuwenden. Die Maschine hat daher, auf $U_p$ als Meßspannung bezogen, $vN_e\left(1+\frac{v}{p}\right)$ zu leisten. Da man sich mit einer Meßspannung $U_0 = 0{,}1\,U_p$ be-

Abb. 301. Kontrolltafel für Kompensometereinrichtung.

gnügt, sind Strom und Spannung nur 10 vH, die Leistung nur 1 vH dieses Betrages. Man bemißt also den Stromerzeuger für $0{,}01\,vN_e\left(1+\frac{v}{p}\right)$ der Löschleistung $N_e$. Für $v = 0{,}2$, $p = 0{,}1$ (gesamte induktive Verstimmung $20 + 10 = 30$ vH) ergibt sich eine Auslegung für 0,6 vH der Löschleistung. Die Spannung des Stromerzeugers bzw. des ihm vorgeschalteten Transformators ist das $\left(1+\frac{v}{p}\right)$ fache der am Nullpunkt herzustellenden Spannung $U_0 = 0{,}1\,U_p$. Wird $p$ klein gehalten, verwendet man also eine hochohmige Vordrossel, so ist zwar die Skalenkorrektur geringer, dafür muß die Maschine überdimensioniert werden. Man kann auch den ohnehin erforderlichen Zwischentransformator mit der Vordrossel vereinigen, indem man deren Impedanz in der Streureaktanz des Transformators unterbringt. Beim Eintreten eines Erdschlusses während des Meßvorganges ist dann der Stromerzeuger nicht kurzzuschließen, sondern abzutrennen. Der leerlaufende Transformator liegt zwar an der vollen Nullpunktsspannung, liefert aber für den Löschstrom praktisch keinen Beitrag und bedingt daher auch keine Skalenkorrektur. Innerhalb der kurzen Zeitspanne zwischen Eintreten des Erdschlusses und selbsttätiger Öffnung des Transformatorprimärkreises ist bei zufälligem Zusammentreffen von Erdschluß und Meßvorgang die richtige Abstimmung etwas beeinträchtigt. Es liegt eine zusätzliche Erdung über die Streureaktanz des Transformators und die damit in Reihe liegende Impedanz des Stromerzeugers vor.

Statt das Ergebnis der Gegenwirkung des kapazitiven und induktiven Stromzweiges bei angenäherter Betriebsfrequenz unmittelbar zu messen, soll nach einem anderen, von W. Koch und G. Meyer ausgebauten Vorschlag ein

Vergleich der durch getrennte Hilfsstromquellen von abweichender Frequenz gewonnenen kapazitiven und induktiven Meßströme in einem Instrument mit zwei gekuppelten Systemen erfolgen. Liegen die Hilfsfrequenzen wesentlich über bzw. unter der Betriebsfrequenz, so sind die erzeugten Ströme näherungsweise ein Maß des kapazitiven Erdschlußstromes einerseits, des induktiven Löschstromes andererseits. Genauer ergibt sich mit gleichen Meßspannungen $U_0$:

$$I_1 = U_0 \left( n_1 \omega C - \frac{1}{n_1 \omega L} \right),$$

$$I_2 = U_0 \left( n_2 \omega C - \frac{1}{n_2 \omega L} \right)$$

und $\qquad I_1 + I_2 = U_0 \left[ (n_1 + n_2) \omega C - \frac{n_1 + n_2}{n_1 n_2} \frac{1}{\omega L} \right].$

Der Summenausdruck ist proportional zum Reststrom $U_p \left( \omega C - \frac{1}{\omega L} \right)$, wenn die Bedingung $n_1 n_2 = 1$ eingehalten wird. Die algebraische Überlagerung von $I_1$ und $I_2$ kann durch Kupplung zweier wattmetrischer Systeme erfolgen, in denen die Blindkomponenten der Ströme mit Hilfsspannungen $U_0$ von unter sich gleicher Größe, jedoch verschiedener Frequenz, zusammenwirken.

Sind die Einzeldrehmomente der Systeme proportional zu $\frac{I}{U}$, verwendet man also Leitwertmesser, so kommt es auf die Gleichheit der Hilfsspannungen nicht an. Die Skala kann in beiden Fällen so geeicht werden, daß sie unmittelbar die Blindkomponente des Reststromes anzeigt.

An die Stelle der messenden Abstimmungsüberwachung kann natürlich auch die selbsttätige Steuerung einer fernbetätigten Drosselspule treten. Ebenso ist eine registrierende Verfolgung des jeweiligen Abstimmungsgrades möglich. Man erhält dadurch nicht nur Aufschlüsse über den Einfluß von Jahreszeit und Witterung auf die Leitungskapazität (Höhe des Grundwasserspiegels, des Getreides), sondern auch eine untrügliche Festlegung aller Schalthandlungen, durch welche der Umfang des Netzes geändert wird.

# IX. Die Diskussion der Erdungsfrage.
## 1. Der deutsche Standpunkt.

Für die deutsche Technik der Hochspannungsübertragung ist im gesamten Bereiche der zur Zeit verwendeten Spannungen bis zu 220 kV die Erörterung der Erdungsfrage abgeschlossen. Von der Entwicklung des Gedankens der induktiven Kompensierung gibt Abb. 302 ein anschauliches Bild, das sich auf Lieferungen der AEG stützt. Der überwiegende Anteil, der dieser Firma an der praktischen Durchdringung der Betriebe mit dem Verfahren der abgestimmt induktiven Erdung zukommt, gibt einer solchen Darstellung den Wert einer nahezu vollständigen Erfassung des Entwicklungsganges. Auffallend ist der vorübergehende Stillstand in den Jahren 1923—1925. Er ist die Wirkung der Auseinandersetzung über die angebliche Gefährdung der Anlagen durch Erdschlußspulen. In einem großen deutschen 110 kV-Netz war nach einer Reihe von Störungen, welche die Maschinen- und Transformatorenisolation betrafen, auf der Suche nach den tatsächlichen Zusammenhängen der Weg einer versuchsweisen Abschaltung der Erdschlußspulen beschritten worden, obgleich eine Beziehung dieser Art von vornherein für unwahrscheinlich gehalten wurde (L 252). Ende 1924 wurde die gleiche Gesellschaft durch die günstigen Erfahrungen an ihren Mittelspannungsnetzen und ihrer 80 kV-Übertragung einerseits, durch die stark angewachsene Störungsanfälligkeit ihres über 1000 km umfassenden 110 kV-Systems andererseits veranlaßt, die Erdschlußspulen wieder in Betrieb zu nehmen (L 255). Inzwischen hatte es die Fachwelt vorgezogen, eine abwartende Stellungnahme zu bewahren. Man erinnerte sich der in früheren Jahren in den Fachzeitschriften geübten Kritik und machte sich auf weitere Bestätigungen gefaßt. Sie blieben aus. Kein Fall angeblicher Betriebsnachteile der Erdschlußspule hielt der Nachprüfung stand. Heute wird in Deutschland niemand ernst genommen, der dem Prinzip der induktiven Erdschlußkompensierung im allgemeinen, der Nullpunktsspule im besonderen grundsätzliche Mängel nachsagt.

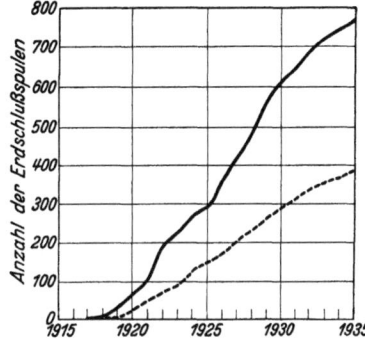

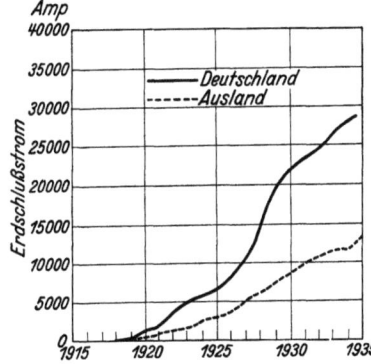
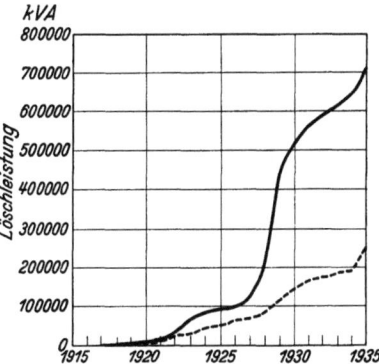

Abb. 302. Die Verbreitung der Erdschlußspule. Darstellung des Entwicklungsganges nach Zahl der Spulen, kompensierter Stromstärke und eingebauter Löschleistung.

Die folgende Aufstellung zergliedert die heutige Verbreitung der Erdschlußspule im einzelnen noch weiter (Lieferungen der AEG):

|  | Freileitungen (km) | | | Kabel (km) | |
| --- | --- | --- | --- | --- | --- |
|  | bis 35 kV | bis 100 kV | über 100 kV | bis 35 kV | bis 100 kV |
| Deutschland .... | 120 000 | 15 000 | 13 000 | 17 500 | 200 |
| Übrige Länder ... | 60 000 | 20 000 | | 14 500 | 100 |

Mit dem Erfolg des Gedankens der induktiven Erdschlußkompensierung war die Erdungsfrage für die deutschen Hochspannungsnetze eindeutig entschieden. Der unkompensierte Betrieb mit ungeerdetem Sternpunkt verschwand, andere Erdungsformen waren vorher nicht eingeführt worden und kamen nun erst recht nicht auf. Man darf nicht vergessen, daß hier günstige Voraussetzungen zusammentrafen: Alle Netze waren von vornherein auf Betriebsformen mit freiem Nullpunkt eingestellt, zudem hätte die Einführung fester Nullpunktserdung eine Auseinandersetzung mit den Schwachstromtechnikern erfordert, deren Ausgang in einem Lande mit staatlicher Verwaltung der Fernsprech- und Telegraphenlinien zum mindesten zweifelhaft gewesen wäre. Die Hochspannungsbetriebe meldeten zwar formell ihr „Recht auf Erde" an (L 256), konnten aber im Besitze eines den freien Nullpunkt beibehaltenden vollwertigen Erdungsverfahrens von einer Kraftprobe mit den immerhin früher am Platze gewesenen Schwachstromtechnikern absehen. Heute tut es keinem Betriebsleiter in Deutschland leid, daß die feste Erdung des Nullpunktes hier nicht Fuß fassen konnte. Sie hätte keinen Vorteil bieten können, den die induktive Kompensierung nicht gleichfalls aufwiese, man hätte sich überdies mit dem Stabilitätsproblem auseinanderzusetzen gehabt, im Selektivschutz und in der mechanischen Ausgestaltung der Leistungsschalter neue Wege beschreiten müssen. Für die endgültige Bevorzugung der induktiven Erdschlußkompensierung bleiben für die deutsche Praxis überdies alle jene Gesichtspunkte ausschlaggebend, welche im 13. Kapitel des Abschnittes V zusammenfassend aufgezählt sind.

## 2. Die amerikanische Praxis.

Auch in Amerika lagen der Erörterung der Erdungsfrage klare Verhältnisse zugrunde, nur waren sie entgegengesetzt geartet wie in Deutschland. Die in privaten Händen befindlichen Schwachstromunternehmungen machten den Hochspannungsbetrieben die Erde nicht streitig, sie erblickten ihre Aufgabe nicht in gegenseitiger Abgrenzung, sondern in gemeinsamer Anpassung. Zweifellos war das Erdschlußproblem durch die feste Erdung hinsichtlich der kapazitiven Erscheinungen aus der Welt geschafft. Zugleich hatte man sich in die Vorstellung eingelebt, durch Anwendung abgestufter Transformatorenisolation und durch weitgehende Benutzung von Spartransformatoren für Netzkupplung wirtschaftliche Vorteile zu erzielen (vgl. Abschnitt II, Kapitel 12). Hinsichtlich des Transformatorenaufbaues brachten praktische Erfahrungen und theoretische Untersuchungen die Bedenklichkeit solcher Ersparnisse zum mindesten im Gebiet höchster Spannungen zutage. Auch bei starrer Erdung nehmen Wicklungsteile in der Nähe des Sternpunktes beträchtliche Spannungen gegen Erde an, wenn Gewitterüberspannungen auf die Klemmen auftreffen (Abschnitt V, Kapitel 11). Der Stand der Dinge war jedenfalls einem Abgehen von der starren Erdung ungünstig, soweit nicht die Anwendung der Widerstandserdung einen Zustand geschaffen hatte, der dem Betrieb mit freiem Nullpunkt wesentlich näher lag. Dabei war die starre Erdung keineswegs eine so ideale Lösung, daß sie nicht selbst wieder neue Schwierigkeiten geschaffen hätte. Man vermehrte durch sie bewußt die Zahl der Betriebsunterbrechungen und war dadurch zu einem kostspieligeren Aufbau der Netze mit entsprechenden Reservestromwegen gezwungen, ohne an der Leitungsisolation das Mindeste einsparen zu können. Bei den großen Übertragungsanlagen stellte sich überdies das Stabilitätsproblem ein, das bei Erdkurzschlüssen einer Lösung zugänglich ist und ebendeshalb auch besonderer Vorkehrungen bedarf. Die Telephonbeeinflussungen, die Empfindlichkeit angeschlossener Synchronmotoren und Umformer gegen Spannungsschwankungen, sodann die zum Teil schwereren thermischen Überstrombeanspruchungen, schließlich der Gesichtspunkt der Schonung der vom Erdkurzschlußlichtbogen umhüllten Isolatoren komplizierte das Relaisproblem. Daß man eine Systemänderung nicht für undiskutabel hielt, möge der folgende Querschnitt der in den Jahren 1922/23 auf amerikanischen Tagungen abgeführten Aussprachen zeigen. Anlaß dazu bot eine Berichtsreihe der von der Kommission des AIEE. für Schutzeinrichtungen eingesetzten Unterkommission für Erdungen (L 261), eine Abhandlung von Dewey (L 262), ferner Arbeiten über die Erdschlußspule von Conwell und Evans (L 263), W. W. Lewis (L 264) sowie Oliver und Eberhardt (L 245).

Dem Kommissionsbericht lagen Referate von W. W. Woodruff und E. C. Stone zugrunde, in denen die Auskünfte von 36 Gesellschaften mit 111 Systemen, mit einer Gesamtleistung von 6,4 Millionen kVA und mit einer gesamten Netzlänge von 5000 km verarbeitet waren. Die Verteilung der hauptsächlichen Erdungsverfahren — in Amerika gab es damals nur eine einzige Erdschlußspule — war die nebenstehende.

Auffallend ist die geringe Anwendung der festen Erdung in Anlagen, die unmittelbar von den Maschinensammelschienen versorgt werden. Bezogen auf die Anlagenleistung

| Erdungsverfahren | Von insgesamt 111 Systemen ||
|---|---|---|
| | gespeist mit Maschinenspannung | gespeist über Transformatoren |
| Zahl . . . . . . . . . . . . | 31 | 80 |
| Fest geerdet vH . . . . . . . | 10 | 49 |
| Über Widerstand geerdet vH . | 54 | 12 |
| Isoliert vH . . . . . . . . . | 36 | 39 |

sind dies sogar nur 4,8 vH der Systeme. Wir haben darin eine Bestätigung der Bedenken zu erblicken, welche in Abschnitt II, Kapitel 12 vorgebracht wurden. Bei allen Maschinenerdungen ergibt sich überdies die Schwierigkeit, daß wegen der Ausgleichsströme, die bei verschiedener Lastaufteilung zustande kommen, jeweils nur eine Einheit des gleichen Sammelschienensystems geerdet werden darf. Trotzdem spricht sich Dewey in seiner Arbeit eindeutig für die starre Erdung aus. Er findet insbesondere keinen ausreichenden Grund für die tatsächliche Neigung der Praxis, Freileitungen über kleine Widerstände, Kabelsysteme über hohe Erdungswiderstände zu sichern. Ebenso bekennt sich damals Hanker auf Grund von Betriebserfahrungen zur Erdung des Nullpunktes unter Befürwortung voller Isolation bis einschließlich 110 kV. Smith macht allerdings geltend, daß die Anwendung der starren Nullpunktserdung in Mittelspannungsnetzen eine geeignete Relais- und Schalterausrüstung voraussetze und Doppelleitungen zu den Belastungsschwerpunkten verlange. Einige Teilnehmer an der Aussprache billigen der Erdschlußspule einen gewissen, zunächst noch beschränkten Aufgabenkreis zu. Sie treten damit in Gegensatz zu Conwell und Evans, welche zwar die Löschwirkung der Erdschlußspule zugeben und die Schonung der Isolatoren anerkennen, die Nachteile jedoch für überwiegend halten. Sie erwähnen: Spannungsbeanspruchung der gesunden Phasen bei Erdschluß, schnelle Wiederkehr der Spannung an der kranken Phase (gefunden bei 56 vH Unterkompensierung!), Verlagerungsmöglichkeit bei genauer Abstimmung, mangelnde Beeinflussung des Zündvorganges, Beeinträchtigung des Blitzschutzes durch Einstellung der Ableiter auf mehr als 1,0fache verkettete Spannung, Zwang zur Aufgabe der gestuften Transformatorisolation und der Kupplung durch Autotransformatoren, Erschwerung des selektiven Fehlerschutzes. Insbesondere aber versuchten die beiden Autoren das Vorhandensein zahlreicher unklarer Einzelvorgänge durch ein praktisches Experiment zu beweisen, bei welchem sie als Erdschlußspule eine Kaskadenschaltung von zwei übersättigten Transformatoren mit einer Luftdrossel benutzten. Der Versuch erstreckte sich auf die Vorgänge beim Rückzünden eines nur bis zur Überschlagweite geöffneten Trennmessers. Es ist zwecklos, hier auf die Irrtümer einzugehen, denen die beiden Autoren durch ihre mangelnde Sorgfalt erlegen sind (vgl. hierzu L 265). Der Widerspruch ihrer amerikanischen Fachgenossen möge ausreichen. C. L. Fortescue bezeichnete die Erdschlußspule als eine theoretisch ideale Lösung, anerkannte aber als Einwände das Auftreten verketteter Spannung an zwei Phasen, die schwierige Einhaltung der Abstimmung, die Resonanzgefahr und überhaupt die Unverträglichkeit mit der amerikanischen Hochspannungspraxis. W. W. Lewis widersprach der Darstellung von Conwell und Evans; C. L. Trueblood, der sich mit dem Problem schon an anderer Stelle eingehend befaßt hatte (L 166), wandte sich gegen die Unzulänglichkeiten der Untersuchungen und die Voreiligkeit der Schlußfolgerungen. Er schätzt die durch Unsymmetrie hervorgerufenen Resonanz-

Verlagerungen des Nullpunktes auf 7—8 vH der Phasenspannung. L. P. Ferris trat auf Grund persönlicher Feststellungen für die induktive Erdung nach Petersen ein. Er lehnte den Einwurf der Resonanzmöglichkeit durch kapazitive Unsymmetrie an Hand von experimentellen Ergebnissen ab. Als Vorteile der Petersen-Spule hob er die Zurückdrängung der Induktionswirkungen hervor, die Abkürzung der Störungsdauer und die Begrenzung der dritten Harmonischen. H. S. Warren sprach sich vom Standpunkt der Schwachstromleitungen für die Petersen-Spule aus. Diese positiven Äußerungen erfuhren eine Stützung durch die günstigen Ergebnisse der im 44 kV-Netz der Alabama Power Co. versuchsweise eingebauten eisenlosen Spule, welche nach W. W. Lewis ihre Löschwirkung zwischen 40 vH Unterkompensierung und 21 vH Überkompensierung bewies. In diesem Netz wurde bei starrer Erdung ein unausgeglichener Strom von 0,56 A gemessen, während bei bester Abstimmung im Normalbetrieb durch die Erdschlußspule 6 A durchgingen. Die Verlagerung war 6000 Volt bei 26,5 kV Phasenspannung. Eine wesentlich erhöhte Beanspruchung der gesunden Phasen konnte hier auch nicht geltend gemacht werden, denn auch der Erdkurzschluß ergab eine Verzerrung der verketteten Spannung um 80 vH!

Abb. 303. Erdungsdrosselspule der GE für Kompensierung des dreiphasigen Ladestromes von 26 kV-Kabelnetzen.

Lewis erwartete damals jedoch als Anwendungsgebiet nur den Spannungsbereich bis 66 kV. Oliver und Eberhardt gaben die in Abschnitt V, Kapitel 12 bereits erwähnten günstigen Betriebsergebnisse mit der Alabama-Spule bekannt. Als Beeinträchtigung der erzielten Vorteile erwähnten sie das vereinzelte Auftreten von Überschlägen bei bestimmten Schalthandlungen, deren Zusammenhang mit der Erdschlußspule nicht ausgeschlossen werden konnte. Trueblood verwies dazu auf den Betrieb mit 23 vH Unterkompensation, wodurch beim Abschalten der ersten Phase kurzzeitig ein von der eisenlosen Spule begünstigter abgestimmter Kreis entsteht. Es ist jedoch naheliegend, daß die in Abschnitt V, Kapitel 11 behandelten Verhältnisse zutreffen.

Die beiden Autoren berichteten im Jahre 1926 ein zweites Mal über die Betriebsergebnisse mit dieser Spule (L 267). Von 109 Isolatorüberschlägen verliefen 94, das sind 86 vH ohne Auslösung. Die Spule war im Januar 1924 mit Rücksicht auf die inzwischen auf das Doppelte angewachsene Ausdehnung des Netzes ausgebaut und in das 44-kV-System der Georgia Power Company übertragen worden. Von Lewis wird angegeben, daß sie dort 5 Jahre erfolgreich in Betrieb war.

Für Kabelnetze griff man im Jahre 1932 zu einer neuen, der Erdschlußspule verwandten Lösung [Woodrow (L 110)]. Man versuchte mit Hilfe eines einzigen Apparates sowohl die Ladestromkompensierung als auch die Begrenzung des Erdschlußstromes durchzuführen. Im 26 400 Volt-Netz der New York and Queens Electric Light and Power Co. und der Brooklyn Edison Co. kamen mehrere 1000 kVA-Erdungsreaktanzen zum Einbau, welche einen fünfschenkligen Kern mit durch Luftspalte unterbrochenen Haupt- und Rückschlußschenkeln aufwiesen (Abb. 303). Die Reaktanz für die Mit- und Gegenkomponente einerseits, für die Nullkomponente andererseits konnte mit Hilfe der Luftspalte auf die vorgesehenen Werte unabhängig eingestellt werden.

Vom Verfahren der starren Nullpunktserdung führen auch die für Kabelnetze ersonnenen Vorschläge von I. E. Clem (L 128) ziemlich weit weg. Für die Widerstandserdung geht er über die Bemessungsregel von Petersen, die sich auch Lewis zu eigen gemacht hatte, noch erheblich hinaus. Gestützt auf eigene frühere Untersuchungen (L 61) über die Höhe der Erdschlußüberspannungen führt Clem den Begriff des „wirksam geerdeten Systems" ein, in welchem keine gefährlichen Erdschlußüberspannungen auftreten können. Als zulässiger Grenzwert wird die 3fache Phasenspannung zugrunde gelegt. Es ergibt sich dabei immer ein Mehrfaches jenes kritischen Widerstandes, der zur aperiodischen Abdämpfung der Zündschwingung ausreicht. Dieser ist selbst wieder etwas höher als der nach Petersen berechnete. Mit solchen etwa 3,5fach erhöhten Werten ist natürlich zwangsläufig eine volle Verlagerung des Nullpunktes im Erdschlußfalle verknüpft. Wird hingegen über eine Reaktanz geerdet, so wird diese bei Einhaltung der gleichen Grundsätze — 3fache Phasenspannung als höchste Erdschlußüberspannung — mit einem viel niedrigeren Werte berechnet. Die Nullpunktsverlagerung im Dauererdschluß soll dann nur etwa 0,36fache Phasenspannung erreichen.

Erst im Jahre 1934 wurde die amerikanische Fachwelt wieder auf die Petersen-Spule aufmerksam. North und Eaton (L 214) berichteten über Versuche an einem 140 kV-System (Consumers Power Co., Michigan) von 360, später 440 km Ausdehnung. Verwendet wurden zwei Spulen für 10 773 kVA, Belastbarkeit 10 Minuten. Die Bedeutung des mit dieser Arbeit vollzogenen Schrittes liegt in der Erbringung des Beweises, daß in einem amerikanischen Höchstspannungsbetrieb die Einführung der Erdschlußspule einen vollen Erfolg zeitigte.

Die Verfasser gelangen auf Grund ihrer Versuche und mehrjährigen Betriebserfahrungen (vgl. Abschnitt VIII, Kapitel 1) zu folgenden Schlüssen:

„1. Der Stoß auf das System während eines Erdfehlers ist bei Betrieb mit Petersen-Spulen sehr gering, der Erdfehlerstrom ist klein.

2. Die richtige Abstimmung von Petersen-Spulen kann entweder durch Rechnung oder durch Strommessung oder durch Erdschlußversuche bestimmt werden. Die Arbeitsweise der Spulen ist bei richtiger Abstimmung nicht durch die Lage des Fehlers oder durch den vom Fehler betroffenen Leiter beeinflußt.

3. Erfolgreiche Arbeitsweise der Spulen in bezug auf Lichtbogenlöschung erfordert, daß der nichtkompensierte Fehlerstrom klein gehalten wird. In diesem Zusammenhange ist es von erheblicher Bedeutung, daß die Abmessungen der Leiter und die Übertragsspannung richtig aufeinander abgestimmt sein müssen, so daß der Koronastrom im Störungsfalle nicht übermäßig groß werden kann.

4. Die höchsten Überspannungen, welche während unserer Versuche verzeichnet wurden, waren ungefähr dreifach normal. In keinem Falle wurde

irgendeine Überspannung festgestellt, welche auf aussetzenden Erdschluß, Petersen-Spulenresonanz oder dgl. zurückzuführen wäre."

Die Diskussion trug diesmal ein völlig anderes Gepräge. Grundsätzliche Einwände wurden nicht mehr vorgebracht. Man bezweifelte die Gefährlichkeit der aussetzenden Erdschlüsse. I. E. Clem gab zu, daß sie in der theoretischen Form und Höhe bisher nicht reproduziert wurden, aber er betrachtet ihre Existenz als durch die Praxis erwiesen. C. L. Gilkeson berichtete zum gleichen Thema über Messungen an verschiedenen Systemen mit Hilfe automatischer Oszillographen und von "surge recorders". Er findet keine Hinweise auf das Vorkommen aussetzender Erdschlüsse. Nach Ausscheidung der Gewitterüberspannungen ergab seine Auswertung der aufgeklärten Störungsfälle:

Isolierter Betrieb:
Überspannung > 4 fach normal . . 13 vH
„ > 5,4 fach normal . . 0 „

Andere Betriebsformen:
Überspannung > 4 fach normal . . 2,7 „
„ > 4,7 fach normal . . 0 „

Die Theorie von Petersen (S. 88) ist übrigens mit diesen Worten durchaus vereinbar.

Abb. 304. Erdschlußspule des 140 kV-Netzes der Consumers Power Co. mit eingebautem Thyrite-Parallelwiderstand.

A. U. Welch empfiehlt die bei den 140 kV-Spulen der Consumers Power Company von der General El. Co. angewandte Kombination mit einem parallelen Thyrit-Widerstand (Abb. 304) bzw. mit einem Überspannungsableiter (letzteres bei Spulen für Dauerbetrieb). Man erziele damit einen Schutz der Neutralen selbst bei verringerter Isolation (also Phasenspannung) und vermindere die Resonanzneigung an den ungesättigten Anzapfungen. A. P. Schnyder hebt die Ermöglichung wirtschaftlicher Netzgestaltung durch Verzicht auf Parallelleitungen hervor. Er befürwortet die Weiterführung des Betriebes im Dauererdschluß und findet die gegenteilige Meinung der Autoren nur durch Annahme von Korona-Störströmen an ihrer 140 kV-Leitung erklärlich. Ferner empfiehlt er als besonders günstiges Anwendungsgebiet der Petersen-Spule Übertragungen mit einer aus Transformator und Leitung gebildeten Einheit ohne Leitungsschalter. Die Einfachheit der Anordnung sei hier mit Konstanz der Abstimmung vereinigt.

Im Jahre 1935 beschäftigte sich W. W. Lewis nochmals (L 247) mit dem Problem der Petersen-Spule. Nach einem Bericht über die Ergebnisse der Alabama- und der Michigan-Spulen (vgl. Abschnitt V, Kapitel 12 und Abschnitt VIII, Kapitel 1) gibt er ungefähre Bemessungsregeln bis zu 220 kV Sie entsprechen der Tabelle auf S. 317, welche sich auf 60 Hz bezieht.

Er schließt mit folgender Umschreibung des Anwendungsgebietes:
„Petersen-Spulen können für Systeme mit isoliertem Nullpunkt in Betracht gezogen werden, wo häufige Betriebsunterbrechungen und Schäden an der

Isolations- und Apparateausrüstung als Folge von Erdschlüssen vorkommen. Sie können ebenso für Systeme mit geerdetem Nullpunkt in Betracht gezogen werden, an denen Erdkurzschlüsse Unterbrechungen mit zu großer Häufigkeit hervorrufen, die Leistungsschalter zu hoch beanspruchen, die Systemstabilität bedrohen oder Schwachstromleitungen zu sehr beeinflussen.

Die Erfahrung zeigt, daß die Zahl der von Überschlägen der Leitungsisolatoren herrührenden Unterbrechungen bei geeigneter Benutzung der Spulen um 70—80 vH verringert werden kann."

| Betriebs-spannung kV | Erdschluß-strom je 100 km A | Spulen-leistung je 100 km kVA |
|---|---|---|
| 22 | 9,4 | 119 |
| 33 | 12,5 | 237 |
| 44 | 15,6 | 396 |
| 66 | 21,2 | 813 |
| 88 | 27,5 | 1400 |
| 110 | 33,7 | 2140 |
| 132 | 40,0 | 3050 |
| 154 | 46,2 | 4120 |
| 220 | 65,0 | 8250 |

Treat (L 82) kommt zu einem ähnlichen Ergebnis. Der Widerstandserdung der Hochspannungsnetze sagt er eine günstige Wirkung bei Systemen mit gefährdeter Stabilität nach. Deshalb sei zur Zeit in ganz Nordamerika, von der New England Power Company am einen Ende bis zur Southern California Edison Company am anderen Ende der USA. dieses Verfahren bevorzugt, das einem unzuträglichen Anwachsen der Kurzschlußströme vorbeuge. Die unmittelbare Wiedereinschaltung einer ausgelösten Leitung sei ein anderer aussichtsreicher Weg, auf dem in einem Falle nahezu 90 vH aller Störungsfälle unschädlich gemacht werden konnten. Über die Petersen-Spule urteilt er:

„Wo die Voraussetzungen für die Anwendung von Petersen-Spulen günstig liegen, ist diese Methode der Beherrschung von Isolatorüberschlägen häufig wirtschaftlicher als die vorbeugende Maßnahme der Erdseile oder die Unterdrückung durch Ausblase-Schutzfunkenstrecken. Zweifellos gibt es noch viele ungeerdet betriebene Mittelspannungsnetze, deren Betriebserfolg durch die Anwendung von Petersen-Spulen mit geringen Kosten wesentlich besser gestaltet werden könnte."

Danach zu schließen, besteht heute kein nennenswerter Unterschied mehr in der Auffassung amerikanischer und europäischer Fachleute über das der Erdschlußspule zukommende Anwendungsgebiet. Ein zusammenfassender Artikel über die von der GE im Jahre 1935 geleistete Entwicklungstätigkeit (L 270) kennzeichnet diesen Stand unter Hinweis auf den im Juli 1935 im 33 kV-Netz der Central Maine Power Company erfolgten Einbau einer Petersen-Spule mit den Worten: „Die schnelle Wirkungsweise der Spule bei der Beseitigung vorübergehender Erdschlüsse verringert die Gefährdung der Isolation durch den Lichtbogen und beugt einer Ausbreitung des Fehlers und der Entstehung von Kurzschlüssen durch Übergreifen auf die anderen Phasen vor. Solche Spulen sind in Europa und anderen Teilen der Welt in ausgedehnter Verwendung und führen sich in wachsendem Maße in den Vereinigten Staaten ein."

## 3. Die übrigen Länder.

In Großbritannien hat sich das Prinzip der induktiven Erdschlußlöschung bisher nur wenig einführen können. Beard äußert sich hierzu in einem der II. Pariser Hochspannungskonferenz im Jahre 1923 vorgelegten Bericht. Seine Ausführungen decken sich im Standpunkt und in seiner Begründung mit der Stellungnahme der amerikanischen Gegner des Verfahrens der abgestimmt induktiven Erdung. So führt er an: Die Spannungserhöhung an den gesunden Phasen, die Komplizierung des selektiven Überstromschutzes, die verringerte Wirksamkeit des Differentialschutzsystemes, das Erfordernis der Anpassung an den Netzumfang, Resonanzgefahr, auch mit Oberwellen beim Auseinanderfallen des Netzes, längerdauernde Gefährdung von Personen in der Umgebung der Fehlerstelle, Verlust des wirtschaftlichen Vorteiles verringerter Isolationskosten in den Netzen selbst und an Transformatoren ab 30 kV. Er verwirft die Widerstandserdung, verlangt im Gegensatz zu den damals maßgebenden englischen Bestimmungen eine starre Nullpunktserdung an mehr als einem Punkte und stellt insbesondere an Hand der englischen Praxis fest, daß selbst eine staatliche Verwaltung der Telephon- und Telegraphenanlagen anpassungsfähig genug ist, um den Widerstreit der Starkstrom- und Schwachstrominteressen in der Erdungsfrage auszugleichen. Heute wäre es kaum mehr angängig, den noch immer tief eingewurzelten Standpunkt der grundsätzlichen Bevorzugung starrer Erdung mit den gleichen Argumenten zu stützen. Einige 33 kV-Netze sind inzwischen zum Betrieb mit Petersen-Spule übergegangen. In Irland stehen in der vom Shannon-Kraftwerk ausgehenden Versorgung Löschtransformatoren der Siemens-Schuckert-Werke in den 38 und 110 kV-Netzen in Verwendung.

In Frankreich konnte im Jahre 1923 P. Vidonne (L 272) über Betriebserfahrungen mit einer Petersen-Spule für ein 35 kV-Netz mit 20 A Erdschlußstrom berichten. Nach der Inbetriebnahme der Spule ging beispielsweise die Zahl der jährlichen Isolatorenschäden um 88 vH zurück. Störungen der am gleichen Gestänge verlegten Betriebsfernsprechleitungen zeigten sich nicht. Die bei 38 kV Betriebsspannung gemessene unausgeglichene Spannung betrug 850 Volt. Bei richtiger Abstimmung der Spule entstand daraus eine Nullpunktsverlagerung von 2600 Volt $= 0{,}12\, U_p$. Es trat dann eine Pause in der praktischen Anwendung ein, die mit einigen theoretischen Arbeiten ausgefüllt wurde. So stellte im Jahre 1924 A. Mauduit (L 273) geerdete und isolierte Neutrale in Drehstromnetzen in einer vergleichenden Betrachtung gegenüber. Eine im gleichen Jahre veröffentlichte Arbeit desselben Verfassers (L 274) befaßt sich mit der indirekten Erdung des Systemnullpunktes. Die Widerstandserdung wird für Kabelnetze mit Rücksicht auf die Bleimäntel empfohlen. Die induktive Erdung erfährt in bezug auf ihre Arbeitsweise und ihre sonstigen Eigenschaften folgende Beurteilung: Die Eingrenzung des Fehlers sei schwierig und erfordere die Entsendung von Störungstrupps. In Netzen höherer Spannung habe man bei Dauererdschluß die Auslösung durch Kurzschließen der Spule zu erzwingen. In Kabelnetzen lasse der durch den Durchschlag schon vor der Löschung entstandene Schaden die Kompensierung zwecklos erscheinen. Die Petersen-Spule unterbinde zwar die Rückzündungsüberspannungen des Erdschlusses, aber sie könne die Vorgänge bei erstmaliger oder periodisch wiederholter Zündung nicht mildern. Sodann werden zwei typische Fälle von Resonanzgefahr untersucht. Eine am Ende unbelastete Einfachleitung kann in einer Phase ohne Erdschluß unterbrochen sein. Bei Berücksichtigung der gegenseitigen Kapazität ergibt sich Resonanzgefahr bei vorangehendem Betrieb mit 23 vH zu hoher Reaktanz (19 vH Unterkompensierung). Bei Anschluß eines leerlaufenden Transformators am Leitungsende kann die gegenseitige Kapazität durch dessen Leerlaufinduktivität überkompensiert werden. Es lassen sich dann Fälle konstruieren, wo eine geringe Fehlabstimmung der Spule die Resonanzbedingung erfüllt, insbesondere bei Leiterbruch auf der Strecke. Der Einfluß der Transformatorbelastung sei nicht wesentlich. Man könne jedoch einer gefährlichen Auswirkung durch Anwendung von Spulen mit gesättigtem Eisenkreis begegnen. Daß gleichwertige Betrachtungen auch auf Resonanzgefahr zwischen Transformator und abgetrenntem Leitungsstück führen, wenn feste Erdung des Nullpunktes vorliegt, wird nicht gefolgert. Löschtransformatoren werden als theoretisch gleichwertige, wirtschaftlich weniger günstige Bauform erwähnt. Die Behauptung, der Löschtransformator arbeite als Wanderwellenschutz und ziehe Entladewellen von der Stromerzeugungsanlage ab, wird ohne nähere Untersuchung übernommen, desgleichen die Auffassung, der Löschtransformator schaffe anders geartete Resonanzverhältnisse.

Barbillon und Teszner (L 275) glaubten auf Grund einer von den Ergebnissen anderer Arbeiten absehenden Untersuchung folgenden Standpunkt vertreten zu sollen: Die Entladung der kranken Phase geht in freien Schwingungen mit Stromknoten am Erzeuger- und Verbraucherende und einem Spannungsknoten an der Fehlerstelle vor sich. Die Betriebsspannung ersetze die Verluste, so daß Stromanteile dieser Art auch im stationären Erdschlußstrom erhalten bleiben. Die Auflading der gesunden Phasen über die Induktivität der Stromerzeugungsanlagen wird als ein rasch abklingender Schwingungsvorgang aufgefaßt, das Auftreten solcher Stromanteile im stationären Erdschlußstrom unter dem Einfluß von Oberwellen der Betriebsspannung wird übergangen. An Stelle dieser eigentlichen Ursache der Verzerrung des Erdschlußstromes wird der Einfluß der linearen Leitungserstreckung auf die Oberwellen betrachtet. Der Effekt der langen Leitung soll sich hier in einer ortsveränderlichen Begünstigung der Oberwellen auswirken. Aus Betrachtungen dieser Art wird der Erdschlußkompensierung für Streckenlängen über 50 km die Bedeutung abgesprochen. Ferner werden die Bedingungen für Fehlerstromkompensierung einerseits, für Identität von Betriebsfrequenz und Eigenfrequenz des kompensierten Netzes andererseits als unvereinbar befunden. Die Resonanzabstimmung wird verworfen. Als neue Lösung wird Erdung jeder Phase über die Reihenschaltung einer Drossel und eines Widerstandes empfohlen.

Im Jahre 1930 wurde die Frage der induktiven Nullpunktserdung und ihrer Rückwirkung auf das Netz von J. Fallou (L 276) neu aufgegriffen. Er wählte eine analytische Untersuchungsmethode, welche die stationären Zustände und die Ausgleichsglieder nebeneinander liefert und den Einfluß der Erdungsimpedanz in allgemeiner Form einbezieht. Die Ergebnisse wurden an einem Netzmodell überprüft. Die Betrachtungen über die Vorgänge beim Entstehen von Erdfehlern, bei ihrer Unterbrechung und Neuzündung führen zu der Feststellung, daß der abgestimmten induktiven Erdung keine nachteiligen Begleiterscheinungen anhaften. Diesen Standpunkt vertritt Fallou in seinem Werk „Energieübertragung" (L 277) auch bezüglich der Resonanzmöglichkeit bei Leiterbruch, die sich nur unter praktisch bedeutungslosen Annahmen über das zufällige Zusammentreffen mehrerer ungünstiger Voraussetzungen ergebe. Er hebt das Selbstlöschen des Lichtbogens auf Freileitungen hervor, wodurch Ausartungen zu Kurzschlüssen zwischen Phase und Phase und Betriebsunterbrechungen vermieden werden. Er betont, daß auch bei Dauererdschluß keine Absenkung der Betriebsspannung zustande kommt, daß den Stromerzeugern jede Stoßbelastung erspart bleibt und die induktive Beeinflussung der Schwachstromleitungen auf ein Minimum zurückgeführt wird. Zugleich werde das Problem der Beschränkung des Erdkurzschlußstromes und der Stabilität gelöst. Die Erdschlußspule sei daher zu allgemeinerer Verwendung berufen, mindestens für Freileitungsnetze mit einer mäßigen Zahl von Linien. Demgegenüber bevorzugt er für Kabelnetze die niedrigohmige indirekte Erdung, da hier jeder Durchbruch zu einem Dauerfehler führe und von möglichst schneller Abschaltung gefolgt sein sollte. Man erspare die in Anbetracht der großen Kabelkapazität recht hohen Kosten einer abgestimmten, für längeren Betrieb bemessenen Induktivität. Als Beispiel nennt Fallou das Pariser 60 kV-Kabelnetz, das auf seinen Rat über eine nicht angezapfte Spule von $10\,\Omega$ geerdet wurde, während die richtige Abstimmung etwa $27\,\Omega$ verlangt hätte. Die Strombegrenzung und die Beschränkung des Spannungsabfalles seien im Vergleich zur festen Erdung auch hier befriedigend.

Erst in der jüngsten Zeit beginnt die Erdschlußspule in französischen Netzen Aufnahme zu finden. Auch eine der Pariser Verteilungsgesellschaften (12 kV-Kabelnetz) hat die Erprobung in einzelnen Sektoren bereits abgeschlossen und geht zur Anwendung in größerem Umfange über. Bemerkenswert ist, daß eine in Frankreich eingebaute Spule die größte bisher in einer Einheit untergebrachte Stromaufnahme (500 A) aufweist. Im Jahre 1932 berichteten Yadoff und Mathon (L 278) über einige Fragen aus dem Gebiete der Erdschlußkompensierung unter besonderem Hinweis auf die Arbeitsweise der Dissonanzlöschspule, für welche sie ungesättigte Ausführung bevorzugen, weil eine Spule von zu hoher Induktivität sonst entlang ihrer Sättigungskurve in das Resonanzgebiet hineinlaufe. Zwischen den verschiedenen möglichen Arbeitspunkten glauben sie Pendelungen in Form von Oberschwingungen vermuten zu sollen. Sie fanden übrigens bei Parallellauf einer 70 und einer 50 kV-Leitung auf gleichem Gestänge (50 kV-Netz kompensiert, 30 A Erdschlußstrom) eine erregende Influenzspannung von 0,016 $U_p$, welche bei genauer Abstimmung eine Verlagerung von 0,24 $U_p$ hervorrief. Sie führen noch die in einem weiteren Netz mit 45 kV durch eine Erdschlußspule erzielte wesentliche Beruhigung des Betriebes an.

Die in Belgien gemachten Erfahrungen finden ihren Ausdruck in einem neueren Bericht von M. Poma (L 279). Nach seinen Mitteilungen hat man mit dem ungeerdeten Betrieb von Netzen mit 50—200 A Erdschlußstrom ungünstige Erfahrungen gemacht, die sich in sekundären Fehlern der Netzausrüstung und der mit den Freileitungsnetzen zusammenhängenden Kabelstrecken ausprägten. Eine in einem Abschnitt versuchsweise vorgenommene Einführung der direkten Erdung ergab zwar die erwartete günstige Auswirkung hinsichtlich der Überspannungen, aber auch eine unverhältnismäßige Steigerung der Kurzschlußstörungen nach Zahl und Heftigkeit. Aus diesen und anderen Erwägungen erachtete man die direkte Erdung wenigstens für mittlere Spannungen für eine unzureichende Lösung und wandte sich der Petersen-Spule zu, zumal man erkannt hatte, daß in den aus Kabeln und Freileitungen zusammengesetzten Netzen der Ursprung der meisten Störungen auf Baumäste, Vögel und atmosphärische Überspannungen zurückzuführen war. Selbst die sorgfältig verlegten 70 kV-Freileitungen konnten nicht von Erdschlußstörungen durch die Vegetation freigehalten werden. Man ging zunächst in einigen 6 bzw. 15 kV-Netzen zur Erdung über Petersen-Spulen über.

In Italien hat die Erdschlußlöschung anscheinend nur vereinzelt Fuß fassen können. Zu erwähnen sind hier eine 30 kV-Doppelleitung des Städtischen Elektrizitätswerkes in Rom, 35 km lang, mit 43 Hertz betrieben, seit 1920 durch eine Petersen-Spule in Castell Modame geschützt. Es handelt sich hier um unmittelbare Speisung der 30 kV-Freileitung von zwei 7500 kVA-Generatoren. Die Wicklungsdefekte hörten mit dem Einbau der Spule auf. Eine andere Spule steht seit Anfang 1919 im Alta Italia-Werk für ein 42/47 kV-Netz erfolgreich im Betrieb.

Im Gegensatz zu den vier vorgenannten europäischen Ländern hat sich die Technik der mitteleuropäischen Staaten eindeutig für die Erdschlußspule ausgesprochen. In der Schweiz setzte sich die Auffassung von BBC durch, wonach die Erdschlußlöschung für Netze unter 80 kV als überlegene Lösung vorzuziehen ist, während Höchstspannungsnetze mit unmittelbarer Erdung der Nullpunkte arbeiten sollten. Es ist zu erwarten, daß diese vorsichtige Einstellung verlassen wird, zumal günstige Erfahrungen im Spannungsbereich über 100 kV nicht allein in Deutschland vorliegen. In der Tschechoslowakei sind die großen Netze der Überlandversorgung, welche hauptsächlich mit 22, zum Teil auch mit 15, 35 und 44 kV betrieben werden, und die wichtigsten übrigen Netze kompensiert. Die im Ausbau begriffene 100 kV-Übertragung lehnt sich an den überseeischen

Standpunkt an und macht von der festen Erdung Gebrauch; in der technischen Ausrüstung wird die Möglichkeit eines späteren Überganges zur induktiven Nullpunktserdung gewahrt. In Österreich ist die Erdungsfrage eindeutig zugunsten der Erdschlußkompensierung entschieden. Insbesondere trifft dies für die mit 110 und 125 kV betriebenen Höchstspannungsleitungen zu. Holland, ein Land mit überwiegend als Kabel ausgeführten Verteilungsnetzen, verwendet neben dem Betrieb mit ungeerdetem Nullpunkt vielfach die Erdschlußspule. Die nordischen Länder, Schweden, Norwegen, Dänemark, sind die ausgesprochensten Vertreter der Technik der Erdschlußspule. Die schwedische Wasserfalldirektion hat ihre mit 22, 40, 50 und 70 kV betriebenen Anlagen kompensiert. Auch die 220 kV-Übertragung wird mit Petersen-Spulen ausgerüstet. Die anderen namhaften Werke sind gleich fortschrittlich vorgegangen. Mit den anfänglich aufgetretenen Problemen setzt sich eine Arbeit von R. Lundholm (L 116) auseinander. Um der Wirkungsweise der Spulen in den 20 und 40 kV-Netzen auf den Grund zu gehen und gegenüber den damals noch schwebenden Streitfragen einen Standpunkt zu gewinnen, wurden Messungen durchgeführt und theoretisch verwertet. Die Aufnahme der Magnetisierungskennlinie ergab, daß bei 1,5facher Phasenspannung die Stromaufnahme der Erdschlußspulen auf das 2fache (nicht 1,5fache) stieg. Verdoppelung der Phasenspannung ergab 4,5fache Stromaufnahme. Neben diesen ausgesprochenen Sättigungseigenschaften wurde auch noch ein einwandfreies Verhalten gegen Oberwellen bis zur 19. Harmonischen festgestellt. Die Impedanz verhielt sich wie bei einer reinen Induktivität, eine Einwirkung der Kapazität ergab sich nicht. Den Ladestrom eines 20 kV-Transformators fand man gleichwertig mit etwa 100 m Freileitung. Bei den ersten Abstimmungsversuchen fand man zwar die Löschfähigkeit der Spulen bestätigt, doch verblieb ein Reststrom von 50 vH. Lundholm führte diese Erscheinung auf Oberwellen zurück, deren Auftreten schon vor Einbau der Spulen beobachtet worden war. Der dämpfende Einfluß der Belastung wurde von ihm richtig erkannt. Schwierigkeiten ergaben sich für die Löschwirkung der Spulen nicht, es brauchten daher keine weiteren Vorkehrungen getroffen werden. Die Petersensche Theorie des aussetzenden Erdschlusses arbeitet nach Ansicht Lundholms mit zu ungünstigen Annahmen. Seine Zweifel decken sich mit Betrachtungen von Pleijel. Die angestellten Versuche lassen allerdings den Einwand zu, daß dabei nicht auf eine genügende Löschtendenz der Fehlerstelle Wert gelegt wurde (kein Anblasen). Lundholm wendet sich weiter den Resonanzüberspannungen zu, die er theoretisch und praktisch untersucht. Er berechnet Resonanzkurven unter Berücksichtigung der Sättigung und Verluste. Seine Messungen ergaben eine Verlagerung der Nullpunktsspannung um 29 vH bei natürlicher, 74 vH bei künstlicher Unsymmetrie des Netzes und genauer Abstimmung. Es gelang ihm auch, die beiden durch den Sättigungseinfluß bedingten Resonanzlagen experimentell herzustellen. Die größere Verlagerung erzielte er, indem er einen Erdschluß herstellte und wieder unterbrach. Er befaßt sich auch mit den Spannungserhöhungen, welche durch Seilriß entstehen und hält den Übergang vom Seilriß zum verkehrten Erdschluß für eine erhebliche Beanspruchung, welche durch die Petersen-Spule nicht gemildert und nicht verschärft wird. Die Spannungserhöhungen auf der Kraftwerksseite werden zwar durch die Erdschlußspule beeinflußt, bleiben aber ungefährlich. In der Überspannungsfrage wird also sowohl hinsichtlich der Vorteile als auch hinsichtlich der angeblichen Gefahren eine zurückhaltende Beurteilung vorgezogen. Dem Ohmschen Erdungswiderstand wird zugebilligt, daß er die Wanderwellenbeanspruchungen am Nullpunkt mildert und Erdschlußüberspannungen unterbinde. Allerdings fehlt ihm die kompensierende Wirkung und die thermische Zuverlässigkeit.

Die Wasserfalldirektion bevorzugt in ihren Netzen übrigens eine Anordnung, bei der zur Erdschlußlöscheinrichtung im Normalbetrieb ein Widerstand parallelgeschaltet ist, der beim Auftreten eines Erdschlusses vorübergehend abgeschaltet und selbsttätig wieder zugeschaltet wird. Man nimmt die kurzzeitige Belastung der Fehlerstelle in Kauf und erreicht durch die Anwendung dieses Verfahrens sowohl die Löschung vorübergehender Erdschlüsse als auch die sichere selektive Abschaltung von Dauererdschlüssen. Überdies weicht man damit dem Fragenkomplex des Resonanzproblems aus. Verzichtet man auf Fortführung des Betriebes im Dauererdschluß, so kann man mit erträglichen Kosten und Abmessungen der Widerstände auch die gegenseitige Beeinflussung erdgeschlossener kompensierter Hochspannungsleitungen beschränken. Die vorübergehende Abschaltung der Widerstände erschwert die Ausnutzung dieser Eigenschaft, welche sonst die Querkompensierung entbehrlich machen könnte. Läßt man Abschaltungen erst zu, wenn der Widerstand wieder zur Löscheinrichtung parallel liegt, so kann man Abschaltüberspannungen verhindern. Die Projektierung braucht dann nicht darauf zu achten, daß die Bedingungen für diese Erscheinung vermieden bleiben. Es trifft schließlich auch zu, daß die Wirkung von Gewitterüberspannungen am Nullpunkt durch den Parallelwiderstand ganz wesentlich gemildert werden kann. Alles in allem liegt hier also eine interessante und vielseitige Kompromißlösung vor.

In Norwegen führte man die Petersen-Spule für alle Spannungen ein. Gleich anfangs machte man auch bei 100 kV nicht halt, später wählte man nach einem zweijährigen Versuch mit isoliertem Nullpunkt für 130 kV das gleiche Verfahren. Im ersten Betriebsjahr schienen die Spulen des 130 kV-Netzes nicht mit dem gewünschten Erfolg zu arbeiten. Die Überschläge auf der Strecke waren von Schalterauslösungen begleitet. Man erkannte, daß es sich dabei um Nullpunktsüberschläge handelte, welche zu den Leitungsfehlern hinzutraten, und ging im nächsten Betriebsjahre von elektrisch getrenntem Betrieb der beiden Leitungsstränge zum Parallelbetrieb über. Die Umwandlung des Speisepunktes in eine Durchgangsstation machte sich sofort geltend, die Nullpunktsüberschläge verschwanden, die vorher zahlreichen Auslösungen unterblieben, obgleich viele Leitungsüberschläge registriert wurden. Vereinzelt kamen übrigens später noch Nullpunktsüberschläge an den als Kopfstationen betriebenen Endpunkten der Übertragungsleitungen vor. Von der Möglichkeit der Fortführung des Betriebes im Dauererdschluß machte man auch bei 130 kV Gebrauch. Schon im ersten Betriebsjahre wurde durch einen Sturm ein Baum in eine Leitung geworfen. Nach einem halbstündigen Betrieb im Dauererdschluß war die Baumkrone abgebrannt und fiel ab. Der Betrieb ging dann normal weiter. Auch ein Leitungsriß mit beiderseitigem Erdschluß, eingeleitet durch einen gefällten Baum, führte nicht zur Betriebsunterbrechung. Nach 1 Stunde wurde die Fehlerstelle ausfindig gemacht und der gerissene Draht durch den Reserveleiter ersetzt.

Von anderen europäischen Ländern sind noch zu nennen: Spanien, mit einer der ersten 130 kV-Spulen und beispielsweise 20 Dissonanzlöschspulen, Polen, wo die BBC-Ausführung bis 1934 in 14 Fällen Anwendung gefunden hat, Ungarn mit einer nennenswerten Zahl von Petersen-Spulen. Die Technik der Erdung hat in diesen Ländern noch keine eindeutige Richtung genommen.

In Rußland stehen die verschiedenen Erdungsmethoden noch im Wettbewerb. Immerhin wurde die Erdschlußspule auch schon für 110 kV-Netze verwendet. Tchernogubovski (L 182) teilt mit, daß man bei der Elektrifizierung des Dnjepr-Distriktes den Weg beschritt, die zur Zeit weniger entwickelten Netze von 6—35 kV zunächst isoliert zu betreiben, mit der Absicht, sie später mit Löscheinrichtungen auszurüsten. Die 150 kV-Übertragung ist induktiv geerdet, und zwar über eine Reaktanz vom Betrage der Transformatorstreureaktanz in den Unterwerken, vom vierfachen Werte in der Zentrale. Das

Impedorprinzip (Abschnitt V, Kapitel 11) hat hier auf eine Zwischenlösung zwischen starrer und abgestimmt induktiver Erdung Anwendung gefunden. Für die Einführung der Petersen-Spule in Netzen bis 38 kV treten auf Grund praktischer Erfahrungen Archangelsky, Tretyak und Zalessky (L 281) ein, ferner Wyskrebenzeff (L 282), der in zwei Betriebsjahren einen Erfolgsdurchschnitt von über 95 vH feststellte. Slonim (L 283) läßt Grenzen für die Anwendung der Petersen-Spule im Rahmen der heutigen Übertragungsanlagen nicht gelten und stellt dem Vorwurf schwierigerer Relaistechnik die Auffassung gegenüber, bei der starren Erdung sei der Relaisschutz einfach, leide aber unter den hohen Anforderungen, während in gelöschten Netzen der allerdings verwickeltere Relaisschutz vor einer leichteren Aufgabe stehe.

In außereuropäischen Ländern, wie Südamerika (Brasilien, Argentinien), Niederländisch-Indien, Südafrika und China hat die Petersen-Spule verschiedentlich Eingang gefunden. Besonders interessant ist die Einstellung der von Amerika stark beeinflußten japanischen Praxis (Betriebsfrequenz 60 Hertz), die zwischen dem festgewurzelten amerikanischen Standpunkt und dem neuen europäischen Verfahren zu wählen hatte. Schon frühzeitig hatten sich japanische Forscher mit den grundsätzlichen Fragen auseinandergesetzt. Bekku (L 141) hatte unter Anwendung der Methode der symmetrischen Komponenten das Resonanzproblem zergliedert. Er verneint das Bestehen einer wirklichen Resonanzgefahr und beweist die Gleichwertigkeit des Verhaltens von induktiver Nullpunktserdung und dreiphasiger Polerdung. Er zeigt auch die Noether bei der Behandlung dieser Frage unterlaufenen Versehen auf. In einer weiteren Arbeit (L 178) zeigte derselbe Verfasser erstmalig, daß auch bei langen Leitungen die Löschbedingungen von der Lage der Fehlerstelle unabhängig sind. Er gab die allgemeine Lösung dieser Aufgabe an. Mit dem Problem der Erdrückleitung befaßten sich Kasai (L 171, 172, 287) und Kato (L 173). Der Erstgenannte bestimmte die für japanische Verhältnisse gültigen Werte der Bodenleitfähigkeit, welche in die Berechnung der Beeinflussung eingehen, zu $3{,}8 \cdot 10^{-4}$ bis $0{,}25 \cdot 10^{-5} \frac{1}{\Omega}$ cm$^{-1}$ (vgl. Abschnitt II, Kapitel 7). Kato untersuchte die Beeinflussungsfragen geerdeter Übertragungssysteme hinsichtlich der Schirmwirkung geerdeter Leiter, die an den betrachteten 150 kV-Systemen auf 20—30 vH gebracht werden kann. Beeinflussungsfragen waren in Japan schließlich für die Wahl des Erdungsverfahrens maßgebend. Dies drückt sich zahlenmäßig in der großen Verbreitung der Erdschlußspule aus. Nach Fukao (L 288) waren Anfang 1933 Leitungen von 11—154 kV in einer Gesamtausdehnung von 6400 km geschützt. Die eingebaute Löschleistung betrug 105000 kVA. Für Betriebsspannungen bis zu 80 kV konnte ein Rückgang der Störungen um mehr als die Hälfte festgestellt werden. Im Bereich noch höherer Spannungen wird nicht die Verminderung der hochspannungsseitigen Störungsgefahr, sondern die Beherrschung der Beeinflussungsfragen mit Hilfe der Erdschlußspule als wesentlich angesehen. Der Ausgleich der Teilkapazitäten war allerdings auf den 150 kV-Leitungen kein so vollständiger, daß nicht bei genauer Abstimmung eine Verlagerung von rd. 20 kV zustande gekommen wäre. Dieser Verlagerung entsprach ein Strom durch die Erdschlußspule und die Erdkapazitäten, der auf die streckenweise parallel laufenden Schwachstromleitungen bereits störende induktive Wirkungen ausübte. Um im Normalbetrieb von dieser Beeinflussung freizukommen, ging man auf eine Verstimmung von 10 vH über.

Die klare Linie, nach welcher die deutsche Praxis bei der Lösung des Erdungsproblemes der Hochspannungsübertragungen in den letzten Jahren unbeirrbar fortgeschritten ist, tritt in der technischen Entwicklung der anderen Länder nur zum Teil in gleicher Eindeutigkeit hervor. Aber die Zeit arbeitet für die Erdschlußspule.

# Anhang I.
## Kurventafeln für die Bestimmung der Kenngrößen von Freileitungen und Kabeln.

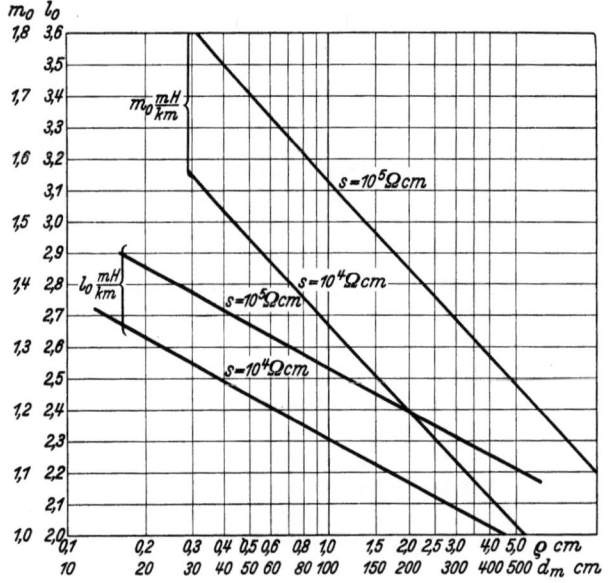

Die Selbstinduktivitäten $l_0$ und Gegeninduktivitäten $m_0$ gelten für 50 Hertz und entsprechen den Beziehungen

$$l_0 = 2\left(\ln\frac{0{,}178}{\varrho}\sqrt{\frac{s\cdot 10^9}{f}} + 0{,}25\right)10^{-4}\text{ H/km}$$

$$m_0 = 2\ln\frac{0{,}178}{d_m}\sqrt{\frac{s\cdot 10^9}{f}}\cdot 10^{-4}\text{ H/km}.$$

Die zugehörigen Reaktanzwerte für 50 Hertz erhält man durch Multiplikation mit dem Faktor 0,314 in $\Omega$/km.

Abb. 305. Selbst- und Gegeninduktivitäten einfacher Leiterschleifen mit Erdrückleitung.

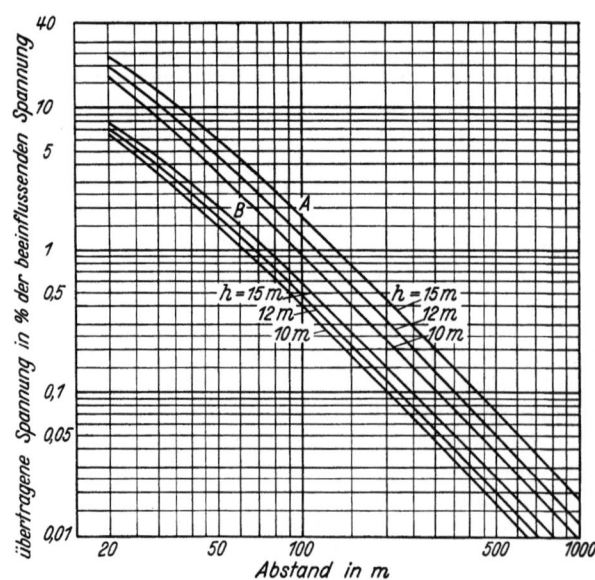

Abb. 306. Kapazitive Beeinflussung durch Starkstromleitungen. *A* ohne Erdseilschutz, *B* mit Erdseilschutz.

## Kurventafeln.

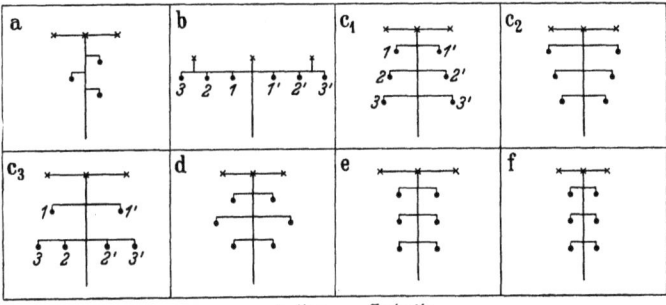

o = Leiter   × = Erdseile
Abb. 307. Mastbilder.

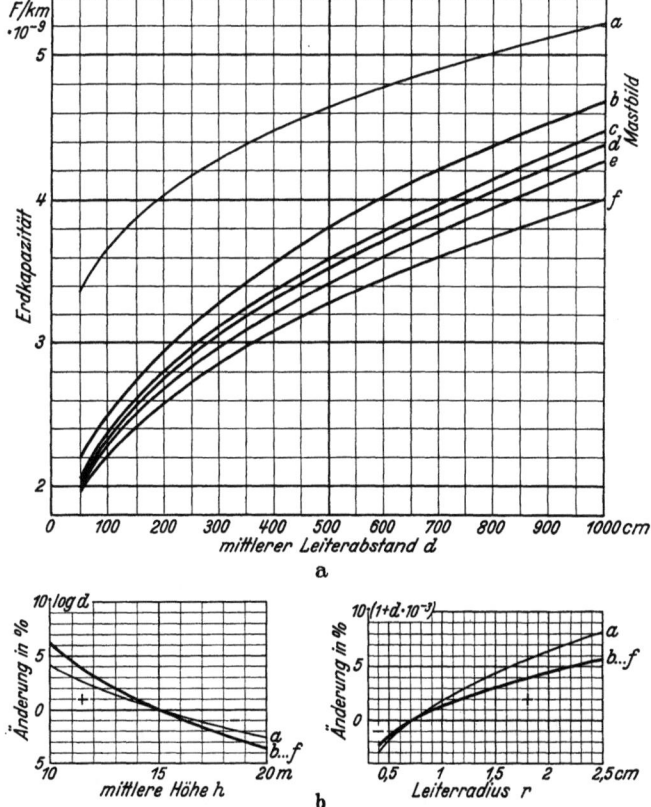

Abb. 308 a und b. Erdkapazität je Leiter und Erdschlußstrom von Drehstromleitungen ohne Erdseil (für die Mastbilder $a-f$; vgl. Abb. 307). Ohne Zuschläge für Maste, Transformatoren und Schaltstationen. Durch Multiplikation der Erdkapazität in $10^{-9}$ F/km mit 0,544 erhält man den spezifischen Erdschlußstrom eines Stromkreises in $A$ je 10 kV und 100 km bei $f = 50$ Hertz.

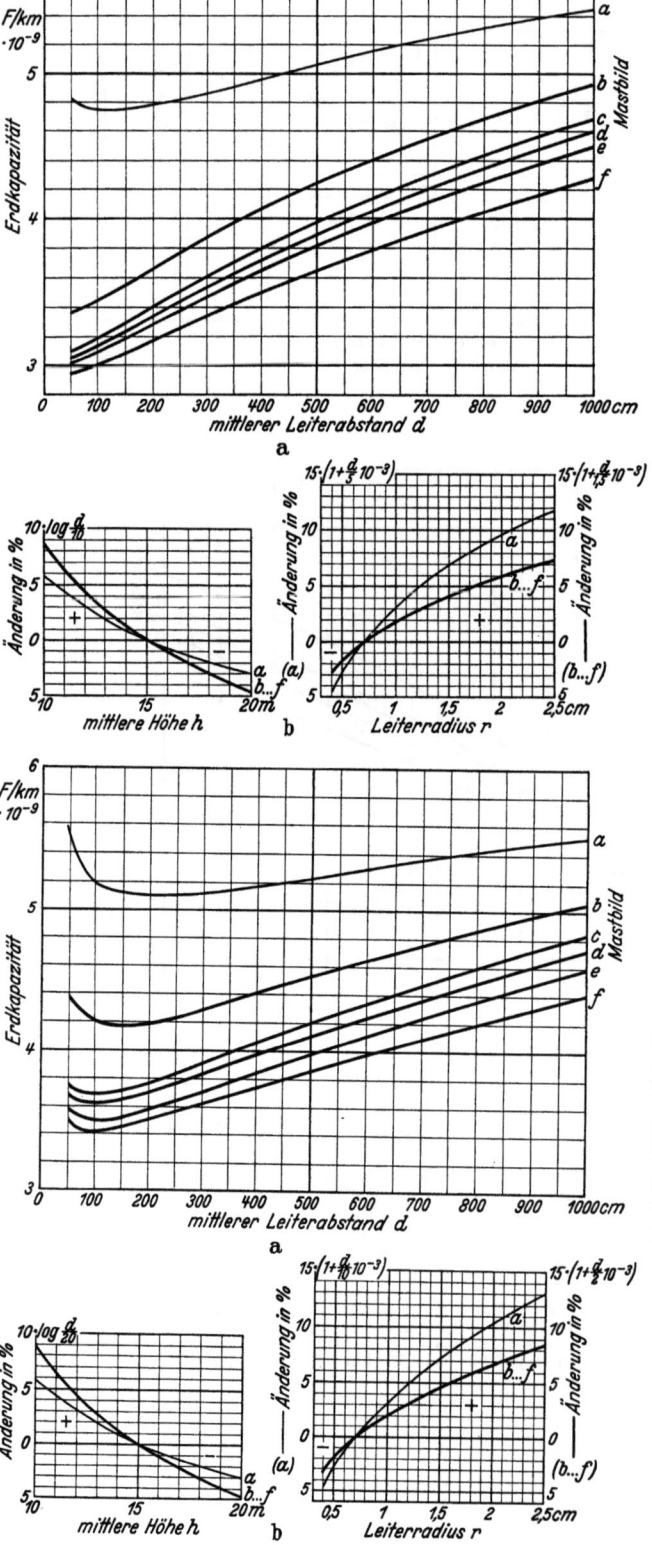

Abb. 309 a und b. Erdkapazität je Leiter und Erdschlußstrom von Drehstromleitungen mit **einem** Erdseil (für die Mastbilder $a-f$; vgl. Abb. 307). Ohne Zuschläge für Maste, Transformatoren und Schaltstationen. Durch Multiplikation der Erdkapazität in $10^{-9}$ F/km mit 0,544 erhält man den spezifischen Erdschlußstrom eines Stromkreises in $A$ je 10 kV und 100 km bei $f = 50$ Hertz.

Abb. 310 a und b. Erdkapazität je Leiter und Erdschlußstrom von Drehstromleitungen mit **zwei** Erdseilen (für die Mastbilder $a-f$; vgl. Abb. 307). Ohne Zuschläge für Maste, Transformatoren und Schaltanlagen. Durch Multiplikation der Erdkapazität in $10^{-9}$ F/km mit 0,544 erhält man den spezifischen Erdschlußstrom eines Stromkreises in $A$ je 10 kV und 100 km bei $f = 50$ Hertz.

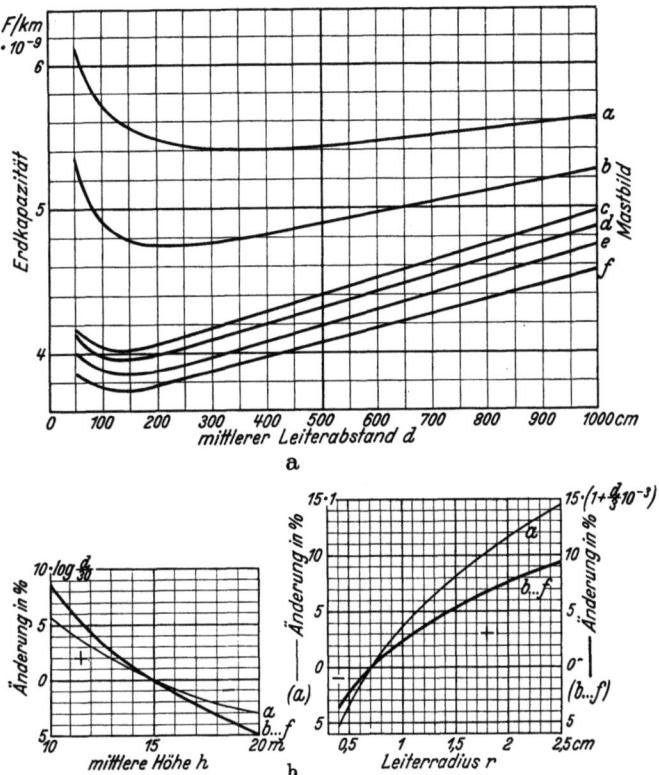

Abb. 311 a und b. Erdkapazität je Leiter und Erdschlußstrom von Drehstromleitungen mit drei Erdseilen (für die Mastbilder $a-f$, vgl. Abb. 307). Durch Multiplikation der Erdkapazität in $10^{-9}$ F/km mit 0,544 erhält man den spezifischen Erdschlußstrom eines Stromkreises in $A$ je 10 kV und 100 km bei $f = 50$ Hertz. Zur Berücksichtigung der Erdwirkung der Maste und der Konstruktionsteile innerhalb der Transformatorenstationen und Schaltanlagen werden folgende Zuschläge empfohlen:

Betriebsspannung $\begin{cases} 10 \text{ kV} \\ 35 \text{ kV} \\ 70 \text{ kV} \end{cases}$ Zuschläge für Erdkapazität $\begin{cases} 16 \text{ vH} \\ 13 \text{ vH} \\ 11 \text{ vH} \end{cases}$ Betriebsspannung $\begin{cases} 100 \text{ kV} \\ 150 \text{ kV} \\ 200 \text{ kV} \end{cases}$ Zuschläge für Erdkapazität $\begin{cases} 9 \text{ vH} \\ 8 \text{ vH} \\ 7 \text{ vH} \end{cases}$

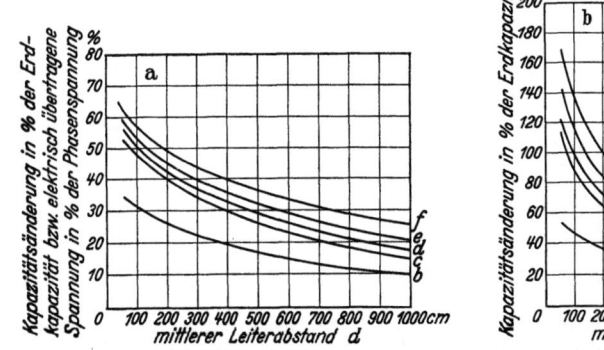
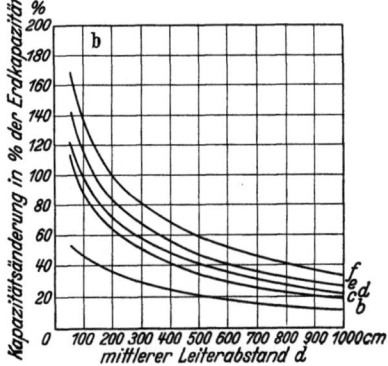

Abb. 312 a und b. a Mittlere Zunahme der Erdkapazität und des Erdschlußstromes eines Stromkreises bei Übergang vom Doppelleitungs- zum Einfachleitungsbetrieb unter Nichterdung des ausgeschalteten Stromkreises bzw. elektrisch auf den (isolierten) Stromkreis übertragene Spannung bei Erdschluß des anderen. b Mittlere Zunahme der Erdkapazität und des Erdschlußstromes bei Übergang vom Doppelleitungs- zum Einfachleitungsbetrieb unter Erdung des ausgeschalteten Stromkreises.

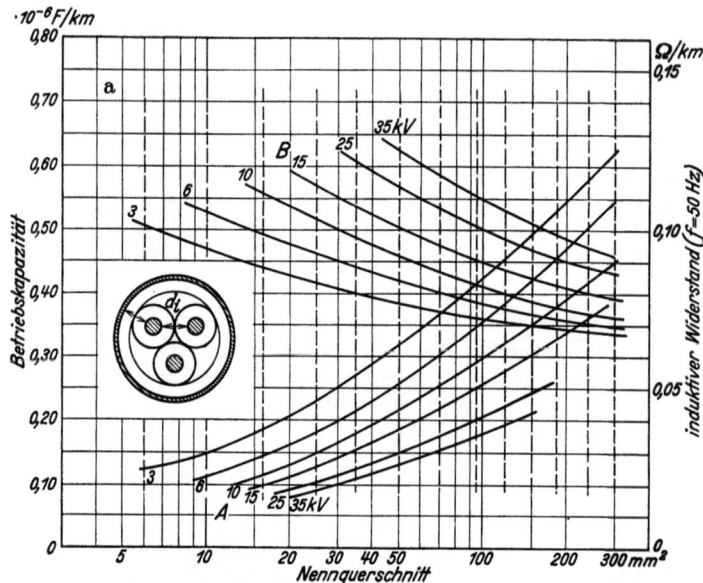

Abb. 313a. Kapazität (A) und induktiver Widerstand (B) je Leiter von normalen Drehstromkabeln (Kupfer). Durch Multiplikation der Betriebskapazität in $10^{-6}$ F/km mit $\genfrac{\{}{\}}{0pt}{}{181}{272}$ erhält man den spezifischen $\genfrac{\{}{\}}{0pt}{}{\text{Ladestrom}}{\text{Erdschlußstrom}}$ in A je 10 kV und 100 km bei $f = 50$ Hertz. In den Kurven für den induktiven Widerstand ist Kabelarmierung nicht berücksichtigt; hierfür wird ein Zuschlag von 15—25 vH (für Kabel hoher bzw. niedriger Betriebsspannung) empfohlen.

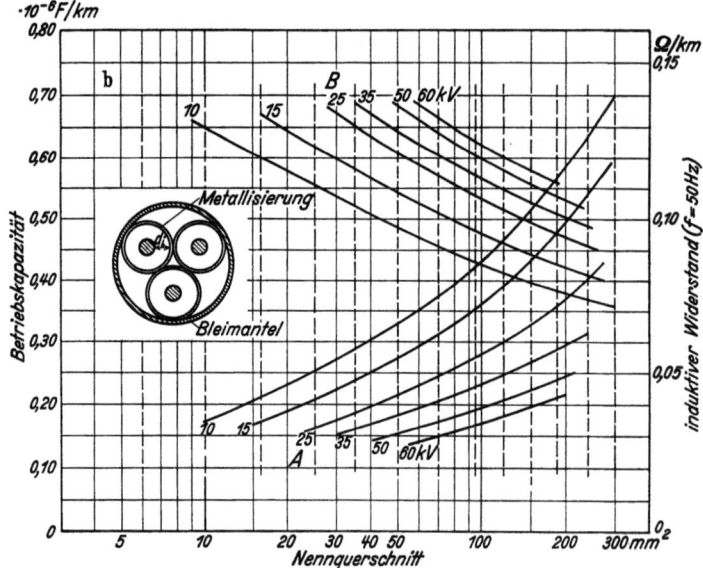

Abb. 313b. Kapazität (A) und induktiver Widerstand (B) je Leiter von Drehstrom-H-Kabeln (Kupfer). Durch Multiplikation der Betriebskapazität in $10^{-6}$ F/km mit $\genfrac{\{}{\}}{0pt}{}{181}{544}$ erhält man den spezifischen $\genfrac{\{}{\}}{0pt}{}{\text{Ladestrom}}{\text{Erdschlußstrom}}$ in A je 10 kV und 100 km bei $f = 50$ Hertz. In den Kurven für den induktiven Widerstand ist Kabelarmierung nicht berücksichtigt; hierfür wird ein Zuschlag von 15—25 vH (für Kabel hoher bzw. niedriger Betriebsspannung) empfohlen.

# Anhang II.

## Literaturverzeichnis.

### Abschnitt I.

| Kap. | Lfd. Zahl | Verfasser | Titel | Zeitschrift bzw. Verlag |
|---|---|---|---|---|
| 1 | L 1 | W. Petersen | Hochspannungstechnik | Stuttgart: Ferdinand Enke 1911, 9. Kap., Absch. III. |
| 1 | L 2 | W. Petersen | Erdschlußströme in Hochspannungsnetzen | Elektrotechn. Z. Bd. 37 (1916) S. 493, 512. |
| 1 | L 3 | F. Breisig | Theoretische Telegraphie. §§ 47 bis 53 und 184 bis 189 | Braunschweig 1910. |
| 3 | L 4 | L. Lichtenstein | Über die rechnerische Bestimmung der Kapazität von Luftleitern und Kabeln | Elektrotechn. Z. Bd. 25 (1904) S. 106, 124. |
| 3 | L 5 | H. Diesselhorst u. F. Emde | Vorschläge für die Definition der elektrischen Eigenschaften gestreckter Leiter | Elektrotechn. Z. Bd. 30 (1909) S. 1155, 1184. |
| 3 | L 6 | AEF (Ausschuß für Einheiten und Formelgrößen), Entwurf 50 | Elektrische Eigenschaften gestreckter Leiter | Elektrotechn. Z. Bd. 54 (1933) S. 806. |
| 4 | L 7 | J. C. Maxwell | Lehrbuch der Elektrizität und des Magnetismus, Bd. 1, Art. 87, S. 104 | Berlin 1883. |
| 4 | L 8 | J. Labus | Einfache experimentelle Bestimmung der Kapazitäten (Kapazitätskoeffizienten und Teilkapazitäten) beim Vorhandensein beliebig vieler Leiter | Arch. Elektrotechn. Bd. 18 (1927) S. 40. |
| 4 | L 9 | K. W. Wagner | Die Messung der dielektrischen Ableitungen und Kapazitäten mehradriger Kabel mit Wechselstrom | Elektrotechn. Z. Bd. 33 (1912) S. 513. |

### Abschnitt II.

| Kap. | Lfd. Zahl | Verfasser | Titel | Zeitschrift bzw. Verlag |
|---|---|---|---|---|
| 2 | L 10 | C. L. Fortescue | Method of Symmetrical Coordinates | Trans. Amer. Inst. Electr. Engr. Bd. 37 (1918) S. 1027. |
| 2 | L 11 | C. F. Wagner u. R. D. Evans | Symmetrical Components. | London Mc.Graw-Hill. 1933. |
| 2 | L 12 | G. Oberdorfer | Das Rechnen mit symmetrischen Komponenten | Leipzig: B. G. Teubner 1929. |
| 2 | L 13 | W. Wanger | Symmetrische Komponenten für Mehrphasensysteme | Arch. Elektrotechn. Bd. 29 (1935) S. 683. |
| 4 | vgl. L 2 | W. Petersen | Erdschlußströme in Hochspannungsnetzen | |
| 4 | L 14 | R. Bauch | Ströme und Spannungen in einem Drehstromnetz bei vollkommenem und unvollkommenem Erdschluß | Elektrotechn. u. Maschinenb. Bd. 37 (1919) S. 113. |
| 4 | L 15 | R. Bauch | Vorgänge bei Erdschluß | Siemens-Z. Bd. 1 (1921) S. 261. |
| 4 | L 16 | G. Oberdorfer | Einige Erdschlußgrundprobleme in symmetrischer Darstellung | Elektrotechn. u. Maschinenb. Bd. 46 (1928) S. 969. |
| 6 | L 17 | T. Holmgren | Några hufvudfrågor vid anordnandet af högspänningsanläggninger för stora kraftbelopp | Tekn. T. Elektrotekn. 1912 S. 7. |

Literaturverzeichnis.

| Kap. | Lfd. Zahl | Verfasser | Titel | Zeitschrift bzw. Verlag |
|---|---|---|---|---|
| 6 | L 18 | G. Oberdorfer | Das Rechnen nach der Methode der symmetrischen Koordinaten | Elektrotechn. u. Maschinenb. Bd. 45 (1927) S. 296. |
| 6 | L 19 | K. Hessenberg | Die Berechnung von Symmetriestörungen in Drehstromnetzen mit Hilfe von symmetrischen Komponenten und Ersatzschaltungen | Elektrotechn. u. Maschinenb. Bd. 49 (1931) S. 273. |
| 6 | L 20 | E. Clarke | Simultaneous Faults on Three-Phase Systems | Trans. Amer. Inst. Electr. Engr. Bd. 50 (1931) S. 919. |
| 6 | L 21 | G. Courvoisier | Der Kurzschlußschutz von Wechselstromnetzen | Bull. schweiz. elektrotechn. Ver. Bd. 24 (1933) S. 421, 459, 573. |
| 6 | L 22 | E. W. Kimbark | Experimental Analysis of Double Unbalances | Electr. Engng. Bd. 54 (1935) S. 159. |
| 7 | L 23 | F. Ollendorff | Erdströme. Grundlagen der Erdschluß- und Erdungsfragen | Berlin: Julius Springer 1928. |
| 7 | L 24 | R. Rüdenberg | Die Ausbreitung der Erdströme in der Umgebung von Wechselstromleitungen | Z. angew. Math. Mech. Bd. 5 (1925) S. 361. |
| 7 | L 25 | O. Mayr | Die Erde als Wechselstromleiter | Elektrotechn. Z. Bd. 46 (1925) S. 1352 u. 1436. Arch. Elektrotechn. Bd. 16 (1926) S. 303. |
| 7 | L 26 | O. Mayr | Einphasiger Erdschluß und Doppelerdschluß in vermaschten Leitungsnetzen | Arch. Elektrotechn. Bd. 17 (1926) S. 163. |
| 7 | L 27 | J. E. Clem | Reactance of Lines with Ground Return | Electr. Engng. Bd. 50 (1931) S. 868. Trans. Amer. Inst. Electr. Engr. Bd. 50 (1931) S. 901. |
| 8 | L 28 | W. Petersen | Unterdrückung des aussetzenden Erdschlusses durch Nullwiderstände und Funkenableiter | Elektrotechn. Z. Bd. 39 (1918) S. 341. |
| 8 | L 29 | M. Vidmar | Die Transformatoren, 2. Aufl. S. 46 | Berlin: Julius Springer. |
| 8 | L 30 | F. Ollendorff | Studien über das Jochfeld von Transformatoren | Wiss. Veröff. Siemens-Konz. Bd. 7 (1928) H. 1 S. 33. |
| 8 | L 31 | R. Richter | Elektrische Maschinen, dritter Band. Die Transformatoren, A 5, S. 31. | Berlin: Julius Springer 1932. |
| 8 | L 32 | H. G. Nolen | Zickzackgeschaltete Wicklungen zur Verkleinerung schädlicher Erdströme | Elektrotechn. u. Maschinenb. Bd. 49 (1931) S. 457. |
| 9 | L 33 | R. Richter | Ankerwicklungen für Gleich- und Wechselstrom | Berlin: Julius Springer 1930. |
| 10 | L 34 | W. Petersen | Überspannungen mit der Betriebsfrequenz bei Leitungsbrüchen und einpoligen Schaltvorgängen | Elektrotechn. Z. Bd. 36 (1915) S. 353, 366, 383. |
| 10 | L 35 | W. Petersen | Überströme und Überspannungen in Netzen mit hohem Erdschlußstrom | Elektrotechn. Z. Bd. 37 (1916) S. 129. |
| 10 | L 36 | R. Willheim | Drehstromgeneratoren ohne Querfelddämpfung als Elemente von Resonanzkreisen | Arch. Elektrotechn. Bd. 21 (1929) H. 6 S. 593. |
| 13 | L 37 | J. Fallou | La limitation des courtcircuits dans les réseaux à haute tension | Bull. Soc. Franc. Électr. Bd. 9 (1929) N. 96 S. 883. |
| 13 | L 38 | W. W. Lewis | Grounding the neutral trough resistance and reactance | Gen. electr. Rev. Bd. 32 (1929) S. 199. |
| 13 | L 39 | E. W. Boehne | Voltage Oscillations in Armature Windings under Lightning Impulses | Trans. Amer. Inst. Electr. Engr. Bd. 49 (Okt. 1930). |

| Kap. | Lfd. Zahl | Verfasser | Titel | Zeitschrift bzw. Verlag |
|---|---|---|---|---|
| 14 | L 40 | R. Rüdenberg | Über den räumlichen Verlauf von Erdschlußströmen | Elektrotechn. Z. Bd. 42 (1921) S. 847; vgl. auch Bull. schweiz. elektrotechn. Ver. Bd. 12 (1921) S. 363. |
| 14 | L 41 | R. Rüdenberg | Die Ausbreitung der Luft- und Erdfelder um Hochspannungsleitungen besonders bei Erd- und Kurzschlüssen | Elektrotechn. Z. Bd. 46 (1925) S. 1342. |

## Abschnitt III.

| Kap. | Lfd. Zahl | Verfasser | Titel | Zeitschrift bzw. Verlag |
|---|---|---|---|---|
| 1 | L 42 | H. Mitchener in | Transmission at 220 Kv. on the Southern California Edison System | J. Amer. Inst. electr. Engr. Bd. 43 (1924) S. 901. Ref. Elektrotechn. Z. Bd. 47 (1926) S. 829. |
| 1 | L 43 | E. E. George und W. R. Brownlee | Interruptions to Lines Concentrated at Sunrise-Why? | Electr. Wld., N.Y. Bd. 48 (1931) S. 658. Ref. Elektrotechn. Z. Bd. 54 (1933) S. 476. |
| 1 | L 44 | A. Roth | Beiträge zur Frage des Schutzes gegen Überspannungen und Überströme in Hochspannungsanlagen | Elektrotechn. u. Maschinenb. Bd. 42 (1924) S. 477, 492. |
| 1 | L 45 | A. Roth | Hochspannungstechnik, S. 482 | Berlin: Julius Springer 1927. |
| 1 | L 46 | Ph. Sporn | Lightning Experience on 132 Kv. Transmission Lines of the American Gas and Electric Company System 1930—1931 | Trans. Amer. Inst. Elektr. Engr. Bd. 52 (1933) S. 482. Electr. Engng. Bd. 52 (1933) S. 47. Ref. Elektrotechn. Z. Bd. 55 (1934) S. 723. |
| 1 | L 47 | Ph. Sporn und I. W. Groß | Lightning Performance of 132 Kv-Lines | Electr. Engng. Bd. 53 (1934) S. 1195. |
| 1 | L 48 | D. Müller-Hillebrand | Gewitterforschungen nach ausländischen Veröffentlichungen im Jahre 1934. | Elektrotechn. Z. Bd. 56 (1935) S. 417. |
| 1 | L 49 | R. Rüdenberg | Elektrische Schaltvorgänge, Abschnitt C VII. 3. Aufl. | Berlin: Julius Springer 1933. |
| 1 | L 50 | G. Frühauf | Dämpfung von Wanderwellenschwingungen auf Freileitungen nach Aufnahmen mit dem Kathodenoszillographen | Elektrotechn. Z. Bd. 50 (1929) S. 892. |
| 1 | L 51 | L. V. Bewley | Attenuation and Distortion of Waves | Electr. Engng. Bd. 52 (1933) S. 876. |
| 1 | L 52 | G. Courvoisier | Über Sprungwellenbeanspruchung von Transformatoren | Bull. schweiz. elektrotechn. Z. Bd. 13 (1922) S. 437. |
| 1 | L 53 | E. Flegler u. I. Roehrig | Die Dämpfung von Wanderwellen auf Hochspannungsleitungen | Arch. Elektrotechn. Bd. 27 (1933) S. 413, 637. |
| 1 | L 54 | J. R. Carson | Elektrische Ausgleichsvorgänge und Operatorenrechnung, Kap. 48 u. 49 | Berlin: Julius Springer 1929. |
| 1 | L 55 | R. Willheim | Die Gewitterfestigkeit des Drehstromtransformators | Elektrotechn. u. Maschinenb. Bd. 50 (1932) S. 16. |
| 1 | L 56 | H. Neuhaus u. R. Strigel | Der Verlauf von Wanderwellen in elektrischen Maschinen und deren Schutz beim Anschluß an Freileitungen | Arch. Elektrotechn. Bd. 29 (1935) S. 702. |
| 1 | L 57 | E. M. Hunter | Tests on Lightning Protection for A-C Rotating Machines | Electr. Engng. Bd. 55 (1936) S. 137. |
| 1, 2, 3 | L 58 | W. Petersen | Der aussetzende (intermittierende) Erdschluß | Elektrotechn. Z. Bd. 38 (1917) S. 553, 564. |

| Kap. | Lfd. Zahl | Verfasser | Titel | Zeitschrift bzw. Verlag |
|---|---|---|---|---|
| 2, 3 | L 59 | W. Petersen | Unterdrückung des aussetzenden Erdschlusses durch Nullwiderstände und Funkenableiter | Elektrotechn. Z. Bd. 39 (1918) S. 341. |
| 3 | L 60 | E. Peters u. J. Slepian | Voltages Induced by Arcing Grounds | J. Amer. Inst. electr. Engr. Bd. 42 (1923) S. 781. Trans. Amer. Inst. Electr. Engr. Bd. 42 (1923) S. 478. |
| 3 | L 61 | I. E. Clem | Arcing Grounds and Effect of Neutral Grounding Impedance | Trans. Amer. Inst. Electr. Engr. Bd. 49 (1930) S. 970. |
| 3 | L 62 | I. R. Eaton, I. K. Peck u. I. M. Dunham | Experimental Studies of Arcing Faults on a 75-Kv. Transmission System | Trans. Amer. Inst. Electr. Engr. Bd. 50 (1931) S. 1469. |
| 3 | L 63 | K. Berger | Untersuchungen mittels Kathodenstrahloszillographen der durch Erdschlüsse hervorgerufenen Überspannungen in einem 8 kV-Verteilungsnetz | Bull. schweiz. elektrotechn. Ver. Bd. 21 (1930) S. 756. |
| 4 | L 64 | K. W. Wagner | Induktive Wirkungen von Wanderwellen in Nachbarleitungen | Elektrotechn. Z. Bd. 35 (1914) S. 639. |
| 4 | L 65 | R. Rüdenberg | Elektrische Schaltvorgänge, 3. Aufl., Absch. C VIII | Berlin: Julius Springer 1933. |
| 4 | L 66 | G. Frühauf | Schutzwertbestimmung von Überspannungsableitern | AEG-Mitt. 1932 S. 332. |
| 4 | L 67 | L. V. Bewley | Resolution of Surges Into Multivelocity Components | Electr. Engng. Bd. 54 (1935) S. 1199. |

## Abschnitt IV.

| Kap. | Lfd. Zahl | Verfasser | Titel | Zeitschrift bzw. Verlag |
|---|---|---|---|---|
| 1 | L 68 | P. Thieme | Ein Beitrag zur Frage der selbsttätigen Schutzerdung | Elektrotechn. Z. Bd. 37 (1916) S. 179, 196. |
| 1 | L 69 | Ph. Sporn u. I. W. Groß | Expulsion Protective Gaps on 132 kV Lines | Electr. Engng. Bd. 54 (1935) S. 66. |
| 1 | L 70 | L. V. Bewley | Effect Which Different Distributions of Expulsion Gaps Have on Direct-stroke Protection of Transmission Lines | Gen. electr. Rev. Bd. 38 (1935) S. 505. |
| 1 | L 81 | R. Treat | Many Interruptions to Electric Power Supply are Avoidable | Gen. electr. Rev. Bd. 37 (1934) S. 162. |
| 1 | L 82 | R. Treat | Factors in Making Electric Power Supply Dependable (II) | Gen. electr. Rev. Bd. 38 (1935) S. 376. |
| 1 | L 83 | W. M. Edson u. R. E. Walsh | Speedier Switching Isolates Faults on 110-Kv. System | Electr. Wld., N. Y. Bd. 104 (1934) S. 170. |
| 1 | L 84 | D. C. Prince u. A. E. Anderson | Immediate Initial Reclosure of Oil Circuit Breakers | Gen. electr. Rev. Bd. 38 (1935) S. 258. |
| 1 | L 85 | I. T. Johnson u. I. W. Graff | Results With Quick Reclosure of 110-Kv. Breaker | Electr. Wld. N. Y. Bd. 105 (1935) H. 19 S. 38. Ref. Elektrotechn. Z. Bd. 56 (1935) S. 1329. |
| 1 | L 86 | P. Ackerman | Ground Selector for Ungrounded Three-Phase Distribution Systems | J. Amer. Inst. eletr. Engr. Bd. 42 (1923) S. 311, 1087. |
| 1, 2, 3 | L 87 | W. Petersen | Beseitigung von Freileitungsstörungen durch Unterdrückung des Erdschlußstromes und -lichtbogens | Elektrotechn. u. Maschinenb. Bd. 36 (1918) S. 297. |
| 1, 2, 3 | L 88 | W. Petersen | Die Begrenzung des Erdschlußstromes und die Unterdrückung Erdschlußlichtbogens durch die Erdschlußspule | Elektrotechn. Z. Bd. 40 (1919) S. 5, 17. |
| 1, 2, 3 | L 89 | H. Görges | Über den Schutzwert der Erdungsdrosselspule im Nullpunkt von Wechselstromanlagen | Arch. Elektrotechn. Bd. 7 (1919) S. 125. |

| Kap. | Lfd. Zahl | Verfasser | Titel | Zeitschrift bzw. Verlag |
|---|---|---|---|---|
| 1, 2, 3 | L 90 | J. Biermanns | Technische Probleme der elektrischen Großwirtschaft | Elektrotechn. Z. Bd. 42 (1921) S. 53. |
| 1, 2, 3 | L 91 | A. Roth | Schutz gegen Erdschlüsse. | Elektrotechn. Z. Bd. 42 (1921) S. 642, 673. BBC Mitt. Bd. 8 (1921) S. 99. |
| 1, 2, 3 | L 92 | A. Matthias | Über das Verhalten der Erdschlußspule im Betriebe | Arch. Elektrotechn. Bd. 12 (1923) S. 381. |
| 1, 2, 3 | L 93 | G. Oberdorfer | Der Erdschluß und seine Bekämpfung | Wien: Julius Springer 1930. |
| 2, 3 | L 94 | AEG | Überspannungsschutz durch Erdschlußspulen | Informationsschr. K 5/1005. |
| 2, 3 | L 95 | Brown, Boveri & Cie. | Die Erdschlußgefahren und ihre Bekämpfung | BBC Druckschr. C 1075. |
| 3 | L 96 | G. Meyer | Die Brenndauer von Erdschlußlichtbögen in gelöschten Netzen | Elektrotechn. Z. Bd. 52 (1931) S. 1466. |
| 3 | L 97 | A. van Gastel | Die Löschung des Erdschlußlichtbogens | Bull. schweiz. elektrotechn. Ver. Bd. 25 (1934) S. 491. |
| 6 | L 98 | W. Felsenburg | Kerntransformator in Stern-Stern-Schaltung in Zusammenarbeit mit der Petersenspule | AEG-Mitt. 1931 S. 89. Elektrotechn u. Maschinenb. Bd. 49 (1931) S. 533. |
| 6 | L 99 | W. Felsenburg | Stromverteilung, Erwärmung und Verluste von Transformatoren mit angeschlossener Erdschlußspule | Elektrotechn. u. Maschinenb. Bd. 49 (1931) S. 737. |
| 6 | L 100 | H. Salazin | Überlastung von Öltransformatoren mit Selbstkühlung | Elektrotechn. Z. Bd. 51 (1930) S. 1317. |
| 6 | L 101 | H. Salazin | Erwärmung von Öltransformatoren bei Belastung durch Erdschlußspulen | Bull. schweiz. elektr. Ver. Bd. 26 (1935) S. 540. |
| 6 | L 102 | A. van Gastel | Der Anschluß von Erdschlußlöschspulen | BBC Nachr. Bd. 21 (1934) S. 87. |
| 7 | L 103 | H. Auernheimer | Zur Frage der Erdschlußspulen | Elektrotechn. Z. Bd. 43 (1922) S. 199. |
| 7 | L 104 | J. Jonas | Über den Schutz von Hochspannungsnetzen mit unsymmetrisch auf die Netzleitungen verteilter Kapazität gegen Erde | BBC Mitt. Bd. 7 (1920) S. 146. |
| 7 | L 105 | M. Reithoffer | Neue Anordnungen für Erdstromlöschspulen | Elektrotechn. u. Maschinenb. Bd. 39 (1921) S. 245. |
| 7 | L 106 | R. Bauch | Erdschluß und Kurzschluß | Elektrotechn. u. Maschinenb. Bd. 42 (1924) S. 333. |
|  |  | M. Reithoffer u. R. Bauch | Briefwechsel | Elektrotechn. u. Maschinenb. Bd. 42 (1924) S. 691. |
| 7 | L 107 | R. Bauch | Die Polerdung mittels Erdungsdrosseln als Schutz gegen Erdschlußstrom und durch ihn verursachte Überspannungen | Elektrotechn. Z. Bd. 42 (1921) S. 588, 616. |
| 7 | L 108 | H. Korisko | Unsymmetrie von Polerdschlußlöschern | Elektrotechn. u. Maschinenb. Bd. 50 (1932) S. 705. |
| 7 | L 109 | W. Maurer | Kompensation der Ladeblindlast langer Höchstspannungsleitungen mittels regulierbarer Reaktanzen | Diss. Techn. Hochsch. Darmstadt. Leipzig: R. Noske 1929. |
| 7 | L 110 | C. A. Woodrow | New Reactors Limit Voltage Rise on Network Cables | Electr. Wld., N. Y. 1932 S. 822. |

## Abschnitt V.

| | | | | |
|---|---|---|---|---|
| 1 | L 111 | E. Hueter | Über Oberwellen in Hochspannungsnetzen | Elektr.-Wirtsch. Bd. 30 (1931) S. 185. |
| 1 | L 112 | E. Hueter | Transformatoren als Oberwellenerzeuger | Elektrotechn. Z. Bd. 54 (1933) S. 747. |

| Kap. | Lfd. Zahl | Verfasser | Titel | Zeitschrift bzw. Verlag |
|---|---|---|---|---|
| 1 | L 113 | E. Friedländer | Die Verzerrung der Netzspannungskurve durch die Transformatoren | VDE-Fachber. 1928 S. 40. Wiss. Veröff. Siemens-Konz. Bd. 7 (1929) S. 1. |
| 1 | L 114 | R. Willheim | Oberwellenverteilung in Übertragungssystemen mit langen Leitungen | VDE-Fachber. 1931 S. 82. |
| 1 | L 115 | H. Korisko | Über Abstimmungserscheinungen bei Erdschlußlöscheinrichtungen | Elektrotechn. u. Maschinenb. Bd. 41 (1923) S. 666. |
|   |   | R. Willheim u. H. Korisko | Diskussion dazu | Elektrotechn. u. Maschinenb. Bd. 42 (1924) S. 287. |
| 1 | L 116 | R. Lundholm | Nollpunktsjordning med Petersenspolar. | Tekniska Meddel. från kungl. Vattenfallstyrelsen Serie E, Nr. 6, Stockholm. |
| 1 | L 117 | B. Mengele | Die Grenzen der Erdschlußlöschung in Mittelspannungsnetzen | Elektrotechn. u. Maschinenb. Bd. 52 (1934) S. 37 u. 53. |
| 1 | L 118 | H. Piloty | Kompensation der Oberwellen im Reststrom | Elektrotechn. Z. Bd. 47 (1926) S. 1479, 1536. VDE-Fachber. 1926 S. 31. |
| 1 | L 119 | H. Piloty | Fortschritte in der Kompensation der Oberwellen im Erdschlußstrom | VDE-Fachber. 1928 S. 43. |
| 2 | L 120 | G. Meyer | Erdschlußlöschung. Bestimmung des Scheinwiderstandes zur Erzielung günstigster Löschereinstellung | ATM Bd. 2 (1933) V 534—2. |
| 3 | L 121 | W. Pfannkuch | Die Erdschlußkompensation in Kabelanlagen | Elektro-J. Bd. 3 (1923) H. 3. |
| 3 | L 122 | E. Rühle | Petersenspulen in einem umfangreichen 30 kV-Kabelnetz | AEG Progr. Bd. 5 (1929) S. 262. |
| 1 | L 123 | NELA | Amerikanische Statistik über Kabelfehler im Jahre 1929 | Elektrotechn. Z. Bd. 52 (1931) S. 355 bzw. N.E.L.A. Publ. 1930 Nr. 089. |
| 3 | L 124 | H. Halperin | Amerikanische Betriebsstatistik über Hochspannungskabel für das Jahr 1928 | Electr. Wld., N. Y. Bd. 93 (1930) S. 1093, 1327. N. E. L. A. Publ. 1930 Nr. 27. Elektrotechn. Z. Bd. 51 (1930) S. 1463. |
| 3 | L 125 | W. Zimmermann | Hochspannungs-Kabelfehlerstatistik | Elektr.-Wirtsch. Bd. 32 (1933) H. 23 S. 501; Bd. 34 (1935) H. 4/5 S. 99; Bd. 34 (1935) H. 20 S. 421. |
| 3 | L 126 | E. Schulze | Erdschlußprobleme bei großen Kabelnetzen | Elektr.-Wirtsch. Bd. 32 (1933) S. 277. |
| 3 | L 127 | E. Neumann | Die Erdung der Neutralen in Kabelnetzen, Versuche mit Erdschlußspulen im 30 kV-Kabelnetz der Städtischen Elektrizitätswerke Berlin | Elektrotechn. Z. Bd. 45 (1924) H. 13 u. 14 S. 261, 294. |
| 3 | L 128 | I. E. Clem | Cable System Neutral Grounding Impedance | Electr. Engng. Bd. 54 (1935) S. 30, 324. |
| 3 | L 129 | A. Maret | Erdschlußkompensation in einem Kabelnetz | BBC Mitt. Bd. 21 (1934) S. 187. |
| 4 | L 130 | J. Biermanns | Der Schwingungskreis mit eisenhaltiger Induktivität | Arch. Elektrotechn. Bd. 3 (1915) S. 345. |
| 4 | L 131 | J. Jonas | Über den Schutz von Hochspannungsnetzen mit unsymmetrisch auf die Netzleitungen verteilten Teilkapazitäten gegen Erde | Elektrotechn. u. Maschinenb. Bd. 38 (1920) S. 453. BBC-Mitt. Bd. 7 (1920) S. 146. |
|   |   | Biermanns-Jonas | Diskussion dazu | Elektrotechn. u. Maschinenb. Bd. 39 (1921) S. 78. |

| Kap. | Lfd. Zahl | Verfasser | Titel | Zeitschrift bzw. Verlag |
|---|---|---|---|---|
| 4 | L 132 | J. Biermanns | Eisensättigung bei Erdschlußspulen | Elektrotechn. Z. Bd. 41 (1920) S. 1019. |
| 4 | L 133 | W. Schrottke | Schutzeinrichtungen der Großkraftübertragungen | Elektrotechn. Z. Bd. 41(1920) H. 42 S. 327. |
|   |   | Schrottke, Petersen, Roth, Görges | Diskussion dazu | Elektrotechn. Z. Bd. 41 (1920) S. 989, 1016. |
| 4 | L 134 | J. Biermanns | Die Theorie des Schwingungskreises mit eisenhaltiger Induktivität | Arch. Elektrotechn. Bd. 10 (1921) S. 31. |
| 4 | L 135 | F. Noether | Über die Abstimmung der Löschdrosseln | Elektrotechn. Z. Bd. 42 (1921) S. 1478, Bd. 43 (1922) S. 385. |
|   |   | F. Noether u. R. Willheim | Briefwechsel | Elektrotechn. Z. Bd. 43 (1922) S. 928. |
| 4 | L 136 | J. Biermanns | Der heutige Stand der Überspannungsfrage | Elektrotechn. Z. Bd. 43 (1922) S. 344. |
| 4 | L 137 | A. Roth u. G. Courvoisier | Versuche mit einer Löschspule | Elektrotechn. u. Maschinenb. Bd. 40 (1922) S. 223. |
| 4 | L 138 | L. Fleischmann | Eine graphische Darstellung der Kipperscheinung bei Reihenschaltung von Widerstand, Kondensator und Eisendrossel | Elektrotechn. Z. Bd. 43 (1922) S. 1288. |
| 4 | L 139 | H. Grünholz | Spannungsverlagerung an Erdschlußspulen | Elektrotechn. u. Maschinenb. Bd. 42 (1924) S. 194. |
|   |   | Jonas-Grünholz | Diskussion dazu | Elektrotechn. u. Maschinenb. Bd. 42 (1924) S. 563, 758. |
| 4 | L 140 | W. Gauster | Spannungsverlagerung an Pol-Erdschlußlöschern | Elektrotechn. u. Maschinenb. Bd. 43 (1925) S. 133. |
| 4 | L 141 | S. Bekku | Methode der symmetrischen Koordinaten und allgemeine Theorie der Erdschlußlöscheinrichtungen. | Arch. Elektrotechn. Bd. 14 (1925) S. 543. |
| 4 | L 142 | F. Stiegler | Einfluß der Erdschlußspule auf die Spannungen eines Netzes | Diss. Techn. Hochsch. Darmstadt 1921. Ber. Elektrotechn. Z. Bd. 49 (1928) S. 108. |
| 4 | L 143 | M. Terada | Löschdrossel mit Gleichstromvormagnetisierung. | Selected Papers from the J. Inst. Electr. Engr. Japan Juli 1928 Nr. 16. Ref. Elektrotechn. Z. Bd. 51 (1930) S. 1726. |
| 4 | L 144 | G. Oberdorfer | Die Spannungsverlagerung in Netzen mit Löschtransformatoren nach System Bauch | Arch. Elektrotechn. Bd. 19 (1928) S. 405. Ber. Elektrotechn. Z. Bd. 49 (1928) S. 1126. |
| 9 | L 145 | J. Biermanns | Can Petersen Arcing Ground Suppressors Cause Deterious Over-Voltages | A. E. G. Progr. Bd. 6 (1930) S. 101. |
| 4 | L 146 | E. Friedländer | Übertragung der Stabilitäts- und Schwingungsbedingungen von Gleichstromkreisen auf Wechselstromsysteme | Elektrotechn. Z. Bd. 52 (1931) S. 1432. |
| 4 | L 147 | H. Langrehr | Resonanzüberspannungen an Petersenspulen | AEG-Mitt. 1931 S. 358. Ref. Elektrotechn. Z. Bd. 53 (1932) S. 1076. |
| 4 | L 148 | W. Diesendorf | Über den gedämpften Resonanzkreis mit eisenhaltiger Induktivität | Elektrotechn. u. Maschinenb. Bd. 51 (1933) S. 57. |
| 4 | L 149 | R. Küchler | Transformatoren für Spannungsregelung unter Last | Elektrotechn. Z. Bd. 55 (1924) S. 1054, 1075. |
| 5 | L 150 | W. W. Edson | Graphical Solution of Delta-Star Resistance Transformations | Electr. Engng. Bd. 53 (1934) S. 1427. |

| Kap. | Lfd. Zahl | Verfasser | Titel | Zeitschrift bzw. Verlag |
|---|---|---|---|---|
| 9 | L 151 | R. Willheim | Die allgemeinen Löschbedingungen für Erdschlußschutzeinrichtungen | Elektrotechn. u. Maschinenb. Bd. 39 (1921) H. 12/13, S. 137, 151. |
| 5 | L 152 | J. Grabscheid | Unsymmetriespannungen in Freileitungen und gegenseitige Beeinflussung von Freileitungssystemen | Arch. Elektrotechn. Bd. 12 (1923) S. 249. |
| 5 | L 153 | G. Boll | Die Wirkung von Erdschluß- und Ausgleichsspulen auf die gegenseitige Beeinflussung von Leitungen | Elektrotechn. Z. Bd. 49 (1928) S. 1640. |
| 5 | L 154 | W. Gauster | Erdschlußschutz parallel geführter Freileitungen | Elektrotechn. Z. Bd. 49 (1928) S. 1119. |
| 5 | L 155 | G. Oberdorfer | Die Wirkung von Erdschluß- und Ausgleichsspulen auf die gegenseitige Beeinflussung von Leitungen | Elektrotechn. Z. Bd. 50 (1929) S. 1153. |
| 5 | L 156 | H. Korisko | Erdschlußschutz parallel geführter Leitungen | Arch. Elektrotechn. Bd. 27 (1933) H. 6 S. 398. |
| 5 | L 157 | E. Groß und W. Diesendorf | Entkopplungseinrichtungen für parallel geführte Hochspannungsleitungen | CIGRE (1935) Ber. 341. |
| 5 | L 158 | W. Diesendorf u. E. Groß | Entkopplungseinrichtungen für parallel geführte Hochspannungsleitungen | Elektrotechn. u. Maschinenb. Bd. 53 (1935) S. 481 u. 601. |
| 7 | L 159 | O. Brauns | Störungen von Fernsprechleitungen durch sterngeschaltete Drehstromanlagen ohne und mit Erdung des Generatornullpunktes | Elektrotechn. Z. Bd. 34 (1913) S. 116, 142, 175. |
| 7 | L 160 | O. Brauns | Nebeneinanderverlauf von Drehstrom- und Fernsprechleitungen | Elektrotechn. Z. Bd. 41 (1920) S. 604. |
| 7 | L 161 | VDE | Leitsätze zum Schutz von Fernmeldeleitungen gegen die Beeinflussung durch Drehstromleitungen | Elektrotechn. Z. Bd. 44 (1923) S. 468, 693, 837. |
| 7 | L 162 | O. Brauns | Allgemeine Gesichtspunkte über den Einfluß von Starkstromleitungen auf Fernmeldeleitungen | Elektrotechn. Z. Bd. 46 (1925) S. 1350. |
| 7 | L 163 | R. Rüdenberg | Fernwirkung von Hochspannungsleitungen auf benachbarte Schwachstromleitungen | Bull. schweiz. elektrotechn. Ver. Bd. 14 (1923) S. 146. |
| 7 | L 164 | R. Rüdenberg | Die Ausbreitung der Luft- und Erdfelder um Hochspannungsleitungen bei Erd- und Kurzschlüssen | Elektrotechn. Z. Bd. 46 (1925) S. 1342. |
| 7 | L 165 | R. Rüdenberg | Sternpunktserdung bei Hochspannungsleitungen, einige grundsätzliche Betrachtungen | Elektrotechn. Z. Bd. 47 (1926) S. 322, 359. |
| 7 | L 166 | H. M. Trueblood | Relation of Petersen Coil System of Grounding Power Networks to Inductive Effects in Neighboring Communication Circuits | Bell. Syst. techn. J. Juli 1922 S. 49. |
| 7 | L 167 | A. Zastrow | Induktionswirkungen von höheren Harmonischen eines Starkstromes auf Fernsprechleitungen | Elektrotechn. Z. Bd. 46 (1925) S. 1367. |
| 7 | L 168 | H. Klewe | Die Gegeninduktivität von Leitungen mit Erdrückleitung | Elektr. Nachr.-Techn. Bd. 6 (1930) S. 467. Ref. Elektrotechn. Z. Bd. 51 (1930) S. 1407. |

# Literaturverzeichnis.

| Kap. | Lfd. Zahl | Verfasser | Titel | Zeitschrift bzw. Verlag |
|---|---|---|---|---|
| 7 | L 169 | H. Geise u. W. Plathner | Über die Einwirkung des Doppelerdschlußstromes auf benachbarte Fernmeldeleitungen | Elektrotechn. Z. Bd. 51 (1930) S. 1360. |
| 7 | L 170 | P. Beck | Schweizerische Versuche über Nullpunkterdung und Schwachstrombeeinflussung | Elektrotechn. Z. Bd. 47 (1926) 1322. |
| 7 | L 171 | R. Mitsuda u. K. Kasai | Die „K-m" Karte zur Berechnung der elektromagnetischen Induktion zwischen einer Starkstromfreileitung und benachbarten Stromkreisen | Gen. electr. Rev. Bd. 28 (1926) S. 290. Ref. Elektrotechn. Z. Bd. 48 (1927) S. 84. |
| 7 | L 172 | K. Kasai | Experimentelle Untersuchungen über die Beeinflussung von Schwachstromleitungen durch Starkstrom | Elektrotechn. Z. Bd. 49 (1928) S. 1151. |
| 7 | L 173 | K. Kato | L'emploi des fils de terre en métaux bons conducteurs comme conducteurs antiinductifs | CIGRE 7 (1933), rapp. 86. |
| 7 | L 174 | Radley u. Josephs | Mutual Induction between Power and Telephon Lines under Transient Conditions | J. Inst. Electr. Engr. Bd. 72 (1933) Nr. 435 S. 259. |
| 7 | L 175 | C. L. Gilkeson u. A. I. Hanks | Iron Armored Aerial Communication Cable | Electr. Eng. Bd. 53 (1934) S. 890. Ref. Elektrotechn. Z. Bd. 56 (1935) S. 114. |
| 8 | vgl. L 151 | R. Willheim | Die allgemeinen Löschbedingungen für Erdschlußschutzeinrichtungen | |
| 9 | L 176 | J. R. Carson u. R. S. Hoyt | Propagation of Periodic Currents over a System of Parallel Wires | Bell Syst. techn. J. Bd. 6 (Juli 1927) S. 495. |
| 9 | L 177 | J. R. Carson | The Rigorous and Approximate Theories of Electrical Transmission along Wires | Bell Syst. techn. J. Bd. 7 (Juli 1928) S. 11. |
| 9 | L 178 | S. Bekku | Theoretical Researches on the Transmission Line Problems with Special Reference to the Arc Suppressing Reactor | Researches of the Electrotechnical Laboratory (Min. of Comm.) No. 129, Tokyo April 1923; vgl. auch CIGRE 3 (1925) t. II S. 281. |
| 9 | L 179 | T. Ohtsuki | On the Grounding of a Long-Distance Transmission Line Compensated through Petersen Earth Coils | The Selected Papers from the J. Inst. of Electr. Engr. Japan Sept. 1927 Nr. 14. |
| 9 | L 180 | R. Willheim | Längsdiagramme der langen Leitung | Elektrotechn. u. Maschinenb. Bd. 47 (1929) S. 929. |
| 9 | L 181 | R. Klein | Theorie der Erdschlußkompensation langer Leitungen | In Petersen, Forschung und Technik, S. 215. Berlin: Julius Springer 1930. |
| 10 | L 182 | Z. P. Tchernogubovski | Choix de la méthode de mise à la terre du neutre des réseaux à haute tension | CIGRE 7 (1933) Ber. Nr. 78. |
| 10 | vgl. L 117 | B. Mengele | Die Grenzen der Erdschlußlöschung in Mittelspannungsnetzen | Elektrotechn. u. Maschinenb. Bd. 52 (1934) S. 37, 53. |
| 11 | L 183 | W. Petersen | Der Schutzwert von Blitzseilen | Elektrotechn. Z. Bd. 35 (1914) S. 1. |
| 11 | L 184 | R. Stein | Der Schutzwert des Erdseiles bei Hochspannungsfreileitungen | Siemens-Z. Bd. 5 (1925) S. 301. |
| 11 | L 185 | F. W. Peek | Dielectric Phenomena in High-Voltage Engineering, 3. Aufl., S. 282f. | New York: Mc. Graw-Hill Book Company 1929. |
| 11 | L 186 | F. W. Peek | Lightning and its Effect on the Design of Transmission Lines and Apparatus from the Economic and Engineering Standpoint | Zweite Weltkraftkonferenz 1930, Ber. 263 in Section 21. |

| Kap. | Lfd. Zahl | Verfasser | Titel | Zeitschrift bzw. Verlag |
|---|---|---|---|---|
| 11 | L 187 | L. V. Bewley | Critique of Ground Wire Theory | Trans. Amer. Inst. Electr. Engr. Bd. 50 (1931) S. 1. |
| 11 | L 188 | W. W. Lewis u. C. M. Foust | Direct Strokes to Transmission Lines | Gen. electr. Rev. Bd. 34 (1931) S. 452. |
| 11 | L 189 | W. W. Lewis u. C. M. Foust | Lightning Investigation on Transmission Lines IV | Electr. Engng. Bd. 53 (1934) S. 1180. |
| 11 | L 190 | D. Müller-Hillebrand | Freileitungsnetze und Gewitterstörungen nach neueren ausländischen Veröffentlichungen | Elektrotechn. Z. Bd. 53 (1932) S. 1121. |
| 11 | L 191 | A. Matthias | Gewittereinflüsse auf Leitungsanlagen | Elektrotechn. Z. Bd. 48 (1927) S. 1477. |
| 11 | L 192 | A. Matthias | Gewitterforschung und Blitzschutz | Weltkraftkonferenz 1930 Ber. Nr. 423. |
| 11 | L 193 | D. Müller-Hillebrand | Die Einwirkung unmittelbarer Blitzentladungen auf Hochspannungsnetze und ihre Bekämpfung | Elektrotechn. Z. Bd. 52 (1931) S. 722, 758. |
| 11 | L 194 | D. Müller-Hillebrand | Gewitterstörungen in Mittelspannungsnetzen nach statistischen Ermittlungen | Elektrotechn. Z. Bd. 55 (1934) S. 133, 158, 243. |
| 11 | L 195 | M. Neustätter | Gewitterüberschläge an 100 kV-Leitungen | CIGRE Bd. 7 (1933) Ber. 91. |
| 11 | vgl. L 46 | Ph. Sporn | Lightning Experience on 132-Kv. Transmission Lines of the American Gas and Electric Company System 1930—1931 | |
| 11 | L 196 | H. Grünewald | Gewittergefährdung und Gewitterschutz von Freileitungsanlagen | Elektr.-Wirtsch. Bd. 34 (1935) S. 454. |
| 11 | L 197 | V. Aigner | Induzierte Blitzüberspannungen und ihre Beziehung zum rückwärtigen Überschlag | Elektrotechn. Z. Bd. 56 (1935) S. 497. |
| 11 | L 198 | W. Zwanziger | Nachweis der Ursache von Gewitterstörungen auf den 100 kV-Leitungen der Vereinigten Elektrizitätswerke Westfalen A. G. und Mittel zu ihrer Verminderung | Elektrotechn. Z. Bd. 56 (1935) S. 474. |
| 11 | L 199 | R. Willheim | Die Gewitterfestigkeit des Drehstromtransformators | Elektrotechn. u. Maschinenb. Bd. 50 (1932) S. 16. |
| 11 | L 200 | K. Berger | Die Gewittermessungen der Jahre 1932 und 1933 in der Schweiz | Bull. schweiz. elektrotechn. Ver. Bd. 25 (1934) S. 213. |
| 11 | L 201 | K. K. Palueff | Effect of Transient Voltages on Power Transformer Design | Trans. Amer. Inst. Electr. Engr. Bd. 48 (1929) S. 681. |
| 11 | L 202 | F. F. Brand u. K. K. Palueff | Lightning Studies of Transformers by the Cathode Ray Oscillograph | Trans. Amer. Inst. Electr. Engr. Bd. 48 (1929) S. 998. |
| 11 | L 203 | K. K. Palueff | Effect of Transient Voltages on Power Transformer Design — II the Behavior of Transformers with Neutral Isolated or Grounded through an Impedance | Trans. Amer. Inst. Electr. Engr. Bd. 49 (1930) S. 1179. |
| 11 | L 204 | F. I. Vogel u. I. K. Hodnette | Grounding Banks of Transformers with Neutral Impedances and the Resultant Transient Conditions in the Windings | Trans. Amer. Inst. Electr. Engr. Bd. 49 (1930). |
| 11 | L 205 | F. I. Vogel u. I. K. Hodnette | Banks of Transformers with Neutral Impedances | Trans. Amer. Inst. Electr. Engr. Bd. 50 (1931) S. 61. |
| 11, 12 | L 206 | W. W. Lewis | Present Status of High Voltage Transmission of Power | Gen. electr. Rev. Bd. 25 (1922) S. 628, 674. |

# Literaturverzeichnis.

| Kap. | Lfd. Zahl | Verfasser | Titel | Zeitschrift bzw. Verlag |
|---|---|---|---|---|
| 12 | L 207 | E. Groß | Schaltungen für Distanzrelais | VDE-Fachber. 1931 S. 88. |
| 12 | L 208 | E. Groß | Die neuere Entwicklung der Distanzschutz-Schaltungen | Elektrotechn. u. Maschinenb. Bd. 52 (1934) S. 597, 612. |
| 12 | L 209 | V. Szieghart | Der Doppelerdschluß in Hochspannungskabelnetzen und seine Beseitigung durch Distanzrelais | Elektrotechn. Z. Bd. 55 (1934) S. 928. |
| 12 | L 210 | R. Wilkins | Practical Aspects of System Stability | J. Amer. Inst. electr. Engr., Bd. 45 (1926) S. 142. Ref. Elektr.-Wirtsch. Bd. 25, (1926) S. 230. |
| 12 | L 211 | R. Troeger | Arcing Ground Suppression as Basis for Safe Operation of Super Power Systems | AEG Progr. Bd. 4 (1928) S. 371. |
| 12 | L 212 | J. S. Caroll u. D. M. Simmons | Corona Losses at 230 kV with one Conductor Grounded | Electr. Engng. Bd. 54 (1935) S. 846. |
| 12 | L 213 | D. Müller-Hillebrand | Diskussionsbeitrag | Elektrotechn. Z. Bd. 52 (1931) S. 1534. |
| 12 | L 214 | I. R. North u. I. R. Eaton | Petersen Coil Tests on 140-Kv. System | Electr. Engng. Bd. 53 (1934) S. 63. Diskussion: Electr. Engng. Bd. 53 (1934) S. 462. |

## Abschnitt VI.

| Kap. | Lfd. Zahl | Verfasser | Titel | Zeitschrift bzw. Verlag |
|---|---|---|---|---|
| 1 | vgl. L 2 | W. Petersen | Erdschlußströme in Hochspannungsnetzen | |
| 1 | L 215 | H. Behrend | Der Einfluß von Isolationsfehlern auf Ableitungs- und Kapazitätsströme bei Dreiphasen-Fernleitungen mit und ohne Schutzseil | Elektrotechn. Z. Bd. 37 (1916) S. 114. |
| 1 | L 216 | R. Willheim | Ersatzschaltbild des Mehrwicklungstransformators | In Petersen: Forschung und Technik, S. 280. Berlin: Julius Springer 1930. |
| 1 | L 217 | W. Cauer | Elektrische Methoden und Maschinen zur Auflösung von Systemen linearer Gleichungen | Elektr. Nach.-Techn. Bd. 12 (1935) S. 147. |
| 2 | L 218 | L. Kallir | Leitungen | In Rziha-Seidener: Starkstromtechnik, Abschn. XI B 2. Berlin: W. Ernst u. Sohn 1922. |
| 2 | L 219 | H. Langrehr | Rechnungsgrößen für Hochspannungsanlagen | AEG-Mitt. 1927 S. 452. |
| 2 | L 220 | Giuseppe Romagnoli-Mosca | Rapport sur la variation des caractéristiques électriques des longues lignes aériennes à haute tension | Ber. Rev. gén. électr. Bd. 37 (1935) S. 173. |
| 3 | L 221 | G. Keinath | Messung von Erdschlußströmen in Wechselstromnetzen | ATM Bd. 1, Lief. 5 (1931) V 3226—1. |
| 3 | L 222 | M. Schießer | Erdungsfragen | Bull. schweiz. elektrotechn. Ver. Bd. 14 (1924) H. 7/8. |
| 3 | L 223 | W. Koch | Zusammenschluß oder Trennung von Erdungen in Hochspannungsanlagen | VDE-Fachber. 1935 S. 74. |
| 4 | L 224 | K. M. Zukerman | Das Erdschlußrelais | AEG-Mitt. 1922 H. 5/6 S. 131. |
| 4 | L 225 | M. Schleicher u. W. Gaarz | Die betriebsmäßige Erdschlußüberwachung und ihre Einrichtungen | Siemens-Z. Bd. 3 (1923) S. 469. |
| 4 | L 226 | R. Arnold u. P. Bernett | Beitrag zur Erdschlußfrage in Hochvoltnetzen | Elektrotechn. Z. Bd. 46 (1925) S. 1263. |
| 4 | L 227 | H. Neugebauer | Stromwandler für Schutzsysteme | Siemens-Z. Bd. 11 (1931) S. 147, 192. |
| 4 | L 228 | E. Groß u. W. Weller | Über die zulässige Empfindlichkeit von Erdschlußrelais in Hochspannungsnetzen | Elektrotechn. u. Maschinenb. Bd. 50 (1932) S. 117. |

22*

| Kap. | Lfd. Zahl | Verfasser | Titel | Zeitschrift bzw. Verlag |
|---|---|---|---|---|
| 4 | L 229 | Goro Inoye, Kazo Teshima, Akira Okawara | Schutzeinrichtungen an einer 150 kV-Doppelleitung | J. Inst. electr. Engr. Japan Bd. 53 (1933) S. 838. |
| 4 | L 230 | S. Kato | Relais de mise à la terre sélectifs pour deux lignes de transmission en parallèle avec mise à la terre multiple par résistances | CIGRE 7, Sektion 3. rapp. 87 Ber. Elektrotechn. u. Maschinenb. Bd. 51 (1933) S. 658. |
| 4 | L 231 | A. van Gastel | Die Messung der Nullpunktsspannung | Brown Boveri Mitteilungen, 22 (1935) S. 135. BBC-Nachr. (Mannheim) Bd. 22 (1935) S. 75. |
| 4 | L 232 | W. Gaarz u. J. Sorge | Über ein hochempfindliches Erdschlußrelais zum Erfassen von Erdschlüssen kürzester Dauer | Siemens-Z. Bd. 5 (1925) S. 391. Ber. Elektrotechn. Z. Bd. 47 (1926) S. 1461. |
| 4 | L 233 | J. Sorge | Neuerungen auf dem Gebiete des Kurzschluß- und Erdschlußschutzes | Siemens-Z. Bd. 9 (1929) S. 536. |
| 4 | L 234 | J. Biermanns | Fehlerschutz von Hochspannungsnetzen | Elektrotechn. u. Maschinenb. Bd. 43 (1925) S. 369. |
| 4 | L 235 | J. V. Breisky, J. R. North u. G. W. King | Directional Ground Relay Protection of High-Tension Isolated Neutral Systems | J. Amer. Inst. electr. Engr. Bd. 46 (1927) S. 1184. Ber. Elektrotechn. Z. Bd. 50 (1929) S. 1347. |
| 4 | L 236 | W. Fleischhauer | Vorgänge bei Erdschluß in gelöschten und ungelöschten Netzen und die gebräuchlichen Relaisschutzeinrichtungen | Siemens-Z. Bd. 15 (1935) S. 520. |
| 4 | L 237 | F. Geise | Erdschlußmelder mit Anregesperre | Siemens-Z. Bd. 15 (1935) S. 493. |
| 4 | L 238 | W. Fleischhauer | Erdschluß-Suchschaltungen zum Feststellen fehlerhafter Leitungen in offen betriebenen Netzen | Siemens-Z. Bd. 15 (1935) S. 565. |

## Abschnitt VII.

| | | | | |
|---|---|---|---|---|
| 1 | L 239 | Arle Ytterberg | Die Berechnung von Drosselspulen auf geringste Kosten | Elektrotechn. Z. Bd. 36 (1915) S. 309. |
| 1 | L 240 | F. Emde | Die Berechnung von Eisendrosseln mit großer Zeitkonstante | Elektrotechn. u. Maschinenb. Bd. 48 (1930) S. 521. |
| 1 | L 241 | J. Hak | Bemerkungen zum Entwurf von Eisendrosselspulen | Elektrotechn. Z. Bd. 53 (1932) S. 649. |
| 1 | L 242 | B. Jansen | Les transformateurs de réglage | Congr. internat. Paris 1932, Sect. 3, Rapp. 27. |
| 3 | L 243 | E. Groß | Betriebskontrolle von Erdschlußrelais | Elektrotechn. u. Maschinenb. Bd. 46 (1928) S. 1213. |

## Abschnitt VIII.

| | | | | |
|---|---|---|---|---|
| 1 | L 244 | B. Monath | Betriebserfahrungen mit der Erdschlußspule | Elektro-J. 1922 S. 103. |
| 1 | vgl. L 137 | A. Roth u. G. Courvoisier | Versuche mit einer Löschspule | |
| 1 | L 245 | J. M. Oliver u. W. W. Eberhardt | Operating Performance of a Petersen earth coil | Trans. Amer. Inst. Electr. Engr. Bd. 42 (1923) S. 435. J. Amer. Inst. electr. Engr. Bd. 42 (1923) S. 904, 1082. |
| 1 | L 246 | A. Menge | Deutsche Erfahrungen mit Petersenspulen (Diskussionsbeitrag.) | Electr. Wld., N. Y. 99 (1932) S. 362. |
| 1 | vgl. L 213 | D. Müller-Hillebrand | | |

Literaturverzeichnis.

| Kap. | Lfd. Zahl | Verfasser | Titel | Zeitschrift bzw. Verlag |
|---|---|---|---|---|
| 1 | L 247 | W. W. Lewis | The Petersen Coil | Gen. electr. Rev. Bd. 38 (1935) S. 197. |
| 2 | L 248 | P. Bernett | Die Bekämpfung des Erd- und Kurzschlusses in Höchstspannungsnetzen | Diss. Techn. Hochsch. München. |
| 2 | L 249 | H. Piloty | Überwachung des Kompensationszustandes in Netzen mit kompensiertem Erdschlußstrom | In Petersen: Forschung und Technik, S. 226. Berlin: Julius Springer 1930. |
| 2 | L 250 | W. Schäfer | Messung der Erdschlußkompensation in Hochspannungsnetzen | VDE-Fachber. 1931 S. 84. |
| 2 | L 251 | E. Hueter u. W. Schäfer | Die Messung der Erdschlußkompensation | Elektrotechn. Z. Bd. 52 (1931) S. 1023. |

## Abschnitt IX.

| Kap. | Lfd. Zahl | Verfasser | Titel | Zeitschrift bzw. Verlag |
|---|---|---|---|---|
| 1 | L 252 | Elektrowerke A.G. | Erdschlußspulen | Elektrotechn. Z. Bd. 42 (1921) S. 1298. |
| 1 | L 253 | W. Petersen | Die Transformatorenschäden in Golpa | Elektrotechn. Z. Bd. 43 (1922) S. 1203. |
| 1 | L 254 | F. Schrottke | Zur Überspannungsfrage | Elektrotechn. Z. Bd. 43 (1922) S. 1429. Diskussion (Biermanns) Elektrotechn. Z. Bd. 43 (1922) H. 52. |
| 1 | L 255 | | German System Readopts Petersen Coil | Electr. Wld., N. Y. Bd. 84 (1924) S. 786. |
| 1 | L 256 | A. Rachel | Höchstspannungsfragen und Nullpunktserdung | Elektrotechn. Z. Bd. 46 (1925) S. 1347, Bd. 47 (1926) S. 289, 333. |
| 1 | L 257 | F. Grieb | Probleme im Verbundbetrieb | Bull. schweiz. elektrotechn. Ver. Bd. 21 (1930) S. 485. |
| 1 | L 258 | A. Matthias | Die heutigen Probleme der Hochspannungskraftübertragung | Elektrotechn. Z. Bd. 52 (1931) S. 1495. |
| 1 | L 259 | E. M. K. Sommer | Einrichtungen zur Unterdrückung von Erdschlußlichtbögen | Electr. Wld. N. Y. Bd. 101 (1933) S. 730. Ber. Elektrotechn. u. Maschinenb. Bd. 51 (1933) S. 498. |
| 1 | L 260 | K. Kühn | Behandlung der Überspannungsschutzfrage für Hochspannungsnetze nach den Betriebserfahrungen und Erkenntnissen der letzten Jahre | CIGRE 8 (1935) Ber. 332. |
| 2 | L 261 | A. I. E. E. Subcommittee on Grounding (Woodruff-Stone) | Present Day Practises in Grounding of Transmission Systems | J. Amer. Inst. Electr. Engr. Bd. 42 (1923) S. 928. |
| 2 | L 262 | H. H. Dewey | General Considerations in Grounding the Neutral of Power Systems | J. Amer. Inst. Electr. Engr. Bd. 42 (1923) S. 589. |
| 2 | L 263 | R. N. Conwell u. R. D. Evans | The Petersen Earth Coil | J. Amer. Inst. Electr. Engr. Bd. 41 (1922) S. 140. Diskussion S. 650. |
| 2 | L 264 | W. W. Lewis | The Neutral Grounding Reactor | Trans. Amer. Instr. Electr. Engr. Bd. 42 (1923) S. 417. J. Amer. Inst. Electr. Engr. Bd. 42 (1923) S. 467. |
| 2 | L 265 | R. Willheim | Die Erdungsfrage in der amerikanischen Praxis | Elektrotechn. u. Maschinenb. Bd. 42 (1924) S. 59. |
| 2 | L 266 | E. C. Stone | Die amerikanische Praxis in der Erdung der Neutralen | Elektrotechn. Z. Bd. 46 (1925) S. 1355. |
| 2 | L 267 | I. M. Oliver u. W. W. Eberhardt | Operating Performance of a Petersen Earth Coil II | J. Amer. Inst. Electr. Engr. Bd. 45 (1926) S. 227. |

| Kap. | Lfd. Zahl | Verfasser | Titel | Zeitschrift bzw. Verlag |
|---|---|---|---|---|
| 2 | L 268 | D. M. Jones | The Changing Trend in Insulating Transmission Apparatus | Gen. electr. Rev. Bd. 32 (1929) S. 298. |
| 2 | L 269 | A. U. Welch | Inductive Neutral Grounding Devices | Gen. electr. Rev. Bd. 37 (1934) S. 398. |
| 2 | L 270 | J. Liston | Developments in the Electrical Industry During 1935 | Gen. electr. Rev. Bd. 39 (1936) S. 45. |
| 3 | L 271 | W. T. Taylor | Earthing the Neutral Point | Electr. Rev. Chicago Bd. 112 (1933) H. 2890 S. 520. |
| 3 | L 272 | P. Vidonne | Eine Erdstrom-Löschspule für 35000 V | Ref. Elektrotechn. u. Maschinenb. Bd. 42 (1924) S. 11. Orig. Rev. gén. électr. Bd. 14 (1923) H. 16. |
| 3 | L 273 | A. Mauduit | Courants de défaut et courants à la terre, dans un réseau triphasé, influence du transformateur récepteur | Rev. gén. électr. Bd. 16 (1924) S. 227, 259. |
| 3 | L 274 | A. Mauduit | Mise indirecte du neutre à la terre | Rev. gén. électr. Bd. 16 (1924) S. 693. Ref. Elektrotechn. u. Maschinenb. Bd. 42 (1924) S. 524. |
| 3 | L 275 | L. Barbillon u. St. Teszner | Quelques considérations sur la mise à la terre accidentelle d'un réseau électrique et sur la protection contre les dangers en résultant | Rev. gén. électr. Bd. 25 (1929) S. 87. |
| 3 | L 276 | J. Fallou | Mise à la terre du point neutre par l'intermédiaire d'une inductance | Rev. gén. électr. Bd. 27 (1930) S. 739. |
| 3 | L 277 | J. Fallou | Les Réseaux de transmission d'énergie, p. 245 | Paris: Gauthier-Villars 1935. |
| 3 | L 278 | O. Yadoff u. P. Mathon | Protection contre les mises à la terre au moyen de bobines inductives d'extinction | L'Ingenieur-Constructeur, Bd. 32 (1932) S. 2721. |
| 3 | L 279 | Mario Poma | La stabilisation et la protection des réseaux de distribution à moyenne tension | CIGRE 8 (1935) Ber. 309. |
| 3 | L 280 | G. Cerillo, B. Focaccia u. L. Selmo | Die Erdung des Sternpunktes bei Netzen mittlerer, hoher und höchster Spannung | Internat. Elektrotechn. Kongr. Paris 1932, Sekt. 4. Ref. Elektrotechn. u. Maschinenbau Bd. 50 (1932) S. 609. |
| 3 | L 281 | K. J. Archangelsky, G. T. Tretyak u. A. M. Zalessky | Protection contre la foudre des réseaux de distribution à haute tension en U. R. S. S. | CIGRE 8 (1935) rapp. 336. |
| 3 | L 282 | A. L. Wyskrebenzeff | Prüf- und Betriebsergebnisse mit einer Petersenspule | Elektritscheskije Stanzii 1934 H. 10. |
| 3 | L 283 | A. I. Slonim | Über die Anwendung von Petersenspulen | Elektritscheskije Stanzii 1934 H. 10. |
| 3 | L 284 | A. Monkhouse | Electrical Developments in the U. S. S. R. | J. Instn. Electr. Engr. Bd. 76 (1935) S. 601. Diskussion S. 643/4. |
| 3 | L 285 | W. W. Lewis | Power Developments in Japan | Gen. electr. Rev. Bd. 26 (1923) S. 500. |
| 3 | L 286 | E. V. Pannell | Ein großes japanisches Kraftnetz | Ref. Elektrotechn. u. Maschinenb. Bd. 42 (1924) S. 9. Orig. Electr. Rev., Bd. 93 (1923) Nr. 2389. |
| 3 | L 287 | K. Kasai | Etude sur la détermination de la conductivité du sol pour le calcul de l'impédance mutuelle de circuits comportant le retour par la terre | CIGRE 7 (1933) Ber. 88. |
| 3 | L 288 | E. Fukao | Réactances employées au Japon pour supprimer les arcs | CIGRE 7 (1933) rapp. 89. |

### Verlag von Julius Springer in Berlin

**Die moderne Selektivschutztechnik und die Methoden zur Fehlerortung in Hochspannungsanlagen.** Unter Mitarbeit von Dipl.-Ing. Hermann Neugebauer, Dr.-Ing. Hans Poleck, Dr.-Ing. Robert Schimpf und Dr. phil. Joachim Sorge herausgegeben von Dr.-Ing. **Manfred Schleicher,** Berlin. Mit 320 Textabbildungen. VIII, 418 Seiten. 1936. Gebunden RM 36.—

**Selektivschutz.** Grundlagen zur selektiven Erfassung von Kurzschluß, Erd- und Doppelerdschluß auf Grund der räumlichen Verteilung von Strom und Spannung. Von Dr.-Ing. **Fritz Kesselring.** Mit 154 Textabbildungen. V, 181 Seiten. 1930. RM 15.75; gebunden RM 17.10

**Überströme in Hochspannungsanlagen.** Von J. **Biermanns,** Chefelektriker der AEG-Fabriken für Transformatoren und Hochspannungsmaterial. Mit 322 Textabbildungen. VIII, 452 Seiten. 1926. Gebunden RM 27.—

**Kurzschlußströme beim Betrieb von Großkraftwerken.** Von Prof. Dr.-Ing. und Dr.-Ing. e. h. **Reinhold Rüdenberg,** Berlin. Mit 60 Textabbildungen. IV, 75 Seiten. 1925. RM 4.32

**Hochspannungstechnik.** Von Dr.-Ing. **Arnold Roth.** Mit 437 Abbildungen im Text und auf 3 Tafeln sowie 75 Tabellen. VIII, 534 Seiten. 1927. Gebunden RM 28.35

**Spannungsregelung mit Gleittransformatoren.** Von Dr.-Ing. **O. Löbl,** Berlin, und N. **Hammerl,** Wesel. Mit 40 Textabbildungen. IV, 20 Seiten. 1933. RM 2.—

**Entwurf und Bau von Schaltanlagen für Drehstrom-Kraftwerke.** Von Oberingenieur **Johann Waltjen.** Mit 373 Abbildungen im Text. XVI, 268 Seiten. 1929. Gebunden RM 35.10

**Erdung, Nullung und Schutzschaltung** nebst Erläuterungen zu den Erdungsleitsätzen. Von Dr.-Ing. **Oskar Löbl.** Mit 78 Textabbildungen. VIII, 111 Seiten. 1933. RM 9.—; gebunden RM 10.50

**Erdströme.** Grundlagen der Erdschluß- und Erdungsfragen. Von Dr.-Ing. **Franz Ollendorff.** Mit 164 Textabbildungen. VIII, 260 Seiten. 1928. Gebunden RM 18.—

### Verlag von Julius Springer in Wien

**Der Erdschluß und seine Bekämpfung.** Von Priv.-Doz. Dr.-Ing. **G. Oberdorfer,** Wien. Mit 115 Textabbildungen und 2 Tafeln. VI, 165 Seiten. 1930. RM 12.50

Zu beziehen durch jede Buchhandlung

**Verlag von Julius Springer in Berlin.**

**Elektrische Hochleistungsübertragung auf weite Entfernung.** Vorträge, veranstaltet durch den Elektrotechnischen Verein e. V. zu Berlin in Gemeinschaft mit dem Außeninstitut der Technischen Hochschule zu Berlin. Herausgegeben von Prof. Dr.-Ing. und Dr.-Ing. e. h. **Reinhold Rüdenberg,** Berlin. Mit 240 Textabbildungen. VI, 370 Seiten. 1932. Gebunden RM 31.50

**Theorie der Wechselstromübertragung.** (Fernleitung und Umspannung.) Von Dr.-Ing. **Hans Grünholz.** Mit 130 Abbildungen im Text und auf 12 Tafeln. VI, 222 Seiten. 1928. Gebunden RM 33.07

**Theorie der Wechselströme.** Von Dr.-Ing. **Alfred Fraenckel.** Dritte, erweiterte und verbesserte Auflage. Mit 292 Textabbildungen. VI, 260 Seiten. 1930. RM 18.—; gebunden RM 19.35

**Elektrische Ausgleichsvorgänge und Operatorenrechnung.** Von **John R. Carson,** American Telephone and Telegraph Company. Erweiterte deutsche Bearbeitung von **F. Ollendorff** und **K. Pohlhausen.** Mit 39 Abbildungen im Text und einer Tafel. IX, 186 Seiten. 1929. RM 14.85; gebunden RM 16.20

**Die elektrische Fernüberwachung und Fernbedienung für Starkstromanlagen und Kraftbetriebe.** Von Dr.-Ing. **Manfred Schleicher.** Mit 155 Textabbildungen. V, 238 Seiten. 1932. RM 19.50; gebunden RM 21.—

**Elektrische Schaltvorgänge** und verwandte Störungserscheinungen in Starkstromanlagen. Von Prof. Dr.-Ing. und Dr.-Ing. e. h. **Reinhold Rüdenberg,** Berlin. Dritte, vermehrte Auflage. Mit 821 Abbildungen im Text und einer Tafel. XI, 634 Seiten. 1933. Gebunden RM 42.—

**Die Relaissteuerungen der modernen Starkstromtechnik.** Von Prof. Dr.-Ing. und Dr.-Ing. e. h. **Reinhold Rüdenberg,** Berlin. Mit 125 Textabbildungen. IV, 79 Seiten. 1930. RM 6.75

**Die Hochspannungsfreileitung,** ihr Durchhang, ihre Stützpunkte, ihre Fundierung und deren Berechnung. Von Ingenieur **Karl Stöckinger** †. Mit 114 Textabbildungen und 18 Tabellen. IV, 131 Seiten. 1931. RM 10.50

**Starkstrommeßtechnik.** Ein Handbuch für Laboratorium und Praxis unter Mitarbeit zahlreicher Fachgelehrter. Herausgegeben von Prof. Dr. **G. Brion,** Freiberg, und Oberregierungsrat Dipl.-Ing. **V. Vieweg,** Berlin. Mit 530 Abbildungen im Text und zahlreichen Tabellen. XII, 458 Seiten. 1933. Gebunden RM 37.50

**Krankheiten elektrischer Maschinen, Transformatoren und Apparate.** Ursachen und Folgen, Behebung und Verhütung. Unter Mitarbeit von Ing. Hans Knöpfel, Ing. Franz Roggen, Ing. August Meyerhans, Ing. Robert Keller und Dr. chem. Hans Stäger bearbeitet und herausgegeben von Prof. Dipl.-Ing. **Robert Spieser,** Winterthur. Mit 218 Abbildungen im Text. XII, 357 und 2 Seiten. 1932. Gebunden RM 23.50

Zu beziehen durch jede Buchhandlung

If you have any concerns about our products,
you can contact us on
**ProductSafety@springernature.com**

In case Publisher is established outside the EU,
the EU authorized representative is:
**Springer Nature Customer Service Center GmbH
Europaplatz 3, 69115 Heidelberg, Germany**

Printed by Libri Plureos GmbH
in Hamburg, Germany